Jetzt helfe ich mir selbst

Umschlagentwurf: Anita Ament. Buchgestaltung: Siegfried Horn.
Umschlagfotos: Seufert.

ISBN 3-87943-903-6

Auflage Nr. 104 098

Manuskriptbearbeitung: Redaktion Dipl.-Ing. Dieter Korp, Porschestraße 5, 7250 Leonberg 7.
Fotos: Ate 1, autopress 1, Axmann 5, Haeberle 86, Lautenschlager 59, Thaer 6, VW 11.
Zeichnungen: Archiv Verfasser 1, Axmann 1, BMW 1, Bosch 3, Champion 1, Continental 1,
Ford 1, Haeberle 4, Lautenschlager 6, Pirelli 1, VW 42.
Stromlaufpläne: VW 3.
Satz: Staib + Mayer, 7000 Stuttgart 1.
Druck: KN Digital Printforce GmbH, Schockenriedstr. 37, 70565 Stuttgart
Printed in Germany.

Dieter Korp
Thomas Haeberle

VW Golf GTI

bis Oktober '83

VW Scirocco GTI/GLI

bis April '81

Jetzt helfe ich mir selbst

Motorbuch Verlag Stuttgart

Inhaltsverzeichnis

Sie finden in diesem Buch

Seite

7 **Vorwort**

8 **Werkzeug und andere Hilfen**
Werkzeug-Grundausstattung, Spezialwerkzeuge, Prüf- und Meßgeräte, Flüssige Hilfsmittel, Spezial-Schmierstoffe, Arbeitskleidung, Ausrüstung für unterwegs

13 **Arbeitstips**
Muttern, Schrauben und Gewinde, Schraubengrößen und Drehmoment, Autoelektrik, Werkzeugpflege, Arbeitsvorbereitungen, Funktionskontrolle, Unfallverhütung

18 **Ersatzteile**
Teileliste, Original-V.A.G.-Teile, Zubehörteile, Austauschteile, Gebrauchte Teile

20 **Der Arbeitsplatz**
Pflegeplatz, Aufbockmöglichkeiten, Wagenheber, Mietwerkstätten

23 **Regelmäßige Wartung**
Erläuterungen zum Wartungsplan in der vorderen Buchklappe, Serviceangebot der Werkstatt, Arbeiten für den Selbsthelfer

24 **Motorraumbilder**

26 **Schmieren aller Teile**
Aufgaben des Öls, Motorölstand, Ölverbrauch, Ölsorten, Ölwechsel, Getriebeöl, Zündverteiler schmieren, Züge, Gelenke und Schlösser schmieren

38 **Der Motor und sein Innenleben**
Einzelteile, Schmiersystem, Einfahren, Lebensdauer, Drehzahlen, Kompressionsdruck, Ventilspiel, Zahnriemen, Motorschaden, Arbeiten am Zylinderkopf, Lagerschaden, Motoraus- und -einbau

63 **Die Auspuffanlage**
Einzelteile, Lebensdauer, Auspuff-Ausbau und -einbau, Sportauspuffanlagen

66 **Kühlung und Heizung**
Funktion, Kühlflüssigkeit, Kühler, Thermostat, Wasserpumpe, Keilriemen, Kühlerventilator, Heizung und Belüftung, Störungsbeistand

81 **Kraftstoff – vom Klopfen bis Sparen**
Kraftstoffsorten, Klingeln und Klopfen, Falscher Kraftstoff, Kraftstoffverbrauch, Ursachen für zu hohen Verbrauch, Kraftstoff sparen, Verbrauchsanzeige, Schaltanzeige

88 **Vom Tank zur Kraftstoffpumpe**
Tank, Tankgeber, Tankentlüftung, Kraftstoffleitungen, Benzinpumpe, Kraftstoffilter

94 **Die Einspritzanlage**
Funktion, Einzelteile, Luftfilter, Leerlauf, Abgasmessung, Störungssuche, Gaszug, Schubabschaltung, Störungsbeistand

107 **Die Kupplung**
Funktion, Kupplung prüfen, Kupplungsspiel, Kupplungszug, Fahren mit gerissenem Kupplungszug, Kupplungs-Lebensdauer, Kupplungsaus-und -einbau, Störungsbeistand

112 **Getriebe und Achsantrieb**
Funktion, Schaltschwierigkeiten, Getriebeaus und -einbau, Ausrücklager, Getriebegeräusche, Achsantrieb, Antriebswellen

119 **Radaufhängung und Lenkung**
Vorderradaufhängung, Lenkung, Hinterachse, Stoßdämpfer, Vorderradaufhängung zerlegen, Lenkrad, Radeinstellung, Hinterachse zerlegen

133 **Die Bremsen**
Funktion, Bremsflüssigkeit, Scheibenbremsen, Trommelbremsen, Bremspedalweg, Bremskraftverstärker, Bremskraftregler, Handbremse, Arbeiten an der Bremshydraulik, Störungsbeistand

153 **Räder und Reifen**
Die richtigen Reifen, Felgen, Breitreifen und -felgen, Reifendruck, Reifenzustand, Radwechsel, Rad-Unwucht, Reifen-Neukauf, Gleitschutzketten

160 **Elektrik und Elektronik**
Elektrik – ganz einfach, Spannung, Strom und Widerstand messen, Grundbegriffe der Elektronik

163 **Elektrische Leitungen und Sicherungen**
Minus an Masse, Normung, Leitungen, Sicherungen, Sicherungstabellen

168 **Die Stromlaufpläne**
Aufbau, Stromlaufplan VW Golf GTI Modell 1978 und VW Golf GTI Modell 1983

178 **Die Batterie**
Funktion, Batterie-Daten, Wartungsfreie Batterien, Batteriesäurestand, Ladezustand, Starten mit leerer Batterie, Lebensdauer der Batterie

183 **Lichtmaschine und Anlasser**
Drehstrom-Generator, Spannungsregler, Keilriemen, Fahren mit defekter Lichtmaschine, Ladekontrolle, Störungsbeistand Batterie und Lichtmaschine, Anlasser, Störungsbeistand

192 **Die Zündanlage**
Funktion, Zündspule, Zündspulen-Vorwiderstand, Fehlersuche an der Transistorzündanlage, Zündverteiler, Unterbrecher, Zündzeitpunkt, Digitale Leerlauf-Stabilisierung, Zündkabel, Zündkerzen

209 **Die Beleuchtung**
Glühlampen, Scheinwerfer, Scheinwerfereinstellung, Lampenwechsel, Nebelscheinwerfer

219 **Die Signaleinrichtungen**
Blink- und Warnblinkanlage, Bremsleuchten, Hupe, Lichthupe

222 **Instrumente und Geräte**
Kontrollinstrumente und -leuchten, Schalter, Schaltrelais, Heizbare Heckscheibe, Scheibenwischer und -wascher, Heckscheibenwischer, Radio

244 **Die Karosserieteile**
Motorhaube, Heckklappe, Stoßfänger, Kotflügel, Türen, Unfallschäden, Scheiben, Arbeiten im Innenraum

257 **Die Werterhaltung**
Rostschutz-Maßnahmen, Rost-Garantie, Unterbodenschutz, Hohlraumkonservierung, Durchrostungen

260 **Defektsuche mit System**
Sichtprüfung, Reihenfolge der Fehlersuche, Fehlerquelle Elektrik, Fehlerquelle Zündung, Fehlerquelle Kraftstoffversorgung

262 **Technische Daten**
Motor, Kraftstoffanlage, Kraftübertragung, Fahrwerk, Bremsanlage, Elektrische Anlage, Maße und Gewichte, Füllmengen, Fahrwerte

267 **Typ-Entwicklung**
Modellpflege, Änderungen am Golf GTI und Scirocco GTI/GLI

269 **Stichwortverzeichnis**

Wartungsplan
hinten auf der inneren Umschlagseite

Vorwort

Generalüberholung

Die Buchreihe »Jetzt helfe ich mir selbst« geht in ihr drittes Jahrzehnt – ein erfreuliches Zeichen der Bewährung, aber kein Grund, sich mit dem Erreichten zufrieden zu geben. Die Bedingungen, unter denen wir leben – und fahren – ändern sich stetig, und dieser Tatsache soll auch diese Buchreihe entsprechen. Sie wurde vollständig überarbeitet und erheblich erweitert.
Den Anfang für die neue Handbuch-Generation macht dieser Band: Er ist dem VW Golf GTI (bis Oktober 83) und dem VW Scirocco GTI/GLI (bis Baujahr April 81) gewidmet.
Des Autofahrers größte Sorge sind die steigenden Preise. Noch mehr als bisher wollen wir ihn daher unterstützen, seine Ausgaben zu verringern und den Wert seines Wagens zu erhalten.
Auch einer anderen Tendenz soll entsprochen werden: Der praktische Sinn vieler Autofahrer hat sich verstärkt, zumeist durch die Not der steigenden Auto-Kosten dazu gezwungen, oft auch aus Freude an der Beschäftigung mit seinem rollenden Besitz, zumal in einer Epoche wachsender Freizeit.
Zweispurig wollen wir das Angebot an kostensparender Hilfe vergrößern:
□ Mehr Technik für den versierten und fachkundiger gewordenen Praktiker.. Er wird umfassender über Reparaturen und Teiletausch und die dafür notwendigen Arbeitsschritte informiert. Viele neue Ratschläge werden ihn dabei unterstützen, so für die Beschaffung der richtigen Ersatzteile.
□ Mehr Informationen für denjenigen Autofahrer, der aus den verschiedensten Gründen nicht selber Hand anlegen kann oder will. Denn auch durch Lesen läßt sich Geld sparen: Wie man weniger Benzin verbraucht – dieses Kapitel wurde stark erweitert – oder wie man einfache Sichtprüfungen vornimmt.
An der Fahrsicherheit wird sich das Buch nach wie vor orientieren. Wir glauben, daß wir hier sogar einen wichtigen und notwendigen Beitrag leisten können. So wird zunehmend mit Selbstbedienung getankt, wobei der Autofahrer sich selbst überlassen bleibt – kritisch für viele dringend erforderliche Kontrollen (Ölstand, Bremsflüssigkeit, Kühlsystem, Batterie, Reifendruck usw.). Auch größere Inspektionsabstände zwingen dazu, häufiger nach dem Rechten zu sehen.
Viele eigene Erfahrungen aus unzähligen Schraub- und Bastelstunden, aus vielen gefahrenen Kilometern schlagen sich in diesem Buch nieder. Aber es enthält auch die Erfahrungen und das Wissen vieler hilfsbereiter Menschen, ob wir sie nun sozusagen an der Basis, auf dem Schrottplatz, in der Werkstatt, im Handel oder im Werk gefunden haben. Sie standen uns mit Rat und Tat zur Seite und wir möchten ihnen an dieser Stelle herzlich danken.

Die Verfasser

Im übrigen nehmen wir Erfahrungen mit dem VW Golf GTI oder mit dem entsprechenden VW Scirocco gern entgegen (Redaktionsadresse auf Seite 2 im Impressum).

Handgreiflich

Wenn Sie an Ihrem VW selbst schrauben wollen, gilt für den Werkzeugkauf der Wahlspruch »Qualität statt Quantität«. Anstelle einer umfangreichen bunten Schraubenzieher-Kollektion empfehlen wir einige wenige in wirklich robuster Ausführung, die in einer festgerosteten Schraube nicht gleich ausbrechen.

Die Grundausstattung

Mit folgenden Werkzeugen können Sie die meisten Reparaturen durchführen:
4 Doppel-Gabelschlüssel, 6×7, 8×10, 13×15, 17×19;
2 Gabel-/Ringschlüssel kurz, SW 10 bzw. 13 beidseitig;
2 Ringschlüssel gekröpft, 10×13 und 17×19;
1 Steckschlüssel 8×10;
1 Satz Innensechskantschlüssel am Ring, SW 2 bis 8;
1 Zündkerzenschlüssel, SW 20,8, ausziehbar;
1 Radschraubenschlüssel, SW 17;
3 Schraubenzieher für Querschlitzschrauben, 3, 6 und 8 mm breit;
2 Schraubenzieher für Kreuzschlitzschrauben, verschiedene Größen;
1 Schraubenzieher für Querschlitzschrauben, kurz mit kräftigem Griff;
2 Winkelschraubenzieher für Kreuzschlitze und Querschlitze;
1 Kombizange;
1 Rohrzange, 240 mm lang;
1 Seitenschneider;
1 Schlosserhammer, 300 g schwer;
1 Satz Fühlerblattlehren, 0,05–0,7 mm;
1 Flachmeißel;
1 Durchschlag, 3 mm Durchmesser;
1 Elektrik-Prüflampe.

Schraubenmaße und Schlüsselweiten

Werkzeuge und Maschinenteile werden in den meisten Ländern nach dem metrischen Maßsystem (in Millimeter oder Zentimeter) gemessen. Eine Schraube

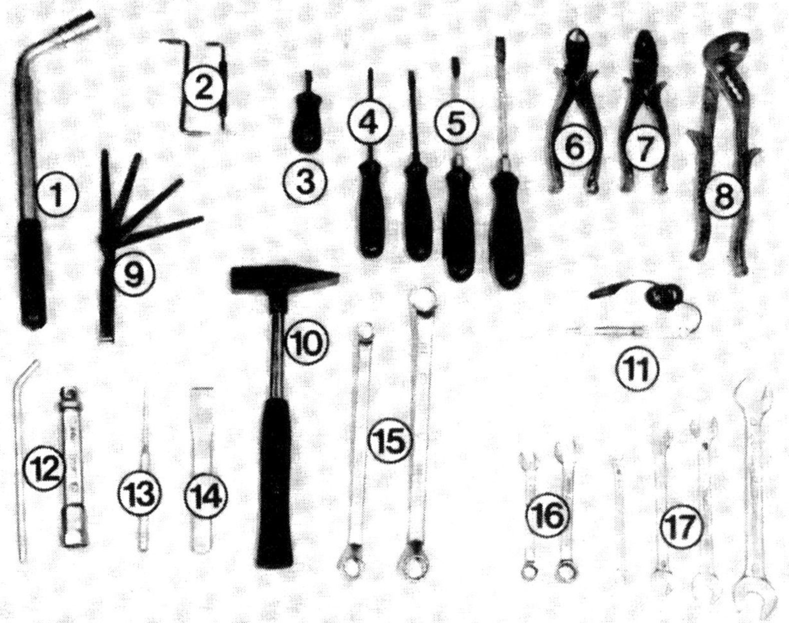

Unsere Werkzeug-Grundausstattung besteht aus: 1 – ausziehbarer Radschraubenschlüssel; 2 – Winkelschraubenzieher; 3 – kurzer Querschlitzschraubenzieher; 4 – Kreuzschlitzschraubenzieher; 5 – Querschlitzschraubenzieher; 6 – Seitenschneider; 7 – Kombizange; 8 – Rohrzange; 9 – Fühlerblattlehren; 10 – Hammer; 11 – Elektrik-Prüflampe; 12 – Zündkerzenschlüssel; 13 – Durchschlag; 14 – Flachmeißel; 15 – Ringschlüssel, hoch gekröpft; 16 – Gabel-/Ringschlüssel; 17 – Gabelschlüssel

kann beispielsweise mit M 8 × 30 oder M 8 × 1 × 30 gekennzeichnet sein. Hierbei bedeuten:

M – Kennzeichen für metrisches Gewinde;
8 – Gewinde-Außendurchmesser in mm;
1 – Gewindesteigung, die nur bei Fein- und Sondergewinden angegeben wird, nicht aber bei allgemein üblichen Normgewinden;
30 – Schraubenlänge in mm.

Jedem Gewindedurchmesser ist eine bestimmte Schraubenkopfabmessung zugeordnet. Bei Sechskantschrauben sieht das folgendermaßen aus:

Gewindeabmessung	M 4	M 5	M 6	M 8	M 10	M 12
Schraubenkopf-Flankenabstand in mm	7	8	10	13	17	19

Bei Schrauben und Muttern mißt man den Abstand der einander gegenüberliegenden Flanken und schreibt auf den jeweils dafür passenden Schraubenschlüssel die entsprechende Schlüsselweite (Kurzbezeichnung: SW). Ein Doppelgabelschlüssel (man nennt den Gabelschlüssel vielfach auch Maulschlüssel) mit der Bezeichnung 10 x 13 hat also eine Gabel oder ein Maul für eine 13 mm breite und auf der anderen Seite für eine 10 mm breite Schraube.

Weitere Werkzeuge

Stecknüsse mit den dazugehörigen Verlängerungsstücken und Betätigungswerkzeugen wie Knarre (Rätsche) und Hebel, ermöglichen wesentlich schnelleres Arbeiten. Sie sollten aber Sechskantnüsse kaufen. Zwölfkantnüsse rutschen auf beschädigten oder verrosteten Schrauben schneller durch.
Zum Einstecken der Betätigungswerkzeuge haben die Steckeinsätze ein Vierkantloch mit 1/2″ (Zoll) oder 3/8″ Kantenlänge. Die 3/8″-Ausführung ist dabei weniger verbreitet, jedoch in vielen Fällen handlicher beim Autobasteln. Für Stecknüsse ab SW 24, die es nur mit 1/2″-Vierkant gibt, kann man ein Adapterstück kaufen, das den 3/8″-Vierkant auf 1/2″ vergrößert. Auch Inbus- und Innenvielzahnschlüssel gibt es mit 1/2″- und 3/8″-Antrieb zu kaufen. Gerade diese Schrauben lassen sich mit dem Betätigungshebel und der Rätsche wesentlich leichter öffnen.
Kleiner Rätschenkasten mit 1/4″-Antrieb: ein praktisches Werkzeug, wenn mit kleinen Schrauben gearbeitet wird. Manche Kästen haben noch zusätzlich Einsätze für Schlitz- und Kreuzschlitzschrauben.
Drehmomentschlüssel gibt es heute schon sehr preiswert zu kaufen. Für den Heimwerker genügt dabei die Ausführung mit Skala durchaus.
Schlagschrauber: Er hilft, Quer- und Kreuzschlitz- sowie Inbusschrauben zu lösen, wenn alle anderen Mittel versagen.

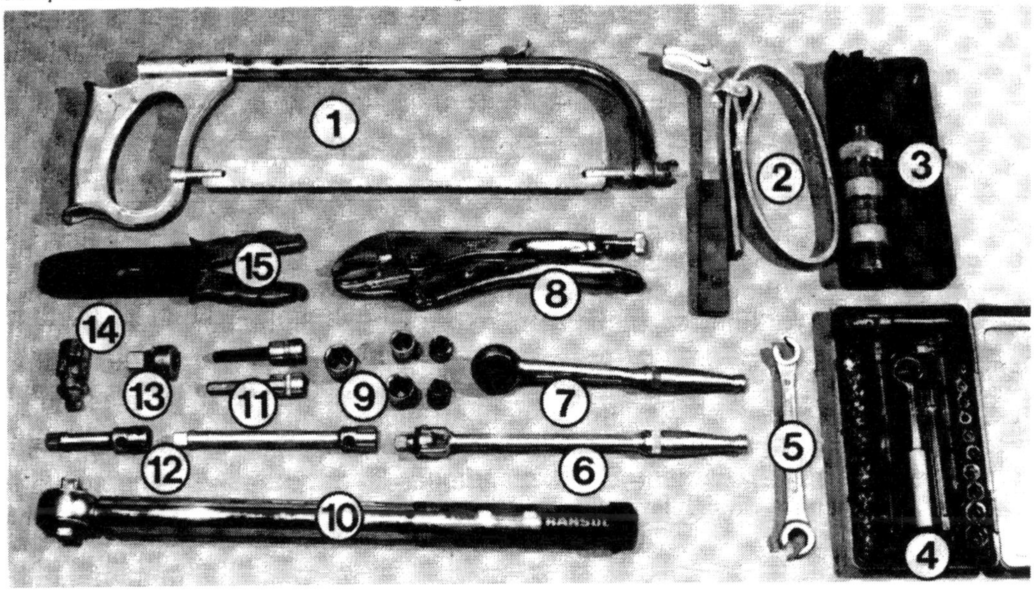

Einiges ergänzendes Werkzeug: 1 – Metallsäge; 2 – Spannbandschüssel; 3 – Schlagschrauber; 4 – kleiner Stecknußkasten; 5 – Bremsleitungsschlüssel; 6 – Gelenkstück; 7 – Rätsche; 8 – Gripzange; 9 – Stecknüsse; 10 – Drehmomentschlüssel; 11 – Innensechskant-Steckeinsätze; 12 – Verlängerung; 13 – Adapterstück von 3/8″ auf 1/2″; 14 – Gelenk; 15 – Elektrikzange.

Gripzange: Sie wird durch ihren besonderen Mechanismus erst auf der Schraube festgeklemmt, bevor an ihrem Griff gezogen werden kann.
Spannbandschlüssel zum Lösen des Ölfilters. Die Anschaffung lohnt sich, wenn der Ölwechsel mit Filterwechsel öfters selbst gemacht wird.
Spezialquetschzange zum Anklemmen von Steckern an Elektrokabel. Für den Bastler reicht die einfachere und preisgünstigere Ausführung durchaus.
Kabelverbinder: Wenn Sie sich die oben genannte Quetschzange anschaffen, sollten Sie gleich ein Sortiment der gängigen Verbinder besorgen: Flachstecker, Doppelflachstecker, schmale Flachstecker und evtl. auch Rundstecker.
Kabelbinder: Wenn ein Kabel oder ein Bowdenzug an der Karosserie befestigt werden soll, ist ein Kunstoff-Kabelbinder die ideale Verbindung. Das eine Ende des Kabelbinders wird durch die Öse an seinem anderen Ende gezogen. Eine Sperrklinke verhindert das Herausrutschen, so daß die einmal gebildete Schlaufe erhalten bleibt. Kabelbinder sind Pfennigartikel im Elektronik-Laden.
Bremsleitungsschlüssel: Mit ihm lassen sich die SW-11-Muttern der Bremsleitungen leicht lösen, ohne daß die Flanken rundgedreht werden. Er sieht aus wie ein aufgesägter Ringschlüssel und ist beispielsweise bei der Fa. Hazet unter der Bestellnummer 05 202 erhältlich.
Splintensortiment: Sicherungssplinte sollen grundsätzlich nur einmal verwendet werden. Unnötige Wege erspart man sich durch ein Splintensortiment in den gängigen Größen.
Karosserie-Dichtmasse: Sie wird gebraucht, um etwa ein Bohrloch in der Karosserie abzudichten oder um ein Kabel zu entklappern, und sie eignet sich für allerhand Improvisationslösungen.
Lüsterklemmen, wie sie der Elektriker verwendet, können genausogut zum Flicken von Betätigungszügen verwendet werden.

Sinnvolle Hilfsmittel

Stab-Handlampe: Sie gibt helles Licht, blendet nicht auf der Rückseite und kann vor allem auch auf den Boden fallen, ohne Schaden zu nehmen.
Drahtbürste: Sie ist unentbehrlich zum Reinigen von verrosteten Schraubengewinden und Fahrwerksteilen. Ein sehr nützliches Allround-Hilfsmittel.
Metall-Bügelsäge: Sie wird zum Aufsägen verrosteter Muttern und zu allerlei anderen Bastelarbeiten gebraucht.
Waschpinsel: Er leistet gute Dienste bei der Motorwäsche und der Reinigung ölverschmierter Fahrzeugteile. Er sollte ohne Metallfassung sein.
Handwaschmittel: Für ölverschmierte Hände brauchen Sie Handwaschpaste. Achten Sie beim Kauf darauf, daß diese hautschonend ist, also ohne Sandzusatz. Gut geeignet sind auch Handwaschgelees, wie etwa »Terogel« von Teroson. Im Notfall können Sie ebenso unverdünntes Geschirrspülmittel nehmen.

Werkzeug-Aufbewahrung

Nur wenige Autobastler haben in der Garage den Platz, das Werkzeug an einer Steckwand säuberlich aufzureihen. Kaufen Sie einen fünfteiligen Blech-Werkzeugkasten mit Tragegriff, den es in Kaufhäusern usw. preiswert gibt. In einem solchen Kasten läßt sich das Werkzeug übersichtlich unterbringen.

Prüf- und Meßgeräte

Reifendruckprüfer ist unerläßlich zur Kontrolle des Luftdrucks bei kalten Reifen.
Batteriesäureprüfer gibt Aufschluß über den Ladezustand der Batterie, ist aber im Heimwerkergebrauch nur selten notwendig.
Frostschutzprüfer wird zur Prüfung der Frostfestigkeit des Kühlmittels gebraucht, ist aber für den Bastler nicht unbedingt erforderlich.
Kompressionsdruckprüfer gibt es in einfacher, preiswerter Ausführung mit Skala, während die Werkstattgeräte mit Schreiber und Meßkärtchen für den Privatgebrauch zu teuer sind.
Stroboskoplampe oder Zündlichtpistole dient zur genauen Zündzeitpunkteinstellung bei laufendem Motor. Ein brauchbares Gerät muß mit einer hellen Xenon-Lampe ausgerüstet sein. Die Blitze der lichtschwachen Neon-Lampen sind bei Tageslicht nicht zu erkennen. Aufwendigere Geräte haben einen Impulsgeber, der lediglich an das Zylinder-1-Zündkabel angeklammert wird, bei anderen

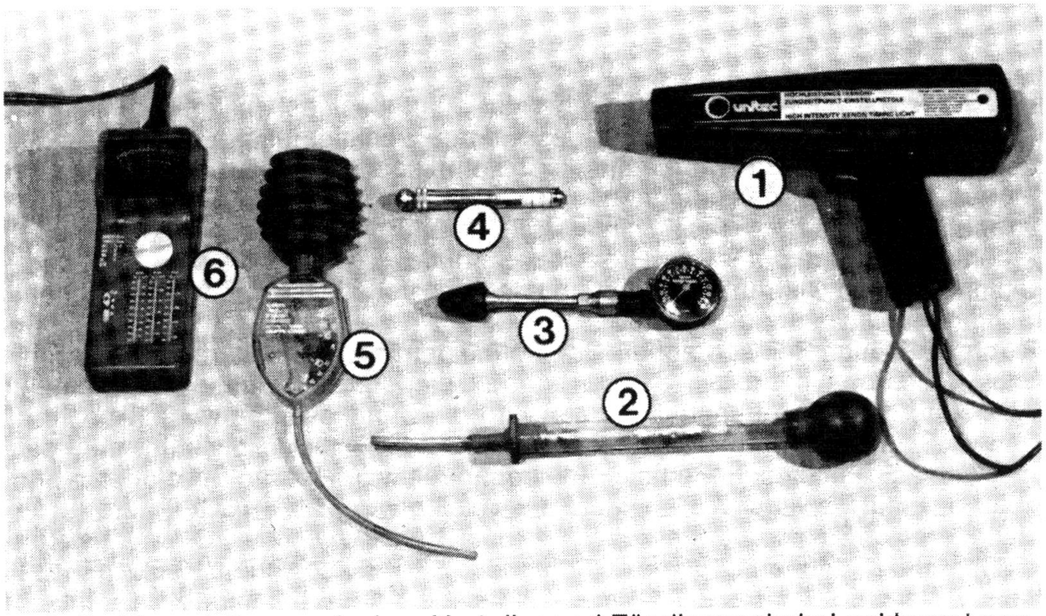

Verschiedene Meß- und Prüfgeräte: 1 – Stroboskoplampe; 2 – Batteriesäureprüfer; 3 – Kompressionsdruckmesser; 4 – Luftdruckprüfer; 5 – Frostschutzprüfer; 6 – Kombinationstester.

muß die Steuerleitung zwischen Verteiler und Zündkerzenkabel geklemmt werden.

Einzelgeräte und Kombinationstester: Die nachfolgend beschriebenen Geräte gibt es meist in unterschiedlichen Kombinationen zusammengefaßt. Die Geräte sollten etwa folgende Meßbereiche besitzen: 0–20 Volt, 0–10 Ampere, 2 Ohmbereiche 0–50 Ohm, 0–50 Kilo-Ohm. Testgeräte mit einer Trockenbatterie als eigene Stromquelle (für Ohmmeter unerläßlich) zeigen genauer und stabiler an als solche, die von der Auto-Bordelelektrik versorgt werden; dafür sind sie aber wesentlich teurer. Achten Sie beim Kauf unbedingt auf eine ausführliche Bedienungsanleitung.

Schließwinkeltester: Er wird nur für die herkömmliche Zündanlage der älteren Modelle gebraucht. Der Schließwinkeltester gibt Auskunft über die Einstellung der Unterbrecherkontakte.

Drehzahlmesser: Wird zur Leerlauf- und Zündeinstellung gebraucht.

Voltmeter: Gibt Auskunft, ob überhaupt Spannung anliegt, und dient zur Ladespannungsmessung sowie zur Messung der Batteriespannung.

Amperemeter: Dient zum Prüfen eines Stromkreises, wenn der Verdacht besteht, daß ein Stromverbraucher heimlich von der Batterie zehrt.

Ohmmeter: Wird nicht nur zur reinen Widerstandsmessung gebraucht, sondern kann auch ein unterbrochenes Kabel aufspüren.

Abgastester: Sie werden auch in Kaufhäusern angeboten, sind aber nicht ausreichend meßgenau. Wirklich gute sind für den Heimwerker viel zu teuer; sparen Sie sich das Geld.

Flüssige Hilfen

Rostlöser für festgerostete Verschraubungen gibt es genügend im Angebot, am wirkungsvollsten ist »Caramba Rasant«.

Isoliersprays unterwandern bei Feuchtigkeit in der Autoelektrik den feinen Wasserfilm und verhindern dadurch, daß Batteriestrom über den leitenden Wasserfilm als Kurzschluß oder »Kriechstrom« abgeleitet wird.

Kaltreiniger dient zum Säubern des ölverschmierten Motors und sonstiger fettiger Fahrzeugteile. Die Reinigungsflüssigkeit gibt es in Sprühdosen oder – billiger – in Kanistern oder Dosen. Ein Waschpinsel ist in jedem Fall unerläßlich, um die Schmutzkrusten zu lösen. Anschließend wird mit scharfem Wasserstrahl abgespritzt. Die Säuberungsaktion sollte aus Gründen des Gewässerschutzes nur über einem Benzin- oder Ölabscheider stattfinden.

Motorschutzlack verhindert im Triebwerksabteil Korrosionserscheinungen nach der Motorwäsche und wirkt zusätzlich schmutzabstoßend.

Gummipflegespray verhindert, daß im Winter die Türdichtungen ankleben oder die Ausstellfenster an ihren Abdichtgummis festfrieren. Mit solchem Spray kann man sich auch den Fenstereinbau erleichtern, wenn man die Scheibendichtung vorher damit einsprüht.

Spezial-Schmierstoffe

Haushaltsöl in kleinen Spritzkännchen ist dünnflüssiges Universalöl, das man überall verwenden kann, wo keine besonderen Schmieransprüche gestellt werden. Aber es hält Motorwärme aus, ist also beispielsweise zur Schmierung des Motorhaubenschlosses geeignet.

Graphitöl enthält den »Festschmierstoff« Graphit, der die Schmierkraft des Öls erhöht. Besonders gut ist die Graphitöl-Sprühdose von BP, die einen meterweiten nadelfeinen Ölstrahl versprüht und dadurch vor allem für schwer erreichbare Schmierstellen sehr geeignet ist.

Kupferfett, auch Heißschrauben-Compound genannt, verhindert das Festrosten von Verschraubungen, die extrem hohen Temperaturen ausgesetzt sind. Am Auto sind dies die Auspuffschrauben und die Zündkerzengewinde. Aber auch andere Schrauben und Muttern, etwa an den Stoßdämpfern, bleiben immer gängig, wenn sie mit diesem Schmierstoff behandelt wurden. Das Spezialfett gibt es u. a. von Liqui Moly als »ASC«-Paste und von Molykote als »HSC«-Paste.

Schmierstoff-Suspensionen liegen an der Grenze zwischen Öl und Fett und sind für seltener beanspruchte Gleitflächen (z. B. Sitzschienen, Heizungshebel) sehr vorteilhaft. Nach dem Auftragen bilden sie auf der behandelten Gleitfläche einen wachsähnlichen Schmierfilm, der auch gegen Rost schützt und erst bei Druckbeanspruchung flüssig wird. Einige Beispiele: »MO-Gleitspray« von Teroson, »Paste U-n« von Molykote oder »LM Schmierfix« von Liqui Moly.

Silikonpaste, z. B. »MS 4 silicone compound« von Dow Corning/Molykote, eignet sich für viele Schmierstellen. Sie schmutzt nicht, ist hitzefest und stößt Feuchtigkeit vollkommen ab. Außerdem eignet sich die Paste zum Abdichten.

Säureschutzfett, auch Polfett genannt, ist ein gegen elektrische Ströme, Säure und Feuchtigkeit isolierender Spezialschmierstoff, der vor allem die Batteriepole sauber hält. Konkurrenzlos ist das Säureschutzfett »Ft 40 v 1« von Bosch.

Arbeitskleidung

Wird bei der Autobastelei ein teures Hemd unrettbar verschmutzt, hat sich die Eigenreparatur sicher nicht gelohnt. An Arbeitskleidung eignet sich:

Overall, in den man auch in voller Montur schnell hineingeschlüpft ist und der umfassend alle Kleidungsstücke darunter schützt. Wichtig ist ein zentraler Reißverschluß und dicht zuknöpfbare Ärmelbünde, damit die Hemdsärmel nicht vorrutschen können.

Latzhose und ein strapazierfähiges Baumwollhemd. Diese Kleidungsstücke müssen zwar etwas umständlicher angezogen werden, doch bieten sie mehr Bewegungsfreiheit als ein Overall.

Arbeitsmantel, besonders geeignet für unterwegs. Mit diesem Kleidungsstück sind Sie am schnellsten »einsatzbereit«.

Arbeitshandschuhe schützen vor den sonst so häufigen Hautaufschürfungen, z. B. beim Lösen schwergängiger Schrauben oder Muttern. Einfache, billige Textil/Leder-Handschuhe sind sehr gut geeignet für Arbeiten, die keine gelenkigen Finger erfordern. Kaufen Sie am besten gleich zwei Paar.

Arbeitsschuhe lohnen sich für den Hobby-Bastler kaum, sofern er nicht ohnehin ein Paar zu Hause stehen hat. Ziehen Sie zum Basteln möglichst altes Schuhwerk an, denn Benzin und Öl löst bisweilen die Schuhsohlen an.

Ausrüstung für unterwegs

Sie sind für eventuelle Pannen auf der Strecke gut gewappnet, wenn Sie die auf Seite 8 zusammengestellte Werkzeug-Grundausstattung und die nachstehend genannten Hilfsmittel dabei haben:

- ☐ Abschleppseil oder -stange
- ☐ Arbeitshandschuhe
- ☐ Autoelektrikkabel, 1,5 mm²
- ☐ Draht
- ☐ Ersatzglühlampen (Seite 209)
- ☐ Feuerlöscher
- ☐ Keilriemen
- ☐ Klebeband
- ☐ Klebstoff (Sekundenkleber)
- ☐ Lappen, Handreinigungsmittel
- ☐ Reservekanister, gefüllt
- ☐ Sicherungen
- ☐ Starthilfekabel (Seite 181)
- ☐ Taschenlampe
- ☐ Wasserkanister
- ☐ Zündkerzen (Seite 208)

Fronterfahrung

Eine unlösbare Verschraubung, eine abgerissene Schraube oder lediglich ungeschickte Vorbereitung der Arbeit haben schon manchen Selbsthelfer von seinem Vorhaben wieder abgebracht. Wir wollen Ihnen in diesem Kapitel einige Tips aus unserer Praxis geben, damit die Arbeit zügig voranschreiten kann.

Muttern, Schrauben und Gewinde

Verrostete Verschraubungen lösen

Bevor der Schraubenschlüssel an einer auf ihrem Gewindebolzen festgerosteten Mutter angesetzt wird, sollten Sie die freiliegenden Gewindegänge unbedingt von Schmutz und Rost befreien. Gewinde mit Drahtbürste säubern und anschließend mit Rostlöser besprühen. Erst nach einer gewissen Einwirkungszeit die Mutter losdrehen. Das gleiche gilt für Schrauben, die in ein eingeschnittenes Gewinde oder an der Karosserie festgeschweißte Muttern eingedreht sind. Hier ist dieselbe Vorbehandlung des freiliegenden Schraubengewindes erforderlich, sonst wird der Schraubenkopf beim Loswuchten abgedreht.

Schlitz- und Kreuzschlitzschrauben lösen

Schon nach relativ kurzer Zeit können Schrauben so fest sitzen, daß sie sich nicht einfach mit einem Schraubenzieher herausdrehen lassen. Bei Kreuzschlitzschrauben kommt erschwerend hinzu, daß sich der Schraubenzieher auch bei starkem Druck auf den Schaft aus dem gekreuzten Schlitz herausdreht. Nach wenigen erfolglosen Versuchen ist der Kreuzschlitz »vermurkst«, und Sie stehen vor einer unlösbaren Verschraubung.
Wenn sich eine Schraube nicht gleich losdrehen läßt, sollten Sie einen passenden, stabilen Schraubenzieher ansetzen und dem Griffende einen trockenen Hammerschlag versetzen. Das bricht normalerweise die mit ihrem Kopf leicht festkorrodierte Schraube los, sie läßt sich nun ganz normal herausdrehen.
Hilft das nichts, brauchen Sie einen Schlagschrauber. Bei jedem Hammerschlag auf das Griffende des Schlagschraubers dreht dieser den Schraubeneinsatz unter Druck ein klein wenig weiter. Das löst praktisch jede Schraube.

Blechschrauben ausbohren

Ist in einem Schraubenkopf kein Werkzeug mehr einzusetzen, hilft gewöhnlich nur noch Ausbohren. Erst wird mit einem entsprechend großen Bohrer der

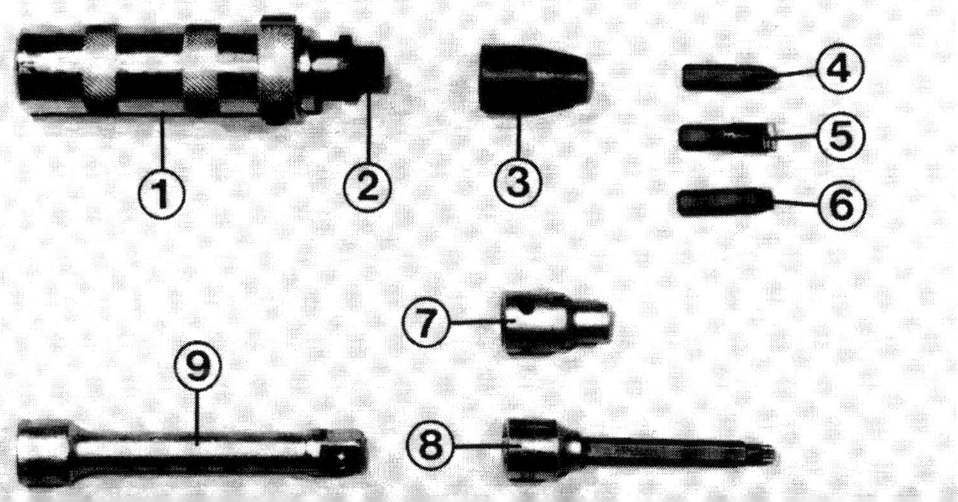

Einsatzmöglichkeiten des Schlagschraubers (1) mit Halbzoll-Antrieb (2): Direkt aufgesteckt werden Verlängerungen (9), Stecknüsse (7) und Inbus/Innenvielzahnschraubenschlüssel für Halbzoll-Antrieb (8). Mit Adapter (3) können eingesteckt werden: Kreuzschlitz-(4), Querschlitz-(5) und Inbussteckeinsätze (6).

Schraubenkopf entfernt (notfalls mit einem kleineren Durchmesser vorbohren). Das Gewindeteil einer Blechschraube läßt sich manchmal nun durchstoßen oder mit einer Zange von der Rückseite her abnehmen. Andernfalls mit einem dünnen Bohrer das Gewindeteil ausbohren. Wenn Sie hierfür einen zu großen Bohrerdurchmesser wählen, wird entweder das Gegengewinde beschädigt oder das Loch für eine Blechschraube so vergrößert, daß später nur eine stärkere Schraube hält.

Innensechskant- und Innenvielzahnschrauben lösen

Bei beiden Schraubenarten muß das Schraubenloch peinlich genau gereinigt werden, ehe Sie das entsprechende Werkzeug ansetzen. Das beste Werkzeug zum Lösen solcher Schrauben sind Steckeinsätze für die Rätsche mit langem Sechskant bzw. Vielzahn. Im Gegensatz zu den ebenfalls gebräuchlichen kleinen Winkelschlüsselchen (bei denen die Kraft übrigens immer schräg ansetzt) vertragen die Steckeinsätze auch einen trockenen Hammerschlag auf der Steckseite. Der Schlag mit dem Hammer auf das Werkzeug – oder im Notfall auch direkt auf den Schraubenkopf – lockert nämlich den Sitz der Schraube ein wenig und erleichtert das anschließende Losdrehen.
Wird dennoch mit den kleinen Winkelschlüsseln gearbeitet, empfiehlt sich – wo höherer Krafteinsatz nötig ist – der im Bild rechts unten gezeigte Trick.

Schrauben an schlecht zugänglichen Stellen eindrehen

Wenn eine Schraube an versteckter Stelle eingedreht werden soll, können Sie sich folgendermaßen helfen, damit die Schraube nicht ständig vom Werkzeug abfällt: In den Schraubenschlitz etwas Karosseriedichtmasse ankleben oder die Schraube mit einem kleinen Klebebandstreifen am Werkzeug anheften.

Beschädigte Muttern lösen

Wenn ungeschickte Schrauber die Mutternkanten bereits rundgedreht haben oder wenn Rost die Anlageflächen für den Schraubenschlüssel entstellt hat, hilft nur noch Gewalt. Als erste Möglichkeit kommt die bereits erwähnte Gripzange in Betracht, mit der sich die Mutter äußerst fest greifen und oft auch losdrehen läßt. Hilft das nicht weiter, wird ein scharfer Meißel angesetzt und die Mutter aufgemeißelt. Eine gut zugängliche Mutter kann auch mit einer Metallsäge entlang des Gewindes aufgesägt werden.
Werkstätten benutzen zum Lösen solcher Muttern einen sogenannten Mutternsprenger, der aber für den Hausgebrauch zu aufwendig in der Anschaffung ist.

Selbstsichernde Muttern

Selbstsichernde Muttern besitzen entweder eine Einlage aus Kunststoff oder ein enger geschnittenes Gewinde. Auf diese Weise klemmt die Mutter auf der Schraube und kann sich nicht durch Vibrationen lösen. Derartige Muttern dürfen allgemein nur ein Mal verwendet werden, sonst ist die sichernde Wirkung dahin.

Stehbolzen lösen und festdrehen

Da ein Stehbolzen (auch Gewindestange genannt) keine Anlagefläche für einen Schraubenschlüssel besitzt, muß diese geschaffen werden. Dazu auf dem freien

Ausbohren einer beschädigten Kreuzschlitzschraube (Pfeil).

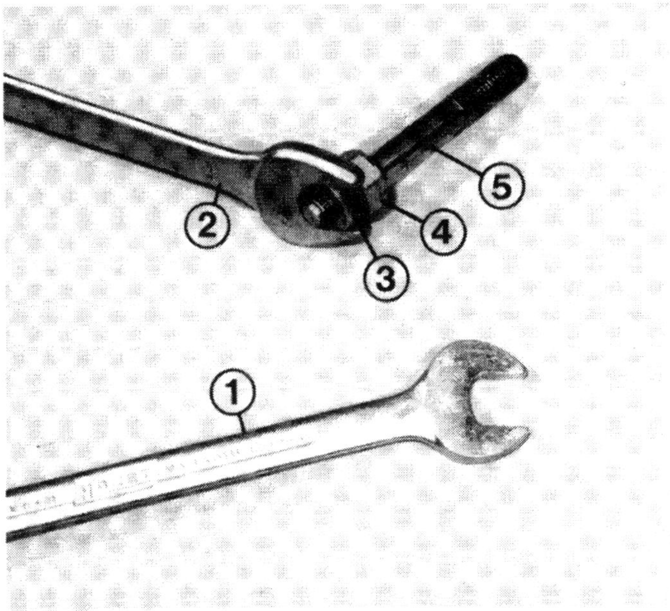

Lösen eines Stehbolzens (5): Mit zwei Schraubenschlüsseln (1 und 2) werden zwei gleich große Muttern (3 und 4) auf dem freien Stehbolzengewinde fest gegeneinander verdreht (gekontert). Die Muttern klemmen sich dadurch auf dem Gewinde fest, und der Bolzen kann an einer der Muttern gedreht werden.

Gewindeteil des Bolzens zwei Muttern fest gegeneinanderschrauben (kontern). An den so gesicherten Muttern den Schraubenschlüssel ansetzen und den Bolzen herausdrehen.

Schraubengröße und Drehmoment

Schrauben, die keinen speziellen Belastungen ausgesetzt sind, werden mit Standard-Drehmomenten angezogen. Wird die Verschraubung mit aller Kraft »angeknallt«, reißt das Gewinde ab. Für die gebräuchlichsten Schrauben/Muttern-Verbindungen gelten folgende Drehmomente:

Gewindedurchmesser in mm	6	8	10	12	14
Drehmoment in Nm	10	25	49	85	135

Natürlich treffen die angegebenen Drehmomente nicht für Sonderschrauben (Drehmomente im Buch) zu, und für Schrauben, die beispielsweise in Leichtmetall gedreht werden.

Fingerzeig: *Erfahrungsgemäß werden einfache Verschraubungen nach Gefühl angezogen. Gelegentlich kann es aber nicht schaden, wenn Sie Ihr Gefühl mit einem Drehmomentschlüssel kontrollieren. Die Tabelle oben hilft Ihnen dabei.*

Abgerissene Gewindeschrauben ausbohren

Das Gegengewinde, in dem die abgerissene Schraube steckt, sollte möglichst wenig Schaden nehmen. Deshalb den Schraubenrest genau in der Mitte mit einem Körnerschlag versehen. Jetzt kann gebohrt werden: Bis zur Schrauben-

So kann auch eine schwergängige Inbusschraube geöffnet werden: Am abgewinkelten Inbusschlüssel wird ein kleiner Ringschlüssel als Hebel angesetzt. Vorsicht: Inbusschlüssel schlechter Qualität können brechen!

größe M 6 geht dies gleich mit dem sogenannten Kernlochbohrer. Das ist der Durchmesser einer »rasierten« Schraube, also ohne Gewindeflanken. Bei den am Auto vorkommenden Verschraubungen gilt die Faustregel: Gewindedurchmesser multipliziert mit 0,8. Beispiel: Verschraubung M 6 × 0,8 = Kernlochdurchmesser 4,8. Ab Schrauben der Größe M 8 sollten Sie mit einem dünneren Bohrer vorbohren.
Die in den Gewindegängen verbliebenen Metallreste lassen sich bisweilen mit einer Reißnadel »herausoperieren«. Meist muß jedoch das Gewinde nachgeschnitten werden.

Gewinde schneiden Gewindeschneider unter ständigem Ölen in das vorgebohrte Kernloch (siehe vorangegangenen Abschnitt) hinein- und wieder herausdrehen. Um ein Abreißen des Gewindeschneiders zu verhindern, muß beim Hineindrehen immer wieder abgesetzt und ein Stück zurückgedreht werden. Sonst werden die Metallspäne zu lang und klemmen.

Ausgerissenes Gewinde Die in Leichtmetall eingeschnittenen Gewinde im Zylinderkopf und Getriebe reißen besonders leicht aus, da das Material eine wesentlich geringere Festigkeit hat als etwa Stahl. Bei genügend »Fleisch« im Metall kann ein größeres Gewinde eingeschnitten werden, wie oben beschrieben. Andernfalls muß eine Gewindebuchse eingesetzt werden, z. B. ein Heli-Coil-Einsatz. Diese Methode wird auch bei ausgerissenen Zündkerzengewinden angewandt.

Autoelektrik

Kabel durchziehen Ist ein Kabel in einen Karosserieholm zurückgerutscht oder soll eine neue Leitung in einem Holm verlegt werden, benötigen Sie einen stabilen, geraden Draht, der länger ist als der Holm. Draht durch den Holm schieben, Kabel am Drahtende befestigen und durchziehen – fertig.

Die Kabelstecker Wie an den meisten europäischen Autos finden am VW Flachstecker – auch AMP-Stecker genannt – Verwendung. Sie sind am Kabelende lediglich aufgequetscht und stellen eine stabile Verbindung zur zugehörigen Steckerzunge dar.

Kabelstecker nachbiegen Ausgeleierte Kabelstecker werden – damit wieder fester Sitz gewährleistet ist – etwas nachgebogen. Dabei sollten Sie jedoch nicht an den halbrunden Klammern biegen, sondern die Blechzunge auf der Rückseite des Steckers mit einem feinen Schraubenzieher etwas nach innen drücken.

Kabelstecker selbst anbringen Der entsprechende Stecker wird auf das blanke Kabelende gesteckt und mit einer Zange festgequetscht. Dazu eignet sich eine normale Flach- oder Kombizange nur bedingt. Besser ist eine Spezialquetschzange (Zubehörhandel und Warenhäuser führen sie), mit der außerdem Kabel von ihrer Isolierung befreit und kleine Schrauben gekürzt werden können.

Mehrfachstecker trennen Sind mehrere Flachstecker zu einem Mehrfachstecker zusammengefaßt, kann ein einzelner Stecker nur dann herausgezogen werden, wenn die Haltezunge des Kabelsteckers mit einem feinen Schraubenzieher zurückgebogen wird. Dazu von der Anschlußseite her (nicht von der Kabelseite aus) den Schraubenzieher zwischen die flache Seite des Steckers und das Kunststoffteil schieben und gleichzeitig den Stecker am Kabel nach hinten herausziehen.

Ein richtig geschliffener Stahlbohrer muß folgende Winkel aufweisen: Freiwinkel a = 6–9°; Spitzenwinkel b = 116–120°; Querschneidwinkel c = 55°.

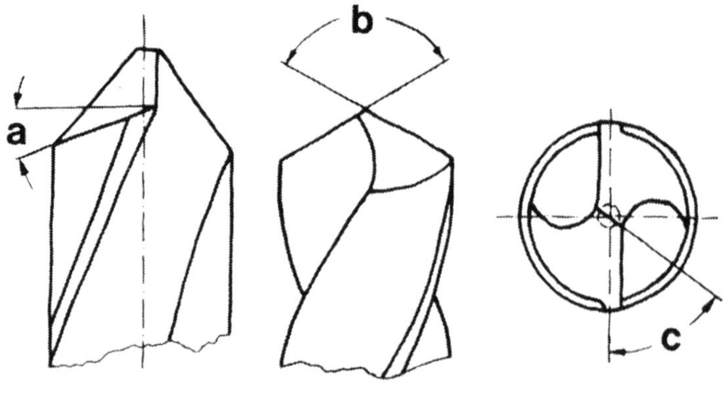

Werkzeug instand halten

Schraubenzieher müssen eine gerade und am Ende der Spitze leicht abgestumpfte Klinge haben. Wurden sie zwischenzeitlich als Meißel mißbraucht oder sind Ecken ausgebrochen, können sie nachgeschliffen werden. Dabei die Klingenflächen parallel zueinander schleifen. Eine spitz zulaufende Klinge dreht sich aus dem Schraubenschlitz – hohe Verletzungsgefahr. Beim Schleifen den Schraubenzieher immer wieder in Wasser kühlen! Glüht die Schraubenzieherklinge beim Schleifen aus (erkennbar an der plötzlichen Blaufärbung), wird sie in ihrem Metallgefüge verändert und ist nicht mehr hart genug.
Hammer; sein Stiel muß absolut fest im Metall stecken, um Verletzungen durch einen unversehens losfliegenden Hammerkopf zu vermeiden. Bei Hämmern mit Holzstiel muß oben ein Sicherungskeil im Stiel sitzen; darauf sollten Sie achten.
Meißel; durch die Schläge mit dem Metallhammer bildet sich nach fortgeschrittener Benutzung oben am Schaft des Meißels eine Krone aus dicken Metallspänen. Die müssen abgeschliffen werden, sonst sind Verletzungen möglich.
Bohrer wollen von Zeit zu Zeit geschliffen werden, sonst drücken sie statt zu schneiden, werden dabei zu heiß und glühen aus. Damit sind sie unbrauchbar. Richtig geschliffene Bohrer weisen ganz bestimmte Winkel an den Schneiden auf (siehe Zeichnung links unten). Diese Winkel anzuschleifen ist Übungssache und erfordert viel Geschick. Wer es einfacher haben möchte, kauft sich einen Bohrerschleif-Vorsatz für die Bohrmaschine. Wichtig ist auch hier: der Bohrer muß während des Schleifens immer wieder in Wasser gekühlt werden.

Arbeitsvorbereitung

Wenn Sie bei einer Reparatur Teile ausbauen und zur Seite legen, soll der Arbeitsplatz gründlich gesäubert sein.
Abgenommene Teile werden sinnvollerweise in der Ausbaureihenfolge abgelegt. Kleinteile packt man sicherheitshalber in kleine Schachteln oder Gläser oder man dreht nach dem Ausbau die passenden Schrauben gleich wieder in das zugehörige Gewinde, so werden keine Schrauben verwechselt.

Funktionskontrolle

Nach beendeter Reparatur prüft man zuerst, ob noch irgendwelche Teile herumliegen, die zum Auto gehören. Noch ein prüfender Blick auf die Reparaturstelle im Wagen: Ist dort alles am rechten Fleck? Dann die Funktion prüfen.
Stimmt mit der Reparatur scheinbar etwas nicht oder tritt gar ein neuer Defekt auf, kontrollieren Sie als erstes die gesamte Umgebung der Reparaturstelle am Fahrzeug. Möglicherweise wurde versehentlich ein Kabel abgerissen oder ein Unterdruckschlauch abgezogen. Der klassische Fall, wenn der Motor nicht anspringt: Man hat vergessen, den Verteilerfinger einzubauen!

Unfallverhütung

Wagen immer absichern, wenn an der Unterseite gearbeitet wird.
Schutzbrille verwenden, wenn Metall geschliffen oder gemeißelt wird.
Schweißbrille aufsetzen, auch wenn Sie beim Schweißen nur zusehen wollen.
Augen sofort ausspülen, wenn sie mit ätzenden Flüssigkeiten (z. B. Bremsflüssigkeit) in Berührung gekommen sind. Zum Spülen eignen sich neben klarem Wasser alle »harmlosen« Flüssigkeiten, wie Sprudel, Limonade, Milch, Bier etc.
Brems- oder Kupplungsabrieb. Die Asbestanteile in neuen Belägen sind krebsfördernd, der Abrieb ist dagegen praktisch ungefährlich aufgrund der thermischen und mechanischen Umwandlung. Dennoch sollten Sie den Abriebstaub nicht unnötig einatmen.
Auspuffgase sind giftig! Beim Laufenlassen des Motors muß ausreichende Belüftung vorhanden sein. Die Montagegrube ist dabei besonders heimtückisch, denn das Auspuffgas sinkt nach unten.
Benzindämpfe sind leicht entzündlich. Deshalb nicht rauchen und kein offenes Feuer, wenn an der Kraftstoffanlage gearbeitet wird. Auch hier ist die Montagegrube wieder besonders gefährlich. Des weiteren sind auch Dämpfe von Lösungsmitteln, Kunstharz oder der Säurenebel der Batterie leicht entzündlich.
Batterie abklemmen, wenn an den Bauteilen der Benzinversorgung gearbeitet wird. Funkenbildung an einem Kabel oder einer Steckverbindung kann eine Explosion auslösen.

Teil-weise Versorgung

Wer sich nicht rechtzeitig sämtliche benötigten Ersatzteile besorgt hat, steht sicher am Wochenende mit einem teilzerlegten Auto da und kommt nicht mehr weiter. Deshalb haben wir sämtliche diesbezüglichen Überlegungen im folgenden Kapitel zusammengefaßt.

Welche Teile brauchen Sie?

Bevor Sie das Werkzeug ansetzen, müssen Sie zusammenstellen, was an Ersatzteilen gebraucht wird. Dabei ist besonders wichtig, daß Sie nicht nur an die direkt betroffenen Teile denken, sondern auch an evtl. zu ersetzende Dichtungen, selbstsichernde Schrauben, Sicherungsringe usw. So wird beispielsweise beim Einstellen der Ventile oft auch eine neue Ventildeckeldichtung notwendig. Der Mann im Ersatzteillager ist bisweilen mit diesem Problem vertraut und kann Ihnen anhand seines Ersatzteilfilms die zusätzlichen Teile heraussuchen.
Bei Reparaturen an der Kupplung läßt sich der Ersatzteilbedarf beispielsweise nicht immer genau vorhersehen. Während die Mitnehmerscheibe sicherlich ersetzt wird, muß die Druckplatte nur gelegentlich und das Ausrücklager nur selten erneuert werden. Andererseits kann sich beim Zerlegen ergeben, daß ein schadhafter Kurbelwellen-Simmerring zu ersetzen ist.
Derartige Reparaturen sollten Sie zeitlich so legen, daß Sie im Notfall noch im Ersatzteillager die nötigen Teile besorgen können. Nur manche Werkstätten verkaufen auch samstags Teile und dann nur am Morgen. Verständlich also, daß um diese Zeit reger Andrang am Ersatzteillager herrscht. Beachten Sie aber, daß auch im Ersatzteillager der Werkstatt nicht alle Teile vorrätig sind. Weniger gängige Ersatzteile müssen bestellt werden, was einen oder zwei Tage in Anspruch nehmen kann.

Das richtige Ersatzteil

Im Laufe der Produktionszeit des Einspritzer-Golf und Scirocco haben sich viele Ersatzteile im Detail geändert und passen deshalb vielfach nicht für spätere Baujahre. Überzeugen Sie sich daher noch am Ersatzteilschalter, ob Ihnen das richtige Teil ausgehändigt wurde – auch wenn der Lagerist noch so kritisch

Anhand der Fahrgestell-Nummer kann der Ersatzteil-Spezialist in der V. A. G.-Werkstatt das für Ihren VW richtige Teil auf seinem Mikro-Planfilm erkennen und aus dem Ersatzteillager heraussuchen oder bestellen.

dreinschaut. Den besten Vergleich haben Sie dann natürlich, wenn Sie das ausgebaute Altteil gleich mitgebracht haben.
In jedem Fall müssen Sie aber die Fahrzeugdaten wie Fahrgestellnummer, Erstzulassung und Motornummer parat haben. Sonst kann Ihnen der Mann im Ersatzteillager kaum das passende Teile heraussuchen.

Original-V.A.G.- oder Fremdteile?

Sämtliche Ersatzteile, aus denen der VW besteht, erhalten Sie im V. A. G.-Ersatzteillager. Aber Sie müssen nicht ausschließlich dort einkaufen. Manche Teile werden in gleicher Qualität von denselben Herstellern, die das VW-Werk beliefern, über den Zubehörhandel oder Warenhäuser vertrieben. Da gibt es manche Mark zu sparen, denn dort werden die Teile oft billiger verkauft.

Welche Teile vom Zubehörhandel?

Im Autozubehörladen können mehr Teile bezogen werden, als oft angenommen wird: Hauptbremszylinder, Radbremszylinder, Bremsleitungen, Bremsschläuche, Stoßdämpfer, Gelenkwellen, Kupplung komplett, Motordichtungen, Keilriemen, Filter, Zündkerzen, Kerzenstecker, Zündkabel, Verteiler, Verteilerdeckel, Unterbrecherkontakte, Lichtmaschine, Anlasser, Scheinwerfer, Glühlampen, Reparaturbleche, Lack und vieles mehr.

Vorsicht bei Bremsbelägen und Auspuffanlagen

Für die richtige Bremskraftverteilung auf die Vorder- und Hinterräder ist die Mischung des Bremsbelagmaterials entscheidend. Die Kennummer dieser Mischung ist in der Allgemeinen Betriebserlaubnis (ABE) des VW festgehalten und darf nicht verändert werden. Falls das Fahrzeug nach einem folgenschweren Unfall begutachtet wird und sich dabei eine nicht freigegebene Belagsorte herausstellt, kann sich dies zu Ihren Ungunsten auswirken. Auch bei Auspuffanlagen ist Vorsicht geboten. Sie sind nämlich in Deutschland nur dann zugelassen, wenn sie eine Allgemeine Betriebserlaubnis besitzen. Dann steht auf dem Schalldämpfer beispielsweise »ABE-Nr. KBA 20 150«. Kontrollieren Sie das, denn immer noch werden vereinzelt Auspuffanlagen ohne Betriebserlaubnis verkauft. Freilich kann es auch bei einem Auspuff mit dem amtlichen Segen Enttäuschungen mit der Lebensdauer geben. Da sind Originalanlagen oft haltbarer.

Ersatzteile neu oder im Austausch?

Preiswerter als ein fabrikneues Teil ist ein gebrauchtes, aber neu aufbereitetes. Die im Ersatzteilwerk Kassel gefertigten VW-Austauschteile sind in der Qualität einem Neuteil gleichzusetzen, und sie werden mit gleicher Garantie geliefert: Anlasser, Bremsbacken für Trommelbremsen, Gelenkwellen, Getriebe, Kraftstoff-Mengenteiler, Kupplungsdruckplatte, Kupplungs-Mitnehmerscheibe, Kurbelwelle mit Lagern, Lichtmaschine, Motor komplett, Scheibenbremssättel, Scheibenwischermotor, Schwungrad, Teilmotor, Wasserpumpe, Zylinderblock mit Kolben, Zylinderkopf.
Auch der Zubehörhandel bietet eine Reihe von Austauschteilen an.

Gebrauchte Ersatzteile

Wer bei einem Autoverwerter gebrauchte Ersatzteile für seinen VW kauft, spart möglicherweise einiges Geld. Vor dem Kauf sollten Sie in Erfahrung bringen, was das gesuchte Ersatzteil neu kostet, sonst geben Sie möglicherweise zu viel aus. Das gebrauchte Teil darf allenfalls halb so teuer wie das Neuteil sein. Ein Verschleißteil darf höchstens ein Viertel des Neupreises kosten. Gebrauchte Verschleißteile lohnen sich nach unserer Erfahrung ohnehin nur dann, wenn das Fahrzeug bald verkauft werden soll.
Falls das entsprechende Ersatzteil bei der Autoverwertung noch im Wagen eingebaut ist, sollten Sie vor dem Ausbau den Preis klären, sonst kann es hinterher eine böse Überraschung geben. Die Preisgestaltung manches Schrotthändlers ist nämlich undurchsichtig.
Kontrollieren Sie, ob das Gebrauchtteil wirklich besser ist als das bisher im Wagen eingebaute. Prüfen Sie außerdem, ob es tatsächlich für Ihren VW paßt, denn im Lauf der Modellpflege wurden unzählige Änderungen durchgeführt.
Ganz selten erhält man auch in einer V. A. G.-Werkstatt gebrauchte Teile aus einem ausgeschlachteten Unfallwagen.

Tätigkeitsfeld

Nicht jeder Platz eignet sich für die Pflege und Wartung des VW. Auf einer Wiese oder Rasenplatz bleiben nicht nur Spuren zurück, sondern auch versehentlich heruntergefallene Kleinteile unauffindbar. Ohnehin ist weicher Untergrund untauglich, wenn man sein Fahrzeug aufbocken will. Also wo arbeiten?

Der Pflegeplatz

Am günstigsten ist natürlich eine Garage, die ausreichend breit und gut beleuchtet ist. Bei warmem, trockenen Wetter eignet sich genauso eine ebene Fläche mit festem Boden im Freien. Vor der Arbeit sollten Sie den Pflegeplatz natürlich sauberkehren, damit Sie sich weder im Schmutz herumwälzen müssen noch Schrauben sich unter Blättern verstecken können.
Vorsicht mit Benzin und Öl auf Asphalt; diese Flüssigkeiten greifen nämlich die Oberfläche an. Außerdem wird warmer Asphalt oft weich, was unschöne Löcher von Hebe- und Abstützwerkzeugen hinterläßt. Falls sich ein Wasserablauf in der Nähe befindet, sollten Sie ihn während der Arbeit abdecken, sonst verschwinden garantiert Kleinteile darin.

Fingerzeig: *Nicht selten bleiben nach der Arbeit Ölspuren auf dem Boden zurück. Dagegen hilft fürs erste ein scharfer Haushaltsreiniger oder Geschirrspülmittel. Besser sind spezielle Ölfleck-Entferner, wie sie z. B. von der Take GmbH, Trumppstraße 2, 8000 München 50 angeboten werden.*

Wagen immer abstützen!

Wagenheber sind – wie ihr Name schon sagt – nur dazu da, das Fahrzeug anzuheben. Das gilt für den Bordwagenheber, Scherenwagenheber, hydraulische Stempelwagenheber und Rangierwagenheber. Sie sind in keinem Fall eine ausreichende Abstützung für Arbeiten an der Wagenunterseite. Lassen Sie es auch in der größten Eile nie an der fachgerechten Abstützung des aufgebockten Fahrzeugs fehlen, sonst kann die eigenhändige Reparatur das Leben kosten.
Zum richtigen Absichern gehört natürlich auch das Unterlegen des Wagens mit Steinen oder Holzkeilen, damit er beim Anheben nicht wegrollen kann.

Damit der als Abstützung verwendete Hohlblockstein den Blechfalz unter dem Türschweller nicht zerdrückt und die Last außerdem gleichmäßiger verteilt wird, muß ein Holzbrett (Pfeil) zwischengelegt werden.

Womit abstützen?

Hohlblocksteine haben sich als preisgünstige Abstützmöglichkeit erwiesen. Sie dürfen allerdings nicht feucht oder rissig sein, sonst könnten sie in sich zusammenbrechen. Zwischen Stein und Karosserie (siehe Bild links) muß ein Brett gelegt werden, damit sich die Last gleichmäßig über den ganzen Stein verteilt.
Der Stein selbst muß senkrecht auf ebenem und tragfähigem Grund (Beton oder Asphalt) aufliegen. Ungeeignet ist weicher Boden oder Rasen.
Zwei Hohlblocksteine übereinander sind ein zu hoher und wackeliger Stapel. Wenn mehr Höhe gebraucht wird, kann allenfalls eine Lage Backsteine, natürlich wieder mit lastverteilendem Zwischenbrett aufgelegt werden.
Unterstellböcke stellen eine ideale Ergänzung zum Rangierwagenheber (siehe folgenden Absatz) dar. Bei allen anderen Hebern – aber auch bei seitlich angesetztem Rangierheber – besteht jedoch die Gefahr, daß der auf der gegenüberliegenden Wagenseite angesetzte Dreibock einfach zur Seite weggedrückt wird. Am günstigsten steht der Bock, wenn eines seiner Beine nach außen und zwei zur Wagenmitte hin zeigen. Beachten Sie beim Kauf, daß die Böcke keine zu kleine Standfläche haben.
Speziell bei den Unterstellböcken müssen Sie vor dem Abstützen kontrollieren, ob das Karosserieblech noch ausreichend tragfähig ist bzw. den Bock so unterschieben, damit nichts eingedrückt wird.
Räder können natürlich auch zum Abstützen verwendet werden. Die Außenseite des Rades muß dazu nach oben zeigen. So ist die Felge stabil genug, damit das Fahrzeug – mit anmontierten Rädern natürlich – daraufgestellt werden kann. Ventil dabei nicht beschädigen. Zum Ansetzen an der Karosserie eignet sich diese Abstützmöglichkeit natürlich nicht. Auf dem Boden stehende Räder mit Steinen sichern und Handbremse anziehen.
Auffahrrampen sind die schnellste Aufbockmöglichkeit, da hier kein Wagenheber gebraucht wird. Auch steht der Wagen dann absolut sicher.
Wichtig ist, daß die Rampen einerseits seitlich eine genügend hohe Absicherung und nach vorn einen Überfahrschutz haben, andererseits aber auch von einem Fahrzeug mit Frontspoiler befahren werden können. Als zusätzliche Sicherung des Wagens sollte eine Mulde für die Räder in der Standfläche vorhanden sein. Die billigen Ausführungen genügen diesen Anforderungen oft nicht.

Wagenheber

Wagenheber gibt es für jeden Geldbeutel und Einsatzzweck. Hier eine Zusammenstellung der gängigsten Typen:
Bordwagenheber; er nützt nur dann, wenn die Aufnahmepunkte am Türschweller noch stabil und nicht vom Rost geschwächt sind. Damit sich der Wagenheberfuß nicht in den Untergrund drückt, sollten Sie ein kleines Brett unterlegen, das natürlich auch unterwegs immer dabei sein sollte.
Scherenwagenheber sollten Sie nur in stabiler Ausführung kaufen. Diese Heberart bewährt sich bei einem Wagen, der an der Karosserie schon etwas morsch ist und bei dem der Wagenheber etwas weiter zur Karosseriemitte hin

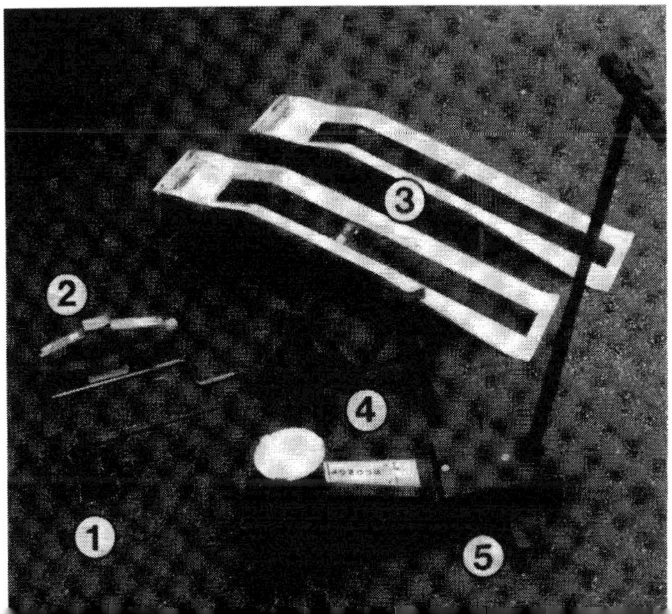

Verschiedene Möglichkeiten zum Aufbocken des Wagens:
1 – hydraulischer Stempelwagenheber;
2 – Scherenwagenheber;
3 – Auffahrrampen;
4 – Unterstellböcke;
5 – kleiner Rangierwagenheber.

Der Unterstellbock wurde hier mit einem lastverteilenden Brett angesetzt, damit keine Dellen ins Blech gedrückt werden. Der Pfeil deutet auf den Aufnahmetopf vorn, an dem der Werkstatt- bzw. Rangierwagenheber angesetzt wird.

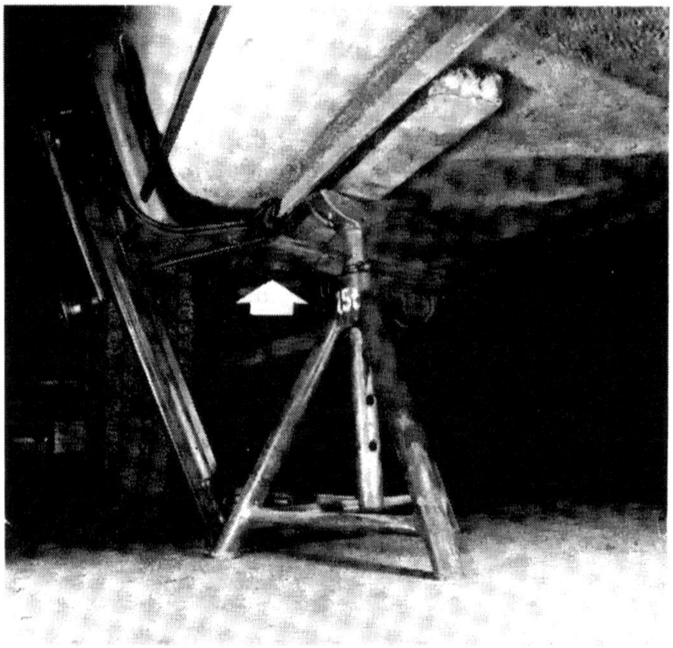

angesetzt werden muß. Allerdings sollte dann die Kurbel lang genug und leicht einzuhängen sein.

Hydraulischer Stempelwagenheber; er ist schon preiswert zu haben. Entscheidender Vorteil: Der Wagen wird sehr schnell angehoben. Vor dem Kauf sollten Sie allerdings die Hubhöhe kontrollieren, denn bei einer zu kurzen Ausführung werden die Räder nicht weit genug vom Boden abgehoben.

Rangierwagenheber. Wenn Sie sich schon zu dieser Anschaffung durchringen, sollten Sie einen Heber mit zusätzlichem Fußpedal zum Hochpumpen kaufen. Für den Heimwerker gut geeignet sind die kurzen, kleinen Rangierheber, die sich leicht verstauen lassen. Beachten Sie aber, daß sich ein Heber mit zu kleinen Rädern unter Last nicht mehr bewegen läßt. Auch sollte die Deichsel so befestigt sein, daß sich der angehobene VW wirklich rangieren läßt.

Die Mietwerkstatt

Steht Ihnen zu Hause oder im Bekanntenkreis kein geeigneter Platz zum Autobasteln zur Verfügung oder müßte im Winter bei Eiseskälte im Freien geschraubt werden, können Sie sich auch in einer Mietwerkstatt einquartieren. Dort ist die Halle winters beheizt und es gibt Hebebühnen, Gruben und teilweise auch Spezialwerkzeug. Mit freien Plätzen in der Mietwerkstatt ist unter der Woche eher zu rechnen als am Wochenende, wenn alle Autobastler zum Werkzeug greifen.

Die Rechnung muß auch in der Mietwerkstatt stimmen und deshalb müssen Sie Ihre Zeit scharf kalkulieren. Nur wenn die Arbeit flott von der Hand geht oder sogar ein Helfer mitarbeitet, lohnt sich die Eigenarbeit. Wenn Sie eine umfangreiche Reparatur erstmals selbst ausführen, kann das Experiment durch die Summe der angesammelten Stunden teurer werden als der Arbeitspreis in der Fachwerkstatt.

Mietwerkstätten existieren in kleineren Orten oft ziemlich im Verborgenen und haben auch bisweilen nur ein kurzes Leben. Achten Sie deshalb bei der Suche auf entsprechende Anzeigen im Autoteil der Tageszeitung bzw. in Anzeigenblättern, oder fragen Sie andere Autobastler.

Stundenplan

Wer von seinem VW Zuverlässigkeit und Fahrsicherheit verlangt, kann ihn nicht über zehntausende von Kilometern sich selbst überlassen. Wo und wann nach dem Rechten gesehen werden soll, hat das Volkswagenwerk in einem detaillierten Wartungsplan zusammengestellt.

Der Wartungsplan

Für die Wartung Ihres Einspritzer-Golf bzw. Scirocco liegt der Werkstatt eine Liste der Service-Punkte vor. Diese entspricht dem aktuellen Stand, während die Punkte in den Wartungsunterlagen Ihres Fahrzeugs oft schon überholt sind. Auf der genannten Liste basiert der Wartungsplan hier im Buch, dessen Reihenfolge wir speziell für den Heimwerker zusammengestellt haben. Zusätzliche, nach unseren Erfahrungen wichtige Punkte haben wir noch hinzugefügt.
Damit Sie zu unserem Pflegeplan während der Arbeit nicht ständig zurückblättern müssen, haben wir ihn hinten auf der inneren Umschlagseite abgedruckt. So haben Sie ihn ständig vor Augen und können die Arbeiten Punkt für Punkt erledigen.

Regel-Service und Zwischen-Service

Alle 15 000 km oder einmal jährlich soll eine umfangreiche Wartung stattfinden. Früher nannte man das »große Inspektion«, auf VW-Deutsch heißt es Regel-Service. 7500 km nach einer solchen gründlichen Durchsicht soll bei den bis 7/82 gebauten Fahrzeugen ein sogenannter Zwischen-Service erfolgen, der aus einem Motorölwechsel und einigen kleineren Überprüfungen besteht.

Zeit- oder Kilometerintervalle?

Auch ein nicht benutztes Fahrzeug altert. Wer seinen VW nur relativ wenig fährt, weil er etwa als Zweitwagen dient, sollte nicht das volle 15 000-km-Intervall ausnutzen, sondern diese Pflegearbeiten in jährlichen Abständen durchführen. Wer es mit seinem Auto besonders gut meint, überprüft die bis 7/82 alle 7500 km fälligen Punkte in 6-Monats-Intervallen.

Regel-Service und Wartungspakete

Neben den in Regel- und Zwischenservice zusammengefaßten Wartungsarbeiten bietet die Werkstatt noch eine Reihe von Einzelleistungs-Paketen an, die sich häufig auf bestimmte Fahrzeugteile beschränken.

Wer soll was machen?

Fast alle Wartungsarbeiten am VW können Sie selbst ausführen, das entsprechende Wissen hierzu liefert unser Handbuch. Wenn dennoch Werkstatt oder Tankstelle den einen oder anderen Wartungspunkt rationeller durchführen können, so haben wir das im Wartungsplan vermerkt. Die »Selbsthelfer-Ampel« weist Ihnen dabei den richtigen Weg:
Grün – Freie Fahrt für den Selbsthelfer. Diese Arbeit können Sie mit den Kenntnissen aus diesem Buch fachgerecht ausführen und Geld sparen.
Gelb – Die Arbeit ist zwar nicht schwierig, doch es fehlen meist die nötigen Einrichtungen. An der Tankstelle sind Sie in diesem Fall am besten aufgehoben.
Rot – Halt, hier lassen Sie am besten die Werkstatt ran. Spezielle Werkzeuge oder Meßgeräte sind erforderlich, der Aufwand an Eigenarbeit lohnt sich nicht, weil die Werkstatt wesentlich schneller arbeitet oder weitergehende Kenntnisse erforderlich sind.

Motorraumbild 1,6 Liter

Starkes Stück

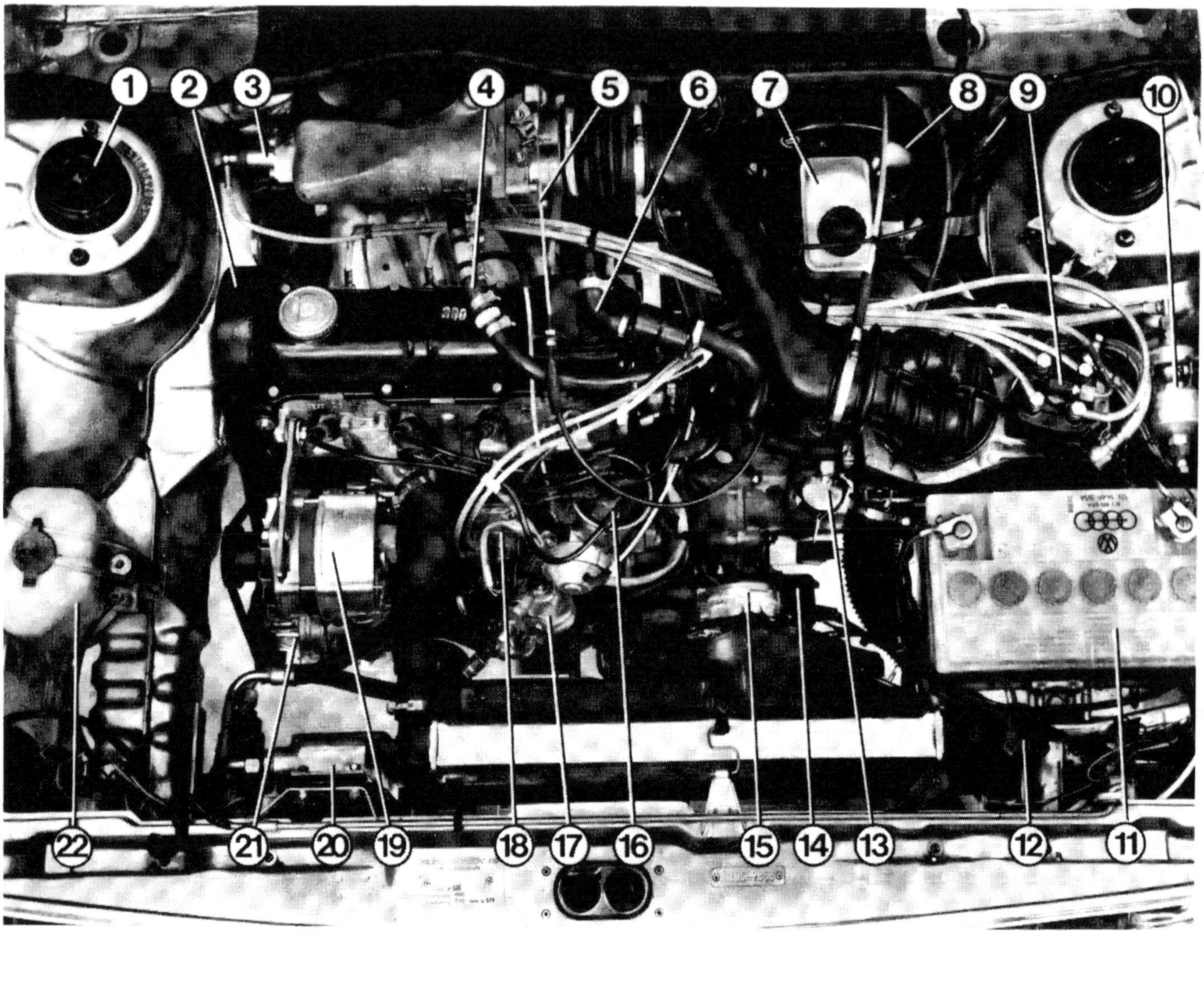

Im linken Bild sehen Sie in den Motorraum eines der allerersten Scirocco GTI, während wir rechts einen Golf GTI des letzten Baujahrs abgebildet haben.
Es bedeuten:

1 – rechtes Federbein;
2 – Zahnriemenschutz;
3 – Kaltstartventil;
4 – Unterdruck-Hauptschlauch;
5 – Gaszug;
6 – Schlauch der Kurbelgehäuse-Entlüftung;
7 – Bremsflüssigkeitsbehälter;
8 – Bremskraftverstärker;
9 – Gemischregler;
10 – Kraftstoffilter;

Motorraumbild 1,8 Liter

Quertreiber

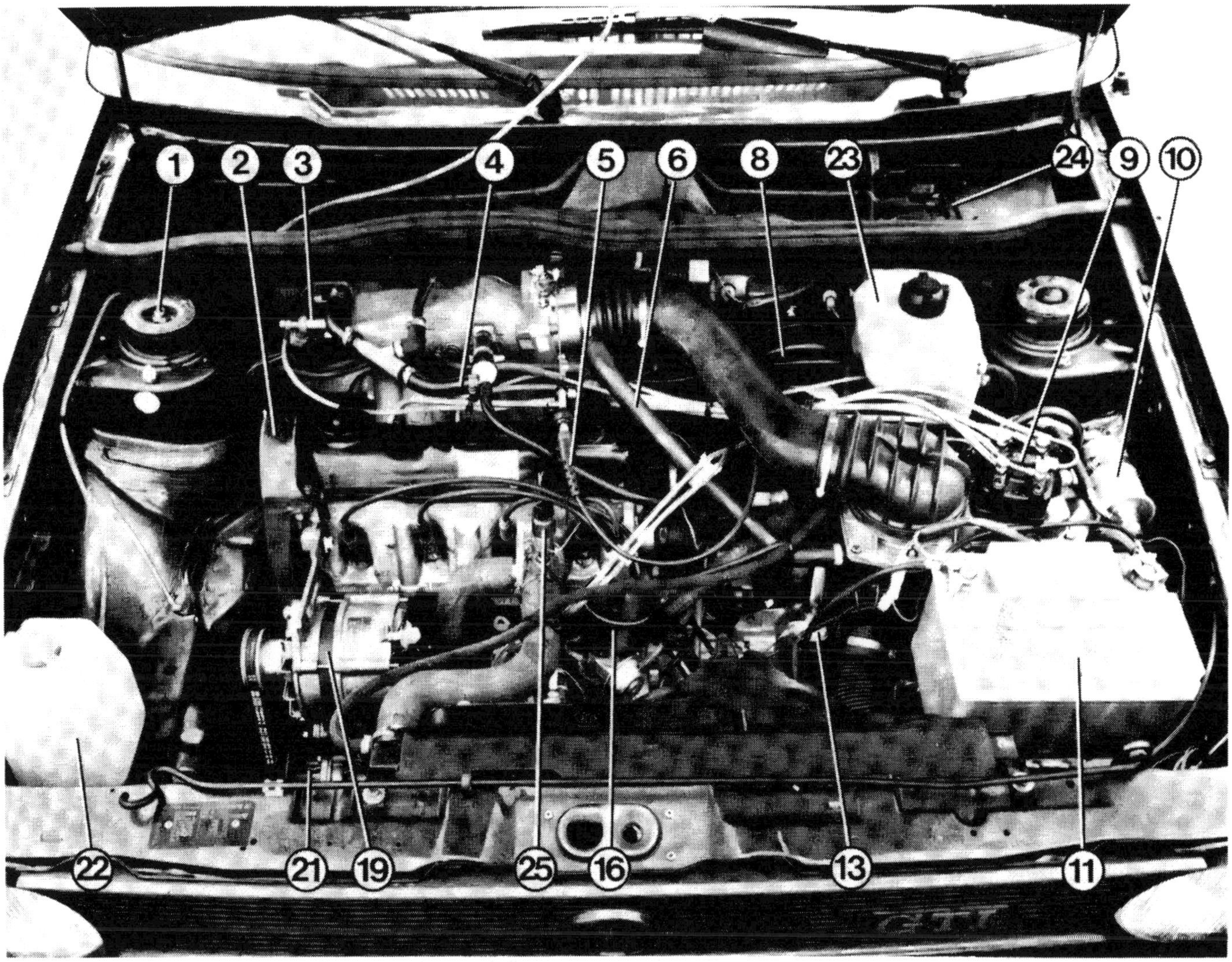

11 – Batterie;
12 – Kühlerverschlußdeckel;
13 – Kupplungszug;
14 – Anlasser;
15 – Kühlerventilator;
16 – Zündverteiler;
17 – Ölfilterflansch;
18 – Warmlaufregler;
19 – Generator;
20 – Ölkühler;
21 – Wasserpumpe;
22 – Scheibenwaschwasserbehälter;
23 – Kühlmittel-Ausgleichsbehälter;
24 – Schaltgerät der Transistorzündanlage;
25 – Thermozeitschalter.

In Öl gelegt

Wer Öl sagt, denkt an Schmierung – dabei hat das Öl im anspruchsvollsten zu schmierenden Aggregat in unserem Auto, dem Motor, nur zu 40 % Schmieraufgaben und dient zu 60 % der Kühlung. Sehen wir uns das einmal genauer an.

Aufgaben des Motoröls

□ Öl vermindert die Reibung, damit Kolben und Zylinder nebst sämtlichen Lagerungen und dem Ventiltrieb möglichst wenig Verschleiß ausgesetzt sind.
□ Zur Feinabdichtung zwischen Kolben, Kolbenringen und Zylinderwand wird das Öl gebraucht, denn zwischen diesen Teilen verbleibt andernfalls ein gewisser, wenn auch nur tausendstel Millimeter breiter Spalt. Durch die zusätzliche Dichtwirkung des Öls kann der durch die Verbrennung entstehende hohe Druck weitestgehend ohne Verluste auf die Kolbenböden übertragen und in Bewegungsenergie umgesetzt werden, der Motor also auf optimale Leistung kommen.
□ Weiter wird das Öl zur Kühlung herangezogen. Bei der Verbrennung des Kraftstoffs kann nur ein Viertel der anfallenden Energie für die Fortbewegung nutzbar gemacht werden, ein Teil verläßt den Motor als Wärme durch den Auspuff, und ein weiteres Teil Wärmeenergie muß über das Kühlwasser und Öl abgeführt werden. So kann z. B. ein Kolben nur durch das Motoröl gekühlt werden. Zum einen wird die Wärme vom Kolben durch die Kolbenringe und das abdichtende Öl an die Zylinderlaufflächen und weiter an das Kühlmittel geleitet, und zum andern kühlt das im Kurbelgehäuse umherspritzende Öl den Kolben direkt. Aber auch jedes einzelne Lager von Kurbelwelle, Nockenwelle usw. wird durch das Öl gekühlt. Die vom Motoröl aufgenommene Wärme wird über die Ölwanne und bei höheren Temperaturen durch den Ölkühler an den Fahrtwind abgeleitet.
□ Die Motorenbauer haben noch spezielle Wünsche an das Öl: Es soll bei den hohen Temperaturen, wie sie an den Zylinderlaufbahnen auftreten, nicht verdampfen. Es darf bei diesen ungünstigen Bedingungen den Schmierfilm nicht abreißen lassen. Wenn es verbrennt, soll dies ohne Rückstände geschehen – Ölverbrauch bedeutet im Grund genommen, daß das Öl verbrannt wird. Das Öl soll Ruß und Schmutz binden, damit sie sich nicht im Motor ablagern. Es soll alterungsbeständig sein und noch einiges mehr.

Motorölstand prüfen

Ständige Kontrolle

Zum Ölpeilstab – in Fahrtrichtung vorn in der Motormitte – sollten Sie nach jeder zweiten Tankung greifen. In der Einfahrzeit oder bei einem älteren Motor mit erhöhtem Ölverbrauch erfolgt die Kontrolle sicherheitshalber schon bei jedem Volltanken.

■ Wagen auf waagrechtem Untergrund abstellen.
■ Nach dem Abstellen des vorher warmgefahrenen Motors mindestens fünf Minuten warten, damit alles Öl in die Ölwanne abtropfen kann. Besser ist die Kontrolle vor dem ersten Start bei noch kaltem Motor.
■ Peilstab ziehen – Vorsicht bei heißem Motor, die umliegenden Kühlwasserschläuche sind sehr heiß! – mit sauberem, fusselfreien Lappen oder Papiertuch abwischen, bis zum Anschlag wieder hineinschieben, kurz warten und erneut herausziehen.
■ An der Peilstabspitze können Sie nun den Ölstand ablesen.
■ Reicht die Schmiermittelmenge nur noch bis zur unteren Markierung, muß Motoröl nachgefüllt werden.

Fingerzeige: *Wenn Sie über den Ölverbrauch Ihres VW ganz genau Buch führen wollen, sollten Sie immer an derselben Stelle messen; am besten vor dem ersten Start. Sie brauchen dann nicht einmal den Peilstab abzuwischen, da über Nacht alles Öl in die Ölwanne zurückgetropft ist.*
Lassen Sie sich nicht verunsichern. Hochwertiges Motorenöl wird schon nach kurzer Laufzeit dunkel. Das beweist nur, daß es richtig »arbeitet« und den anfallenden Schmutz in der Schwebe hält. Es ist jedoch kein Zeichen dafür, daß das Öl gewechselt werden müßte.

Öl nachfüllen

Die Ölmenge zwischen oberer und unterer Peilstabmarke beträgt **1 Liter**. Unter die untere Marke sollte der Ölstand nicht fallen. Aber auch wenn das Schmiermittelniveau einmal bis 0,25 Liter unter die Minimum-Marke gefallen ist, droht dem Motor noch kein Unheil. Fehlt mehr Öl und pflegt der Fahrer einen flotten Fahrstil mit Kavalierstarts und Kurvenumrundung in den höchstmöglichen Geschwindigkeiten, kann es zu Lagerschäden kommen, weil der Schnorchel der Ölpumpe Luft ansaugt und der Öldruck stark abfällt.
Unsinnig ist aber auch zu viel Öl im Motor. Es gelangt bei hohen Drehzahlen über die Kurbelgehäuse-Entlüftung ins Luftfilter und verschmutzt und verstopft den Papierfiltereinsatz.
Bei welchem Ölstand Sie nachfüllen sollten, hängt von Ihrer Fahrweise ab:
□ Bei gemäßigtem Fahrstil genügt Nachfüllen, wenn das Niveau an der unteren Peilstabmarke angelangt ist.
□ Für scharfe Fahrweise empfiehlt sich Nachfüllen, wenn der Ölstand zwischen ⅓ und ¼ voll steht. Die etwas größere Ölmenge kann die Kühlungsaufgaben besser erfüllen.

Fingerzeig: *Öl wird an Tankstellen selten in Halbliter-Dosen verkauft, sondern in Liter-Dosen, die sich nicht wieder verschließen lassen. Dahinter steckt Verkaufspolitik, denn ein Liter Öl bringt denselben Verdienst in die Kasse wie eine komplette Tankfüllung. Wenn Sie Öl in größeren Gebinden kaufen, sollten Sie einen kleinen mineralölbeständigen Kanister abfüllen und in den Kofferraum stellen. Den Rest einer angebrochenen Liter-Dose gießen Sie ebenfalls in einen solchen Behälter als Reserve für unterwegs. So können Sie fein dosiert nachfüllen und verhindern für Motor und Geldbeutel schädliche Ölüberfüllung.*

Darf man Öle mischen?

Wenn Sie Motoröl nachfüllen müssen, nehmen Sie am besten das Öl jener Marke, die Sie zum Ölwechsel gewählt haben. Sie haben dann das beruhigende Gefühl, bei einem überraschenden Motorschaden bei der treu beanspruchten Ölfirma anklopfen zu können, um feststellen zu lassen, ob vielleicht mit der Motorschmierung oder gar dem Öl irgend etwas nicht stimmte (Quittung aufheben!). Das ist allerdings nur wirklich sehr selten der Fall, und in diesen seltenen Fällen zeigen die Mineralölfirmen auch zweifellos Kulanz. Diese Vorsorge für den Aus-

Wenn der Ölstand bei heißgefahrenem Motor gemessen wird: Beachten Sie, daß die Kühlwasserschläuche (1) so heiß sein können, daß Sie sich beim Herausziehen des Ölpeilstabs (2) Brandblasen an der Hand holen.

nahmefall ist der einzige Grund, weshalb man eine Mischung verschiedener Ölsorten vermeiden sollte.
Die Ölsorten aller Hersteller lassen sich ohne Gefahr mischen, auch Einbereichs- mit Mehrbereichsölen (siehe Seite 30). Diese Mischbarkeit ohne schädliche chemische oder sonstige Folgen ist eine Grundforderung der internationalen Öl-Normen. Spezifische Eigenschaften eines bestimmten Öls werden bei Mischung mit anderem Motoröl möglicherweise leicht beeinträchtigt, da jede Ölmarke ihre eigene Additivkombination besitzt. Die Schmierwirkung ist jedoch nie gefährdet. Ausgenommen hiervon sind synthetische Öle, die nicht der VW-Norm 500 00 entsprechen (siehe Seite 31), und speziell legierte Rennöle: Hier kann es tatsächlich zu einem Motorschaden kommen, wenn solche Öle mit herkömmlichem Motorschmiersaft vermischt werden.

Ölverbrauch

Ein Teil des Motoröls verbrennt bei dessen Schmiertätigkeit. Ölverbrauch ist daher völlig natürlich. Gut eingefahrene Motoren kommen mit 0,2 Litern Öl auf 1000 km aus, im Volkswagenwerk gilt als höchstzulässiger Wert ein Verbrauch von 1,5 Litern je 1000 km. Wieviel Öl Ihr Fahrzeug braucht, hängt von folgenden Umständen ab.

☐ Wer zu viel Öl nachfüllt, hat mehr Ölverbrauch, denn die Kurbelgehäuse-Entlüftung bläst die Überfüllung wieder zum Motor hinaus.
☐ Dünnflüssiges Öl verbrennt schneller als dickflüssiges. Wenn das Einbereichsöl sehr heiß wird, fließt es »dünn wie Wasser«. Mehrbereichsöl bleibt dagegen dickflüssiger und kann so vor allem bei Langstreckenfahrern den Verbrauch senken.
☐ Motoröl (vor allem Mehrbereichsöl), das zu lange im Motor bleibt, hat einen höheren Nachfüllbedarf.
☐ Scharfe Fahrweise treibt nicht nur den Kraftstoffkonsum in die Höhe. Nach unseren Erfahrungen hängt der Ölverbrauch bei unserem VW stark von der Fahrweise ab. Wer die Motorleistung gleich auf den ersten Kilometern voll ausgenutzt hat, sollte sich später nicht über sein öldurstiges Auto wundern; darauf reagiert der Motor recht empfindlich.
☐ Einlaufvorgang noch nicht abgeschlossen (mindestens 5000 km).
☐ Ventilschaftabdichtungen defekt; dieser Fehler trat bei den bis 1979 gebauten Motoren sehr häufig auf. Test: Heißgefahrenen Motor abstellen. Zeigt sich nach 10 Minuten Wartezeit beim Starten eine Ölwolke, sind ziemlich sicher die Schaftabdichtungen der Ventile schadhaft.
☐ Motorundichtigkeiten; kontrollieren Sie folgende Stellen: Zylinderkopfhaube, Ölfilterflansch, Ölfiltergehäuse, Öldruckschalter, Ölwannendichtung, vordere Abdichtung von Kurbelwelle, Zwischenwelle und Nockenwelle (vorn rechts in Fahrtrichtung, von der Zahnriemenschutzhaube verdeckt), Verschlußstopfen im Zylinderkopf (sogenannte Halbrunddichtung), Dichtung für den Zündverteilerfuß und den Ölkühler mit seinen Leitungen.
Alle Teile gründlich mit Kaltreiniger säubern und nach einer Probefahrt auf Spuren von Ölaustritt kontrollieren.
☐ Spiel zwischen Ventilschaft und Ventilführung zu groß.
☐ Kolbenringe falsch eingebaut, verschlissen oder gebrochen.
☐ Beschädigte Zylinderwand durch Kolbenfresser.
☐ Öldruck im Zylinderkopf zu hoch, das Luftfilter ist ölnaß und bei hohen Drehzahlen zieht der Wagen eine blaue Wolke von verbranntem Öl nach. Die Nockenwelle schleudert das Öl zur Kurbelgehäuse-Entlüftung hinaus. Als Abhilfe kann man ein Ölabweisblech zwischen die Lagerböcke der Nockenwelle einbauen (Ersatzteil-Nr. 026 102 547).

Ihr Motor verbraucht kein Öl?

Im winterlichen Kurzstreckenbetrieb kann es vorkommen, daß der Ölstand zwischen den Messungen überhaupt nicht abnimmt oder gar ansteigt. Das ist kein Grund zur Freude, denn dann ist das Motoröl durch Kraftstoff und Kondenswasser verdünnt. Diese in ihrer Schmiereigenschaft wesentlich beeinträchtigte Ölfüllung sollte durch eine regelmäßige, längere Fahrt »aufgekocht« werden, damit

die Kondensate verdunsten. Dazu muß die Öltemperatur mindestens 15 Minuten lang bei 100° C liegen.
Sofort anschließend den Ölstand kontrollieren, da der Pegel durch die verdunsteten Benzin-Wasser-Anteile erheblich absinkt! Bei extremem Stadtbetrieb ohne zwischenzeitliche Langstreckenfahrt sollten Sie das Öl vor den üblichen Intervallen wechseln; evtl. schon nach 3000 km oder vier Monaten.
Im Winter rechnet man mit einem Kraftstoffanteil im Öl von 2–5 %, wobei unsere Einspritzmotoren durch die besser dosierte Kaltstartanreicherung weniger Benzin im Motoröl haben als vergleichbare Vergasermotoren.

Die richtige Ölsorte

Für unsere Motoren schreibt VW ein Marken-HD-Öl vor, das nach dem API-System mit SE oder SF bezeichnet wird. Damit Sie aus diesen Kennzeichnungen etwas herauslesen können, wollen wir zunächst auf die Ölspezifikationen eingehen.
Ende der 40er-Jahre wurden vom **A**merikanischen **P**etroleum-**I**nstitut (API) Motoröle erstmals nach ihren Eigenschaften eingeteilt. Heute noch bekannt sind die Bezeichnungen »Regular« für unlegiertes Öl, das aber höchstens noch für die Schmierölkanne taugt, und »Heavy Duty« (HD) für legiertes Öl. Unter Legierung versteht man den Zusatz chemischer Wirkstoffe – sogenannte Additive. Sie bewirken reduzierte Alterung des Öls; dienen als Träger von Fremdstoffen, wie Abrieb, Ruß usw., die sie in der Schwebe halten, damit sie sich nicht als Schlamm absetzen können; lösen Verbrennungsrückstände ab; sorgen für gute Haftung der Ölmoleküle an den Metalloberflächen; halten das Öl auch bei tiefen Temperaturen ausreichend dünnflüssig; wirken der Schaumbildung entgegen; verhindern Korrosion an den zu schmierenden Teilen.
Die vermehrten Aufgaben in einem modernen Motor schafft ein einfaches HD-Öl nicht mehr, es muß weitergehende Anforderungen erfüllen.

Die richtige Ölspezifikation

Die heute gültigen Spezifikationen, welche die verschärften Anforderungen an das Motoröl berücksichtigen, stammen vom Amerikanischen Petroleum-Institut (API), der Vereinigung der Automobilhersteller der Europäischen Gemeinschaft (CCMC), von Ford, General Motors (GM) und dem US-Militär (MIL). Motoröl für unsere VW-Modelle sollte eine der nachfolgenden Angaben tragen:
□ API SF (derzeit höchste Qualität) oder SE;
□ API CC (an sich für Dieselmotoren bestimmt, kann aber problemlos auch in den Benzinmotoren verwendet werden);
□ CCMC;
□ Ford SSM-2C-9001-AA;
□ GM-6136 M;
□ MIL-L-46 152;
□ MIL-L-2104 B (entspricht API CC).
Bei solcherart gekennzeichnetem Öl können Sie unbesorgt zugreifen, auch wenn es wesentlich billiger ist als ein gleichartiges bekanntes Markenöl. Dagegen sind Hinweise wie »Erfüllt alle Anforderungen der Motorenhersteller« oder »Von allen großen Autowerken anerkannt« für sich allein kein Qualitätsbeweis. Auch Öle mit den geringerwertigen API-Spezifikationen »SA, SB, SC, SD, CA« oder »CB« genügen nicht für die VW-Motoren.
Die speziellen Öle für Dieselmotoren mit den Spezifikationen »API CC« oder »MIL-L 2104 B« können unbesorgt im VW-Motor verwendet werden, während von den schärfer legierten Ölen mit den Spezifikationen »API CD« oder »MIL-L-2104 C« nur wenige sich auch für Benzinmotoren eignen (sie sind in einer speziellen Liste von Daimler-Benz zusammengestellt, aber als VW-Fahrer wird man diese Liste kaum in einer Daimler-Werkstatt einsehen können). Die Mehrzahl der letztgenannten Öle haben eine besonders starke Reinigungswirkung, wie sie etwa für Baumaschinen gefragt ist, und können in Benzinmotoren die Kolbenringnuten so auswaschen, daß der Kompressionsdruck nachläßt. Unproblematisch sind dagegen Öle mit Doppelbezeichnung, wie »API SE/CC« oder »API SF/CD«.

Zähflüssigkeit des Öls

Damit der Anlasser den kalten Motor durchdrehen kann, darf das Öl keinen großen Widerstand dagegen setzen, außerdem soll es schnellstmöglich an die Schmierstellen gelangen; dazu muß es dünnflüssig sein. Bei hohen Temperaturen und Drehzahlen muß der Schmiersaft dagegen ausreichend zäh sein, damit der Schmierfilm nicht abreißt. Das Mineralöl ist leider umgekehrt veranlagt. Bei Kälte ist es zäh wie Honig, mit zunehmender Erwärmung dagegen leichtflüssig. Das Öl und die vorherrschenden Betriebstemperaturen des Motors müssen daher genau aufeinander abgestimmt werden. Es gibt Öle, die bei Zimmertemperatur dick wie Sirup oder dünn wie Saft sind. Das Fließverhalten, also die Dick- oder Dünnflüssigkeit, wird durch die Viskositätsklasse angegeben.
Die entsprechenden Klassen wurden von der amerikanischen **S**ociety of **A**utomotive **E**ngineers (SAE) festgelegt. Die Viskositätsklassen reichen von den Winterölen SAE 5 W, 10 W, 15 W über die Übergangsstufe SAE 20 W/20 zu den Sommerölen SAE 30, 40 und 50.

Einbereichs- und Mehrbereichsöle

Motoröl einer einzigen Viskositätsklasse nennt man Einbereichsöl. Damit läßt sich natürlich nicht das ganze Jahr über fahren, sondern im Frühjahr muß dickes und im Herbst dünneres Öl in den Motor gefüllt werden. Wenn nun aber im Frühling noch einmal Nachtfröste kommen oder im Oktober das Thermometer ein letztes Mal in sommerliche Höhen klettert? Da droht dem Motor noch keine Gefahr, aber ein Öl mit größerer »Bandbreite« im Viskositätsverhältnis wäre natürlich besser.
Hierfür gibt es seit einiger Zeit sogenanntes erweitertes Einbereichsöl SAE 20 W/30, das in unseren Motoren die kalte und warme Jahreszeit überdeckt.
Wesentlich aufwendiger ist das Mehrbereichsöl: In ein dünnes Grundöl wurden neben den üblichen Additiven noch Viskositätsindex-(VI-) Verbesserer gemischt. Das sind lange Molekülketten, die beim Erhitzen quellen und bei Abkühlung schrumpfen. Das Öl paßt sich den Temperaturen elastisch an und kann mehrere Viskositätsklassen überspannen. Ein Öl 15 W-50 liegt dann z. B. bei –18° C in der Klasse SAE 15 W und bei 100° C in der SAE-Klasse 50.
Problematisch ist bei manchen Mehrbereichsölen, daß die Molekülketten der Viskositäts-Verbesserer im Motor regelrecht kleingehackt (»abgeschert«) werden können, so daß von einem Öl SAE 10 W-40 nach entsprechend langer Laufzeit nur noch die Zähflüssigkeit 10 W-20 übrigbleibt. Das ist der Grund, weshalb das Werk im Sommer Mehrbereichsöle SAE 10 W-30 und 10 W-40 nicht freigibt. Ein »geschrumpftes« Mehrbereichsöl macht sich übrigens durch höheren Ölverbrauch bemerkbar. Die Mehrbereichsöle SAE 15 W-40 und 15 W-50 sind dagegen »scherstabil«.

Welches Öl kaufen?

Bei welchen Temperaturen der Einspritzmotor welche Öl-Zähflüssigkeit verlangt, zeigt die Tabelle rechts oben. Der Blick in die Tabelle zeigt, daß VW ausdrücklich auch das preiswertere Einbereichsöl freigibt. Das ist eine ausgesprochene Sparmöglichkeit, wenn Sie Ihren GTI/GLI nicht dauernd bis zur Leistungsgrenze beanspruchen. Einbereichsöle sind nicht schlechter als Mehrbereichsöle, aber sie können nur geringere Temperaturspannen überbrücken.
In der kalten Jahreszeit mit ihren starken Temperaturdifferenzen erscheint uns dagegen Mehrbereichsöl günstiger. Ein mit SAE 10 W oder 15 W beginnendes Öl setzt dem Anlasser weniger Widerstand entgegen als das Winter-Einbereichsöl SAE 20 W/20 oder das erweiterte Einbereichsöl SAE 20 W/30. Das Mehrbereichsöl ist auch im Frühjahr vorteilhaft, wenn das Thermometer doch noch einmal unter den Gefrierpunkt sinkt. Damit ist der Kaltstart sicherer gewährleistet als mit dem vielleicht schon eingefüllten Sommeröl SAE 30. In der warmen Jahreszeit genügt das Einbereichsöl dagegen durchaus.
Motoröl gibt es ab 2,50 DM je Liter im Supermarkt bis zu einem Literpreis von knapp 20 Mark für synthetische Öle. Auch das billigste verfügbare Öl kann für den VW-Motor voll ausreichen. Viele Motoröle mit unbekannten Namen stammen von demselben Hersteller wie die aufwendiger verpackten Markenöle der

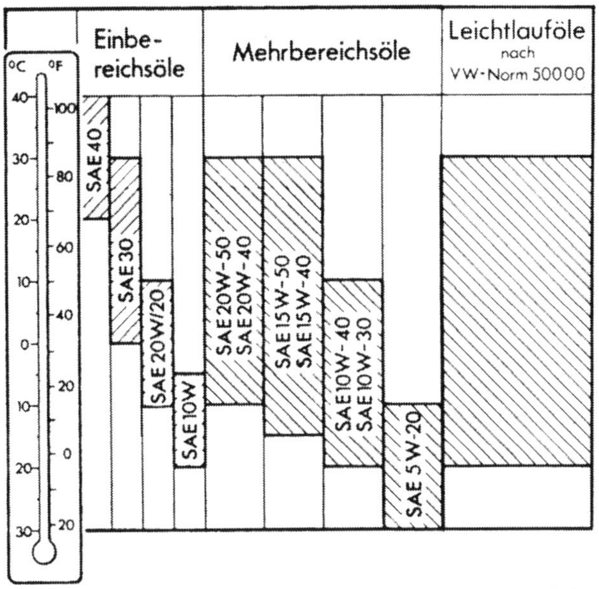

Die Tabelle zeigt die Ölviskositäts-Empfehlungen von VW. Die genannten Temperaturen verstehen sich als Dauertemperaturen. Kurzzeitige Temperaturschwankungen spielen also keine Rolle.

großen Mineralölfirmen. Lassen Sie sich nicht vom Preis irreleiten, sondern achten Sie auf die richtige Ölspezifikation, die bei Billigölen weit häufiger angegeben ist als bei den allseits bekannten Firmen.

Leichtlauföle

Viele renommierte Mineralölfirmen führen ein sogenanntes Leichtlauföl im Programm. Diese Benzinsparöle sind allerdings teurer als herkömmliche Mehrbereichsöle. Die in kaltem Zustand sehr dünnflüssigen Leichtlauf-Schmierstoffe verringern vor allem in der Warmlaufphase und im Kurzstreckenverkehr die innere Reibung im Motor, setzen ihm also weniger Widerstand entgegen. Man kann realistisch mit einer Benzingverbrauchseinsparung von rund 3 % rechnen. Ob sich diese Ersparnis bei wesentlich höherem Ölpreis bezahlt macht, müssen Sie für Ihren VW selbst errechnen:

■ Kraftstoffkosten ermitteln anhand Ihres bisherigen Durchschnittsverbrauchs (siehe Seite 83) für 7500 km (Ölwechselintervall bis 8/82) bzw. 15 000 km (verdoppeltes Wechselintervall seit 8/82). Hiervon errechnen Sie die zu erwartende Benzinersparnis von 3 %.

■ Ölkosten addieren für 7500 bzw. 15 000 km (Ölwechselmenge plus Nachfüllmenge für die genannte Laufleistung) einmal für normales Öl und einmal für ein Leichtlauföl und Unterschied notieren.

■ Vergleichen Sie den Betrag der verringerten Kraftstoffkosten mit den Mehrkosten für ein Leichtlauföl. Was ist in Ihrem Fall günstiger?

Fingerzeige: *Leichtlauföl für den VW muß der VW-Norm 500 00 entsprechen. Diese Spezifikation ist auf der Öldose angegeben. Verwendet werden darf solches Öl nur bei Außentemperaturen zwischen –20 und +30° C.*
Beim Wechsel auf Leichtlauföl und auf synthetisches Öl (siehe nächsten Abschnitt) tritt anfangs meist erhöhter Ölverbrauch auf.

Synthetische Öle

Zu den teuersten Schmierstoffen für den Motor zählen die synthetischen Öle. Herkömmliches Mineralöl besteht aus Kohlenwasserstoff-Verbindungen unterschiedlicher Struktur und Länge. In synthetischen Ölen finden sich dagegen künstliche chemische Verbindungen aus Kohlenstoff, Wasserstoff und Sauerstoff. Dabei wurden nur solche Moleküle ausgewählt, welche die geforderten Schmieraufgaben optimal erfüllen können. In der Praxis bedeutet das, daß synthetische Öle im Gegensatz zu Mineralölen bedeutend langsamer altern, nicht so schnell verdampfen und eine hohe, gleichbleibende Scherstabilität besitzen, d. h. sie behalten ihre ursprüngliche oberste Viskositätsklasse auf Dauer bei. Solche Öle verbinden optimale Schmiereigenschaften mit besonders guter Sauberhaltung des Motorinnern. Sie lohnen sich nach unserer Auffassung nur für extrem hoch belastete Motoren.

Fingerzeig: *Nicht alle synthetischen Öle sind mit Mineralöl gefahrlos mischbar. Auch Synthetiköl verschiedener Hersteller kann unter ungünstigen Umständen eine schmieruntaugliche Ölwannenfüllung ergeben. Wer synthetisches Öl beim Ölwechsel gewählt hat, sollte der betreffenden Marke treu bleiben. Erwiesenermaßen mischbar sind dagegen die nach der VW-Norm 500 00 geprüften Leichtlauföle, die überwiegend Syntheseöle sind.*

Zusätze zum Motoröl

»Das Verwenden von Zusatzmitteln – gleich welcher Art – in Schmierölen verstößt gegen unsere Betriebsanleitung und kann im Garantie- bzw. Kulanzfall zu Auseinandersetzungen führen«. Das ist die Meinung vom Volkswagenwerk zu Ölzusatzmitteln. Solche Zusätze zum Motoröl gibt es in zwei grundsätzlich unterschiedlichen Varianten: Öllöslich, d. h. chemisch in das ursprünglich verwendete Öl eingreifend, und ölunlöslich – diese Zusätze benutzen das eigentliche Motoröl lediglich als Träger- und Transportflüssigkeit.

Öllösliche Produkte gibt es zum einen als Viskositätsverbesserer (meist sehr dickflüssig) zur Verdickung des Grundöls. So kann man evtl. ein Einbereichsöl für den Hochtemperaturbereich verbessern. Sogenannte HD-Additive (ölartig) bewirken verbesserte Reinigungswirkung, Schmutzabführung und Hochdruckbelastbarkeit – Eigenschaften, die ein gutes Motoröl in gleicher Form aufweist. Die in manchen Versuchen der Zusatzmittel-Hersteller genannten Verbesserungen treffen zwar zu, gehen aber meist von einem minderwertigen Grundöl aus. Wir würden solchen Zusätzen ein Motoröl mit den auf Seite 29 genannten Spezifikationen vorziehen.

Ölunlöslich sind Festschmierstoffe, meist Molybdändisulfid (MoS_2), die als dünnflüssige, grau-schwarze Flüssigkeit verkauft werden. Sie besitzen sogenannte Notlaufeigenschaften, wenn z. B. beim Kaltstart oder bei hohen Temperaturen die Ölfilmstärke nicht ausreicht.

Ob die Mehrkosten für Ölzusätze eine entsprechende Lebensverlängerung des Motors bewirken, hat allerdings bisher noch niemand eindeutig nachgewiesen. Völlig abzulehnen sind Ölzusätze, die eine reibungsvermindernde Beschichtung im Motor bewirken sollen. Das funktioniert leider nicht so, wie von den Herstellern versprochen.

Wie oft Öl wechseln?

Bis Baujahr 8/82 schreibt das Werk den Ölwechsel alle 7500 km bzw. alle 6 Monate vor, für neuere Golf GTI gilt ein Ölwechsel alle 15 000 km oder jährlich. Wie genau soll man sich an diese Anweisungen halten?

Wir meinen, daß ein Langstreckenfahrer durchaus bis zu 15 000 km oder bei den neueren Modellen auch 20 000 km zwischen den Ölwechseln verstreichen lassen kann. Schließlich kommt durch den Nachfüllbedarf auch immer wieder frisches Öl in den Motor. Wer andererseits den VW hauptsächlich im Kurzstrekkenverkehr fährt, sollte schon wesentlich früher den Ölwanneninhalt wechseln. In der kalten Jahreszeit spätestens nach 6 Monaten unabhängig von der viel-

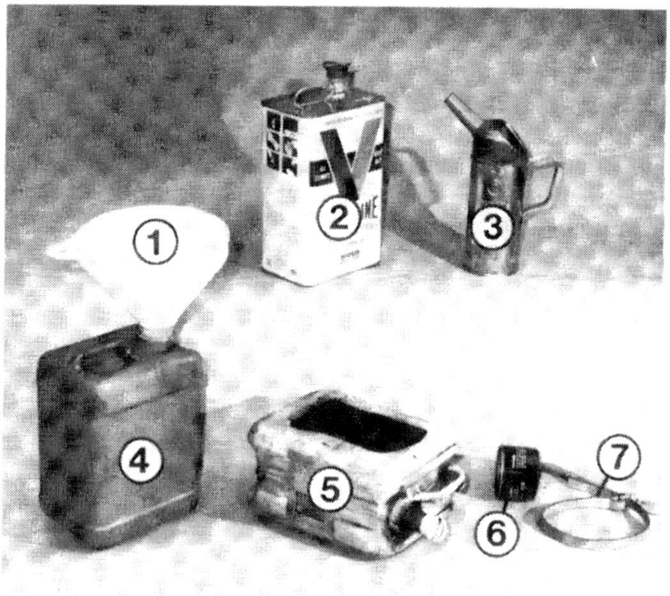

Hilfsmittel, die den Selbst-Ölwechsel erleichtern:
1 – Trichter zum Umfüllen des Altöls; 2 – neues Motoröl in ausreichender Menge;
3 – Öleinfüllkanne;
4 – Altölkanister;
5 – Ölkanister mit herausgeschnittener Seitenwand zum Auffangen des Ablaßöls;
6 – Ölfilter;
7 – Spannbandschlüssel zum Lösen des Ölfilters.

leicht geringen Kilometerleistung, bei ausschließlichem Stadtverkehr schon nach 4 Monaten.
Wer ein Einbereichsöl verwendet, muß ohnehin an den jahreszeitlichen Ölwechsel denken – vor und nach der kalten Jahreszeit –, damit das Öl den Start- bzw. Außentemperaturen angepaßt ist.

Ölwechsel, wie und wo

□ Das Motoröl soll bei betriebswarmem Motor gewechselt werden, damit es allen Schmutz beim Auslaufen herausschwemmt.
□ Das beim Ölwechsel anfallende Altöl muß ordnungsgemäß beseitigt werden. Wer es einfach im Erdreich versickern läßt, vergräbt oder in die Kanalisation schüttet, verunreinigt das Grundwasser, gefährdet die Trinkwasserversorgung und muß mit hohen Geldstrafen rechnen. Altöl kann man entweder kostenlos dort abgeben, wo man Motoröl kauft, oder bei einer nahegelegenen Altölsammelstelle. Deren Adresse erfahren Sie von der Gemeindeverwaltung, der örtlichen Polizei oder einer Autoclub-Geschäftsstelle.
□ In Werkstätten kostet der Ölwechsel nach unseren Erfahrungen das meiste Geld, weil nur sehr teure Ölsorten vorrätig sind. Außerdem ist der Motor oft schon wieder kalt, bis das alte Öl abgelassen wird; und manche Werkstätten berechnen die Arbeit für den Ölwechsel zusätzlich.
□ An Tankstellen kommt der Wagen dagegen meist sofort dran. Sie können auch ein billigeres Öl aus dem Tankstellenverkaufsprogramm auswählen, und im Ölpreis ist die Arbeit des Tankwarts inbegriffen.
□ Gegen den SB-Ölwechsel mit Absauggerät an der Tankstelle bestehen keine Bedenken, vorausgesetzt das Ölfilter wird bei jedem 15 000-km-Intervall ebenfalls ausgetauscht. Das ist im Motorraum von oben her möglich.
□ Ölwechsel zu Hause lohnt sich nur, wenn Sie das Öl preiswert im Zubehörhandel, Großmarkt, Warenhaus oder durch gute Beziehungen billiger kaufen können. An der Tankstelle müssen Sie nach den etwas günstigeren SB- oder Mitnahme-Ölen fragen.

Motoröl und Ölfilter wechseln
Wartungspunkte Nr. 4 und 24

■ Für einen Ölwechsel mit Austausch des Ölfilters brauchen Sie **3,5 Liter** Motoröl, **ohne Filterwechsel 3 Liter.**
■ Besorgen Sie das richtige Ölfilter für den alle 15 000 km fälligen Filterwechsel:
V. A. G.-Nr. 056 115 561 G;
Bosch 0 451 103 033; Mann W 719/5;
Knecht AW 29/9; Purolator PC 252.
■ Fahrzeug warmfahren.
■ VW waagrecht und rüttelsicher aufbocken.
■ Kleine Wanne oder einen genügend großen, aufgeschnittenen Plastik-Ölkanister unterstellen.
■ Ablaßschraube mit Ringschlüssel SW 19 öffnen, Öl auslaufen lassen (Vorsicht, heißes Öl).
■ Haben Sie den Wagen nur vorn aufgebockt, sollten Sie ihn zum völligen Auslaufenlassen des Altöls nochmals ablassen. Aufpassen, daß dabei das Auffangbehältnis nicht beschädigt oder gar umgekippt wird.

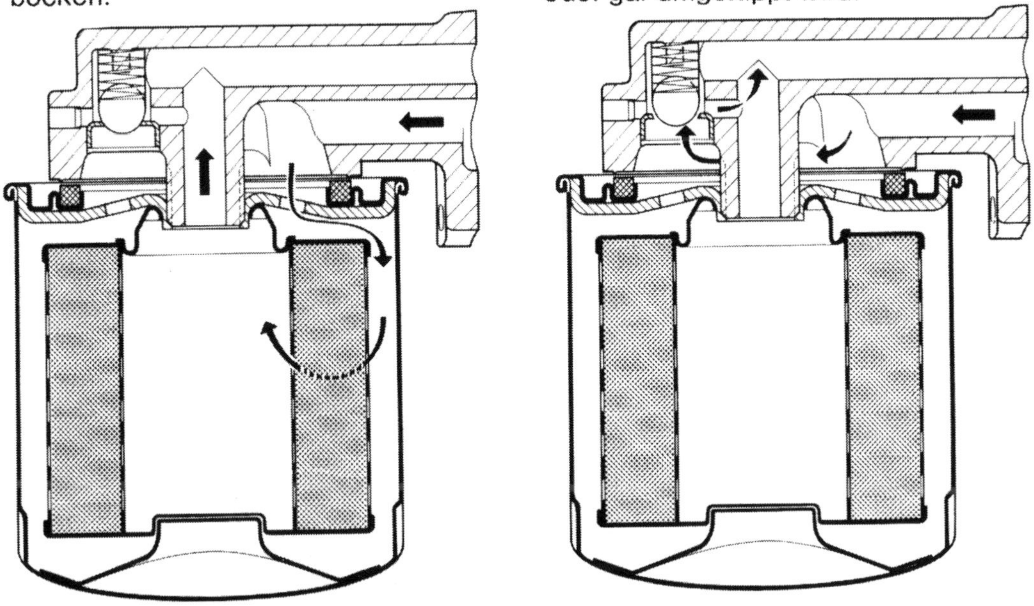

Die linke Zeichnung zeigt den Weg des Motoröls durch das Ölfilter. Bei verstopftem Filtereinsatz wird das Filter über ein Kurzschlußventil umgangen (rechte Abbildung); die Schmierung ist zwar sichergestellt, durch den größeren Schmutzanteil wird aber der Motorverschleiß höher.

Die Ölablaßschraube sitzt in Fahrtrichtung hinten an der Ölwanne. Zum Lösen ist ein Ringschlüssel das am besten geeignete Werkzeug.

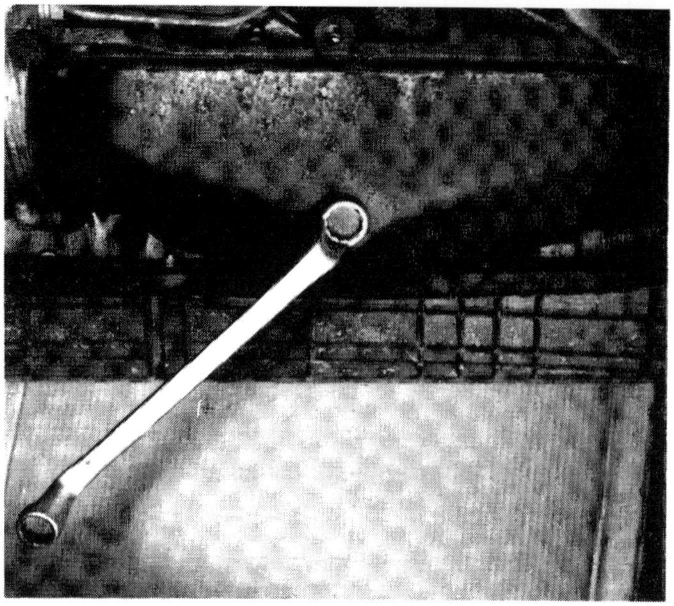

■ Ölfilter mit dem rechts oben gezeigten Bandschlüssel lösen, Notbehelf: Alten Keilriemen um das Filtergehäuse schlingen, mit einer Rohrzange die Riemenenden nahe am Filter zusammendrücken und mit der Zange das Filter lösen. Bei sehr festsitzendem Filter scharfen Schraubenzieher durch das Blechgehäuse treiben (Vorsicht, heißes Öl läuft aus) und Filter mit dem Schraubenzieher losdrehen.

■ Dichtring am neuen Filter mit etwas Fett einreiben. Kein Öl nehmen, das bei der Sichtkontrolle zum Schluß oft fälschlicherweise für austretendes Öl gehalten wird.

■ Ölfilter ohne irgendwelches Werkzeug von Hand festdrehen.

■ Ölablaßschraube sauberreiben und mit neuem Dichtring eindrehen, nicht anknallen, sonst wird das Führungsgewinde in der Ölwanne beschädigt.

■ Öl einfüllen.

■ Motor kurz laufen lassen. Öldichtheit kontrollieren.

■ Das Ölfilter läßt sich anschließend von Hand noch ein klein wenig anziehen.

Getriebe auf Dichtheit prüfen
Wartungspunkt Nr. 31

Aus dem völlig geschlossenen Gehäuse, in dem Schaltgetriebe und Achsantrieb gemeinsam sitzen, kann das Schmiermittel nur an undichten Stellen ins Freie gelangen. Sie sollten daher nachsehen, ob das Getriebegehäuse keine öldurchtränkte Schmutzkruste zeigt. Wenn nicht, ist dieser Wartungspunkt schon erledigt. Andernfalls muß jedoch der Ölstand geprüft werden. Wo die Kontroll- und Öleinfüllschraube am Getriebe sitzt, zeigt das Bild unten.

■ Fahrzeug waagrecht aufbocken.

■ Kontroll- und Einfüllschraube mit Innensechskantschlüssel SW 17 herausdrehen.

■ Läuft nun bereits etwas Getriebeöl heraus, stimmt der Ölstand.

■ Andernfalls Finger in das Schraubgewinde stecken und fühlen, ob die

Die Ölkontrollschraube (Pfeil) des Getriebes sitzt in Fahrtrichtung links vor der Antriebswelle. Wenn Sie keinen Innensechskantschlüssel SW 17 zur Hand haben, geht es behelfsmäßig mit einer M-10-Schraube, auf der Sie eine Mutter fest angezogen haben; Schraubenkopf in den Innensechskant stecken und mit einem Schraubenschlüssel an der gut festgezogenen Mutter drehen.

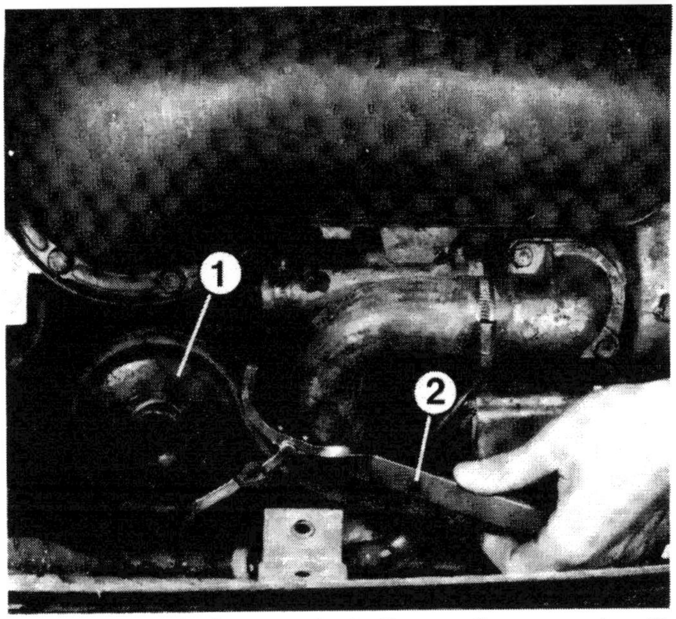

So wird das Ölfilter (1) mit dem Spannbandschlüssel (2) losgedreht.

Flüssigkeit bis kurz unterhalb an die Öffnung heranreicht.

■ Bei größerem Schmiermittelmangel an der Tankstelle oder in der Werkstatt die vorgeschriebene Getriebeölsorte einfüllen lassen.

Fingerzeig: *Getriebeöl für das gelegentliche Nachfüllen zu Hause zu lagern, lohnt sich nur, wenn Sie es in einer wiederverschließbaren Dose mit nicht mehr als 1 Liter Inhalt kaufen können.*

Die richtige Getriebeölsorte

An einen Getriebeölwechsel brauchen Sie nicht mehr zu denken, denn der VW bekommt bereits im Werk eine Dauerfüllung, die das ganze Autoleben ausreicht. Geringfügiger Metallabrieb an den Zahnrädern, der die Ölfüllung verschmutzen könnte, wird durch Dauermagnete aus dem Schmiermittel gefischt.
Diese Wartungsvereinfachung bedingt aber, daß wirklich das richtige Schmiermittel eingefüllt ist. Vorgeschrieben ist ein Getriebeöl der Viskositätsklasse SAE 80 oder SAE 80 W-90, das der amerikanischen Militär-Spezifikation MIL-L-2105 entspricht. Manche Mineralölfirmen setzen noch ein »A« dahinter – also MIL-L-2105 A. Die entsprechende API-Spezifikation lautet »GL 4«. Hierbei handelt es sich um ein Hypoid-Getriebeöl mit 4 % Schwefelphosphorzusatz. Aber ein solches Getriebeöl kann man weder unter der Bezeichnung MIL-L 2105 noch unter GL 4 kaufen. Da die Begriffe für Getriebeöle bei den Mineralölfirmen durcheinander laufen, finden sich nicht einmal alle Tankstellen und Werkstätten zurecht. Da ein falsches Getriebeöl erheblichen Schaden anrichten kann, haben wir nachfolgend einige Getriebeölmarken zusammengestellt, die in Frage kommen:

□ Aral Getriebeöl EP 80
□ Castrol Hypoy SAE 80
□ Esso GP 80
□ Shell Hypoid-Getriebeöl Spirax EP 80
□ Texaco Universal Gear Lubricant EP 80
□ Veedol Multigear SAE 80

Zündverteiler schmieren
Wartungspunkt Nr. 20

Unabhängig vom Zündsystem in Ihrem VW soll der Zündverteiler geschmiert werden. Bei herkömmlicher Zündanlage geschieht das gleichzeitig mit dem Austausch der Unterbrecherkontakte; siehe Seite 201. Sämtliche Schmierstellen zeigt das Bild oben auf der nächsten Seite.

■ Bei allen Modellen zwei Tropfen Haushalts- oder Motoröl in den Schmierfilz der hohlgebohrten Verteilerwelle träufeln.

■ Fahrzeuge mit herkömmlicher Zündanlage erhalten einen Tropfen Öl in die Lagerwelle des Unterbrecherhammers.

■ Damit das Gleitstück des Unterbrecherhammers nicht vorzeitig auf der vierkantigen Zündverteilerwelle abgeschliffen wird, erhält die vierkantige Nockenbahn der Welle eine dünne Schicht des Bosch-Fettes Ft 1 v 4. Am Gleitstück wird eine stecknadelkopfgroße Menge desselben Fettes an der Seite aufgetragen, die zur Lagerwelle des Unterbrecherhammers hin zeigt.

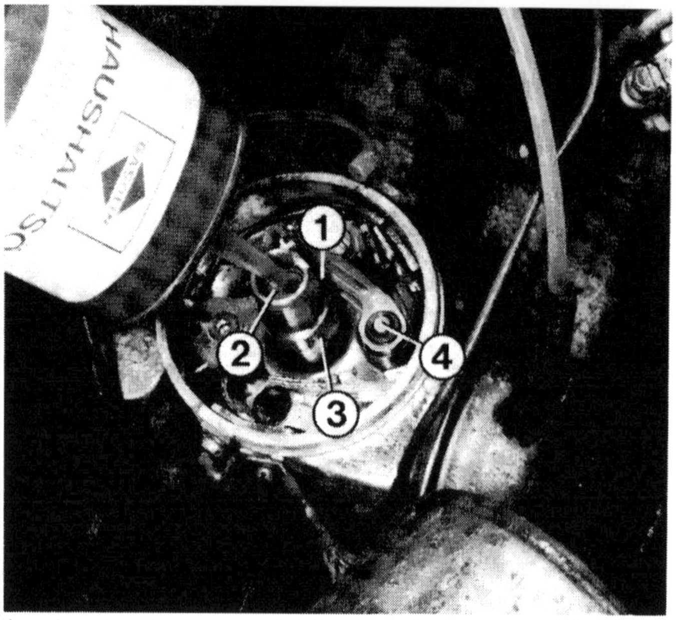

Im Zündverteiler der herkömmlichen Zündanlage sind sämtliche Schmierstellen des Verteilers sichtbar:
1 – Gleitstück am Unterbrecherhammer; 2 – Schmierfilz in der Verteilerwelle;
3 – Nockenbahn der Verteilerwelle; 4 – Lagerung des Unterbrecherhammers.

Wer im Zündverteiler mit Öl oder Fett zu ausgiebig hantiert, kann Zündprobleme verursachen, wenn das Schmiermittel zwischen die Unterbrecherkontakte gelangt.

Züge, Gelenke und Schlösser schmieren

Wartungspunkt Nr. 23

Der Serviceplan des Volkswagenwerks sieht nur einige weitere Schmierarbeiten an unseren Modellen vor. Es hat sich aber gezeigt, daß eine gelegentliche Schmierration manches auf Dauer leichtgängig hält, was sonst quietscht, klemmt, reißt oder rostet. Dabei hilft folgende Faustregel: An Scharnieren und Gelenken mit engen Durchgängen, in die kein Fett eindringen kann, ist Öl besser. Gegeneinander reibende Flächen werden besser gefettet, da Fett länger haftet. In beiden Fällen hilft ein Graphitölspray.

Türen und Heckklappe

■ An die Türscharniere hin und wieder etwas Öl sprühen, abtropfendes Schmiermittel abwischen.

■ Den Schloßmechanismus von Türen und Heckklappe schmiert man am besten mit Silikonpaste, z. B. »MS 4 silicone compound« von Dow Corning/Molykote. Diese weiße Paste schmiert ohne zu schmutzen – wichtig, wenn man mit einem Kleidungsstück daran gerät –, ist hitzefest und stößt Feuchtigkeit vollkommen ab.

■ Für die Türfeststeller oder Türhaltebänder, die zu weites Aufschlagen der Türen verhindern, nehmen Sie entweder Mehrzweckfett oder ebenfalls Silikonpaste.

Schließzylinder

■ Zum Schmieren der Schließzylinder, als Rostschutz, zur Feuchtigkeitsverdrängung und als Schutz gegen Einfrieren im Winter etwas Rostlöser-Isolierspray in den Schlüsselschlitz einsprühen.

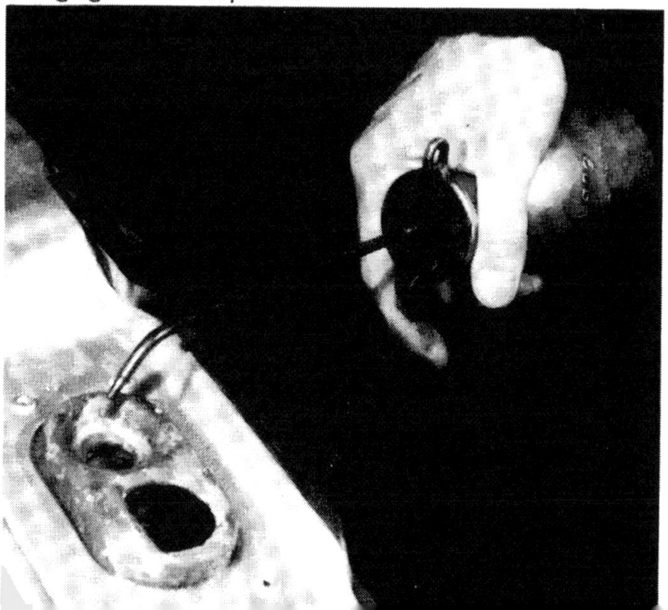

Das Motorhaubenschloß stellt keine besonderen Schmieransprüche, Sie können jedes verfügbare Schmiermittel verwenden.

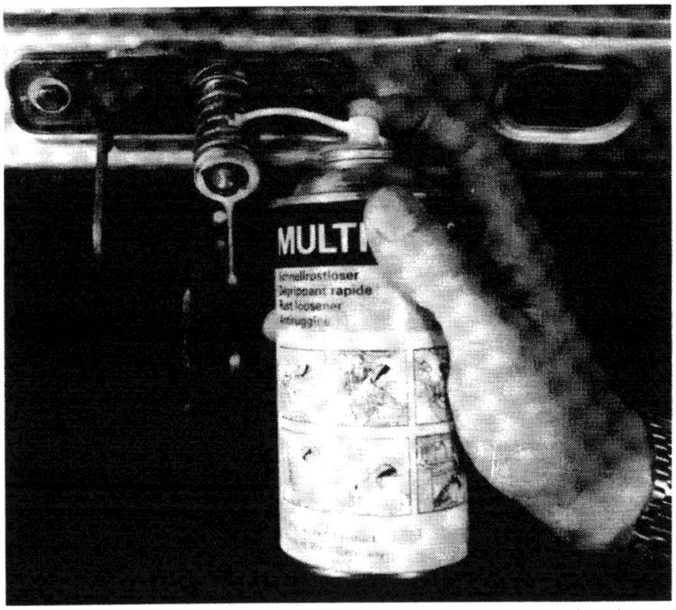

Der Schließzapfen der Motorraumhaube läßt sich sowohl mit einem Tropfen Motoröl, mit ein wenig Fett oder mit einem Schmierspray warten.

Motorhaube

■ Entriegelungszug der Motorhaube von einem Helfer im Wageninnern ziehen lassen. An der Stelle, wo der Seilzug aus der Umhüllung kommt, etwas Fett anstreichen und durch Hebelbewegung in die Zugumhüllung ziehen.

■ Der Schließzapfen der Motorraumhaube und das eigentliche Motorhaubenschloß erhalten etwas Fett oder Schmierspray. Um am Motorhauben-Schloßzapfen die richtige Stelle zu schmieren, muß man den Kunststoff-Federteller auf dem Zapfen zurückdrücken und mit einem breiten Schraubenzieher spreizen. So kann die Zapfenstange, auf welcher der Federteller gleitet, gut geschmiert werden.

■ Die versteckt liegenden Motorhaubenscharniere behandeln Sie mit einer Ölsprühdose.

Kupplungszug

■ Kupplungshebel im Motorraum etwas anziehen, so daß das Endstück locker an der Hebelnase hängt.

■ In den Zwischenraum etwas Fett eindrücken oder Öl tropfen.

■ Um den Seilzug direkt unter der Seilzugumhüllung etwas Fett streichen und durch mehrmaliges Kupplungspedaltreten in die Zugumhüllung ziehen.

Gasbetätigung

■ Von einem Helfer bei ausgeschaltetem Motor das Gaspedal durchtreten lassen.

■ An allen sich hierbei bewegenden Stellen die eventuell anhaftende Schmutzkruste abreiben und anschließend etwas Öl ansprühen, während der Helfer ein paar Mal das Gaspedal bewegt.

Millionending

Selten war ein Motor so vielseitig in der Anwendung wie der Vierzylinder mit der Baumusterbezeichnung 827. Er erlebte seine ersten Zündungen als 1,4-Liter-Version bei den Audi-Konstrukteuren in Ingolstadt. Im Lauf der Zeit entwickelte er sich in Hubraumstufen von 1,3, 1,5, 1,6, 1,7 und 1,8 Litern zu unterschiedlich starken Vierzylindern sowie durch einen bzw. zwei »angehängte« Zylinder zu einem Fünf- bzw. Sechszylinder. Darüber hinaus gibt es von jeder Zylinderversion eine Dieselvariante.
Uns interessieren in diesem Buch aber nur die von einer Bosch-Einspritzung gefütterten Versionen für den Golf und Scirocco.

Blick unter die Motorhaube

Damit das Fahrzeug nicht kopflastig wird, ist der Motor um 20° nach hinten geneigt eingebaut. Der von Motor und Getriebe gebildete Triebwerksblock ist an vier Punkten mit der Karosserie verbunden – in der Mitte der Front über die sogenannte Drehmomentstütze, in Fahrtrichtung rechts über ein Motorlager sowie links und in Höhe des Schalthebels über je ein Getriebelager.
Zwei Hubraum- und Leistungsversionen gibt es vom Einspritzmotor:

- ☐ Der bis 7/82 gebaute 1,6-Liter-Motor leistet 81 kW/110 PS.
- ☐ Die 1,8-Liter-Version seit 8/82 kommt auf eine nur geringfügig höhere Leistung von 82 kW/112 PS bei wesentlich verbessertem Durchzugsvermögen.

Welchen Motor Sie vor sich haben, erläutern die Kennbuchstaben in Fahrtrichtung vorn auf der Zylinderblockfläche unterhalb des Zündkerzen-Einschraubgewindes für den 3. Zylinder; der 1. Zylinder ist der in Fahrtrichtung ganz rechte. »EG« steht für den 1600er, »DX« für den 1,8-Liter und »JJ« für die hiervon abgeleitete, speziell abgasentgiftete Schweizer Version.

Die Einzelteile des Motors

Wer sich für die Funktion des Motors interessiert, findet hier die wichtigsten Teile herausgegriffen und beschrieben, bevor wir zu den eigentlichen Reparaturarbeiten kommen.

Kolben und Zylinder

Die Kolben sind aus Leichtmetall gegossen. Da sich solche Kolben bei Erwärmung jedoch stärker dehnen als der Grauguß des Zylinderblocks, erhielten sie eine Stahleinlage für geringere Wärmedehnung. Im oberen Drittel jedes Kolbens sind drei Kolbenringe elastisch in entsprechende Nuten im Kolben eingebettet. Sie drücken federnd gegen die Zylinderwand, wobei die beiden oberen dem Gasgemisch den Weg aus dem Verbrennungsraum nach unten ins Kurbelgehäuse verwehren. Der unterste Ring ist ein sogenannter Ölabstreifring; er verhindert, daß allzuviel Schmiermittel vom Kurbelgehäuse in den Brennraum gelangt.
Der Kolbenboden besitzt eine Vertiefung. Beim 1,8-Liter ist diese Mulde 4,4 mm und beim 1600er 8,3 mm tief. Beim 1,6-Liter-Motor bildet der Kolben gleichzeitig einen Teil des Verbrennungsraums, man spricht in diesem Fall auch von »Heron«-Brennräumen.
Die Zylinder, in denen die Kolben auf- und ablaufen, sind in das Graugußmaterial des Motorblocks eingearbeitet. Bei beiden Motorvarianten stehen die Zylinder als siamesische Vierlinge gewissermaßen Wange an Wange ohne zwischen-

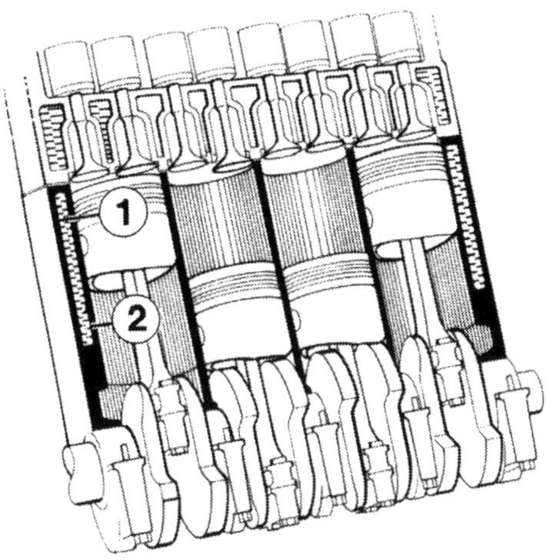

Die Kühlwasserkanäle (1) laufen bei unseren Motoren lediglich außen um die Zylinder (2). Zwischen den Zylinderwandungen befinden sich keine Bohrungen. In der Fachsprache nennt man diese Bauart auch »Siamesen«.

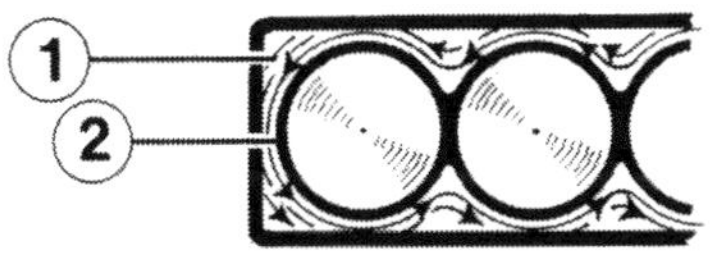

durchlaufende Kühlwasserkanäle. Man erreicht so eine möglichst kurze Bauweise mit zusätzlich versteiftem Zylinderblock, ohne thermische Probleme in Kauf nehmen zu müssen.
Die vier Zylinderbohrungen im Motorblock sind im »Kreuzschliff« gehont (geschliffen). Die Wandungen dürfen nicht völlig glatt sein, weil sonst das Motoröl nicht daran haften kann. In ihrem Durchmesser wurden die Zylinderbohrungen genau auf den Kolbendurchmesser abgestimmt. Das Grundmaß der Kolben beträgt dabei ab Werk je nach Toleranz 79,48–79,50 mm (1600) bzw. 80,98–81,00 mm (1800). Die darauf abgestimmten Zylinder haben eine jeweils um 0,03 mm größere Weite. Für Motorüberholungen gibt es außerdem eine 1., 2. und nur beim 1600er eine 3. Reparaturstufe. Entsprechend den im Durchmesser bis zu 1 mm größeren Kolben werden dann die Zylinder ausgeschliffen.

Die Kurbelwelle

Aufgabe der Kurbelwelle ist es, die geradlinige Bewegung der in den Zylindern auf- und ablaufenden Kolben in eine Drehbewegung umzusetzen. Die zu den Kolben führenden Stangen – die Pleuel – wirken deshalb, wie bei einer Andrehkurbel, versetzt zur Mittelachse auf die Kurbelwelle. Durch die zueinander versetzte Anordnung der einzelnen »Kurbeln« kann immer eine der vier Pleuelstangen die Kraft der Verbrennung oberhalb des Kolbens zur Kurbelwelle weiterleiten. Für den größeren Hubraum des 1,8-Liters mußten zusätzlich die Kurbeln der geschmiedeten Kurbelwelle und die Pleuel verlängert werden, dennoch konnte das Gewicht der Welle reduziert werden. Um einen vibrationsarmen Lauf zu er-

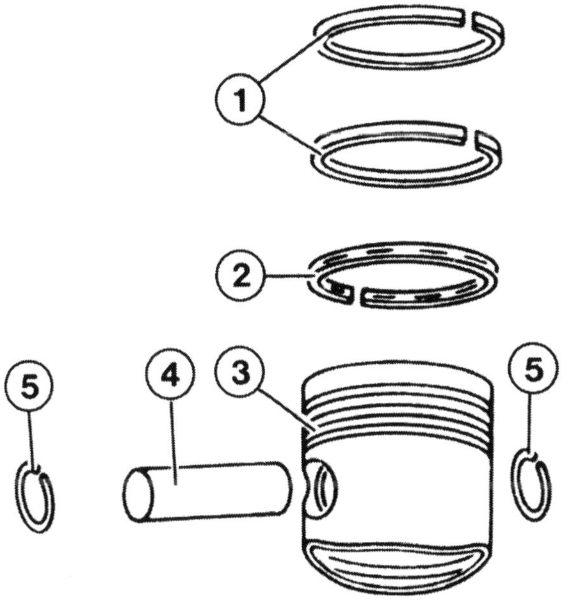

Zum Kolben (3) gehören zwei Verdichtungsringe (1), ein Ölabstreifring (2), der Kolbenbolzen (4) und die entsprechenden Sicherungsringe (5).

zielen, sind jeweils an der gegenüberliegenden Seite der Kurbelzapfen insgesamt acht Gegengewichte angebracht.
Um ein Durchbiegen der Kurbelwelle im Betrieb zu vermeiden – schließlich drücken und zerren die Kolben ja ganz ordentlich an der Welle – ist sie an fünf Stellen im Motorblock gelagert. Jede »Kurbel«, auf der eine Pleuelstange sitzt, ist also rechts und links durch ein Motorlager gestützt.
In Fahrtrichtung links sitzt auf der Kurbelwelle die Schwungscheibe mit einem Zahnkranz für das Ritzel des Anlassers. Auf die Schwungscheibe ist die Kupplung und damit die Verbindung zum Getriebe montiert. Am anderen Ende der Kurbelwelle ist das Antriebsrad für den Zahnriemen angeschraubt sowie die Keilriemenscheibe. In dieser läuft der Keilriemen, der Lichtmaschine und Wasserpumpe in Bewegung versetzt.

Die Pleuel

Die vier Pleuel sind mit auswechselbaren Lagerschalen auf den Kurbelwellenzapfen gelagert. In ihrem anderen Ende tragen sie Bronzebuchsen für die Kolbenbolzen, die »schwimmend« gelagert sind. Darunter ist zu verstehen, daß sich Kolben und Kolbenbolzen auf dem Pleuel etwas vor- und zurückbewegen können.

Der Hubraum

Das Arbeitsvolumen des Motors – Hubraum genannt – ergibt sich aus den Abmessungen von Kolben und Zylindern sowie der Kurbelwelle.
Zur Berechnung multipliziert man die Zylindergrundfläche mit dem Hub eines Kolbens; das ist der Weg, den der Kolben von seiner tiefsten in seine höchste Stellung zurücklegt. Das ganze wird noch mit der Zahl vier multipliziert, denn wir haben ja einen Vierzylinder. Bei einer Bohrung von 81 mm beim 1800er haben wir eine Zylindergrundfläche von 50,9 cm^2; mal den Hub von 86,4 mm ergibt ein Volumen von 439,78 cm^3 für einen Zylinder und rund 1760 cm^3 Gesamthubraum. Dies entspricht dem nach deutscher Steuerformel errechneten Wert, in Wirklichkeit ist der Hubraum etwas größer, nämlich 1781 cm^3.

Zylinderkopf und Nockenwelle

Wegen der besseren Wärmeleitfähigkeit ist der Zylinderkopf aus Leichtmetall gegossen. Er gibt die aufgenommene Verbrennungswärme schneller an das Kühlwasser ab. Allerdings kann er sich auch bei unsachgemäßer Reparatur leichter verziehen als ein Graugußkopf. Die Ventilsitze werden bei erhitztem Zylinderkopf eingesetzt, nach dem Abkühlen sitzen sie fest »eingeschrumpft«. Die Zündkerzen sind jeweils direkt in eingeschnittene Gewinde im Zylinderkopf eingeschraubt. Dadurch ist Vorsicht beim Zündkerzenwechsel geboten – werden die Kerzen falsch angesetzt und mit Gewalt festgedreht, beschädigt man das Gewinde.
Ganz oben im Zylinderkopf sitzt die Nockenwelle. Mit ihren eiförmigen Nocken veranlaßt sie die Ventile zum Öffnen und Schließen bei bestimmten Kolbenstellungen. Sie bestimmt damit die sogenannten Ventilsteuerzeiten. Durch die Ein-

Der 1,6-Liter-Zylinderkopf ist völlig flach, dafür besitzen die Kolben ausgeprägte Mulden, die als Brennraum dienen.

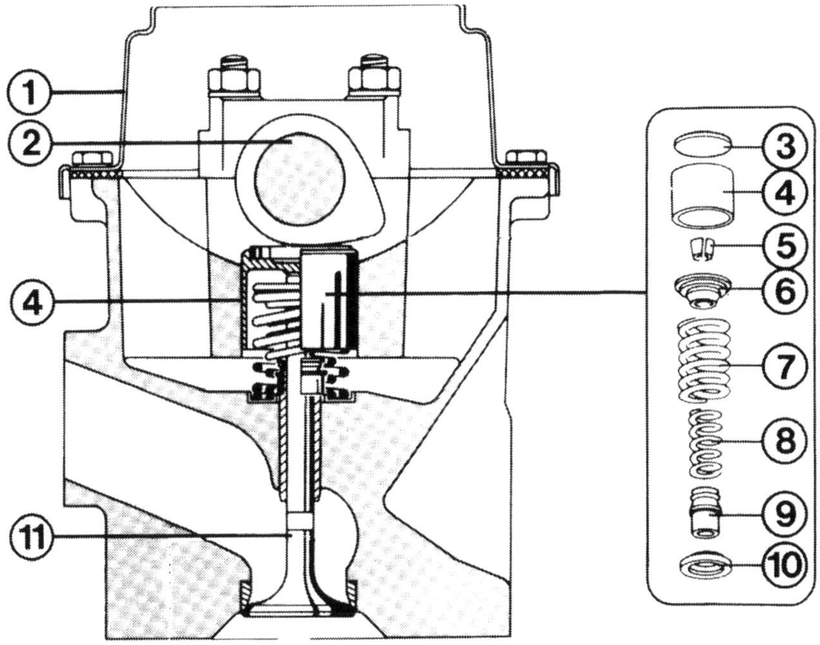

So sieht die Ventilbetätigung aus: Über das Ventil (11) mit seinen beiden Ventilfedern (7 und 8) ist ein Tassenstößel (4; wie eine auf den Kopf gestellte Tasse) gestülpt. Bei direkter Einwirkung des oval geformten Nockens der Nockenwelle (2) würde andernfalls der Ventilschaft verbogen. Das Ventilspiel wird durch Einlegen von Distanzplättchen (3) in die Aussparung im Boden des Tassenstößels eingestellt. Die übrigen Zahlen bedeuten:
1 – Zylinderkopfhaube;
5 – Ventilkegelstück; 6 – oberer Ventilfederteller; 9 – Ventilschaftabdichtung; 10 – unterer Ventilfederteller.

baulage der Nockenwelle werden die Ventile auf kürzestem Übertragungsweg gesteuert. Das geschieht über sogenannte Tassenstößel. Der Tassenstößel ist – wie eine auf den Kopf gestellte Tasse – über das Ventil mit seinen beiden Ventilfedern gestülpt. Die Nocken berühren die Tassenstößel nicht genau in der Mitte, sondern leicht versetzt. Dadurch wird erreicht, daß sich die Ventile bei jedem Niederdrücken ein kleines Stückchen um ihre eigene Achse drehen. Das verhindert, daß sie sich ungleichmäßig einschlagen und mit der Zeit undicht werden. Aus Gründen der Wärmeverteilung liegen die zusätzlich mit Hartmetallauflage (Stellit) »gepanzerten« Auslaßventile zu den Motoraußenseiten hin.
Den Nockenwellenantrieb besorgt die Kurbelwelle über einen Zahnriemen, der außerdem eine Zwischenwelle bewegt. Diese treibt über ein Zahnrad Zündverteiler und Ölpumpe an.

Fingerzeig: *Damit kein Öl an den Ventilschäften entlang in die Brennräume sickert, sind die Ventilschäfte durch Gummikappen an der Ventilführung abgedichtet. Wenn der VW beim Gasgeben etwa nach Gefällefahrt mit schiebendem Motor deutliche Ölwölkchen ausstößt, liegt es häufig an versprödeten Ventilschaftabdichtungen. Sie können in der V. A. G.-Werkstatt bei eingebautem Zylinderkopf ausgetauscht werden; siehe aber auch Seite 57.*

Die Ventilsteuerung

Bekanntlich haben wir einen Viertaktmotor im VW, der das Gemisch aus Kraftstoff und Luft ansaugt, verdichtet, zündet und die verbrannten Gase wieder ausstößt.
Fürs Ansaugen der Frischgase und Ausschieben bleibt dem ventilgesteuerten

Im 1,8-Liter-Motor sind die Brennräume in den Zylinderkopf eingearbeitet, die Kolben besitzen daher auch wesentlich kleinere Mulden in ihrem Boden als beim 1600er.

Zum Zahnriementrieb gehören:
1 – Nockenwellenrad; 2 – Zahnriemenspanner;
3 – Zwischenwellenrad; 4 – Kurbelwellenrad;
5 – Zahnriemen.

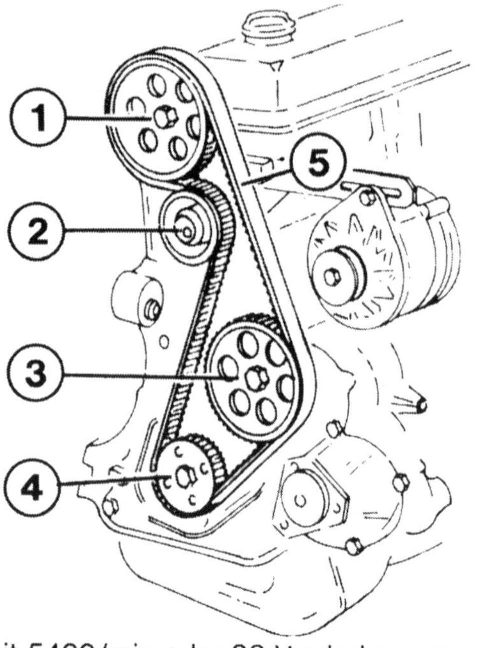

Verbrennungsmotor nur wenig Zeit. Einem mit 5400/min oder 90 Umdrehungen pro Sekunde schon nahe an Nenndrehzahl und Höchstleistung laufenden Motor steht für den Ansaugvorgang nur eine 180-Grad-(lies halbe) Kurbelwellenumdrehung zur Verfügung: $1/180$ Sekunde – zu wenig, denn die Nockenwelle kann die Ventile ebensowenig schlagartig öffnen, wie die Ventilfedern sie zu schließen vermögen. Das Problem wird gelöst, indem die Nockenspitze der Nockenwelle eine Idee runder gegossen wird. Das Einlaßventil öffnet nun schon gegen Ende des Auslaßtakts – das bringt 4–6° Kurbelwinkel (KW) – und schließt erst, nachdem der Kolben den Ansaughub (= 180°) beendet hat und verdichtend aufwärtsstrebt. Das sind 46 bzw. 49° KW, macht zusammen 50 bzw. 55° Zeitgewinn; Öffnungsdauer also 180° + 50° bzw. 55° = 230 bzw. 235° KW oder $1/141$ bzw. $1/138$ Sekunde – weniger als die Belichtungszeit für ein Urlaubsfoto. Und da das Auslaßventil ebenfalls schon gegen Ende des Arbeitstakts (44 bzw 45° KW vor UT) öffnet und erst schließt, wenn der Kolben ansaugend abwärtsschießt (bis 8° KW nach OT), sind beide Ventile einen Augenblick lang gleichzeitig geöffnet. Diese Zeitspanne, in der sich der Kolben im oberen Totpunkt (OT) vom Ausstoßen zum Ansaugen umkehrt, wird mit Ventilüberschneidung bezeichnet.

Der Zahnriemen

Als geräuscharmes Antriebselement für die obenliegende Nockenwelle dient der von der Kurbelwelle in Bewegung gesetzte Zahnriemen. Der gezähnte Gummiriemen mit Stahldrahteinlage arbeitet verschleißfrei, zumal die Gummimischung des Zahnriemens überdies für eine Trockenschmierung der Riemenseiten sorgt. Neben der Nockenwelle treibt der Zahnriemen die bereits erwähnte Zwischenwelle an und läuft außerdem über eine mechanische Spannvorrichtung.
Unter ungünstigen Umständen kann der Zahnriemen überspringen, wenn etwa Bruchstücke eines gerissenen Keilriemens zwischen den gezähnten Riemen und ein Wellenrad gelangen. Ist der Zahnriemen um einen oder mehrere Zähne versetzt, droht den Einspritzmotoren höchste Gefahr. Da zwischen Kolben und Zylinderkopf nur wenig Raum freibleibt, kann bei übergesprungenem Zahnriemen und damit veränderten Ventilsteuerzeiten der Kolben ein noch geöffnetes Ventil treffen und zumindest verbiegen, wenn nicht größeren Schaden anrichten. Deshalb ist der Zahnriementrieb mit einer Schutzkapselung versehen.

Die Zylinderkopfdichtung

Die Dichtung zwischen dem Motorblock und dem Zylinderkopf hat einen schweren Stand, denn sie hat dafür zu sorgen, daß die Verbrennungsräume und die Kanäle für Kühlmittel und Öl voneinander getrennt bleiben.

Das Schmiersystem

Im Motor verlangen eine ganze Reihe von Lagerstellen und Reibpartnern nach Schmierung. Das Motoröl läuft jedoch an die meisten dieser Stellen nicht von selbst; es muß dorthin gepumpt werden. Diese Arbeit übernimmt die Ölpumpe.

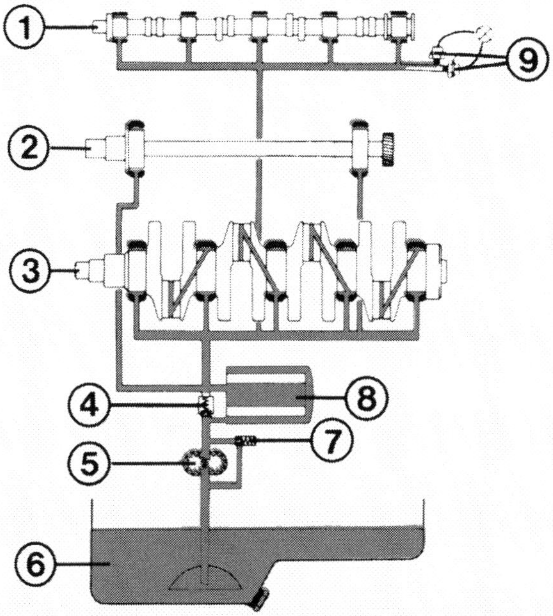

Die Ölversorgung des Motors schematisch dargestellt: Es bedeuten: 1 – Nockenwelle; 2 – Zwischenwelle; 3 – Kurbelwelle; 4 – Kurzschlußventil zum Umgehen eines verstopften Ölfilters; 5 – Ölpumpe; 6 – Ölwanne; 7 – Überdruckventil, das bei zu hoch ansteigendem Öldruck einen Teil des Motoröls in die Wanne zurückleitet; 8 – Ölfilter; 9 – Öldruckschalter.

Sie saugt den Schmiersaft durch einen siebbewehrten Schnorchel an und drückt ihn ins Hauptstromfilter. Ist das Filterpapier von Schmutz zugesetzt, weil das Filter nicht rechtzeitig gewechselt wurde, sorgt ein Sicherheitsventil durch Umgehung des Filters dafür, daß die Ölversorgung dennoch sichergestellt ist. Das ungefilterte Öl kann natürlich erhöhten Verschleiß an den Lagerstellen des Motors verursachen. Vom Filter aus gelangt das schmierfähige Naß über Bohrungen im Zylinderblock zu den Schmierstellen der Kurbelwelle, der Zwischenwelle und des Zylinderkopfes mit der Nockenwelle.
Am Ende der Leitung zu den Nockenwellenlagern ist der Öldruckschalter eingesetzt. Da wir hier am Ende des Drucksystems angelangt sind, zeigt sich zu niedriger Öldruck an dieser Stelle zuerst. Das Öl gelangt zurück in die Ölwanne und kann nun für den nächsten Durchlauf von der Ölpumpe erneut angesaugt werden.

Die Ölpumpe

Sie wird von der Zwischenwelle über die nach unten verlängerte Zündverteilerwelle angetrieben. Es handelt sich um eine sogenannte Zahnradpumpe. Zwei ineinandergreifende Zahnrädchen schaufeln das Öl einfach von der Saug- zur Druckseite.
Rund 30 Liter Schmierstoff in der Minute werden auf diese Weise bei Vollgas durch den Motor gepumpt, und das alles wartungsfrei, denn die Pumpe schmiert sich selbst.

Der Ölkühler

Bei den weniger hoch belasteten Vergasermotoren genügt der an der Ölwanne vorbeistreichende Fahrtwind, um das Motoröl ausreichend abzukühlen. Für die Einspritzmotoren wurde für zusätzliche Ölkühlung durch einen separaten Ölkühler gesorgt, der in Fahrtrichtung rechts neben dem Wasserkühler im Motorraum sitzt. Die Ölkühlung wird allerdings erst bei heißem Öl gebraucht. Ein Temperaturregler im Ölfilterflansch gibt ab ca. 110° C die Druckleitung in den Ölkühler frei. Das gekühlte Öl gelangt wieder an den Ölfilterflansch zurück zum erneuten Durchpumpen durch den Motor.
Die 1,6-Liter-Motoren der ersten Serie besitzen einen etwas anders aussehenden Ölkühler. Hier sitzt der Temperaturregler in einem separaten Gehäuse in der Druckleitung. Diese führt oben in den Ölkühler, unten ist die Rücklaufleitung angeschlossen.

Temperaturregler prüfen

Der Temperaturregler öffnet den Zufluß in den Ölkühler ab etwa 110° C und ist bei rund 125° C völlig geöffnet. Der gesamte Öffnungshub beträgt dann 8 mm. Die Funktion des Reglers prüfen Sie folgendermaßen:

- Unter 110° C hat der Ölkühler Umgebungstemperatur.
- Ab 110° C muß er deutlich Wärme abstrahlen; Hand nicht verbrennen!

Ölkühler ausbauen Der Ölkühler ist mit einem Halter verschraubt, der seinerseits an der Karosseriestirnseite befestigt ist. Wollen Sie den Ölkühler z. B. zum Lackieren der Wagenfront oder zum Motorausbau demontieren, bleiben dieÖlleitungen angeschlossen. Das verhindert sicher, daß Schmutz in den Ölkreislauf gerät.

■ Muttern der Gummilager oben am Halter des Ölkühlers lösen.

■ Ölkühler mit seinem Halter und dem unten eingesteckten Gummilager aus dem Karosserieblech ziehen und samt Leitungen auf dem Motor ablegen.

■ Beim Abnehmen des Ölkühlers von seinem Halter läuft Motoröl aus, deshalb eine kleine Wanne bereitstellen.

■ Drei Verschraubungen von Halter und Kühler losdrehen.

■ Beim Wiedereinbau neue Dichtringe zwischen Halter und Ölkühler einsetzen.

■ Schrauben mit 10 Nm anziehen.

■ Wurden auch die Ölleitungen abgenommen, dürfen sie beim Wiedereinschrauben nicht verwechselt werden:

■ Die Druckleitung sitzt am Filterflansch links, am Ölkühlerhalter vorn, die Rücklaufleitung ist am Flansch rechts, am Halter hinten angeschraubt – jeweils in Fahrtrichtung gesehen.

■ Schlauchverschraubungen mit 50 Nm festziehen.

Öltemperaturen Für das Wohlbefinden des Motors ist die Öltemperatur ausschlaggebend. Deshalb besitzen unsere Modelle ein Ölthermometer, am dem Sie ablesen können, wie es um den Wärmehaushalt des Schmierkreislaufs bestellt ist. Gemessen wird am Ölfilterflansch, dort wird das Öl zuerst hingepumpt. In der Ölwanne und an dieser Stelle ist es am kühlsten, während an den Kolbenringen Temperaturen bis 300° C auftreten können. Das Volkswagenwerk nennt 145° C in der Ölwanne als höchstzulässige Temperatur. Voraussetzung ist dann aber ein wirklich hochwertiges Motoröl.

Gefährlicher als hohe Temperaturen sind zu niedrige Werte. Bei weniger als 60° C sind die Öl-Additive nicht voll wirkungsfähig, was erheblich höheren Verschleiß zur Folge hat. Lassen Sie den Motor gleich nach dem Kaltstart bis höchstens 3500/min drehen, bis die Öltemperatur 60° C erreicht hat. Richtig temperiert ist der Schmiersaft zwischen 80 und 120° C.

Der Öldruck Bei 2000/min soll der Öldruck bei mindestens 2 bar liegen (gemessen bei Betriebstemperatur von 80° C und mit Einbereichsöl SAE 20 W/20). Das kann man in dieser Form nur ablesen, wenn man einen Öldruckmesser nachträglich eingebaut hat. Bis Baujahr 7/82 gibt es serienmäßig nur die Kontrollmöglichkeit über den Öldruckschalter, der ab einem Druck von 0,15–0,45 bar die Kontrolleuchte im Armaturenbrett verlöschen läßt. Seit Modelljahr 1983 ist ein zweiter Öldruckschalter hinzugekommen, der bei höheren Motordrehzahlen vor zu niedrigem Druck warnt. Sackt der Öldruck bei mehr als 2150/min unter 1,8 bar, blinkt

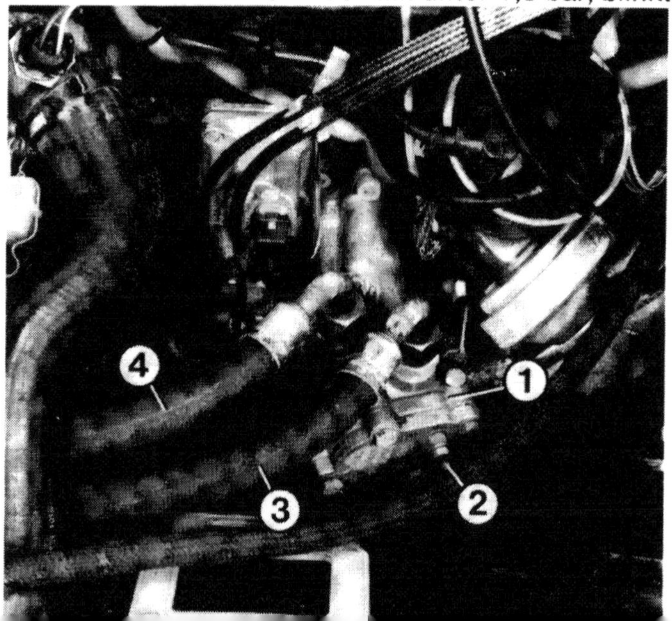

Am Ölfilterflansch (1) sitzt vorn der Geber für die Öltemperaturanzeige (2). Der Öltemperaturregler im Flansch läßt ab 110° C heißem Motoröl dieses durch die Schlauchleitung (3) zum Ölkühler fließen. Durch den zweiten Schlauch (4) gelangt das abgekühlte Öl in den Schmierkreislauf zurück.

die Kontrolleuchte und ein Warnsummer ertönt. Näheres zur Öldruckkontrolle finden Sie auf Seite 229.
Aber zu hoch darf der Öldruck auch nicht sein. Ein Überdruckventil in der Ölpumpe öffnet den Weg zur Saugseite zurück, wenn der Druck durch kaltes und sehr zähflüssiges Öl zu hoch ansteigt.
Wollen Sie den Öldruck Ihres Motors messen, muß der bzw. ein Öldruckschalter herausgeschraubt und stattdessen ein Manometer angeschlossen werden.

Die Kurbelgehäuse-Entlüftung

Auch ein gesunder Motor bläst in der Minute 50 bis 70 Liter Verbrennungsgase an den Kolbenringen vorbei ins Kurbelgehäuse. Dieser Druck muß aus dem Motor entweichen können, damit die Dichtungen nicht zu stark beansprucht werden. Das geschieht über die Kurbelgehäuse-Entlüftung. Die giftigen Gase aus dem Bauch der Maschine dürfen jedoch nach gesetzlicher Vorschrift nicht einfach ins Freie münden. Deshalb führt der von der Erhöhung des Ventildeckels ausgehende Schlauch der Kurbelgehäuse-Entlüftung zurück in das Luftfiltergehäuse und zum Ansaugstutzen. Von dort aus werden die Gase zur vollständigen Verbrennung wieder in die Brennräume geleitet.
Gelegentlich sollten Sie kontrollieren, ob sich Ölrückstände im Schlauch der Kurbelgehäuse-Entlüftung gebildet haben. Sie lassen sich mit Benzin auswaschen.

Sichtprüfung des Motors
Wartungspunkt Nr. 14

Zu diesem Wartungspunkt sollten Sie den Motor von allen Seiten betrachten und kontrollieren, ob an irgendeiner Stelle Öl austritt. Zu kritisch darf man dabei allerdings auch nicht sein, denn es ist normal, daß Motoren kleine Mengen Öl »ausschwitzen«. Richtiggehende Öltränen, sichtbar durch hell glänzende Stellen oder durch schwarze Schmutzkrusten, geben eher Anlaß zu Besorgnis.
Wo der Motor seinen Schmiersaft verliert, können Sie leicht herausfinden: Verdächtige Stellen mit Motorreiniger abwaschen und nach einigen Kilometern Fahrt nachsehen, ob sich erneut Ölverlust zeigt. Auf welche Teile Sie dabei Ihr Augenmerk besonders richten sollten, haben wir unter »Ölverbrauch« auf Seite 28 beschrieben.
Bei Undichtigkeiten am Ventildeckel oder an der Ölwanne hilft oft schon gleichmäßiges Nachziehen der Schrauben. Dabei hat es jedoch keinen Sinn, die Schrauben einfach »anzuknallen«, sonst könnte sich der Deckel bzw. die Ölwanne verziehen und so erst recht undicht werden. Vorgeschriebenes Drehmoment: Schrauben des Zylinderkopfdeckels 10 Nm; Schrauben der Ölwanne 20 Nm.

Fingerzeig: *Der nach unten völlig offene Motorraum verschmutzt außerordentlich schnell. Besonders im Winter ist das störend, denn das aufgewirbelte Salz sorgt sofort für Rost und Korrosion. Regelmäßiges Waschen des Motorraums und anschließendes Einsprühen mit Motorschutzlack (siehe Seite 11) ist also, nicht zuletzt im Interesse eines guten Wiederverkaufswerts, anzuraten.*

Den neuen Motor einfahren?

Eigentlich müßte ein neuer Motor oder ein Tauschmotor gar nicht mehr eingefahren werden, denn die Gleit- und Wälzlager, Kolbenbolzen, Nocken und Ventilschäfte lassen sich mit solch hochwertigen Oberflächen herstellen, daß eine zusätzliche Glättung kaum mehr möglich ist.
Anders ist es jedoch mit den Zylinderwänden, Kolben und den dazugehörigen Kolbenringen. Deren Oberflächen weisen immer noch eine mikroskopische Rauhigkeit auf. Erst der Einlaufprozeß kann diese kleinen Unebenheiten beseitigen, so daß die Teile gut gegeneinander abdichten können (ein ganz neuer Motor braucht deshalb mehr Öl als ein eingelaufener). Zu flotte Gangart in der Einlaufzeit kann zu winzigen Freßstellen führen, die unter Umständen in einen fatalen Kolbenfresser ausarten. Wir tun also im Hinblick auf die Motorlebensdauer gut daran, die Einfahrempfehlung des VW-Werks ernst zu nehmen. Unter 4200/min, so schreibt es die Betriebsanleitung vor, muß die Motordrehzahl während der ersten 1000 km auf jeden Fall bleiben.

Auf Landstraßen fühlt sich unser Motor während der Einfahrzeit am wohlsten. Da muß fleißig geschaltet werden, man fährt ständig mit wechselnden Geschwindigkeiten und wird selbst bei strikter Beachtung der anfänglichen Höchstdrehzahlen nicht zum Verkehrshindernis.
Im Lauf der folgenden 500 km können Sie die Drehzahlen langsam steigern. Ab 1500 km kann der Motor auch ruhig einmal hochgedreht werden. Routinierte Einfahrer benutzen dazu vor allem Autobahngefälle: Bergab mit relativ hohen Motordrehzahlen, ohne den Motor dabei gleichzeitig stark zu belasten. Die Maschine muß dazu allerdings restlos durchgewärmt sein, also mindestens 25 km Fahrtstrecke nach dem Kaltstart hinter sich haben.
Etwa 3000 km muß der Motor schon auf dem Buckel haben, ehe er richtig eingefahren ist; bei vorwiegendem Stadtverkehr sogar bis zu doppelt soviel. Erst dann können sich die volle Leistung der Maschine sowie optimale Benzin- und Ölverbrauchswerte einstellen.
Diese Einfahrvorschriften wollen übrigens nicht nur beim nagelneuen Motor angewandt werden. Selbstverständlich gelten sie auch für Austauschmotoren und überholte Triebwerke, die noch empfindlicher als neue Motoren sind.

Die Motor-Lebensdauer

Die Einspritzmotoren gelten als nicht so langlebig wie die vergleichbaren Vergaserversionen von VW. Das darf nicht verwundern, denn das Triebwerk ist auch höher belastet und wird von manchen Fahrern buchstäblich zu Tode gehetzt. Der Fahrer entscheidet durch seinen Umgang mit der Maschine, ob der Exitus schon nach 70 000 km erfolgt oder über 150 000 km auf den ersten Motor kommen. Das ist ungefähr die unterste bzw. höchste Laufleistung.
Ganz wichtig ist, daß erst ab einer Öltemperatur von mindestens 60° C höhere Leistung vom Motor gefordert werden darf. Darunter ist das Öl nicht völlig einwandfrei schmierfähig. Achten Sie nicht nur auf die Kühlmittelanzeige, sondern auf das wesentlich später ansprechende Ölthermometer.
Nach wochenlangem Kurzstreckenbetrieb ist es ebenfalls nicht ratsam, gleich voll aufs Gaspedal zu steigen. Bei den langen Leerlaufzeiten, wie sie im Stadtverkehr unvermeidlich sind, bilden sich in den Brennräumen und an den Ventilen Ablagerungen, die bei voller Betriebstemperatur und zügiger, aber nicht scharfer Fahrt (Motordrehzahlen zwischen 4000 und 5000/min) langsam abgebrannt werden sollen. Geeignet ist auch hier wieder die Fahrt auf der Landstraße.

Etwas über Drehzahlen

Ein Verbrennungsmotor gibt seine höchste Leistung bei einer bestimmten Drehzahl ab: der Nenndrehzahl. Über diese Drehzahl hinauszudrehen bringt also keine höhere Leistung, sondern, bedingt durch die höhere Motordrehzahl, nur eine höhere Drehzahl der Räder und somit unter günstigen Umständen eine höhere Geschwindigkeit. Vorteilhaft kann also hohes Ausdrehen nur zum besseren Anschließen in den nächsten Gang sein.
Bei den Einspritzmotoren werden die Ventile über die Tassenstößel direkt von der obenliegenden Nockenwelle gesteuert. Das hat den Vorteil, daß zum Antrieb der Ventile nur geringe Massen in Bewegung gesetzt werden, was hohe Drehzahlen ohne Gefahr für den Motor gestattet.
Als höchstzulässige Drehzahl gelten etwa 6400/min. Hierbei handelt es sich um die sogenannte Betriebsdrehzahl, die selbst über längere Zeit für den Motor noch nicht gefährlich ist. Was darüber liegt, bezeichnet man als Überdrehzahlen. Der Motor brummt dann unüberhörbar, verursacht durch Schwingungen der Kurbelwelle in ihren Lagern.
Damit Sie über die jeweiligen Motordrehzahlen informiert sind, sind die Einspritzmodelle serienmäßig mit einem Drehzahlmesser ausgerüstet. Ein solches Instrument hat allerdings eine gewisse Voreilung – im oberen Anzeigebereich bis zu 5 %. 6000/min auf dem Tourenzähler sind oft lediglich echte 5700/min.

Die Drehzahlbegrenzer

Die absolute Drehzahl-Höchstgrenze liegt bei etwa 7200/min. Spätestens ab dieser Tourenzahl geraten die Ventilfedern so stark ins Schwingen, daß ein einwandfreies Öffnen und Schließen der Ventile nicht mehr möglich ist. Die Ven-

tilfedern können brechen, was zur Folge hat, daß das betreffende Ventil auf den Kolben schlägt. Das ist dann »Ventil- und Kolbensalat«, also ein kapitaler Motorschaden. Damit es gar nicht so weit kommen kann, ist in den Verteilerfinger bei unseren Motoren ein Drehzahlbegrenzer eingebaut.
Eine Fliehkraft-Einrichtung unterbricht zwischen 6500 und 6900/min Kurbelwellendrehzahl den Zündstrom. Da sich Nockenwelle und Verteiler bekanntlich nur halb so schnell drehen wie die Kurbelwelle, ist der Begrenzer also auch nur auf die halbe Drehzahl eingestellt.
Falls Sie sich also über Zündaussetzer in sehr hohen Drehzahlen gewundert haben sollten, ist das keine Störung, sondern der eingebaute Selbstschutz des Motors. Wer den Drehzahlbegrenzer ausschaltet, etwa durch einen Klebebandstreifen am Fliehgewicht, riskiert den völligen Verlust der Garantie und eventueller Kulanzleistungen.

Kompressionsdruck messen
Wartungspunkt Nr. 22

Die Messung des Kompressionsdrucks in den Motorzylindern gibt Aufschluß darüber, ob Ventile und Kolbenringe noch gut abdichten. Leistung, Kaltstartverhalten sowie Öl- und Kraftstoffverbrauch unseres Motors hängen davon ab.

- Motor warmfahren, die Kolbenringe dichten bei warmem Öl besser ab.
- Sicherung für die Einspritzanlage herausnehmen (siehe Seite 166/167). Andernfalls wird der Motor bei der Druckprüfung mit Kraftstoff überflutet.
- Transistorzündung »lahmlegen«, siehe Seite 193.
- Alle Zündkerzen herausschrauben.
- Gummikonus des Druckprüfers auf das Kerzenloch des 1. Zylinders (in Fahrtrichtung der ganz rechte) pressen oder Anschlußleitung ins Zündkerzengewinde schrauben.
- Handbremse anziehen, Schalthebel in Leerlauf drücken.
- Von Helfer Gaspedal voll durchtreten lassen, so erhalten die Zylinder ihre größte Füllung.
- Mit dem Anlasser den Motor etwa 5 Sekunden durchdrehen lassen.
- Meßwert ablesen und notieren. Bei einem Druckschreiber mit Meßkärtchen weiterschalten für den nächsten Zylinder.

Zu niedrige Druckwerte?

Folgendes sagen die Kompressionswerte aus:

Guter Motorzustand	Motor überholungsbedürftig	Höchstzulässiger Unterschied zwischen den Zylindern
10–13 bar	unter 7,5 bar	3 bar

Gleichmäßig niedrige Druckwerte sind kein unbedingtes Alarmzeichen; Ursache können Meßtoleranzen zwischen verschiedenen Prüfgeräten sein. Bedenklich ist es dagegen, wenn zwischen den vier Meßwerten für die Zylinder Unterschiede von mehr als 3 bar bestehen.

Beim Messen des Kompressionsdrucks muß das Prüfgerät absolut dicht mit dem Zündkerzenloch abschließen.

Zu niedriger Druck kann bedeuten: Kolben- und Kolbenringverschleiß oder festsitzende Kolbenringe durch Rückstandsbildung, unrunde Zylinder als Folgeerscheinung von Kolbenklemmern, Ablagerungen an den Ventilschäften oder -sitzen durch Verbrennungs- oder Schmierölrückstände, eingeschlagene Ventile oder verbrannte Auslaßventile durch zu knappes Ventilspiel. In den meisten Fällen sind undichte Ventile die Ursache für mangelnden Kompressionsdruck und damit auch geringere Motorleistung. Abhilfe bringt entweder Einschleifen der Ventile oder die Überholung des Zylinderkopfes.
Um bei zu niedrigem Kompressionsdruck den Fehler lokalisieren zu können, wendet man folgenden Trick an: Ins Zündkerzenloch mit einer Spritzkanne etwas zähflüssiges Öl träufeln und den Kompressionsdruck nochmals messen. Sind die Werte weiterhin schlecht, liegt es an den Ventilen; erhalten Sie höhere Druckwerte, liegt es an den Kolbenringen oder vielleicht auch an den Zylindern. Das Öl dichtet kurzfristig Kolben und Zylinderwände besser ab, das komprimierte Gas sucht sich entweder seinen Weg an den undichten Ventilen vorbei oder kann nicht mehr entweichen.

Fingerzeig: *Der Kompressionsdruck ist nicht dem Verdichtungsverhältnis gleichzusetzen, das etwa beim 1,6-Liter-Motor 9,5 : 1 beträgt. Bei einwandfreiem Motorzustand sollen dagegen 10–13 bar Kompressionsdruck erreicht werden. Das Verdichtungsverhältnis ist bei der Konstruktion festgelegt durch den Kolbenhub, die Ausformung des Kolbenbodens und das Volumen des Verbrennungsraumes, während der Kompressions- oder Verdichtungsdruck je nach Motorzustand variiert.*

Der Druckverlusttest

Manche Werkstätten können neben der Prüfung des Kompressionsdrucks auch einen sogenannten Druckverlusttest durchführen. Hierzu muß der Motor ebenfalls betriebswarm und das Ventilspiel korrekt eingestellt sein. Die Zündkerzen werden herausgeschraubt und der Kolben des zu prüfenden Zylinders in seine höchste Stellung, in den oberen Totpunkt, gebracht. Der Druckverlusttester besteht aus zwei Kammern, deren eine unter gleichbleibendem Druck steht. Die zweite Kammer ist über einen Schlauch zur Zündkerzenbohrung mit dem Verbrennungsraum, durch eine Düse mit der ersten Kammer sowie mit einer Anzeigeskala verbunden. Verliert der geprüfte Brennraum Druck, so wird dies vom Manometer angezeigt. Eine größere Leckstelle läßt sich durch Abhorchen lokalisieren.

- ☐ Blasgeräusche am Auspuff lassen auf ein undichtes Auslaßventil schließen.
- ☐ Strömt Druckluft aus dem Luftfiltergehäuse, ist ein Einlaßventil defekt.
- ☐ Bei einer defekten Zylinderkopfdichtung oder einem Riß im Zylinderkopf gelangt Druckluft durch das benachbarte Zündkerzenloch oder durch den Kühlmittel-Ausgleichsbehälter bzw. Kühler ins Freie.
- ☐ Verschlissene Zylinderwände, Kolbenlaufbahnen oder Kolbenringe lassen Druckluft ins Kurbelgehäuse strömen und am geöffneten Öleinfüllstutzen oder am Rohr für den Ölpeilstab austreten.

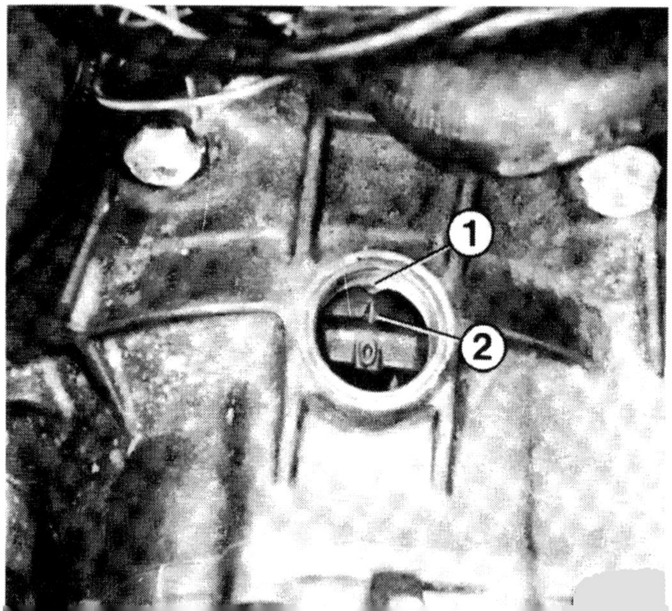

Bei herausgeschraubter Kunststoff-Abdeckung (mit Rohrzange vorsichtig losdrehen) wird das Schauloch in der Kupplungsglocke frei. Der Kolben im ersten Zylinder steht in seinem höchsten Punkt – dem oberen Totpunkt (OT), wenn in diesem Schauloch das eingegossene »O« auf der Schwungscheibe der Gußnase (1) in der Kupplungsglocke gegenübersteht. Die Kerbmarkierung (2) dient der Zündeinstellung.

Motor durchdrehen

Bei manchen Arbeiten muß man den Motor entweder in eine bestimmte Stellung bringen oder durchdrehen. Damit wir uns im Buch nicht mehrfach wiederholen, finden Sie hier die Beschreibung. Zum Durchdrehen des Motors gibt es drei Möglichkeiten:

■ Den VW wie zu einem Radwechsel einseitig vorn aufbocken, 4. Gang einlegen und das freihängende Vorderrad drehen, wodurch der Motor bewegt wird. Oder

■ falls genügend ebene Fläche zur Verfügung steht, bei eingelegtem 4. Gang den Wagen jeweils weiter vorschieben. Oder

■ Zündkerzen herausschrauben (der Motor läßt sich dann leichter durchdrehen) und mit einem an der Kurbelwellen-Keilriemenscheibe angesetzten 19er-Schlüssel drehen. Keinesfalls darf an der Befestigungsschraube für das Nockenwellen-Zahnriemenrad gedreht werden, sonst könnte der Zahnriemen überspringen.

Fingerzeig: *Wird der Motor an der Kurbelwelle rückwärts gedreht, kann sich die Halteschraube des Kurbelwellen-Zahnriemenrades lösen. Zum Wiederfestschrauben sollten Sie Schraubensicherungsmittel, z. B. »D 6« aus der V. A. G.-Werkstatt, verwenden, Schraube mit 80 Nm anziehen.*

Zylinder 1 auf Zündzeitpunkt stellen

Beim Viertaktmotor kommt der Kolben während der vier Arbeitstakte zweimal in den Oberen Totpunkt (OT). Einmal beim Zünden des angesaugten Gemisches und zum zweiten Mal nach dem Ausstoßen der Altgase mit anschließend beginnendem Wiederansaugen von Kraftstoff/Luft-Gemisch. Üblicherweise wird bei verschiedenen Einstellarbeiten die Stellung während des Zündzeitpunktes gebraucht:

■ Motor so weit drehen, bis im Schauloch der Getriebeglocke die Markierung »0« auf der Schwungscheibe der Gußnase am Gehäuse gegenübersteht; siehe Bild links unten.

■ Verteilerdeckel abnehmen.

■ Der Verteilerfinger muß in Zündstellung Zylinder 1 auf die Kerbe im Verteilergehäuserand zeigen (siehe Bild Seite 199 unten)

Ventilspiel – was ist das?

Die einzelnen Teile des Ventiltriebs, vornehmlich aber die Ventilschäfte, dehnen und längen sich bei Erwärmung des Motors. Deshalb muß – damit auch bei warmem Motor die Ventile trotz ihrer etwas länger gewordenen Schäfte richtig abdichten – etwas »Luft« oder »Spiel« zwischen der Nockenwelle und den Tassenstößeln vorhanden sein. Das Prüfen dieses Spiels gehört demzufolge zu den wichtigsten Wartungsarbeiten am Motor. Diese Kontrolle kann jedoch keinesfalls mit dem Gehör, wie oft behauptet wird, vorgenommen werden, denn was da als helles Ticken hörbar wird, ist der ungefährlichere Fehler: zu großes Ventilspiel. Weit kritischer, aber nicht zu hören, ist zu kleines Ventilspiel. Was sind eigentlich die Folgen von falschem Spiel?

Zu kleines Ventilspiel: Die Ventile liegen nicht satt auf den Ventilsitzringen auf. Die sehr heiß werdenden Auslaßventile können dann ihre Wärme nicht mehr an die Sitzringe abgeben. Die Ränder der Ventilteller verformen sich und reißen ein. Der Kompressionsdruck entweicht, der Motor verliert Leistung, springt schlechter an und verbraucht mehr Kraftstoff.

Zu großes Ventilspiel: Die Ventile öffnen etwas später als normal, die Zylinder werden schlechter gefüllt und der Motor kommt nicht auf volle Leistung. Der Verschleiß an der Nockenwelle und den oben in die Tassenstößel eingelegten Einstellplättchen wird größer. Das wird durch lauteres Ventilgeräusch hörbar.

Üblicherweise wird das Ventilspiel kleiner, weil sich die Ventile auf ihren Sitzringen einschlagen. Diese Erscheinung tritt bei unseren Motoren nur in sehr geringem Maß auf, weil die Ventile ja bei jeder Betätigung ein klein wenig gedreht werden, siehe Seite 41.

Ventilspiel prüfen

Wartungspunkt Nr. 39

Lediglich alle 30 000 km ist die Kontrolle des Ventilspiels vorgesehen. Das ist insofern günstig, als das Ventilspiel sehr zum Leidwesen des Heimwerkers durch Einlegen von Distanzplättchen in die Tassenstößel eingestellt wird. Dazu

hat die Werkstatt einen Niederhalter für die Tassenstößel, eine Spezialzange zum Herausheben der Plättchen und ein Sortiment von 26 Distanzplättchen von 3,00–4,25 mm Stärke mit je 0,05 mm Dickenunterschied.
Wenn Sie die Ventile selbst einstellen wollen, müssen Sie zuerst das Spiel messen, bei Bedarf das entsprechende Einstellplättchen herausnehmen, das Maß für das neue Plättchen errechnen, dieses besorgen und dann einbauen. Der Wechsel ist ohne den erwähnten Niederhalter kaum möglich. Die Werkstatt berechnet fürs Einstellen der Ventile 70 Zeiteinheiten, also eine knappe ¾ Stunde.

Vorbereitungen

□ Sicherheitshalber zuerst einen neuen Dichtungssatz für den Zylinderkopfdeckel besorgen. Es gibt zwei unterschiedliche Zylinderkopfdeckel-Dichtungen. Die Stehbolzen für die Befestigung des Zylinderkopfdeckels können unten einen »Bund« haben – das sieht aus wie ein Stehkragen. Entsprechend hat die zugehörige Dichtung größere Lochbohrungen. Eine derartige Dichtung dürfen Sie nicht an einem Motor verwenden, der Stehbolzen ohne Bund besitzt, sonst drückt Öl hervor.
□ Der Motor muß mindestens handwarm sein, das entspricht 5 Minuten Leerlauf.

Zylinderkopfhaube abnehmen

■ Unterdruckschlauch zum Bremskraftverstärker an seinem Verteilerstück am Ansaugrohr abnehmen.
■ Schlauch der Kurbelgehäuse-Entlüftung am Zylinderkopfdeckel abnehmen.
■ Gaszug aus seinem Widerlager im Deckel aushängen.
■ Befestigungsmuttern mit Unterlegscheiben abnehmen und so weit entfernt ablegen, daß nichts in den Zylinderkopf fallen kann.
■ Obere Zahnriemenabdeckung (seit 2/79) etwas anheben. Dazu die Innensechskant-Haltemutter an der Motorstirnseite lösen.
■ Zylinderkopfhaube vorsichtig abheben; eine festsitzende Haube durch Klopfen mit dem Hammerstiel lösen.

Spiel messen

Die Auslaßventile brauchen größeres Ventilspiel, weil sie nicht vom angesaugten Frischgas gekühlt werden. Sie werden also heißer, und die Ventilschäfte längen sich stärker. Die Werte für das Ventilspiel lauten:
Auslaßventile 0,40–0,50 mm, Einlaßventile 0,20–0,30 mm.
■ Zylinder 1 auf Zündzeitpunkt stellen, siehe Vorseite. Damit sind beide Ventile geschlossen und ihr Spiel kann geprüft werden.
■ Zwischen Nockenwelle und Tassenstößel zuerst das dem höchsten Toleranzwert entsprechende Lehrenblatt durchzuziehen versuchen, dann jeweils 0,05 mm dünnere Blätter nehmen.
■ Zumindest das Lehrenblatt für den untersten Wert soll sich mit leichtem Widerstand durchziehen lassen, sonst ist das Ventilspiel zu klein.
■ Seltener tritt zu großes Spiel auf, dann läßt sich noch ein größeres Füh-

Da für die Einlaß- (E) und Auslaßventile (A) unterschiedliche Einstellwerte gelten, hier die entsprechende Reihenfolge.

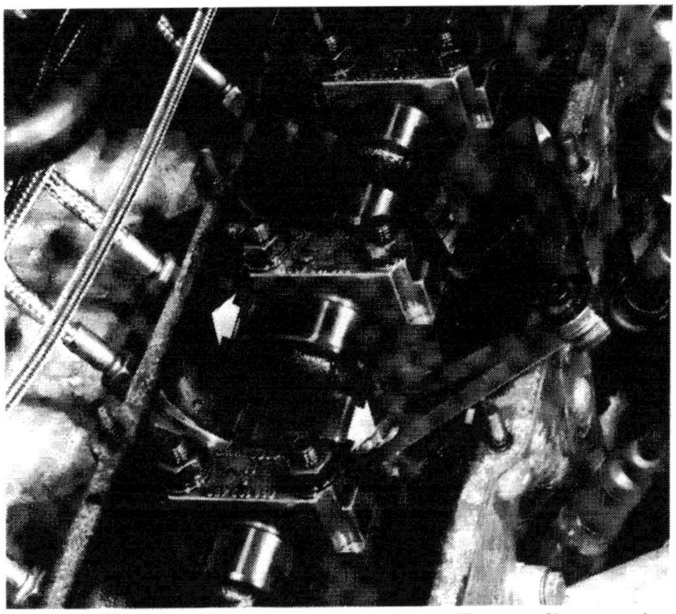

Zum Messen des Ventilspiels mit der Fühlerblattlehre müssen die Nocken der Nockenwelle am jeweiligen Zylinder jeweils spiegelbildlich nach oben zeigen (Pfeile).

lerblatt durchziehen, als der obere Toleranzwert angibt.

■ Meßwert notieren.

■ Entsprechend der Zündfolge 1 – 3 – 4 – 2 wird als nächstes Zylinder 3 geprüft.

■ Motor ½ Umdrehung weiterdrehen. Als Anhaltspunkt für die halbe Umdrehung nehmen Sie den Zündverteilerfinger, der sich um 90° (= rechter Winkel) weiterbewegt. Zusätzliches Merkmal: An der Nockenwelle müssen die beiden Nocken für den betreffenden Zylinder spiegelbildlich nach außen weisen, wie im Bild oben gezeigt.

■ Restliche Zylinder prüfen, dazu den Motor jeweils eine halbe Umdrehung weiterdrehen.

Einstellplättchen wechseln

Zum Wechseln der Einstellplättchen müssen die Tassenstößel gegen den Druck der Ventilfedern nach unten gedrückt werden. Vielleicht können Sie sich mit anderen VW-fahrenden Selbsthelfern zusammentun und den notwendigen Niederhalter sowie die Zange zum Herausheben gemeinsam anschaffen. Beides gibt es im Zubehör- und Werkzeughandel, z. B. von Hazet den Niederhalter für den 1600er unter der Bestell-Nr. 2574, für den 1800er unter Nr. 2574-1 und die Zange unter Nr. 2599. Andere Möglichkeit: Nockenwelle ausbauen, siehe Seite 54, und das Plättchen einfach herausnehmen.

■ Am Zylinder, bei dem das Ventilspiel korrigiert werden muß, den betreffenden Tassenstößel so drehen, daß die Kerben von vorn und hinten zugänglich sind.

■ Kurbelwelle jetzt etwa ¼ Umdrehung weiterdrehen. Der Kolben steht dann nicht mehr im OT. Die Ventile können also nicht mit ihm zusammenstoßen, wenn die Tassenstößel mit dem Niederhalter nach unten gedrückt werden.

■ Niederhalter zwischen den beiden Nocken des betreffenden Zylinders ansetzen, beide Tassenstößel werden

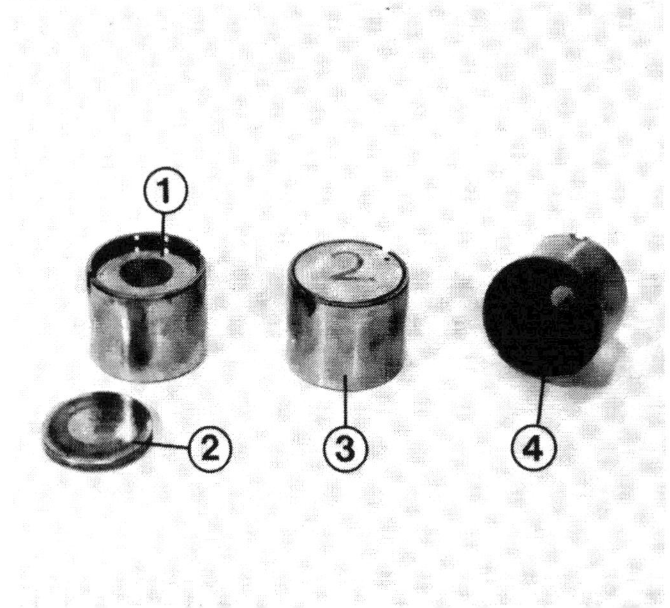

Die ausgebauten Tassenstößel von allen Seiten: 1 – Tassenstößel mit herausgenommener Einstellscheibe (2), die Einstellscheibe liegt daneben; 3 – Tassenstößel komplett, von oben; 4 – Unterseite eines Tassenstößels.

gleichzeitig heruntergedrückt.

■ Ein Helfer muß mit einem feinen Schraubenzieher das Einstellplättchen anheben und mit einem zweiten Schraubenzieher herausschieben.

■ Bei korrekter Montage liegt das Plättchen mit der Beschriftung seiner Dicke nach unten im Tassenstößel.

■ War es falsch herum eingelegt, dürften die Ziffern nicht mehr erkennbar sein. Dann hilft nur das Mikrometer der Werkstatt weiter, bei der Sie ohnehin das neue Plättchen besorgen müssen. Eine Schieblehre reicht nicht.

■ Stärke des erforderlichen Plättchens errechnen (siehe nächsten Abschnitt).

■ Neues Einstellplättchen mit den Zahlen nach unten zeigend in den Tassenstößel einlegen.

Welches Einstellplättchen wird gebraucht?

Wenn das Ventilspiel korrigiert werden muß: Das Plättchen für ein Auslaßventil wird wegen der auftretenden höheren Temperaturen so ausgewählt, daß anschließend der obere Toleranzwert von 0,50 mm erreicht wird. Bei einem Einlaßventil stellen wir auf den mittleren Toleranzwert von 0,25 mm ein. Ist das Spiel zu gering, brauchen Sie ein dünneres Einstellplättchen, bei zu großem Spiel muß das Plättchen dicker sein. Hierzu zwei Beispiele:

	Meßwert	angestrebter Toleranzwert	Differenz	Dicke der alten Einstellplättchens	Neues Einstellplättchen
Auslaßventil	0,35 mm	0,50 mm	−0,15 mm	3,85 mm	3,60 mm
Einlaßventil	0,35 mm	0,25 mm	+0,10 mm	3,15 mm	3,25 mm

Die Stärke ist auf den Einstellplättchen abzulesen.

Zusammenbau

■ Neue Korkdichtung und die Zylinderkopfhaube sorgfältig aufsetzen.

■ Unterlegbleche unter den Haltemuttern der Haube nicht vergessen, andernfalls kann Motoröl herausdrücken.

■ Gaszug einstellen (Seite 104).

Arbeiten am Zahnriemen

Die Ventilsteuerung erfolgt, wie bereits angesprochen, über einen Zahnriemen. Dieser versetzt die Nockenwelle in die halbe Umdrehungszahl der Kurbelwelle.

Zahnriemenabdeckung abnehmen

■ Keilriemen abnehmen (Seite 187).

■ Bei älteren Motoren 2 Sechskantschrauben der oberen Abdeckung lösen und diese abziehen.

■ Die neuere Ausführung wird von 2 Muttern der Zylinderkopfhaube gehalten sowie einer Innensechskant-Bundschraube in der Stirnseite der oberen Abdeckung.

■ Keilriemenscheiben an der Kurbelwelle und der Wasserpumpe abschrauben.

■ Innensechskantschraube und Mutter der unteren Zahnriemenabdeckung lösen und diese abziehen.

■ Beim Zusammenbau werden die Schrauben der Keilriemenscheiben mit 20 Nm, die Muttern und Schrauben der Zahnriemenabdeckung mit 10 Nm angezogen.

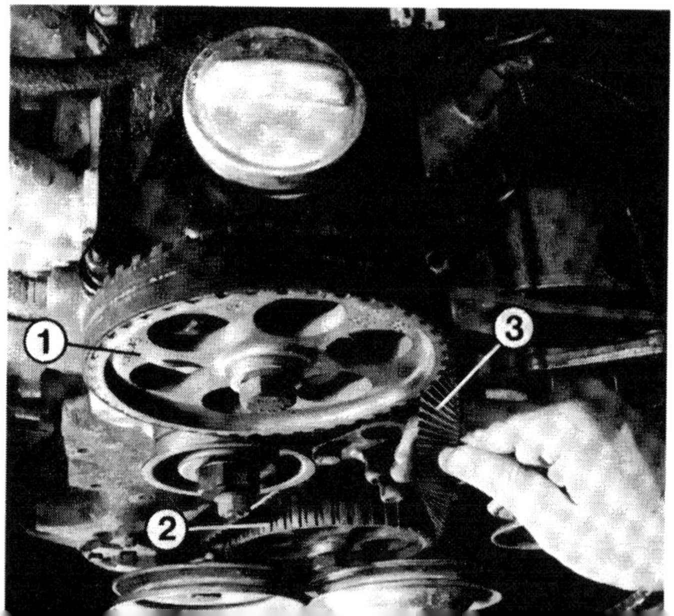

Der Zahnriemen (3) ist richtig gespannt, wenn er sich zwischen dem Nockenwellenrad (1) und dem Zwischenwellenrad (2) bei kaltem Motor um 90° verdrehen läßt.

Zahnriemenzustand prüfen

■ Zahnriemenabdeckung abnehmen, wie im vorigen Abschnitt beschrieben.
■ Der gezähnte Riemen darf nicht verölt oder rissig sein.
■ Die Flanken der Verzahnung müssen intakt sein und dürfen keine Abnutzungserscheinungen zeigen.
■ Damit Sie den Riemen auf seiner gesamten Länge begutachten können, den Motor durchdrehen, siehe Seite 49.
■ Einen beschädigten Zahnriemen unbedingt ersetzen.

Zahnriemenspannung kontrollieren

■ Zahnriemenabdeckung abnehmen.
■ Die Spannung wird an der längsten freilaufenden Stelle des Riemens geprüft – in Fahrtrichtung vorn zwischen Nockenwellen- und Zwischenwellenrad.
■ Der kalte Zahnriemen muß sich bei richtiger Spannung nur mit Daumen und Zeigefinger um 90° (= rechter Winkel) in sich verdrehen lassen.

Fingerzeig: *Ein Pfeifgeräusch nach dem Kaltstart, das mit höheren Drehzahlen kräftiger wird, deutet auf einen zu strammen Zahnriemen hin.*

Zahnriemenspannung einstellen

■ An der Spannrolle des Zahnriemens den Sechskant mit einem 27er-Schlüssel gegenhalten.
■ Klemmutter vorn auf der Spannrolle lösen.
■ Drehen der Spannrolle im Uhrzeigersinn spannt den Zahnriemen, Drehen im Gegenuhrzeigersinn lockert ihn.
■ Riemenspannung kontrollieren.
■ Klemmutter mit 45 Nm festziehen.

Zahnriemen auswechseln

■ Zahnriemenabdeckung ausbauen.
■ Kolben im Zylinder 1 auf Zündzeitpunkt stellen, siehe Seite 49.
■ Zahnriemen entspannen, siehe vorangegangenen Abschnitt, und abnehmen.
■ Neuen Zahnriemen auflegen. Wurde die Stellung von Kurbelwellen- bzw. Nockenwellen-Zahnriemenrad nicht verändert, stimmen auch die Steuerzeiten noch. Sicherheitshalber sollte man dies jedoch vor dem endgültigen Zusammenbau kontrollieren.
■ War der Zylinderkopf abgenommen worden, müssen die Steuerzeiten in jedem Fall eingestellt werden.

Steuerzeiten einstellen

Bei dieser Arbeit werden Kurbel- und Nockenwelle so gedreht, daß der nach oben gehende Kolben nicht etwa gegen ein noch oder schon wieder geöffnetes Ventil stoßen kann. Hierzu ist äußerste Sorgfalt vonnöten, denn falsche Steuerzeiten können einen Motortotalschaden verursachen.

■ Zahnriemenrad der Nockenwelle so drehen, daß die Körnermarkierung an der Rückseite des Rades in Höhe der vorderen Zylinderkopfhaubenkante steht, siehe linkes Bild nächste Seite.
■ Muß hierzu die Nockenwelle gedreht werden, darf dies nur dann geschehen, wenn kein Kolben im OT steht, sonst können Ventile und Kolbenböden beschädigt werden.
■ Zahnriemen auf Kurbel- und Zwischenwellenrad auflegen.
■ Kurbelwellen-Keilriemenscheibe anschrauben, beim vollgekapselten Zahnriemenschutz lediglich mit einer Schraube. Richtige Stellung beachten: Der Fixierungsstift muß in die Riemenscheibe einrasten.
■ Keilriemenscheibe so drehen, daß ihre Kerbe nach oben zeigt.
■ Körnermarkierung auf dem Zwischenwellenrad mit der Keilriemenscheibenkerbe in eine Flucht bringen, siehe rechtes Bild nächste Seite.
■ Zahnriemen auflegen, dabei darauf achten, daß die Stellung der verschiedenen Räder sich nicht verändert.
■ Zahnriemen spannen, siehe oben.
■ Verteilerdeckel abnehmen und prüfen, ob der Verteilerfinger auf die Kerbe im Verteilergehäuserand zeigt (Bild Seite 199).
■ Wenn nicht, Verteilerhalteschraube lösen,
■ Verteiler so drehen, bis Verteilerfinger und Kerbe übereinstimmen, evtl. Zündverteiler herausnehmen und neu einsetzen, siehe Seite 199.
■ Halteschraube wieder festziehen.
■ Motor zweimal voll durchdrehen und die Einstellung nochmals überprüfen.

Beim Auflegen des Zahnriemens (4) muß die Körnermarkierung (2) an der Rückseite des Nockenwellenrads (1) in Fahrtrichtung vorn mit der Dichtung (3) des Zylinderkopfdeckels (5) auf gleicher Höhe stehen. Die Kurbelwellen-Keilriemenscheibe (7) und die Zwischenwelle werden so gedreht, daß die Kerbe (6) auf die Keilriemenscheibe mit der Körnermarkierung (8) auf dem Zwischenwellenrad (9) fluchtet.

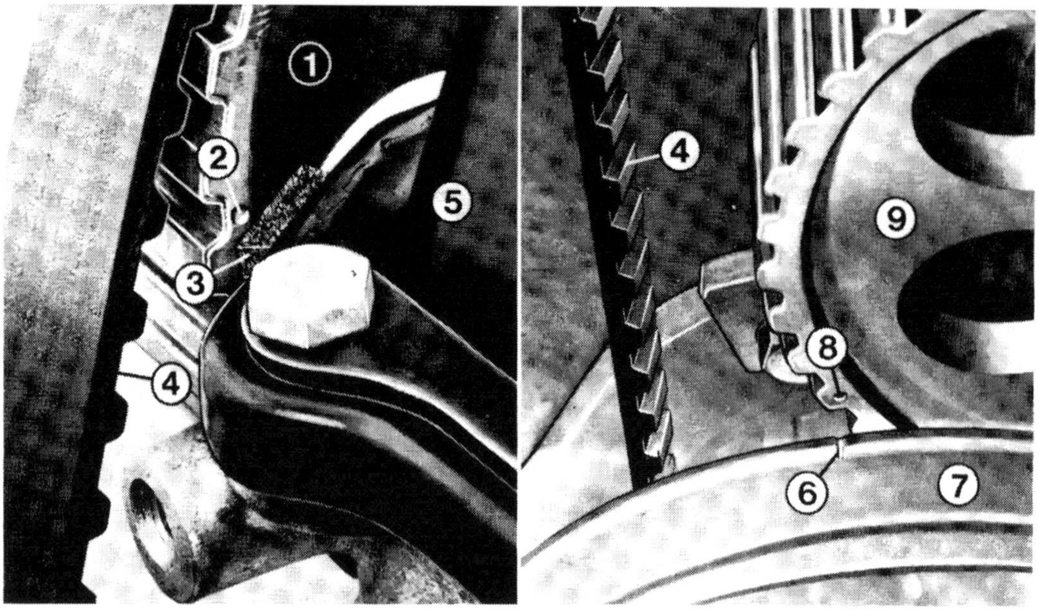

■ Bei vollgekapseltem Zahnriemen vor Anbau der unteren Abdeckung die Kurbelwellen-Keilriemenscheibe nochmals abnehmen.

■ Nach Einbau der Zahnriemenabdeckung (Seite 52) Zündzeitpunkt prüfen (siehe Seite 205 bzw. 206).

Nockenwelle ausbauen

■ Zylinder 1 auf Zündzeitpunkt stellen, siehe Seite 49.
■ Zylinderkopfdeckel abnehmen, siehe Seite 50.
■ Zahnriemenabdeckung ausbauen, siehe Seite 52.
■ Zahnriemen lösen, wie unter »Zahnriemenspannung einstellen« auf Seite 53 beschrieben.
■ Zahnriemenrad der Nockenwelle abschrauben.
■ Die zur Sicherung des Rades auf der Welle eingelegte halbrunde »Scheibenfeder« mit einer Reißnadel aus der Welle herausheben.
■ Nockenwellen-Lagerdeckel durchnumerieren (für den Wiedereinbau) und Lagerdeckel 1, 3 und 5 ausbauen.
■ Muttern an den Lagerdeckeln 2 und 4 abwechselnd über Kreuz lösen.
■ Nockenwelle abnehmen.
■ Beim Zusammenbau Steuerzeiten einstellen, wie im vorangegangenen Abschnitt beschrieben.

Motorschaden

Ein Motorschaden muß den Haushalt nicht gleich ins Defizit stürzen. Unsere Aufzählung soll Ihnen helfen, die wirtschaftlichste Methode herauszufinden, um Ihrem VW wieder auf die Sprünge zu helfen.
□ Der Motor wird selbst repariert. Das lohnt sich bei Schäden im Bereich Zylinderkopfdichtung, Ventile und evtl. Pleuellager. Die Reparaturen, die Sie dabei mit etwas Geschick und Geduld selbst durchführen können, sind hier im Buch beschrieben. Nicht sinnvoll ist der Einbau neuer Lager an einer Kurbelwelle mit Riefen oder der Wechsel von Kolben bzw. Kolbenringen bei Zylindern mit Laufspuren. Das sind Arbeiten für eine Motorinstandsetzungsfirma.
□ Der Motor wird selbst teilweise zerlegt und dann zu einem Motorreparateur gebracht, der den eigentlichen Schaden behebt. Beispiel: Der Motor wird selbst ausgebaut, der Zylinderkopf abgenommen, und die Werkstatt lagert die Kurbelwelle neu. Wichtig ist hier allerdings ein Kostenvergleich.
□ Komplett- oder Teilüberholung des Motors durch eine Motorinstandsetzungsfirma. Viele Werkstätten dieser Branche haben sich zu einer Gütegemeinschaft zusammengeschlossen und geben Garantie auf ihre Arbeit.
□ Kauf eines »Teilmotors« im Tausch bei einer Motorinstandsetzungsfirma. Der Teilmotor besteht aus Motorblock mit Kurbeltrieb, Kolben und Ölwanne, jedoch ohne Zylinderkopf und ohne alle Nebenaggregate. Die letztgenannten Teile baut man selbst um und bringt den alten Motor zur Instandsetzungsfirma zurück. Solche Motoren sind verhältnismäßig preiswert und haben außerdem Garantie.
□ Kauf eines Teilmotors bei der V. A. G.-Werkstatt. Hier gilt gleiches wie im vorigen Absatz. Auch einen Zylinderkopf kann man dort im Tausch kaufen.

□ Kauf eines kompletten Austauschmotors bei der V. A. G.-Werkstatt. In diesem Fall wird der Motor mit allen Zusatzaggregaten ausgetauscht. Das lohnt sich bei einem älteren oder insgesamt schlecht erhaltenen Wagen nicht mehr.
□ Ein gebrauchter Motor von der Autoverwertung. Da die Einspritzmotoren nicht sehr häufig angeboten werden, werden sie relativ teuer gehandelt. Dennoch besteht die Gefahr, daß man eine »Krücke« erwischt. Seriöse Verwerter geben eine Garantie auf die Motoren oder legen ein (hoffentlich echtes) Kompressionsdiagramm vor.

Störungsbeistand Zylinderkopfdichtung

Ein Schaden an der Zylinderkopfdichtung tritt meist als Folge von Überhitzung auf, also Fahren mit zu wenig Kühlmittel oder gerissenem Keilriemen. Eine durchgebrannte Kopfdichtung erkennen Sie an folgenden Symptomen:
□ Der Kühlflüssigkeitsstand nimmt laufend ab, diese Erscheinung kann sich über längere Zeit hinziehen, ohne daß weitere Merkmale erkennbar sind.
□ Der Motor zieht in warmgefahrenem Zustand einen weißen Abgasschleier hinter sich her. Der Wasserverbrauch steigt deutlich an, denn es dringt in einen Verbrennungsraum ein, verdampft dort und entweicht als weiße Fahne zum Auspuff hinaus.
□ Bei geöffnetem Verschlußdeckel des Kühlsystems steigen Luftblasen auf, oder eine größere Menge Kühlmittel sprudelt schon beim Öffnen heraus. Außerdem riecht es aus der Einfüllöffnung nach Abgasen. In diesem Fall werden Verbrennungsgase ins Kühlsystem gedrückt.
□ Dringt Öl aus dem Schmierkreislauf in die Kühlanlage, sehen Sie buntschillernde Verfärbung auf der Oberfläche des Kühlmittels.
□ Zeigt sich am herausgezogenen Ölpeilstab eine gräulich aussehende Emulsion oder ist das Öl mit Wasserbläschen durchsetzt, ist Kühlmittel in den Schmierkreislauf geraten. Achtung: Wasser im Motoröl kann einen Lagerschaden verursachen. Zylinderkopfdichtung sofort wechseln (lassen). Wagen zur Reparatur abschleppen.

Fingerzeig: *Wenn Sie am Außenrand der Zylinderkopfdichtung verdächtige Spuren entdecken, sollten Sie das Triebwerk mit Kaltreiniger abwaschen. Dann nach einer Probefahrt kontrollieren, ob die Flüssigkeit wirklich an der Zylinderkopfdichtung oder (im Reparaturfall billiger) am Ventildeckel, der Kurbelgehäuse-Entlüftung bzw. einem Kühlmittelschlauch austritt.*

Arbeiten am Zylinderkopf

Die folgenden Montagearbeiten können Sie nur angehen, wenn Sie einen Drehmomentschlüssel zur Hand haben, eine neue Zylinderkopfdichtung und bei einem älteren Motor als Ersatz für die dort verwendeten Innensechskantschrauben solche mit Innenvielzahnkopf sowie hierfür einen langen Innenvielzahnschlüssel M 11.

Zylinderkopf ausbauen

■ Minuskabel der Batterie abklemmen.
■ Kühlflüssigkeit ablassen und auffangen (Seite 70).
■ Kühlwasserschläuche am Zylinderkopf lösen.
■ Zündkerzenstecker abziehen.
■ Einspritzventile mit Zange herausziehen, Kraftstoffschläuche hierzu nicht abnehmen.
■ Kabelstecker am Kaltstartventil abziehen, Benzinschlauch nicht abnehmen, Halteschrauben losdrehen.
■ Luftschlauch zwischen Drosselklappenstutzen und Luftmengenmesser abbauen.
■ Gaszug am Zylinderkopfdeckel abnehmen.
■ Unterdruckschläuche am Drosselklappenstutzen kennzeichnen und abziehen.
■ Kabelstecker am Thermozeitschalter abziehen (er sitzt auf dem Kühlwasser-Schlauchstutzen ganz vorn am Motor).
■ Auspuffrohr vom Auspuffkrümmer losschrauben (Seite 64).
■ Zahnriemenabdeckung abnehmen (Seite 52).
■ Zahnriemen entspannen und abnehmen.
■ Zylinderkopfdeckel losschrauben.

Die Zylinderkopfschrauben müssen in der Reihenfolge der Zahlen angezogen werden. Der Pfeil zeigt in Fahrtrichtung.

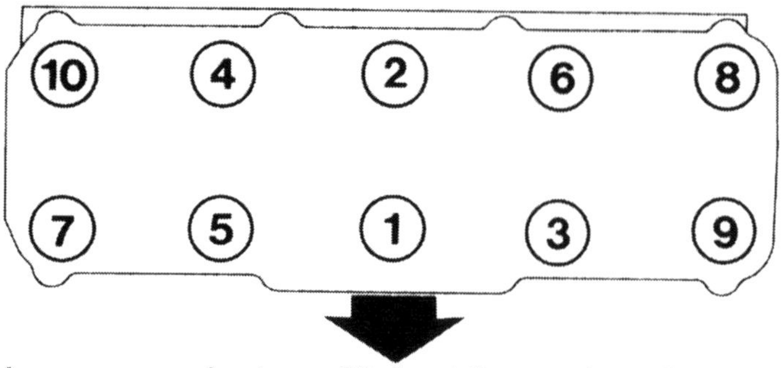

■ Zylinderkopfschrauben in umgekehrter Reihenfolge wie in der Zeichnung oben gezeigt lösen. Dazu muß der Motor abgekühlt sein, denn ein warmer Zylinderkopf kann sich nach dem Ausbau verziehen.

■ Zylinderkopf mit Ansaug- und Auspuffkrümmer abheben. Löst er sich nicht gleich, helfen leichte Schläge mit einem Kunststoffhammer.

■ Alte Kopfdichtung abnehmen. Die Dichtflächen am Motorblock und Zylinderkopf müssen absolut sauber und frei von Dichtungsresten sein. Dabei nicht mit hartem Werkzeug auf der weichen Zylinderkopf-Dichtfläche kratzen. Riefen können den nächsten Kopfdichtungsschaden verursachen.

■ Zylinderkopf auf Verzug prüfen, besonders dann, wenn der Kopfdichtungsschaden durch Überhitzung entstanden ist.

■ Langes Metallineal oder garantiert geraden Metallwinkel längs über die gereinigte Dichtfläche des Zylinderkopfes legen.

■ Mit einer Fühlerblattlehre prüfen, ob der Durchhang an irgendeiner Stelle größer als 0,1 mm ist. Dann muß der Zylinderkopf vor der Montage plangeschliffen werden.

Zylinderkopf montieren

■ Die Gewinde an den Zylinderkopfschrauben und in den Schraubenlöchern im Motorblock müssen sauber und ohne Beschädigung sein, sonst stimmt das Drehmoment beim Anziehen der Schrauben nicht.

■ In den Schraubenlöchern im Motorblock darf kein Öl oder Wasser stehen, sonst kann das Gußmaterial im Bereich der Gewindelöcher reißen.

■ Zylinderkopfdichtung so auf den Motorblock legen, daß die Kennzeichnung »oben« zum Zylinderkopf hin zeigt.

■ Zylinderkopf aufsetzen.

■ Schrauben Nr. 8 und 10 (siehe Zeichnung oben) zur Zentrierung des Kopfes eindrehen, aber noch nicht festdrehen.

■ Übrige Schrauben eindrehen und in der gezeigten Reihenfolge anziehen.

■ 1. Durchgang mit **40 Nm**.

■ 2. Durchgang mit **60 Nm**.

■ Jetzt die Schrauben mit einem starren Schlüssel in derselben Reihenfolge um eine **halbe Umdrehung** (= 180°) **weiterdrehen** ohne abzusetzen – es dürfen auch zwei Vierteldrehungen sein.

■ Damit sind die Schrauben mit Innenvielzahnkopf endgültig festgezogen, sie dürfen keinesfalls nochmals nachgezogen werden.

■ Die weiteren Arbeiten erfolgen in umgekehrter Reihenfolge des Ausbaus.

■ Einbau der Einspritzventile siehe Seite 103.

■ Einstellung des Gaszugs siehe Seite 104.

Ventile ausbauen

Zum Ausbau der Ventile müssen deren Federn niedergedrückt werden. Das macht man normalerweise mit zwei Schraubenziehern. Bei den unter hoher Spannung stehenden doppelten Ventilfedern der Einspritzmotoren ist die Verletzungsgefahr bei dieser Ausbaumethode zu groß. Wir haben einen anderen Behelf beschrieben. Für den eigenhändigen Einbau brauchen Sie einen Bohrständer von der Heimwerker-Bohrmaschine. Mit diesem und einem passend zurechtgesägten Rohrstück von etwas geringerem Durchmesser als jenem der Ventilfederteller können Sie die Federn gefahrlos zusammenpressen. Aus diesem Rohr muß am unteren Ende ein genügend großes Stück herausgesägt werden, durch das Sie die Haltekeile der Ventile einsetzen können. Haben Sie kein derartiges Handwerkszeug zur Verfügung, sollten Sie den Ventileinbau unbedingt einer Werkstatt überlassen.

■ Zylinderkopf demontieren, siehe vorangegangenen Text, und auf ebene, saubere Arbeitsplatte legen.
■ Nockenwelle ausbauen, siehe Seite 54.
■ Tassenstößel numerieren und herausziehen.
■ Beim 1,8-Liter-Motor einen festen Lappenballen in denjenigen Brennraum packen, dessen Ventilfedern abgenommen werden sollen. Liegt der Kopf auf der Arbeitsfläche auf, kann das Ventil durch den Lappen beim Druck von oben nicht mehr ausweichen.
■ Am oberen Ventilfederteller eine große Stecknuß (SW 30) ansetzen und dieser einen kräftigen Hammerschlag versetzen. Dadurch lösen sich die Ventilhaltekeile, können aber nicht wild durch die Gegend fliegen.
■ Ventilfedern abnehmen.
■ Das Ventil kann aus seiner Führung herausgezogen werden.
■ Ventilteller von Verbrennungsrückständen reinigen.
■ Weist der Ventilteller Risse, Einbrandstellen oder Schlagspuren auf?
■ Ist die Randdicke der Ventilteller (siehe Zeichnung nächste Seite) noch ausreichend?
■ Defekte Ventile ersetzen.
■ Ventilfedern mit Bohrständer und Rohrstück zusammendrücken, dabei ein Holzbrett als Unterlage für den Zylinderkopf nehmen, daß dieser nicht beschädigt wird. Von Helfer Haltekeile in die Nuten am Ventil »einfädeln« lassen. Oder die Ventile in der Werkstatt einbauen lassen.
■ Tassenstößel und Lagerdeckel der Nockenwelle in der markierten Reihenfolge wieder einbauen.
■ Zuerst Muttern der Lagerdeckel 1, 3 und 5 abwechselnd über Kreuz festziehen, erst dann Lagerdeckel 2 und 4.
■ Scheibenfeder des Nockenwellen-Zahnriemenrades einsetzen, Riemenrad mit 80 Nm anziehen.
■ Zum Schluß Ventilspiel kontrollieren.

Ventilschaftabdichtungen auswechseln

Vornehmlich im Schiebebetrieb des Motors und beim Gasgeben nach längeren Leerlaufzeiten kann bei älteren Motoren starker bläulich gefärbter Auspuffrauch auftreten. In nahezu allen Fällen rührt das von versprödeten Ventilschaftabdichtungen her. Das Motoröl kann ungehindert vom Zylinderkopf aus entlang der Ventilschäfte in den Brennraum gelangen. Dort wird es dann verbrannt, und so entstehen die lästigen Rauchschwaden.
Diesem Defekt läßt sich mit verschiedenen Arbeitsmethoden beikommen: Die Werkstatt braucht zu dieser Reparatur den Zylinderkopf nicht auszubauen. Dort wird statt der Zündkerze ein Adapter für einen Preßluftschlauch angeschlossen. Die Ventile des betreffenden Zylinders werden durch die Preßluft gegen ihren Sitz gedrückt, so daß die Ventilfedern und die Schaftabdichtungen in aller Ruhe aus- und wieder eingebaut werden können. Diesen Preßluftadapter kann sich der Heimwerker auch selbst bauen (alte Zündkerze absägen, Rohrstück anschweißen und Preßluftschlauch darüberstecken). Allerdings muß dann ein ausreichend leistungsfähiger Kompressor zur Verfügung stehen.

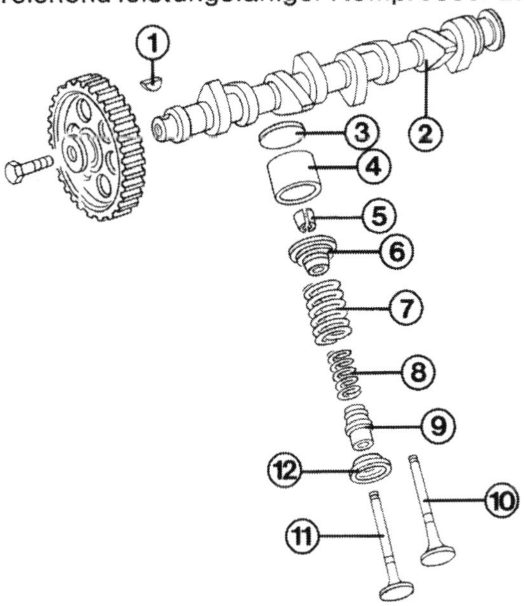

Die Teile des Ventiltriebs: 1 – Haltekeil des Riemenrades auf der Nockenwelle (2); 3 – Einstellplättchen; 4 – Tassenstößel; 5 – Ventilhaltekeile; 6 – oberer Ventilfederteller; 7 – äußere Ventilfeder; 8 – innere Ventilfeder; 9 – Ventilschaftabdichtung; 10 – Einlaßventil; 11 – Auslaßventil; 12 – unterer Ventilfederteller.

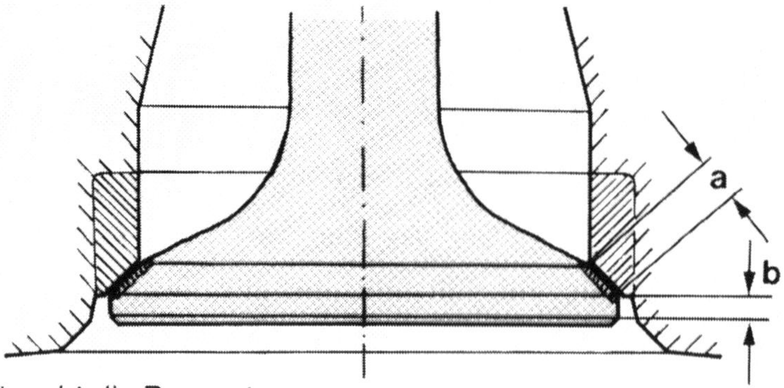

Wichtige Maße zum Einschleifen der Ventile: Die Randdicke »b« soll beim Einlaßventil nicht geringer als 0,5 mm sein. Beim Auslaßventil wird sie dagegen nicht gemessen. Die ringförmige Dichtfläche soll nach dem Einschleifen eine Breite »a« von etwa 2,0 mm beim Einlaßventil und von etwa 2,4 mm beim Auslaßventil haben.

Haben Sie das alles nicht, geht die Reparatur so:

■ Ventil ausbauen, wie im vorigen Abschnitt beschrieben. Die Ventile lassen Sie allerdings in ihrer Führung stecken.

■ Ventilschaftabdichtung mit einer Zange oder einem Winkelschraubenzieher nach oben abhebeln. Das geht nur mit Geduld, da sich die Arbeit versteckt in den Tassenstößelführungen abspielt. Vorsicht: Die Führungen dürfen nicht verkratzt werden.

■ Montagehülse (sie ist den neuen Schaftabdichtungen beigepackt) über den Ventilschaft schieben. Diese Hülse verhindert, daß die neuen Abdichtringe von den scharfen Nuten des Ventilschafts beschädigt werden.

■ Schaftabdichtung aufsetzen und auf die Ventilführung aufdrücken. Die Werkstatt verwendet den Aufdrükker 10–204, behelfsweise geht es mit einem passenden Rohrstück, Steckschlüssel etc., wobei allerdings die Dichtung oder die Ringfeder beschädigt werden können. Nach dem Aufdrücken kontrollieren, ggf. Schaftabdichtung wieder abnehmen und eine neue montieren.

Ventile einschleifen

Wenn die kegelige Ventilsitzfläche keine zu großen Verschleiß- oder Verbrennungsspuren aufweist, kann man die Ventile einschleifen und so wieder für ausreichenden Kompressionsdruck sorgen. Sie brauchen zu dieser Arbeit zusätzlich Ventilschleifpaste und einen sogenannten Ventilsauger; beides aus dem Autozubehörgeschäft.

■ Ventile ausbauen.

■ Der Ventilsitz im Zylinderkopf soll jetzt mit einem speziell geformten Fräser in der Werkstatt nachgearbeitet werden, doch genügt in den meisten Fällen – sofern er keinen größeren Schaden genommen hat – Nachschleifen allein vollkommen.

■ Dichtfläche am Ventil mit Schleifpaste bestreichen und Ventil wieder in den Zylinderkopf einsetzen. An die Ventilführung darf keine Paste geraten!

■ Ventilsauger auf dem Ventilteller ansetzen und so lange hin und herdrehen, bis sich die Dichtfläche hellglänzend vom umgebenden Metall abhebt.

■ Die geschliffene, also hell glänzende Fläche soll beim Einlaßventil 2,0 mm und beim Auslaßventil 2,4 mm breit sein; siehe auch Zeichnung oben.

■ Fertig geschliffenes Ventil gründlich

Zum Wechsel der Ventilschaftabdichtung (2) bei abgenommenem Zylinderkopf müssen Tassenstößel und Ventilfedern abgenommen sein, um an die Ventilführung (1) zu gelangen. Behelfsmäßig kann die Dichtung mit einer 13er-Sechskantnuß (3) aufgedrückt werden, denn sie paßt genau auf den Bund der Ventilschaftabdichtung.

von jeglichen Schleifpasteresten säubern und wieder in seine Führung einschieben.

■ Neue Ventilschaftabdichtungen einbauen, siehe vorangegangenen Abschnitt. Beachten Sie hierbei, daß zuerst der untere Ventilfederteller eingelegt wird.

Neue Ventile

Seit 5/81 werden standfestere Ventile eingebaut. Durch Änderungen am Ventilschaft, den Ventilkegeln und dem Ventilfederteller erfolgt die auf Seite 41 angesprochene Ventildrehbewegung schon bei niedriger Motordrehzahl. Die Unterschiede: Ventilschaft mit 3 Rillen statt einer, Ventilkegel mit 3 Wülsten statt einem, Ventilfederteller verkupfert bzw. gelb chromatiert und Fase innen, früher stahlgrau. 1- und 3-Rillen-Ventile können gemischt im Zylinderkopf eingebaut werden, jedoch nur mit den zugehörigen Kegeln und Federtellern.

Lagerschäden

Klopfgeräusche aus dem Motorraum, die mit wärmer werdendem Öl lauter werden, sind Anzeichen für einen Lagerschaden. Ursache hierfür ist meist mangelnde Schmierung durch:

□ zu niedrigen Ölstand;

□ Wasser im Motoröl als Folge einer defekten Zylinderkopfdichtung;

□ zu hohe Drehzahlen bei kaltem Motor und daher zähflüssigem Öl;

□ abgerissener Schmierfilm bei hohen Öltemperaturen, evtl. durch falsche Ölviskosität.

Fast immer sind die Gleitlager der Pleuel defekt, üblicherweise am Pleuel des 3. Zylinders, da hier der Ölversorgungsweg am längsten ist. Ganz selten liegt der Schaden an den sogenannten Hauptlagern der Kurbelwelle. Normalerweise bedeutet ein Lagerschaden eine umfangreiche Motorreparatur. Wenn Sie ein defektes Pleuellager aber bereits im Frühstadium erkennen, kann der Austausch der Lagerschalen genügen, vorausgesetzt die Kurbelzapfen zeigen noch keine Beschädigung ihrer Oberfläche. Erkennungsmerkmal für einen solchen selbst reparablen Lagerschaden:

■ Motor im Stand auf mittlere Drehzahlen bringen, Gas zurücknehmen. Mit abfallender Drehzahl taucht ein leichtes Klopfgeräusch auf, etwa »nack-nack-nack-nack-nack«.

■ Dieses leichte Klopfen kann auch nach dem Hochschalten beim Beschleunigen hörbar werden.

■ Dann möglichst nicht mehr weiterfahren. Der Schaden kann sich verschlimmern und ist dann mit Eigenmitteln nicht mehr zu reparieren.

■ Hartes »klack-klack-klack-klack« beim Hochdrehen des Motors, das bei zurückgenommenem Gaspedal leiser oder sogar unhörbar wird, ist das Merkmal eines kapitalen Lagerschadens.

Ein schwerer Lagerschaden muß nicht unbedingt das sofortige Ende der Fahrt bedeuten. Nachdem die Kurbelwelle auf jeden Fall in Mitleidenschaft gezogen wurde und eine größere Motorreparatur erforderlich wird, können Sie auch noch einige Kilometer auf den Motor fahren, um in die Werkstatt oder nach Hause zu kommen. Allerdings muß man feststellen, an welchem Zylinder das Lager defekt ist.

Das geht so:

■ Kerzenstecker abziehen und nur leicht wieder aufstecken.

■ Bei herkömmlicher Zündanlage Motor im Leerlauf drehen lassen, evtl. von Helfer leicht Gas geben lassen.

■ Kerzenstecker nacheinander abziehen und wieder aufstecken.

■ Läßt das Klopfgeräusch bei einem der abgezogenen Stecker nach, ist an diesem Zylinder das Lager defekt.

■ Bei einem Wagen **mit TSZ** wird die Zündung jedesmal abgeschaltet, bevor ein Kerzenstecker abgezogen oder aufgesteckt werden darf, da die Spannung an den Steckern lebensgefährlich hoch ist (siehe Seite 193).

Wollen Sie weiterfahren, legen Sie den Zylinder mit dem defekten Lager lahm. Mit den drei verbliebenen Zylindern können Sie allerdings nicht mehr das gewohnte Tempo einschlagen. Der Motor soll höchstens bis in mittlere Drehzahlen hochgedreht werden.

■ Zündkerze des Zylinders mit Lagerschaden herausdrehen, damit er nicht mehr mitarbeiten muß und die Belastung des Lagers durch den verdichtenden Kolben entfällt.

Beim hier gezeigten Wechsel der Pleuellager sehen Sie:
1 – Zapfen der Kurbelwelle, der absolut glatt sein muß;
2 – untere Lagerschale;
3 – Pleuellagerdeckel;
4 – obere Lagerschale;
5 – Pleuel.

Fingerzeige: *Bei laufendem Motor und ausgebauter Zündkerze verursacht die durch das Zündkerzenloch vom Kolben angesaugte und herausgedrückte Luft ein pfeifend-knallendes Geräusch. Das darf Sie nicht irritieren.*
Bei einem ursprünglich noch neuwertigen Motor kann die unbesorgte Weiterfahrt einen größeren Schaden verursachen: Durch Abrieb von Gleitlagermaterial kann das defekte Lager fressen und im schlimmsten Fall das Pleuel brechen.

Pleuellager ersetzen

Für diese Reparatur brauchen Sie Pleuellagerschalen mit »Originalmaß«, neue Pleuelmuttern und eine neue Ölwannendichtung.

■ Wagen aufbocken.
■ Motoröl ablassen (Seite 33).
■ Kolben in Zylinder 1 auf OT stellen (Seite 49).
■ Ölwanne abschrauben.
■ Haltemuttern der Pleuellagerdeckel von Zylinder 2 und 3 abschrauben.
■ Lagerdeckel abnehmen und so ablegen, daß sie wieder mit ihrem bisherigen Pleuel verschraubt werden.
■ Kurbelwelle ein kleines Stück weiter und dann zurückdrehen.
■ An den Pleueln der um höchstens 10 mm höher geschobenen Kolben die Lagerschalen abnehmen.
■ Dazu in Fahrtrichtung hinten die Unterkante der Schale mit einem Schraubenzieher nach oben drücken. Die Lagerschale rutscht um den Kurbelwellenzapfen herum und kann abgenommen werden.
■ Neue Lagerschalen einsetzen. Ihre Haltenasen zeigen nach vorn und rutschen zuletzt in die entsprechende Führungsnut im Pleuel.
■ Kurbelwelle so weit drehen, bis die Lagerzapfen an den Pleueln anliegen.
■ Lagerschalen in die Lagerdeckel einlegen – Haltenasen in Haltenut.
■ Lagerdeckel montieren. Sie besitzen eine Gußmarkierung, die in Fahrtrichtung nach hinten zeigen muß.
■ Anlageflächen der neuen Pleuelmuttern einölen, Muttern beim 1,6-Liter-Motor mit 45 Nm, beim 1800er mit 30 Nm und einer weiteren Vierteldrehung (90°) festziehen.
■ Kurbelwelle eine halbe Umdrehung weiterdrehen.
■ Lagerschalen an Zylinder 1 und 4 wechseln.
■ Neue Dichtung auf die Ölwanne legen.
■ Ölwannenschrauben mit 20 Nm anziehen.
■ Motoröl einfüllen.

Fingerzeig: *Sind auf den Zapfen der Kurbelwelle leichte Lagermetallauftragungen erkennbar – Rauhigkeiten spürbar, wenn Sie mit dem Fingernagel entlangfahren –, müssen diese mit Polierpapier oder 600er-Schleifpapier entfernt werden.*

Motor aus- und einbauen

Der Motor wird zusammen mit dem Getriebe nach oben herausgehoben. Dazu brauchen Sie einen Flaschenzug, den Sie in ausreichender Höhe stabil aufhängen müssen. Zu dieser Arbeit gehört einiges Fachwissen und möglichst ein ebenfalls »vorbelasteter« Helfer.
Schauen Sie sich vor der Arbeit noch die Motorraum-Schaubilder auf den Seiten 24 und 25 an, damit Sie wissen, wo die hier angesprochenen Teile im Motorraum sitzen.

Ausbau

- Motorhaube abbauen (Seite 244).
- Minuskabel der Batterie abklemmen.
- Kühlflüssigkeit ablassen und auffangen (Seite 70).
- Ölkühler abschrauben, dabei Schläuche angeschlossen lassen.
- Abgebauten Kühler auf den Motor legen und dort so festbinden, daß er beim Herausheben des Motors nicht herunterfallen kann.
- Kühler ausbauen (Seite 71).
- Luftschlauch zwischen Drosselklappenstutzen und Luftmengenmesser abbauen.
- Schlauch der Kurbelgehäuse-Entlüftung am Zylinderkopfdeckel abnehmen.
- Gaszug aus seinem Widerlager im Deckel aushängen.
- Unterdruckschläuche am Drosselklappenstutzen kennzeichnen und abziehen.
- Kabel der folgenden elektrischen Verbraucher kennzeichnen und dann abziehen: Zündspule Klemme 1 und 4, Kaltstartventil, Zusatzluftschieber, Warmlaufregler, Thermozeitschalter, Temperaturfühler, Öldruckschalter, OT-Geber (wenn vorhanden), Rückfahrlichtschalter, Anlasser Klemme 15a bzw. 16, 30 und 50, Lichtmaschinen-Mehrfachstecker.
- Warmlaufregler und Kaltstartventil abschrauben, Benzinschläuche angeschlossen lassen.
- Einspritzventile mit Zange herausziehen, Kraftstoffschläuche nicht abnehmen.
- Kühlmittelschläuche zur Heizung und am Zylinderkopf abnehmen.
- Am Gemischregler Luft-Ansaugschlauch vorn unten abnehmen, ebenso die Leitung zur Kurbelgehäuse-Entlüftung.
- Spannklammer an der Rückseite unten öffnen, Luftfilter/Gemischregler-Einheit aus den Haltenasen am Batteriestandblech ziehen und mit angeschlossenen Benzinleitungen im Motorraum seitlich ablegen.
- Kupplungszug lösen und aushängen (Seite 109).
- Tachowelle am Getriebe abnehmen, Öffnung mit einer Gummikappe o. ä. verschließen.
- Masseband zwischen Motor und Getriebe lösen.
- Verbindungsstange, Wählstange und Umlenkhebel des Schaltgestänges (siehe Seite 112) abbauen.
- Beim Scirocco Verschlußkappen der Doppelscheinwerfer abnehmen.
- Muttern am Getriebelager links unten losdrehen.
- Gelenkwellen am Getriebe losschrauben und mit Draht an der Karosserie aufhängen, damit sie nicht zu

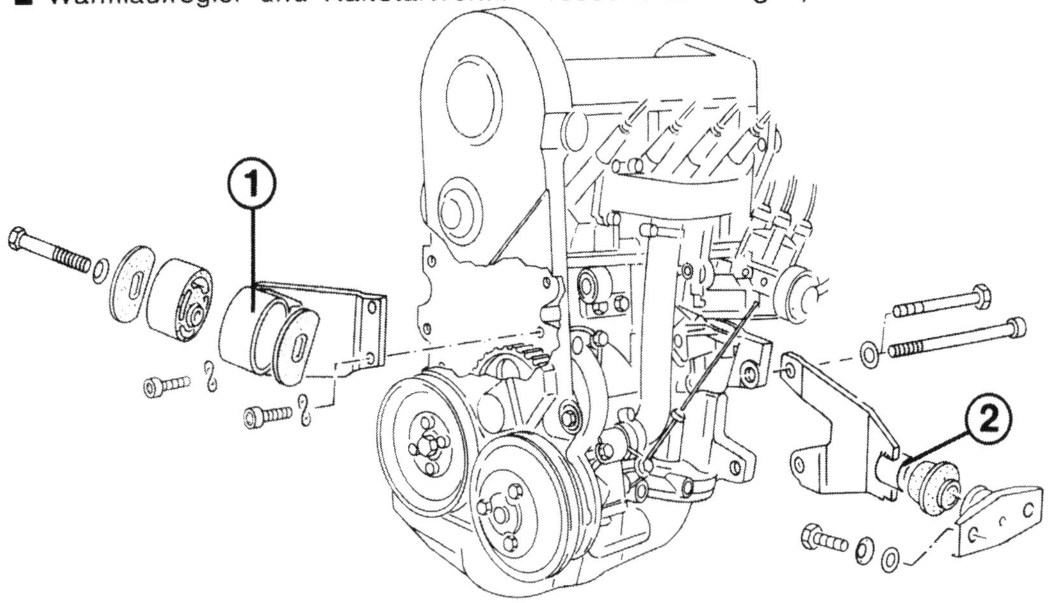

In der Zeichnung sehen Sie die Aufhängungen des Motors, bestehend aus dem rechten Motorlager (1) und der Drehmomentstütze vorn (2).

Das Schaltgetriebe ist ebenfalls an zwei Stellen mit der Karosserie verbunden: Über die linke Getriebeaufhängung, die Sie oben in der Ausführung für das Vierganggetriebe (1) und unten für das Fünfganggetriebe (3) sehen, sowie über das hintere Getriebelager (2).

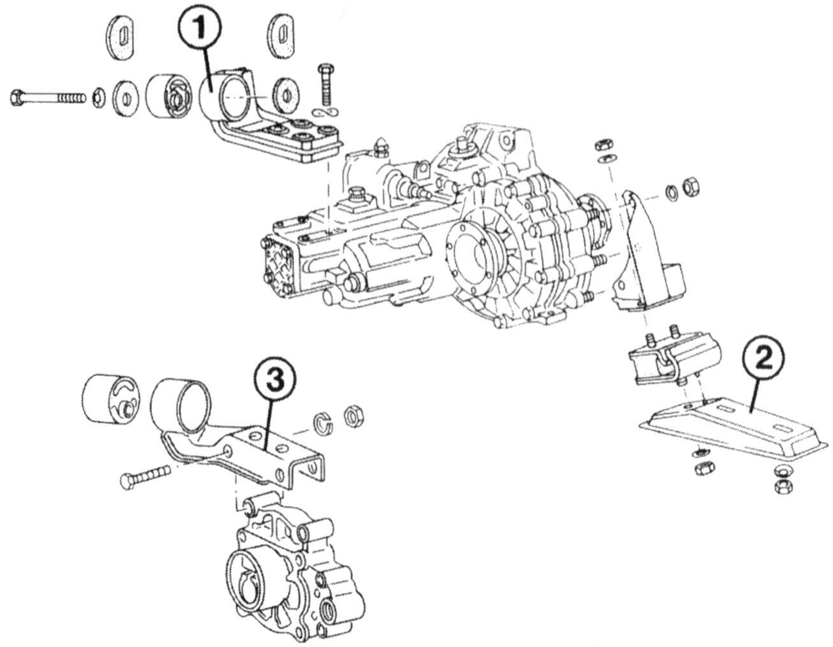

stark geknickt werden.

■ Hosenrohr abschrauben (Seite 65).

■ Anlasser ausbauen.

■ Lichtmaschinenstütze am Motorblock losschrauben.

■ Schrauben der Drehmomentstütze losdrehen.

■ Zwei Ketten oder ausreichend starke Seile durch die Ösen rechts und links am Motor ziehen und in den Flaschenzug einhängen.

■ Motor/Getriebe-Einheit leicht anheben.

■ Drehmomentstütze vorn, linkes sowie hinteres Getriebelager und rechtes Motorlager von der Karosserie abschrauben.

■ Unter leichtem Drehen den Triebwerksblock vorsichtig herausheben.

■ Beim Hochhieven darauf achten, daß die Motor/Getriebe-Einheit nirgends gegen die Karosserie schlägt.

Motor vom Getriebe trennen

■ Abdeckblech am Flansch der Gelenkwelle abschrauben.

■ Verschraubung zwischen Motor und Getriebe lösen.

■ Abdeckblech vom Getriebegehäuse abschrauben.

■ Bei Fahrzeugen mit abgeflachtem Gelenkflansch muß zum Abnehmen des Getriebes vom Motor die Abflachung zum Schwungrad zeigen.

Einbau

■ Motor und Getriebe zusammenschrauben mit 80 Nm.

■ Motor/Getriebe-Einheit ins Fahrzeug absenken.

■ Linkes Getriebelager am Getriebe anschrauben.

■ Motorlager rechts und Getriebelager links an der Karosserie leicht befestigen, ausrichten, dann erst Schrauben anziehen (40 Nm).

■ Hinteres Getriebelager ausrichten (40 Nm).

■ Triebwerksblock im Aufnahmebock vorn links genau in Mittelstellung montieren (40 Nm).

■ Drehmomentstütze vorn ebenfalls genau in Mittelposition festschrauben (40 Nm).

■ Auspuffanlage ohne Spannung einbauen (Seite 65).

■ Gaszug einstellen (Seite 104).

■ Kupplungsspiel einstellen (Seite 109).

■ Zündzeitpunkt einstellen (Seite 205 bzw. 206).

■ Leerlaufdrehzahl und CO-Gehalt einstellen (Seite 97 bzw. 98).

Bitte den Ausgang freihalten

Wenn der Motor ausatmet, klingt das hart und rauh, wie jeder bei einem Auto mit defektem Auspuff hören kann. Zur Dämpfung dieser Geräusche dient die Rohrschlange unter dem Wagenbauch.

Die Teile der Auspuffanlage

□ Auf den Auspuffkrümmer am Zylinderkopf folgt ein Zweikanalrohr, das weiter hinten zu einem Rohr zusammenläuft. Dieses »Hosenrohr« ist mit sechs Muttern am Auspuffkrümmer angeschraubt.
□ Zusätzlich sind an dieser Stelle zwei Halter angebracht, an denen Wärmeschutzbleche festgeschraubt sind. Sie sollen Hitzeabstrahlung auf Karosserie und Motor verhindern, was u. a. Dampfblasenbildung und damit Heißstartschwierigkeiten verursachen könnte. Die Bleche rosten meist nach drei bis vier Jahren ab. Wir würden sie nur dann ersetzen, wenn sich die erwähnten Heißstartschwierigkeiten bemerkbar machen.
□ Ins Hosenrohr ist der Vorschalldämpfer gesteckt und mit einer Klemmschelle befestigt. Ein Gummiring vorn und zwei hinten halten den Vorschalldämpfer am Wagenboden.
□ Ebenfalls gesteckt und mit einer Klemmschelle gesichert ist der Hauptschalldämpfer in den Vorschalldämpfer. An seinem hinteren Ende ist dieser im Umfang größere Dämpfer mit einem Gummiring am Kofferraumboden angehängt.

Auspuff-Lebensdauer

Bei der Verbrennung von Benzin, das im wesentlichen aus den Elementen Kohlenstoff und Wasserstoff besteht, verbindet sich der Kohlenstoff mit dem Luftsauerstoff zu Kohlendioxid und der Wasserstoff vereinigt sich mit Sauerstoff zu Wasser. Aus einem Liter Benzin entstehen rund 0,9 Liter Wasser, das Sie aber gewöhnlich nicht sehen, da es durch die Verbrennungswärme unsichtbar-dampfförmig dem Auspuff entweicht. Nur in der kalten Jahreszeit und vor allem gleich nach dem Kaltstart sehen Sie weiße Auspuffwölkchen von kondensierendem Wasser.
Die Auspuffkorrosion nimmt mit sinkender Abgastemperatur zu. Langstreckenbetrieb mit voll durchgewärmtem Motor und heißen Abgasen setzen der Auspuffanlage kaum zu. Anders dagegen andauernde Stadtfahrten mit meist unterkühltem Triebwerk. Am geringsten betroffen ist das Hosenrohr vorn, wo die Verbrennungsgase noch zwischen 800 und 1000° C heiß einströmen. Im Vor- und Hauptschalldämpfer kühlen sie zunehmend ab und sind am Auspuffendrohr noch 150–300° C warm. Das bewirkt, daß im letzten Dämpfer das meiste Kondenswasser auftritt. Es vermischt sich mit Verbrennungsrückständen zu aggressiven Säuren und läßt das Auspuffblech von innen nach außen durchrosten.
Die vorderen Teile der Auspuffanlage sind bei Langstreckenfahrten durch Temperaturspannungen gefährdet, wenn bei Regen das heiße Blech ständig kalten Duschen ausgesetzt ist. Dann kann das Material reißen oder brechen.
Unabhängig von der Fahrweise fördern Spritz- und Salzwasser den Rostfraß von außen. Mechanische Belastung durch Steinschlag oder Aufsetzen auf hartem Untergrund setzt dem Blech zu. Nicht zuletzt wirken Schwingungen lebensverkürzend. Ursachen sind defekte oder fehlende Aufhängungsgummis oder eine schadhafte Motorlagerung.

Aufhängung und Zustand der Auspuffanlage kontrollieren
Wartungspunkt Nr. 27

Die Auspuffanlage ist durchweg schwingend in Gummischlaufen am Fahrzeugboden aufgehängt. Die einzige starre Verbindung besteht zwischen Auspuffkrümmer und Hosenrohr.

■ Haltegummis auf Brüchigkeit, Einrisse oder sonstige Schäden überprüfen, gegebenenfalls ersetzen.

■ Mit einem Lappen in der Hand bei laufendem Motor das Auspuffendrohr zuhalten.

■ Der Motor muß nach kurzer Zeit stehenbleiben.

■ Hören Sie zischende Geräusche und läuft der Motor ungestört weiter, ist die Anlage an der Geräuschstelle undicht.

■ Ein dumpferer Auspuffton als gewöhnlich und Knallen im Schiebebetrieb weist auf einen durchgerosteten Auspuff.

■ Erfahrungsgemäß ist der Hauptschalldämpfer zuerst defekt. Er rostet mit Vorliebe an seiner Oberseite zum Wagenboden hin durch. Das zieht den Unterbodenschutz in Mitleidenschaft und kann im Extremfall die Kofferraummatte in Brand setzen!

Auspuffanlage erneuern

Reparaturen an einer durchgerosteten Auspuffanlage sind meist nur kurzer Erfolg beschieden. Auf rostgeschwächtem Auspuffblech kann nicht mehr geschweißt werden. Auspuffkitt und -bandagen sind zwar recht dauerhaft, aber das Blech bricht dann bald neben der Reparaturstelle aus.

Ganz selten sind Vor- und Hauptschalldämpfer gleichzeitig austauschreif. Hat man etwa den hinteren Auspufftopf ersetzt, gibt boshafterweise wenige Monate später der Vorschalldämpfer den Geist auf. Werkstätten wechseln deshalb die Auspuffanlage gleich komplett aus. Das empfehlen wir nicht so unbesehen:

■ Klopfen Sie den ausgebauten, noch intakten Schalldämpfer mit einem Hammer gründlich rundum, auch an den Stirnseiten, ab; dabei nicht zu zaghaft hämmern.

■ Klingt es bei jedem Schlag hell, ist das Blech noch gesund.

■ Wird das Klopfgeräusch an manchen Stellen dumpfer, ist die Außenhaut bereits geschwächt und wird bald durchbrechen, besonders dann, wenn die salzhaltige kalte Jahreszeit herrscht.

■ Für den Ersatzteilkauf gilt, daß die Dichtung und die selbstsichernden Muttern der Verbindung Auspuffkrümmer/Hosenrohr und an den Wärmeschutzblechen durch neue ersetzt werden müssen. Die Klemmschellen und Halteschlaufen sind unterschiedlich vor und nach Motor-Nr. EG 065 001.

Auspuffanlage ausbauen

■ Bei allen Arbeiten an der Auspuffanlage muß der Wagen absolut rüttelsicher aufgebockt sein, daß er auch bei heftigem Drehen oder Zerren an den Rohren nicht kippen kann.

■ Wenn beim Demontieren eine Schraube abreißt, ist das kein Beinbruch, da zum Einbau der neuen Anlage ohnehin neue Schrauben und Muttern verwendet werden.

■ Die Halteschlaufen sollten möglichst erneuert werden.

■ Die Steckverbindungen der Rohrstutzen lassen sich am besten durch Erhitzen mit dem Schweißbrenner trennen. Kalt geht es allenfalls unter Zuhilfenahme von Rostlösemittel (siehe Seite 11).

■ Die Rohre werden durch kräftige Drehbewegungen getrennt.

■ Hilft das nicht weiter, wird die Rohrverbindung des defekten Schalldämpfers knapp 10 cm hinter der Verbindungsstelle abgesägt.

Die wichtigsten Teile der Auspuffanlage auf einen Blick: 1 – hinteres Wärmeschutzblech; 2 – Hauptschalldämpfer; 3 – Vorschalldämpfer; 4 – Hosenrohr; 5 – vorderes Wärmeschutzblech.

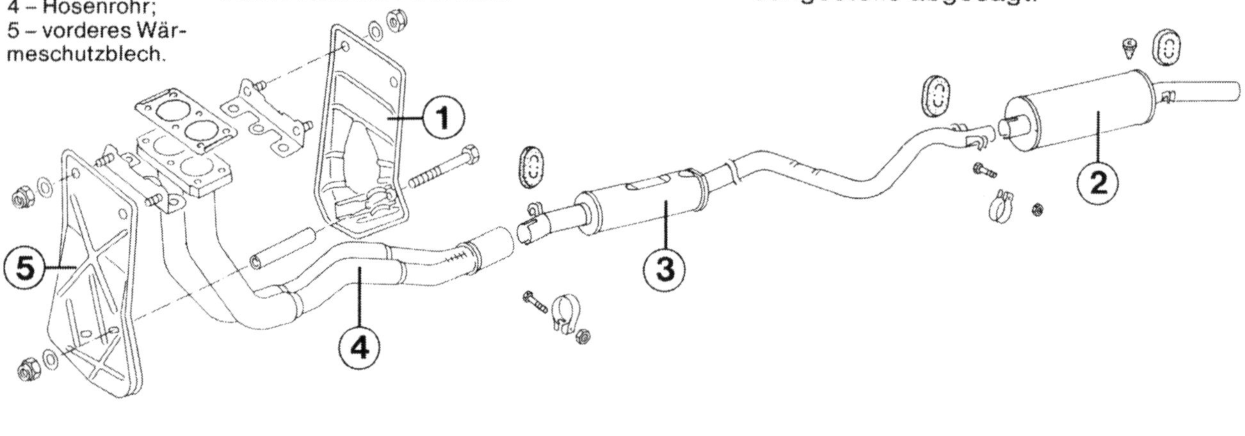

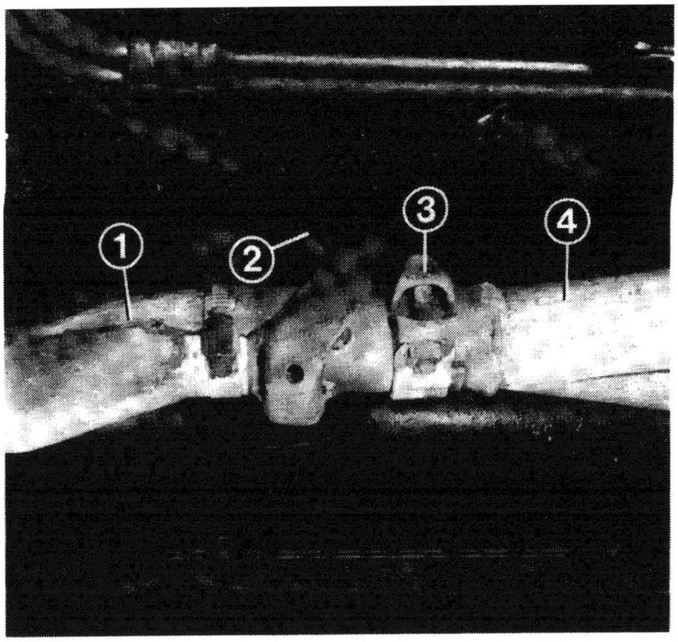

Die Verbindung zwischen Vorschalldämpfer (1) und Hosenrohr (4) ist durch eine Klemmschelle (3) gesichert. *Die Verbindung zur Karosserie stellt ein Gummiring (2) her.*

■ Den verbleibenen Rohrrest mit der Eisensäge in Längsrichtung aufsägen und mit einem Schraubenzieher aufhebeln.
■ Die Verschraubungen der Auspuffanlage lassen sich beim nächsten Mal leichter lösen, wenn die Gewinde beim Einbau mit Kupferfett (siehe Seite 12) bestrichen wurden.
■ Auch zwischen die Rohrverbindungen können Sie solches hitzebeständiges Fett streichen, damit sie sich wieder leichter trennen lassen.

Hauptschalldämpfer

■ Klemmschelle lösen.
■ Halteschlaufe aushängen.
■ Endtopf vom Vorschalldämpfer trennen, wie oben beschrieben.

Vorschalldämpfer

■ Hauptschalldämpfer demontieren.
■ Klemmschelle lösen.
■ Alle Halteschlaufen aushängen.
■ Steckverbindungen zwischen Hosenrohr und Vorschalldämpfer trennen.
■ Zum Einbau die Anlage erst provisorisch zusammenstecken.
■ Gesamte Anlage in die Halteschlaufen einhängen.
■ Die Gummiringe vor und hinter dem Hauptschalldämpfer müssen unter gleichmäßigem Zug stehen.
■ Andernfalls die Befestigungshaken vorsichtig nachbiegen.
■ Klemmschellen anziehen (25 Nm).

Hosenrohr

Bei den seit 8/83 gebauten 1,8-Liter-Motoren ist das Hosenrohr mit zwei sehr starken Federklammern am Auspuffkrümmer befestigt. Diese lassen sich nicht einfach abhebeln und erst recht nicht mehr montieren. Von VW gibt es hierfür ein Spezialwerkzeug mit der Nr. 3049 A. Bei der älteren Ausführung gehen Sie wie folgt vor:

■ Auspuffanlage, wie eben beschrieben, ausbauen.
■ Wärmeschutzbleche abnehmen. Dazu oben vier Muttern, unten eine Schraube mit Mutter und Distanzhülse losdrehen.
■ Sechs Haltemuttern des Hosenrohrs am Auspuffkrümmer losdrehen.
■ Halter der Wärmeschutzbleche abnehmen.
■ Beim Einbau neue Dichtung verwenden, selbstsichernde Muttern mit 45 Nm am Auspuffkrümmer festdrehen.
■ Wärmeschutzblech-Haltemuttern mit 10 Nm festziehen.

Fingerzeig: *Verspannt eingebaute Auspuffanlagen machen sich durch Brumm- oder Dröhngeräusche bemerkbar. Außerdem können die inneren Spannungen Risse verursachen.*

Mit Wasserspülung

Bei der Verbrennung des Kraftstoff/Luft-Gemisches in den Zylindern entstehen derart hohe Temperaturen, daß in kürzester Zeit der Schmierfilm an den Zylinderwänden verbrennen und die Kolben klemmen würden. Also muß für Abkühlung gesorgt werden. Das geschieht mit Luft, allerdings wird bei unseren VW-Modellen Wasser als Zwischenträger eingeschaltet.

So wird gekühlt

Durch den Motor wird ständig eine Wassermenge von 4,5 oder 6,5 Litern Kühlmittel gepumpt. Das besorgt die Wasserpumpe. Vom Keilriemen angetrieben beschleunigt sie den Wasserstrom durch ein kleines Schaufelrad an ihrer Rückseite. Das Kühlmittel fließt aber nicht nur kreuz und quer durch den Motor, sondern auch durch den Kühler. Dort wirkt die bereits erwähnte Luft als abkühlendes Element, entweder als Fahrtwind oder durch den Kühlerventilator beschleunigt.
Ein weiterer Wasserweg führt zum Heizungskühler, wo das aufgeheizte Kühlmittel während der kalten Jahreszeit für angenehme Temperatur im Innenraum sorgt. Überdies hat der »Kühlwassermantel« des Motors eine lärmisolierende Wirkung, weshalb wassergekühlte Motoren meist wesentlich leiser sind als die heute fast schon ausgestorbenen luftgekühlten Motoren.
Zuviel Kühlung ist jedoch auch schädlich. Der Motor würde zu lange brauchen, um auf Betriebstemperatur zu kommen, und in der kalten Jahreszeit würde er wohl überhaupt nicht richtig warm werden. Deshalb regelt der Thermostat den Kühlwasserstrom und sorgt dafür, daß der Motor schnell auf Temperatur kommt, aber unter Last nicht überhitzt (die nähere Beschreibung finden Sie auf Seite 72).

Überdruck-Kühlsystem

Das Kühlsystem faßt bei Fahrzeugen ohne Ausgleichsbehälter **4,5 Liter**, bei den neueren Modellen mit zusätzlichem Ausgleichsbehälter **6,5 Liter** Flüssigkeit. Das ist nur ein kleines Eimerchen Wasser, das unablässig von der Kühlwasserpumpe durch den Motor geschaufelt wird und dabei die Hitze wegschafft. Diese Menge würde bei einer scharfen Autobahnfahrt oder einem Paßaufstieg im

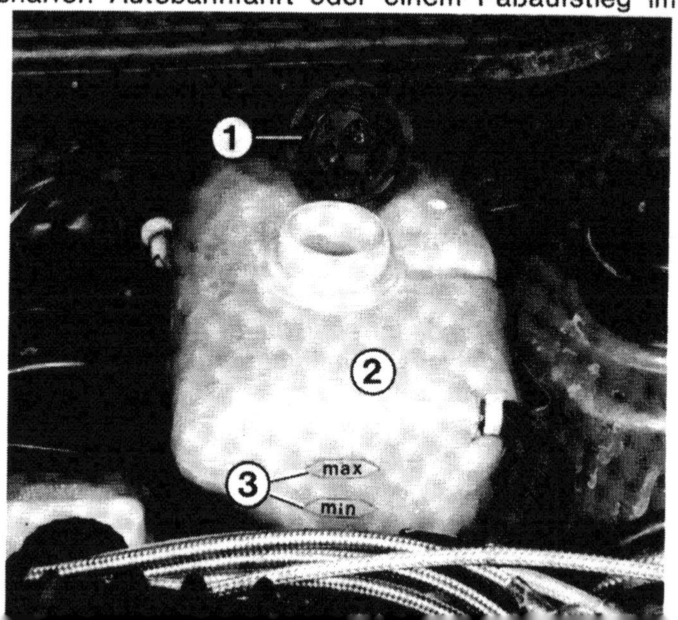

Der Ausgleichsbehälter (2) soll bei kaltem Motor so weit mit Kühlmittel gefüllt sein, daß der Flüssigkeitsstand zwischen den Markierungen »min« und »max« (3) sichtbar ist. Der Verschlußdeckel (1) braucht zur Kontrolle nicht abgenommen zu werden.

Hochgebirge nicht ausreichen, wäre das ganze System nicht unter Druck gesetzt.
Im Kühlsystem herrscht bei Betriebstemperatur ein Überdruck von **1,2–1,35 bar**, was die Siedetemperatur von Wasser von 100° C auf etwa 123° C erhöht. So kann die für den Motor betriebsgünstige Kühlmitteltemperatur von etwa 110° C ohne »Kochgefahr« eingehalten werden, und das unter Druck gesetzte Wasser nimmt auch mehr Wärme auf. Verantwortlich für ein gutes »Arbeitsklima« des Motors sind der Verschlußdeckel auf dem Kühler bzw. Ausgleichsbehälter, der den Druck reguliert, und der Thermostat, der nach dem Kaltstart die Kühlflüssigkeit nicht gleich durch den Kühler strömen läßt, sondern erst mit steigender Temperatur.

Stand der Kühlflüssigkeit prüfen

Ständige Kontrolle

Bei einem Fahrzeug ohne Ausgleichsbehälter sollten Sie den Stand des Kühlmittels nach Möglichkeit nur bei kaltem Motor kontrollieren. Dann ist das Kühlsystem praktisch drucklos. Der Überdruck baut sich erst mit Erwärmung der Kühlflüssigkeit auf. Je heißer sie ist, um so vorsichtiger muß man beim Öffnen des Deckels sein. Bester Schutz gegen Verbrühen: Dicken Lappen über den Deckel legen und diesen ganz langsam öffnen. So kann das Kühlsystem vom Überdruck befreit werden, ohne daß gleich heißes Wasser aus dem Kühler sprudelt. Denn erst das vom Überdruck befreite Wasser beginnt zu kochen und drückt dann aus der Einfüllöffnung. Ist der Druck entwichen, können Sie den Verschlußdeckel ganz öffnen.

- Verschlußdeckel abschrauben.
- Kontrollieren, ob der Flüssigkeitsstand mindestens bis zur unteren Markierung steht.
- Wenn der Wasserstand nicht zu erkennen ist, nehmen Sie eine Taschenlampe zu Hilfe.

Leichter gemacht ist Ihnen die Kontrolle bei einem VW mit separatem Ausgleichsbehälter.

- Bei kaltem oder warmem Motor muß der Kühlmittelstand zwischen den Markierungen »Min« und »Max« am Ausgleichsbehälter zu erkennen sein (Bild links).
- Beachten Sie, daß sich warmes Wasser ausdehnt und dann etwas höher steht als kaltes.

Kühlmittel auffüllen

Kühlmittelverlust ist ein Zeichen für eine Störung oder einen Defekt. Die Kühlflüssigkeit wird nicht verbraucht und kann im geschlossenen Kühlsystem auch nicht verdampfen oder verdunsten. Was Sie tun sollten, wenn der Motor Kühlmittel verliert, steht auf Seite 69.

- Wird nur Wasser nachgefüllt, verdünnen Sie den Frostschutz allmählich, daher evtl. gleich etwas Frostschutz mit einfüllen.
- Nicht über die obere Markierung nachfüllen, das Kühlmittel dehnt sich bei Erwärmung aus und die Mehrmenge entweicht aus dem System.
- Kleinere Flüssigkeitsmengen können Sie sowohl beim warmem wie kaltem Motor eingießen.
- Bei erheblichem Wasserverlust und heißer Maschine kein kaltes Wasser nachfüllen. Durch den »Kälteschock« kann sich der Zylinderkopf verziehen oder der Motorblock reißen.

Das Gefrierschutzmittel

Im Kühlsystem sorgt nicht allein klares Wasser für die notwendige Abkühlung des Motors, sondern eine Mischung von Frost- und Korrosionsschutz sowie Wasser. Man spricht daher auch besser von Kühlflüssigkeit oder Kühlmittel. Das Mischungsverhältnis beträgt für mitteleuropäische Verhältnisse 2 : 3, in nordischen Ländern 1 : 1.

Gefrierschutz bis	Kühlsystem	Wasser	Frostschutz
– 25° C	mit Ausgleichsbehälter	3,9 l	2,6 l
– 25° C	ohne Ausgleichsbehälter	2,7 l	1,8 l
– 35° C	mit Ausgleichsbehälter	3,25 l	3,25 l
– 35° C	ohne Ausgleichsbehälter	2,25 l	2,25 l

Als Frostschutz dient gewöhnlich Äthylenglykol, eine Flüssigkeit auf Alkoholbasis, die nicht verdampft oder verdunstet. Genauso wichtig wie der Frostschutz im Kühlmittel ist auch der Korrosionsschutz, der verhindert, daß sich im Kühlsystem Kesselstein, Rost und andere Korrosionsprodukte bilden, die als schlechte Wärmeleiter die Kühlung vermindern – der Motor könnte überhitzt werden. Das werksseitig eingefüllte Kühlmittel mit Korrosionsschutz soll deshalb auch nicht im Frühjahr abgelassen und durch klares Wasser ersetzt werden. Zwar verschlechtert der Frostschutz die Wärmeabführung, aber andererseits erhöht er den Siedepunkt um etwa 5° C.
Jeder Metzger lobt seine Wurst, deshalb empfiehlt die V. A. G. das eigene Frostschutzmittel »G 11« bzw. »G 10«. Wir sind in diesem Punkt nicht so markengläubig und würden jedes Gefrierschutzmittel nehmen, das auch eine Korrosionsschutz-Beimischung enthält. Andere Frostschutzfabrikate – meist in 1- oder 1,5-Liter-Dosen oder (billiger) an der Tankstelle aus dem Faß – ergeben meist eine ähnliche Kältebeständigkeit wie das »G 11« bzw. »G 10«. Lesen Sie aber sicherheitshalber vorher noch die Mischtabelle durch. Die Produkte verschiedener Hersteller lassen sich übrigens gefahrlos untereinander mischen.

Frostschutz prüfen
Wartungspunkt Nr. 15

Zum Nachprüfen der Kühlmittel-Frostfestigkeit brauchen Sie einen Hebe-Messer (Spindel, Aräometer; siehe Seite 10), mit dem das spezifische Gewicht der Flüssigkeit gemessen wird. Durch unterschiedliche Zugabe von Korrosionsschutzmitteln sind die spezifischen Gewichte der einzelnen Frostschutzprodukte nicht gleich. Für eine absolut genaue Messung brauchen Sie eine auf das eingefüllte Frostschutzmittel abgestimmte Spindel. Im Zweifelsfall rechnen Sie mit einer Meßtoleranz von 2–3 Grad nach oben und unten.

■ Etwas Kühlmittel aus dem Kühler oder Ausgleichsbehälter ansaugen, die Spindel muß frei schwimmen können.
■ Je nach spezifischem Gewicht der Flüssigkeit taucht die Spindel mehr oder minder tief ein.
■ An der Skala ablesen, wie weit der Gefrierschutz reicht.
■ Manche Frostschutzprüfer haben Zeiger, an denen die Frostfestigkeit abgelesen werden kann.

Frostschutzkonzentration einstellen

Meist stellt sich heraus, daß die Konzentration des Gefrierschutzmittels nicht mehr völlig ausreicht. Dann muß etwas Frostschutz nachgefüllt werden; über den Daumen gepeilt etwa 0,5 Liter für einen um 10° C erweiterten Gefrierschutz.

■ Wanne unter den Kühler stellen.
■ Wasserschlauch unten am Kühler abnehmen, 1 bis 2 Liter Kühlmittel ablassen.
■ Schlauch wieder montieren.
■ Entsprechende Menge reinen Frostschutz eingießen und mit der aufgefangenen Kühlflüssigkeit nachfüllen.

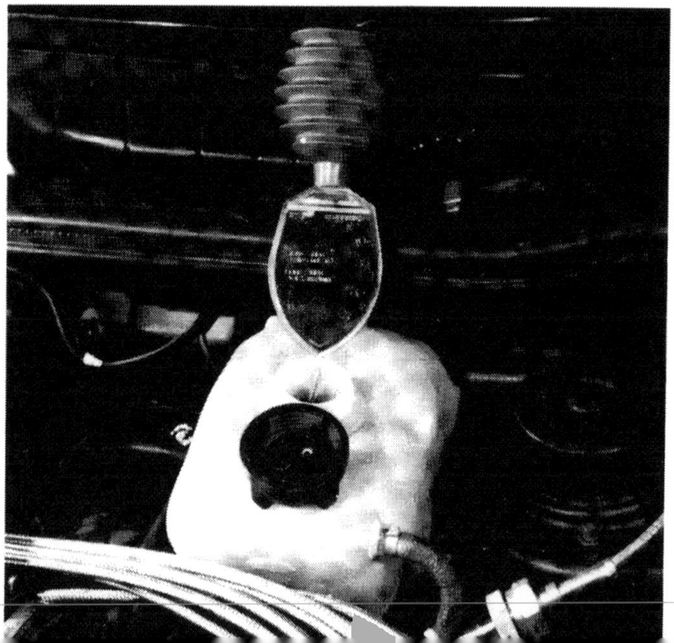

Bei diesem Frostschutzprüfer wird die Gefrierschutzmittel-Konzentration nicht durch eine in die Flüssigkeit eintauchende Spindel angezeigt, sondern durch zwei bewegliche Zeiger.

Fingerzeige: *Angebrochenes Gefrierschutzmittel altert, wenn es offen herumsteht. Deshalb in ein verschließbares Gefäß umfüllen, dieses beschriften und vor Kinderhänden gesichert aufbewahren.*
Falls Sie bei jeder Kontrolle einen gesunkenen Kühlmittelstand feststellen, sollten Sie baldigst nach der Ursache forschen.
Das Äthylenglykol im Frostschutz ist enorm kriechfähig. Das kann zur Folge haben, daß nach der Neubefüllung mit Gefrierschutzmittel undichte Stellen zutage treten, die bislang noch von Kalk- und Korrosionsansatz abgedichtet waren.

Kühlsystem auf Dichtheit prüfen

■ Schläuche am Kühler und Motor dicht, auch die dünneren zur Heizanlage?
■ Schläuche rissig? Durch leichtes Kneten feststellen, ob die Wasserschläuche hart und spröde geworden sind; dann alsbald austauschen.
■ Sitzen die Schlauchenden nicht zu knapp auf ihren Stutzen?
■ Sind die Spannschrauben der Schlauchbinder festgezogen?
■ Verrostete Schlauchbinder können unvermutet während der Fahrt und vollem Betriebsdruck im Kühlsystem nachgeben. Deshalb umgehend auswechseln.
■ Die Werkstatt kontrolliert die Dichtheit des Kühlsystems mit einer speziellen Handluftpumpe mit Druckmesser. Dieses Gerät wird auf die Kühler- bzw. Ausgleichsbehälteröffnung gesetzt und ein Druck von 1 bar aufgepumpt.
■ Fällt der Skalenzeiger nicht innerhalb von ein bis zwei Minuten, ist das Kühlsystem dicht.

Kühlmittelschläuche ausbauen

Besorgen Sie sich als Ersatz Originalschläuche in der richtigen Bogenform und grundsätzlich neue Schlauchschellen. Nehmen Sie auf jeden Fall anstelle der möglicherweise verwendeten Spannschellen die besser festzuziehenden Schraubschellen.
■ Kühlmittel ablassen und auffangen (siehe nächste Seite).
■ Schlauchschellen lösen, Schläuche abziehen.
■ Festsitzende Schlauchenden mit Gefühl und einem Schraubenzieher lockern, den man zwischen Schlauch und Stutzen schiebt und dann vorsichtig hebelt.
■ Neue Schläuche weit genug auf die Stutzen schieben, daß sie nicht abrutschen können.
■ Schraubschellen nicht mit Gewalt anziehen, sonst wird das Gewinde überdreht.

Fingerzeig: *Unterwegs kann man kaum einen gerissenen Wasserschlauch ersetzen. Hier hilft das »Pannenband« von Weyer, Düsseldorf oder Holts »Hoseweld Bandage«; beide kleben auf den gesäuberten und trockenen Gummischläuchen recht gut. Sicherheitshalber den Kühlerverschlußdeckel einige Umdrehungen lösen, damit sich nicht der volle Betriebsdruck aufbaut und die Bandage platzen läßt.*

Der Kühler

Er besitzt ein Kunststoffgehäuse und innen Röhren und Rippen aus Leichtmetall. Der obere und untere Wasserkasten sind durch eine Vielzahl dünnwandiger Röhrchen verbunden, und zur Vergrößerung der Kühlfläche sitzen zwischen den Röhrchen noch waagrechte Rippen.
Mit dem Leichtmetallkühler in Verbindung mit der Schaltung des elektrischen Kühlerventilators gab es eine gewisse Zeit Probleme, siehe Seite 76. Bei Verdacht auf einen undichten Kühler sollte Sie der erste Weg in die Werkstatt führen, wo die bereits beschriebene Druckprüfung genauen Aufschluß geben kann. Bei einem offensichtlichen Defekt können Sie den Kühler auch gleich selbst ausbauen und zur Reparatur bringen (am besten gleich zu einer speziellen Kühlerwerkstatt oder Kühlerfabrik).

Fingerzeig: *Unsere Modelle mit Thermostat (siehe Seite 72) und thermostatisch gesteuertem Kühlerventilator (Seite 74) erreichen ihre Betriebstemperatur ausgesprochen schnell. Eine Abdeckung am Kühlergrill bringt da keine Verbesserung,*

Wenn die Kühlerlamellen derartig mit Insektenleichen zugesetzt sind, dürfen Sie sich über mangelnde Kühlleistung nicht wundern.

sondern birgt eher die Gefahr, daß der Motor bei voller Belastung auf der Autobahn bereits bei Temperaturen um den Gefrierpunkt überhitzen kann. Sinnvoll ist eine Kühlerabdeckung erst unter – 15° C, also in skandinavischen Ländern.

Kühler reinigen

Vor und nach dem Sommerhalbjahr müssen die Kühlerlamellen von den dort festgesetzten Insektenleichen (siehe Bild oben) gesäubert werden, sonst wird die Kühlwirkung verschlechtert.

■ Kühlergrill ausbauen (Seite 248).
■ Elektroventilator mit Luftführungsring abnehmen (Seite 76).
■ Angetrocknete Insektenreste mit einem eiweißlösenden Mittel einsprühen – z. B. »Summer Screen« von Holt.
■ Nach einer gewissen Einwirkzeit mit parallel zu den Kühlerlamellen gerichtetem Wasserstrahl abspülen und mit nicht zu hohem Druck von der Kühlerrückseite her. Hartes Bürsten oder scharfe Werkzeuge können die Kühlerlamellen beschädigen.
■ Spezielle Reinigungsmittel für das Kühlerinnere sind bei ausschließlicher Verwendung von Frostschutz mit Korrosionsschutzmitteln nicht erforderlich.
■ Nach etwa fünf Jahren bei abgenommenen Kühlerschläuchen Kühler und Motor mit einem kräftigen Wasserstrahl durchspülen – das genügt.

Kühlflüssigkeit ablassen

■ Heizregulierhebel ganz nach rechts (Stellung »Warm«) schieben.
■ Verschlußdeckel des Ausgleichsbehälters bzw. Kühlers abschrauben.
■ Wasserschlauch unten am Kühler abnehmen. Soll die Kühlflüssigkeit wieder verwendet werden, zuvor eine saubere Wanne unterstellen.

Kühlsystem neu befüllen

■ Wasserschläuche aufstecken, Schlauchbinder festziehen.
■ Heizregulierhebel in Stellung »Warm« schieben.
■ Zuerst Gefrierschutzmittel (Mischungstabelle siehe Seite 67), darauf möglichst kalkarmes Wasser auffüllen.
■ Der Flüssigkeitsspiegel soll nur wenig über der unteren Markierung (siehe Bild Seite 66) stehen.
■ Verschlußdeckel aufsetzen und festdrehen.
■ Motor warmfahren, bis der Thermostat geöffnet hat. Dieser ist ganz sicher offen, wenn bei im Leerlauf drehendem Motor der elektrische Kühlerventilator anläuft.
■ Beim Laufenlassen des Motors wird das Kühlsystem automatisch entlüftet.
■ Motor abkühlen lassen, Kühlmittelstand kontrollieren, ggf. etwas Wasser nachfüllen.

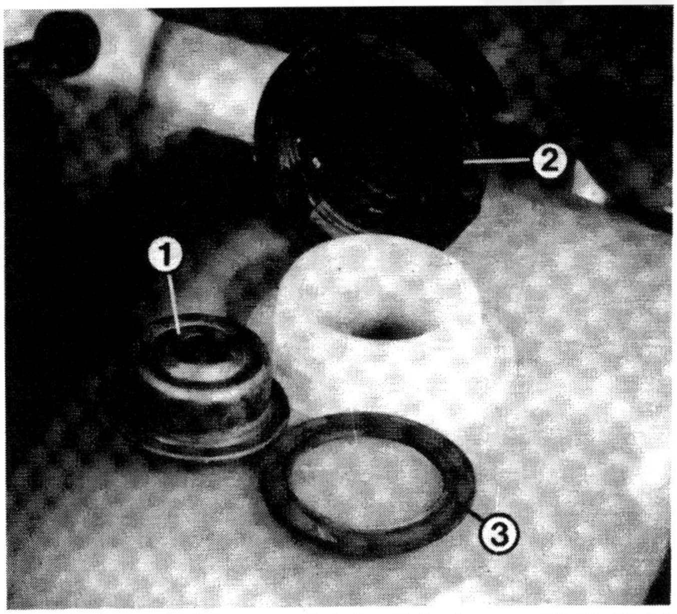

Im Kühlsystem-Verschlußdeckel (2) sitzt eine Blechdose (1), in dem das Über- und Unterdruckventil untergebracht sind. Der Dichtring (3) sorgt für einwandfreie Abdichtung zum Schraubstutzen.

Kühler ausbauen

■ Kühlmittel ablassen (siehe links).
■ Wasserschläuche oben und unten abnehmen (Seite 69).
■ Kühlerventilator mit Luftführungsring ausbauen (Seite 76).
■ Bis 12/80 unten am Kühler rechts und links die Muttern an den Gummilagern mit Steckschlüssel herausdrehen, Halteklammern oben herausziehen.
■ Seit 1/81 die beiden Schrauben der Kühlerhalter oben herausdrehen.
■ Kühler herausheben, er steckt seit 1/81 unten in Halteösen mit Gummizwischenlage.
■ Wird der Kühler ersetzt, Thermoschalter abschrauben (SW 30).

Überdruckventil im Kühlsystem-Verschlußdeckel prüfen

Im Überdruck-Kreislauf (einschließlich druckfester Schläuche und Schlauchanschlüsse) spielt vor allem der Kühlsystem-Verschlußdeckel eine wichtige Rolle. Seine untere Dichtplatte wird durch Federkraft auf den Rand der Einfüllöffnung gedrückt. Diese Feder gibt erst nach, wenn bei steigender Erwärmung der Druck im Kühlsystem einen bestimmten Wert übersteigt. Dann kann zum Druckausgleich etwas Wasserdampf durch das Überdruckventil im Deckel entweichen. Bei den bis 7/78 gebauten Modellen wurden Verschlußdeckel mit einem Öffnungsdruck von 0,9–1,15 bar verwendet, für die neueren Fahrzeuge und als Ersatzteil gibt es nur noch Deckel mit 1,2–1,35 bar Öffnungsdruck.
Beim Abkühlen zieht sich die Kühlflüssigkeit wieder zusammen, und es entsteht ein Unterdruck im Kühlsystem. Für diesen Unterdruckausgleich hat der Verschlußdeckel noch ein zweites, kleineres Ventil, das bei einem Unterdruck von **0,06–0,1 bar** öffnet und Außenluft in den Kühler bzw. Ausgleichsbehälter strömen läßt.
Das Überdruckventil im Verschlußdeckel wird mit dem beschriebenen Druckprüfgerät und einem Verbindungsstück auf richtige Funktion kontrolliert.
■ Druck aufpumpen.
■ Ab 1,2–1,35 bar (Teile-Nr. 171 121 321 B) bzw. 0,9–1,15 bar (Teile-Nr. 171 121 321 A) muß das Ventil öffnen.
Ob das Unterdruckventil richtig arbeitet, läßt sich nur behelfsmäßig feststellen:
■ Bei abgenommenem Verschlußdeckel einen dicken Wasserschlauch fest zusammendrücken.
■ Deckel aufsetzen und festdrehen, Schlauch loslassen.
■ Rundet sich der zusammengepreßte Schlauch wieder, dürfte das Ventil intakt sein.
■ Sind die Kühlwasserschläuche morgens vor dem ersten Start plattgedrückt, streikt sicher das Unterdruckventil.
Außerdem am Verschlußdeckel kontrollieren:
■ Haben sich Rückstände innen abgesetzt?
■ Ist das Dichtgummi beschädigt?

Der Thermostat Bis jetzt wurde nur davon gesprochen, wie man das Kühlwasser am besten und schnellsten kalt bekommt. Dabei darf jedoch nicht übersehen werden, daß es auf die richtig dosierte Abkühlung ankommt. Der Motor soll möglichst früh auf seine richtige Betriebstemperatur kommen (die liegt beim Überdruck-Kühlsystem bei 110° C); dann wird der Kraftstoff am besten ausgenutzt.
Damit der Motor nun schnell auf seine Betriebstemperatur kommen kann, wurde das Kühlsystem in einen »Kleinen« und einen »Großen Kreislauf« aufgeteilt. Nach dem Kaltstart zirkuliert das Kühlmittel im »Kleinen Kreislauf« von der Wasserpumpe zum Motorblock in den Zylinderkopf und wieder zur Wasserpumpe. Vom »Kleinen Kreislauf« wird auch der Wärmetauscher der Heizung mitversorgt. Erst wenn die Kühlflüssigkeit auf etwa 80° C (Thermostat-Öffnungstemperatur bis 7/78) bzw. 87° C (seit 8/78) aufgeheizt ist, wird der Kühler zum Abkühlen des Heißwassers gebraucht. Das Zuschalten des Kühlers besorgt der Thermostat oder Kühlwasserregler. Er öffnet aber nicht einfach einen Verbindungsschlauch zwischen Motor und Kühler, sondern kaltes Wasser aus dem Kühler wird vorgemischt mit bereits erwärmtem aus dem »Kleinen Kreislauf«.
Durch diese allmähliche Kaltwasserbeigabe wird der sogenannte Kälteschock für den Motor vermieden. Das unten abfließende kalte Wasser zieht heißes Kühlmittel oben in den Kühler nach, wo es beim Zug durch die Kühlerlamellen abgekühlt wird. Gleichzeitig mit dem Hinzuschalten des Kühlers wird der »Kurzschluß-Kreislauf« geschlossen.
Das »Umschalten« im Thermostatgehäuse bewirkt eine mit Spezialwachs gefüllte Büchse und der daran befestigte Ventilteller. Bei Erwärmung des Kühlmittels verflüssigt sich das Wachs, es dehnt sich aus und öffnet zwangsläufig durch sein größeres Volumen den Ventilteller. Solange die Wassertemperatur steigt, wird vom Thermostat der Kaltwasserzufluß aus dem Kühler zunehmend geöffnet (und gleichzeitig der »Kurzschluß-Kreislauf« allmählich geschlossen), bis bei 94 bis 102° C der volle Öffnungshub des Thermostats (= voller Zufluß aus dem Kühler) erreicht ist. Sinkt während der Fahrt die Motortemperatur wieder unter die gewünschte Betriebstemperatur, drückt eine Feder am Thermostat den Ventilteller in Richtung zu und sperrt den Kühlerdurchfluß so lange, bis wieder Betriebstemperatur herrscht.
Der Thermostat sitzt ziemlich versteckt rechts unten am Gehäuse der Wasserpumpe.

Störungen am Thermostat Gewöhnlich halten Thermostate ein ganzes Motorleben klaglos durch. An Defekten können auftreten:
□ Ablagerungen aus dem Kühlsystem setzen sich zwischen dem Ventilteller und seinem Sitz fest. Der Thermostat kann dann bei niedrigeren Wassertemperaturen nicht mehr völlig schließen, aufgeheiztes Kühlmittel strömt sofort durch den Kühler.
□ Erkennungsmerkmale: Die Temperaturanzeige klettert langsamer in die Höhe oder die gelbe Warnleuchte für zu niedrige Temperatur brennt länger, die Heizwirkung setzt später als üblich ein.
□ Es entsteht zunächst kein meßbarer Schaden, wenn Sie so weiterfahren, aber der Motor läuft unnötig lange im unterkühlten Bereich.
□ Gefährlich für den Motor ist, wenn Wachs aus der Thermostatbüchse austritt und der verbliebene Rest die Büchse nicht mehr aufdrücken kann. Dann bleibt das Ventil geschlossen.
□ Erkennungsmerkmal: Die Temperaturanzeige steht im roten Bereich, das rote Kühlmittelwarnlicht brennt oder blinkt.
□ Wer so weiterfährt, erhält die Quittung in Form einer durchgebrannten Zylinderkopfdichtung und eines verzogenen Zylinderkopfes.
□ Hier hilft nur der Ausbau des Thermostats oder Abschleppen.

Thermostat ausbauen Einen klemmenden Thermostat unterwegs auszutauschen ist bei unseren Motoren problematisch. Er sitzt ganz unten im Wasserpumpengehäuse. Daher muß beinahe die gesamte Kühlmittelmenge abgelassen werden. Zudem dauert es bei

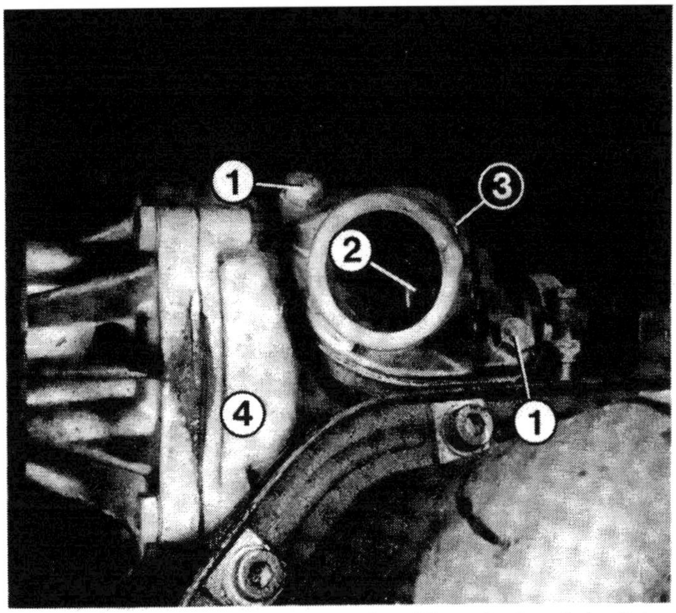

Der Thermostat (2) ist nur von der Wagenunterseite zugänglich, er sitzt im Gehäuse der Wasserpumpe (4). Zum Ausbau müssen die Schrauben (1) des Thermostatgehäusedeckels gelöst werden.

heißem Motor recht lange, ehe Sie mit der Arbeit beginnen können, ohne Gefahr zu laufen, daß Sie sich die Hände verbrühen.

- Wagen aufbocken.
- Auffangwanne unter die Wasserpumpe stellen.
- Schlauchflansch unten am Wasserpumpengehäuse abschrauben und zur Seite drücken.
- Thermostat herausziehen.
- Beim Einbau muß die kleinere Abdichtplatte des Thermostats nach oben zeigen.
- Dichtring im Schlauchflansch kontrollieren, ggf. ersetzen.
- Schrauben mit 10 Nm anziehen.
- Kühlmittel wieder auffüllen.

Thermostat prüfen

Mit einem Einmachthermometer können Sie selbst kontrollieren, ob der Kühlwasserregler bei der vorgeschriebenen Temperatur öffnet. Die Öffnungsdaten hängen vom Baujahr des Fahrzeugs ab: **Bis 7/78** Öffnungsbeginn bei **ca. 80° C**, Öffnungsende bei **ca. 94° C**; **seit 8/78** Öffnungsbeginn bei **ca. 87° C**, Öffnungsende bei **ca. 102° C**.

- Thermostat ausbauen.
- Thermostat in einen Topf mit Wasser hängen und Wasser erhitzen.
- Kontrollieren, ob das Ventil bei den oben genannten Temperaturen von seinem Sitz abhebt.
- Voll geöffnet ist der Thermostat bei mindestens 7 mm Öffnung.

Fingerzeig: *Zur Verbesserung der Heizwirkung wird seit 8/78 ein Thermostat mit höherer Öffnungstemperatur eingebaut. Dieser darf nicht in älteren Motoren verwendet werden, da der Thermoschalter für den Kühlerventilator, der Geber für die Temperaturanzeige und das Anzeigeinstrument nicht auf die höhere Kühlmitteltemperatur abgestimmt sind.*

Die Wasserpumpe

Die Kühlflüssigkeit wird von der Wasserpumpe im Kreislauf gehalten. Sie sitzt vorn rechts am Motor, und sie wird von einem Keilriemen angetrieben.
Die Wasserpumpe ist wartungsfrei, aber sie kann undicht werden, oder mahlende Geräusche lassen auf schadhafte Lager schließen. Undichtigkeiten liegen oft nicht an der Pumpe selbst, sondern an den benachbarten Schlauchanschlüssen oder an den Dichtungen der Pumpe.

Wasserpumpe ausbauen

- Keilriemen abnehmen (Seite 187).
- Zahnriemenschutz ausbauen (Seite 52).
- Kühlmittel ablassen (Seite 70).
- Keilriemenscheibe an der Wasserpumpe abschrauben.
- Acht Schrauben rund um das Wasserpumpengehäuse losdrehen, Gehäuseteil mit dem Pumpenrad abnehmen. Es wird komplett ersetzt.
- Das Wasserpumpengehäuse mit dem darin sitzenden Thermostat muß normalerweise nicht abgenommen werden. Wenn doch, vor dem Losschrauben die Wasserschläuche abnehmen. Beim Wiederanschrauben

Zur besseren Übersicht ist die Wasserpumpe hier am ausgebauten Motor gezeigt. Sie besteht aus dem sogenannten Lagergehäuse (1), in dem das Pumpenrad läuft, dem Thermostatgehäuse (3) und dem unteren Deckel (2) des Thermostatgehäuses. Die Pfeile zeigen auf die Mehrzahl der Schrauben, die bei einer Reparatur zu lösen sind.

(20 Nm) neuen Dichtring verwenden.

■ Zwischen Wasserpumpe und Gehäuse neue Dichtung einlegen.

■ Schrauben und die Mutter der »Hammerschraube« mit 10 Nm festziehen.

Keilriemenspannung prüfen
Wartungspunkt Nr. 18

Die Wasserpumpe wird vom Keilriemen angetrieben. Zur Wartung der Kühlanlage gehört also auch die Kontrolle der Keilriemenspannung. Ein rutschender Keilriemen (erkennbar an Quietschgeräuschen, wenn man aus dem Leerlauf kurz kräftig Gas gibt) kann die Kühlung erheblich beeinträchtigen.

■ Den Riemen mit kräftigem Fingerdruck zwischen Kurbelwellen-Keilriemenscheibe und Drehstrom-Lichtmaschine eindrücken.

■ Bei richtiger Spannung muß das Maß **5 mm** betragen.

■ Das Keilriemenspannen ist auf Seite 186 beschrieben.

Gerissener Keilriemen

Wenn Sie ohne Keilriemen und damit ohne Antrieb der Wasserpumpe weiterfahren, riskieren Sie einen Schaden an der Zylinderkopfdichtung. Zwar ist kaltes Wasser schwerer als warmes und zirkuliert daher noch langsam durch den Motor; diese »Thermosiphon«- oder Selbstumlauf-Kühlung reicht aber für den Motor nicht aus – vor allem bei langsamer Fahrt. Wie Sie sich im äußersten Notfall ohne Ersatzkeilriemen behelfen können, steht auf Seite 187.

Der Kühlerventilator

Unsere Motoren erhielten einen elektrisch angetriebenen Kühlerventilator, der nur bei Bedarf zu- oder abgeschaltet wird. Das spart bis zu 4 PS Motorleistung. An der in Fahrtrichtung linken Seite sitzt am Kühler ein Thermoschalter. Wenn er »spürt«, daß die an ihm vorbeirauschende Flüssigkeit nach dem Zug durch den Kühler zu heiß ist, schaltet er den Ventilator ein. Ebenso schaltet er den Elektro-

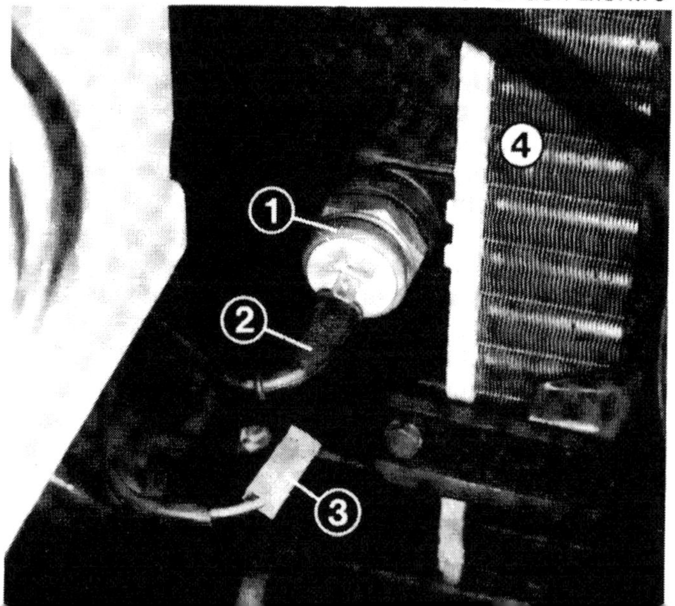

Der Thermoschalter (1) für den Kühlerventilator ist je nach Baujahr seitlich oder an der Rückseite des Kühlers (4) eingeschraubt. Die angeschlossenen Kabel (3 und 4) können in beliebiger Weise aufgesteckt werden.

motor wieder aus, wenn die Temperatur unten im Kühler wieder abgesunken ist. Die Schalttemperaturen lauten:

Baujahr	schaltet ein bei	schaltet aus bei
bis 7/78	90–95° C	90–85° C
seit 8/78	93–98° C	93–88° C

Bei der entsprechenden Einschalttemperatur schließt der Kontakt im Schalter den Stromkreis des Kühlerventilators, und er läuft an. Der Elektrolüfter erhält Dauerstrom, so daß der Propeller auch nach Abschalten der Zündung noch weiterlaufen kann. **Vorsicht beim Hantieren im Motorraum: Bei heißgefahrenem Triebwerk kann der Ventilator nochmals unvermittelt loslaufen.**
Folgende Schaltungsvarianten für den Kühlerventilator gibt es:

Baujahr	Kühlerventilator erhält Spannung von	Thermoschalter erhält Spannung von	Thermoschalter schließt Stromkreis über
bis 7/78	Sicherung 15	–	Masse
8/78 bis 7/81	–	Sicherung 15	Batterie-Plus
8/81 bis 7/82	–	ohne Sicherung	Batterie-Plus
seit 8/82	–	Sicherung 1	Batterie-Plus

Störungen am Kühlerventilator

Nach klemmendem Thermostat und gerissenem Keilriemen kann ein ausgefallener Kühlerventilator zu hohe Kühlmitteltemperatur verursachen, allerdings nur bei längerem Leerlauf, etwa im stockenden Feierabendverkehr oder in einer Autobahnstauung.
Jedoch selbst ein ausgefallener Ventilator muß nicht das Ende der Reise bedeuten, denn nach Abkühlen des Kühlsystems kann man mit mittleren Drehzahlen und einigermaßen zügigem Tempo die nächste Werkstatt anlaufen (dabei die Anzeigenadel bzw. die Temperatur-Kontrolleuchte im Auge behalten). Leerlauf und Schleichfahrt sind für den Motor dagegen gefährlich, dann strömt nämlich kaum ein kühlender Lufthauch durch die Kühlerlamellen.
So kommen Sie der Störung auf die Spur:

■ Ziehen Sie am Thermoschalter die beiden aufgesteckten Kabel bzw. den Doppelstecker ab.
■ Halten Sie die blanken Kabelstekker zusammen oder überbrücken Sie die Kontaktzungen im Stecker mit einem Stück Draht.
■ Bei intakter Stromversorgung muß jetzt der Ventilator losbrausen – der aus dem Stromkreislauf herausgenommene Thermoschalter ist defekt.
■ Zur Weiterfahrt die losen Kabelstecker durch einen sogenannten Verteilerstecker, in den beide Kabelschuhe eingesteckt werden können, verbinden bzw. die Kabelbrücke im Doppelstecker gut festklemmen.
■ Damit die locker hängenden Kabel keinen Unfug stiften können, umklebt man sie kurzschlußsicher mit Klebeband oder Heftpflaster.
■ Half diese Überbrückungsmethode nicht weiter, kontrollieren Sie, ob die entsprechende Sicherung (siehe Tabelle oben) durchgebrannt ist oder keinen Kontakt in ihren Haltezungen hat.
■ Ist die Sicherung in Ordnung, letzte Kontrolle am Ventilatormotor:
■ Kabelstecker abziehen und stattdessen am Kontakt der roten bzw. rot/schwarzen Leitung Hilfskabel an Batterie-Plus legen, Steckverbindung des braunen bzw. braun/roten Kabels direkt mit dem Minuspol verbinden.
■ Regt sich immer noch nichts, ist der Ventilatormotor defekt – austauschen.
■ Läuft der Kühlerventilator jedoch, müssen die Kabelstecker (mangelhafter Kontakt?) sowie sämtliche Kabelverbindungen zwischen Thermoschalter und Elektrolüfter überprüft werden.
■ Auch mit direkt von der Batterie gespeistem Kühlerventilator können Sie unbesorgt weiterfahren.

Fingerzeig: *Bei allen Notschaltungen am Ende der Fahrt eine der Kabelverbindungen trennen, sonst läuft der Ventilatormotor so lange, bis die Batterie leer ist.*

Ventilatormotor ausbauen

■ Kabelsteckverbindung zum Kühlerventilator trennen.

■ Vier Schrauben des Luftführungsrings losdrehen und diesen samt Lüfter abnehmen.

■ Drei Muttern an der Luftführung lösen, Ventilatormotor abnehmen.

■ Der Propeller des Ventilators ist je nach Herstellerfirma auf unterschiedliche Weise mit der Motorwelle verbunden: Mit einem Spannstift (herausklopfen) und einer Sicherungsscheibe (Bosch-Lüfter), einer Klemm- und einer Zahnscheibe (AEG-Ventilator) oder einer Sicherungsklammer (Marelli-Lüftermotor).

Elektrolyse im Kühlsystem

Im Kühlsystem mit Leichtmetallkühler und unter voller Spannung stehendem Thermoschalter kann es zu Elektrolyse (elektrische Zersetzung durch chemische Verbindung) kommen. Falls der Kühler undicht oder schadhaft ist und vom Motor zu hohe Wassertemperatur signalisiert wird, muß das Kühlsystem auf Elektrolyseschäden überprüft werden. Erkennungsmerkmale hierfür sind verstopfte Röhren im Kühler, scheinbare Korrosionsflächen um undichte Stellen am Kühler und Grünspan-Ablagerungen am Thermoschalter.
Das Gehäuse des Kühlerventilators kann unter elektrischer Spannung zur Masse stehen:

■ Kabel am Thermoschalter abziehen.

■ Voltmeter zwischen Ventilatorgehäuse und Batterie-Minuspol schalten.

■ Keine Anzeige oder geringfügiger Ausschlag in den negativen Bereich ist ohne Bedeutung.

■ Messen Sie dagegen Spannung, so wird eine größere Instandsetzung fällig: Der Kühler muß mitsamt Elektroventilator und Thermoschalter ersetzt werden, sonst taucht der Fehler immer wieder auf!

■ Abgelassene Kühlflüssigkeit wegschütten.

■ Neue Teile einbauen, klares Wasser einfüllen.

■ Motor warmlaufen lassen, Wasser wieder vollständig (!) ablassen.

■ Frostschutzmittel einfüllen.

■ Abschließende Prüfung, ob Kühler und Ventilatorgehäuse nun spannungslos sind:

■ Voltmeter an Batterie-Minuspol und mit seiner Plusklemme an die Kühlerlamellen anschließen.

■ Negativer Zeigerausschlag ist ohne Bedeutung.

■ Dagegen erfordert selbst geringer Ausschlag in den positiven Bereich den erneuten Austausch des soeben ersetzten Kühlerventilators!

■ Wurde bei der ersten Prüfung keine Spannung gemessen, Thermoschalter herausschrauben.

■ Hat er an seiner in den Kühler ragenden Stirnseite grün/blaue Ablagerungen (Grünspan), muß der Schalter ersetzt werden.

■ Der Kühlertausch ist in diesem Fall nur bei Verstopfung durch Elektrolyse notwendig.

■ Kühlflüssigkeit erneuern, wie oben beschrieben.

Heizung und Belüftung prüfen

Frische Luft tritt an der hinteren Kante der Motorhaube ein und wird vom Fahrtwind oder zusätzlich vom Gebläse in den Innenraum gedrückt. Bei eingeschalteter Heizung öffnet das Heizventil (es sitzt in Fahrtrichtung rechts neben dem Hauptbremszylinder) den Warmwasserzufluß in den Heizkörper, der wie ein kleiner Kühler aussieht. Die durchströmende Frischluft erwärmt sich dann an den Heizkörperlamellen.

■ Heizhebel bei warmgefahrenem Motor ganz nach rechts schieben, strömt Warmluft aus?

■ Funktioniert die Luftverteilung nach oben und unten?

■ Heizhebel zurückschieben, nach kurzer Zeit darf nur noch kalte Luft aus den Öffnungen strömen, sonst schließt das Heizventil nicht richtig.

■ Auch in der warmen Jahreszeit regelmäßig das Heizventil betätigen, damit es nicht festgeht.

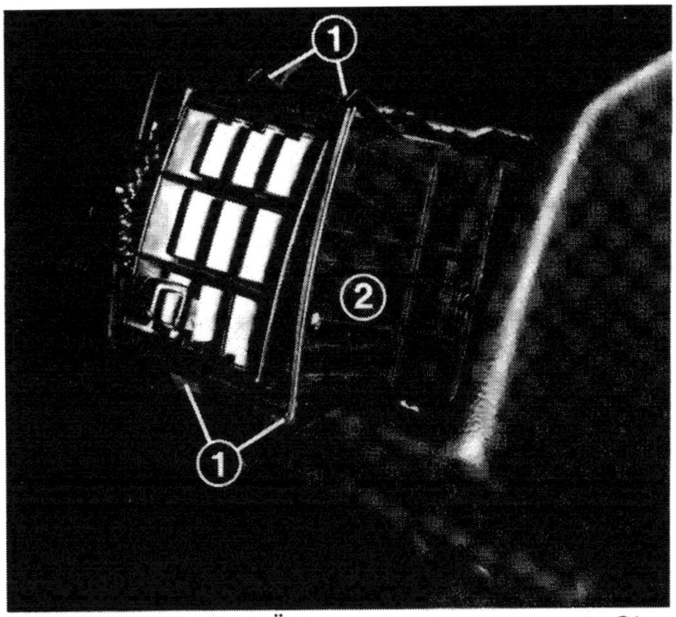

Die seitlichen Frischluftdüsen (2) sind lediglich durch Federklammern (1) im Armaturenbrett gehalten. Zum Herausziehen möglichst kein scharfkantiges Werkzeug verwenden, sonst kann irgendwo der Kunststoff ausbrechen.

■ Strömt aus allen Öffnungen Warm- oder Kaltluft? Kommt aus den seitlichen Belüftungsdüsen kein Hauch, ist vermutlich ein Luftführungsschlauch abgefallen. An diese Schläuche kommen Sie nach Abnahme der unteren Armaturenbrettverkleidung bzw. der Ablagefächer heran (ab Seite 255).

■ Läuft das Gebläse in sämtlichen Stufen?

Heizventil ausbauen

■ Klemmfeder am Heizventil abdrücken, Drahtzug abnehmen.

■ Schlauchschellen am Heizventil lösen.

■ Schläuche abziehen und zustopfen; die Kühlflüssigkeit braucht nicht abgelassen zu werden.

■ Heizventil abnehmen.

■ Neues Ventil so montieren, daß dessen Betätigungshebel oben liegt.

Heizkörper ausbauen

Der Heizkörper oder Wärmetauscher sitzt im sogenannten Frischluftgehäuse unter dem Armaturenbrett, siehe die Zeichnung nächste Seite.

■ Kühlflüssigkeit teilweise ablassen (Seite 70).

■ Untere Armaturenbrettabdeckung bzw. Ablagen ausbauen (Seite 255) und Mittelkonsole demontieren (Seite 256).

■ Sämtliche Luftschläuche abnehmen.

■ Im Wasserfangkasten die vier Schrauben des Frischluftgehäuses herausdrehen.

■ Luftgebläse lösen.

■ Im Fußraum die Halteklammern des Frischluftgehäuses abdrücken.

■ Am Gehäuse oben eine kleine Blechschraube herausdrehen, ebenso eine seitlich sitzende, die beide Gehäusehälften zusammenzieht; Gehäuse auseinanderziehen.

■ Schlauchschellen am Heizkörper lösen, Wasserschläuche abziehen, Heizkörper abnehmen.

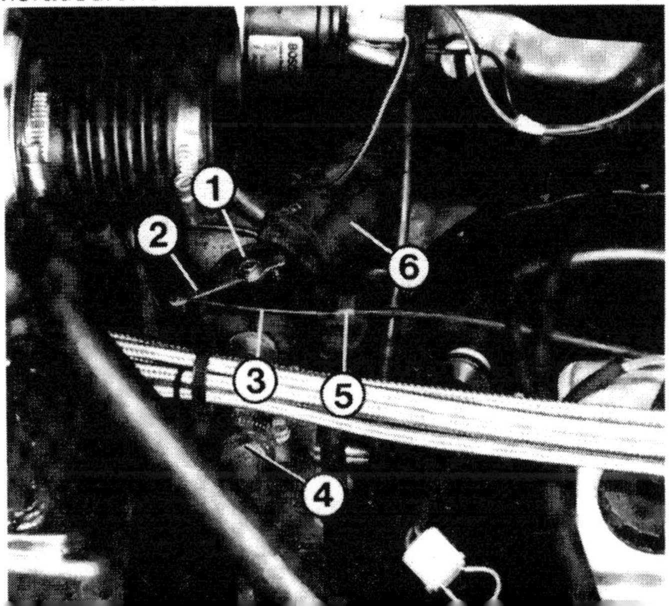

Zum Heizventil (1) gehören:
2 – Betätigungshebel;
3 – Bowdenzug von der Heizbetätigung im Armaturenbrett; 4 – Heißwasserzulauf;
5 – Halteklammer für den Bowdenzug;
6 – Wasserrücklauf zum Motor.

■ Betätigungszüge nach Möglichkeit an den Klappen am Frischluftgehäuse abnehmen; so ersparen Sie sich das sonst notwendige Einstellen der Züge.
■ Vor dem Zusammenbau Schmutz und Laubreste aus dem Frischluftkasten entfernen.
■ Dichtungen der Klappen auf Schäden kontrollieren, ggf. ersetzen.
■ Dichtung rund um den Wärmetauscher so anbringen und verkleben, daß der Heizkörper nicht an das Gehäuse klappern kann.

Heizbetätigung ausbauen

■ Ablagefach herausziehen bzw. Radio ausbauen (Seite 242 bzw. 243).
■ Knopf des Gebläseschalters und Hebel der Heizregulierung abziehen.
■ Blende aus ihren Haltezungen ausrasten. Nicht mit Gewalt oder scharfem Werkzeug hantieren – der Kunststoff bricht leicht aus –, sondern durch die Radioeinbauöffnung fassen und Blende zum Innenraum hin herausdrücken.
■ Mit Winkelschraubenzieher oder kurzem Schraubenzieher die Halteschrauben rechts und links an der Heizungsregulierung losdrehen.
■ Halteklammern der Züge abdrükken.
■ Zum Einstellen »Oben/Unten« werden die beiden Hebel bei wieder eingebauter Heizregulierung in Stellung »Zu« geschoben (zur Mitte hin), wo sie einrasten.
■ Kontrollieren Sie nun, ob beide Klappen im Frischluftgehäuse geschlossen sind.
■ In dieser Stellung die Züge mit den Klammern befestigen.
■ Der Betätigungszug für das Heizventil wird in Stellung »Zu« bzw. »Kalt« eingestellt.

Das Luftgebläse

Der Gebläsemotor läuft in drei Geschwindigkeiten, die durch vorgeschaltete Widerstände bzw. direkten Stromzufluß erreicht werden. Die Widerstände bewirken verringerte Spannung am Elektromotor, wodurch dieser langsamer läuft.

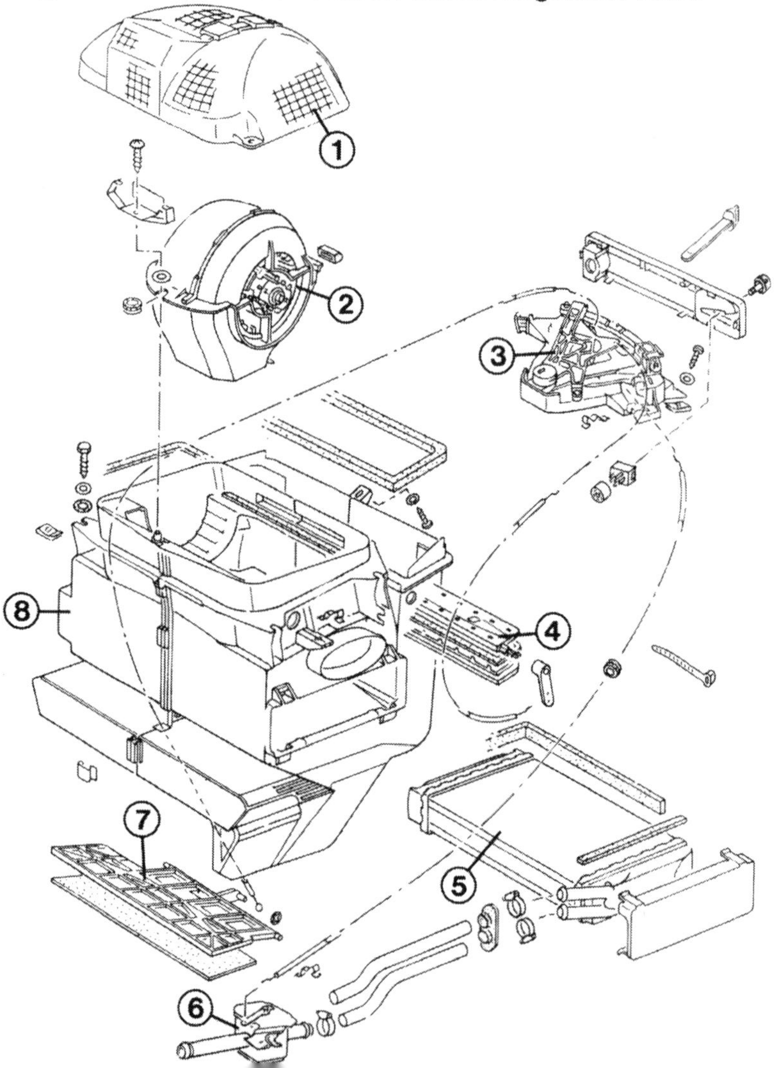

Die wichtigsten Teile der Heizung und Belüftung auf einen Blick; 1 – Laubschutzgitter; 2 – Luftgebläse; 3 – Heizbetätigung im Armaturenbrett; 4 – Steuerklappe für Luftaustritt oben; 5 – Wärmetauscher; 6 – Heizventil; 7 – Absperrklappe für Luftaustritt unten; 8 – Frischluftgehäuse.

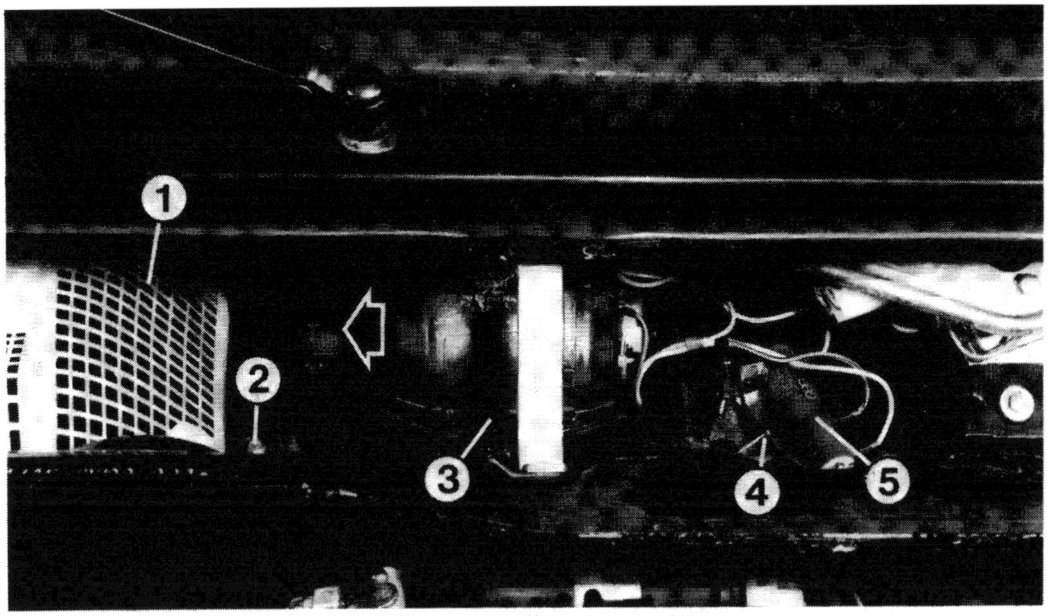

Das Luftgebläse muß zum Ausbau in Pfeilrichtung abgenommen werden. Die Zahlen kennzeichnen: 1 – Laubgitter; 2 – eine der vier Halteschrauben des Frischluftgehäuses; 3 – Halteöse des Gebläses für die Schraube (4), mit der gleichzeitig die Vorwiderstände (5) des Gebläses befestigt sind.

Störungen am Gebläse

Wenn das Gebläse in keiner Schalterstellung rauscht:

- Kontrollieren Sie zuerst die zuständige Sicherung (Tabellen ab Seite 165).
- Laufen trotz intakter Sicherung auch die Scheibenwischer nicht, liegt es am Entlastungsrelais (siehe Seite 235).
- Bei intaktem Relais Drehschalter des Gebläses überprüfen (Seite 235).
- Liegt es nicht am Schalter, legen Sie ein Hilfskabel vom Batterie-Pluspol an den Anschluß der gelben Leitung des Gebläsemotors.
- Bleibt weiterhin alles ruhig, ist der Motor durchgebrannt – austauschen.

Wenn das Gebläse nur in Stellung 2 und 3 oder nur in Stufe 3 läuft:

- Drehschalter überprüfen (Seite 235).
- Ist der Schalter in Ordnung, Vorwiderstände auf Durchgang überprüfen.
- Dazu gelbe Leitung am Ventilatormotor mit Prüflampe anstechen. Die Lampe muß in Schalterstellung 1 und 2 aufleuchten als Beweis, daß die Vorwiderstände stromdurchlässig sind. Andernfalls Vorwiderstände austauschen.

Gebläse ausbauen

- Gummidichtung oben an der Trennwand zwischen Motorraum und Wasserfangkasten wegziehen, Kunststoffabdeckung abziehen.
- Laub-Schutzgitter abschrauben.
- Vorwiderstände aushängen.
- Halteschraube vorn am Gebläse losdrehen, Kabelstecker abziehen.
- Vier Schrauben des Frischluftgehäuses (Bild oben) lösen und dieses nach unten drücken.
- Gebläse abheben. Da im Wasserfangkasten nur wenig Platz vorhanden ist, das Gebläse ohne Drehen oder Verkanten und ohne Gewalt zur rechten Ecke des Wasserfangkastens herausziehen.
- In dieser Ecke das Gebläse so drehen, daß es sich leicht »ausfädeln« läßt.
- Merken Sie sich die Stellung: So muß es auch wieder eingeführt werden.
- Gewaltanwendung beim Aus- und Einbau kann das Lüfterrad verformen, das dann unangenehme Geräusche verursacht oder an seinem Gehäuse streift.

Störungsbeistand Kühlsystem und Heizung

Die Störung	– ihre Ursache	– ihre Abhilfe
A Temperatur-Anzeigenadel steht im roten Bereich; rote Warnleuchte brennt oder blinkt	1 Keilriemen zu schwach gespannt oder gerissen	Keilriemenspannung kontrollieren oder Riemen ersetzen
	2 Zu wenig Flüssigkeit im Kühlsystem	Auffüllen, notfalls aus der Scheibenwaschanlage

Die Störung	– ihre Ursache	– ihre Abhilfe
A Temperatur-Anzeigenadel steht im roten Bereich; rote Warnleuchte brennt oder blinkt (Fortsetzung)	3 Kabel zur Temperaturanzeige hat Massekontakt	Kabel am Temperaturfühler abziehen, Zeiger muß zurückgehen bzw. rote Lampe muß verlöschen sonst Masseschluß; Kabelverlauf kontrollieren
	4 Thermostat öffnet den Kaltwasserzufluß aus dem Kühler nicht (Kühler kalt)	Thermostat ausbauen und ohne ihn weiterfahren oder Wagen abschleppen
	5 Kühlerventilator schaltet nicht ein	Siehe Seite 75
	6 Überdruckventil im Verschlußdeckel defekt	Deckel prüfen (lassen), ggf. austauschen
	7 Nur bei Modellen mit Temperaturanzeige: Spannungs-Konstanthalter defekt	Austauschen
	8 Nur bei Modellen mit roter Warnleuchte: Kontrollschalter defekt	Austauschen
	9 Elektrolyse im Kühlsystem	Siehe Seite 76
	10 Kühlerlamellen zugesetzt	Kühler reinigen
B Temperaturanzeige spricht sehr langsam an bzw. gelbe Kontrollampe brennt länger als normal, schwache Heizleistung	Thermostat schließt nicht völlig, aufgeheiztes Kühlwasser strömt zu früh durch den Kühler	Thermostat säubern, ggf. ersetzen
C Heizung wird nicht warm	1 Heizventil öffnet nicht	Heizventil gängig machen oder ersetzen
	2 Heizzug gerissen	Ersetzen. Behelf unterwegs: Heizventilhebel von Hand öffnen
	3 Luft im Heizkörper	Kühlsystem auffüllen

Super-Markt

Wenn die Energiereserven der Erde zur Sprache kommen, wird der Straßenverkehr gerne überbewertet. Da ist es gut zu wissen, wie sich die Anteile tatsächlich aufspalten: Private Haushalte und Kleinverbraucher rund 45 %, Industrie etwa 35 %, Straßenverkehr ca. 17 % und übriger Verkehr 3 %. Mit diesem Wissen gerüstet können wir uns nun näher mit dem Kraftstoff beschäftigen.

Superkraftstoff muß es sein

Superkraftstoff kann höhere Kompressionsdrücke aushalten, ohne sich selbst zu entzünden und so das vielzitierte schädliche Motorklopfen zu erzeugen. Zur Selbstentzündung des Kraftstoffgemisches kommt es durch die Hitze, die jedes Gas erzeugt, wenn es zusammengedrückt (komprimiert) wird. Sie merken das schon an der Fahrradpumpe, wenn Sie einen Reifen aufpumpen.
Je höher das Kompressionsverhältnis ist, desto stärker erwärmt sich das Gemisch und um so leichter kann es zu Selbstzündungen im Verbrennungsraum kommen, wenn der Kraftstoff nicht klopffest genug ist.
Und hier haben wir auch den Grund, weshalb unsere Einspritzmodelle mit Superbenzin betankt werden müssen: Sie sind mit 9,5 : 1 (1600er) bzw. 10 : 1 besonders hoch verdichtet.

Bleifrei tanken kein Problem

In den zurückliegenden Jahren war die Verwendung von unverbleitem Kraftstoff mit Einschränkungen verbunden: Das bleifrei Super erforderte eine Zurücknahme der Zündeinstellung um 6° Kurbelwellenwinkel (Folge: etwas geringere Leistung und etwas höherer Verbrauch). Dagegen können Sie das unverbleite Super Plus uneingeschränkt und problemlos für unsere Motoren verwenden.

Die Kraftstoffqualität

Die Klopffestigkeit eines Kraftstoffes (und damit seine Qualität) hängt zum einen von der Güte und der Verarbeitung des verwendeten Rohöls ab. Zum anderen wird die Klopffestigkeit von sogenannten Klopfbremsen (zumeist das hochgiftige Bleitetraäthyl) gesteigert. Diese Klopffestigkeit wird durch die Oktanzahl gekennzeichnet. Dieses »Oktan« ist jedoch keine Beimischung zum Kraftstoff, sondern lediglich eine Vergleichsgröße, die in einem speziellen Prüfmotor mit Meßkraftstoffen ermittelt wird. Häufig genannt ist die »Research-Oktanzahl« (ROZ), seltener dagegen die »Motor-Oktanzahl« (MOZ). In DIN-Normen sind die Mindestwerte für verbleites Superbenzin sowie bleifreies

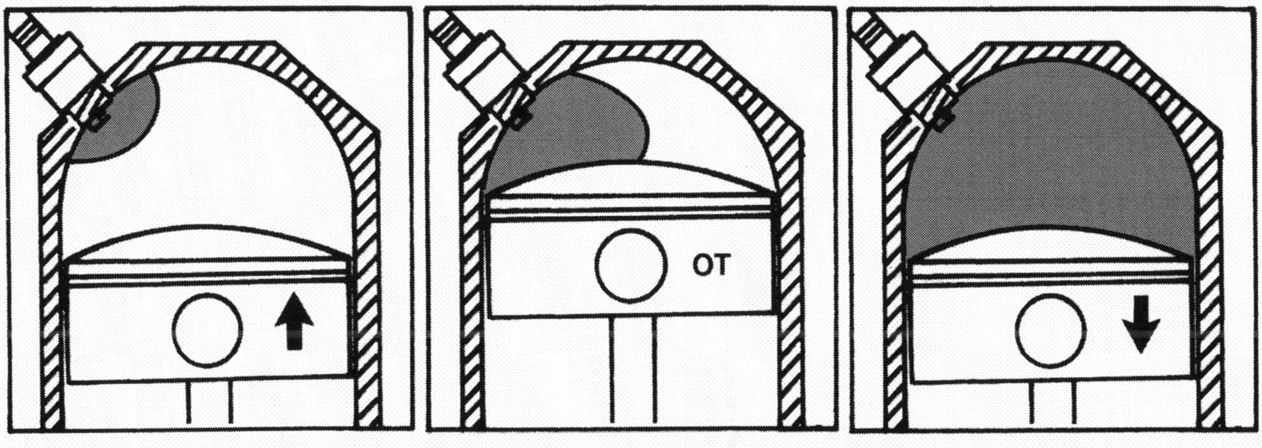

Ablauf einer ordnungsgemäßen Verbrennung.

»Super Plus« mit ROZ 98 bzw. MOZ 88 festgelegt. Das unverbleite »Euro-Super« weist dagegen lediglich ROZ 95 bzw. MOZ 85 auf. An allen Markentankstellen finden Sie hierzulande einen Hinweis auf die erfüllte DIN-Norm, aber es werden auch Kraftstoffe ohne DIN-Kennzeichnung verkauft, deren Oktanzahl möglicherweise nicht ganz den geforderten Werten entsprechen. Bei solchem Benzin kann sich das gefürchtete Klingeln oder Klopfen bemerkbar machen.

Klingeln und Klopfen

Mit dem Klingeln und Klopfen hat es folgendes auf sich: Das Kraftstoff/Luft-Gemisch verbrennt normalerweise auf »Befehl« der Zündkerze im Zylinder. Wenn an ihren Elektroden der Funke überspringt, entflammt das Gemisch. Ein »klingelfreudiger« Kraftstoff kann es aber nicht erwarten, bis ihn der Zündfunke restlos entflammt hat. Er detoniert schon zum Teil in einer Ecke des Verbrennungsraums durch den hohen Druck und die große Hitze von selbst und knallt der von der Zündkerze her auf ihn zueilenden Flammenfront entgegen. Das gibt einen gewaltigen Druckanstieg im Zylinder, der Kolben erhält einen schmetternden Schlag auf den Boden, und der Motor wird bis ins letzte Kurbelwellenlager erschüttert. Es hört sich an, als wenn von innen mit einem kleinen Hammer gegen die Zylinderwände geklopft würde. Hörbar ist das Hochdrehzahlklopfen dennoch kaum, weil es zumeist von den starken Fahrgeräuschen übertönt wird. Zwar bewirkt das Klopfen eine erhebliche Motorüberhitzung, aber bis die Kühlmittel-Temperaturanzeige und erst recht das Ölthermometer ansprechen, kann es schon längst zu spät sein.
Bekannter, weil besser zu hören, ist das sogenannte Beschleunigungsklingeln. Es macht sich bemerkbar, wenn Sie mit nicht genügend klopffestem Kraftstoff z. B. im 3. Gang aus relativ niedriger Geschwindigkeit heraus voll beschleunigen. Während das Beschleunigungsklingeln dem Motor kaum schadet, kann das Hochdrehzahlklopfen innerhalb kürzester Zeit einen kapitalen Motorschaden verursachen, meist geschmolzene Kolben mit den entsprechenden Folgen.

Benzinqualität im Ausland

In vielen europäischen Ländern sind die Kraftstoffe durch die Erlaubnis höherer »Bleibeimischung« genauso klopffest oder zumindest fast so klopffest wie bei uns. Schwierigkeiten sind eigentlich nur im Ostblock, in Frankreich, Griechenland, Österreich, Italien, Spanien und Portugal zu erwarten. Da sich jedoch die Kraftstoffqualitäten laufend ändern, empfiehlt es sich, vor einem Auslandsaufenthalt erst einmal eine Autoclub-Geschäftsstelle diesbezüglich zu befragen. Sind Oktanzahlprobleme zu erwarten, müssen Sie Ihre Fahrweise darauf einstellen. Fahren Sie zurückhaltend und beschleunigen Sie nur mäßig. Die Motordrehzahlen sollten zwischen 2500 und 4800/min bleiben. Auf Langstrecken die Kühlwassertemperaturanzeige im Auge behalten, um Überhitzungserscheinungen rechtzeitig zu erkennen.

Fehlgriff beim Tanken
Diesel- statt Ottokraftstoff

Wenn der bis zur Reservemenge leergefahrene Tank mit Diesel befüllt wurde, springt der Motor noch sauber an und läuft kurze Zeit normal, da sich ja noch reines Benzin in den Kraftstoffleitungen befindet. Während der Fahrt vermischen sich die Benzinreste mit dem Diesel, nach kurzer Strecke beginnt die sogenannte Blaurauchphase als deutliches Zeichen für motorische Verdauungsschwie-

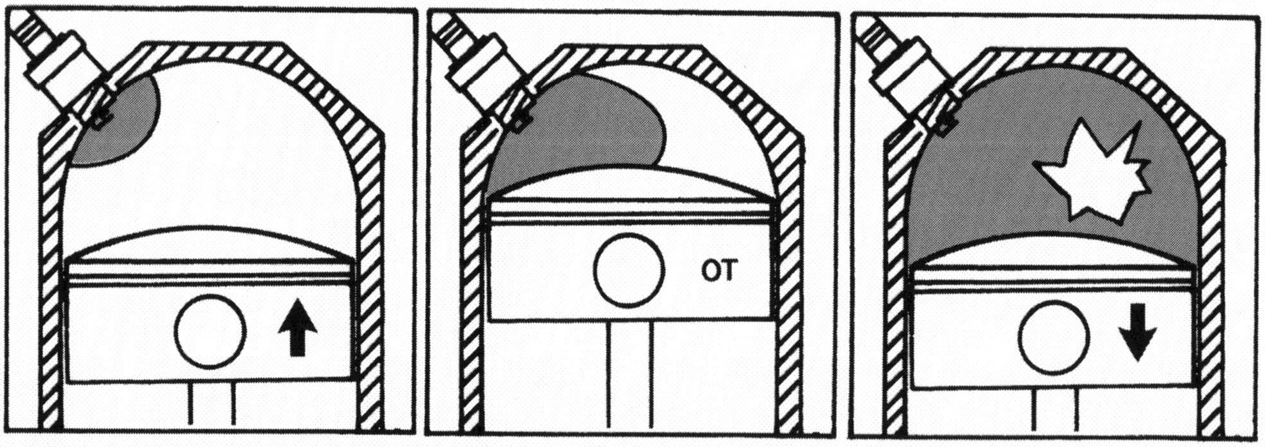

Die Verbrennung beginnt wie gewünscht, doch im entscheidenden Moment (Abwärtsbewegung des Kolbens) entsteht eine unkontrollierte Detonation – das gefürchtete Klingeln.

rigkeiten. Der Motor beginnt zu stottern, hat Zündaussetzer und bleibt schließlich stehen, da die Einspritzventile von dem dickflüssigeren Dieselkraftstoff verstopfen und die Zündkerzen verölen.
Selbst die geringe Menge von 1 Liter Diesel zum anschließend benzingefüllten Tank kann Störungen im Motorlauf bewirken. Bei etwas höherer Dieselzumischung kann folgendes passieren: Der Motor läuft mit zunehmend bläulichweißem oder grauem Auspuffqualm. Nach längerem Abstellen springt er aber nicht mehr an. Das spezifisch schwerere Diesel setzt sich unten am Tank ab, wird zuerst angesaugt und kann nicht entzündet werden.
Bleibt der Wagen kurz nach dem Tanken stehen, sollten Sie ihn zur Zapfstation zurückschleppen lassen. Ist das Malheur an einer Autobahntankstelle passiert, ist die Abschleppfahrt zur nächsten Werkstatt anzuraten. Der Tank muß völlig entleert werden, siehe Seite 88. Noch in den Leitungen befindliche Dieselreste können Sie bei drehendem Anlasser und geöffneter Hohlschraube am Kraftstofffilter (siehe Bild Seite 260) herauspumpen. Evtl. müssen noch die Zündkerzen gereinigt werden.

Normal- statt Superbenzin

Der Irrtum ist, falls er unbemerkt bleibt, gefährlich für den Motor, denn er startet wie normal und stößt auch keine besorgniserregenden Qualmwolken aus. Bei scharfem Beschleunigen und allgemein bei hohen Drehzahlen treten jedoch Störungen auf: Das weniger klopffeste Normalbenzin (siehe Seite 81) verbrennt allzu schnell und damit hart, schlagartig, klopfend. Der Motor kann zu Schrott gefahren werden, wie unter »Klingeln und Klopfen« beschrieben.
Wenn Sie dagegen schaltfaule Fahrweise vermeiden und andererseits den Motor lediglich bis in mittlere Drehzahlbereiche hochdrehen, können Sie den Tank leerfahren. Zwischendurch sollten Sie immer wieder mit Super auffüllen, daß sich zunehmend eine klopffestere Mischung wieder im Tank befindet.

Der Kraftstoffverbrauch

Der Verbrauch ist leider ein wesentlicher Faktor der Unterhaltskosten für den Wagen. Wir wollen uns an dieser Stelle mit dem Kraftstoffverbrauch befassen und vor allem, wie Benzin gespart werden kann. Denn jeder unnötige Tropfen Benzin höhlt den Geldbeutel zusätzlich aus.

Normverbrauch

Wenn die Rede auf den Kraftstoffverbrauch kommt, fällt vielfach die Bezeichnung »Normverbrauch«. Dieser wird nach den Prüfbedingungen 70 030 des DIN (= **D**eutsches **I**nstitut für **N**ormung) ermittelt:
Die Verbrauchswerte werden unter drei unterschiedlichen Fahrbedingungen gemessen. Im Stadtverkehr ist ein sogenannter Fahrzyklus vorgeschrieben, der aus 25 Einzelvorgängen besteht – u. a. Leerlauf, Beschleunigen, Schalten, Bremsen und verschiedene Geschwindigkeiten von 10, 15, 32, 35 und 50 km/h. Dann kommt eine Fahrt mit konstant 90 Stundenkilometern und eine weitere mit konstant 120 km/h.
Bis 1979 galt eine andere Meßmethode: Bei ebener Fahrbahn und absoluter Windstille mit höchsten 110 km/h (bei unseren Modellen). Dazu addiert wurde ein Toleranzwert von 10 %. Dieser Normverbrauch hatte mit der Wirklichkeit praktisch nichts zu tun.

Verbrauchsmessung mit Fahrtenbuch

Für die laufende Verbrauchsbeobachtung eignet sich am besten ein ordentlich geführtes Fahrtenbuch (kostenlos bei der Tankstelle erhältlich). Die Verbrauchsmessung geht dann so: Jeweils getankte Benzinmenge eintragen, alle paar tausend Kilometer zusätzlich nach dem Volltanken den genauen Kilometerstand eintragen. Alle Nachfüllmengen zwischen zwei km-Eintragungen addieren und den Gesamtverbrauch durch die gefahrenen km (mindestens 1000 km) teilen und mit 100 multiplizieren – das ergibt den Liter-Verbrauch auf 100 km.

Wovon hängt der Verbrauch ab?

Das Geld liegt gewissermaßen unter der rechten Schuhsohle. Wer wirtschaftlich autofahren will, sollte in erster Linie seinen rechten Fuß disziplinieren, doch davon später. Zuerst wollen wir uns den »äußeren« Einflüssen zuwenden.

Unbeeinflußbare Bedingungen

□ Witterung; Luftfeuchtigkeit, Luftdruck und Temperatur beeinflussen die Bildung des Kraftstoff/Luft-Gemisches. Gegenwind hemmt das Fortkommen, Rückenwind kann dagegen helfen, ein klein wenig Benzin zu sparen. Kälte läßt die Schmierstoffe zähflüssiger werden, die dann allen drehenden Teilen einen höheren Widerstand entgegensetzen. Der Kraftstoff vergast schlechter, die Starthilfe (durch den Warmlaufregler, siehe Seite 96) wird länger gebraucht, um dem Motor kraftstoffreicheres Gemisch zu liefern. Und nicht zuletzt erhöhen Schnee und Matsch auf der Straße den Rollwiderstand.

□ Fahrbahnart und Straßenzustand; die Räder rollen auf glattem Beton oder Asphalt leichter als auf rauhem Fahrbahnbelag, Schotter-, Feld- oder gar Schlammwegen. Außerdem muß man auf schlechten Straßen oft in einem kleineren Gang fahren, was zusätzlich Benzin kostet.

□ Gebirge; nicht nur das Bergauffahren kostet Kraftstoff, in höheren Regionen ist zusätzlich der Luftdruck geringer, und die im Flachland einregulierte Einspritzanlage liefert dem Motor nun fetteres Kraftstoff/Luft-Gemisch. Selbst bergab läßt sich im Gebirge kaum Sprit sparen. Die Bremsen würden zu stark beansprucht, wenn man nicht auch mit dem Motor bremst.

□ Stop-and-go-Verkehr; ständiges Anfahren und Bremsen, lange Leerlaufzeiten, wobei das Triebwerk mit Kraftstoffüberschuß arbeitet und nicht richtig warm wird, steigern den Kraftstoffkonsum um 30 % und mehr.

Fahrzeugursachen

□ Rollwiderstand; hierfür sind die Reifen und Radlager zuständig, unter Umständen auch die Bremsen. Der Reifen drückt sich an dem Punkt, an dem er die Fahrbahn berührt, etwas platt, was Widerstand erzeugt. Dabei spielt der Reifendruck eine entscheidende Rolle. Ein hart gepumptes Rad läuft leichter, denn höherer Druck verringert die Aufstandsfläche. 0,5 bar Luftdruck zu wenig steigern den Verbrauch um 10–15 %.

Schmale Sommergürtelreifen haben den geringsten Rollwiderstand, bei breiteren Reifen ist der Rollwiderstand manchmal höher, auf jeden Fall aber der Luftwiderstand durch die breitere Reifenlauffläche. Grobstollige Winterreifen rollen schlechter, mit aufgelegten Schneeketten ist der Rollwiderstand am höchsten. Zu stramm eingestellte oder defekte Radlager hemmen die Fortbewegung, ebenso schleifende Bremsen (leichtes Gefälle: rollt der Wagen selbsttätig?).

□ Gewicht; hohe Belastung steigert durch größere Abplattung der Reifen den Rollwiderstand, außerdem muß der Motor beim Beschleunigen und Bergauffahren mehr Kraft aufbringen, den Wagen vorwärts zu bewegen. Je 100 kg Zuladung kosten zwischen 0,2 und 0,5 Liter Kraftstoff mehr. Deshalb alle nicht benötigten Gegenstände aus dem Wagen nehmen.

□ Höherer Luftwiderstand durch Dachträger, besonders mit sperrigem Gepäck, aber auch mit aufgeschnallten Skiern, verursacht einen Mehrverbrauch bis zu 1 Liter bei schneller Fahrt. Im Stadtverkehr und auf Landstraßen ist der Einfluß geringer. Träger möglichst bald wieder abnehmen. Bei Geschwindigkeiten ab 80 km/h erhöht sogar ein geöffnetes Seitenfenster oder Schiebedach den Luftwiderstand.

□ Wohnwagen, Last- oder Bootsanhänger belasten die Benzinrechnung je nach Gewicht und Luftwiderstand. Zusatzspiegel erhöhen den Luftwiderstand, deshalb sollten Sie sie nicht unnötig lange anmontiert lassen.

Fingerzeig: *Über die Wirkung von Zusatzspoilern sollten Sie sich keine zu großen Illusionen machen, was den Benzinspareffekt angeht. Mit einem guten Front- und Heckspoiler verringert sich der Luftwiderstandsbeiwert (häufig nur c_W-Wert genannt) um etwa drei bis acht Prozent. Der Kraftstoffverbrauch wird hierdurch um 1–2,5 % reduziert. Es dauert also eine ganze Zeit, ehe das richtige Sparen mit Spoilern beginnt.*

Motorursachen

□ Die in den Fahrzeugpapieren angegebenen kW (früher PS) kommen leider nicht vollzählig an den Antriebsrädern an; ein Teil bleibt im Getriebe hängen. Je höher die Antriebsverluste sind, desto mehr Kraft muß der Motor aufbringen, um sie zu überwinden und damit den Wagen in Gang zu bringen – und das kostet Kraftstoff.

□ Im fabrikneuen Auto sind die Verluste höher als im eingefahrenen, bei dem sämtliche Lager, Wellen usw. schon leichter laufen. Der »Neue« ist daher auf den ersten paar 1000 km durstiger als später.

□ Der mechanische Zustand des Motors spielt eine wesentliche Rolle. Zu geringe Kompression durch schadhafte Ventile bzw. Kolben und Zylinder kostet Kraftstoff.

□ Zusammengedrückte Auspuffrohre (etwa durch harte Bodenberührung) hemmen durch den kleineren Rohrdurchmesser den Abgasfluß, die Motorleistung sinkt, der Verbrauch steigt.

□ Ein durchgerosteter Auspuff hat einen geringeren »Staudruck«. Das ergibt schlechtere Motorleistung und höheren Verbrauch.

□ Zu hohe Leerlaufdrehzahl steigert den Benzinkonsum nicht nur des im Stand laufenden Motors, sondern wirkt bis in mittlere Drehzahlbereiche verbrauchssteigernd. Außerdem ist die Motorbremswirkung im Gefälle geringer.

□ Mängel an der Benzineinspritzung durch tropfendes Kaltstartventil, verstellte Stauscheibe oder defekten Warmlaufgeber heben den Benzinkonsum an.

□ Verschmutztes Luftfilter; der mit der Verbrennungsluft angesaugte Staub setzt sich in den Papierfilterporen ab, die Löcher setzen sich zu und werden weniger luftdurchlässig. Der Motor leidet unter Luftmangel und verbrennt zu fettes Gemisch.

□ Mängel an der Zündanlage; falsche Zündeinstellung (bei der herkömmlichen Zündanlage durch abgenutzte Unterbrecherkontakte), fehlerhaft arbeitende automatische Zündverstellung (siehe Seite 203). 1° zu viel Spätzündung kostet etwa 1 % mehr Kraftstoff. Zu weit abgebrannte oder verschmutzte Zündkerzenelektroden bewirken bis zu 10 % Mehrverbrauch.

□ Zu dickes Motoröl erhöht den Reibungswiderstand im Triebwerk, vor allem in der Warmlaufphase nach dem Kaltstart. Wer statt der normalerweise vorgeschriebenen Ölviskosität (siehe Seite 31) ein sogenanntes Leichtlauföl verwendet, spart damit etwas Kraftstoff.

Fahrerursachen

□ Die Fahrgeschwindigkeit ist der wesentlichste Verbrauchsfaktor: Mit zunehmendem Tempo wächst der Rollwiderstand der Reifen durch vermehrte Walkarbeit. Noch größer ist der Einfluß des Luftwiderstands. Er ist bei 100 km/h nicht etwa doppelt so hoch wie bei 50 km/h, sondern er vervierfacht sich (er nimmt im Quadrat zu).

□ Bleifußfahren kostet unnötig Benzin. Selbst bei zügiger Autobahnfahrt braucht das Gaspedal nicht bis zum Bodenblech durchgetreten zu werden. Leichtes Anheben des Gasfußes bewirkt keine oder nur eine geringe Geschwindigkeitsverminderung, aber der Verbrauch sinkt um einiges. Probieren Sie selbst aus, ab welcher Gaspedalstellung das Tempo nachläßt. Auch an Steigungen ist nicht immer Vollgas nötig.

□ »Sportliches« Fahren; Anfahren mit viel Gas, Beschleunigen bis in hohe Drehzahlen (Ausdrehen der Gänge) und notgedrungen oft auch hartes Bremsen ist verschwenderisch!

□ Zwischengas ist nicht nur überflüssig beim vollsynchronisierten Getriebe (siehe Seite 112), sondern kostet auch unnötig Kraftstoff.

□ Warmlaufenlassen frißt das Benzin ohne Nutzen. Der unbelastete Motor wird nur sehr langsam warm, das bedeutet zusätzlichen Verschleiß und unnötige Lärmbelästigung.

So fahren Sie sparsam

Zum Thema Spritsparen hört man bisweilen Widersprüchliches. Was den Fahrstil angeht, haben neuere Erkenntnisse frühere Auffassungen widerlegt.

□ Verbrauchsgünstig fahren Sie nach der einfachen Formel: Je niedriger die Drehzahl, desto niedriger der Verbrauch. Das leuchtet ein, wenn man sich vor Augen hält, daß z. B. ein 1,6-Liter-Motor für einen kompletten Arbeitstakt (verteilt auf zwei Kurbelwellenumdrehungen) 1,6 Liter Gemisch verbraucht. Theore-

tisch benötigt der Motor im 3. Gang bei 4000/min 3200 Liter Kraftstoff/Luft-Gemisch; bei gleicher Geschwindigkeit im 4. Gang dagegen nur 2260 Liter. Da aber ein Motor seinen geringsten spezifischen Verbrauch nicht nur bei relativ geringer Drehzahl, sondern auch bei hoher Last erreicht, sollten Sie kräftig beschleunigen, nicht etwa zaghaft aufs Gaspedal treten und möglichst früh hochschalten.
Eine derartige Fahrweise war lange als »Motorquälerei« verpönt. Doch alle namhaften Automobilhersteller vertreten heutzutage die Ansicht, daß ihre Motoren selbst dann noch optimal geschmiert werden, wenn unsinnigerweise aus Leerlaufdrehzahl im höchsten Gang herausbeschleunigt wird.
□ Wer einen Golf GTI mit Verbrauchsanzeige besitzt, wird feststellen, daß die eben genannte Fahrweise vom Instrument als besonders kraftstoffverzehrend angesehen wird. Darüber mehr auf der rechten Seite.
□ Ist die gewünschte Geschwindigkeit erreicht, schalten Sie in den höchstmöglichen Gang und lassen den VW mit wenig Gas rollen. Zu solcher Fahrweise regt auch die Schaltanzeige seit 8/82 an.
□ Flott drehen soll der Motor eigentlich nur, wenn es die Verkehrssituation erfordert, also beim Überholen oder beim Einspuren in den fließenden Verkehr.
□ Unsere Motoren sind bei 2000/min hinreichend durchzugskräftig. Lassen Sie deshalb den Motor möglichst nur so weit drehen, daß Sie im nächsthöheren Gang aus ca. 2000/min weiterbeschleunigen können. Daraus ergeben sich folgende Hochschaltmarken in km/h:

	1.–2. Gang	2.–3. Gang	3.–4. Gang	4.–5. Gang
4-Gang- und 4-E-Getriebe	28	42	60[1]	77
5-Gang-Getriebe	26	38	48	60

[1]) bis 7/80: 56 km/h

□ Bei jedem längeren Halt den Motor abstellen, z. B. vor einer Eisenbahnschranke, Baustellenampel oder im Verkehrsstau. Bereits ab 5–7 Sekunden Wartezeit haben Sie Benzin gespart.
□ Sparen können Sie durch Rollenlassen des Wagens. An mäßigen Gefällstrecken den Gang herausnehmen, aber nie bei einer Paßabfahrt, sonst werden die Bremsen überlastet. Nie bei eingelegtem Gang die Kupplung lediglich durchtreten, sondern den Gang herausnehmen, sonst besteht in niedrigen Gängen und höheren Geschwindigkeiten Gefahr für die Kupplung. Auf keinen Fall dürfen Sie beim Rollenlassen den Motor abschalten! Die Bremskraftunterstützung fällt nach wenigen Bremsungen aus und unter ungünstigen Umständen könnte das Lenkschloß einrasten. In der Schweiz ist dieses Rollenlassen verboten.

Noch einige zusätzliche Spartips

□ Eine Extrafahrt zu einer weiter entfernten, billigen Tankstelle lohnt sich nur bedingt. Tanken Sie an der billigsten Zapfstation, an der Sie ohnehin vorbeifahren. Außerdem grundsätzlich volltanken, wenn der Preis günstig ist.
□ Im Sommer den Tank nicht kragenvoll füllen, wenn der Wagen anschließend gleich in der prallen Sonne abgestellt wird. Der in den Erdtanks kühl gelagerte Treibstoff dehnt sich bei Erwärmung aus und kann bis zu 2 Liter Mehrvolumen einnehmen. Die so entstandene Mehrmenge an Benzin geht durch die Tankentlüftung verloren.
□ Elektrizität kostet auch im Auto Geld. Eine unbelastete Lichtmaschine ist leichter durchzudrehen, als wenn sie Leistung abgeben muß. Als Anhaltspunkt kann gelten, daß 100 Watt in der Stunde etwa 20 Pfennig kosten. Deshalb Stromverbraucher, wie die heizbare Heckscheibe oder Nebelscheinwerfer rechtzeitig wieder abschalten. Aber nicht aus falschem Sparbewußtsein Licht sparen; Abblendlicht ist in der Bundesrepublik bei Beginn der Dämmerung, bei Nebel sowie starkem Regen und Schneefall zwingend vorgeschrieben.
□ Mit leichtem Schuhwerk läßt sich gefühlvoller Gas geben als mit Wander- oder Skistiefeln.

□ Noch ein letzter Tip: Suchen Sie sich, wenn möglich, einen Weg und eine Zeit aus, bei der Sie nicht in den Hauptverkehr geraten. Eine etwas weitere Strecke ist oftmals wirtschaftlicher als eine kürzere, aber überfüllte.

Die Verbrauchsanzeige

In verschiedenen Modelljahren des Golf GTI ist eine sogenannte Verbrauchsanzeige eingebaut. Sie soll den augenblicklichen Verbrauch anzeigen. Bei der älteren Version geschieht dies in allen Gängen, bei der Ausführung seit 8/82 nur noch im 5. Gang. Das ist auch realistischer, denn in den unteren Gängen müssen die von dem heftig hin- und herzappelnden Zeiger angegebenen Werte noch mit diversen Faktoren multipliziert werden – das war reichlich praxisfremd.
Die Information über den Kraftstoffverbrauch liefert der Unterdruck im Ansaugrohr. Dabei wird davon ausgegangen, daß großer Unterdruck (bei nahezu geschlossener Drosselklappe) niedrigem, geringer Unterdruck (bei geöffneter Drosselklappe) dagegen hohem Verbrauch entspricht.
In den unteren Gängen suggeriert das Gerät leider Falsches, nämlich sparsame Fahrweise mit »gestreicheltem« Gaspedal und mittleren bis höheren Drehzahlen. Schon ein leichter Tritt aufs Gaspedal läßt den Zeiger hochschnellen. Tatsächlich sind aber niedrige Drehzahlen mit weit durchgetretenem Pedal (hohe Motorbelastung) bezinsparender; siehe unter »So fahren Sie sparsam«.
Am besten lassen Sie sich von der älteren Version der Verbrauchsanzeige nicht ablenken, sondern kontrollieren nur im höchsten Gang, wo der Zeiger steht. Dann haben Sie eine Aussage über den Verbrauch Ihres Wagens.

Die Schaltanzeige

Die Schaltanzeige informiert den Fahrer, wann er ohne Leistungsverlust hochschalten kann. Dazu verarbeitet ein elektronisches Steuergerät Informationen über Drehzahl (Impulse der Zündspule) und Gaspedalstellung (Unterdruck im Saugrohr). Ist der Lastzustand unwirtschaftlich, wird »Hochschalten« signalisiert. Beim »sportlichen« Beschleunigen mit Vollgas und Ausfahren der Gänge leuchtet die Schaltanzeige nicht auf, weil dann die gewünschte hohe Beschleunigung ein frühes Hochschalten nicht gestattet. Erst wenn der nächsthöhere Gang die gleiche Fahrleistung ermöglicht, gibt sie im Augenblick des Gaswegnehmens das Zeichen, daß geschaltet werden sollte. Bergab mit losgelassenem Gaspedal, im 5. Gang sowie bei kaltem Motor bleibt die Schaltanzeige dagegen dunkel.

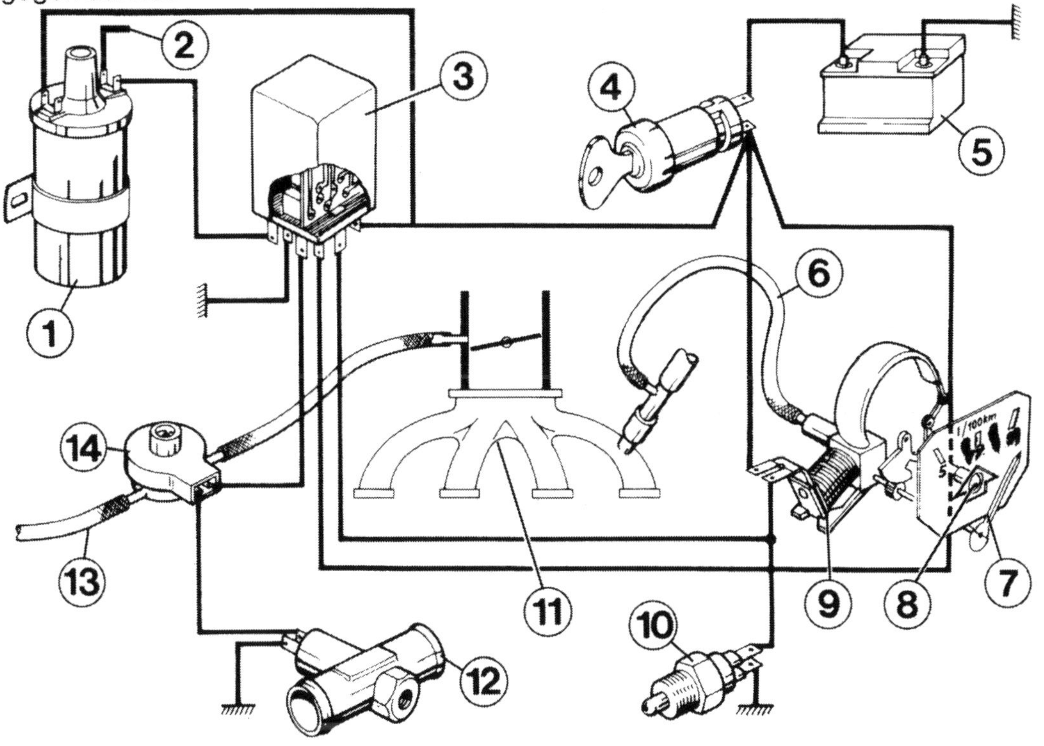

Das Schema zeigt die Verknüpfung der Teile der Schalt- und Verbrauchsanzeige: 1 – Zündspule; 2 – Leitung zum Schaltgerät der TSZ; 3 – Steuergerät der Schalt- und Verbrauchsanzeige; 4 – Zündschloß; 5 – Batterie; 6 – Leitung für Saugrohr-Unterdruck; 7 – Verbrauchsanzeige; 8 – Leuchtdiode der Schaltanzeige; 9 – Magnetventil; 10 – Getriebeschalter für 5. Gang; 11 – Saugrohr; 12 – Kühlwassertemperaturschalter; 13 – Unterdruckleitung zur Zündungs-Frühverstellung; 14 – Unterdruckschalter.

Energie-Reserve

An den Benzinspeicher im Auto werden hohe Sicherheitsanforderungen gestellt. Er darf bei einem Unfall nicht reißen oder platzen, der Inhalt darf nicht davonfließen. Es hängt nicht nur vom Material, sondern auch von der Form ab, wie stabil der Tank ist: Möglichst viele Rundungen, wenig oder besser gar keine reißempfindlichen Ecken und scharfen Kanten. Darüber hinaus soll der Kraftstofftank aber auch noch möglichst viel Benzin fassen. Da heißt es, den Raum raffiniert ausnutzen. So kommt es, daß heutige Autotanks die kunstvollsten Formen zeigen.

Der Tank

Nach alter Väter Sitte ist der **42 Liter** fassende Tank aus Blech gefertigt. Diese Bauweise hat den Nachteil, daß bei längeren Standzeiten das entstehende Kondenswasser Rostansatz in seinem Innern bewirken kann. Die Rostkrümel können dann anschließend Kraftstoffleitungen und Filter zusetzen. Daher gilt es zur Vermeidung von Kondenswasser, den Tank vor langen Standzeiten kragenvoll zu füllen. Die heutzutage üblichen Alkoholzusätze im Benzin können die korrosionsfördernde Feuchtigkeit nur bis zu einem gewissen Maß »aufsaugen«.

Fingerzeige: *Bevor Sie irgendwelche Arbeiten an der Kraftstoffanlage in Angriff nehmen, sollten Sie unbedingt das Batterie-Massekabel abklemmen. Unbeabsichtigte elektrische Verbindungen können zu gefährlicher Funkenbildung führen. Klappergeräusche im Tank können durch einen defekten Tankgeber verursacht werden oder durch eine lose bzw. schadhafte Rückschlagklappe im großen Stutzen des Kraftstoffzulaufs unten am Tank. Der Tankgeber oder der Tank muß ersetzt werden, wenn man die Klappergeräusche beseitigen will.*

Kraftstoff ablassen

Der Tank besitzt keine Ablaßschraube. Wenn Sie das Benzin ablassen wollen, sollten Sie den Tank so weit wie möglich leerfahren. Dann:

■ An der Kraftstoffpumpe im linken hinteren Radkasten das Schlauchband der Kraftstoffleitung zum Tank lösen.

■ Leitung abziehen und in einen genügend großen benzinfesten Behälter halten.

Tank ausbauen

Sicherheitshalber empfiehlt es sich, die Wagenunterseite zuvor gründlich sauberzuspritzen, damit bei der Montage kein Schmutz in die Kraftstoffanlage geraten kann. Das gibt sonst Probleme mit der Benzineinspritzung.

■ Kraftstoff ablassen.

■ Kraftstoffpumpe abbauen (Seite 93).

■ Ansaug- und Rücklaufleitung links am Tank abnehmen.

■ Bremsschläuche von den hinteren Leitungen zur Hinterachse lösen (siehe Seite 149).

■ Rechts und links zwei Haltemuttern der Hinterachse losdrehen, Achse nach unten klappen und abstützen.

■ Zwei Gummihalteringe vor und einen hinter dem Endschalldämpfer aushängen.

■ Dicken Schlauch vom Einfüllstutzen zum Tank abnehmen.

■ Tankhaltebänder von der Karosserie losschrauben, Tank absenken.

■ Entlüftungsleitungen und Kabel am Tankgeber abnehmen.

Tank einbauen

Seit 8/79 hat der Tank eine im Durchmesser verringerte Betankungs-Schnellentlüftung und eine anstelle von zwei Feinentlüftungsleitungen. Als Ersatzteil gibt es nur noch den neuen Tank. Daher im Umbaufall:

■ In die 12-mm-Schnellentlüftungsleitung muß eine Spiralfeder als Knickschutz eingesetzt werden, und zwar 700 mm von dem Verbindungsstück oben am Einfüllstutzen entfernt.

■ Damit das eine Schlauchende geschmeidig genug zum Aufstecken auf das Verbindungsstück ist, muß es eine Weile in kochendes Wasser gelegt werden.

■ Der am Verbindungsstück übrigbleibende Anschluß wird mit einem Stopfen verschlossen.

■ Sämtliche Leitungen müssen mit Schraubschellen gesichert werden, auch der Verschlußstopfen.

■ Beim Einbau des Tanks müssen zwischen den Tankhaltebändern und dem Kraftstoff-Reservoir Gummistreifen als Zwischenlage kommen, sonst können die Haltebänder das Tankblech aufscheuern.

■ Nach Anschluß der Bremsschläuche Bremsanlage entlüften (Seite 150).

■ Ein neuer Tank soll nach dem Einbau mit Langzeit-Unterbodenschutz behandelt werden.

Geber für die Tankanzeige

Der Tankgeber ist oben in den Kraftstoffbehälter eingesetzt. Wie er funktioniert, ist auf Seite 226 in der Zeichnung gezeigt.

Die Tankanzeige wird nur selten ganz exakt den richtigen Kraftstoffstand angeben. Eine falsch anzeigenden Tankgeber kann man durch Nachbiegen des Schwimmerarms korrigieren, siehe Seite 227.

Fingerzeig: *Ein Reservekanister ist in jedem Fall nützlich, denn einerseits kann die Tankanzeige einmal ausfallen und zum anderen verkauft eine zielstrebig angesteuerte Zapfstation vielleicht sehr teures Benzin oder hat gerade geschlossen, wenn im Kraftstoffbehälter nur noch ein kümmerlicher Rest plätschert, der nicht mehr bis zur nächsten Tankstelle reicht.*

Länger als ein Jahr sollte der Kraftstoff nicht im Reservekanister lagern, da im Benzin leichtflüchtige Bestandteile mit der Zeit entweichen und die Oktanzahl absinkt.

Tankgeber ausbauen

■ Golf-Rücksitzbank komplett ausbauen (anders geht es leider nicht) bzw. Scirocco-Rücksitzbank herausnehmen (Seite 254).

■ Kofferraumbelag ablösen, runden schwarzen Blechdeckel abschrauben.

■ Kabelstecker am Tankgeber abziehen.

■ Rohrzange in die Aussparungen im Kranz des Geberdeckels einsetzen (siehe Bild unten).

■ Tankgeber losdrehen und unter leichter Drehung herausziehen.

■ Die Dichtung des Tankgebers soll beim Wiedereinbau mit Graphitpulver bestrichen werden, damit sich der

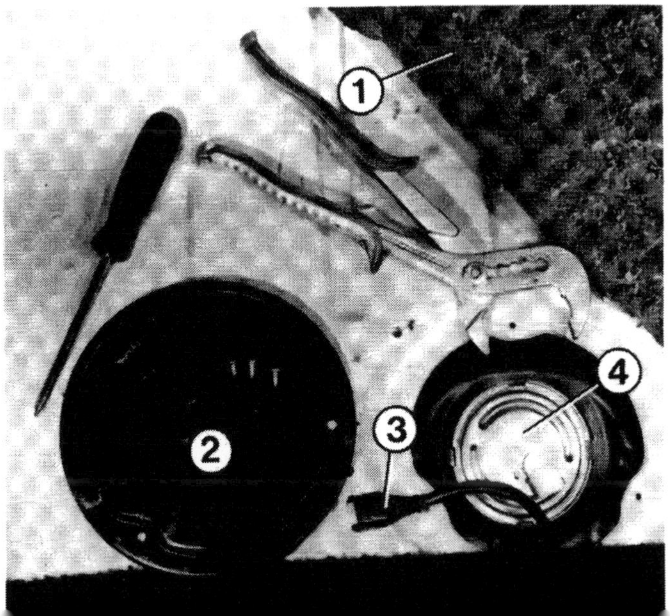

Hier sind verschiedene Vorbereitungen zum Ausbau des Tankgebers (4) gezeigt: 1 – zurückgeschlagene Kofferraummatte; 2 – losgeschraubter Blechdeckel; 3 – abgezogener Stecker für die Tankanzeige.

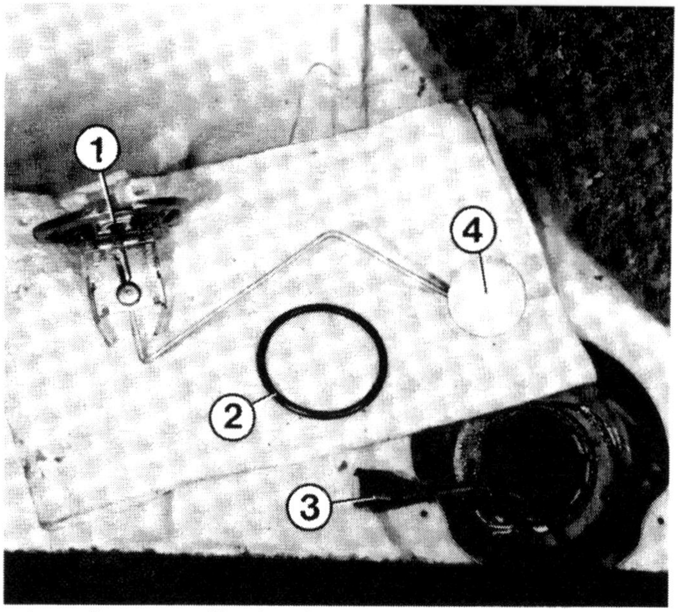

Der ausgebaute Tankgeber (1) mit Schwimmer (4), Dichtring (2) und Kabelstekker (3).

Dichtring beim Festdrehen des Gebers mitdrehen kann.

■ Der Deckel des Tankgebers muß gleichmäßig angedrückt werden, bevor man die Rohrzange zum Festziehen ansetzt.

■ Tankgeberdeckel so weit festdrehen, daß der elektrische Anschluß in Fahrtrichtung etwa 30° nach links zeigt.

Die Tankentlüftung

Ein Kraftstofftank braucht ein aufwendiges Be- und Entlüftungssystem; siehe Zeichnung rechts. Es besteht seit 8/79 aus zwei und bei den älteren Modellen aus drei Leitungen. Eine dieser Leitungen – die sogenannte Schnellentlüftung – setzt oben am Einfüllstutzen an und führt im Bogen hinunter in den Tank.

Das zweite (und dritte) Entlüftungsrohr mündet im Tank an dessen Oberseite an einer kraftstofffreien Stelle. Es soll die ständig und unvermeidlich sich bildenden Benzindämpfe ableiten. Der Rohreinlaß muß unabhängig von jeglicher Straßenneigung immer frei sein, sonst könnte sich im Tank ein Überdruck bilden. Während der Fahrt strömt durch diese Leitung entsprechend der verbrauchten Kraftstoffmenge Luft von außen in den Tank hinein, so daß sich auch kein Unterdruck bilden kann. Der würde sonst die weitere Kraftstoffzufuhr in Richtung Motor verhindern und sogar zum Zusammenziehen des Tanks führen.

Störungen an der Tankentlüftung

Läßt sich der Tank nur sehr langsam befüllen, weil die automatische Zapfpistole laufend abschaltet, dürfte mit der Be- und Entlüftung etwas nicht stimmen. So wird kontrolliert (defektes Ventil austauschen):

■ **Bis 7/79:** Ventil am Einfüllstutzen bzw. am Längsträger ausbauen, Schläuche abnehmen.

■ Hilfsschläuche auf die Anschlüsse »Canister« bzw. »Tank« aufstecken.

■ Schlauch vom »Canister«-Anschluß in ein Wasserglas stecken, am »Tank«-Schlauch kräftig durchblasen.

■ Dabei muß Widerstand spürbar sein, im Glas steigen Luftblasen auf.

■ »Tank«-Schlauch ins Wasser stecken, durch den »Canister«-Schlauch blasen.

■ Das muß leicht gehen mit gleichzeitiger Luftblasenbildung.

■ Beim Wiedereinbau kommt an den Anschluß »Tank« die Leitung zum Verbindungsstück, an »Canister« die Leitung ins Freie. Beim Ventil von 8/78 bis 7/79 muß der dritte Anschluß frei bleiben.

■ **Seit 8/79:** Abdeckung oberhalb des rechten Hinterrades abschrauben. Kontrollieren, ob das Schwerkraftventil senkrecht eingebaut ist. Wenn ja

■ Schläuche abnehmen und Hilfsschläuche aufstecken.

■ »Canister«-Schlauch in Wasserglas stecken, Ventil senkrecht halten (Anschluß »Canister« oben) und durch den »Tank«-Schlauch blasen.

■ Starker Widerstand muß spürbar sein, Luftblasen steigen auf.

■ Gleiche Prüfung mit um 45° geneigtem Ventil.

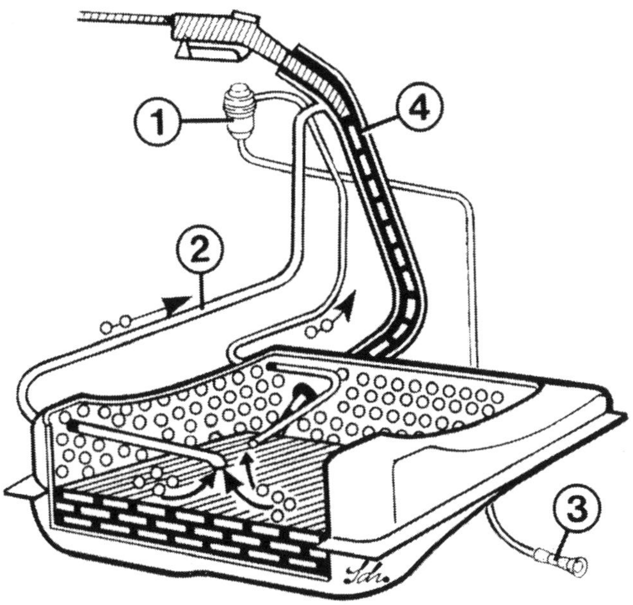

Der Tank mit seinen Be- und Entlüftungsleitungen: 1 – Schwerkraftventil, das verhindert, daß Benzin bei randvollem Tank und schräg stehendem Wagen ausläuft; 2 – Betankungs-Schnellentlüftung; 3 – Austrittsöffnung der Benzindämpfe; 4 – Tankeinfüllstutzen.

■ Das Ventil muß geschlossen sein, es dürfen keine Luftblasen entstehen.
■ Schlauch vom Anschluß »Tank« ins Wasser legen, bei senkrecht gehaltenem Ventil durch den »Canister«-Schlauch blasen.
■ Das muß ohne Widerstand gehen und Luftblasen steigen auf.
■ Beim Einbau Anschluß »Tank« mit der Leitung zum Kraftstoffbehälter verbinden, Leitung »Canister« führt ins Freie.

Die Kraftstoffleitungen

Diese Kanäle für das Benzin müssen bei unseren Einspritzmotoren einem Druck zwischen 4,5 und 5,2 bar widerstehen. Sie bestehen daher aus besonders druckfestem Werkstoff und müssen gut miteinander verschraubt sein.
Geräusche in der Kraftstoffleitung kann das Rückschlagventil am Kraftstoffilter (siehe Bild Seite 99) verursachen oder ein weiteres Ventil am Kraftstoffmengenteiler. Das ist lediglich ein Schönheitsfehler, wen es stört, der muß die Ventile ersetzen.

Kraftstoffanlage auf Dichtheit prüfen

Riecht es nach dem Abstellen des Wagens nach Benzin, tritt irgendwo aus einer Leitung oder an einem Bauteil des Kraftstoffsystems Benzin aus.
Zur Suche einer Undichtigkeit sollte der Wagen über Nacht an einem trockenen Platz gestanden haben.
■ Motor starten und einige Minuten laufen lassen.
■ Motor wieder abstellen, die Kraftstoffanlage bleibt noch längere Zeit unter Druck.
■ Boden auf frische Benzinflecke kontrollieren. Falls nichts sichtbar ist:
■ Sämtliche Leitungen und Teile der Einspritzanlage verfolgen und auf den charakteristischen Benzingeruch achten.

Der Pfeil auf diesem Bild zeigt auf das Kraftstoffpumpenrelais der Einspritzanlage. Die Sicherung oben auf dem Relaisgehäuse ist für die elektrische Kraftstoffpumpe zuständig. Ist sie defekt, fällt die Einspritzanlage komplett aus. Das Relais kann bei neueren Wagen auch darüber auf einem separaten Halter sitzen.

An der rechten Fahrzeugseite, kurz vor dem Hinterrad sitzt die elektrische Kraftstoffpumpe (1) in einem schall- und schwingungsdämpfenden Gehäuse. Den Kraftstoff saugt sie durch eine kurze Zuleitung (3) aus dem Tank (2) an.

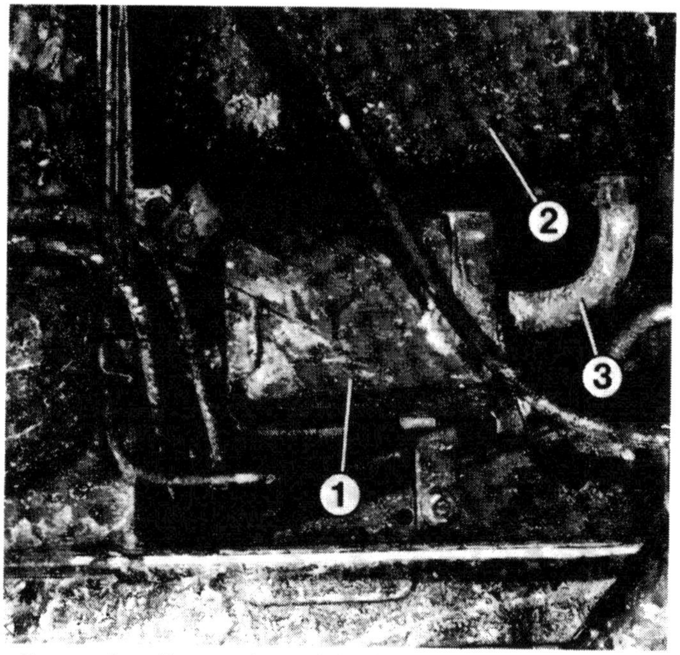

Die Benzinpumpe

Die Modelle mit Benzineinspritzung besitzen eine elektrische Kraftstoffpumpe. Sie ist vor dem hinteren rechten Radausschnitt in einem geräusch- und vibrationsdämpfenden Gehäuse unten am Wagenboden aufgehängt. Um Brände bei Unfällen zu vermeiden, läuft die Pumpe nur dann, wenn sich der Motor dreht – also auch schon beim Anlassen. Plusstrom erhält sie durch ein rot/gelbes Kabel über das Kraftstoffpumpenrelais. Dieses Relais sitzt bis 7/82 mit einem Zusatz-Sicherungskästchen, das die Sicherung für die Einspritzanlage enthält, über oder seit 8/82 auf dem Relaiskasten links unter dem Armaturenbrett (siehe Bilder Seite 235 bzw. 236). Das Kraftstoffpumpenrelais ist es auch, das dafür sorgt, daß erst bei den ersten Zündimpulsen des Motors Kraftstoff gefördert wird. Der Pumpe ist ein Kraftstoff-Druckspeicher zugeordnet, der seinen Platz weiter hinten am Wagen – etwa in Höhe des rechten Hinterrades – hat. Er sorgt dafür, daß das Kraftstoffsystem immer unter Druck steht. Das ist für den schnellen Motorstart wichtig.

Störungen an der Kraftstoffpumpe

Die elektrische Kraftstoffpumpe der Bosch-K-Jetronic erhält, wie schon erwähnt, nur Strom, wenn der Anlasser betätigt wird oder der Motor läuft. Deshalb ist das Prüfen der Pumpe etwas kompliziert. Aus Sicherheitsgründen muß außerdem die Zündung lahmgelegt werden (siehe Seite 193).

■ Zur Prüfung, ob Benzin nach vorne gefördert wird, Hohlschraube am Kraftstoffilter lösen. Schon bei nicht laufendem Motor muß jetzt etwas Benzin herausspritzen, denn der Druckspeicher hält das Kraftstoffsystem unter Druck.

■ Kommt nichts, wird der Anlasser betätigt. Die Benzinpumpe müßte jetzt Kraftstoff fördern.

■ Kommt kein Benzin, Sicherung der K-Jetronic kontrollieren (siehe Tabellen ab Seite 165).

■ Bei intakter Sicherung die Prüfung, ob die Pumpe überhaupt läuft: Von Helfer Anlasser betätigen lassen und die Kraftstoffpumpe mit der Hand anfassen. Wenn sie sich dreht, vibriert sie leicht. Auch die Laufgeräusche der Pumpe sind gut zu hören. Tut sich nichts, klopfen Sie leicht gegen das Pumpengehäuse. Eine hängengebliebene Pumpe löst sich so eventuell wieder.

■ Weitere Kontrolle von der Unterseite her: Sitzen die Kabel richtig und sind die Steckverbindungen nicht korrodiert?

■ Nächste Kontrolle am Pumpenrelais am Sicherungskasten: Fühlen Sie, daß es beim Starten klickt? Andernfalls austauschen.

■ Mit Prüflampe feststellen, ob an der Benzinpumpe überhaupt Spannung ankommt. Dazu Anlasser betätigen.

■ Ist Spannung da, ist die Pumpe de-

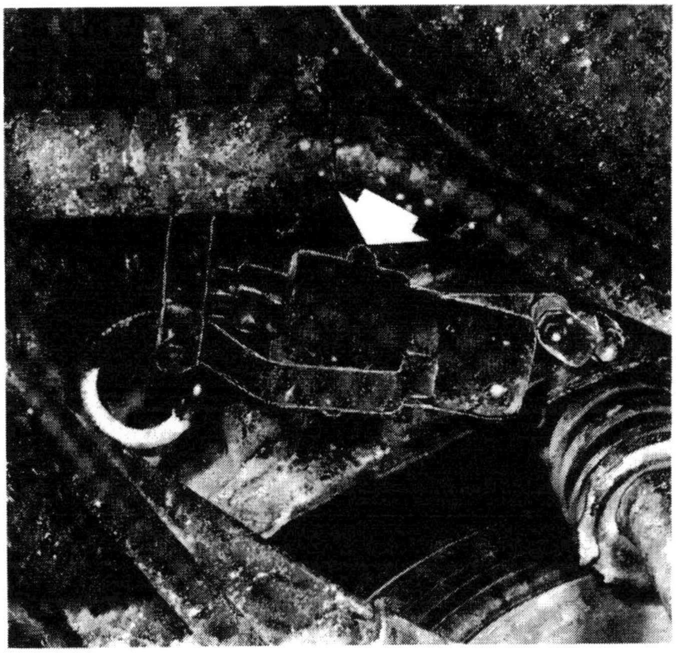

Das Druckspeichergefäß (Pfeil) sitzt in Höhe des rechten Hinterrads. In diesem Behälter wird – wie der Name schon sagt – eine gewisse Menge Kraftstoff unter Druck gespeichert, um den Startvorgang zu beschleunigen.

fekt. Andernfalls Kabelwege anhand der Stromlaufpläne ab Seite 170 kontrollieren.

■ Läuft die Pumpe, aber kommt kein Kraftstoff, dann ist der Druckspeicher oder das Kraftstoff-Hauptfilter oder aber die Leitung verstopft bzw. geknickt.

Benzinpumpe ausbauen

Ist die elektrische Kraftstoffpumpe defekt, muß sie ausgetauscht werden, denn eine Reparatur ist nicht möglich.

■ Schlauchband der Kraftstoffleitung zum Tank lösen.

■ Leitung abziehen und mit passendem Stopfen verschließen, damit kein Benzin ausläuft.

■ Auf der Druckseite der Pumpe die Leitung zum Druckspeicher losschrauben. Dabei kann etwas Kraftstoff herausspritzen, daher Vorsicht mit den Augen.

■ Kabelanschlüsse abbauen und die Muttern an den Gummilagern lösen.

■ Pumpe mit Haltewanne und Dämpfungseinsatz abnehmen.

Kraftstoffilter ersetzen

Wartungspunkt Nr. 40

Schmutzpartikel im Benzin können aus dem eigenen Tank stammen oder aber aus dem Behälter einer Zapfstation. Letzteres ist möglich, wenn Sie irgendwo gefüllt haben, als ein Tankwagen eben frisches Benzin in die Erdtanks pumpte. Dadurch können Verunreinigungen aufgewirbelt werden und über den Zapfhahn in Ihren Tank gelangen. Deshalb an frisch belieferten Tankstellen möglichst nicht auftanken.

Vorsichtshalber ist ein Kraftstoffilter eingebaut, das alle 30 000 km durch ein neues ersetzt werden soll. Das Filter sitzt seitlich neben dem Gemischregler, siehe Bild Seite 99.

■ Muttern am Halteband des Filters lösen.

■ Kraftstoffleitungen abschrauben; Vorsicht, aus den Leitungen kann unter Druck Benzin herausspritzen.

■ Beachten Sie beim Einbau die Durchflußrichtung: Der Pfeil auf dem Gehäuse muß in Richtung des zum Gemischregler führenden Schlauches zeigen.

Filtersieb reinigen

Ein weiteres Filtersieb befindet sich im Innern des Tanks. Dafür sind keine Wartungsintervalle vorgesehen. Fördert die Kraftstoffpumpe nicht mehr genügend Treibstoff nach vorn, kann es auch an diesem Sieb liegen.

■ Tankgeber ausbauen (siehe Seite 89).

■ Mit Taschenlampe in die Tanköffnung leuchten, Sieb herausziehen und in Benzin sauberspülen.

Spritz-Tour

Motoren mit Benzineinspritzung stehen im Ruf, sparsam und leistungsstark zu sein. Das ist nicht weiter verwunderlich, kann die Einspritzanlage doch den Kraftstoff exakter zumessen als ein Vergaser. Weiterhin erlaubt das Einspritzsystem bei gleicher Kraftstoffqualität eine Anhebung der Verdichtung um 0,5 Punkte. Bei höherer Verdichtung ist gleichzeitig die Ausnutzung des Kraftstoffes besser – daher der Verbrauchsvorteil.

Funktion der Einspritzanlage

Beste Leistungsausbeute und den günstigsten Verbrauch zeigt ein Benzinmotor dann, wenn ihm ein Gemisch aus 15 Teilen Luft und einem Teil Kraftstoff verabreicht wird. Wichtigstes Teil hierzu ist der sogenannte Luftmengenmesser, eine leichtgewichtige Blechscheibe mitten im angesaugten Luftstrom. Diese Scheibe wird durch den Sog des Kolbens beim Saugtakt angehoben, und zwar um so mehr, je mehr Luft von der Drosselklappe freigegeben wird. Dieser Stellungswechsel überträgt sich durch ein feingliedriges Hebelsystem im benachbarten Kraftstoffmengenteiler auf einen Steuerkolben, und der wiederum bestimmt den Kraftstoffzulauf zu den Einspritzventilen.

Also: viel Luft – viel Kraftstoff, wenig Luft – wenig Kraftstoff. Ganz automatisch stellt sich immer das richtige, verbrennungsgünstigste Verhältnis ein. Und was ferner wichtig ist: Eingespritzt wird nicht portionsweise, Takt für Takt, sondern in einem ständigen feinen Strahl, ganz kontinuierlich. (Daher das K im Namen K-Jetronic.)

Nun gibt es ja, wie Sie sicher wissen, im Fahrbetrieb Situationen, bei denen das angesaugte Gemisch mehr Kraftstoff erhalten muß als normal, wo es »fetter« sein soll. Speziell beim Kaltstart ist das notwendig. Die K-Jetronic bewerkstelligt das mit Hilfe eines zusätzlichen Kaltstartventils:

Im Moment des Anlassens öffnet ein elektrischer Schalter jenes Ventil, das nun sogleich eine gewisse Menge Zusatzkraftstoff in das Sammelsaugrohr einspritzt, solange der Anlasser läuft. Somit bekommt der Motor während des Anlassens ein etwas fetteres Gemisch. Dies aber nur bei kaltem Motor, denn der Schalter (der sogenannte Thermozeitschalter) arbeitet temperaturabhängig. Er spricht nur bis zu einer Kühlmitteltemperatur von ca. 30° C an. Ist der Motor wärmer, bleibt das Kaltstartventil geschlossen. Doch auch bei eiskaltem Motor ist das Kaltstartventil zur Benzinersparnis höchstens 8 Sekunden lang in Betrieb. Auch diese Zeit wird vom Thermozeitschalter festgelegt.

Ist der kalte Motor angesprungen, beginnt für ihn zunächst eine mehr oder weniger lange Warmlaufphase. Während dieser Zeit soll das Gemisch noch etwas fetter als »normal« sein, überdies wünscht man sich von diesem Fast-Normalgemisch etwas mehr an Menge. Auch das schafft die K-Jetronic herbei. Im motorkalten Zustand ist am Saugrohr über den sogenannten Zusatzluftschieber ein weiterer Luftkanal geöffnet, der unter Umgehung der Drosselklappe eine zusätzliche Menge an Ansaugluft einströmen läßt. Und da für dieses Mehr an Luft auch ein Mehr an Kraftstoff nötig ist, sorgt ein temperaturabhängiges Regelelement – der Warmlaufregler – dafür, daß diese Mehrmenge durch die Einspritzventile abgesprüht wird.

Das geschieht wohlgemerkt auch schon im Leerlauf; also bei geschlossener

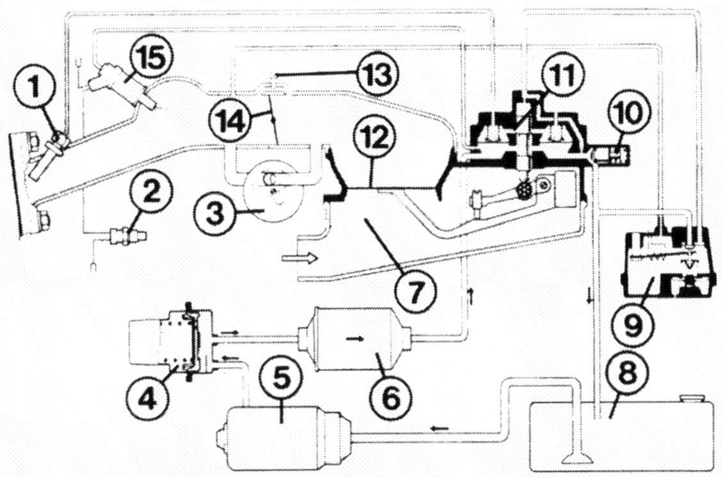

Die Teile der K-Jetronic schematisch dargestellt:
1 – Einspritzventil;
2 – Thermozeitschalter;
3 – Zusatzluftschieber;
4 – Kraftstoffspeicher;
5 – elektrische Benzinpumpe; 6 – Benzinfilter;
7 – Luftmengenmesser;
8 – Tank; 9 – Warmlaufregler;
10 – System-Druckregler;
11 – Kraftstoff-Mengenteiler;
12 – Stauscheibe;
13 – Leerlauf-Einstellschraube;
14 – Drosselklappe;
15 – Kaltstartventil.

Drosselklappe bzw. ungedrücktem Gaspedal. Mit zunehmender Erwärmung des Motors schließt sich allmählich der Zusatzluftkanal, auch das Mehr an Kraftstoff hört zu fließen auf – der Motor bekommt nur noch seine Normalmengen.

Die wichtigsten Teile der K-Jetronic

Drosselklappen: Im Ansaugrohr sitzen in einem Stutzen in Fahrtrichtung links zwei Drosselklappen. Die kleinere dieser Klappen ist über den Gaszug mit dem Pedal im Innenraum verbunden und dosiert bis in Halbgasstellung den Ansaugluftstrom in den Motor. Mit zunehmend durchgetretenem Gaspedal öffnet ein Gestänge die zweite, größere Klappe allmählich, bis bei Vollgas beide Klappen vollständig geöffnet sind.

Einspritzventile: Sie spritzen Benzin in den Saugkanal vor das Einlaßventil ihres betreffenden Zylinders, sobald der Kraftstoffdruck 3,3 bar erreicht hat. Dabei öffnen sie bis zu 2000 Mal in der Sekunde, wodurch das Benzin besonders fein zerstäubt wird.

Gemischregler: Er besteht aus dem Kraftstoffmengenteiler und dem Luftmengenmesser, die nachfolgend beschrieben werden.

Kaltstartventil: Das ist ein elektromagnetisch betätigtes Einspritzventil, das je nach Temperatur drei bis acht Sekunden lang zusätzlichen Kraftstoff fein zerstäubt ins Ansaugrohr spritzt.

Kraftstoffmengenteiler: Er teilt den Motorzylindern entsprechend dem gemessenen Luftdurchsatz die notwendige Kraftstoffmenge zu.

Kraftstoffspeicher: In diesem Behälter werden die Fördergeräusche der Kraftstoffpumpe gedämpft. Außerdem verhindert er raschen Druckabfall der Einspritzanlage nach dem Abstellen des Motors.

Luftmengenmesser: Er mißt die von den Motorkolben angesaugte Luftmenge, die seine Stauscheibe mehr oder weniger weit anhebt.

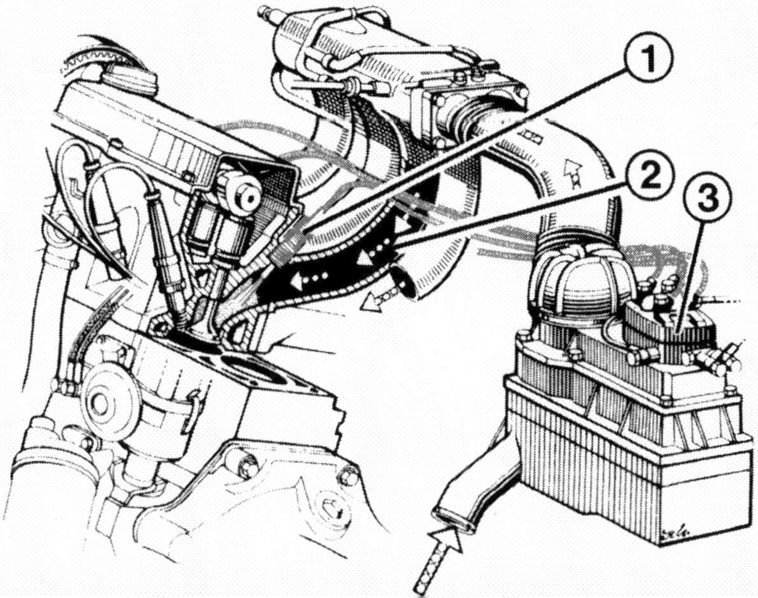

Die Pfeile kennzeichnen den Weg der Ansaugluft (2). Der Benzinfluß vom Kraftstoff-Mengenteiler (3) zum Einspritzventil (1) ist rot dargestellt.

Schlitzträger: Er sitzt im Kraftstoffmengenteiler. Für jeden Zylinder ist ein eigener Schlitz vorhanden, durch den der Kraftstoff an das jeweilige Einspritzventil gelangt.
Steuerkolben: Dieser wird vom Luftmengenmesser betätigt. Der Kolben kann die Schlitze für den Kraftstoffaustritt mehr oder weniger öffnen und so die eingespritzte Menge bestimmen.
Thermozeitschalter: Er sitzt auf dem Kühlwasserstutzen vorn am Motor. Unter einer Kühlmitteltemperatur um 25° C schaltet er das Kaltstartventil für eine bestimmte Zeit ein.
Warmlaufregler: Er verändert den Druck auf den Steuerkolben – den Steuerdruck – bis zum Erreichen der Betriebstemperatur. Der Druck wird direkt nach dem Kaltstart auf etwa 1,35 bar abgesenkt, wodurch mehr Kraftstoff aus den Steuerschlitzen austreten kann. Nach spätestens zwei Minuten steigt der Druck wieder auf 3,46 bis 3,75 bar an mit normaler Kraftstoffzuteilung. Zur direkten Temperaturübermittlung ist der Warmlaufregler an den Motor angeschraubt, zusätzlich wird er elektrisch beheizt.
Zusatzluftschieber: In der Warmlaufphase gibt er einen Luftkanal frei, wodurch die Stauscheibe weiter als normal angehoben wird. Die höhere Stauscheibenstellung bewirkt gleichzeitig eine vermehrte Kraftstoffzuteilung. So wird die höhere Reibung im Motor im kalten Zustand ausgeglichen.

Das Luftfilter

Bevor die Verbrennungsluft in den Motor gelangt, muß sie gewissermaßen durch ein Vorzimmer, nämlich das Luftfilter.
Die Ansaugluft des Motors enthält Staub- und Schmutzteilchen, die nicht in die Verbrennungsräume gelangen sollen, da sie an den Zylinderwänden wie Schmirgel wirken. Das würde frühzeitigen Verschleiß von Kolben und Zylinderlaufbahnen verursachen. Außerdem verbrennt ein Teil des Staubs bei den hohen Temperaturen im Motor und schlägt sich als Belag im Brennraum und an den Ventilen nieder. Hängenbleibende Ventile und Kolbenklemmer können die Folgen sein. Das Luftfilter sorgt deshalb für den notwendigen Schutz des Motors. Gleichzeitig dämpft es auch die Ansauggeräusche.
Das Filterelement sitzt unter dem Gemischregler.

Luftfiltereinsatz ausblasen

Wartungspunkt Nr. 16

Das Papierfilterelement soll alle 15 000 km oder alle 6 Monate ausgeblasen werden. Falls Sie oft über staubige Straßen fahren, empfiehlt sich die Reinigungskur in kürzeren Abständen.

■ Luftfiltereinsatz ausbauen; siehe rechts.
■ Papierfilter auf einer harten Unterlage ausklopfen.
■ Den feinen Staub müssen Sie mit Preßluft ausblasen.
■ Luftstrahl seitlich an den Filterlamellen vorbeistreichen lassen, nicht von außen nach innen blasen, sonst wird der Staub noch fester in die Filterporen gedrückt.
■ Niemals das Papierfilter in Flüssig-

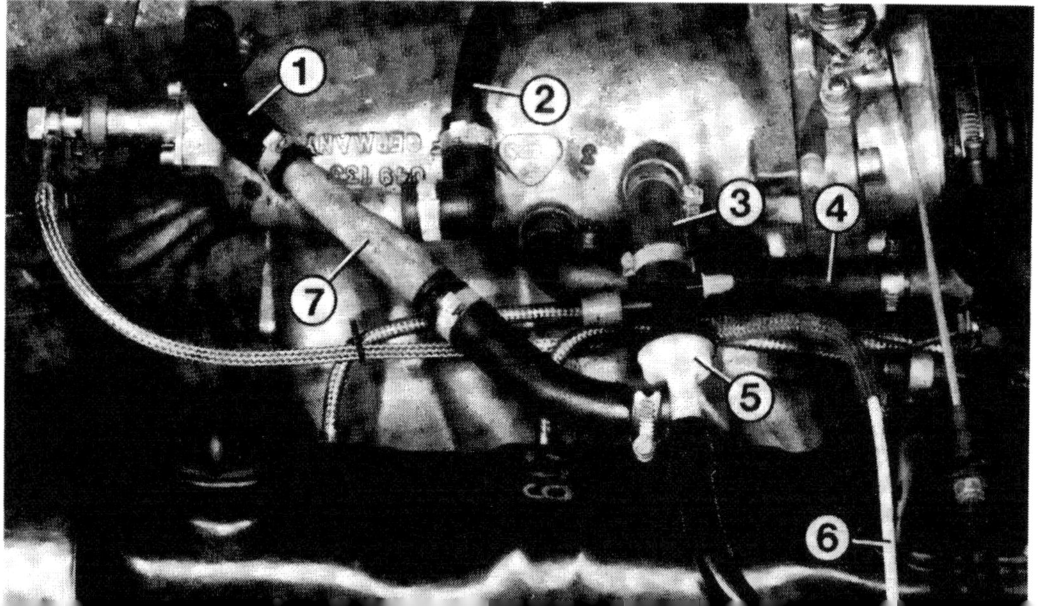

Eine Orientierungshilfe im Motorraum; 1 – Unterdruckschlauch vom Sammelsaugrohr; 2 – Unterdruckschlauch vom Ansaugkanal vor der Drosselklappe; 3 – Teil des Unterdruckschlauches zum Bremskraftverstärker; 4 – Schlauch der Kurbelgehäuse-Entlüftung; 5 – Rückschlagventil; 6 – Unterdruckleitung zum Zündverteiler; 7 – Saugstrahlpumpe (auf Seite 146 beschrieben).

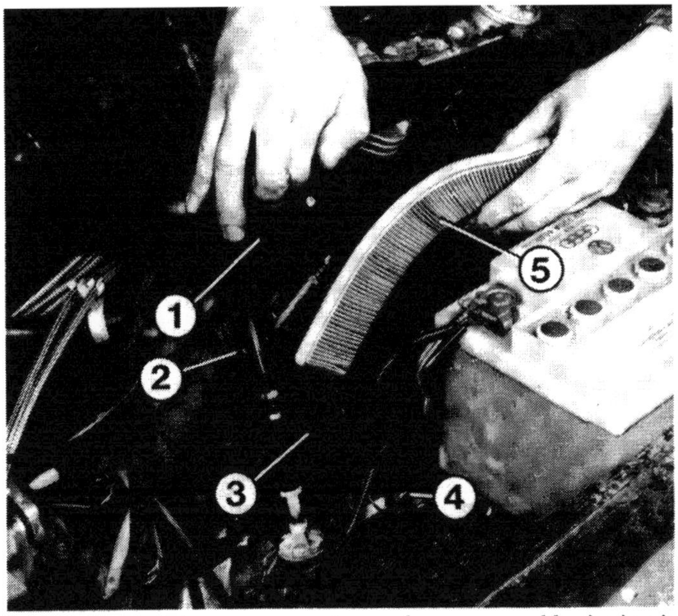

Das Luftfilter beim Einspritzmotor: 1 – Gehäuse-Oberteil mit Gemischregler; 2 und 4 – zwei der Spannklammern; 3 – Gehäuse-Unterteil; 5 – Luftfiltereinsatz, dessen Lamellen nach unten zeigen müssen.

keiten zu reinigen versuchen, das verstopft die Filterporen.

■ Ölspuren im Filtergehäuse aus der Kurbelgehäuse-Entlüftung mit einem benzingetränkten Lappen auswischen.

Luftfiltereinsatz wechseln
Wartungspunkt Nr. 38

Durch einen verschmutzten Filtereinsatz erhält der Motor nicht mehr genügend Ansaugluft, das Gemisch wird fetter, der Verbrauch steigt dadurch an und die Leistung sinkt. Man sollte daher den Ersatz des Papiereinsatzes nicht über die empfohlenen Intervalle hinausschieben.
Für unsere Einspritzmotoren passen z. B. folgende Luftfiltereinsätze: V. A. G. 049 133 843; Bosch 1 457 429 041; Fram CA 3441; Mann C 2860; Purolator PM 1697.

Luftfiltereinsatz ausbauen

■ Schraubschellen am starren Verbindungsschlauch zwischen Gemischregler und Ansaugrohr lösen, Schlauch abnehmen.

■ Vier Spannklammern um den Gemischregler lösen.

■ Gemischregler mit dem daran angeschraubten Filtergehäuseoberteil abheben.

■ Filtereinsatz herausnehmen.

■ Beim Einsetzen des Papierfilters müssen die Filterlamellen nach unten zeigen.

Leerlauf einstellen
Wartungspunkt Nr. 35

Der Leerlauf ist theoretisch – siehe nächsten Abschnitt – bei den Einspritzmotoren wesentlich stabiler als bei den Vergaser-Modellen. Normalerweise ist eine Drehzahlanpassung daher gar nicht nötig.
Für die Leerlaufdrehzahl gibt es zwei unterschiedliche Sollwerte – abhängig von der Digitalen Leerlauf-Stabilisierung, die serienmäßig nur im Scirocco eingebaut

Zur Korrektur der Leerlaufdrehzahl muß die nach hinten zeigende Einstellschraube (4) mit einem 7er-Gabelschlüssel verdreht werden. Über den Gaszug wird zuerst die Primär-Drosselklappe (3) und erst bei höherer Motorbelastung über eine Hebelmechanik (1) die Sekundär-Drosselklappe geöffnet.

wurde: Fahrzeuge **ohne DLS 950 ± 50/min**; Fahrzeuge **mit DLS 900 ± 50/min.**

Voraussetzung für einen korrekten Leerlauf ist selbstverständlich die richtige Zündzeitpunkteinstellung.

■ Motor warmfahren, die Öltemperatur muß mindestens 60° C betragen.

■ Fernlicht einschalten, sonstige elektrische Verbraucher dürfen nicht eingeschaltet sein.

■ Meßgerät anschließen und Drehzahl ablesen.

■ Korrigiert wird die Leerlaufdrehzahl an der Schraube am Drosselklappenstutzen, die zur Hinterkante des Motorraums zeigt (siehe Bild auf der Vorseite).

■ Hineindrehen dieser Sechskantschraube läßt den Motor langsamer, Herausdrehen läßt ihn schneller laufen.

Leerlaufschwankungen

Gelegentlich leiden die Einspritzmotoren an ungleichmäßigem Leerlauf. Dazu muß gleich gesagt werden, daß dieser Mangel sich unter Umständen durch Zusammenkommen verschiedener Toleranzen ergibt und eine Abhilfe nicht vollkommen erreicht werden kann.

■ Zuerst müssen sämtliche Luftschläuche kontrolliert werden, wie unter »Allgemeine Störungssuche« beschrieben.

■ Als nächstes wird der Zusatzluftschieber überprüft; siehe Seite 102.

■ Kontrollieren Sie weiter, ob nach Verschließen der Saugstrahlpumpe (Bild Seite 96; Anschlüsse nach beiden Seiten abdichten) eine Besserung eintritt.

■ Als nächste Möglichkeit kommt der Warmlaufregler in Betracht, sofern die Drehzahlschwankungen nur bei kaltem Motor auftreten. Hierzu muß die Werkstatt eine Druckprüfung bei kaltem Motor vornehmen.

■ Half das alles nicht, können Sie als letztes den Gemischregler überprüfen, wobei für die weitergehenden Prüfungen wieder Meßgeräte der Werkstatt erforderlich sind. Falls verfügbar, könnten Sie auch durch einen versuchsweisen Tausch des Gemischreglers feststellen, ob er die Ursache war.

Digitale Leerlauf-Stabilisierung

Nur der Scirocco von 8/79 bis 7/80 hat die »Digitale Leerlauf-Stabilisierung« (kurz: DLS). Sie hält die Leerlaufdrehzahl absolut konstant, unabhängig von Motortemperatur oder zusätzlich eingeschalteten Stromverbrauchern. Das erfolgt über eine Veränderung des Zündzeitpunkts; wir sind daher im Zündungskapitel auf Seite 204 näher auf die DLS eingegangen.

Die Abgasmessung
Wartungspunkt Nr. 36

Die in den Auspuffgasen enthaltenen Giftanteile sollen so gering wie möglich bleiben. Bei der regelmäßigen Abgas-Sonder-Untersuchung wird der Anteil des Kohlenmonoxids im Abgas gemessen. Das ist bei unseren Einspritzmotoren kein Problem. Bei richtiger Einstellung liegt der CO-Wert beim 1,6-Liter-Motor bei 1,5 ± 0,5 und beim 1800er bei 1,0 ± 0,5 Volumenprozent.

Dem Selbstpfleger können wir diesen Wartungspunkt nicht empfehlen, denn ohne exakten Abgastester geht das nicht. Die Einstellschraube für den CO-Gehalt sitzt unter einem Verschlußstopfen zwischen dem Kraftstoffmengenteiler und der Stauscheibe. Zum Drehen der tiefliegenden Schraube besitzt die Werkstatt einen Spezialschlüssel.

Zur CO-Messung soll der Schlauch der Kurbelgehäuse-Entlüftung am Zylinderkopfdeckel abgezogen und dicht verschlossen werden. Nach der Messung bei noch laufendem Motor den Entlüftungsschlauch wieder aufstecken und den Meßwert vergleichen. Steigt er nun an, liegt dies nicht an falscher Einstellung, sondern an Anfettung aus dem Kurbelgehäuse durch Ölverdünnung bei überwiegendem Kurzstreckenverkehr. Eine zügige Überlandfahrt oder ein Ölwechsel schafft Abhilfe, und der CO-Gehalt sinkt wieder auf den vorgeschriebenen Wert.

Selbsthilfe bei der K-Jetronic

Allzuviel Selbsthilfe ist bei der K-Jetronic leider nicht möglich, denn tiefergreifende Prüfungen setzen eine gute Kenntnis der Materie und vor allem auch Meß- und Prüfgeräte voraus.

□ Verweigert der VW den Dienst, sollten Sie nicht sofort die Einspritzung verdächtigen. Kontrollieren Sie erst, ob die Zündanlage völlig in Ordnung ist (ab Seite 195).

□ Ist zweifelsfrei festgestellt, daß in diesem Bereich alles mit rechten Dingen zugeht, gilt Ihr Interesse der Kraftstoffversorgung. Wie Sie einem Fehler in diesem Bereich auf die Schliche kommen können, ist auf Seite 92 beschrieben.

Allgemeine Störungssuche

Unsere erste Aufmerksamkeit gilt Undichtigkeiten in der Anlage, sowohl im Ansaugluft- wie im Kraftstoffbereich und dann der Elektrik der K-Jetronic.

■ Überprüfen Sie die folgenden Schläuche und ihre Halteschellen auf festen Sitz sowie das Schlauchmaterial auf Risse: Die starre Verbindung mit dem anschließenden Faltenbalg zwischen Gemischregler und Ansaugrohr, zum Zusatzluftschieber, zum Zündverteiler bzw. zum Bremskraftverstärker. Schon geringe Nebenluftmengen können die Gemischaufbereitung empfindlich stören, da sie ja von der Stauscheibe im Gemischregler nicht mitgemessen werden. Das Gemisch magert also bei Nebenluft unkontrolliert ab.

■ Sind die Dichtungen unter dem Kaltstartventil und an den Einspritzventilen in Ordnung, ebenso die Flanschdichtungen der Ansaugkanäle und des Drosselklappenstutzens?

■ Sind an den Kraftstoffleitungen Undichtigkeiten zu erkennen; siehe Seite 91.

■ Wurden die Kabelstecker mehrfach auseinandergezogen und wieder verbunden? Die Steckerchen sind nur für 100 Steckungen ausgelegt. Durch nicht federnde Zungen in den Steckern oder durch ungeschicktes Reißen an den Leitungen kann es leicht zu Störungen in der Einspritzungs-Elektrik kommen. Sehen Sie deshalb die Stecker genau an.

■ Mit einem feinen Schraubenzieher lassen sich die Zungen ein wenig nachbiegen.

Fingerzeig: *Bei allen Arbeiten an der K-Jetronic sollten Sie daran denken, daß das System auch längere Zeit nach dem Abschalten des Motors noch unter Druck steht. Deshalb immer zuerst den Tankverschlußdeckel abnehmen, damit sich der Überdruck im Tank abbauen kann. Werden irgendwo Schrauben oder Leitungen gelöst, immer einen Lappen bereithalten, damit kein Benzin in die Augen spritzen kann.*

Störungssuche an den einzelnen Bauteilen

In den folgenden Abschnitten sind wir auf jene Möglichkeiten der Fehlersuche eingegangen, zu denen der Heimwerker keine besonderen Werkzeuge oder Meßgeräte benötigt. Haben Sie nach unserem Störungsbeistand auf Seite 105 ein bestimmtes Bauteil im Verdacht, können Sie hier die Prüfanleitungen nachlesen.

Hier sehen Sie die Ansaughutze (1), den Kraftstoff-Mengenteiler (2) und daneben das Kraftstoff-Hauptfilter (3).

Einspritzventile

■ Zündung lahmlegen, damit der Motor nicht anspringen kann (siehe Seite 193).
■ Zur Überprüfung, ob ein Einspritzventil überhaupt Benzin erhält, oben am Mengenteiler die Halteschraube der Kraftstoffleitung lösen.
■ Lappen bereithalten und von Helfer Motor starten lassen.
■ Tritt Benzin aus, können Sie das Ventil selbst kontrollieren.
■ Einspritzventil ausbauen (siehe Seite 102).
■ Ventilloch im Ansaugkrümmer fest verschließen.
■ Gefäß oder Lappen für den austretenden Kraftstoff bereithalten, Motor von Helfer starten lassen.
■ Das Ventil muß kegelförmig abspritzen. Vorsicht, daß kein Benzin in die Augen gesprüht wird!
■ Spritzt das Ventil nicht kegelförmig, versuchsweise die Stauscheibe einmal anheben und die Prüfung wiederholen.
■ Auf die gleiche Weise läßt sich die Einspritzmenge prüfen, allerdings nur behelfsmäßig in Leerlaufstellung.
■ Nach zweiminütiger Anlasserbetätigung sollten etwa 20 cm³ Benzin ausgetreten sein.
■ Vergleichen Sie die Abspritzmengen aller vier Einspritzventile. Die Abweichungen untereinander sollen nicht höher als 3 cm³ liegen.
■ Bei größeren Abweichungen die Ventile mit dem niedrigsten und höchsten Wert gegeneinander austauschen, Messungen wiederholen.
■ Sind die Abweichungen mit den Ventilen »gewandert«, ist das Ventil mit der entsprechenden Abweichung defekt und muß ersetzt werden.
■ Haben Sie an den betreffenden Zylindern die gleichen Meßergebnisse wie zuvor, ist die Leitung zum Ventil möglicherweise verengt oder der Mengenteiler defekt.
■ Dichtheitsprüfung an den Ventilen: Wird nach zweiminütiger »Orgelei« mit dem Anlasser dieser abgeschaltet, dürfen die Ventile nicht nachtropfen.
■ Einbau der Ventile, wie auf Seite 103 beschrieben.

Kaltstartventil

■ Geprüft wird bei kaltem Motor.
■ Zündung lahmlegen, siehe Seite 193.
■ Kaltstartventil abschrauben, Kabelstecker und Kraftstoffleitung bleiben angeschlossen.
■ Ventil in ein Gefäß halten, Motor von Helfer durchdrehen lassen.
■ Das Ventil muß kegelförmig Benzin abspritzen.
■ Die Spritzdauer ist temperaturabhängig: Bei 0° C zwischen 3 und 7½ Sekunden, bei 10° C zwischen 2 und knapp 6 Sekunden, bei 20° C zwischen 1 und 4 Sekunden.
■ Nach dem Absprühen Zündung abschalten.
■ Ventil sauber abtrocknen, innerhalb von einer Minute darf kein Benzin nachtropfen.

Kraftstoff-mengenteiler

■ Zündung lahmlegen (Seite 193).
■ Spannband der Luftansaughutze oben am Gemischregler lösen, Hutze abziehen.

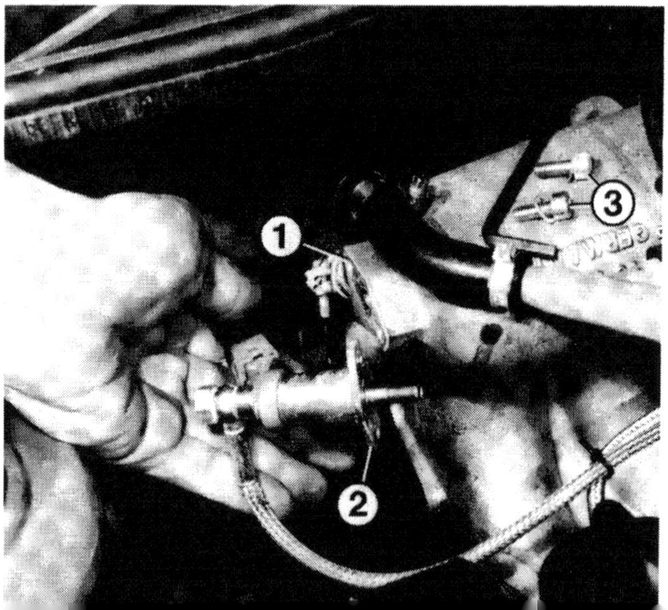

Das Kaltstartventil (2) ist mit zwei Inbusschrauben (3) in das Sammelsaugrohr (1) eingeschraubt.

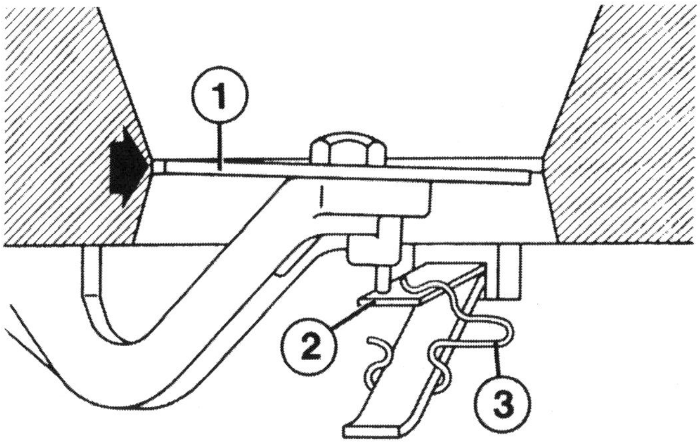

Im Stand muß die Oberkante der Stauscheibe (1) bündig mit der Einschnürung im Lufttrichter stehen (Pfeil). Bei falscher Einstellung wird der Anschlag (2) durch leichtes Verbiegen der Feder (3) entsprechend verändert.

■ Motor mit Anlasser etwa 10 Sekunden durchdrehen.
■ Stauscheibe anheben; das muß über den gesamten Weg mit gleichem Widerstand möglich sein.
■ Bei schnellem Niederdrücken der Stauscheibe darf kein Widerstand spürbar sein, ggf. den Luftmengenmesser ersetzen.
■ Läßt sich die Stauscheibe nur schwer nach oben, aber leicht nach unten bewegen, hängt der Steuerkolben im Mengenteiler; Kraftstoffmengenteiler ersetzen.

Luftmengenmesser

■ Zuerst den Motor warmfahren; Öltemperatur mindesten 50° C.
■ Zündung lahmlegen (Seite 193).
■ Spannband der Luftansaughutze oben am Gemischregler lösen, Hutze abziehen.
■ Anlasser etwa 10 Sekunden lang drehen lassen.
■ Die Stauscheibe muß jetzt an der den Einspritzleitungen zugewandten Seite genau an der Oberkante des schmalen zylindrischen Teils im Lufttrichter stehen, höchstens 0,5 mm tiefer.
■ Steht die Scheibe falsch oder schief, kann sie hochgezogen und vorsichtig nachgebogen werden.
■ Prüfen Sie nun, ob die Stauscheibe an der Gehäusewandung streift.
■ Wenn ja, die zentrale Befestigungsschraube lösen und Scheibe neu zentrieren.
■ Nach dieser Einstellung sollten Leerlaufdrehzahl und CO-Gehalt überprüft werden, siehe Seite 97 und 98.

Thermozeitschalter

■ Geprüft wird bei kaltem Motor.
■ Zündung lahmlegen, siehe Seite 193.
■ Stecker am Kaltstartventil abziehen, Voltmeter oder Prüflampe an beiden Steckerkontakten anschließen.
■ Motor von Helfer mit dem Anlasser durchdrehen lassen.
■ An den Kontakten muß temperaturabhängig Spannung liegen: Bei 0° C zwischen 3 und 7½ Sekunden, bei 10° C zwischen 2 und knapp 6 Sekunden, bei 20° C zwischen 1 und 4 Sekunden.

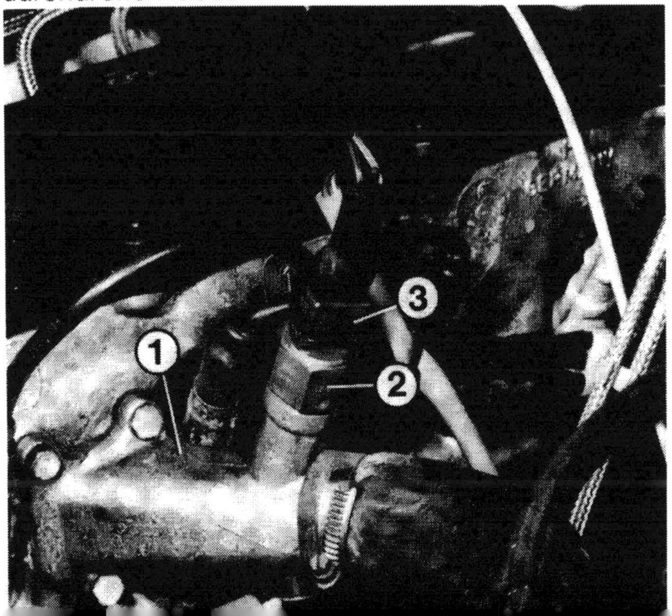

Der Thermozeitschalter (2) mit seiner elektrischen Steckverbindung (3) sitzt im Kühlwasserstutzen (1) in Fahrtrichtung vorn am Zylinderkopf.

Da der Zusatzluftschieber (2) mit seiner Steckverbindung (1) ziemlich versteckt hinten am Sammelsaugrohr sitzt, haben wir das Kaltstartventil von seiner Bohrung (3) abgebaut.

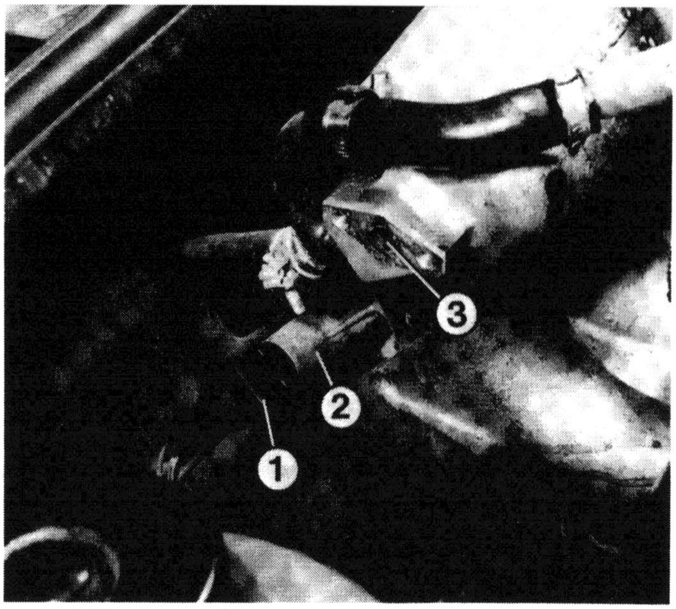

Warmlaufregler

■ Stecker am Warmlaufregler und Zusatzluftschieber abziehen.
■ Voltmeter an den Kontakten des Kabelsteckers anschließen.
■ Von Helfer den Anlasser betätigen lassen, an den Kontakten müssen mindestens 11,5 Volt anliegen.
■ Ohmmeter an den Steckkontakten des Warmlaufreglers anschließen.
■ Die Heizwicklung muß einen Widerstand zwischen 16 und 22 Ω haben.
■ Ist die Wicklung unterbrochen, Warmlaufregler ersetzen.

Zusatzluftschieber

■ Geprüft wird bei kaltem Motor, die Kühlmitteltemperatur muß unter 30° C liegen.
Die Zündung darf nicht vorher eingeschaltet worden sein.
■ Stecker am Zusatzluftschieber abziehen.
■ Voltmeter an den Kontakten des Kabelsteckers anschließen.
■ Motor starten; liegt an den Kontakten Spannung an?
■ Motor abstellen, Stecker wieder anschließen.
■ Exakten Drehzahlmesser anschließen, Motor erneut starten.
■ Leerlaufdrehzahl ablesen.
■ Mit Flachzange den Schlauch vom Zusatzluftschieber zum Saugrohr zusammenklemmen, die Drehzahl muß etwas abfallen.
■ Gleiche Prüfung bei warmgefahrenem Motor.
■ Die Drehzahl sollte sich beim Zusammenklemmen des Schlauches nicht mehr verändern, sonst ist vermutlich der Zusatzluftschieber defekt.

Einspritzventile aus- und einbauen

■ Zum Ausbau die Einspritzventile mit einer Zange herausziehen.
■ Die Kraftstoffleitung bleibt angeschlossen; auch beim Motorausbau, damit kein Schmutz ins Ventil gelangen kann.

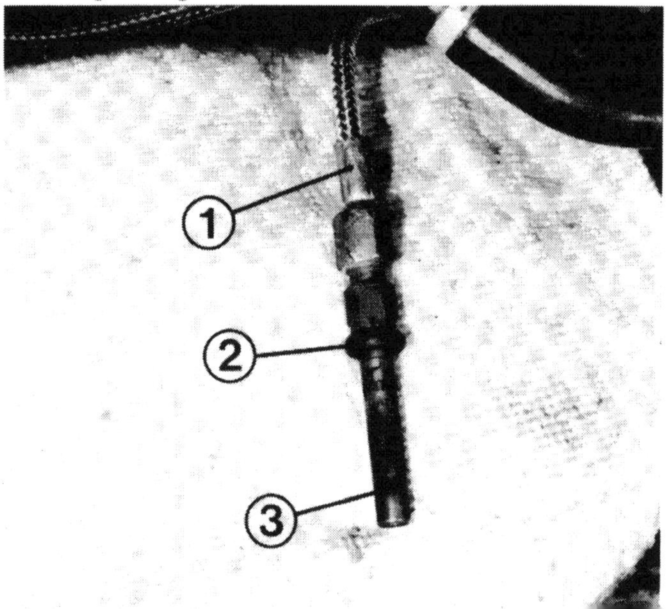

Ein ausgebautes Einspritzventil (3) mit angeschlossener Kraftstoffleitung (1) und seiner Gummidichtung (2).

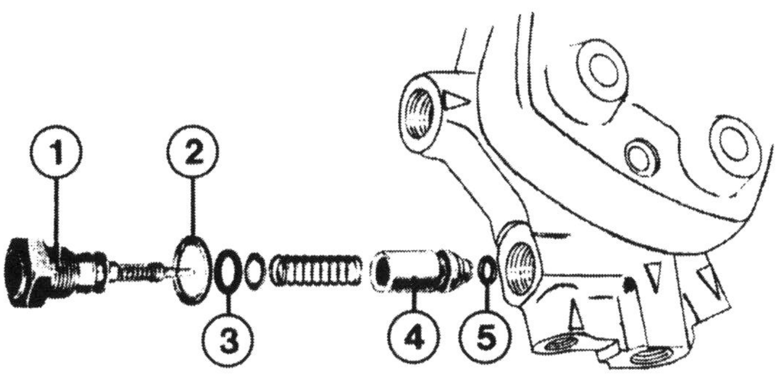

Der Systemdruckregler am Kraftstoff-Mengenteiler besteht aus: Aufstoßventil (1) und Kolben (4) mit zwischengelegter Druckfeder und Einstellscheiben. Bei Störungen sollen der Dichtring (2) und die O-Ringe (3 und 5) ersetzt werden. Sie sind in einem Bosch-Reparatursatz für den Mengenteiler enthalten.

■ Zum Wiedereinbau muß die Gummidichtung am Ventil mit Benzin bestrichen werden, um eine exakte Abdichtung zu erzielen.
■ Wird das Ventil »trocken« eingesetzt, besteht die Gefahr, daß der Gummiring leicht gequetscht wird und nicht einwandfrei abdichtet. Das gibt dann Störungen im Fahrverhalten, z. B. unrunden Leerlauf.

Störungen durch Korrosion und Schmutz

Verunreinigungen und Rostpartikel können die Funktion der Einspritzanlage erheblich stören. Vor allem bei älteren Wagen oder nach längeren Standzeiten kann es Probleme beim Start oder im Fahrverhalten geben.
■ Am Kraftstoffmengenteiler den in Fahrtrichtung nach links zeigenden Systemdruckregler (siehe Bild oben) abschrauben. Sämtliche Teile in der Reihenfolge des Ausbaus ablegen.
■ Sind die O-Ringe (Nr. 3 und 5 im Bild) in Ordnung? Sonst ersetzen.
■ Benzinleitung zum Kaltstartventil am Mengenteiler abschrauben.
■ Von der Öffnung des Systemdruckreglers die Kanäle im Mengenteiler mit Preßluft durchblasen.
■ Rückschlagventil am Kraftstoffilter herausschrauben. Ventil mit einer Rille im Sechskant gegen die neuere Version tauschen, erkennbar an zwei Rillen im Sechskant.
■ Verschraubungen mit neuen Dichtringen einbauen.
■ Am Systemdruckregler auf die Reihenfolge der Teile achten. Keine Beilegscheiben weglassen oder hinzufügen, das verändert den Systemdruck in der K-Jetronic und kann erhebliche Funktionsstörungen bewirken.

Weiter können Sie prüfen, ob über das Entlüftungssystem des Tanks Schmutz oder Wasser in die Einspritzanlage gelangte:
■ Am Warmlaufregler die Kraftzuführleitung abnehmen; ist das Sieb dort verschmutzt?
■ Ist der Steuerkolben im Mengenteiler schwergängig; siehe Seite 100.
■ Zeigen die Einspritzventile ein kegelförmiges Spritzbild; Seite 100.
■ Tankgeber ausbauen (Seite 89), darunterliegendes Filtersieb herausnehmen; ist es verschmutzt?
■ Tank und Einfüllstutzen innen auf Schmutz und Rost kontrollieren. Dazu Taschenlampe vom Auto entfernt ein- und wieder ausschalten (Entzündungsgefahr!).
■ Schmutz im Tank läßt sich meist nur nach dessen Ausbau (Seite 88) zuverlässig entfernen.
■ Zuletzt soll noch eine Druckprüfung erfolgen, die aber Werkstattausrüstung erfordert.

Startprobleme bei heißem Motor

Bei den bis 7/80 gebauten Modellen will der heiße Motor oft nicht anspringen. Wir gehen davon aus, daß der Motor richtig eingestellt ist (Ventilspiel, Zündzeitpunkt, Zündkerzen-Elektrodenstand). Weiter sollten überprüft worden sein: Einspritzventile, Thermozeitschalter und Kaltstartventil sowie die Lage der Stauscheibe im Luftmengenmesser, wie unter »Störungssuche an den einzelnen Bauteilen« beschrieben.
Eine häufige Ursache ist ein zu schnell abfallender Systemdruck nach dem Ausschalten der Zündung. Dann können sich Dampfblasen bilden. Als Ursache kommen in Betracht: Undichtigkeiten an Mengenteiler, Einspritzventilen, Kaltstartventil, Leitungen; defekter Systemdruckregler im Mengenteiler oder schadhaftes Rückschlagventil der Benzinpumpe.

Um dem Fehler auf die Spur zu kommen, muß die Werkstatt eine Haltedruckprüfung vornehmen.
Wird der warmgefahrene Motor abgestellt, muß im Einspritzsystem der bis 7/80 gebauten Modelle nach 10 Minuten noch ein Druck von 1,8 bar herrschen, nach 20 Minuten 1,6 bar. Der neuere Druckspeicher (ET-Nr. 431 133 441 C) hält den Druck nach 10 Minuten auf 2,6 und nach 20 Minuten auf 2,4 bar.
Hat sich an all den genannten Teilen kein Fehler gezeigt, gibt es noch die Möglichkeit einer Umrüstung. Im Audi 200 5 T sitzt ein sogenanntes Zeittaktrelais mit der Teile-Nr. 813 906 064. Es gibt beim Starten dem Kaltstartventil über die Klemme 50 des Anlassers einen Impuls zum Benzinabspritzen. Das genügt, um den durch die Dampfblasen mangelnden Nachschub im Einspritzsystem auszugleichen. Wenn der Motor dann läuft, wird die Stauscheibe angehoben, die Dampfblasen zwischen Mengenteiler und den Einspritzventilen werden herausgedrückt.

Fingerzeig: *Der seit 8/80 verwendete 3-bar-Druckspeicher kann nur in Verbindung mit den darauf abgestimmten Einspritzventilen in ältere Fahrzeuge nachgerüstet werden.*

Nachlaufen

Wenn nach dem Ausschalten der Zündung der Motor noch einige Takte weiterläuft, entzündet sich nachträglich eintretendes Gemisch an heißen Stellen im Verbrennungsraum. Dieses Nachlaufen oder Nachdieseln ist nicht nur ein Schönheitsfehler, sondern schadet auch dem Motor.
Um den weiterlaufenden Motor zum Halten zu bringen, müssen Sie einen Gang einlegen, die Fußbremse fest treten und die Kupplung kommen lassen. So wird er abgewürgt. Welche Fehler das Nachlaufen verursachen können, finden Sie in unserem Störungsbeistand auf Seite 106 aufgeführt.
Bei den frühen GTI-Modellen kann die nachlaufende Drehstrom-Lichtmaschine der Zündanlage oder der Benzinpumpe noch Restströme zufließen lassen und so das Nachlaufen verursachen. Dagegen hilft der Einbau einer Diode als Sperre für den Stromfluß. Diese Diode hat die V. A. G.-Ersatzteil-Nr. 059 905 371 oder die Bosch-Nr. 0 212 911 001 000. Sie wird in die blaue Leitung vom Drehstrom-Generator zur Ladekontrolle eingebaut, wobei ihre Klemme 59 in Richtung Ladekontrolle weisen muß.

Gaszug einbauen und einstellen

Der Gaszug ist sehr knickempfindlich. Sollte er gerissen sein, muß beim Einbau des neuen Zugs unbedingt darauf geachtet werden, daß dieser keinerlei Knickstellen zeigt, sonst ist er möglicherweise bald wieder hin.
Der Betätigungszug für die Drosselklappen ist am Zylinderkopfdeckel mit zwei Muttern befestigt, am Drosselklappenstutzen und am Gaspedal eingehängt.

■ Ablage oder Abdeckung unter dem Armaturenbrett abnehmen (Seite 255).

■ Alten Zug am Pedal aushängen und zum Innenraum hin herausziehen.

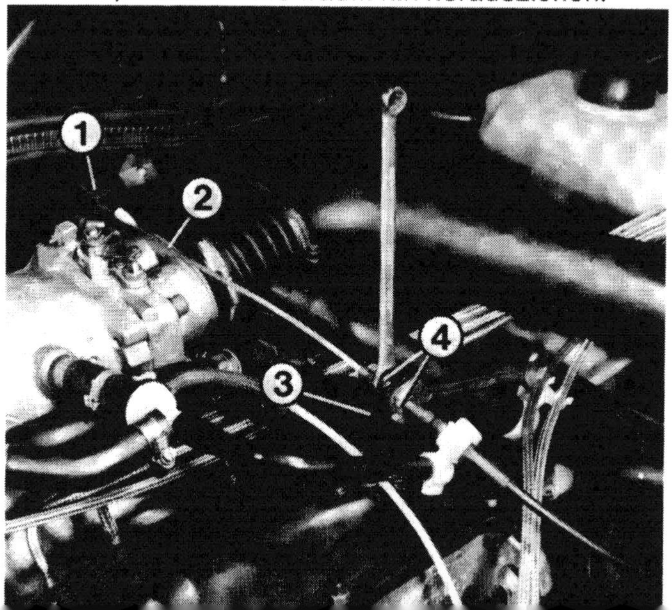

Der Gaszug (2) ist am Drosselklappenhebel (1) eingehängt. Zur Einstellung muß an der Lagerung am Zylinderkopfdeckel (3) nach Lösen der Kontermutter die Einstellmutter entsprechend verdreht werden.

■ Neuen Gaszug am Pedal einhängen.
■ Zug durch die Gummitülle zum Motorraum hin durchschieben. Vorsicht, den Gaszug dabei nicht knicken!
■ Am Drosselklappenstutzen den Zug einhängen und in seine Lagerung am Zylinderkopfdeckel einlegen.
■ Gaspedal von Helfer ganz durchtreten lassen.
■ Einstellmutter am Zylinderkopfdeckel so verdrehen, daß zwischen dem Drosselklappenhebel und dem Vollgasanschlag am Drosselklappenstutzen ein Spiel von höchstens 1 mm besteht.
■ Kontermutter festdrehen.

Schubabschaltung

Wenn Sie den Fuß vom Gaspedal nehmen, braucht dem Motor eigentlich kein Kraftstoff zugeführt zu werden. Das läßt sich bei unseren Einspritzmotoren mit K-Jetronic durch eine nachträglich eingebaute Schubabschaltung von Bosch verwirklichen. Damit lassen sich rund 5 % Benzin sparen. Allerdings neigt der Motor beim Tritt aufs Gaspedal nach Schiebebetrieb leicht zum Ruckeln.
Die Information, daß das Gaspedal losgelassen wurde, gibt ein Drosselklappenschalter dem Schubabschaltventil weiter. Dieses öffnet und lenkt die von den Kolben angesaugte Luft am Gemischregler vorbei. Die Stauscheibe geht in Ruhestellung, und die Benzinzufuhr zu den Einspritzventilen wird unterbrochen.
Damit der Motor aber nicht abstirbt, schließt ein Drehzahlrelais das Abschaltventil bei rund 1500/min. Und in der Warmlaufphase setzt die Schubabschaltung nicht ein, damit der Motor zügig warmgefahren wird.
Der eigenhändige Einbau einer Schubabschaltung kann nur einem routinierten Heimwerker geraten werden, da im Ansaugrohr ein Loch gebohrt und ein Gewinde eingeschnitten werden muß, wobei keine Metallspäne dort verbleiben dürfen, die dann in den Motor gelangen könnten.

Störungsbeistand Einspritzanlage

Die Störung	– ihre Ursache	– ihre Abhilfe
A Kalter Motor springt nicht an	1 Warmlaufregler regelt den Steuerdruck nicht oder falsch	Steuerdruck messen lassen
	2 Zusatzluftschieber öffnet nicht	Siehe Seite 102
	3 Kaltstartventil spritzt nicht ein	Kaltstartventil und Thermozeitschalter prüfen, siehe Seite 100 und 101
	4 Kaltstartventil undicht, Dichtung defekt	Dichtheit prüfen, siehe Seite 99 und 100
	5 Stauscheibe falsch eingestellt	Siehe Seite 101
	6 Stauscheibe oder Steuerkolben schwergängig	Siehe Seite 101
	7 Motor erhält Nebenluft	Siehe Seite 99
B Warmer Motor springt nicht an	1 Siehe A 1	
	2 Siehe A 5	
	3 Siehe A 6	
	4 Einspritzventil(e) undicht, zu niedriger Öffnungsdruck	Prüfen (lassen)
	5 Leerlauf zu fett eingestellt	CO-Gehalt einstellen lassen
	6 Leerlauf zu mager eingestellt	CO-Gehalt einstellen lassen
C Kalter Motor schüttelt im Leerlauf	1 Siehe A 1	
	2 Zusatzluftschieber schließt nicht	Siehe Seite 102
	3 Siehe A 2	
	4 Siehe A 4	
	5 Siehe A 5	
	6 Siehe A 7	
	7 Siehe B 4	

Die Störung	– ihre Ursache	– ihre Abhilfe
D Warmer Motor schüttelt im Leerlauf	1 Siehe A 1 2 Siehe A 2 3 Siehe A 6 4 Siehe A 7 5 Siehe B 5 6 Siehe B 6	
E Motor patscht ins Saugrohr	1 Siehe A 1 2 Siehe B 6	
F Motor patscht in den Auspuff	1 Siehe A 1 2 Siehe A 4 3 Siehe B 5 4 Kraftstoffpumpe fällt aus 5 Schwerkraftventil der Tankentlüftung schief eingebaut	 Siehe Seite 92 Siehe Seite 90
G Motor stottert, setzt aus	1 Kraftstoffpumpe fördert ungleichmäßig 2 Kraftstoffsystemdruck falsch	Fördermenge messen lassen Messen, einstellen lassen
H Motorleistung ungenügend	1 Siehe A 1 2 Siehe A 4 3 Siehe A 6 4 Siehe A 7 5 Siehe B 5 6 Siehe B 6 7 Kraftstoffpumpe fördert zu wenig 8 Drosselklappen gehen nicht in Vollgasstellung	 Fördermenge messen lassen Gaszug einstellen bzw. Drosselklappenverbindung kontrollieren
I Motor dieselt nach	1 Siehe A 6 2 Siehe B 4	
J Kraftstoffverbrauch zu hoch	1 Siehe A 1 2 Siehe A 4 3 Siehe B 5	
K Warmer Motor dreht im Leerlauf zu hoch	Siehe C 2	
L Motor läuft nach	1 Siehe A 4 2 Siehe A 5 3 Siehe A 6 4 Siehe B 4 5 Stromzufluß durch nachlaufende Lichtmaschine	 Siehe Seite 104

Gelegentliche Reibereien

Motor und Getriebe sind durch die Kupplung miteinander verbunden. Dieses Teil im Auto wird von manchem als Übel angesehen. Aber ohne Kupplung geht es nicht. Es ist unmöglich, die Zahnradpaare der einzelnen Gangstufen über die Synchronisation zu »schalten«, solange sie vom Motor angetrieben werden. Also muß die Verbindung zwischen dem Triebwerk und dem Schaltgetriebe kurz unterbrochen werden. Dann läßt sich eine andere Fahrstufe einlegen und beide Teile anschließend wieder miteinander verbinden.

So funktioniert die Kupplung

Die Kraftübertragung zwischen Motor und Getriebe durch die Kupplung erfolgt durch Reibung. Zwei Körper werden gegeneinandergepreßt, wodurch der eine den anderen mitnimmt. Die Beteiligten in unserem VW sind die Schwungscheibe am Motor als die eine Anlagefläche, die Kupplungsdruckplatte als die zweite Anlagefläche, die gegen die Schwungscheibe drückt, und dazwischen als Reibpartner die Mitnehmerscheibe. Letztere sitzt auf der Eingangswelle des Getriebes. Im übrigen gehört auch noch das Ausrücklager dazu.
Durch den Tritt auf das Kupplungspedal wird über den Kupplungszug der Ausrückhebel auf der Ausrückwelle angehoben. Diese Bewegung drückt über das im Getriebe sitzende Ausrücklager die Kupplungsbetätigungsstange in Richtung Kupplung. Diese Betätigungsstange läuft durch die hohl gebohrte Eingangswelle des Getriebes und drückt über eine Ausrückplatte auf die tortenförmig eingeschnittene Tellerfeder der Druckplatte.
Das Ausrücklager am anderen Ende der Betätigungsstange kann nun die Federkraft übernehmen, die Druckplatte wird entlastet und bei völlig durchgetretenem Pedal zurückgezogen. Die Mitnehmerscheibe kann nun im Raum dazwischen frei umlaufen – es ist ausgekuppelt.
Beim Einkuppeln drückt die Tellerfeder der Druckplatte die Mitnehmerscheibe wieder gegen das Motorschwungrad. Zum sanften Übertragen der Kräfte muß dies langsam geschehen. Die Anlageflächen schleifen also eine gewisse Zeit aufeinander, ehe die Reibung wieder so groß ist, daß die Motorleistung vollstän-

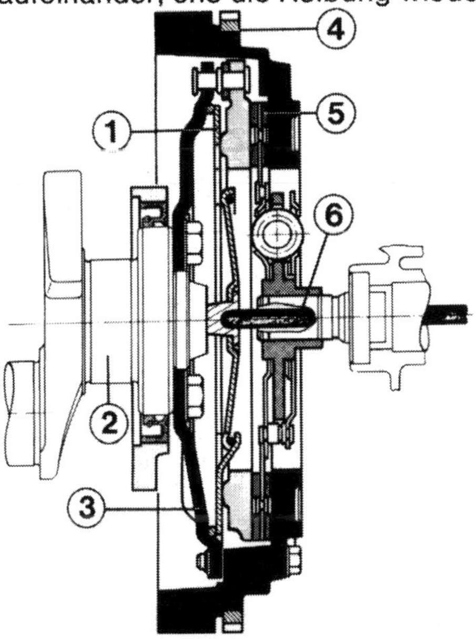

Die Teile der Kupplung im Querschnitt:
1 – Tellerfeder; 2 – Kurbelwelle;
3 – Kupplungsdruckplatte;
4 – Schwungscheibe;
5 – Mitnehmerscheibe;
6 – Kupplungsbetätigungsstange.

dig an das Getriebe weitergeleitet wird. Dieses Schleifen beim Einkuppeln erzeugt Wärme; bei niedrigen Drehzahlen und kurzem Einkuppeln natürlich weniger als bei hohen Drehzahlen und langsamem Nachgeben des Kupplungsfußes. Schleifdauer und Hitzeentwicklung bestimmen die Lebensdauer der Beläge auf der Mitnehmerscheibe.

Auskuppeln beim Halt an der Kreuzung?

Recht verbreitet ist die Angewohnheit, mit eingelegtem 1. Gang und durchgetretenem Kupplungspedal an der roten Ampel zu warten. Mancher fürchtet, den Gang nicht gleich einlegen zu können, wenn das grüne Licht den Weg freigibt. Wenn auch kein direkter oder sofort meßbarer Schaden entsteht, so beansprucht das Auskuppeln doch das Ausrücklager und ruft so wieder Verschleiß hervor. Je länger und öfter vor den vielen Ampeln ausgekuppelt wird, desto früher ist dieses Lager abgenutzt.

Kupplung prüfen

Der Verschleiß der Mitnehmerscheibe läßt sich im eingebauten Zustand nicht erkennen. Das erste Anzeichen für Verschleiß ist, wenn die Kupplung durchrutscht. Eine schleifende Kupplung bemerken Sie beim Fahren zuerst im höchsten Gang unter Last, wenn der Motor auffallend schneller dreht, als es der Fahrgeschwindigkeit entspricht. Einen gewissen Aufschluß kann auch folgende Methode geben, die Sie aber nur selten anwenden sollten:

- Handbremse anziehen, Motor starten.
- 3. Gang einlegen, langsam einkuppeln und Gas geben.
- Bei einwandfreier Handbremse müßte der Motor abgewürgt werden.
- Dreht er durch, muß das Kupplungsspiel kontrolliert und ggf. eingestellt werden (siehe rechts).
- Prüfung wiederholen. Dreht der Motor weiterhin durch, wird eine Kupplungsreparatur fällig, siehe Störungsbeistand Seite 111.

Wird der Schaltvorgang durch kratzende oder krachende Geräusche »untermalt«, so trennt die Kupplung nicht mehr richtig. Um sicherzugehen, daß es nicht am Getriebe liegt, macht man die Probe mit dem nicht synchronisierten Rückwärtsgang.

- Motor im Leerlauf drehen lassen.
- Kupplungspedal voll durchtreten, etwa drei Sekunden warten und den Rückwärtsgang einlegen.
- Kratzt es hierbei, trennt die Kupplung nicht mehr sauber, die Mitnehmerscheibe läuft also nicht ganz frei.
- Kupplungsspiel kontrollieren, evtl. einstellen, wie rechts beschrieben.
- Prüfung nochmals durchführen. Kratzt es immer noch, sollten Sie unseren Störungsbeistand auf Seite 111 zu Hilfe nehmen.

Das Kupplungsspiel

Zwischen den Teilen der Kupplungsübertragung muß ein gewisser Abstand verbleiben, solange das Pedal nicht niedergedrückt wird. Dieses Spiel muß so groß sein, daß das Ausrücklager nicht unter verschleißförderndem Druck steht. Je

Wenn die Einstellmutter (3) des Kupplungszugs (1) verdreht wird, sollte das Schaftstück (2) mit einem Gabelschlüssel festgehalten werden.

stärker das Ausrücklager durch die Kraft der Tellerfeder belastet wird, um so geringer wird die Anpreßkraft an der Mitnehmerscheibe. Es besteht also die Gefahr, daß die Kupplung durchrutscht. Andererseits geht etwas vom normalen Kupplungsweg verloren, wenn das Spiel zu groß ist. Dann wird die Kupplung beim Niederdrücken des Pedals nicht ganz getrennt.
Die Kupplung ist so konstruiert, daß mit fortschreitender Abnutzung der Kupplungsbeläge das Spiel kleiner wird. Durch die verschleißende und dünner werdende Mitnehmerscheibe wandert die federbelastete Druckplatte näher zur gegenüberliegenden Reibfläche der Schwungscheibe. Dadurch wird auch die Ausrückplatte in Richtung des Ausrücklagers gedrückt. Liegt das Lager ohne Spiel am Ausrückhebel an, so stützt sich die Tellerfeder der Druckplatte über die Ausrückplatte gegen das Ausrücklager ab. Statt die Mitnehmerscheibe gegen die Anlageflächen zu pressen, wird die Feder nun entlastet, die Reibungskraft wird geringer, die Kupplung rutscht durch.

Kupplungspedalspiel messen
Wartungspunkt Nr. 1

■ Neben das Kupplungspedal ein Lineal o. ä. halten.
■ Trittplatte von Hand niederdrücken, bis stärkerer Widerstand spürbar wird.
■ Aus der Ruhestellung soll dies nach **15–25 mm** Weg der Fall sein.
■ Stimmt das Pedalspiel nicht, muß die Länge des Kupplungszugs nachgestellt werden.

Pedalspiel einstellen

Die Hülle des Seilzugs stützt sich an einem sogenannten Widerlager des Getriebes ab (siehe Bild links).
■ Arretiermutter am Seilzug losdrehen.
■ Schaftstück des Kupplungszugs festhalten und das große Einstellrad von Hand drehen.
■ Bei zu kleinem Pedalspiel im Gegenuhrzeigersinn drehen.
■ Pedalspiel messen, Kontermutter wieder festziehen.

Kupplungszug ersetzen

■ Abdeckung bzw. Ablage links unter dem Armaturenbrett demontieren (Seite 255).
■ Im Motorraum den Ausrückhebel von Helfer hochziehen lassen.
■ Am dicken Seilzugende die Halteklammer in Fahrtrichtung nach links abziehen.
■ Halteplatte und Verdrehsicherung abnehmen.
■ Kupplungszug aus der Gummiführung im Widerlager des Getriebes herausziehen.
■ Seilzugöse am Pedal aushaken.
■ Gummitülle in der Karosserietrennwand herausdrücken, Zug zum Motorraum herausziehen.
■ Beim Einbau zuerst das Kupplungsseil am Pedal einhängen.

Fahren mit gerissenem Kupplungszug

Sollte der Kupplungszug unterwegs reißen, so muß das noch nicht das Ende der Reise bedeuten. Zumindest ein nahes Ziel oder die nächste Werkstatt kann man auch ohne Kupplung erreichen. Man kann sogar hoch- bzw. herunterschalten. Voraussetzung ist feinfühliger Umgang mit dem Gaspedal und Schalthebel, besonders beim Herunterschalten.
Gang herausnehmen: Gas wegnehmen und Schalthebel in Richtung Leerlauf drücken. Bei schiebendem Wagen evtl. ein klein wenig Gas geben, falls der Gang »klemmt«.
Anfahren: Motor ausschalten, 1. Gang einlegen und Anlasser betätigen. Der VW ruckelt los und setzt sich in Bewegung. Den kalten Motor sollten Sie hierzu erst etwas warmlaufen lassen. Wer während der Fahrt nicht schalten will, fährt auf diese Weise in der Ebene im 2. Gang an.
Hochschalten: Im 1. Gang mit dem Anlasser anfahren. 1. Gang nur knapp über 1000/min hinausdrehen. Gas etwas zurücknehmen, Schalthebel in Leerlaufstellung ziehen. Gaspedal loslassen und den Schalthebel mit leichter Hand in Richtung des 2. Gangs drücken. Bei richtiger Motor- und Getriebedrehzahl rutscht der Gang fast von selbst hinein. Wenn Sie zu lange gewartet haben, müssen Sie ein ganz klein wenig Gas geben, damit sich der Gang ohne Zähneknirschen ein-

legen läßt. Hat es nicht geklappt, halten Sie noch einmal an und versuchen das Ganze von neuem. In die weiteren Gänge wird auf die gleiche Weise hochgeschaltet. Am leichtesten geht es in sehr niedrigen Geschwindigkeiten: In den 2. Gang bei höchstens 20 km/h, in den 3. bei 25 km/h, in den 4. bei 35 km/h.
Herunterschalten: Hierbei muß die Motordrehzahl angehoben werden, damit sich der nächstniedrige Gang einlegen läßt. Fuß etwas vom Gas, Gang herausnehmen, behutsam Gas zugeben und gleichzeitig den Schalthebel in Richtung des neuen Gangs drücken. Bei richtiger Motordrehzahl rutscht der Gang fast ohne Nachdruck hinein. Auch das Herunterschalten geschieht am besten wieder bei niedrigen Geschwindigkeiten und Drehzahlen.

Kupplung aus- und einbauen

■ Zuerst muß das Getriebe ausgebaut werden; siehe Seite 114.
■ Schwungscheibe losschrauben, dazu einen Schraubenzieher als Arretierung in die Verzahnung stecken.
■ Schwungscheibe sowie Mitnehmerscheibe abnehmen.
■ Soll auch die Kupplungsdruckplatte ausgebaut werden, hebeln Sie mit einem Schraubenzieher den Haltering der Ausrückplatte heraus.
■ Sechs Schrauben in der Druckplatte losdrehen.
■ Druckplatte mit Zwischenblech abnehmen.
■ Schwungscheibe mit Preßluft sauberblasen oder mit einem benzingetränkten Lappen abwischen.
■ Die alte Druckplatte nur dann wieder einbauen, wenn ihre Nietverbindungen noch fest sitzen.
■ Die Anlagefläche zur Mitnehmerscheibe darf keine Risse oder Brandstellen zeigen und um nicht mehr als 0,3 mm nach innen durchgebogen sein. Zum Messen ein Metallineal quer über die Druckplatte legen und mit der Fühlerblattlehre am Innenrand messen.
■ Zwischenblech in die Druckplatte einlegen.
■ Neue Halteschrauben mit Schraubensicherungsmittel (z. B. VW D 6) bestreichen und mit 75 Nm anziehen.
■ An der Ausrückplatte die Auflagefläche und die Aufnahme für die Kupplungsdruckstange mit etwas Mehrzweckfett bestreichen.
■ Ausrückplatte so einsetzen, daß ihre Aussparung für die Kupplungsbetätigungsstange in Richtung Getriebe zeigt.
■ Drahtring in die Halter der Ausrückplatte einhängen. Bei der Kupplung mit 190-mm-Mitnehmerscheibe müssen die Drahtenden in Richtung Getriebe zeigen, bei den größeren Scheiben mit 200 und 210 mm Durchmesser dagegen in Richtung Motor.
■ Innenverzahnung der Mitnehmerscheibe mit etwas MoS_2-Puder schmieren.
■ Mitnehmerscheibe einsetzen, ihre verlängerte Innenverzahnung zeigt in Richtung Getriebe.
■ Schwungscheibe so ansetzen, daß ihre Zentrierstifte in die entsprechenden Bohrungen bzw. Schlitze in der Druckplatte greifen. Andernfalls stimmt die OT-Markierung auf der Schwungscheibe nicht mehr.
■ Beim Anschrauben des Schwungrads muß die Mitnehmerscheibe zentriert werden. Dazu hat die V. A. G.-Werkstatt das Spezialwerkzeug 547, eine Scheibe aus Kunststoff.

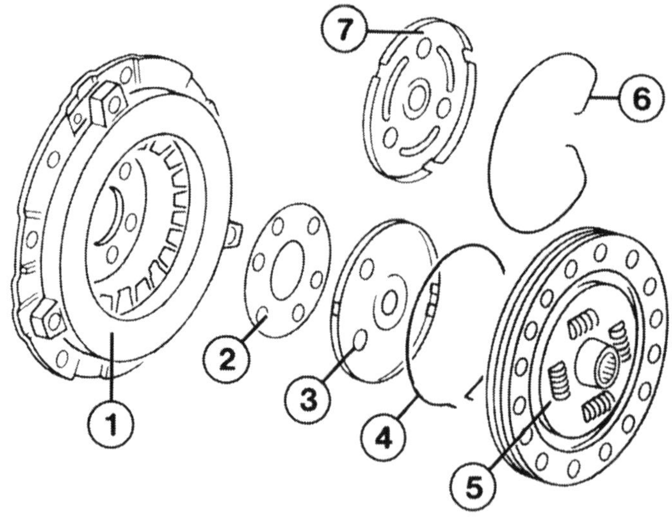

Die Kupplung besteht aus:
1 – Druckplatte;
2 – Zwischenblech;
3 – Druckteller für 190 mm-Kupplung; 4 – Haltering für 190-mm-Kupplung; 5 – Mitnehmerscheibe; 6 – Haltering für Kupplungen mit 200 und 210 mm ∅; 7 – Druckteller für die größeren Kupplungen.

■ Behelfsmäßig können Sie die Schwungscheibe provisorisch anschrauben und den Abstand zwischen Mitnehmerscheiben-Außenkante und Schwungscheiben-Innendurchmesser mit einer Schieblehre kontrollieren.

■ Der Abstand muß rundum gleich groß sein, andernfalls die Mitnehmerscheibe so lange versetzen, bis sie genau in der Mitte sitzt. Nur so ist gewährleistet, daß sich das Getriebe ohne Schwierigkeiten anflanschen läßt.

■ Halteschrauben der Schwungscheibe mit 20 Nm anziehen.

Fingerzeig: *Neue Kupplungsbeläge liegen wegen ihrer rauhen Oberfläche nicht gleich auf der gesamten Reibfläche an. Sie müssen daher auch eingefahren werden, damit sich die Beläge den Gegenreibflächen anpassen. Das soll durch sanftes und nicht etwa hartes Einkuppeln oder gar Schleifenlassen geschehen.*

Störungsbeistand Kupplung

Die Störung	– ihre Ursache	– ihre Abhilfe
A Kupplung rutscht	1 Kupplungsspiel zu klein	Nachstellen
	2 Kupplungsbeläge abgenutzt	Mitnehmerscheibe ersetzen
	3 Anpreßdruck der Kupplung zu gering	Kupplungsdruckplatte ersetzen
	4 Kupplungszug geht nicht zurück	Gängig machen oder Zug austauschen
	5 Belag verölt	Mitnehmerscheibe und defekte Getriebe- oder Kurbelwellendichtung ersetzen
	6 Kupplung wurde überhitzt	Defekte Teile ersetzen
B Kupplung trennt nicht	1 Zu großes Kupplungsspiel	Nachstellen
	2 Mitnehmerscheibe hat Schlag	Mitnehmerscheibe richten oder ersetzen
	3 Mitnehmerscheibe verzogen oder Belag gebrochen	Mitnehmerscheibe ersetzen
	4 Mitnehmerscheibe klemmt auf Getriebewelle	Gangbar machen, Kerbverzahnung schmieren
	5 Nach sehr langer Standzeit: Belag an Schwungscheibe festgerostet	Anfahren, wie unter »Fahren mit gerissenem Kupplungszug« beschrieben. Kupplung dauernd durchtreten, Gaspedal ruckartig durchtreten und loslassen, um die Kupplung loszubrechen. Andernfalls ausbauen
C Kupplung trennt nicht und rutscht gleichzeitig durch	Kupplungsdruckplatte defekt	Druckplatte auswechseln
D Kupplung rupft	1 Siehe A 3	
	2 Falsche Beläge	Mitnehmerscheibe ersetzen
	3 Druckplatte drückt schief	Kupplungsdruckplatte ersetzen
	4 Motor- oder Getriebeaufhängung defekt	Motor- oder Getriebelager ersetzen
E Kupplungsgeräusche	1 Unwucht der Kupplungsdruckplatte bzw. Mitnehmerscheibe	Kupplungs-Druckplatte bzw. Mitnehmerscheibe ersetzen
	2 Torsions-Dämpferfeder defekt	Mitnehmerscheibe ersetzen
	3 Ausrücklager defekt	Ausrücklager ersetzen
	4 Nietverbindungen in der Kupplung locker	Kupplungsdruckplatte ersetzen

Freie Wahl

Bereits in der Fahrschule haben wir gelernt, vier oder fünf Gänge von Hand zu sortieren. Hat man beim Abfahren durch Gasgeben eine gewisse Drehzahl und damit ein gewisses Fahrtempo erreicht und will man noch schneller fahren, so muß man zwischen Motor und Antriebsachse durch Wechseln der Zahnradpaare im Getriebe eine andere, nämlich niedrigere Übersetzung einlegen, um nun wieder in kleineren und dann in mittleren Drehzahlen die Temposteigerung fortsetzen zu können. Und so Stufe für Stufe, bis schließlich die gewünschte Geschwindigkeit erreicht ist.

Das Schaltgetriebe

Die Motorleistung wird über die Kupplung auf die Eingangswelle des Schaltgetriebes geleitet. Auf dieser Eingangs- oder Antriebswelle sitzen fünf Zahnräder (einschließlich Rückwärtsgang; beim 5-Gang-Getriebe sogar sechs), die mit fünf bzw. sechs dazu passenden Zahnrädern auf der sogenannten Abtriebswelle ständig im Eingriff stehen. Diese Zahnräder können frei umlaufen, bis eines von ihnen beim Schalten eines bestimmten Gangs mit seinem entsprechenden Gegenrad auf der Antriebswelle gekuppelt wird. Das Verhältnis der Zähnezahlen des jeweiligen Zahnradpaars ergibt die betreffende Übersetzungsstufe.

Der VW hat – wie heute praktisch alle Personenwagen – »vollsynchronisierte« Vorwärtsgänge. Die Zahnräder auf der Antriebs- und Abtriebswelle sind auf »Nadeln« (stiftartige Rollen) gelagert. Es besteht also keine starre Verbindung zwischen Wellen und Rädern. Die Zahnräder bleiben, wie schon erwähnt, immer im Eingriff. Beim Gangwechsel wird nicht etwa eine Verbindung zwischen den Zahnrädern, sondern zwischen Zahnrad und Welle hergestellt. Um die Drehzahlen von Welle und Zahnrad einander anzugleichen, läßt man einen Teil der Welle gegen einen Teil der anderen Welle über Reibelemente schleifen. Durch die Reibung wird die schnellere Welle abgebremst, bis bei Gleichlauf eine kraftübertragende Verbindung hergestellt werden kann.

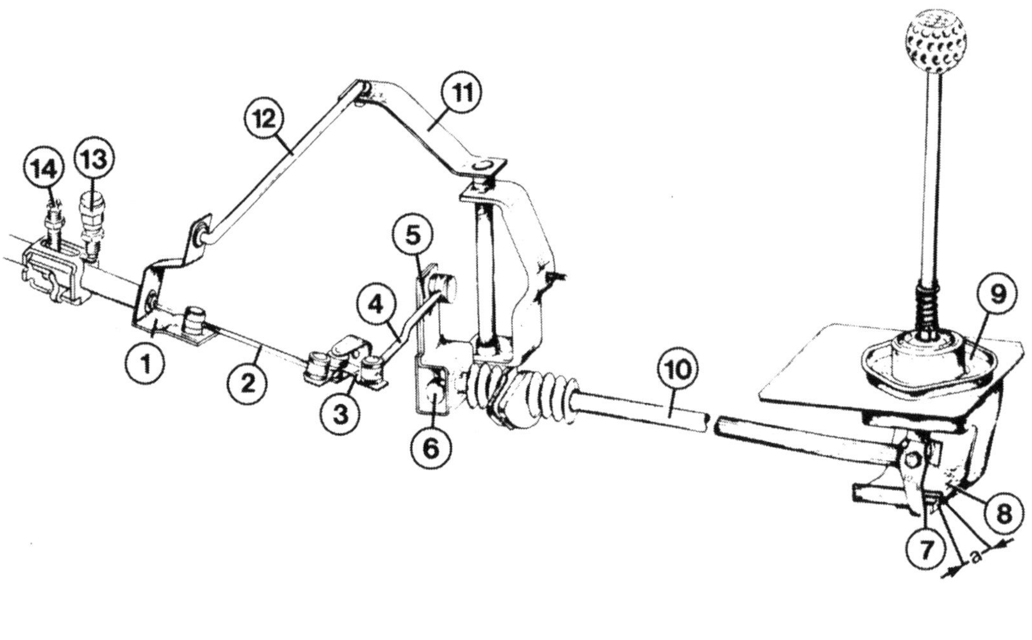

Die Teile der Schaltbetätigung des Fünfganggetriebes: 1 – Hebel für Schaltwelle; 2 – Wählstange vorn; 3 – Umlenkwinkel; 4 – Wählstange hinten; 5 – Wählhebel; 6 – Umlenkhebel; 7 – Schaltfinger; 8 – Anschlagblech; 9 – Schalthebellager; 10 – Schaltstange; 11 – Umlenkwelle; 12 – Verbindungsstange; 13 – Arretierschraube für 5. Gang; 14 – Arretierschraube für Schaltwelle. Der Abstand »a« muß beim Vierganggetriebe 20 mm und bei der Fünfgangschaltbox 15 mm betragen.

Schaltschwierigkeiten

Wenn die Schaltung Probleme bereitet, gibt es verschiedene Einstellmöglichkeiten. Wir gehen bei den nachfolgenden Beschreibungen davon aus, daß die Teile der Schaltbetätigung nicht verbogen und alle Lagerbuchsen o. ä. in Ordnung sind.

Schaltgestänge einstellen

Das Schaltgestänge mit der Bezeichnung seiner Einzelteile zeigt die Zeichnung links.

■ Schalthebel in Leerlaufstellung drücken.
■ Schalthebelgriff abschrauben, Schalthebelmanschette hochziehen und abnehmen.
■ Halteschrauben des Schaltbocks lösen. Dieser muß so ausgerichtet sein, daß dessen Zentrierbohrungen (siehe Bild unten) mit jenen der darunterliegenden Platte übereinstimmen. Stehen die Langlöcher des Schaltbocks genau in der Mitte über den Gewindebohrungen für seine Halteschrauben?
■ Wenn nicht, Schaltbock um 180° drehen und dann festschrauben.
■ Wagen aufbocken.
■ Klemmschelle der Verbindung Schaltstange/Wählhebel lösen. Die Schaltstange muß sich in der Führung des Wählhebels leicht bewegen lassen.
■ Am Gehäuse der Schaltbetätigung unten den Deckel der Gummimanschette abnehmen.
■ Der Schalthebel muß im Leerlauf so ausgerichtet sein, daß in Längsrichtung der Schaltfinger (Nr. 7 in der Zeichnung links) genau in der Mitte des Gehäuses steht.
■ Zur Seiteneinstellung des Schalthebels brauchen Sie einen exakt 20 mm (Vierganggetriebe) bzw. beim Fünfgangetriebe 15 mm breiten Blechstreifen.
■ Schaltstange so drehen, daß dieser Abstand »a« in der Zeichnung zwischen dem Schaltfinger und der Gehäuseunterkante eingehalten wird.
■ Klemmschelle in dieser Stellung festziehen.
■ Alle Gänge durchschalten. Sie müssen sich leicht und ohne zu haken einlegen lassen. Funktioniert die Rückwärtsgangsperre?

Schaltwelle einstellen

Bei hakeliger oder schwammiger Schaltung kann durch Einstellen der Schaltwelle am Getriebe Abhilfe geschaffen werden. Dazu muß an der Arretierschraube der Schaltwelle gedreht werden, siehe Zeichnung links.

■ Schalthebel in Leerlaufstellung drücken.
■ Am Schaltwellenhebel (Nr. 1 in der Zeichnung) oben die Sicherungsfeder der Verbindungsstange (Nr. 12) herausziehen, Stange aushängen.
■ Am Kunststoffkopf der Wählstange vorn (Nr. 2) den kleinen Plastikbügel mit einem Schraubenzieher abhebeln, Stange vom Kugelkopf des Schaltwellenhebels abdrücken.
■ Abdeckkappe der Kontermutter (Nr. 3 in der Zeichnung nächste Seite) abhebeln, Kontermutter lösen.

Bei abgenommener Schalthebelmanschette sehen Sie die Halteschrauben des Schaltbocks (1 und 2) sowie die Zentrierbohrungen (Pfeile).

Die Schaltwelle (2) mit den für die Einstellung wichtigen Teilen:
1 – Sicherungsclip, 3 – Kontermutter;
4 – Arretierschraube.

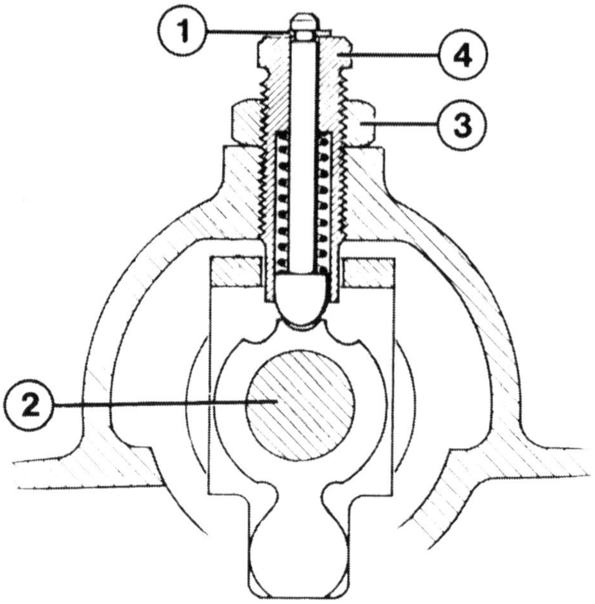

■ Arretierschraube (Nr. 4) so weit hineindrehen, bis der Sicherungsclip (Nr. 1) oben an der Schraube frei wird.
■ Arretierschraube wieder zurückdrehen, so daß der Sicherungsclip gerade anliegt.
■ Kontermutter festziehen, Abdeckkappe aufsetzen.
■ Bei richtiger Einstellung muß sich der Sicherungsclip bei geringfügigem Drehen der Schaltwelle von seinem Sitz abheben.
■ Beim Befestigen des Schaltgestänges Sicherungsfeder der Verbindungsstange nicht vergessen.

Getriebe aus- und einbauen

Der Wagen muß hierzu so aufgebockt werden, daß Sie sowohl im Motorraum als auch an der Wagenunterseite arbeiten können. Das Getriebe wird nach unten herausgenommen.
■ Masseband an der Batterie abnehmen.
■ Ein Kantholz längs über den Motorraum auf die vordere Wand des Wasserfangkastens und das Stirnblech vorn legen. Am Holz muß der Motor aufgehängt werden, solange die Triebwerkslagerungen abgeschraubt sind.
■ Kette oder Seil durch die Halteöse links in Fahrtrichtung am Zylinderkopf ziehen und am Kantholz »auf Spannung«, also straff befestigen.
■ Linke Getriebeaufhängung losschrauben.
■ Tachowelle abschrauben und Öffnung verstopfen, daß beim Abnehmen des Getriebes kein Öl ausläuft.
■ Kabelstecker am Schalter für Rückfahrscheinwerfer abziehen.
■ Kupplungsseil aushängen (siehe Seite 109).
■ Oben zwei Schrauben zwischen Motor und Getriebe herausdrehen.
■ Anlasser ausbauen (Seite 190).
■ Schaltgestänge abnehmen (siehe die Zeichnung Seite 112); hierzu
■ Sicherungsfeder der Verbindungsstange abziehen, Stange am Wählhebel aushaken.
■ Linken Kunststoffkopf der hinteren Wählstange und beide Köpfe an der Wählstange vorn von ihren Kugelbolzen abdrücken, vorher jeweils den kleinen Plastikbügel am Kunststoffkopf mit einem Schraubenzieher abhebeln.
■ Drehmomentstütze vorn am Stirnblech vom Getriebe und von der Karosserie losschrauben (Seite 67/68).
■ Hintere Getriebeaufhängung an Getriebe und Karosserie abschrauben.
■ Linke und rechte Antriebswelle vom Getriebe losschrauben (siehe Seite 117), freie Wellenenden jeweils mit Draht an der Karosserie hochbinden, damit ihre Gelenke nicht zu stark geknickt werden.
■ Drei Verbindungsschrauben zwischen Motor und Getriebe am großen Abdeckblech herausdrehen, das Blech bleibt am Motor.
■ Ebenfalls von der Motorseite die Schraube am kleinen Abdeckblech losdrehen, Blech abnehmen.
■ Unter dem rechten Gelenkwellenflansch die Sechskantschraube bzw. -mutter (bei älteren Modellen) losdrehen.

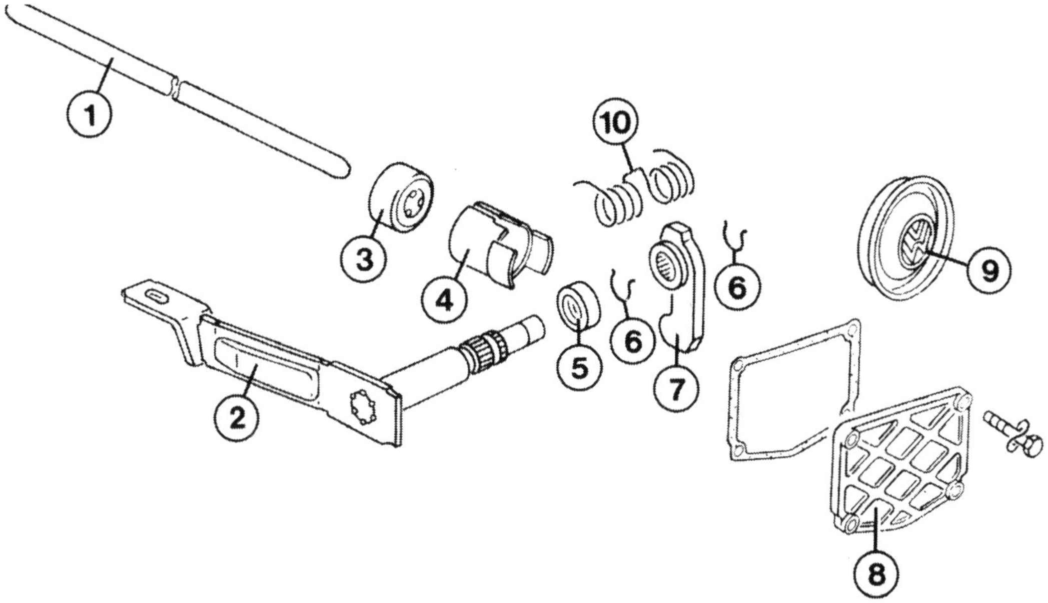

Das Kupplungs-Ausrücklager (3) mit seinen umliegenden Teilen: 1 – Kupplungsdruckstange; 2 – Ausrückwelle; 4 – Führungshülse; 5 – Gummiring; 6 – Sicherungsring; 7 – Kupplungshebel; 8 – Getriebedeckel des Vierganggetriebes; 9 – Getriebedeckel des Fünfganggetriebes; 10 – Rückzugfeder.

■ Rangierwagenheber unter das Getriebe fahren und dieses so abstützen, daß es nicht herunterfällt bzw. Getriebe anderweitig sicher unterbauen oder
■ bei auf der Hebebühne stehendem Wagen Helfer herbeirufen, um das Getriebe zu zweit abnehmen zu können.
■ Getriebe mit einem kräftigen Schraubenzieher von den Paßhülsen abdrücken und ablassen bzw. abnehmen.
■ Beim Einbau die drei M-12-Verschraubungen mit 80 Nm festziehen.
■ Hinteres Getriebelager ausrichten (40 Nm).
■ Triebwerksblock im Aufnahmebock vorn links genau in Mittelstellung montieren (40 Nm).
■ Zuletzt Kupplungspedalspiel einstellen (siehe Seite 109).

Ausrücklager ersetzen

Zu dieser Arbeit ist der Ausbau des Getriebes nicht erforderlich. Um ans Ausrücklager heranzukommen, muß das Getriebe abgesenkt werden, bei genügend Bewegungsfreiheit geht es auch ohne Absenken des Getriebes. Außer dem neuen Ausrücklager brauchen Sie beim Vierganggetriebe eine neue Getriebedeckeldichtung, bei der Fünfgangschaltbox dagegen einen neuen Deckel.
■ Kupplungszug am Ausrückhebel aushängen.
■ Wagen vorn aufbocken.
■ Auspuffanlage aus ihren Halteringen aushängen, damit sie sich nicht verspannt.
■ Motor/Getriebe-Einheit mit einem Rangierheber abstützen.
■ Drehmomentstütze vorn sowie Getriebelagerung links und hinten abschrauben.
■ Triebswerksblock so weit ablassen, daß Sie an den Getriebedeckel herankommen.
■ Beim Vierganggetriebe Deckel abschrauben, beim Fünfganggetriebe diesen mit einem scharfen Schraubenzieher durchstoßen und abhebeln.
■ Am Fünfganggetriebe den Anschlagpuffer vom Ausrückhebel abdrücken.
■ Ausrückhebel nach unten drücken.
■ Ausrücklager aus seiner Führungshülse ziehen, neues Lager einsetzen.
■ Der Kunststoffdeckel beim Fünfganggetriebe muß eingeklopft werden. Nicht mit einem Metallhammer auf den Kunststoff schlagen, das kann Bruch geben. Legen Sie ein Stück Holz unter.
■ Motor- und Getriebeaufhängungen spannungsfrei einbauen, wie im vorangegangenen Abschnitt beschrieben.

Fünfganggetriebe nachträglich einbauen

Grundsätzlich ist es möglich, statt des bisherigen Vierganggetriebes eine 4 + E- oder Fünfgang-Schaltbox einzubauen. Die Umrüstung ist allerdings TÜV-abnahmepflichtig, außerdem wird ein Abgasgutachten verlangt.
Folgende Getriebe können in Verbindung mit den Einspritzmotoren verwendet werden: 4 + E mit den Kennbuchstaben FH, Fünfganggetriebe mit den Kennbuchstaben FD, FM oder 7 G. Neben dem kompletten Schaltgestänge muß auch die linke Getriebeaufhängung mit Befestigungsteilen vom Fünfganggetriebe

übernommen werden. Bei den bis 11/78 gebauten Fahrzeugen muß der linke Radkasten ein wenig eingebeult werden, damit das Getriebe nicht am Blech anschlägt.
Einigermaßen rentabel ist die Umrüstung nur, wenn Sie das Getriebe und die Teile der Schaltung gebraucht aus einem Unfallwagen neueren Datums bekommen.

Getriebegeräusche

Im Laufe der Zeit kann das Getriebe durch Geräuschentwicklung auf sich aufmerksam machen. Zuerst sollten Sie dann nach dem Ölstand im Getriebe sehen.
□ Tritt ein heulendes Geräusch in einem Gang auf und verändert sich der Ton beim Gasgeben und Gas wegnehmen, dürfte die Verzahnung des betreffenden Gangradpaares verschlissen sein.
□ Bei Geräuschen in allen Gängen liegt es seltener am Getriebe als am Achsantrieb.
□ Rauhe, mahlende Töne, die erst bei warmem Getriebe auftauchen, weisen auf schlagende Synchronringe hin. Bei dünnflüssiger werdendem Öl wird dieses immer an derselben Stelle vom Synchronring weggedrückt.
Werkstätten wagen sich nur selten an die Reparatur oder Überholung eines Getriebes, sondern raten lieber zu einem Austauschaggregat. Preiswerter ist in den meisten Fällen der Einbau eines Gebrauchtgetriebes von der Autoverwertung.

Der Achsantrieb

Das Schaltgetriebe und der Achsantrieb mit dem Ausgleichsgetriebe sitzen in einem gemeinsamen Gehäuse. Wenn Sie sich unsere Zeichnung unten ansehen, erkennen Sie, daß die vom Motor ans Getriebe geleitete Kraft über ein kleines und großes Zahnrad an den Achsantrieb gelangt. Am großen Zahnrad ist das Gehäuse des Ausgleichsgetriebes angeschraubt. In diesem Gehäuse sitzen insgesamt vier ineinandergreifende Kegelräder, von denen zwei mit den Antriebswellen zu den Kegelrädern verbunden sind.
Solange wir geradeaus fahren, rollen beide Vorderräder mit der Drehzahl des großen Achsantriebsrades. Die Kegelräder des ebenfalls im gleichen Tempo drehenden Ausgleichsgetriebegehäuses stehen dagegen still. Beim Durchfahren einer Kurve muß das kurvenäußere Rad einen längeren Weg zurücklegen als das innere. Jetzt treten die Kegelräder in Aktion. Die schnellere Drehung des äußeren Rades und seines Kegelrades wirkt über die beiden Übertragungskegelräder auf jenes Kegelrad auf der Kurveninnenseite ein, das nun entsprechend langsamer dreht.
Dieser Ausgleich ist notwendig, sonst würde der Wagen ruckartig mit durchdrehenden Rädern durch Kurven fahren. Nur wenn ein Vorderrad auf glattem Untergrund durchdreht, wirkt sich das Ausgleichsgetriebe nachteilig aus: Auf das andere Antriebsrad wird dann praktisch keine Kraft mehr übertragen, der Wagen rührt sich nicht von der Stelle.

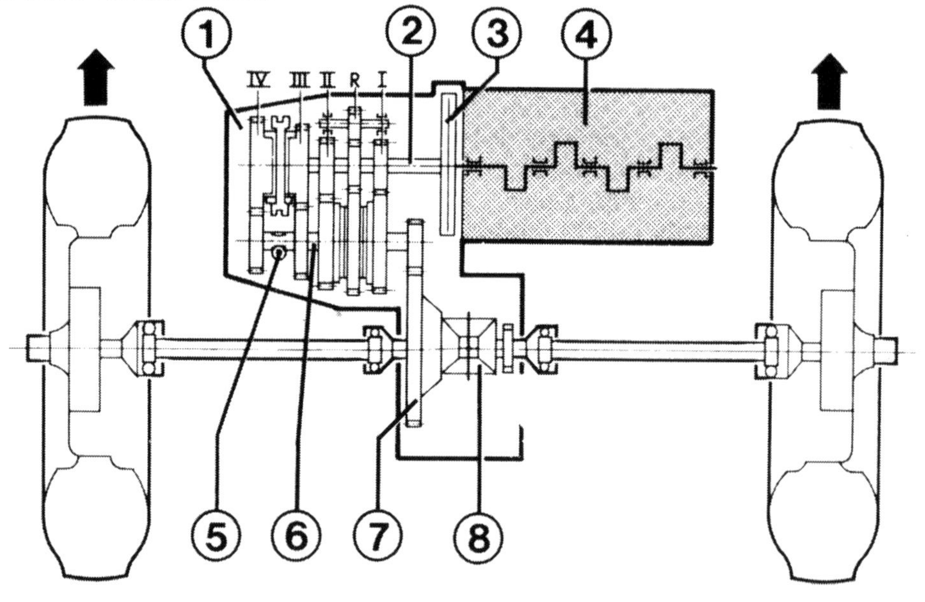

Der quer eingebaute Motor (4) treibt über die Kupplung (3) das in Fahrtrichtung (Pfeile) links liegende Getriebe (1) an. Auf der Getriebe-Antriebswelle (2) sitzen die Zahnräder der einzelnen Gänge (I bis IV und R). Ihnen gegenüber liegen die Zahnräder auf der Abtriebswelle (6). Diese Welle gibt die Motorleistung an den Achsantrieb (7) weiter. Das Ausgleichsgetriebe (8) muß die unterschiedlichen Wegstrecken der Räder bei Kurvenfahrt ausgleichen. Die Position 5 bezeichnet den Tachoantrieb.

Die Antriebswellen

Damit Sie beim Fahren und Lenken kein Zerren in der Lenkung verspüren, müssen die Gelenke der Antriebswellen die Kräfte in allen Feder- und Lenkstellungen vollkommen gleichmäßig übertragen. Am Ausgleichsgetriebe sitzt ein sogenanntes Verschiebegelenk. Es ermöglicht den zum Ein- und Ausfedern notwendigen Längenausgleich, muß dabei jedoch nur geringe Beugewinkel ertragen. Am Rad sitzt dagegen ein »Festgelenk«; hier ist kein Längenausgleich notwendig, dafür ein großer Beugewinkel für den Lenkeinschlag.

Manschetten der Antriebswellen prüfen

Wartungspunkt Nr. 30

Die Gelenke der Achswellen sind durch Gummimanschetten vor Feuchtigkeit und Schmutz geschützt und mit je 90 g MoS_2-Schmierfett gefüllt.

■ Wagen vorn mit freihängenden Rädern aufbocken.

■ Gelenkwelle drehen und beide Manschetten auf feine Risse oder spröde Stellen kontrollieren.

■ Sitzen die Schlauchbinder fest?

■ Fettspuren an der Manschette sind ein Alarmsignal, denn fehlendes Schmiermittel oder eindringender Schmutz bzw. Feuchtigkeit zerstören die Gelenkoberflächen sehr schnell.

■ Beschädigte Manschetten sofort ersetzen. Dazu muß die Antriebswelle ausgebaut und zerlegt werden.

Störungssuche an den Antriebswellen

Im allgemeinen gibt es mit den Antriebswellen keine Probleme. Ihre Lebensdauer hängt natürlich von der Fahrweise ab. Vollgasstarts bei eingeschlagenen Vorderrädern und Anfahren mit durchdrehenden Antriebsrädern lassen die Gelenke früh ausschlagen.

Die Gelenke der Antriebswellen zeigen meist schlagartig Ausfallserscheinungen, die aber zwischendurch wieder völlig verschwinden können. Die »ruhige Phase« kann sich über mehrere Tage und Kilometer erstrecken.

□ Charakteristisch sind rhythmische Schlag- oder Knack-knack-knack-Geräusche beim Gasgeben und im Schiebebetrieb. Verändern sich diese Töne noch abhängig vom Lenkeinschlag, dürfte das radseitige Gelenk defekt sein.

□ Vibrationen und Zitterbewegungen im Lenkrad bei eingeschlagenen Rädern weisen ebenfalls auf ein schadhaftes »Festgelenk«.

□ Ein Knackgeräusch beim Anfahren mit eingeschlagenen Rädern liegt seltener an den Antriebswellen, sondern am Radlager, siehe Seite 127.

Antriebswelle ausbauen

■ Radnabenkappe abnehmen.

■ Sechskantmutter SW 30 in der Radnabe lösen; hierzu muß der VW absolut fest auf dem Boden stehen. Mutter herausdrehen.

■ Wagen vorn aufbocken.

■ Innenvielzahn-Halteschrauben der Welle am Getriebe lösen, siehe Seite 14.

■ Lenkung voll einschlagen und die Welle herausziehen.

■ Ist das nicht möglich, Wagen ablassen und mit voll eingeschlagener Lenkung kräftig aufschaukeln, bis sich die Antriebswelle vom Getriebeflansch löst. VW wieder anheben.

■ Welle aus dem Radlagergehäuse ziehen.

■ Beim Einbau die Schrauben mit neuen Federringen eindrehen (45 Nm).

■ Wagen ablassen, Räder blockieren. Neue Achsnabenmutter mit 230 Nm anziehen.

Fingerzeige: *Sind Sie sicher, daß das radseitige Gelenk schadhaft ist, sollten Sie eine Austausch-Antriebswelle in einer speziellen Reparaturwerkstatt (Branchen-Telefonbuch!) kaufen. Die kostet dort nur wenig mehr als das einzelne Gelenk in der V. A. G.-Werkstatt.*

Wollen Sie eine gebrauchte Welle bei der Autoverwertung kaufen, gilt es auf die Länge zu achten: Die linke ist 445,5 mm und die rechte 658 mm lang. Außerdem besitzen die Modelle mit Einspritzmotor (sowie die 85-PS-Jetta und -Scirocco) verstärkte Gelenke.

Antriebswelle zerlegen

Zum Manschetten- oder Gelenkwechsel muß die ausgebaute Antriebswelle zerlegt werden. Hierbei gilt es zu beachten, daß seit 8/80 parallel zur bisherigen Ausführung eine geänderte Befestigung des äußeren Gelenks eingesetzt hat.

Der Pfeil zeigt jeweils auf den Sicherungsring an der Gelenkwelle älterer (1) und neuerer (2) Bauart.

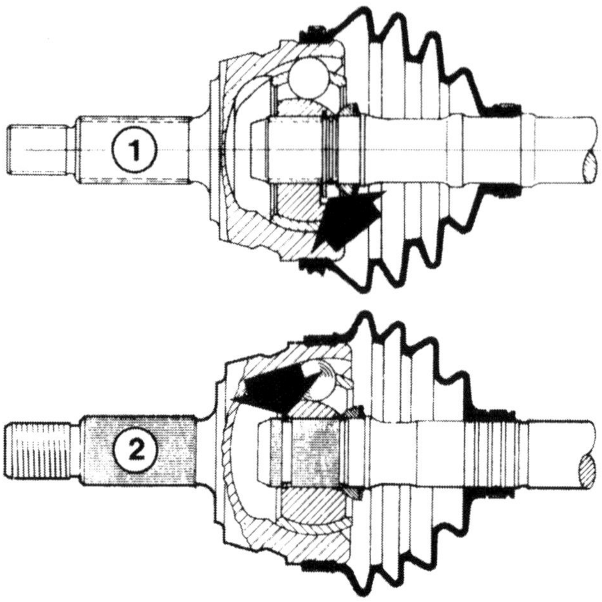

■ An der Getriebeseite die Blech-Schutzkappe mit der daran befestigten Manschette mit Hammer und Durchschlag vorsichtig vom Gelenk herunterklopfen. Dabei den Durchschlag an mehreren Stellen rund um das Gelenk ansetzen.

■ Am Wellenstumpf den Sicherungsring des Gelenks mit zwei feinen Schraubenziehern und etwas Geduld aus seiner Nut herausnehmen.

■ Antriebsgelenk von der Welle ziehen; notfalls mit einigen Hammerschlägen nachhelfen.

■ Klemmschelle der Manschette aufbiegen oder mit Seitenschneider durchschneiden, Manschette abziehen.

■ Neue Manschette montieren, Klemmschelle fest zusammenpressen oder passende Schraubschelle verwenden.

■ Beim Einbau das Gelenk evtl. mit dem Hammer in seinen Sitz klopfen, Sicherungsring montieren.

■ Auf jeder Seite eines neuen Gelenks je 45 g MoS_2-Schmierfett eindrücken, ein gebrauchtes Gelenk nicht auswaschen, sondern nur nachfetten.

■ Blech-Schutzkappe der Manschette aufdrücken, notfalls leicht aufklopfen.

■ Äußeres Gelenk: An einer intakten Manschette den großen Schlauchbinder abnehmen, Schutzhülle zurückstreifen.

■ Bei beschädigter Manschette diese komplett abnehmen.

■ Im Gelenk älterer Bauart (siehe Zeichnung Nr. 1 oben) den Sicherungsring auseinanderdrücken, gleichzeitig auf den Radzapfen schlagen; dadurch löst sich das Gelenk von der Welle.

■ Beim Zusammenbau Sicherungsscheibe, Abstandsring und Tellerfeder in der unten gezeigten Reihenfolge einsetzen.

■ Gelenk auf die Welle aufklopfen, bis der eingesetzte Sicherungsring in der Nut auf der Welle einrastet.

■ Bei der neueren Gelenkausführung (Zeichnung Nr. 2 oben) das Gelenk mit einem Leichtmetallhammer von der Gelenkwelle abtreiben.

■ Zum Einbau erst den Sicherungsring in die Nut einsetzen, dann das Gelenk mit einem Hammer aufklopfen.

■ Zuletzt Gelenk fetten, wie oben beschrieben.

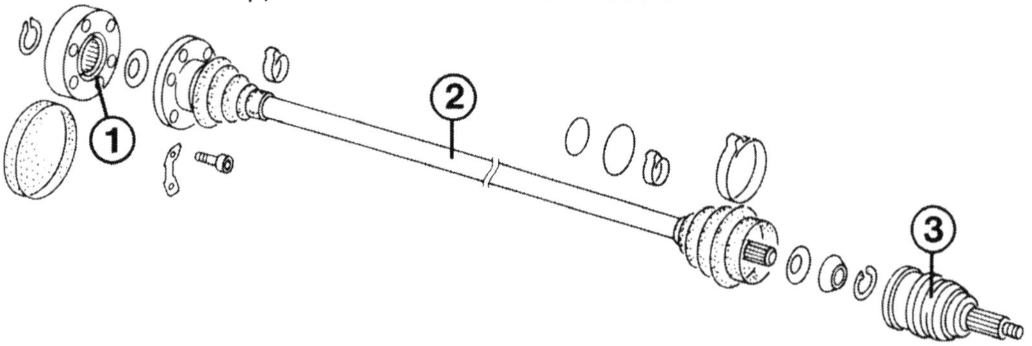

Hier sehen Sie die Antriebswelle (2) mit ihrem inneren (1) und äußeren (3) Gelenk.

Standfestigkeit

Die Karosserie steht mit der nachgiebigen Radaufhängung sozusagen auf allen Vieren. Dazu gehört auch die Lenkung. Alles zusammen bildet das sogenannte Fahrwerk, von dem der oberflächliche Betrachter nichts sieht. Dabei gibt es über die Beine des Autos allerlei Interessantes zu berichten.

Die Vorderradaufhängung

Zur Führung der Räder dient unten ein Achslenker in Form eines Dreiecks. Dieser »Lenker« hat nichts mit der Lenkung zu tun, sondern ist gelenkig mit der Karosserie verbunden. An der Seite zum Rad hin ist am Dreieckslenker über ein Gelenk das sogenannte Federbein (siehe nächste Seite) als Federungs-/Stoßdämpfungseinheit angeschraubt.
An den beiden Dreieckslenkern der vorderen Radaufhängung ist noch ein Stab aus Rundstahl angeschraubt. Er bewirkt folgendes: Federn beide Räder gleichzeitig ein, macht dieser Stab – der Stabilisator – die Bewegung mit, ohne sich dagegen zu sperren. Beim Durchfahren einer Kurve federt jedoch das kurveninnere Rad aus, und die Feder des kurvenäußeren Rades wird stärker zusammengepreßt. Dadurch wird der Stabilisator in sich verdreht. Er verstärkt so die Federung im kurvenäußeren Rad und bewirkt, daß sich die Karosserie weniger stark zur Kurvenaußenseite neigt.

Die Lenkung

Zur vorderen Radaufhängung gehört auch die Lenkung. Die Drehungen am Lenkrad wandelt ein Lenkgetriebe – es sitzt hinter dem Motor – in eine hin- und hergehende Bewegung um, damit die Vorderräder zur Seite schwenken können. Der VW hat eine sogenannte Zahnstangenlenkung. Ein Ritzel am Ende der Lenksäule greift in eine Zahnstange ein und verschiebt diese je nach Drehrichtung am Lenkrad nach rechts oder links. Diese Bewegungen übertragen die an beiden Seiten der Zahnstange direkt angeschraubten Spurstangen auf die schwenkbaren Radzapfen (Achsschenkel) und damit auf die Räder. Diese Konstruktion ermöglicht eine leichtgängige und direkte Lenkung.

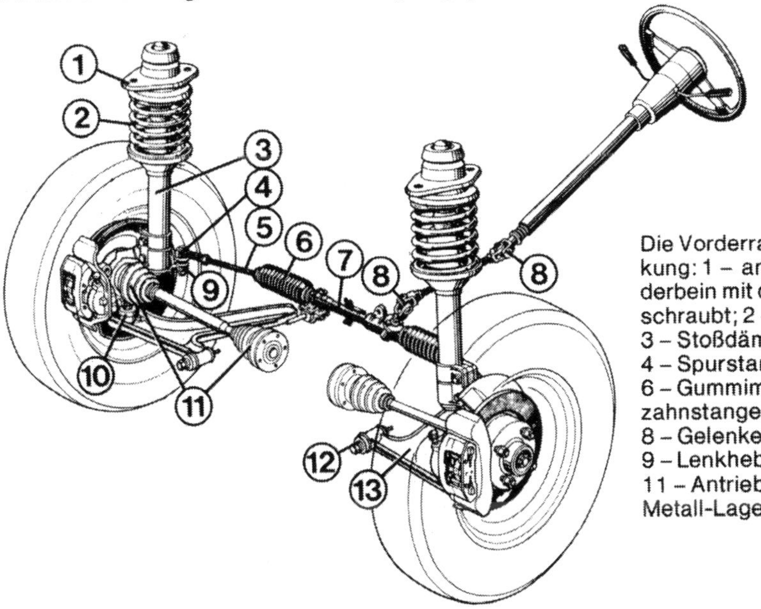

Die Vorderradaufhängung und Lenkung: 1 – an dieser Stelle ist das Federbein mit der Karosserie verschraubt; 2 – Schraubenfeder; 3 – Stoßdämpfergehäuse; 4 – Spurstangenkopf; 5 – Spurstange; 6 – Gummimanschette, die die Lenkzahnstange umhüllt; 7 – Lenkgetriebe; 8 – Gelenke der Lenksäule; 9 – Lenkhebel; 10 – Achsgelenk; 11 – Antriebsgelenke; 12 – Gummi-Metall-Lager des Dreieckslenkers (13).

Beim Einschlagen läuft das Vorderrad in einem Kreisbogen um den Punkt »a« (dort trifft die Verlängerung der Schwenkachse – in der mittleren und rechten Abbildung eingezeichnet – auf die Fahrbahn auf). Punkt »b« bezeichnet die Mitte der Radauflagefläche; der Radius »a–b« des Kreisbogens ist der Lenkrollradius. Dieser Lenkrollradius ist von der Lage der Schwenkachse abhängig; trifft die Schwenkachse innerhalb der Wagenspurweite (= Abstand von Reifenmitte zu Reifenmitte) auf die Fahrbahn, ist der Lenkrollradius positiv, und er ist negativ, wenn die Schwenkachse außerhalb der Spurweite auf den Boden trifft.

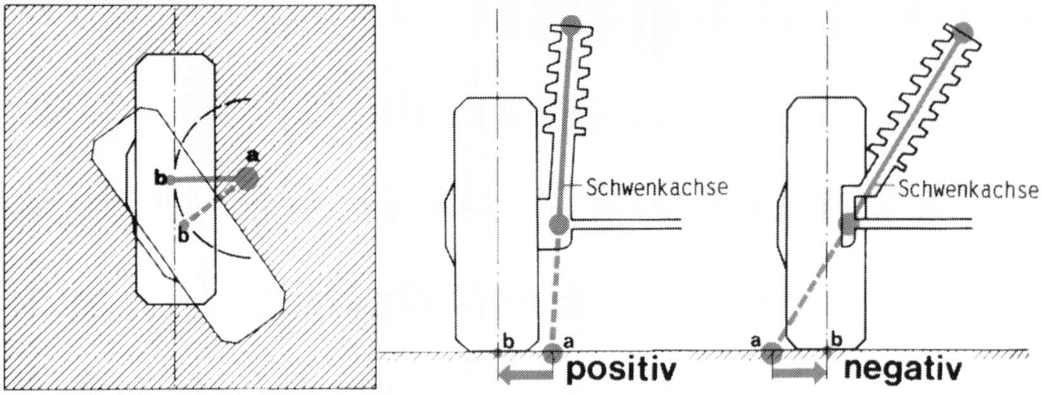

Durch eine bestimmte Schrägstellung der Federbeine wurde noch ein Effekt erzielt, der ebenfalls auf die Lenkung Einfluß hat – der spurstabilisierende Lenkrollradius, siehe Zeichnung oben. Durch ihn erreicht man in gewissem Maß eine selbsttätige Richtungsstabilisierung etwa beim Bremsen. Auf ungleich griffigem Untergrund (schmieriger Straßenrand) zieht das Auto normalerweise auf die Seite des stärker gebremsten Rades. Bei unseren Fahrzeugen geschieht dies, wenn überhaupt, nur in abgeschwächter Form.

Die Hinterachse

Hier haben wir eine richtige Achse aus einem Stück vor uns. Sie ist aber nicht starr, sondern in sich verdrehbar. An einen T-förmigen Querträger aus Federstahl sind rechts und links rohrförmige Längslenker angeschweißt. In Fahrtrichtung hinten sitzt eine Blechkonsole. Auf ihr sitzt das nach oben ragende Federbein, an ihrer Seite ist der entsprechende Radzapfen angeschraubt. An der Unterseite der Hinterachse ist ebenfalls ein Stabilisator befestigt, wobei dieser und der Federstahl-Querträger in Kurven gemeinsam eine Federungsverhärtung bewirken.

Die Federbeine

Unter dem Begriff Federbein verstehen wir die Zusammenfassung von Feder und Stoßdämpfer in einer Einheit. Der Dämpfer ist in die Schraubenfeder hineingesteckt. Feder und Stoßdämpfer arbeiten genau in derselben Bewegungsrichtung, was gleichmäßige, für die Fahrzeuginsassen angenehme Federbewegungen ergibt. Solche Federbeine hat der VW an der Vorder- und Hinterachse.
Für die Vorderradfederung wurde ein Patent des Amerikaners Earl S. McPherson verwendet. Das nach ihm benannte Federbein stellt eine komplette Radaufhängung dar. Der obere Befestigungspunkt an der Karosserie ist drehbar gelagert, so daß Lenkbewegungen überhaupt möglich sind. Und durch das untere Ende der Federungseinheit ragt der Radzapfen, auf dem das Vorderrad läuft.

Die Stoßdämpfer

Die Stöße der unebenen Fahrbahn schlucken Reifen und Federn. Die Stoßdämpfer indessen sollen die Schwingungen der Achsen und der Karosserie unter-

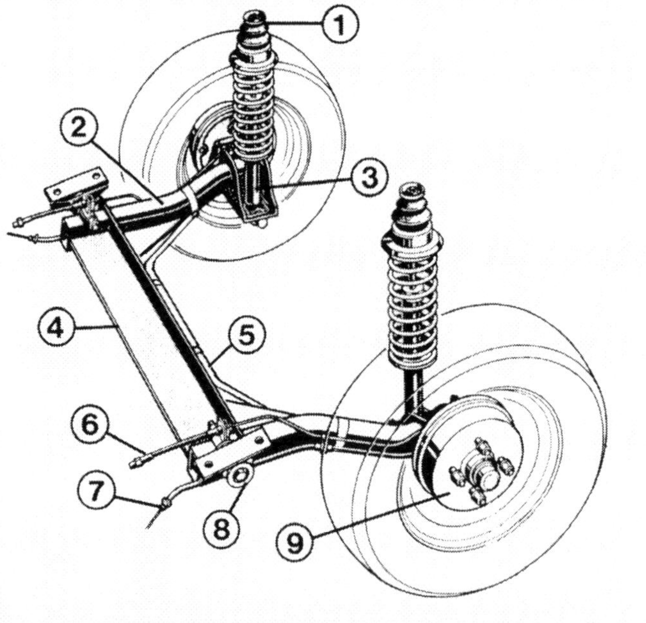

Zur Hinterradaufhängung gehören:
1 – oberes Federbeinlager;
2 – Längslenker; 3 – Stoßdämpfer;
4 – Querträger aus Federstahl-T-Profil;
5 – Stabilisator; 6 – Bremsschlauch;
7 – Handbremsseil; 8 – Gummi-Metall-Lager; 9 – Bremstrommel.

drücken bzw. zum Abklingen bringen – richtiger wäre daher die Bezeichnung »Schwingungsdämpfer«.
Normalerweise sind ab Werk sogenannte Zweirohrdämpfer eingebaut. Sie bestehen aus einem Arbeitszylinder, in dem ein mit einer Kolbenstange verbundener Arbeitskolben auf- und abgleiten kann. Der Arbeitszylinder ist von einem zweiten Zylinder umgeben, der als Vorratsbehälter für das Stoßdämpfer-Hydrauliköl dient. Bei Federbewegungen eines Rades verschiebt sich der Kolben im Zylinder, das in Bewegung versetzte Spezialöl wird durch Ventile hindurchgepreßt, was die Kolbenbewegung verlangsamt und damit die Schwingungen des jeweiligen Rades dämpft.
Bei sportlichen Fahrern sind die Einrohr-Gasdruckstoßdämpfer sehr beliebt. Sie sind z. B. von Bilstein lieferbar. Charakteristisch für diese Stoßdämpfer ist der Gasraum, der durch einen Trennkolben mit etwa 25 bar auf den ölgefüllten Arbeitsraum drückt. Das Öl steht also unter hohem Druck und kann auch bei höchster Belastung nicht schäumen, was selbst bei härtestem Einsatz gleichmäßige Dämpfwirkung verspricht. Einrohrdämpfer können die bei der Dämpfarbeit entstehende Wärme besser ableiten und sind dadurch auch langlebiger.

Manschetten des Lenkgetriebes kontrollieren
Wartungspunkt Nr. 25

Die gelenkigen Verbindungen zwischen dem Lenkgetriebe und den Spurstangen sind durch je eine Gummimanschette geschützt. Durch einen schadhaften Faltenbalg auf der linken Fahrzeugseite gelangt Schmutz und Feuchtigkeit ins Lenkgetriebe, bildet mit dem Lenkgetriebefett eine Art Schleifpaste und nagt am Lenkritzel. Ist die Lenkung in der Geradeausstellung schon etwas »teigig« geworden, hilft Nachstellen nicht mehr, sonst klemmt sie beim Einschlagen der Räder und geht nach Kurven nicht mehr zurück.

■ Wagen vorn aufbocken.
■ Ziehen Sie jeden Faltenbalg mit der Hand auseinander, um Risse in den Gummiwülsten zu erkennen.
■ Sitzen die Spannringe bzw. der Schlauchbinder rechts fest auf den Manschettenenden.
■ Eine defekte Manschette sofort ersetzen, siehe unter »Spurstange auswechseln« auf Seite 126.

Staubkappen und Spiel der Spurstangenköpfe prüfen
Wartungspunkt Nr. 28

Zwischen den Spurstangen und den Lenkhebeln am Radlagergehäuse sitzen ebenfalls Gelenke. Ihre stählernen Kugelköpfe sind von selbstschmierendem Kunststoff umhüllt und durch staub- sowie wasserdichte Umhüllung geschützt.

■ Kontrollieren Sie die Manschetten der Spurstangengelenke auf Risse.
■ Das Gelenkspiel wird bei auf dem Boden stehenden Wagen geprüft; am besten geht das auf einer Grube.
■ Fühlen Sie an den Spurstangengelenken, ob sie »Luft« haben, während ein Helfer das Lenkrad mehrmals kurz nach links bzw. rechts dreht.
■ Spurstangenköpfe mit defekter Manschette oder Spiel müssen umgehend ersetzt werden, siehe Seite 126.

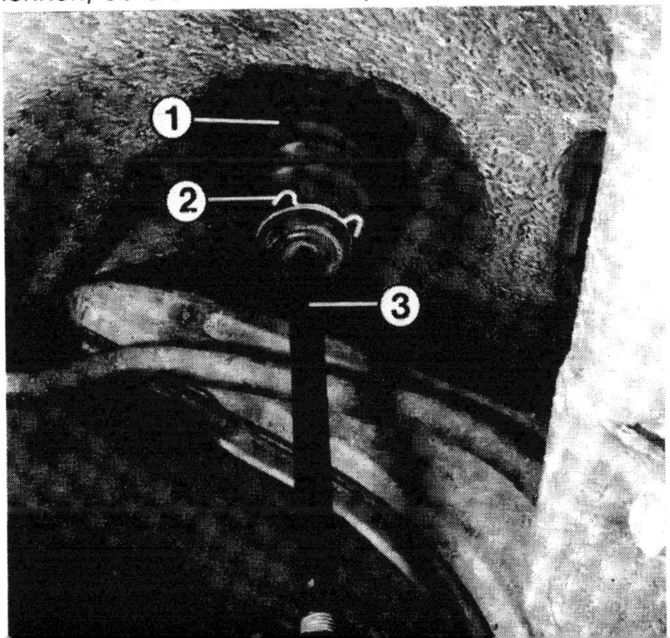

Die Gummimanschette (1) der Spurstange (3) darf keine Beschädigung aufweisen und der Spannring (2) muß fest sitzen.

Staubkappen der Achsgelenke kontrollieren
Wartungspunkt Nr. 29

Die Gelenke zwischen Dreieckslenker und Radlagergehäuse sind wartungsfrei. Die stählernen Kugelköpfe der Achsgelenke sitzen in einer Fettdauerfüllung und zusätzlich in Kunststoffschalen. Als Schutz vor Nässe und Schmutz dienen Staubkappen aus Gummi. Eindringender Schmutz wirkt wie Schmirgelsand im Gelenk, Feuchtigkeit läßt es mit der Zeit festrosten.

■ Lenkung voll nach einer Seite einschlagen.

■ Gummikappen der Achsgelenke rechts und links auf Beschädigungen kontrollieren.

■ Eine schadhafte Staubkappe kann nicht einzeln ersetzt werden, das Achsgelenk muß komplett ausgetauscht werden, siehe Seite 124.

Eine Prüfung, ob die Achsgelenke Spiel aufweisen, ist im Wartungsplan nicht vorgesehen. Die Kontrolle ist nach unseren Erfahrungen nur bei Wagen mit Kilometerleistungen ab 80 000 erforderlich.

■ Wagen aufbocken, daß das betreffende Vorderrad frei hängt.

■ Rad oben und unten fassen und quer zur Fahrtrichtung daran rütteln.

■ Zeigt sich »Luft«, sollten Sie das Spiel in der Werkstatt prüfen lassen, die hierfür einen speziellen Hebel besitzt.

Lenkungsspiel prüfen
Wartungspunkt Nr. 13

■ Linkes Seitenfenster herunterkurbeln. Stellen Sie sich neben den Wagen.

■ Durchs Fenster greifen und Lenkrad kurz hin- und herdrehen.

■ Bewegt sich das linke Vorderrad aus der Geradeausstellung sofort mit? Achten Sie besonders auf die Felge, die elastischen Reifen können einen Teil des Einschlags »schlucken«, ehe sie sich bewegen.

■ Zeigt das Lenkgetriebe Spiel, kann es nachgestellt werden. Dazu ist ein speziell gekröpfter und gebogener Ringschraubenschlüssel erforderlich. Diese sehr selten notwendige Arbeit würden wir der Werkstatt überlassen.

Spiel der Radlager prüfen
Wartungspunkt Nr. 42

Die Räder laufen vorn auf zweireihigen Kugellagern und hinten auf Schrägkegel-Rollenlagern. Sie halten, mit Dauerfetten montiert, weitaus mehr als 100 000 km durch.

■ Fassen Sie nacheinander die fest am Boden stehenden Räder oben und versuchen Sie, diese quer zum Wagen zu bewegen.

■ Bei einwandfreien Lagern darf praktisch keine »Luft« vorhanden sein.

■ Zeigen die hinteren Radlager Spiel, können sie nachgestellt werden, siehe Seite 132.

■ Bei »Luft« in den Lagern der Vorderräder lassen Sie einen Helfer auf das Bremspedal treten und wiederholen die Kontrolle.

■ Ist weiterhin Spiel vorhanden, liegt die Ursache am Achsgelenk.

■ Die vorderen Radlager können nicht eingestellt werden, sondern müssen ausgetauscht werden, siehe Seite 127.

■ Bei hochgebocktem Wagen können Sie noch kontrollieren, ob sich die Räder leicht durchdrehen lassen.

Stoßdämpfer prüfen

Nachlassende Dämpfwirkung wird oft unbewußt durch verändertes Fahrverhalten ausgeglichen. Eine Faustregel besagt, daß nach zwei verschlissenen Reifensätzen die Serienstoßdämpfer nur noch die Hälfte ihrer ursprünglichen Wirkung besitzen und somit austauschreif sind. Die bereits erwähnten Gasdruck-Stoßdämpfer haben ein wesentlich längeres Leben.

Es gibt einige untrügliche Anzeichen für nachlassende Stoßdämpferwirkung:

□ Flatternde Lenkung, weil die Räder keinen ständigen Fahrbahnkontakt haben.

□ Nach Unebenheiten schwingt die Karosserie nach.

□ »Schwammiges« Verhalten in Kurven, wobei die kurveninneren Räder nicht stark genug auf den Boden gedrückt und die äußeren nicht genügend entlastet werden.

□ Springende Räder; das muß freilich ein neben- oder hinterherfahrender Beobachter feststellen.

□ Vielfach unterbrochene Bremsspur bei Vollbremsung.

□ Ungleichmäßige Abnutzung der Reifen und erhöhter Reifenverschleiß.

□ Erhebliche Ölspuren außen am Stoßdämpfer bis unter den Federteller des Federbeins. Geringe Leckverluste sind dagegen normal.
Keine genaue Diagnose erhält man durch die bekannte »Schaukelmethode« im Stand, bei der man den Wagen am betreffenden Kotflügel aufschaukelt und plötzlich losläßt: Die Federbewegung müßte sofort gedämpft werden. So läßt sich aber eigentlich nur ein total ausgefallener Stoßdämpfer feststellen.
Ein genaueres Bild über den Stoßdämpferzustand liefert ein spezieller Prüfstand, wie z. B. der »Shocktester« von Boge. Die Ausschwingbewegungen der betreffenden, zuvor in Schwingung versetzten Fahrzeugachse werden auf ein Diagramm aufgezeichnet. Dabei darf das Stoßdämpferöl nicht kalt sein, sonst wird das Meßergebnis verfälscht. Anhand des Diagramms hat man einen Anhaltspunkt über die Funktionsfähigkeit der Stoßdämpfer. Solche Prüfstände haben Autoclubs im »Wandereinsatz« sowie manche Werkstätten und TÜV-Stellen.

Die Federbein-Lagerung

Die obere Lagerung der Federbeine dient der Geräuschisolation, soll die Federwirkung erhöhen und beim Lenkeinschlag einen möglichst geringen Widerstand bieten.
Solange die Vorderräder Fahrbahnkontakt haben, sind die Federbeinlager ständig unter Last verspannt. Falls bei der Hauptuntersuchung beim TÜV oder DEKRA das Spiel der Vorderradaufhängung bei angehobenen Rädern geprüft wird, zeigt sich zwischen Federbeinlager und Kolbenstange des Stoßdämpfers Spiel. Dies ist jedoch konstruktiv bedingt und deutet nicht auf Verschleiß.

Eigenarbeiten an Lenkung und Fahrwerk

Für die Verkehrssicherheit sind Fahrwerk und Lenkung von entscheidender Bedeutung. Sie sollten daran nur dann schrauben, wenn Sie sich Ihrer Sache völlig sicher sind. Andernfalls gefährden Sie sich und andere.
Wenn Sie im Zweifel sind, ob Sie die betreffende Reparatur selbst bewerkstelligen können oder die hier genannten Werkzeuge nicht besitzen, gehört die Arbeit in die Werkstatt.

Vorderradaufhängung zerlegen

An den Teilen der vorderen Radaufhängung läßt sich vieles in Eigenregie aus- und einbauen. Für bestimmte Arbeiten sind allerdings Werkstattgeräte erforderlich. Beschädigte Teile der Radaufhängung dürfen nicht gerichtet oder gar geschweißt, sondern müssen grundsätzlich erneuert werden.

Stabilisator ausbauen

■ Wagen vorn aufbocken, daß beide Räder gleichmäßig ausgefedert sind.
■ Je zwei Muttern an den Halteschellen an beiden Dreieckslenkern abschrauben.
■ An den hinteren Lagerpunkten der Lenker je eine Mutter der kleinen Halteschelle losdrehen.
■ Kontrollieren Sie den einwandfreien Zustand der Stabilisator-Gummilager.
■ Die Einstecköffnung für den Stabilisator wird an den hinteren Gummi-

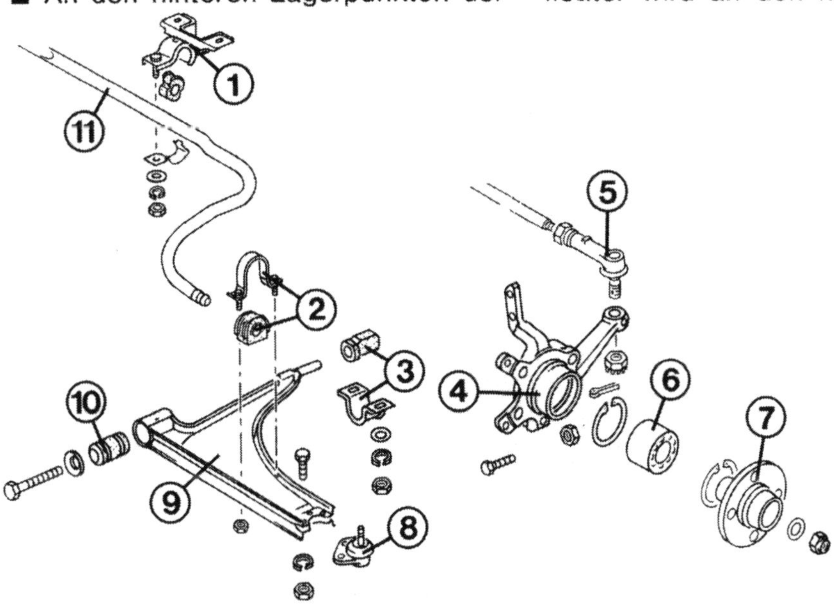

Einzelteile der zerlegten Vorderradaufhängung: 1 – Halteschelle innen; 2 – Halteschelle außen; 3 – Halteschelle des Dreieckslenkers (9); 4 – Radlagergehäuse; 5 – Spurstange; 6 – Radlager; 7 – Radnabe; 8 – Achsgelenk; 10 – Gummi-Metall-Lager.

lagern mit Glyzerin bestrichen, damit sie sich leichter montieren lassen.
■ Hintere Schellen zuerst in ihre entsprechenden Halteösen einstecken.
■ Alle Muttern mit 25 Nm anziehen.

Dreieckslenker ausbauen

■ Stabilisator abschrauben.
■ Oben am Achsgelenk die Verschraubung der Klemmverbindung lösen.
■ Achsgelenk nach unten herausziehen.
■ Halteschrauben aus dem vorderen Dreieckslenkerlager herausdrehen.
■ Beide Muttern der hinteren Halteschelle lösen, Achslenker abnehmen.
■ Gummi-Metallager auf Risse oder sonstige Beschädigungen kontrollieren.
■ Muttern der hinteren Halteschelle mit 45 Nm anziehen.
■ Am vorderen Lager des Lenkers neue Spezial-Sicherungsscheibe verwenden, Schraube mit Schraubensicherungsmittel einsetzen (Gewinde muß öl- und fettfrei sein, Gewindebohrung im Lager ebenfalls völlig sauber). Anzugsdrehmoment 70 Nm.
■ An der Klemmbefestigung des Achsgelenks neue selbstsichernde Mutter verwenden. Drehmomente: M 8 – 30 Nm, M 10 – 50 Nm.

Achsgelenk ersetzen

■ Dreieckslenker ausbauen, siehe oben.
■ Das Achsgelenk ist ab Werk am Dreieckslenker angenietet. Nieten mit 6-mm-Bohrer durchbohren.
■ Nietköpfe mit Flachmeißel abschlagen, Nietreste heraustreiben.
■ Zum Einbau des Achsgelenks drei Schrauben M 7 × 22 mit Federringen verwenden; Drehmoment 25 Nm.

Fingerzeig: *Serienmäßig wurden bis Fahrgestell-Nr. 178 3 173 584 bzw. 538 2 028 903 Achsgelenke mit 15 mm Zapfendurchmesser eingebaut, später solche mit einem Durchmesser von 17 mm. In Verbindung mit den neueren Radlagergehäusen können auch in älteren Fahrzeugen 17-mm-Achsgelenke eingebaut sein.*

Gummi-Metallager ersetzen

■ Dreieckslenker ausbauen, siehe oben.
■ Das hintere Lager ist lediglich aufgesteckt. Es kann abgezogen und ein neues aufgesteckt werden.
■ Das vordere Gummi-Metallager ist in die Buchse im Dreieckslenker eingepreßt.
■ Zum Ausbau wird ein Abzieher benötigt, der an der in Fahrtrichtung nach hinten zeigenden Seite des Lagers angesetzt wird und das Lager nach vorn herausdrücken muß.
■ Das neue Lager so ansetzen, daß die Gumminoppen an seiner Stirnfläche nach vorn in Fahrtrichtung zeigen.
■ Zum Einpressen (evtl. auf einem Schraubstock) die Seitenflächen des Gummi-Metallagers mit Glyzerin bestreichen, damit es sich besser einpressen läßt.
■ Haben Sie keine passenden Gerätschaften zum Aus- und Einpressen des Lagers, lassen Sie die Arbeit am ausgebauten Dreieckslenker in der Werkstatt durchführen.

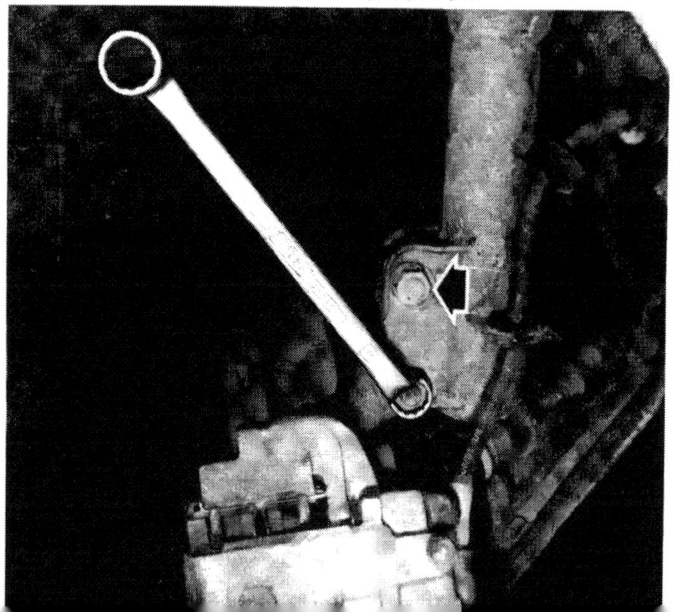

Bevor die Verschraubungen unten am Federbein zu einer Reparatur gelöst werden, sollten Sie unbedingt die Lage der Exzenterschraube (Pfeil) anzeichnen. Dann haben Sie beim Zusammenbau einen gewissen Anhalt, und die Radeinstellung ist nicht allzu grob verstellt.

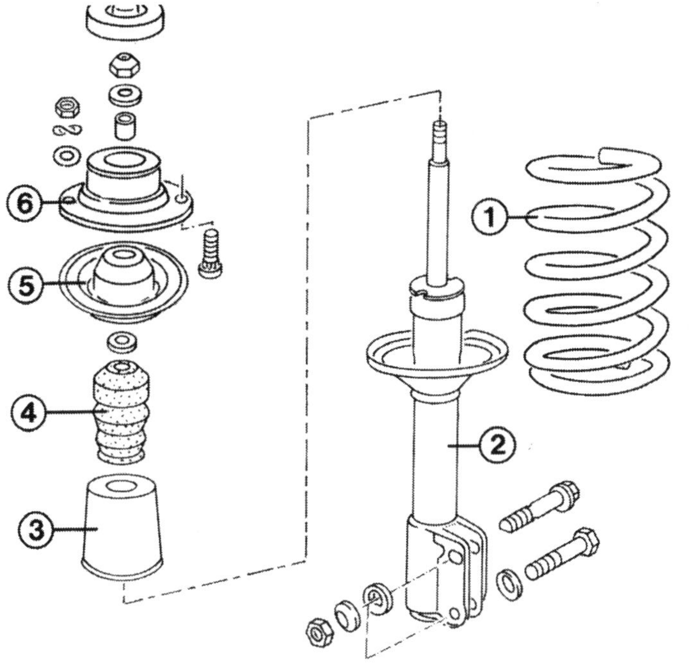

Das vordere Federbein:
1 – Schraubenfeder;
2 – Stoßdämpfer;
3 – Schutzhülle;
4 – Anschlagpuffer;
5 – oberer Federteller;
6 – Federbeinlagerung.

Federbein ausbauen

■ Im Motorraum die beiden außenliegenden Muttern der oberen Federbeinbefestigung losdrehen.
■ Wagen aufbocken, betreffendes Rad abnehmen.
■ Lage der oberen Exzenterschraube am Federbein anzeichnen (siehe Bild links), damit der Radsturz nicht unnötig verstellt wird.
■ Beide unteren Verschraubungen des Federbeins lösen, Schraubenbolzen heraustreiben.
■ Federbein abnehmen.
■ Beim Einbau brauchen Sie für die Exzenterschraube zur Sturzeinstellung eine neue Spezialsicherungsscheibe.
■ Beide unteren Verschraubungen werden mit 80 Nm angezogen, die Muttern oben mit 20 Nm. Exzenterschraube auf angezeichnete Markierung stellen.
■ Radsturz gelegentlich kontrollieren lassen.

Stoßdämpfer bzw. Schraubenfeder ausbauen

Zu dieser Arbeit ist eine Spannvorrichtung für die Schraubenfeder zwingend erforderlich, sogenannte Federspanner. Gebraucht werden davon drei. Andernfalls besteht durch die etwa vierfache Vorspannung der Schraubenfeder die Gefahr, daß die Teile nach Lösen der zentralen Halteschraube explosionsartig auseinanderfliegen – allerhöchste Verletzungsgefahr!

■ Federbein ausbauen.
■ Schraubenfeder spannen.
■ Bolzen des Stoßdämpfers gegenhalten, während die selbstsichernde Mutter M 14 mit einem gekröpften Ringschlüssel losgedreht wird.
■ Sämtliche Teile abnehmen und in ihrer Reihenfolge ablegen.
■ Schraubenfeder langsam entspannen.
■ Anschlaggummi und Abdeckung über dem Stoßdämpfer abnehmen.
■ Beim Zusammenbau nach Einsetzen von Abdeckung und Gummipuffer die Schraubenfeder wieder spannen, dann Federbeinlager mit seinen Teilen montieren.
■ Bei der älteren Federbeinausführung soll der Dämpfungsring zwischen dem unteren und dem oberen Teil des Federbeinlagers mit Talkum eingesetzt werden, damit er sich nicht verspannt.

Fingerzeige: *Gebrochene Schraubenfedern kamen nur in den ersten Modelljahren öfters vor; ein Fehler, der mittlerweile ausgestanden ist.*
Es genügt, einen defekten Stoßdämpfer alleine auszutauschen. Der paarweise Ersatz ist besser, wenn Sie den Wagen noch länger fahren wollen. Statt der herkömmlichen Stoßdämpfer können Sie beim Austausch Gasdruckstoßdämpfer einbauen. Die müssen paarweise oder besser gleich an allen vier Rädern montiert werden.

Mit einem Spurstangenabzieher (3) läßt sich der Spurstangenkopf (2) leicht vom Lenkhebel (1) trennen.

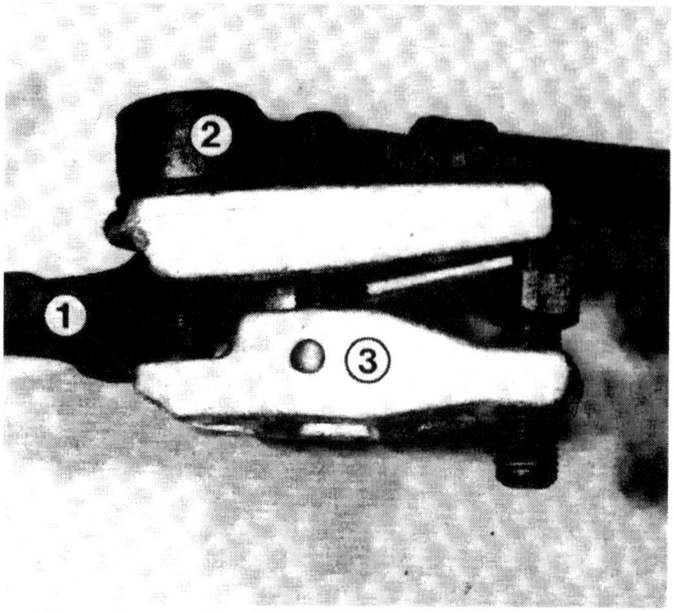

Spurstangenkopf auswechseln

Serienmäßig ist an der rechten Spurstange der Spurstangenkopf getrennt angeschraubt. Als Ersatz gibt es auch für die linke Seite nur Spurstangen mit getrennten Köpfen.

- Enden des Kronenmutter-Splints geradebiegen, wobei sie meist abbrechen, Splintkopf in die Kronenmutter hineinklopfen.
- Stecknuß ansetzen und Kronenmutter losdrehen, wobei der Splint abgerissen wird.
- Spurstangenkopf mit einem Klauenabzieher nach oben aus dem Lenkhebel am Radlagergehäuse herausdrücken.
- Kontermutter an der Spurstange losdrehen.
- Lage der Spurstangenkopf-Verschraubung anzeichnen, dann stimmt die Spur nach dem Zusammenschrauben wieder einigermaßen.
- Spurstangenkopf abschrauben und neuen bis zur Markierung eindrehen.
- Bolzen des Spurstangenkopfes in den Lenkhebel hineindrücken, evtl. vorsichtig hineinklopfen.
- Kronenmutter mit 30 Nm anziehen und bis zum Splintloch weiterdrehen, neuen Splint einstecken und Enden umbiegen.
- Kontermutter an der Spurstangenkopfverschraubung mit 50 Nm festziehen.
- Spur kontrollieren lassen.

Spurstange auswechseln

- Gummimanschetten am Lenkgetriebe zurückstreifen.
- Lenkung in Mittelstellung drehen.
- Abstand von der Spurstangenkopfmitte zum Spurstangengelenk innen messen, wie im Bild unten gezeigt.

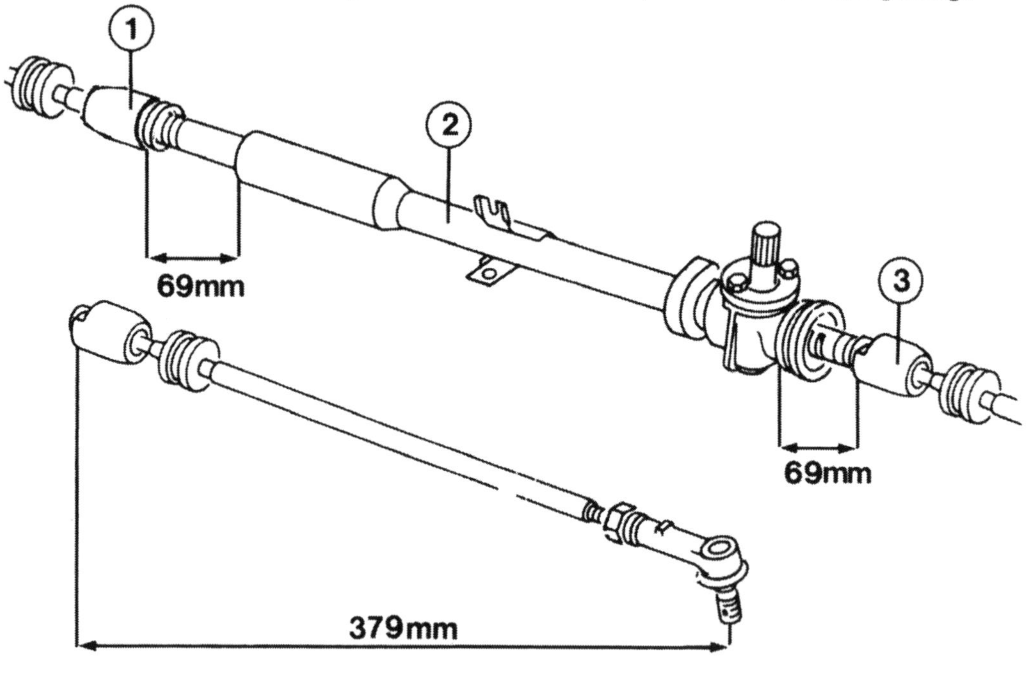

Beim Anschrauben einer Spurstange ans Lenkgetriebe muß das Gewindestück der Spurstange so eingedreht werden, daß noch ein Abstand von 69 mm zum Lenkgetriebe verbleibt (oben). Zum Ersatz der bisher nicht einstellbaren Spurstange muß die neue Spurstange, die nur in einstellbarer Ausführung geliefert wird, auf eine Länge von 379 mm eingestellt werden (unten).

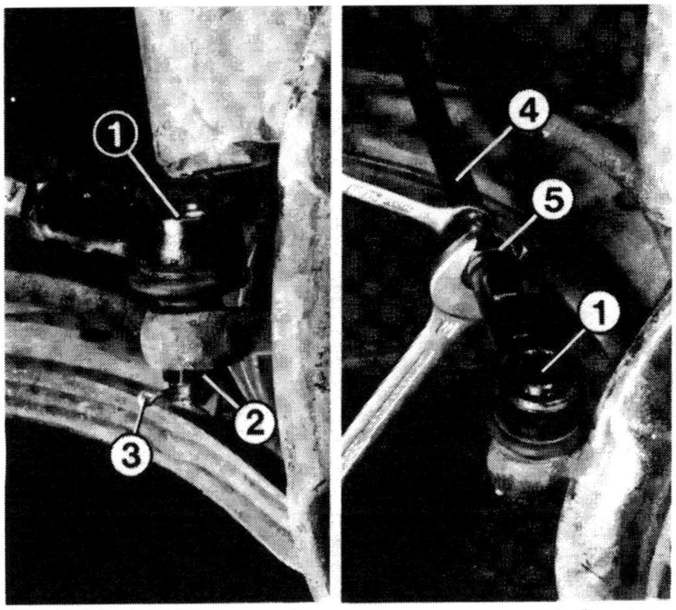

Links: Nach Aufschrauben der Kronenmutter (2) auf das Gewinde des Spurstangenkopfes (1) muß unbedingt ein Sicherungssplint (3) eingebaut werden.

Rechts: Zum Verändern der Radspur lassen sich die Spurstange (4) und die Mutter (5) des Spurstangenkopfes (1) verdrehen.

■ Kontermutter am Spurstangengelenk lösen, Spurstange vom Lenkgetriebe abschrauben.
■ Die Gummimanschette kann jetzt abgezogen und durch eine neue ersetzt werden.
■ Spurstange auf 379 mm Länge einstellen, ggf. auf den Meßwert an der alten Spurstange korrigieren.
■ Rechte Spurstange auf den eigenen Meßwert einstellen, dann stimmt die Spur nach dem Einbau zumindest annähernd.
■ Kontermutter am inneren Spurstangengelenk festziehen, Spurstangenkopf mit neuem Sicherungssplint montieren, siehe vorangegangenen Abschnitt.

Radlager ausbauen

Beim Anfahren mit voll eingeschlagenen Vorderrädern kann ein Knackgeräusch auftreten. Dann verschiebt sich das Radlager geringfügig im Radlagergehäuse. Abhilfe ist durch Molypaste möglich, womit der Radlagersitz – nicht das Lager – eingestrichen werden muß. Bei den V. A. G.-Ersatz-Radlagern wird diese Paste gleich mitgeliefert.
Das Radlager ist mit seinem Außenring ins Radlagergehäuse eingepreßt, am inneren Lagerring ist die Radnabe eingepreßt. Ein neues Radlager darf auf keinen Fall mit dem Hammer hineingeklopft werden, sonst ist der nächste Schaden bereits vorprogrammiert. Das Aus- und Einpressen sollten Sie in der Werkstatt machen lassen.

■ Bundmutter der Antriebswelle lösen (Seite 117).
■ Rad abbauen, Bremssattel abnehmen (Seite 140) und mit angeschlossenem Bremsschlauch an der Karosserie aufhängen.
■ Bremsscheibe ausbauen (Seite 141).
■ Spurstangenkopf ausbauen (siehe links).
■ Stellung der Exzenterschraube für die Sturzeinstellung anzeichnen, beide Verschraubungen unten am Federbein losdrehen (Seite 124/125).
■ Radlagergehäuse mit dem Abdeckblech für die Bremsscheibe abnehmen.
■ Zuerst Radnabe vom Innenring des Radlagers abpressen.
■ Abdeckblech abschrauben.
■ Radlager-Sicherungsringe auf beiden Seiten abnehmen. Lager aus dem Gehäuse pressen.
■ Sicherungsring an der Außenseite des Radlagers einsetzen, Lager bis zum Anschlag einpressen, zweiten Sicherungsring einbauen.
■ Beim Einpressen der Radnabe muß der Innenring des Radlagers unterstützt werden, damit das Lager nicht überlastet wird.

Lenkrad ausbauen

■ Am Dreispeichenlenkrad die Polsterabdeckung in der Mitte mit einem kräftigen Ruck abziehen.
■ Im Vierspeichenlenkrad die flexible Abdeckung rechts und links mit einem feinen Schraubenzieher vorsichtig aus

Links: Beim älteren Lenkrad wird der Hupknopf (2) abgezogen, bevor die Haltemutter (1) gelöst werden kann.

Rechts: Beim neueren Lenkrad wird vor dem Lösen der Mutter (1) die flexible Abdeckung (4) rechts und links aus ihren Haltezapfen (3) mit einem feinen Schraubenzieher vorsichtig herausgehebelt.

ihren Haltezapfen herausdrücken.

■ Lenkrad in Sperrstellung einrasten lassen.

■ Lenksäulenmutter mit Stecknuß SW 24 lösen.

■ Vorderräder genau geradeaus stellen, so daß die Lenkradspeichen symmetrisch stehen.

■ Mutter und Unterlegscheibe abnehmen, Lenkrad mit ruckelnden Bewegungen abziehen.

■ Beim Aufstecken des Lenkrads wieder auf symmetrische Ausrichtung der Speichen achten.

■ Lenksäulenmutter bei eingerastetem Lenkschloß mit 50 Nm anziehen.

Die Radeinstellung

Die Vorderräder müssen für ein sicheres Fahrverhalten in Längs- und Querrichtung in bestimmten Winkelstellungen stehen. Damit Sie sich unter der »Lenkgeometrie« etwas vorstellen können, hier eine Erläuterung der Begriffe:

Spur: Im Stillstand stehen die Vorderräder hinten enger zusammen als vorn. Sie rollen gewissermaßen auseinander. Während die Reibung zwischen Rad und Straße das linke Rad nach links weg und das rechte nach rechts drücken will, sind die Kräfte des Frontantriebs bestrebt, die Räder vorn zusammenzudrücken. Gewöhnlich werden die Vorderräder so eingestellt, daß sie vorn enger zusammenstehen, das nennt man Vorspur. Beim Golf und Scirocco überwiegen die Antriebskräfte die Reibungskräfte, deshalb wird hier eine Nachspur eingestellt. Das verhindert das Radieren der Reifen und Räderflattern. Beim Hineinlenken des Wagens in eine Kurve verstärkt sich die Nachspur durch die trapezförmige Anordnung des Lenkgestänges. Das kurveninnere Rad schwenkt stärker herum als das kurvenäußere. Das ergibt automatisch eine Unterstützung der Lenkbewegung und der Lenkkräfte. Dies ist auch notwendig, weil ja in einer Kurve die inneren Räder einen engeren Kreis fahren müssen als die äußeren.

Sturz: So nennt man die leichte Auswärtsneigung der Vorderräder – oben im Radkasten haben sie beim VW einen größeren Abstand voneinander als unten am Boden. Das heißt in Fachsprache »positiver« Sturz.

Spreizung: Sie gehört zum Sturz. Spreizung ist die geringfügige Neigung der

Damit Sie sich die obenstehenden Begriffe besser vorstellen können, haben wir sie hier zeichnerisch deutlich gemacht.

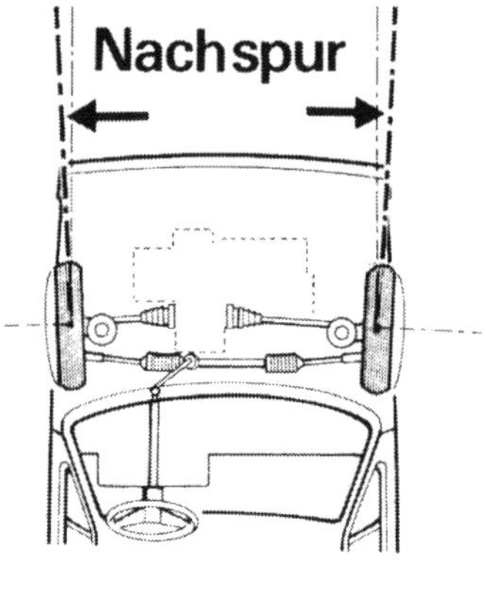

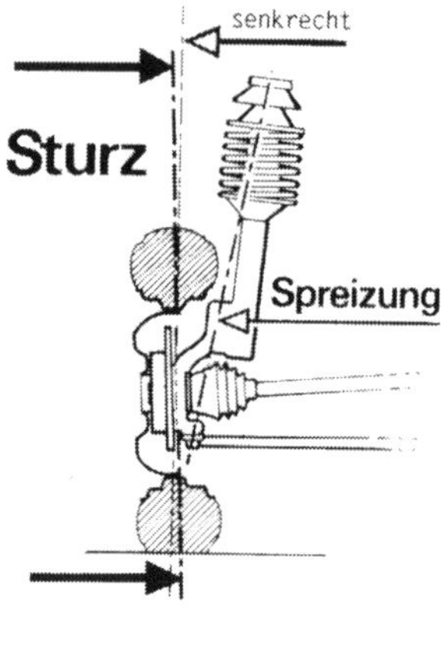

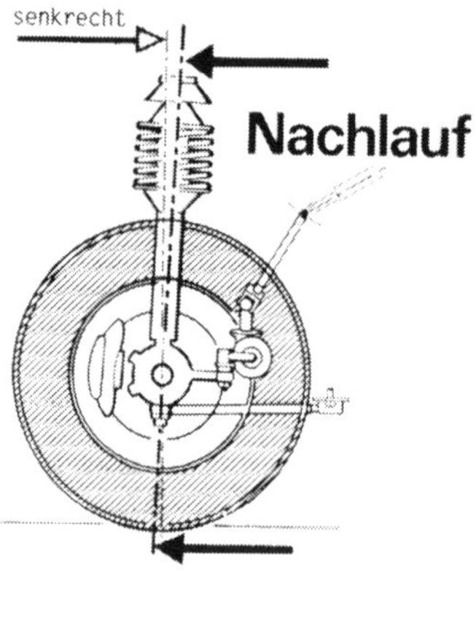

Schwenkachse, um die beim Lenken die ganze Geschichte schwenkt. Die Spreizung ist aber dem Sturz entgegengerichtet: Die beiden Schwenkachsen haben oben einen kleineren Abstand voneinander als unten. Sturz und Spreizung zusammen verhindern zusätzlich das Flattern der Räder. Ferner erleichtern sie das Einschlagen der Räder zur Kurvenfahrt. Und schließlich bewirken sie das »Rückstellmoment«, worunter man das Bestreben der Vorderräder versteht, bei oder nach Kurven selbsttätig wieder in Geradeausstellung zu gehen.
Nachlauf: Er hilft ebenfalls, den Geradeauslauf zu stabilisieren, Flattern der Vorderräder zu verhindern und die Lenkung nach Kurven zurückzustellen. Unter Nachlauf versteht man die Schrägstellung der Schwenkachse in Fahrzeuglängsrichtung.

Erkennungsmerkmale für falsche Radeinstellung

Wenn Sie fehlerhafter Lenkgeometrie beim Fahren auf die Schliche kommen wollen, müssen Sie zuerst sicherstellen, daß beide Vorderreifen dieselbe Reifensorte, Profiltiefe und den vorgeschriebenen Luftdruck (Seite 156) aufweisen.
□ Schauen Sie sich die Vorderräder aus fünf bis zehn Meter Entfernung an – stehen sie symmetrisch zueinander?
□ Ist das Reifenprofil einseitig abgenutzt? Bei scharfer Fahrweise ist es allerdings nicht ungewöhnlich, daß an beiden Reifen die Außenkanten stärkere Verschleißspuren zeigen als innen.
□ Eine verbeulte Felge deutet auf eine harte Bordsteinberührung, wodurch die Geometrie der Federbein-Vorderradaufhängung leicht aus dem Winkel gerät.
□ Stehen die Lenkradspeichen symmetrisch. Ein schiefsitzendes Lenkrad ist oft das Zeichen für falsche Spureinstellung.
□ Unruhiger Geradeauslauf; er ist besonders gut auf schnee- oder eisglattem Untergrund zu erkennen. Überbreite Reifen können den Geradeauslauf trotz richtiger Radeinstellung ebenfalls verschlechtern.
□ Zieht der VW auf völlig ebener Fahrbahn und losgelassenem Lenkrad zur Seite?
□ Stellt sich die Lenkung nach Kurven wieder von selbst in Geradeausstellung?
Ursachen für fehlerhafte Stellung der Räder können verschlissene Gelenke oder Gummilager sein, durch hartes Anfahren verbogene Teile der Radaufhängung oder unsachgemäße Unfallreparaturen.

Radeinstellung messen

Zur Vermessung der Radstellung wird ein optischer Achsmeßstand verwendet. Zur Messung muß der Reifendruck stimmen, das Fahrzeug unbeladen, durchgefedert und ausgerichtet sein, und die Teile der Vorderradaufhängung und Lenkung dürfen kein zu großes Spiel aufweisen. Folgende Meßwerte gelten:

Vorderachse	
Gesamtspur	$-15'^{+10'}_{-15'}$
Sturz in Geradeausstellung	+20′ ±20′
Höchstzulässiger Sturzunterschied zwischen beiden Seiten	30′
Spurdifferenzwinkel* bei 20° Lenkeinschlag nach links und rechts	−1°30′ ±30′
Nachlauf*	1°50′ ±30′
Sturzunterschied beim Lenkeinschlag von 20° links nach 20° rechts	1°15′ ±20′
Höchstzulässiger Nachlaufunterschied zwischen beiden Seiten	1°

Hinterachse	
Sturz*	−1°15′ ±25′
Höchstzulässiger Sturzunterschied zwischen beiden Seiten	40′
Gesamtspur*	+20′ ±20′
Höchstzulässige Abweichung von der Laufrichtung	30′

* Werte sind nicht einstellbar

Hinterachse zerlegen

Wurde beim Vermessen der Hinterradstellung eine zu große Abweichung vom Sollwert festgestellt, muß die Achse komplett ausgetauscht werden. Richt- oder Schweißarbeiten sind nicht zulässig.

Einzelteile der zerlegten Hinterradaufhängung: 1 – oberer Federteller; 2 – Schraubenfeder; 3 – Anschlagpuffer; 4 – Stoßdämpfer; 5 – Schutzrohr; 6 – Radzapfen; 7 – inneres Radlager; 8 – äußeres Radlager; 9 – Halteschelle außen des Stabilisators; 10 – Lagerbock; 11 – Halteschelle innen.

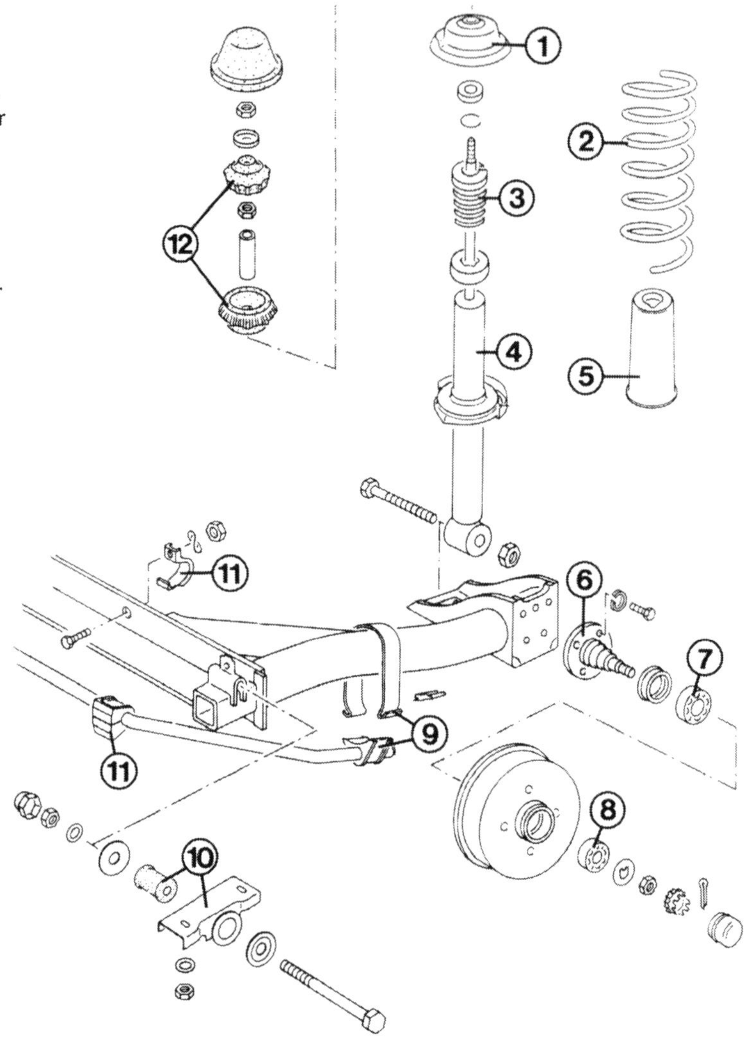

Federbein ausbauen

■ Im Kofferraum die Abdeckkappe abnehmen.
■ Haltemutter lösen, Anlageblech und oberes Gummilager abnehmen.
■ Wagen hinten aufbocken, ausgefederte Hinterachse unten abstützen.
■ Verschraubung unten losdrehen, Federbein abnehmen.
■ Beim Einbau untere Verschraubung mit 45 Nm, Haltemutter oben mit 35 Nm anziehen.

Stoßdämpfer bzw. Schraubenfeder ausbauen

Die Schraubenfeder des hinteren Federbeins steht nur unter geringer Vorspannung, ein Federspanner wird daher nicht gebraucht.
■ Oberes Gummilager abnehmen.
■ Sechskantmutter, bei älteren Modellen Schlitzmutter oben losdrehen, dabei den Zweikantansatz der Stoßdämpfer-Kolbenstange gegenhalten.
■ Oberen Federteller, Schraubenfeder und Distanzring abnehmen.
■ Sprengring oben am Anschlaggummi mit zwei feinen Schraubenziehern herausoperieren.
■ Anschlaggummi, Stoßdämpferschutzrohr und unteren Federteller abnehmen.
■ Beim Einbau die Mutter auf der Stoßdämpfer-Kolbenstange mit 20 Nm anziehen.

Fingerzeige: *Stoßdämpfer und Federn sind je nach Baujahr unterschiedlich. Achten Sie beim Ersatzteilkauf darauf, daß Sie wirklich die richtigen Teile erhalten. Federn und Stoßdämpfer können einzeln ersetzt werden, der paarweise Austausch ist nicht erforderlich, wenn Sie den VW bald verkaufen wollen.*

Lagerbock der Hinterachse ausbauen

Ein Hinterachs-Lagerbock mit verschlissenem Gummi-Metallager muß komplett ersetzt werden.
■ Wagen hinten aufbocken.
■ Haltemuttern an den Karosserielängsträgern losdrehen.
■ Untere Verschraubung des Halte-

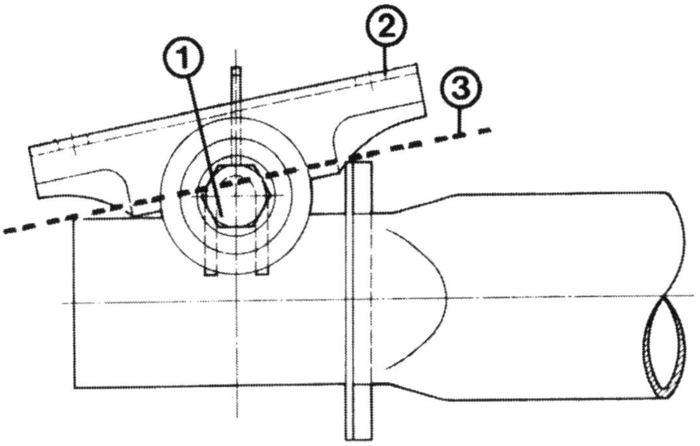

Die Halteschraube (1) des Hinterachs-Lagerbocks sollten Sie erst dann festziehen, wenn er mit seiner Oberkante (2) parallel zu der Linie »3« liegt.

bocks lösen, Teile in der Reihenfolge des Ausbaus ablegen.

■ Neuen Lagerbock so ausrichten, wie im Bild oben gezeigt.

■ Untere Verschraubung mit 70 Nm anziehen, Haltemuttern mit 45 Nm.

Fingerzeig: *Wenn beim Abschrauben der Stehbolzen einer der vier Hinterachsbefestigungspunkte reißt, muß an dieser Stelle ein Gewinde ins Blech eingeschnitten werden, siehe Seite 16. Mit 8-mm-Bohrer durchbohren, M-10-Gewinde ins Blech schneiden. Zum Befestigen eine Schraube M 10 × 40 der Festigkeitsklasse 10.9 verwenden.*

Hinterachse ausbauen

■ Handbremsseile am Handbremshebel lösen (nur zur kompletten Abnahme der Achse), siehe Seite 148.

■ Bremsschläuche rechts und links kurz vor der Hinterachse losschrauben (Seite 149).

■ Federbeine oben an der Karosserie oder unten an der Achse lösen.

■ Lagerböcke der Hinterachse an der Karosserie abschrauben, siehe vorangegangenen Abschnitt.

■ Nach dem Einbau Bremsanlage entlüften, siehe Seite 150.

Radlager ausbauen

■ Nicht zu scharfen Meißel an den Abdichtwulst der Nabenkappe ansetzen und diese ein wenig nach außen treiben.

■ Kräftige Schraubenzieherklinge hinter den Nabenwulst klemmen und die Kappe gleichmäßig abhebeln.

■ Sicherungssplint geradebiegen, aus der Kronensicherung ziehen und diese abnehmen.

■ Sechskantmutter losdrehen, Druckscheibe und äußeres Radlager abnehmen.

■ Bremstrommel abnehmen, siehe Seite 143.

■ Dichtring an der Bremstrommelinnenseite abhebeln, Radlager herausnehmen.

■ Äußeres und inneres Radlager auf Verschleiß kontrollieren.

Die Nabenkappe läßt sich am besten mit einem schmalen, aber nicht zu scharfen Meißel aus ihrem Sitz lockern.

Zum Prüfen des Radlagerspiels darf die Schraubenzieherklinge nicht an der Bremstrommel abgestützt werden.

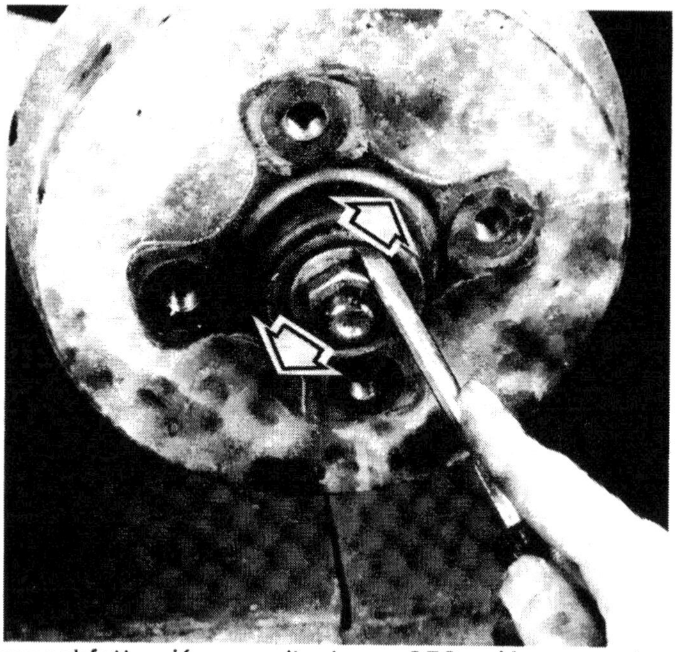

■ Neue Radlager mit Mehrzweckfett einsetzen, Nabenkappe etwa zur Hälfte mit Fett füllen.
■ Inneren Dichtring vorsichtig über Kreuz mit einem 250-g-Hammer einschlagen. Wenn vorhanden, einen Metallring in der Größe des Simmerrings zwischenlegen.

Radlagerspiel einstellen

■ Nabenkappe und Kronensicherung abnehmen, wie im vorangegangenen Abschnitt beschrieben.
■ Sechskantmutter festziehen; dabei das Rad drehen, damit sich die Lager nicht verklemmen.
■ Sechskantmutter wieder etwas lösen.
■ Das Spiel ist richtig eingestellt, wenn sich die Druckscheibe hinter der Mutter mit einem Schraubenzieher und mäßigem Fingerdruck gerade noch verschieben läßt und die Trommel nicht mehr »wackelt« (Handbremse offen?). Schraubenzieher nicht an der Bremstrommel abstützen. Siehe hierzu auch das Bild oben.
■ Kronensicherung aufsetzen, neuen Splint einstecken und umbiegen.
■ Nabenkappe mit Gummihammer eintreiben oder Lappenballen zwischenlegen.

Radzapfen ausbauen

■ Radlager ausbauen, wie auf diesen Seiten beschrieben.
■ Handbremsseil aushängen, siehe Seite 148.
■ Bremsleitung am Bremsträgerblech abschrauben, siehe Seite 148.
■ Halteschrauben des Bremsträgers losdrehen; damit ist auch der Radzapfen vom Achskörper gelöst.
■ Zum Anschrauben (60 Nm) neue Federringe verwenden. Die Anlagefläche für den Achszapfen und die Gewindelöcher müssen frei von Lack und Schmutz sein.
■ Zuletzt Bremse entlüften.

Der notwendige Halt

Von der Bremsanlage erwartet der Autofahrer spontanen Beistand. Dafür schuldet man ihr regelmäßige Wartung, denn Bremsen verschleißen heimlich; gewissermaßen hinter dem Rücken des Fahrers und nicht unter seinen Augen, wie etwa die Reifen.

Eigenarbeiten an der Bremse

Von der richtigen Funktion der Bremsen in Ihrem VW hängt Ihr Leben ab. Diese Tatsache sollten Sie sich stets vor Augen halten, wenn Sie Reparaturen daran ausführen wollen. Muten Sie sich also nicht zu viel zu. Andererseits ist bei der Bedeutung dieser Einrichtung keine Kontrolle zu viel. Auch wenn Sie regelmäßig die Werkstatt besuchen, sehen gerade in diesem speziellen Fall vier Augen mehr als zwei. Durch gezielte Kontrollen, nicht aber durch unsachgemäße Reparaturen können Sie dazu beitragen, die Verkehrssicherheit Ihres VW zu erhalten und so sich selbst zu schützen. Was Sie selbst tun können, ist hier im Buch behandelt, alle anderen Arbeiten sollten Sie der Werkstatt überlassen.

So funktioniert die Bremse

Wenn Sie auf das Bremspedal drücken, preßt eine mit dem Pedal verbundene Druckstange zwei hintereinanderliegende Kolben in den Hauptbremszylinder (im Motorraum). Die Kolben übertragen die Kraft auf die dort eingeschlossene Bremsflüssigkeit. Dieser so entstehende hydraulische Druck in der Bremsflüssigkeit gelangt über Rohr- und Schlauchleitungen zu den Radzylindern. In diesen drücken Kolben dann die Bremsklötze gegen die Scheiben bzw. an den Hinterrädern die Bremsbacken gegen die Trommeln.
Der Flüssigkeitsdruck wird an die Radbremszylinder in zwei getrennten Kreisen übertragen, und zwar für je ein Vorderrad und das gegenüberliegende Hinterrad (diagonal aufgeteilte Zweikreisbremse). Falls ein Bremskreis ausfallen sollte, bleiben so ein Vorderrad und das Hinterrad auf der anderen Seite bremsfähig. Mit dem anderen ungebremsten Vorderrad kann man noch lenken, und das ungebremste Hinterrad hält das Heck in der Spur.

Fingerzeig: *Bei Ausfall eines Bremskreises müssen Sie wesentlich stärker auf das Bremspedal treten (bei gleichzeitig längerem Pedalweg), um die übliche Bremswirkung zu erreichen. Außerdem wird der Anhalteweg länger.*

Die Bremsflüssigkeit

Die Flüssigkeit in den Bremsleitungen und Bremszylindern ist eine Mischung aus Glykol, Polyglykoläther und ein paar weiteren Bestandteilen. Diese gelbliche – übrigens giftige und gegen Autolack aggressive – Flüssigkeit greift die Metall- und die Gummiteile des Bremssystems nicht an, sie bleibt selbst bei –40° C noch ausreichend dünnflüssig und sie hat trotz ihrer Dünnflüssigkeit den extrem hohen Siedepunkt von ca. 260° C.
Aber die Bremsflüssigkeit hat auch eine sehr unangenehme Eigenschaft: Sie nimmt gern Wasser auf, sie ist »hygroskopisch«. Und das Wasser kann tatsächlich – zum Beispiel über die Luftfeuchtigkeit – in die Bremsflüssigkeit gelangen; über den Ausgleichsbehälter sowie durch mikroskopische Undichtigkeiten an den Bremsschläuchen und Gummimanschetten. Solche Wasseraufnahme führt nicht nur zu Korrosion an den Metallteilen der Anlage, sondern bewirkt

ein rapides Absinken des Siedepunkts. Bei nur 2,5 % Wassergehalt liegt der Siedepunkt nur noch bei 150° C. Das wird bei starker Belastung der Bremsen gefährlich, weil sie sich dabei sehr stark aufheizen.
In der Nähe der erhitzten Bremsen können sich Dampfblasen in der Hydraulikflüssigkeit bilden, die sich zusammenpressen lassen – das Bremspedal läßt sich tief durchtreten, manchmal tritt man sogar ins Leere. In diesem Fall hilft bisweilen noch schnelles Pumpen mit dem Bremspedal. Besonders gefährlich ist dieser Effekt nach dem Abstellen des Wagens nach starker Bremsbeanspruchung. Mangels Fahrtwind heizt sich die Bremsenumgebung noch stärker auf, die höchste Temperatur herrscht nach etwa 15 Minuten. Erst nach etwa ½ Stunde ist wieder die normale Bremsflüssigkeitstemperatur erreicht.
Der Wartungsplan schreibt daher den Wechsel der Bremsflüssigkeit alle zwei Jahre vor (siehe Seite 151).
Die Bremsflüssigkeit muß der Spezifikation FMVSS116 DOT 3 oder DOT 4 entsprechen. Alle mit DOT 3 bzw. 4 gekennzeichneten Bremsflüssigkeiten können gefahrlos gemischt werden.

Bremsflüssigkeitsstand prüfen
Ständige Kontrolle

Links hinten im Motorraum, direkt auf dem Hauptbremszylinder sitzt der Bremsflüssigkeitsbehälter (siehe Bild unten). Im weißlich durchscheinenden Behälter soll die Bremsflüssigkeit zwischen den Markierungen »MIN« und »MAX« stehen. Ist der Flüssigkeitsspiegel auffallend gesunken – was bei manchen Modellen auch durch eine Warnleuchte am Armaturenbrett angezeigt wird –, muß die Bremsanlage auf undichte Stellen kontrolliert werden. Siehe rechts.
Bedingt durch die vorderen Scheibenbremsen sinkt der Flüssigkeitsstand aber auch bei völlig dichter Bremsanlage mit zunehmender Kilometerleistung. Denn die im Durchmesser verhältnismäßig großen Kolben der Scheibenbrems-Radzylinder wandern mit den verschleißenden Belägen weiter heraus, und mehr Flüssigkeit fließt nach. Ein gewisses, langsames Absinken der Bremsflüssigkeit muß also nicht unbedingt alarmierend sein. Wenn Sie wissen, wie hoch die Bremsflüssigkeit bei neuen und abgenutzten Scheibenbremsen steht, läßt sich am Niveau der hydraulischen Flüssigkeit sogar ablesen, wie weit die Beläge abgenutzt sind.
Werden neue Scheibenbremsbeläge eingesetzt, müssen die Kolben in den Bremssätteln zurückgedrückt werden, wodurch der Flüssigkeitsstand wieder ansteigt. Wurde unnötigerweise bei abgefahrenen Belägen bis zur Höchstmarke im Behälter nachgefüllt, kann die Bremsflüssigkeit durch die Belüftungslöcher im aufgeschraubten Deckel überlaufen (die Löcher ermöglichen die notwendigen Schwankungen des Flüssigkeitsspiegels).

Bremsen prüfen
Ständige Kontrolle

Zuerst eine Vollbremsung bei Schrittgeschwindigkeit. Am Gummiabrieb auf der Straße sehen Sie bei gleich langen Spuren, daß die Bremsen gleichmäßig ziehen. Gleiche Prüfung mit der Handbremse. Für die Bremsenprüfung bei höherer

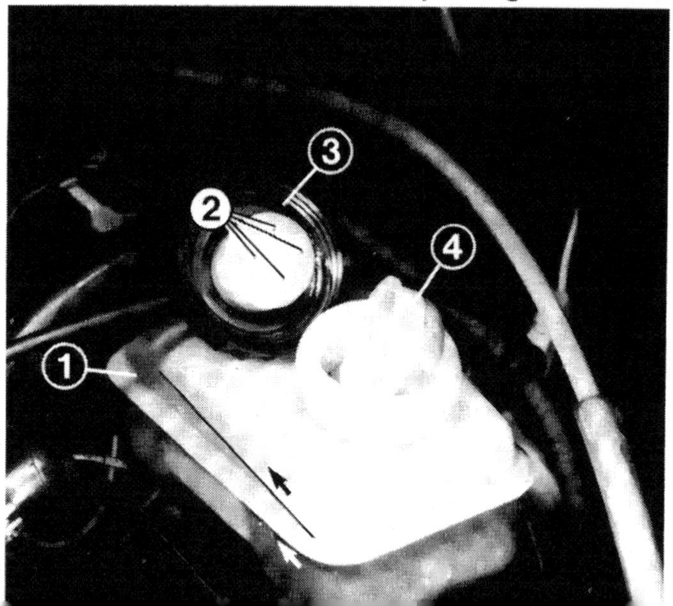

Im Bremsflüssigkeitsbehälter (1) soll sich das Niveau zwischen unterer (weißer Pfeil) und oberer Markierung (schwarzer Pfeil) befinden. Im Verschlußdeckel (3) sitzen vier Be- und Entlüftungslöcher (2), in der Einfüllöffnung hält ein Sieb (4) Verschmutzungen zurück.

Geschwindigkeit brauchen Sie eine ebene Strecke. Nun aus etwa 50 km/h bei losgelassenem Lenkrad, aber mit griffbereiten Händen zuerst sanft und dann scharf bis zum Stillstand abbremsen. Zieht der Wagen etwa nach links, ist eine der rechten Radbremsen nicht in Ordnung. Das Auto zieht in Richtung des stärker gebremsten Rades. Bei den vorderen Scheibenbremsen kann die Ursache ein zu weit abgenutzter Belag sein.
Lassen Sie den Wagen ein schwaches Gefälle im Leerlauf hinunterrollen, um festzustellen, ob die Räder freigängig sind. Nach der Probefahrt machen Sie die Handprobe: Ist eine Felge auf der einen Wagenseite wärmer als auf der anderen Seite? Ursachen können sein ein verklemmter Bremssattel, schwergängige hintere Trommelbremsen oder zu stramm eingestellte bzw. schadhafte Radlager.

Bremsanlage auf Undichtigkeiten und Beschädigungen prüfen
Wartungspunkt Nr. 26

Zur Kontrolle muß die Wagenunterseite trocken sein, damit Sie undichte Stellen erkennen können. Bremsflüssigkeit kriecht auch unter Schmutz. Schwarzer Schmutz oder feuchtdunkle Stellen lassen eine Undichtigkeit vermuten.

- Kontrollieren Sie sämtliche Anschluß- und Verbindungsstellen, auch am Bremslichtschalter, den Bremssätteln und die Bremsankerplatten, hinter denen die Radbremszylinder sitzen.
- Die Bremsschläuche dürfen weder feucht noch aufgequollen oder angescheuert sein. Sonst auswechseln, siehe Seite 149.
- Die Bremsleitungen sind zum Schutz gegen Rost mit einer Kunststoffschicht überzogen. Wird diese Schutzschicht beschädigt, kann es zu Rostansatz kommen. Deshalb die Leitungen nie mit Schraubenzieher, Schmirgelleinen oder Drahtbürste reinigen, sondern Kaltreiniger nehmen. Ist die Schutzschicht beschädigt, soll Rostschutzgrundierung ALN 747 003 dünn aufgestrichen werden. Leitungen mit Rostnarben und solche, die geknickt oder plattgedrückt sind, müssen ersetzt werden.
- Sind Staubschutzkappen auf allen Entlüftungsventilen? Sie sitzen an den vorderen Bremssätteln bzw. innen an den Bremsankerblechen.
- Die Bremsdruckprobe können Sie provisorisch selbst machen: Treten Sie mit voller Kraft aufs Bremspedal. Es darf auch nach einigen Minuten der vollen Belastung nicht nachgeben, sonst ist eine Manschette im Hauptbremszylinder defekt. Durch die undichte Manschette sinkt der Flüssigkeitsstand im Behälter nicht, sondern die unter Druck gesetzte Flüssigkeit mogelt sich am Kolben des Hauptbremszylinders vorbei auf die drucklose Seite. Gewisse undichte Stellen an den Kolbenmanschetten lassen sich allerdings nur bei einer genauen Druckprüfung in der Werkstatt ermitteln.

Fingerzeig: *Bremsschläuche vertragen weder Benzin, Petroleum, Dieselkraftstoff noch Fett; sie dürfen auch nicht lackiert werden.*

Die Scheibenbremsen

Zusammen mit jedem Vorderrad dreht sich eine Stahlscheibe frei im Luftstrom. Sogenannte Bremssättel umfassen sattelförmig die Scheiben und beim Tritt aufs Bremspedal drücken Kolben die Bremsbeläge gegen die Scheiben – es wird gebremst. Durch den Fahrtwind werden die Scheibenbremsen ständig gekühlt. Zusätzlich sind die Bremsscheiben innenbelüftet. Im Umfang der Bremsscheiben sitzen große Aussparungen, was die Kühlung noch verbessert. Dadurch sind die Bremsen sehr standfest – bei mehrmaligen Vollbremsungen läßt die Bremswirkung nur wenig nach (kaum »Fading«, wie der Fachmann sagt). Belagabrieb wird gleich weggeblasen, und ohne besondere Mechanik stellen sich die Scheibenbremsen selbst nach.
Die Minuspunkte der Scheibenbremsen sollen nicht vergessen werden: Die Beläge verschleißen wegen ihrer relativ kleinen Oberfläche schneller als Trommelbremsbeläge. Durch die offene Bauweise können zwischen Beläge und Bremsscheibe Fremdkörper gelangen (Sand oder kleine Steinchen). Das führt zu lästiger Quietscherei.

Die zerlegte Ate-Schwimmsattelbremse zeigt hier:
1 – Schwimmrahmen;
2 – Bremskolben;
3 – Staubschutzmanschette;
4 – Halter;
5 – Klemmring;
6 – Bremszylindergehäuse.

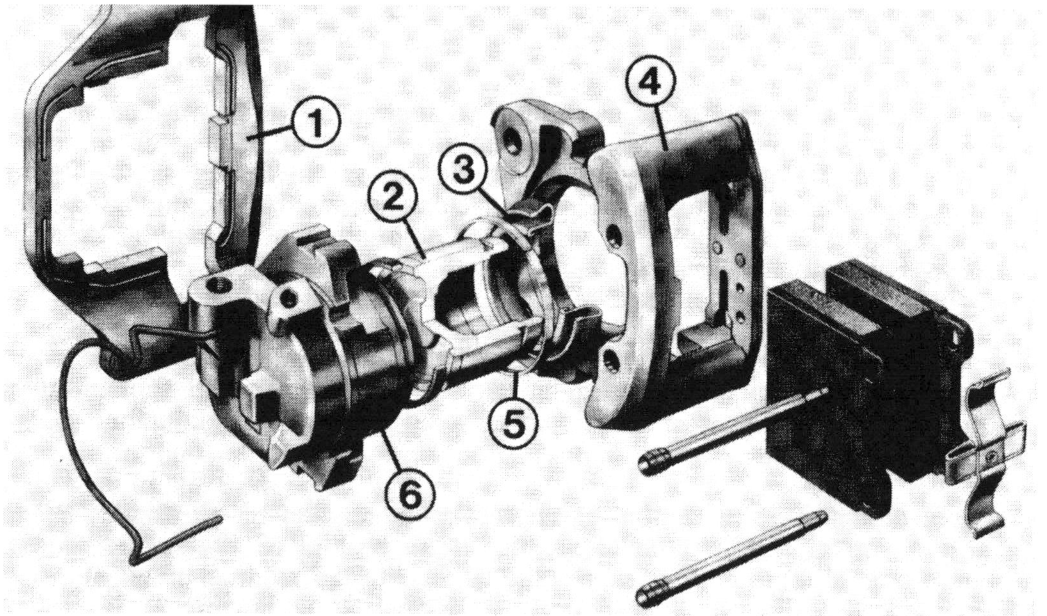

Bei Dauerregen wird die offen liegende Bremsscheibe kräftig geduscht, weshalb die Bremswirkung einen Sekundenbruchteil verspätet einsetzt – die Feuchtigkeit zwischen Bremsklötzen und -scheiben muß erst zum Verdampfen gebracht werden. In streusalzreichen Wintern tritt diese Erscheinung verstärkt auf, wenn die auf Bremsbelägen und -scheiben sitzende Salzschicht beim Bremsen erst abgeschliffen werden muß. Nach Fahrten im Regen oder in der winterlichen Streusalznässe sollten Sie vor längerem Abstellen des VW die Bremsen trokkenfahren – z. B. während der letzten hundert Meter Wegstrecke das Bremspedal dauernd getreten halten.
Alle Modelle ab 6/79 besitzen sogenannte Faustsattelbremsen; der Bremssattel sieht wie eine geballte Faust aus. Der Bremskolben im Zylindergehäuse (Nr. 2 im Bild Seite 138 oben) drückt den inneren Belag gegen die Bremsscheibe, wodurch das Zylindergehäuse in seiner Führung herübergezogen und der Bremsklotz auf der anderen Seite ebenfalls gegen die Scheibe gepreßt wird. In den älteren Modellen sind Schwimmsattelbremsen des Herstellers ATE eingebaut (siehe Bild oben), die gegenüber den Faustsattelbremsen kleinere Bremsbeläge aufnehmen. Für die Schwimmsattelbremsen gilt: Beim Loslassen des Bremspedals wird der Belag mit dem Kolben vor allem durch den Bremsscheibenschlag (= ganz leichte Unebenheit) zurückgedrückt. Deshalb rollen die Vorderräder erst nach einigen Metern Fahrt wieder ganz frei.

Stärke der Scheibenbremsbeläge messen

Wartungspunkt Nr. 5

Den verschleißenden Bremsbelag schiebt der Kolben jeweils so weit nach, daß er nur Bruchteile von Millimetern von der Bremsscheibe entfernt ist. Der Bremspedalweg ist deshalb keine Richtschnur für die Abnutzung der vorderen Bremsbeläge. Verlassen Sie sich daher nicht auf Ihr Gefühl im Fuß! Wenn Sie

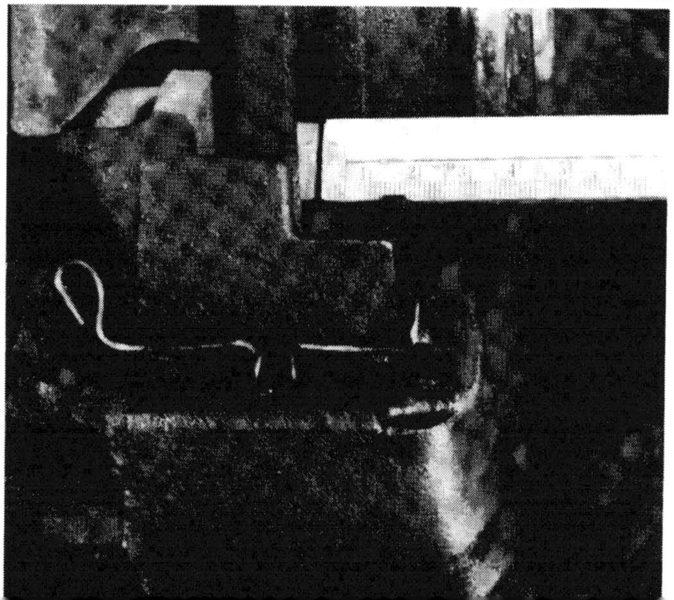

Bei der Faustsattelbremse können Sie den Belagverschleiß nach Abnahme des betreffenden Rades mit einem Meterstab kontrollieren.

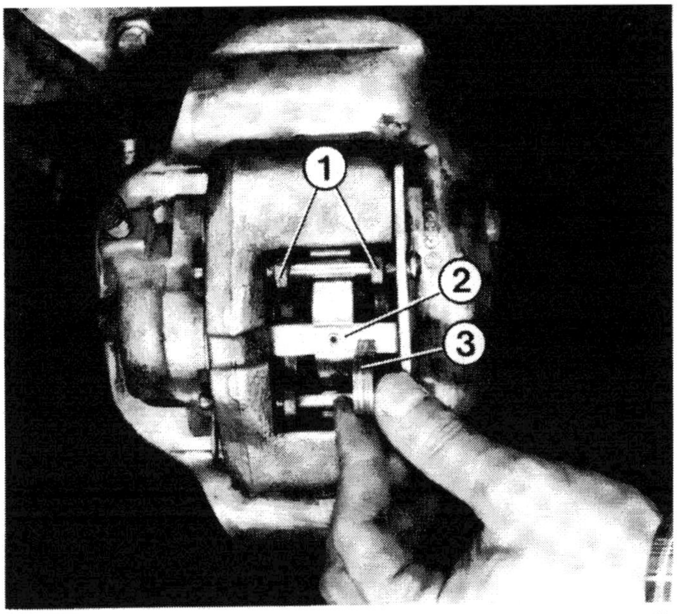

Zum Prüfen der Belagstärke an der Schwimmsattelbremse eignen sich mehrere Groschen (3). Es müssen mehr als ein 10-Pfennig-Stück zwischen Belagträger (1) und Spreizfeder (2) passen, sonst sind die Beläge austauschreif.

sich um die Wartung Ihres VW selbst kümmern, gilt es, auf die vorderen Scheibenbremsbeläge ein wachsames Auge zu haben.

■ Die **Mindestbelagstärke** beträgt **ohne Trägerplatte** für den Bremsbelag **2 mm**.

■ Mit einer Lampe durch ein Felgenloch leuchten und die Belagstärke abschätzen. Genauer ist die Kontrolle bei abgenommenen Rädern.

■ Bei der Faustsattelbremse einen Meterstab am Bremsbelag anlegen und messen, wie links unten gezeigt.

■ An der Schwimmsattelbremse wird der Abstand zwischen Kreuzfeder und Belagträger gemessen, siehe Bild oben.

Zustand der Bremsscheiben kontrollieren

Wartungspunkt Nr. 32

Wenn die Vorderräder zur Belagkontrolle abgenommen sind, prüft man auch den Zustand der Bremsscheiben.

■ Die Scheiben dürfen keine tiefen Rillen (durch Schmutz oder zu stark abgefahrene Beläge) aufweisen. Die Riefen graben sich in neue Bremsbeläge tief ein, was deren Verschleiß deutlich fördert.

■ Riefige Bremsscheiben können nachgeschliffen werden, wenn sie nicht durch lange Laufzeit auf das zulässige **Mindestmaß** von **18 mm** Stärke »abgemagert« sind.

■ Zu dünne Scheiben müssen paarweise ausgetauscht werden, siehe Seite 141.

■ Eine bläuliche Verfärbung der Bremsscheibe ist ohne Bedeutung.

Scheibenbremsbeläge erneuern

Grundsätzlich müssen rechts und links beide Beläge ausgetauscht werden. Nur Beläge mit ABE verwenden, siehe Seite 19. Da bei den Schwimmsattelbremsen die Kraft der Spreizfeder und der Klemmhülsen an den Haltestiften mit der Zeit erlahmt, sollten sie bei jedem zweiten Belagtausch ebenfalls erneuert werden.

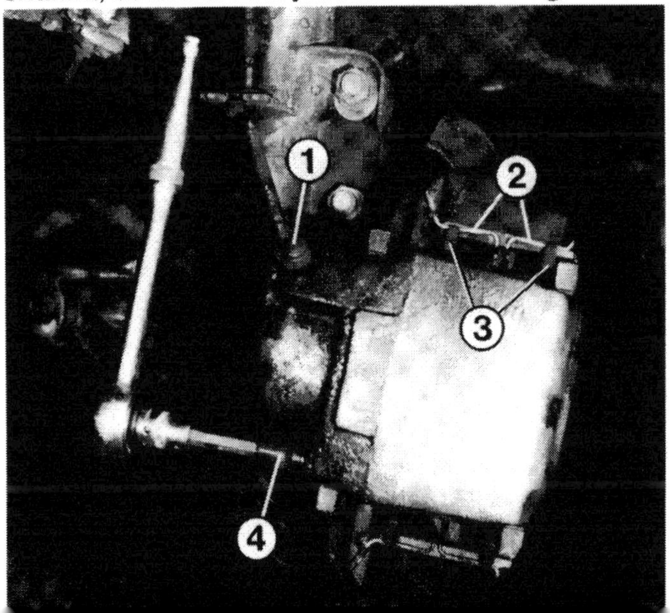

Am hier gezeigten Faustsattel sehen Sie:
1 – Entlüftungsventil;
2 – Haltefeder oben;
3 – Beläge; 4 – unterer Führungsbolzen mit angesetztem Innensechskantschlüssel.

Eine zum Belagwechsel zerlegte Faustsattelbremse: 1 – Führungsschienen für die Beläge (4); 2 – Bremssattelgehäuse; 3 – Führungsbolzen; 5 – Haltefedern; 6 – Bremsscheibe.

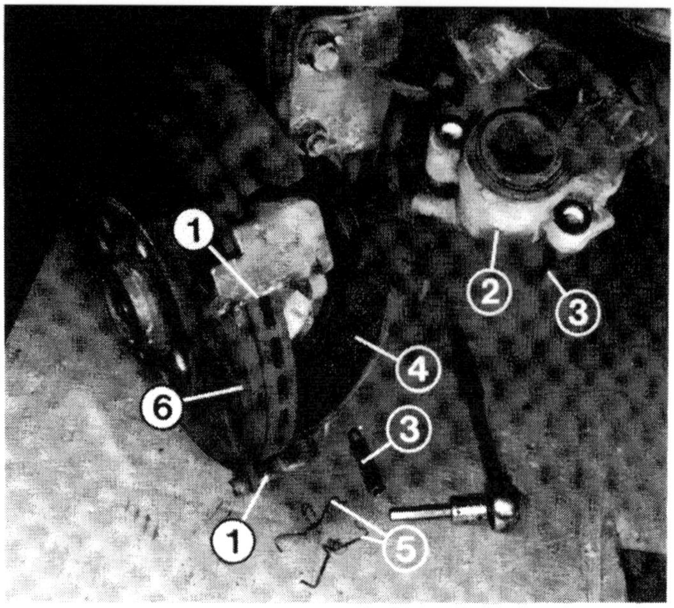

Weil die Kolben in den Bremssätteln mit zunehmendem Verschleiß der Beläge weiter herauswandern, müssen sie vor dem Einsetzen neuer, dicker Beläge zurückgedrückt werden. Hierbei wird die Bremsflüssigkeit durch die Leitungen in den Vorratsbehälter im Motorraum zurückgepreßt. Wurde in der Zwischenzeit unnötigerweise Bremsflüssigkeit nachgefüllt, muß das Zuviel jetzt abgesaugt werden. Andernfalls greift die am Vorratsbehälter austretende Bremsflüssigkeit umliegende lackierte Teile im Motorraum an. Zum Absaugen nur eine absolut saubere Pipette oder alte Injektionsspritze verwenden.

■ Wagen vorn aufbocken.
■ Rad abnehmen.
■ Lenkung einschlagen, damit die Beläge gut zugänglich sind.

Faustsattel

■ Haltefedern oben und unten aushängen.
■ Führungsbolzen an der Innenseite (Bild unten auf der Vorseite) mit Innensechskantschlüssel herausdrehen.
■ Bolzen herausziehen, Bremssattelgehäuse abnehmen.
■ Damit das Bremssattelgehäuse nicht an seinem Bremsschlauch zerrt, wird es mit Draht am Federbein aufgehängt.
■ Beläge rechts und links aus den Führungsschienen nehmen.
■ Kolben im Bremssattel mit einer Schraubzwinge zurückdrücken. Damit der Kolben nicht verkantet oder beschädigt wird, auf den Anlagering ein kleines Brettchen legen.
■ Neue Beläge einsetzen.
■ Bremssattelgehäuse aufstecken.
■ Langen Führungsbolzen oben, kürzeren unten einsetzen und jeweils mit 40 Nm anziehen.
■ Haltefedern montieren.
■ Bremspedal mehrmals treten, bis die Beläge an den Bremsscheiben anliegen.

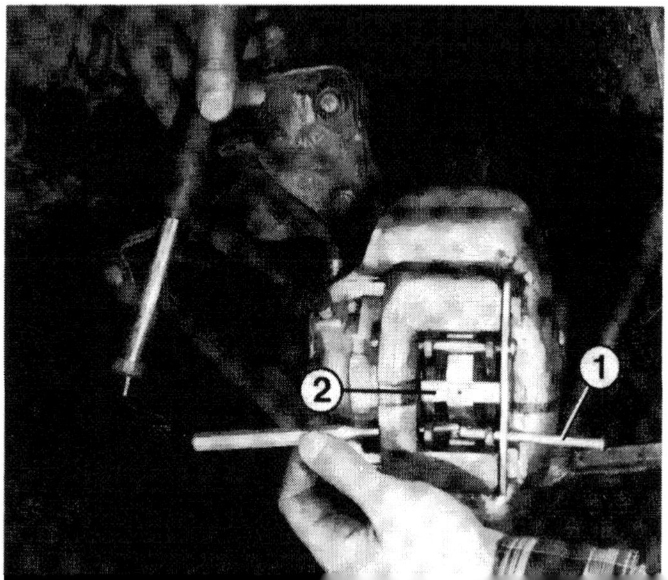

Die Bremsbeläge der Schwimmsattelbremse werden von Haltestiften (1) und der Spreizfeder (2) gehalten.

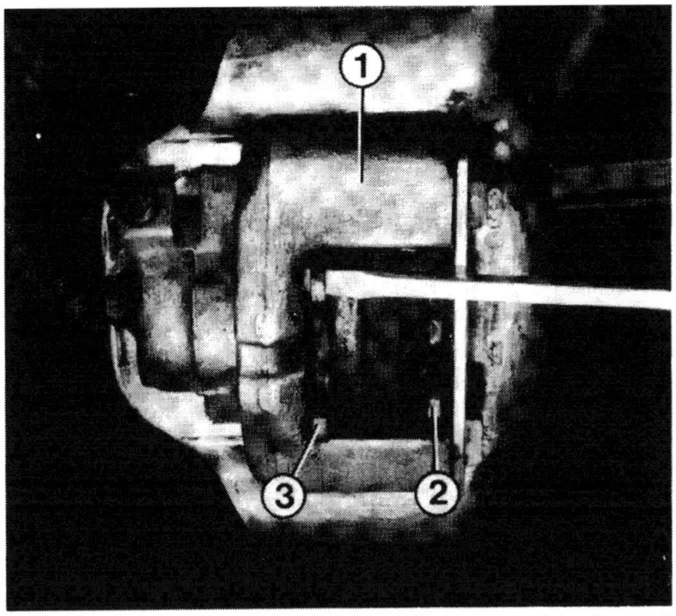

Aus der Schwimmsattelbremse lassen sich die Beläge in der gezeigten Weise mit einem Schraubenzieher herausziehen. Zuerst muß, wie hier, der innere (3) und anschließend nach Verschieben des Schwimmrahmens (1) der äußere Belag (2) herausgenommen werden.

Schwimmsattel

■ Haltestifte mit Hammer und Durchschlag von außen nach innen herausklopfen (Bild links unten), Spreizfeder abnehmen.
■ Inneren Bremsbelag herausziehen, dazu Schraubenzieher abwechselnd durch die Ösen des inneren Belagträgers stecken und – die Schraubenzieherklinge auf den Bremssattel gestützt (siehe Bild oben) – den Belag heraushebeln. Oder
■ mit einer Rohrzange abwechselnd an der oberen und unteren Belagträgeröse ziehen.
■ Beweglichen Schwimmrahmen nach außen drücken. Dadurch gibt die Haltenase im Bremssattel den äußeren Belag frei und er kann auf gleiche Weise abgenommen werden.
■ Bremsbelag-Führungsschächte mit Spiritus (keinesfalls Benzin) und Lappen, evtl. mit Flaschenbürste von Belagabrieb säubern.
■ Festgebackene Belagstaubkrusten und Rost mit einem flachen Schraubenzieher wegkratzen. Vorsicht, daß hierbei die Kolbenmanschette nicht beschädigt wird.
■ Zum Zurückdrücken des Kolbens einen alten, abgefahrenen Bremsbelag nochmals einsetzen.
■ Mit einem zwischen Bremsscheibe und Belag angesetzten breiten Schraubenzieher den Kolben zurückdrücken, wobei sich der Schraubenzieher an der Bremsscheibe abstützt.
■ Schwimmrahmen nach außen drücken, äußeren Belag einsetzen.
■ Schwimmrahmen zurückdrücken und inneren Belag einsetzen.
■ Einen Haltestift von innen einstecken und mit dem Hammer vorsichtig hineintreiben; zuletzt mit einem Durchschlag, bis der Haltestift außen vollkommen anliegt.
■ Spreizfeder einsetzen und zweiten Haltestift hineintreiben.
■ Bremspedal mehrmals treten, damit die Beläge an die Scheiben gepreßt werden.

Fingerzeig: *Mit neuen Bremsbelägen sollten Sie auf den ersten 600 km nur behutsam bremsen, wenn möglich. Gewaltbremsungen gleich zu Anfang führen zu Brandstellen im Belag, er erreicht nicht die günstigste Bremsverzögerung und verhärtet (»verglast«, wie der Fachmann sagt).*

Abhilfe bei Bremsenquietschen

Die Schwimmsattelbremsen neigen zu Quietschgeräuschen beim Bremsen. Dagegen hilft die Spezialpaste »Plastilube PL Brems«, die es im V. A. G.-Ersatzteillager gibt, oder das auf Seite 12 erwähnte Kupferfett.
■ Bremsbeläge ausbauen, siehe oben.
■ Die in den Bremssattelschächten laufenden Seiten der Belagträger mit Schmirgelleinen etwas abziehen.
■ Rückseiten, Ösen sowie Seitenflächen der Belagträger mit der Paste einreiben.
■ Haltestifte und Anlageflächen der Spreizfeder ebenfalls behandeln.
■ Belageinbau, wie oben beschrieben.

Bremssattel und -kolben gängig machen

Durch Korrosion an den Gleitflächen des Bremssattels kann dieser schwergängig werden. Eine defekte Kolbenmanschette bewirkt, daß der Kolben im Bremssattel durch Schmutz und Feuchtigkeit festgeht. Beides ergibt ungleichmäßige Bremswirkung.

- Bremsbeläge ausbauen.
- Kontrollieren, ob sich die Beläge in ihren Führungen gut bewegen lassen, sonst Führungen mit einem Schraubenzieher sauberkratzen. Dabei Kolbenmanschette nicht beschädigen.
- Bei der Schwimmrahmenbremse Beweglichkeit des Rahmens kontrollieren. Führungen ebenfalls sauberkratzen.
- Damit die Führungen künftig gängig bleiben, an den Gleitstellen etwas Kupferfett (siehe Seite 12) auftragen.
- Zur Kontrolle, ob der Kolben leichtgängig ist:
- An der Faustsattelbremse eine Schraubzwinge mit zwischengelegtem Holzstück als Anschlag für den Kolben ansetzen (siehe »Scheibenbremsbeläge erneuern«), damit der Kolben nicht zu weit herausgleiten kann.
- Bei der Schwimmsattelbremse einen alten, möglichst weit abgefahrenen Belag oder ein dünnes Holzbrettchen an der Seite mit dem Kolben als Kolbenanschlag einstecken.
- Bremspedal von Helfer vorsichtig treten lassen. Bewegt sich der Kolben?
- Kommt der Kolben nicht heraus, so lange mit dem Bremspedal pumpen, bis sich der Kolben bewegt.
- Kolben zurückdrücken, wie unter »Scheibenbremsbeläge erneuern« beschrieben.
- Dieses Spiel solange wiederholen, bis sich der Kolben leichtgängig bewegt.
- Seitenflächen des Kolbens mit ATE-Bremspaste bestreichen.

Bremssattel ausbauen

Der Bremssattel ist an dem auf Seite 123 gezeigten Radlagergehäuse angeschraubt. Bei älteren Modellen wurden hierfür normale Sechskantschrauben verwendet. Seit Ende 1981 werden für die Bremssattelbefestigung grundsätzlich sogenannte Rippschrauben eingebaut. Sie besitzen hinter dem Sechskantkopf eine geriffelte Fläche. Dadurch wird ein verbesserter Halt der Schraube erreicht. Als Ersatz gibt es nur noch solche Rippschrauben.
Werden herkömmliche Schrauben gegen Rippschrauben getauscht, muß an den Befestigungslöchern des Bremssattels eine sogenannte Fase angebracht werden – eine leichte Ansenkung am Schraubloch. Sie soll 1 mm breit sein und einen Winkel von 45° aufweisen. Hierfür eignet sich ein großer Bohrer, der lediglich von Hand angesetzt wird.

- Rad abschrauben.
- Evtl. Bremsbeläge ausbauen, wie auf den Vorseiten beschrieben.
- Halteschrauben des Bremssattels losdrehen.
- Bremssattel mit angeschraubtem Bremsschlauch so aufhängen, daß der Schlauch nicht unter Spannung steht.

Oder

- Bremsschlauch abschrauben (Seite 140) und hochbinden, damit nicht der gesamte Bremskreis ausläuft.
- Beim Einbau normale Sechskantschrauben mit 60 Nm anziehen, Rippschrauben mit 70 Nm.
- Bremsanlage entlüften (Seite 150), falls der Bremsschlauch abgeschraubt war.
- Bei nicht abgenommenem Bremsschlauch Pedal mehrmals treten, damit sich die Bremsbeläge an die Bremsscheibe anlegen.

Bremskolben-Manschette auswechseln

Eine beschädigte Kolbenmanschette im Bremssattel sollte umgehend erneuert werden, damit der Kolben nicht durch Korrosion und Schmutz festgeht.

- Bremsbeläge ausbauen.
- Von Helfer das Bremspedal vorsichtig treten lassen, damit der Kolben ein Stück herausragt.
- Am **Faustsattel** die alte Manschette abziehen.
- Neue Manschette am Kolben aufziehen.
- Kolben ins Bremssattelgehäuse zurückdrücken.
- Manschette bis zum Anschlag ins Bremssattelgehäuse drücken.

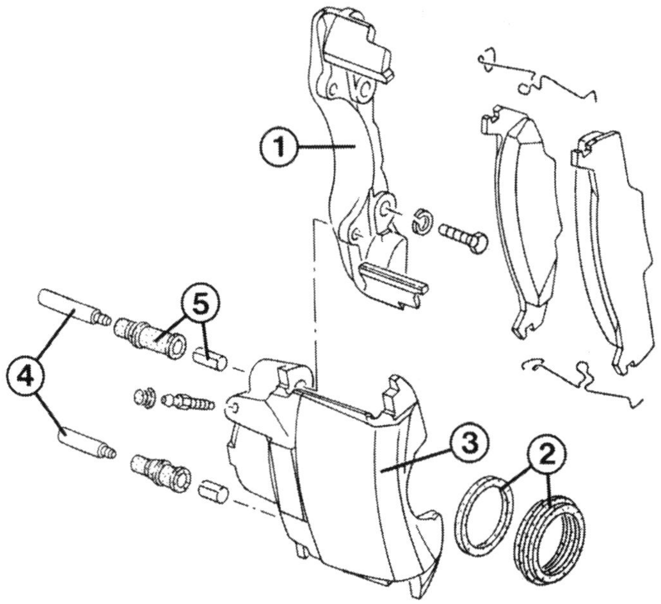

Eine zerlegte Faustsattelbremse; 1 – Halter; 2 – Dichtungen; 3 – Bremszylindergehäuse; 4 – Führungsbolzen; 5 – Führungsbuchsen.

■ **Schwimmrahmen-Bremssattel** ausbauen.
■ Klemmring der Kolbenmanschette abhebeln. Manschette abziehen.
■ Innenlippe der neuen Manschette in den herausragenden Bremskolben einsetzen.
■ Kolben zurückdrücken.
■ Äußere Lippe der Manschette am Bremssattel ansetzen und rundum gleichmäßig aufdrücken.
■ Klemmring am Zylinderwulst des Bremssattels ansetzen und rundum über die Manschette ziehen. Wenn Sie hierfür einen Schraubenzieher benutzen, aufpassen daß die Manschette nicht beschädigt wird.

Bremsscheibe ausbauen

Ist eine Bremsscheibe bis auf ihre Mindeststärke von 18 mm (neu 20 mm) abgenutzt, müssen beidseitig neue Bremsscheiben montiert werden. Einseitiger Austausch kann ungleiche Bremswirkung zur Folge haben.
■ Bremssattel ausbauen.
■ Kreuzschlitz-Halteschraube der Bremsscheibe losdrehen.
■ Bremsscheibe durch Schläge mit dem Gummihammer von der Radnabe trennen.
■ Vor dem Ansetzen der neuen Bremsscheibe die Anlagefläche an der Radnabe säubern.

Die Trommelbremsen

Die hinteren Bremsen besitzen je zwei halbkreisförmige Beläge, die von einem oben sitzenden Radbremszylinder gegen die zylindrischen Bremstrommeln gedrückt werden. Diese Bauart mit einem Radzylinder für zwei Beläge nennt sich Simplexbremse.
Die Trommelbremse wirkt selbstverstärkend. Und zwar zieht sich eine Bremsbacke durch die Drehung des Rades in gewissem Maß selbsttätig an die Bremstrommel. Dadurch sind geringere Fußkräfte am Pedal notwendig. Bei Vorwärtsfahrt wirkt die vordere Bremsbacke selbstverstärkend. Sie heißt Auflauf- oder Primärbremsbacke im Gegensatz zur hinteren Ablauf- oder Sekundärbremsbacke.

Belagstärke der Trommelbremsen kontrollieren
Wartungspunkt Nr. 33

Da die Auflaufbacke schneller verschleißt als die hintere Ablaufbacke, wird nur an der vorderen Bremsbacke die Stärke gemessen.
■ Wagen hinten hochbocken.
■ An der Innenseite des jeweiligen Hinterrades vorn am Bremsträgerblech den Plastikstopfen abziehen.
■ Mit Taschenlampe ins Schauloch leuchten, Belagstärke feststellen.
■ **Aufgenietete Beläge** (mit gerader Bremsbacke) sind neu 5 mm stark und dürfen bis auf **2,5 mm Restdicke** – ohne Belagträger gemessen – abgefahren werden.
■ **Aufgepreßte Beläge** haben Bremsbacken mit Höcker, siehe Bild nächste Seite oben. Die neuen Beläge sind 4 mm dick und müssen mindestens **1 mm Reststärke** aufweisen.

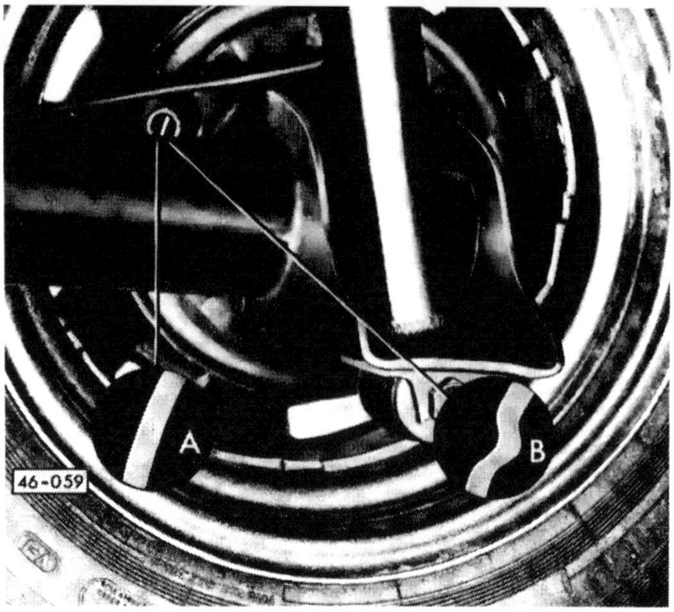

Aufgenietete Beläge haben eine gerade Bremsbacke (A), während aufgepreßte Beläge Backen mit Höcker (B) besitzen. Der Unterschied ist wegen der Verschleißmaße wichtig: Genietete Beläge dürfen bis 2,5 mm Reststärke, aufgepreßte Beläge dagegen bis zu einer Belagdicke von 1 mm verwendet werden.

Bremspedalweg prüfen
Wartungspunkt Nr. 10

■ Drücken Sie das Bremspedal von Hand nieder. Der Leerweg soll höchstens ⅓ **des gesamten Pedalwegs** betragen.
■ Längerer Leerweg bei den Modellen seit 8/78 bedeutet, daß die Beläge auf das Mindestmaß abgefahren sind und erneuert werden müssen (Seite 144).
■ Bei den älteren Modellen können die Trommelbremsen nachgestellt werden, siehe nächsten Abschnitt.
■ Eine weitere Prüfmöglichkeit für nachzustellende Bremsen: Der Leerweg muß bei teilweise angezogener Handbremse kürzer werden.
■ Zu langer Pedalweg kann auch durch verklemmte Bremsbeläge oder einen festgerosteten Bremssattel verursacht werden.

Hinterradbremsen nachstellen

■ Mehrmals das Bremspedal kräftig durchtreten, damit sich die Bremsbacken in ihren Trommeln zentrieren.
■ Wagen hinten aufbocken.
■ Handbremse völlig lösen.
■ Beim Golf den Hebel am Bremskraftregler (siehe Bild Seite 147) einmal kräftig von Hand in Richtung Hinterachse drücken, sonst könnte durch möglicherweise noch vorhandenen Restdruck im Bremssystem die rechte Hinterradbremse schon ohne Nachstellen schleifen.
■ Innen an den Bremsankerblechen die in Fahrtrichtung hinteren Plastikstopfen abziehen.
■ Damit die Beläge näher an die Bremstrommel gebracht werden, müssen auf beiden Seiten die wie Zahnrädchen aussehenden Einstellmuttern nach unten gedreht werden.
■ Rädchen mit einem Schraubenzieher unter hebelnden Bewegungen Zahn um Zahn weiterdrehen.
■ Ist die Einstellmutter eingerostet, kräftigen Schraubenzieher schräg auf

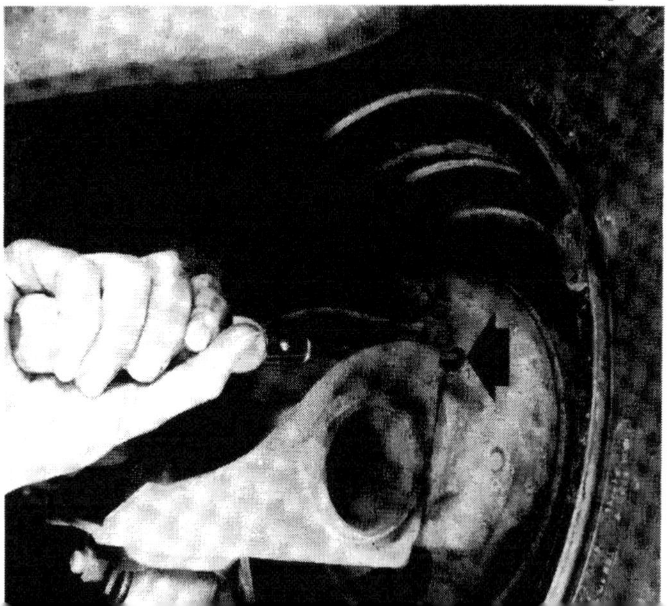

Zum Einstellen der Trommelbremsen wird ein Schraubenzieher durch die in Fahrtrichtung hintere Öffnung (Pfeil) im Bremsträgerblech gesteckt und das dahinter liegende gezähnte Einstellrad verdreht.

einen Zahn ansetzen und mit einem Hammer vorsichtig auf den Schraubenzieherschaft schlagen.

■ Zahnmutter solange drehen, bis sich das Rad nicht mehr bewegen läßt – die Beläge liegen an der Trommel an.

■ Jetzt wieder so weit zurückdrehen, bis sich das Rad gerade frei drehen läßt. Achten Sie auf Schleifgeräusche.

Automatische Bremsennachstellung seit etwa 8/78

Mit gleitendem Einsatz wurden für das Modelljahr 1979 Trommelbremsen eingebaut, die nicht mehr nachgestellt zu werden brauchen. Allerdings bewirkt dies, anders als bei den Scheibenbremsen, eine aufwendige Mechanik. Die Druckstange muß mit zunehmendem Belagverschleiß verlängert werden, damit die Beläge wieder zum Anliegen an der Trommel kommen. Das geschieht durch einen unter Federzug stehenden Keil, der mit den allmählich verschleißenden Belägen nachrückt und so die Bremsbacken weiter nach außen spreizt.

Bremstrommel abnehmen

Die Bremstrommel kann mit dem angeschraubten Rad abgenommen werden. In diesem Fall:

■ Bei Modellen mit automatischer Nachstellung eine Radschraube herausdrehen.

■ Wagen hinten aufbocken.

■ Äußeres Radlager ausbauen, siehe Seite 131.

■ Bremstrommel abziehen. Falls dies nicht ohne weiteres möglich ist:

■ Bis 8/78 die gezähnte Einstellmutter nach oben drehen, damit die Bremsbacken zurückgezogen werden.

■ Bei Bremsen mit automatischer Nachstellung Felge oder Bremstrommel so drehen, daß ein Radschraubenloch in Fahrtrichtung vorn oben steht. Durch das Schraubenloch mit einem Schraubenzieher den Nachstellkeil nach oben drücken – damit werden die Bremsbacken zurückgezogen.

■ Beim Zusammenbau Radlagerspiel einstellen, siehe Seite 132.

■ Hinterradbremsen einstellen (siehe linke Seite) oder bei automatischer Nachstellung durch einmaliges kräftiges Treten des Bremspedals die Beläge zum Anliegen an der Trommel bringen.

Zustand der Bremstrommel kontrollieren

■ Die Schleiffläche in der Bremstrommel muß möglichst glatt sein.

■ Zeigen sich tiefe Riefen und Rillen – durch bis auf die Nieten abgefahrene Bremsbeläge –, kann die Trommel ausgedreht werden.

■ Neue Bremstrommeln haben einen Innendurchmesser von 180 mm; nach dem Ausdrehen darf der Durchmesser nicht größer als 181 mm sein.

■ Für ausgedrehte Trommeln müssen dickere Bremsbeläge verwendet werden.

■ Zu weit eingelaufene Bremstrommeln müssen ersetzt werden, und zwar immer beide.

Bremsbacken bis 8/78 ausbauen

Damit Sie wissen, welche Teile in der Beschreibung angesprochen sind, sehen Sie sich hierzu das Bild unten an.

Geöffnete Trommelbremse bis 8/78:
1 – Radbremszylinder;
2 – Nachstellzahnrad;
3 – Bremsbacke mit Bremsbelag; 4 – Haltefeder;
5 – Handbremsseilzug;
6 – Rückzugfeder;
7 – Blattfeder;
8 – Druckstange.

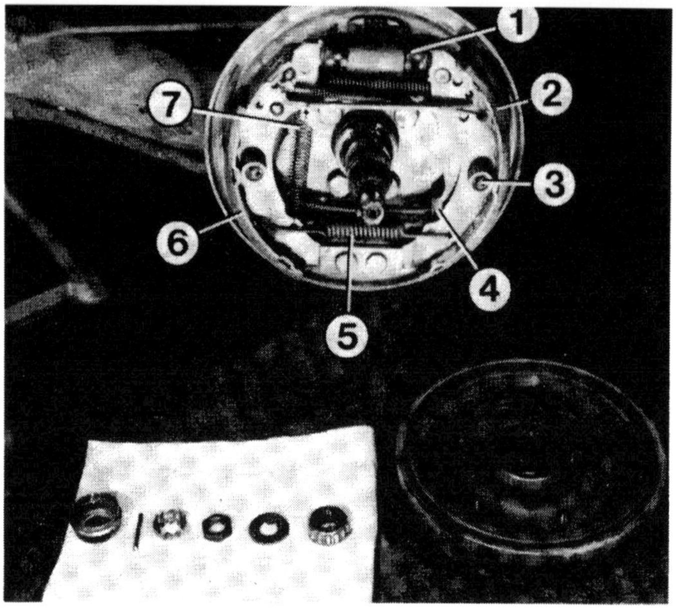

Die Hinterradbremse mit automatischer Belagnachstellung: 1 – Radbremszylinder; 2 – Bremsbelag; 3 – Niederhaltefeder; 4 – Handbremshebel; 5 – Rückzugfeder unten; 6 – Bremsbacke mit Bremsbelag; 7 – Nachstellkeil mit Zugfeder.

■ Bremstrommeln ausbauen.
■ Große Haltefedern seitlich an einer Bremsbacke mit einer Kombizange herausziehen. Dabei die Feder mit der anderen Hand sichern, denn sie steht unter Vorspannung.
■ Blattfedern an den Bremsbacken abziehen.
■ Rückzugfedern unten aushängen.
■ Bremsbacken aus der unteren Abstützung und den Kolben des Radbremszylinders herausheben.
■ Handbremsseil aushängen.
■ Beim Einbau läßt sich das Handbremsseil bei noch nicht montierten Bremsbacken leichter einhängen.

Bremsbacken bei automatischer Nachstellung ausbauen

Diese Trommelbremse besteht aus mehr Teilen als die ältere Ausführung. Sehen Sie sich die Fotos oben mit den bezeichneten Teilen genau an.

■ Federteller der Druckfedern an den Bremsbacken mit einer Kombizange zurückdrücken, um 90° drehen (Haltestift hinten an der Bremsankerplatte festhalten, damit er sich nicht mitdreht) und abziehen, Federn abnehmen.
■ Rückzugfeder des Nachstellkeils aushängen.
■ Bremsbacken aus der unteren Abstützung und den Kolben im Radbremszylinder herausheben.
■ Handbremsseil an den abgezogenen Bremsbacken aushängen.
■ Rückzugfedern oben und unten abnehmen.
■ Nachstellkeil aus der Druckstange ziehen.
■ Anlagefeder oben aus der Druckstange aushängen. Evtl. hierzu die Druckstange in einen Schraubstock spannen.
■ Beim Zusammenbau Druckstange in Schraubstock spannen.
■ Anlagefeder an der Druckstange und Bremsbacke einhängen. Wie die Feder richtig montiert sitzen muß, zeigt das Bild unten.

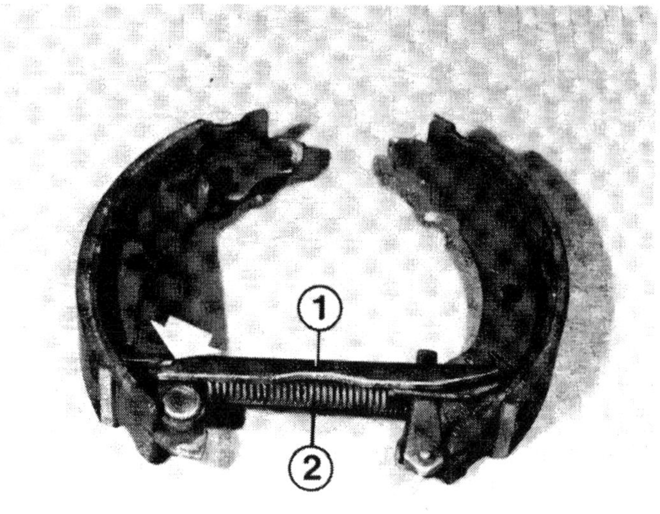

Das umgebogene Ende (Pfeil) der Anlagefeder (2) muß nach innen zeigen, wenn sie in der Druckstange (1) richtig eingesetzt ist.

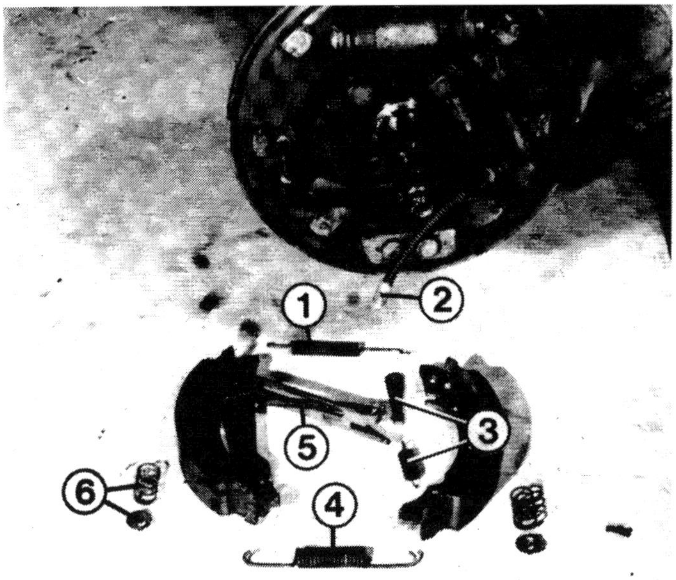

Die verschiedenen Befestigungsteile der ausgebauten Bremsbacken:
1 – Anlagefeder;
2 – Handbremsseilzug;
3 – Nachstellkeil mit Zugfeder; 4 – untere Rückzugfeder;
5 – obere Rückzugfeder;
6 – Niederhaltefeder.

■ Bremsbacke auf der Druckstange einsetzen, Nachstellkeil von oben einstecken. Seine Nase zeigt zur Bremsbacke hin.

■ Bremshebel der Sekundär-Bremsbacke in die Aussparung der Druckstange einsetzen, obere Rückzugfeder einhängen.

■ Handbremsseil bei noch nicht montierten Bremsbacken am Bremshebel einhängen.

Bremsbacken belegen

Grundsätzlich müssen beide Beläge auf jeder Seite ausgewechselt werden. Für einwandfreie Bremswirkung nur Beläge mit ABE verwenden. Für ausgedrehte Bremstrommeln mit einem Innendurchmesser von 181 mm gibt es sogenannte (dickere) Übermaßbremsbeläge.
Die aufgepreßten Beläge gibt es lediglich im Austausch mit Backen, genietete Beläge entweder ebenfalls als Austauschteil oder zum Selbstaufnieten. Zum fachgerechten Aufnieten gehört ein Handnietwerkzeug, z. B. von Jurid (siehe Bild unten), und ein Schraubstock.

■ Bremsbacke in den Schraubstock spannen und mit Meißel und Hammer den alten Bremsbelag entfernen. Reste der Nieten aus der Bremsbacke herausklopfen. Sie können aber auch die Nieten einzeln ausbohren. Achten Sie dabei jedoch darauf, daß nicht gleich die Bremsbacke mit durchbohrt wird.

■ Nietlöcher entgraten und Oberfläche der Bremsbacke säubern. Bremsbacken mit tiefen Rostnarben nicht mehr verwenden: die Anlagefläche muß eben sein.

■ Unterteil des Nietwerkzeugs in den Schraubstock einspannen.

■ Erst Nieten in eines der mittleren Löcher im Belag einsetzen. Bremsbacke mit auflegen und Niet durchdrücken. Komplette Bremsbacke jetzt

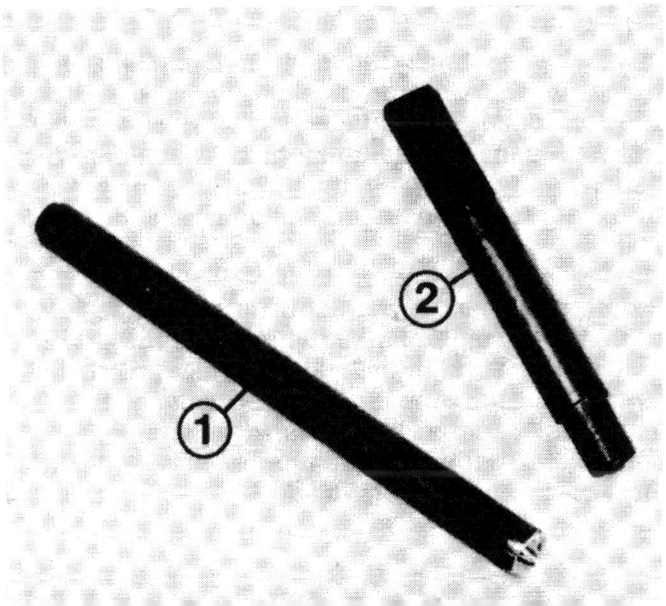

Ein Handnietwerkzeug, bestehend aus Oberteil (1) und Unterteil (2), ist das beste Hilfsmittel zum Aufnieten der hinteren Trommelbremsbeläge. Dieses hier stammt von der Bremsenfirma Jurid und wurde in einem Autozubehörladen gekauft.

So wird mit dem Nietwerkzeug gearbeitet: Das Unterteil ist im Schraubstock eingespannt, das Oberteil bekommt einen Hammerschlag (Pfeil) verpaßt. Bremsbacke und Belag sollten von einem Helfer gehalten werden.

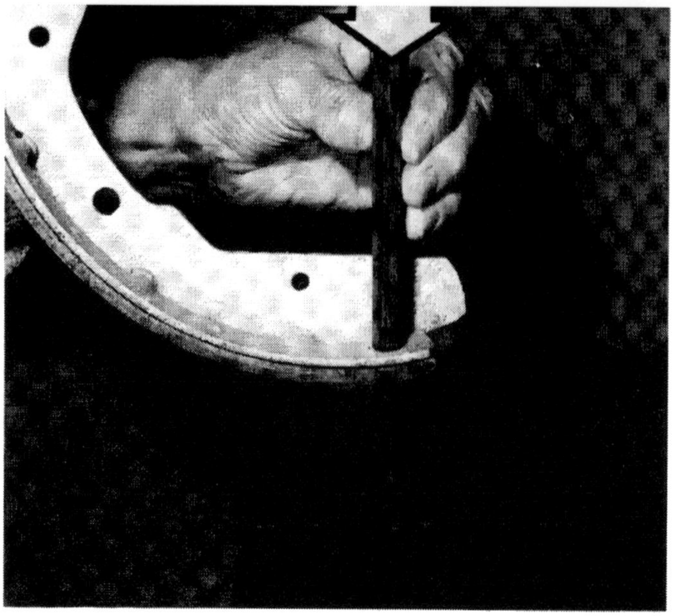

mit dem Belag nach unten an dem Niet auf den Dorn halten. Ein Helfer muß nun mit Hammer und Nietwerkzeug die überstehenden Nieten an der Rückseite der Bremsbacke umbördeln.

■ Aus der Mitte des Belags beginnend die restlichen Nieten einsetzen.

■ Der Bremshebel kann – entgegen der VW-Empfehlung – zum Nieten an der Bremsbacke bleiben. Mit einem schlanken Nietwerkzeug kommt man gut daran vorbei.

■ Außenkanten der Beläge mit einer Feile abrunden.

Der Bremskraftverstärker

Scheibenbremsen wirken nicht, wie Trommelbremsen, selbstverstärkend; es ist eine wesentlich höhere Pedalkraft vonnöten. Deshalb haben unsere Modelle einen Bremskraftverstärker, der 60 % der Bremskraft aufbringt. Diese Hilfseinrichtung sitzt links im Motorraum hinter dem Hauptbremszylinder. Das Bremspedal ist jedoch weiterhin starr mit den Bremskolben im Hauptzylinder verbunden, so daß man auch bei ausgefallenem Hilfsgerät noch bremsen kann. Der notwendige Pedaldruck muß allerdings mehr als verdoppelt werden!

Die Hilfskraft liefert der Unterdruck aus dem Ansaugrohr, der Bremskraftverstärker ist über einen Schlauch mit dem Saugrohr verbunden. Beim Bremsen verschiebt der Druckunterschied zwischen dem äußeren Luftdruck und dem Unterdruck im Ansaugrohr eine große elastische Membrane und drückt zusätzlich auf die Kolben im Hauptbremszylinder.

Wenn der Motor nicht läuft, liefert der Servo keine (zusätzliche) Bremskraft. Deswegen müssen Sie stärker aufs Pedal treten, wenn z. B. Ihr Wagen abgeschleppt wird. Bleibt der Motor unterwegs plötzlich stehen, haben Sie durch den Unterdruckspeicher noch eine Reserve für einige kurze Bremsungen – erst dann werden die Wadenmuskeln voll beansprucht.

Die Saugstrahlpumpe

Zur Verstärkung des Unterdrucks für den Bremskraftverstärker wird seit 12/79 eine sogenannte Saugstrahlpumpe in die Unterdruckleitung vom Ansaugrohr kommend eingebaut. Sehen Sie sich dazu das Bild auf Seite 96 näher an. Die Unterdruckverstärkung geschieht – wie in der Insektenspritze – nach dem Bernoulli-Prinzip: Von einem Schlauch fließt ständig ein Luftstrom in einen zweiten Schlauch. Dadurch wird Luft aus einer weiteren Leitung mitgerissen und so ein stärkerer Unterdruck wirksam.

Bremskraftverstärker prüfen
Wartungspunkt Nr. 11

■ Bei abgestelltem Motor das Bremspedal zehnmal durchtreten und in seiner tiefsten Stellung halten.

■ Motor starten: Bei einwandfrei funktionierendem Verstärker muß das Pedal noch ein Stück nachgeben.

■ Senkt sich das Pedal nicht, kommen in Betracht: Unterdruckschlauch vom Ansaugkrümmer zum Bremskraftverstärker undicht, Rückschlagventil am Ansaugkrümmer, Gummiring zwischen Hauptbremszylinder und Servogerät oder Membrane des Bremskraftverstärkers defekt.

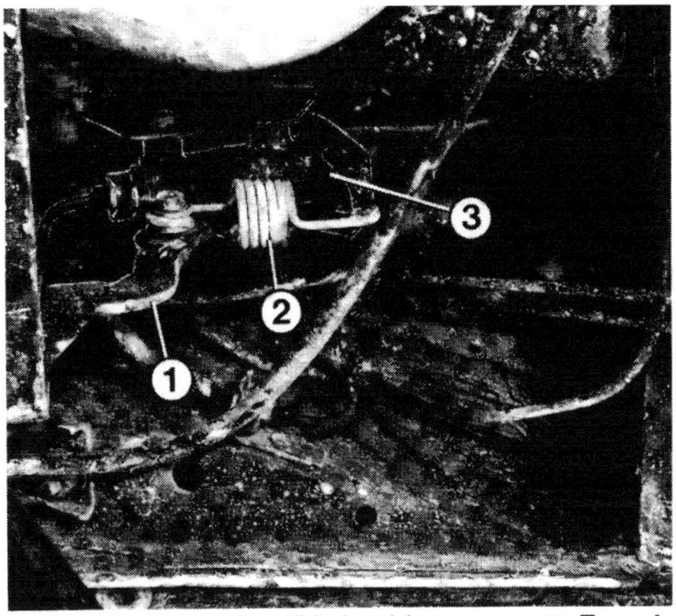

Der Bremskraftregler (3) erhält über den mit der Hinterachse verbundenen Hebel (1) und die Übertragungsfeder (2) die Information, wie weit die Hinterachse ein- bzw. ausgefedert ist. Dementsprechend dosiert er die Bremskraft an die Hinterräder.

■ Zur Kontrolle des Rückschlagventils den Unterdruckschlauch zum Bremsservo am Verteilerstück beim Ansaugkrümmer abnehmen – Durchblasen darf nicht, Ansaugen muß möglich sein.
■ Beim Einbau eines neuen Ventils muß der Pfeil auf dessen Gehäuse in Richtung Ansaugkrümmer zeigen.
■ Zum Austausch eines schadhaften Gummirings zwischen Hauptbremszylinder und Verstärker muß der Zylinder demontiert werden, siehe Seite 149.
■ Ein defekter Bremskraftverstärker wird komplett ersetzt, Reparieren ist nicht möglich.

Der Bremskraftregler

Nur beim Golf GTI sitzt in Fahrtrichtung links über der Hinterachse ein Bremskraftregler. Er kann den Flüssigkeitsdruck zu den hinteren Radbremszylindern reduzieren. Dies geschieht lastabhängig: Viel Druck bei vollgeladenem Wagen, wobei die Hinterachse auch beim Bremsen weniger entlastet wird, wenig Druck bei Ein- oder Zweimann-Besatzung – hierbei hebt sich der Golf stärker aus den Hinterfedern. Durch zu viel Bremsdruck an den Hinterrädern blockieren diese vorzeitig, und das Auto stellt sich quer.

Bremskraftregler prüfen

Für eine schnelle Funktionskontrolle brauchen Sie einen Helfer; der Wagen darf nicht aufgebockt sein.
■ Treten Sie das Bremspedal kräftig durch und lassen Sie es schnell los.
■ Hierbei muß sich der Hebel am Bremskraftregler bewegen.
■ Für eine genaue Prüfung werden Federspanner und ein Druckprüfgerät gebraucht.

Die Handbremse

Wenn Sie am Handbremshebel ziehen, werden die Bremsseile zu den Hinterrädern gespannt – die Bremskraft wird hier mechanisch übertragen. Jeder Seilzug zieht den Bremshebel an der hinteren Sekundärbacke an. Durch diese Bewegung wird die Bremsbacke gegen die Trommel gedrückt. Gleichzeitig stützt sich der Bremshebel über die Druckstange an der vorderen Bremsbacke ab, die ebenfalls nach außen gedrückt wird – die Hinterräder werden gebremst.

Leerweg des Handbremshebels prüfen

Wartungspunkt Nr. 12

■ Die Wirkung der Handbremse soll mit der dritten Raststellung des Hebels beginnen.
■ Bei eingerastetem vierten Zahn sollten die Hinterräder blockiert sein.
■ Ist der Hebelweg länger, kann bei den Modellen bis 7/78 der Leerweg nachgestellt werden.
■ Hierzu müssen erst die Hinterradbremsen eingestellt werden (siehe Seite 142).
■ Bei automatischer Bremsennachstellung weist zu langer Hebelweg auf abgenutzte hintere Bremsbeläge oder gedehnte Handbremsseile, weil die Handbremse bei jedem Parken kräftig angezogen wurde.

Handbremse einstellen

Bei den Modellen mit automatischer Bremsennachstellung wird diese Arbeit nur nach dem Auswechseln der Handbremsseile durchgeführt.

■ Wagen hinten hochbocken, so daß beide Hinterräder freihängen.

■ Im Innenraum die Kunststoffabdeckung am Handbremshebel abziehen.

■ Am Schraubgewinde beider Handbremszüge die Kontermutter von der Einstellmutter losdrehen.

■ Handbremshebel in die dritte Raststellung ziehen.

■ Nachstellmutter auf jeder Seite so weit anziehen, bis sich das entsprechende Rad nicht mehr von Hand durchdrehen läßt. Beim Drehen der Mutter das Gewindeteil des Handbremsseils mit einem Schraubenzieher gegenhalten, siehe Bild unten.

■ Handbremse nun mehrmals lösen und festziehen. Anschließend kontrollieren, ob sich beide Räder bei gelöstem Hebel ohne Widerstand durchdrehen lassen.

■ Einstellmuttern mit der jeweiligen Kontermutter sichern.

Handbremszug wechseln

■ Abdeckung am Handbremshebel abziehen.

■ Konter- und Einstellmuttern an den Bremsseilen losdrehen.

■ Bremstrommel abbauen (Seite 143), Bremsbacken abnehmen und Handbremsseil aushängen.

■ Seilzug aus dem Führungsrohr an der Karosserie, dem Drahthalter an der Hinterachse und der Bremsankerplatte herausziehen.

■ Nachdem der neue Seilzug zum Handbremshebel durchgeschoben wurde, die Eintrittstelle des Zuges ins Führungsrohr an der Karosserie mit (wasserbeständigem) Mehrzweckfett einstreichen.

■ Nach dem Zusammenbau Handbremse einstellen, wie im vorigen Abschnitt beschrieben.

Arbeiten an der Bremshydraulik

Bei allen nachfolgend beschriebenen Arbeiten kann Bremsflüssigkeit austreten. Denken Sie daran, daß sie Lack angreift. Deshalb keine bremsflüssigkeitsgetränkten Lappen oder verschmierten Werkzeuge auf die Lackierung legen. Auch im Motorraum nach der Montage die Spuren von Bremsflüssigkeit abwaschen, aber erst, wenn sämtliche Anschlüsse fest angeschraubt sind.
Zum Lösen und Anziehen der Bremsleitungen und -schläuche sollten Sie sich den auf Seite 10 angesprochenen Bremsleitungsschlüssel besorgen.
Grundsätzlich muß nach allen Arbeiten an der Bremshydraulik die Bremsanlage entlüftet werden, siehe Seite 150.

Bremsleitungen ausbauen

■ Überwurfmutter der Bremsleitung losdrehen. Hierzu Gegenverschraubung – z. B. an einem Bremsschlauch – festhalten.

■ Ist die Mutter auf der Leitung angerostet, wodurch sich diese mitdreht, muß die Leitung auf jeden Fall erneuert werden. Die dünnwandigen Rohre knicken schnell ab.

■ Zum Lösen der Leitungsanschlüsse

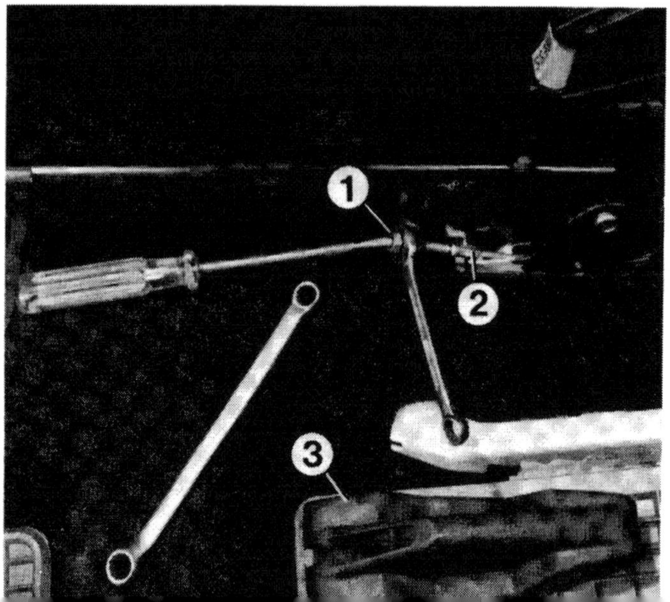

Bei abgenommener Abdekkung (1) und bei gelöster Kontermutter (2) kann die Einstellmutter (Schraubenschlüssel darauf angesetzt) des jeweiligen Bremsseils (3) verdreht werden.

kann folgender Trick weiterhelfen, wenn das betreffende Leitungsstück ohnehin ausgewechselt werden soll:

■ Bremsleitung nahe der Verschraubung absägen, Überwurfmutter mit einer Sechskantnuß losdrehen.

■ Muß eine neue Leitung noch etwas zurechtgebogen werden, darf das nur in einem großen Radius geschehen. Andernfalls knickt das dünne Rohr ab.

■ Innenseite des Bogens beim Biegen mit dem Daumen unterstützen. So können Sie sich langsam dem Radius entlangarbeiten.

■ Evtl. vorhandene Schutzschläuche der Leitungen nicht vergessen.

■ Bremsleitungen in ihren Abstandshaltern verlegen.

■ Bremssystem entlüften.

Bremsschläuche ausbauen

■ Zuerst die Überwurfmutter der betreffenden Bremsleitung losdrehen, dabei darauf achten, daß sich die Bremsleitung nicht verdreht.

■ Ist ein Bremsschlauch mit einem Blechhalter an der Karosserie befestigt, dann ist er mit einem Blechbügel gegen Hin- und Herrutschen gesichert. Beim Zusammenbau darf dieser sogenannte Schlauchhalter nicht vergessen werden.

■ Beim Einbau den Schlauch immer zuerst an der Seite festdrehen, an der er sein Außengewinde hat. Dann andere Verschraubung anziehen.

■ Der Bremsschlauch darf nicht in sich verdreht sein. Zur Kontrolle dient der Farbstreifen oder Gummianguß entlang des Schlauches.

■ Bremsanlage entlüften.

■ Sofort nach der Reparatur kontrollieren, ob der Schlauch bei Federbewegungen irgendwo scheuern kann. Diese Kontrolle nach einer längeren Fahrtstrecke wiederholen.

Radbremszylinder ausbauen

■ Bremstrommel (Seite 143) und Bremsbacken ausbauen.

■ Entlüftungsventil und Bremsleitung hinten am Bremsankerblech abschrauben.

■ Wird nicht gleich ein neuer Radbremszylinder montiert, Gefäß für die auslaufende Bremsflüssigkeit unterstellen.

■ Halteschrauben des Bremszylinders losdrehen, Radzylinder abnehmen.

■ Nach dem Zusammenbau Bremsanlage entlüften, siehe nächste Seite.

Hauptbremszylinder ausbauen

■ Bremsflüssigkeit aus dem Ausgleichsbehälter absaugen, Behälter vom Hauptbremszylinder abziehen.

■ Kabelstecker abziehen.

■ Sämtliche Bremsleitungen am Hauptbremszylinder abschrauben.

■ Muttern der Verbindung Hauptzylinder/Bremskraftverstärker losdrehen, Hauptbremszylinder abnehmen.

■ Bremslichtschalter abschrauben.

■ Beim Zusammenbau neuen Dichtring zwischen Bremskraftverstärker und Hauptbremszylinder einlegen.

■ Dichtstopfen für die Anschlußstutzen des Ausgleichsbehälters innen mit Bremsflüssigkeit anfeuchten, bevor der Behälter aufgedrückt wird.

■ Zuletzt Bremsen entlüften.

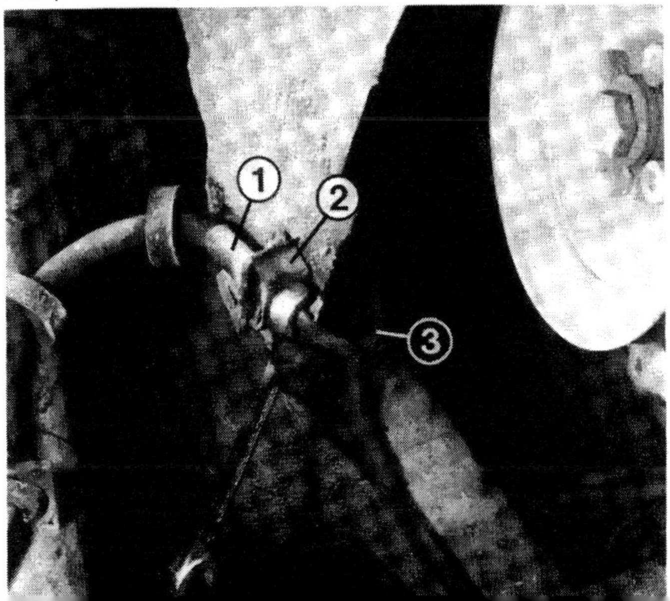

Zwischen der Verbindung von Bremsschlauch (1) und Bremsleitung (3) sitzt ein Schlauchhalter (2), der beim Zusammenbau nicht vergessen werden darf.

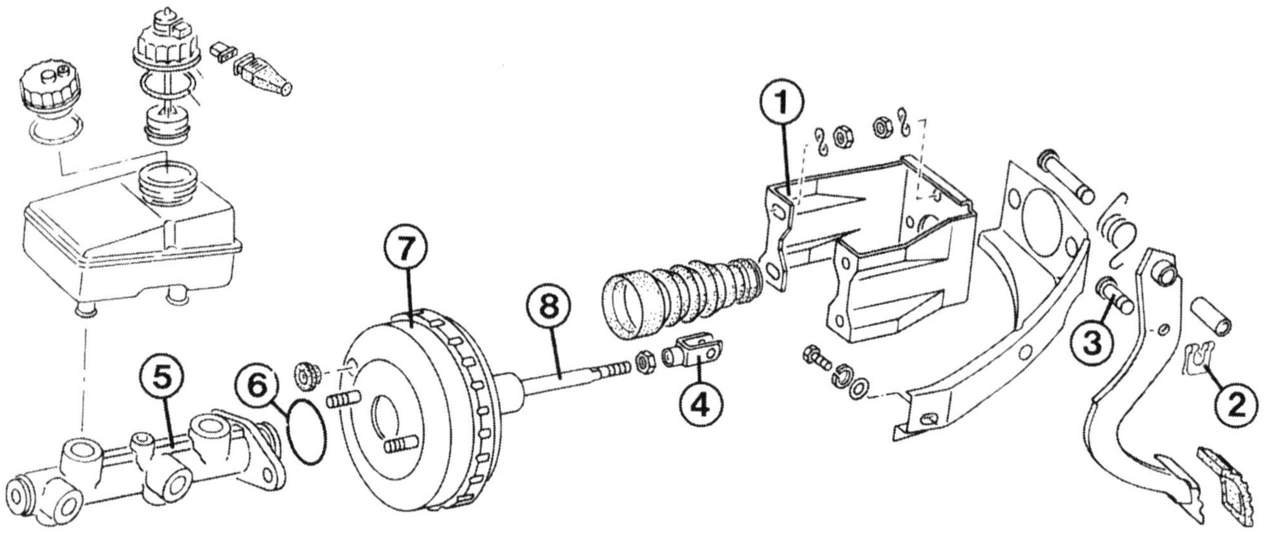

Bremskraftverstärker ausbauen

Zur Baugruppe Hauptbremszylinder (5) und Bremskraftverstärker (7) gehören weiterhin:
1 – Haltebock;
2 – Sicherungsklammer; 3 – Haltebolzen;
4 – Gabelkopf;
6 – Dichtring;
8 – Bremsdruckstange.

■ Am Bremspedalhebel die Sicherungsklammer am Haltebolzen für die Bremsdruckstange abdrücken, Bolzen herausdrücken.

■ Unterdruckschlauch abnehmen.

■ Bremsflüssigkeit absaugen und Bremsleitungen abschrauben, wie vorn beschrieben.

■ Muttern des Haltebocks von Bremskraftverstärker und Hauptbremszylinder vom Motorraum aus an der Trennwand zum Innenraum losdrehen.

■ Bremsservo mit Hauptzylinder abnehmen, Hauptbremszylinder abschrauben.

■ Haltebock vom Verstärker losschrauben.

■ Beim Einbau muß sich der Haltebolzen für die Bremsdruckstange in Ruhestellung von Bremspedal und Bremsdruckstange einschieben lassen.

■ Ist dies nicht möglich, Kontermutter des Gabelkopfes an der Druckstange lösen.

■ Gabelkopf so lange verdrehen, bis die Bohrungen für den Bolzen einwandfrei fluchten.

■ Sicherungsklammer auf dem Bolzen nicht vergessen.

■ Bremssystem entlüften.

Bremsanlage entlüften

Nach allen Reparaturen an der Bremshydraulik muß entlüftet werden. Die Werkstatt benutzt hierzu ein Entlüftungsgerät, es geht aber genauso gut nach der althergebrachten Methode.

■ Die Arbeitsreihenfolge lautet: Hinten rechts, vorn links, hinten links und zuletzt vorn rechts.

■ Ausgleichsbehälter auf dem Hauptbremszylinder mit frischer Bremsflüssigkeit auffüllen. Während des Entlüftens muß immer wieder nachgefüllt werden, sonst wird aus dem leeren Ausgleichsbehälter wieder Luft angesaugt.

■ Gummikappe vom Entlüftungsventil abnehmen, Ventilnippel saubereiben.

■ Durchsichtigen Schlauch (z. B. von der Scheibenwaschanlage) auf den Nippel schieben, freies Schlauchende in ein teilweise mit Bremsflüssigkeit gefülltes Glas stecken.

■ Entlüfterventil eine bis eineinhalb Umdrehungen lösen.

■ Von Helfer das Bremspedal langsam niedertreten lassen. So wird Bremsflüssigkeit und die darin eingeschlossene Luft herausgepumpt – Sie sehen die Luftbläschen im durchsichtigen Schlauch und im Glas.

■ Entlüfterventil schließen – Helfer muß Pedal niedergetreten halten.

■ Pedal langsam zurückkommen lassen.

■ Dieses Spiel so lange wiederholen, bis keine Luft mehr kommt. Dabei müssen sich Entlüfter und Pedaltreter jeweils durch Zuruf verständigen, wann das Pedal durchgetreten und wann das Entlüfterventil wieder geschlossen ist.

■ Bremspedal ganz durchgetreten halten, bis das Entlüftungsventil endgültig angezogen (aber nicht »angeknallt«) wurde.

■ In gleicher Weise werden die übrigen Radbremsen entlüftet.

Beim Entlüften wird auf das Entlüfterventil (2) in der hinteren Bremsankerplatte (1) bzw. im Bremssattel ein durchsichtiger Schlauch (3) aufgesteckt. Das andere Schlauchende muß in ein teilweise mit Bremsflüssigkeit gefülltes Glasgefäß (4) reichen. Erst jetzt das Ventil öffnen.

Bremsflüssigkeit wechseln

Wartungspunkt Nr. 43

Den Bremsflüssigkeitswechsel schreibt das Volkswagenwerk alle zwei Jahre vor. Grund ist die wasseranziehende Wirkung der Bremsflüssigkeit, wie auf Seite 133 erwähnt. Da aber das aufgenommene Wasser auch Korrosion in den Bremszylindern und -leitungen verursacht, sollte sie keinesfalls länger als 3 bis 4 Jahre im Bremssystem verbleiben.

Beim Bremsflüssigkeitswechsel geht man wie beim Entlüften vor. Gebraucht werden zwei Liter frische Bremsflüssigkeit.

■ Bremsflüssigkeit aus dem Ausgleichsbehälter mit einer Pipette oder einer sauberen Injektionsspritze absaugen.

■ Frische Bremsflüssigkeit einfüllen bzw. regelmäßig nachgießen.

■ An jedem Entlüfterventil sollen 500 cm³ Bremsflüssigkeit durchgepumpt werden. Durch diese relativ hohe Menge ist gewährleistet, daß sich die neue Bremsflüssigkeit nicht mit der alten vermischt hat, sondern das Bremssystem durchweg mit unverbrauchter Flüssigkeit befüllt ist.

Störungsbeistand Bremsen

Die Störung	– ihre Ursache	– ihre Abhilfe
A Bremsen ziehen einseitig	1 Reifendruck ungleichmäßig	Korrigieren bei kalten Reifen
	2 Reifenprofil ungleichmäßig abgefahren	Reifen so untereinander auswechseln, daß auf jede Achse gleichmäßig abgenutzte Reifen kommen
	3 Beläge verschmiert oder ungleichmäßig abgenutzt	Beläge erneuern
	4 Schächte im Bremssattel verschmutzt	Reinigen
	5 Kolben im Bremssattel oder Radbremszylinder festgerostet	Gängig machen oder erneuern
	6 Bremsbacken liegen in der Trommel nicht richtig an	Kontrollieren, evtl. neue Bremsbacken montieren
	7 Unrunde Bremstrommeln	Ausdrehen lassen oder erneuern
	8 Bremsscheiben aus unterschiedlicher Fabrikation	Beide Bremsscheiben austauschen gegen solche gleicher Herkunft
B Bremsen quietschen oder rattern	1 Staub und Schmutz an den Scheibenbremsen oder in den Bremstrommeln	Beläge ausbauen, Staub und Schmutz abpinseln
	2 Resonanzgeräusche zwischen Bremsscheibe und Belägen	Bremsbeläge mit Antiquietschpaste behandeln
	3 Falsche Beläge	Original-Beläge einbauen

Die Störung	– ihre Ursache	– ihre Abhilfe
B Bremsen quietschen oder rattern (Fortsetzung)	4 Beläge verhärtet (»verglast«)	Beläge erneuern
	5 Bremsscheibe hat Schlag	Erneuern
	6 Siehe A 7	
	7 Neue Trommelbremsbeläge liegen nicht plan an	Außenkanten der Beläge mit einer Feile brechen
	8 Lose Belagnieten	Erneuern
C Bremsen rattern und blockieren	1 Siehe B 7	
	2 Überstehende Belagnieten	Erneuern
	3 Siehe A 7	
	4 Rückzugfedern der Bremsbacken zu schwach	Erneuern
D Bremsen werden sehr heiß	1 Ausgleichsbohrung im Hauptbremszylinder verstopft	Säubern lassen
	2 Kein Spiel zwischen Bremspedal (Druckstange) und Hauptbremszylinderkolben	Einstellen
	3 Gummiteile gequollen durch Verwendung falscher Bremsflüssigkeit	Bremsflüssigkeit wechseln und schadhafte Teile erneuern lassen
	4 Belüftungslöcher im Deckel des Vorratsbehälters verstopft	Reinigen
	5 Verrostete Bremssättel	Überholen lassen
	6 Handbremse löst nicht vollständig	Handbremseinstellung kontrollieren, ggf. neu einstellen
E Pedalweg zu groß	1 Trommelbremsbeläge abgenutzt	Erneuern
	2 Siehe A 5	
F Pedalweg zu groß Pedal läßt sich weich und federnd durchtreten	1 Luft im Bremssystem, evtl. Flüssigkeit im Vorratsbehälter zu tief abgesunken. Ursachen:	
	a) Leck im Bremssystem	Kontrollieren, schadhafte Teile erneuern
	b) Manschette im Hauptbremszylinder undicht	Hauptbremszylinder austauschen oder überholen lassen
	2 Überhitzte Bremsflüssigkeit – Dampfblasenbildung durch zu hohen Wassergehalt der Bremsflüssigkeit oder Überbeanspruchung der Bremsen	Bremsflüssigkeit wechseln
	3 Automatische Belagnachstellung in den Bremssätteln nicht in Ordnung	Kolbenmanschette kontrollieren, evtl. Bremssättel überholen lassen
G Schlechte Bremswirkung bei hohem Pedaldruck	1 Pedalweg normal: Beläge verölt, verbrannt oder verhärtet	Erneuern
	2 Pedalweg kurz: Bremskraftverstärker arbeitet nicht	Siehe Seite 146
	3 Pedalweg lang: a) Siehe F 3	
	b) Ein Bremskreis ausgefallen durch Undichtigkeit oder Beschädigung	Kontrollieren, schadhafte Teile auswechseln

Gut zu Fuß

Ein luftgefülltes Gebilde aus Gummi, Stahldraht und Gewebe verbindet den VW mit der Straße. Wir sprechen vom Autoreifen, der aber nicht nur steht oder rollt, sondern zum Teil auch erhebliche Kräfte übertragen muß. Beim Beschleunigen wirken diese Kräfte in Längsrichtung, beim Bremsen ebenso, jedoch in entgegengesetzter Richtung, und in Kurven wird der Reifen seitlich beansprucht. Nicht zu vergessen sind die Kräfte, die in Richtung Radmitte einwirken, nämlich Gewicht und Fahrbahnunebenheiten. Der Reifen ist also kein einfaches Zubehörteil für Ihren Wagen.

Welche Reifen sind montiert?

In Serienausstattung rollen unsere Modelle mit Einspritzmotor auf der Reifengröße 175/70 HR 13. Ausschließlich als M + S-Bereifung darf auch die schmalere Dimension 155 SR 13 verwendet werden. Welche Reifengrößen für das Fahrzeug zugelassen sind, steht in den Kfz-Papieren. Andere als die dort vermerkten dürfen nur montiert werden, wenn sie vom TÜV begutachtet und anschließend in die Fahrzeugpapiere eingetragen wurden.

Die Reifenbezeichnung

Nach international gültigen Regeln wird die Reifengröße in Millimetern oder, wie in unserem Fall, gemischt in Millimetern und Zoll angegeben. Die erste Zahl in der Größenangabe nennt die Reifenbreite; entsprechend ist beispielsweise der Reifen 175/70 HR 13 in unbelastetem Zustand 175 mm breit.
Bei unseren 70er-Reifen besagt die Zahl 70, daß das Verhältnis von Reifenhöhe zu Reifenbreite 70 : 100 beträgt. Im Gegensatz dazu haben normale Gürtelreifen – die für unsere Modelle nur als Winterreifen zugelassen sind – ein Höhen-/Breiten-Verhältnis von 80 : 100. Die 70er-Reifen haben denen gegenüber eine größere »Aufstandsfläche«. Entsprechend niedriger ist das Höhen-/Breiten-Verhältnis bei 60er- und 50er-Reifen.
Die letzte Zahl in der Größenangabe nennt den Innendurchmesser des Reifens

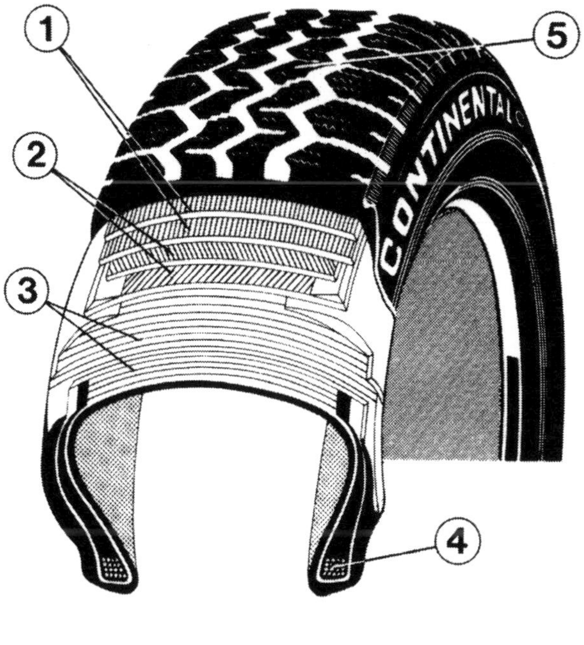

Der Aufbau eines Gürtelreifens: Eine in Längsrichtung verlaufende doppelte Bandage (1) ist hier über den Gürtel (2) gelegt. Dessen Gewebebahnen verlaufen in leichtem Winkel zur Fahrtrichtung, während die Karkasse (3) in Querrichtung angelegt ist. Die Gewebefäden der Karkasse sind im Wulst (4) verankert. Auf diesen Unterbau ist die Lauffläche (5) aufvulkanisiert.

Was die verschiedenen Bezeichnungen auf der Reifenflanke bedeuten, finden Sie hier komplett zusammengestellt.

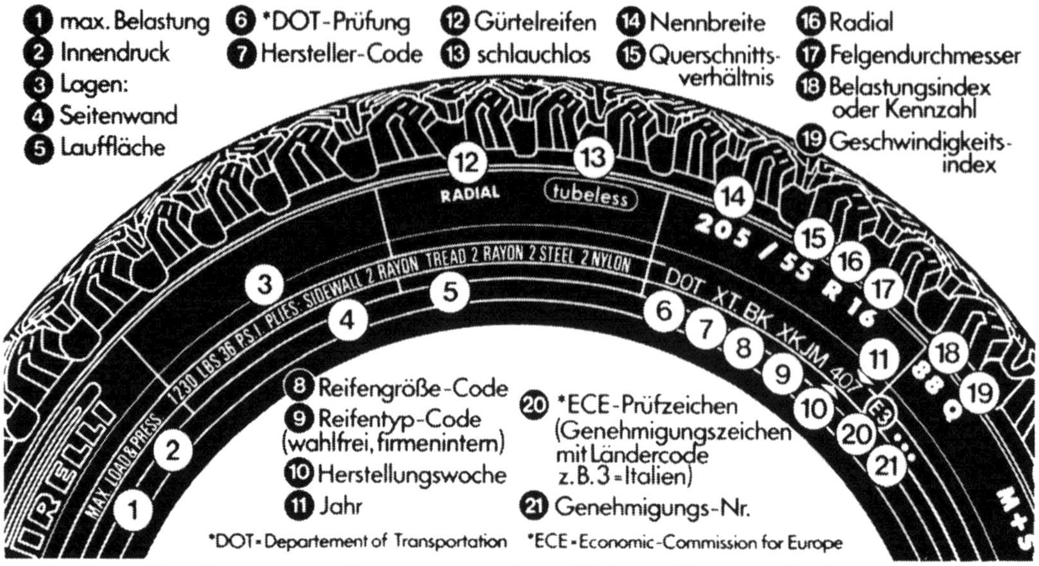

und den Durchmesser der passenden Felge. Demnach hat der Reifen 175/70 HR 13 einen Innendurchmesser von 13 Zoll oder 330,2 mm, und die dazugehörige Felge hat an der Auflage für den Reifenwulst ebenfalls 330,2 mm Durchmesser.
Die für unsere Modelle vorgeschriebenen Gürtel- oder Radialreifen erkennen Sie am »R« (= Radial) zwischen den Größenbezeichnungen.

Die zulässige Geschwindigkeit

Aus der Reifenbezeichnung 155 SR 13 oder 175/70 R 13 H läßt sich die zulässige Höchstgeschwindigkeit für den Reifen ablesen.
Q: bis 160 km/h; Geschwindigkeitsklasse für herkömmliche M+S-Reifen.
S: bis 180 km/h; für unsere Modelle nur als Winterreifen gestattet.
T: bis 190 km/h; spezielle Klasse für Hochgeschwindigkeits-M+S-Reifen.
H: bis 210 km/h; die normale Geschwindigkeitsklasse für den GTI/GLI.
V: über 210 km/h; für unsere Modelle nicht erforderlich.

Die Felgen

Die Einspritzmodelle besitzen ab Werk Felgen der Größe 5½ J x 13 H 2 ET 38. In Verbindung mit den schmalen Winterreifen 155 SR 13 können auch Felgen mit der Bezeichnung 5 J x 13 H 2 ET 45 montiert werden. Diese Zahlen-/Buchstabenkombinationen besagen:

5, 5½	– Felgenmaulweite in Zoll, an der Felgenhornbasis quer zur Laufrichtung des Rades gemessen;
J	– Kennzeichnung der Felgenhorn-Höhe;
X	– Zeichen für Tiefbettfelge;
13	– Felgendurchmesser von Wulst zu Wulst, in Zoll gemessen;
H2	– Zeichen für Doppelhump-Felge. Zwei höckerartige Erhebungen innen im Felgenbett verhindern, daß die Reifenwülste bei seitlicher Beanspruchung (scharfe Kurvenfahrt mit niedrigem Luftdruck) vom Felgenhorn abgleiten können;
ET 38, ET 45	– Einpreßtiefe 38 bzw. 45 mm, dieses Maß erläutert unsere Zeichnung rechts näher.

Diese Norm-Bezeichnungen geben nur die Hauptabmessungen der Felgen an, nicht aber die Anzahl der Radbefestigungslöcher oder deren Lochkreisdurchmesser.

Welche Reifen auf welche Felgen?

Folgende Reifen-/Felgen-Kombinationen sind auf den Einspritzmodellen möglich:
□ 175/70 HR 13 auf 5½ J x 13 H 2 ET 38;
□ Winterreifen 155 SR 13 auf 5 J x 13 H2 ET 45;
□ Winterreifen 155 SR 13 auf 5½ J x 13 H 2 ET 38 oder
□ Winterreifen 175/70 SR 13 auf 5½ J x 13 H 2 ET 38.

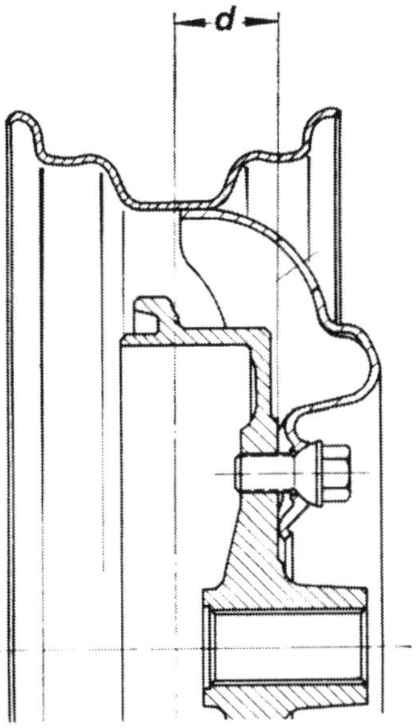

Ein wichtiges Felgenmaß stellt die Einpreßtiefe (d) dar. Damit bezeichnet man den Abstand zwischen der Felgenmitte und der Anlagefläche der Felge an die Radnabe.

Anbau von Sonderfelgen

Unter Sonderfelgen versteht man im Amtsdeutsch sämtliche Räder, die in Form oder Material nicht der Original-Ausrüstung entsprechen. Da es wegen nachträglich montierten Rädern und Reifen immer wieder Schwierigkeiten bei Polizeikontrollen und Hauptuntersuchungen gibt, wollen wir hier einige Punkte nennen, die Sie beachten müssen.

□ Beim Kauf neuer Sonderfelgen muß diesen eine Rad-ABE oder ein TÜV-Bericht beigefügt sein.

□ Vor dem Kauf gebrauchter, nicht originaler Felgen ohne entsprechende Papiere sollten Sie anhand der genauen Herstellerbezeichnung und des Herstellungsdatums (es ist in der Felge eingeschlagen oder eingegossen) aus dem Räderkatalog des TÜV heraussuchen lassen, ob hierfür eine Rad-ABE oder ein TÜV-Bericht vorliegt.

□ Räder ohne ABE oder TÜV-Bericht dürfen hierzulande nicht montiert werden.

□ Keine Änderung der Fahrzeugpapiere ist erforderlich, wenn Felgen- und Reifengröße mit den Angaben in den Kfz-Papieren übereinstimmen und die Räder Original-VW-Teile sind.

□ Eine Änderung der Fahrzeugpapiere durch die Zulassungsstelle ist nicht erforderlich, wenn Felgen- und Reifengröße mit den Angaben in den Kfz-Papieren übereinstimmen und eine Rad-ABE vorliegt.

□ Ein Gutachten nach § 19 (2) StVZO beim TÜV (Teilgutachten) und die anschließende Berichtigung der Fahrzeugpapiere ist notwendig, wenn Felgen- und Reifengröße nicht mit den Angaben in den Kfz-Papieren übereinstimmen und/oder für die Felgen lediglich ein TÜV-Bericht vorliegt.

Unterschiedliche Radschrauben

Für die entsprechende Stärke der Felgenanlagefläche muß die passende Radschraubenlänge verwendet werden. Eine falsch gewählte Radschraube bewirkt, daß das Rad nicht sicher befestigt ist oder Teile der Bremsanlage beschädigt werden. Achten Sie also beim Felgentausch darauf, daß auch die richtigen Radschrauben eingedreht werden. Für die Original-VW-Felgen gilt:

Felge	Gewindelänge	Kennzeichnung des Schraubenkopfes
Stahlfelge	20 mm	kleine halbkugelige Vertiefung
VW 9-Loch-Leichtmetallfelge	24 mm	schwarzer Kronenkopf
VW 12-Loch-Leichtmetallfelge	28 mm	große ebene Vertiefung

Breite Reifen und Felgen

Für unsere Fahrzeuge ist eine Vielzahl von Kombinationen breiterer Reifen und Felgen zulässig, muß aber vom TÜV in die Fahrzeugpapiere eingetragen werden. Unsere Liste auf der nächsten Seite entspricht dem Stand Frühjahr 1983.

Reifengröße	Felgengröße	Einpreßtiefe		Felgengröße	Einpreßtiefe
165 R 13[1])	5½ J × 13	38 mm			
165/70 R 13	5½ J × 13	38 mm			
175/70 R 13[2])	6 J × 13	33–35 mm			
185/70 R 13[1])[2])	5½ J × 13	38 mm	oder	6 J × 13	33–35 mm
185/65 R 13[2])	5½ J × 13	38 mm			
185/60 R 13[2])	5½ J × 13	38 mm	oder	6 J × 13	33–35 mm
205/60 R 13[2])	5½ J × 13	38 mm	oder	6 J × 13	33–35 mm
185/60 R 14[2])	6 J × 14	33–38 mm			
195/60 R 14[1])[2])	6 J × 14	33–38 mm			
195/50 R 15[2])	5½ J × 15	38 mm			
195/50 R 15[2])[3])[4])	6 J × 15	33–38 mm			

Voraussetzung für die Montage breiterer Räder ist, daß diese einwandfrei von der Karosserie abgedeckt sind.

[1]) Tachometer kann nacheilen, ggf. angleichen lassen.
[2]) Beim Scirocco Kotflügelverbreiterungen montieren.
[3]) Querstrebe (Ersatzteil-Nr. 175 809 001 SP) zwischen den unteren Querlenkerlagern erforderlich.
[4]) Sturz der Vorderräder auf –30′ ± 30′ einstellen.

Reifendruck prüfen
Ständige Kontrolle

Unter die genannten Druckwerte (in bar Überdruck) sollte der Reifendruck keinesfalls absinken:

Zuladung	Sommereifen vorn	Sommereifen hinten	Winterreifen vorn	Winterreifen hinten	Reserverad
halb	1,7	1,7	1,9	1,9	2,2
voll	1,8	2,2	2,0	2,4	

Wer Wert auf Fahrkomfort legt, beläßt es bei den genannten Drücken. Sind Sie dagegen bereit, zugunsten feinfühligerer Lenkung, etwas längerer Reifenhaltbarkeit und etwas geringerem Kraftstoffverbrauch einen verminderten Federungskomfort in Kauf zu nehmen, erhöhen Sie die Druckwerte für die Sommerreifen rundum um 0,2 bis 0,3 bar.
Wenn Sie bei der regelmäßigen Prüfung (alle zwei bis vier Wochen) Druckverlust an einem Reifen feststellen, müssen Sie sich ihn etwas genauer anschauen. Entweder kann das Ventil undicht geworden sein oder in der Reifendecke des schlauchlosen Reifens sitzt eine Glasscherbe bzw. ein Nagel, wodurch ein kleines Loch entstanden ist. Jedenfalls muß der Ursache des Druckverlusts nachgespürt werden; es hilft nichts, einfach Luft nachzupumpen.

Luftdruck bei kalten Reifen messen

Bereits wenige Kilometer zügiger Fahrt lassen den Reifendruck um 0,2 bis 0,4 bar Überdruck ansteigen. Diese Druckerhöhung durch Erwärmung ist aber von den Reifenherstellern bereits berücksichtigt worden und darf deshalb nicht abgelassen werden. Am günstigsten ist ein eigener Luftdruckprüfer, womit der Reifendruck vor Antritt der Fahrt bei kaltem Reifen gemessen werden kann.

Reifenzustand kontrollieren
Wartungspunkt Nr. 6

Die Kontrolle geht am besten bei aufgebocktem Wagen, etwa beim Ölwechsel oder der Unterwagenwäsche an der Tankstelle.

■ Drehen Sie jedes Rad einmal komplett durch und bohren Sie Steinchen u. ä. aus den Profillamellen.
■ Bei der Kontrolle der Profiltiefe (mindestens 1 mm über die gesamte Profilbreite, bei breiteren Reifen besser mehr) können Sie noch weiteres aus dem Reifenablaufbild ablesen:

Das Reifenlaufbild

□ An der Außenseite abgefahrene Vorderreifen deuten auf scharfe Fahrweise in Kurven hin. Entweder die Reifen auf den Felgen drehen lassen oder die vorderen regelmäßig gegen die Hinterräder austauschen.
□ Einseitig abgefahrenes Profil kann auch auf falsche Radeinstellung hinweisen, vor allem dann, wenn lediglich ein Reifen schräg abgelaufen ist.
□ Starke Abnutzung in der Profilmitte deutet auf wesentlich zu hohen Luftdruck. Dieser Effekt tritt besonders deutlich an den Hinterrädern auf.

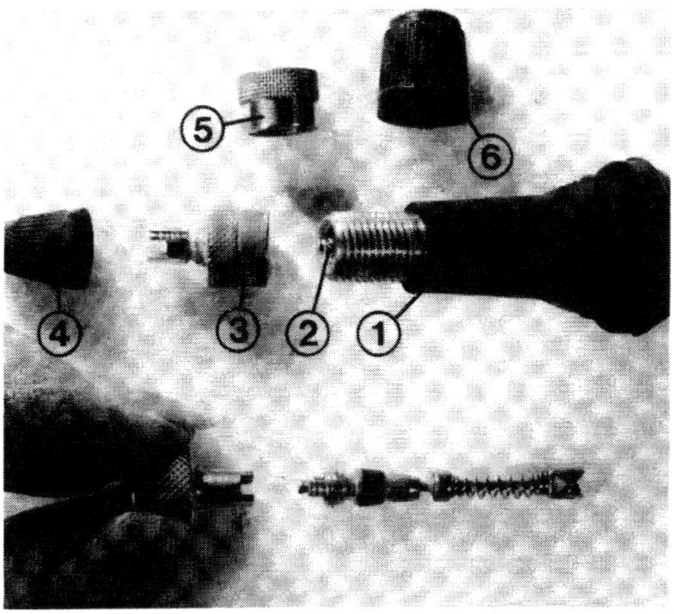

Die Reifenventile (1) müssen immer mit einer Schutzkappe (3, 5 oder 6) verschlossen sein, sonst dringt Schmutz ein und läßt die Ventilnadel (2) klemmen, die dann nicht mehr dicht schließt. Praktisch sind die Ventilkappen (3), die gleichzeitig zum Herausdrehen eines Ventileinsatzes verwendet werden können, wie unten gezeigt. Sie müssen allerdings wegen scharfer Kanten durch ein Gummikäppchen (4) geschützt werden.

□ Sind beide Außenschultern des Reifens stärker abgefahren als die Profilmitte, wurde lange Zeit mit zu niedrigem Luftdruck gefahren.
□ Gleichmäßige Auswaschungen im Profil deuten auf einen defekten Stoßdämpfer.
□ Tritt die ungleiche Abnutzung nur an bestimmten Stellen auf, ist das Rad unwuchtig.
□ Eine einzelne Stelle im Profil mit starker Abnutzung stammt von einer scharfen Bremsung mit blockierten Rad – eine sogenannte Bremsplatte.

Wie lange halten die Reifen?

Der Reifenverschleiß hängt weniger von der Reifenmarke als vom Fahrertemperament ab. Wenn die Räder nicht untereinander ausgetauscht werden, siehe unten, kann man bei den Vorderrädern mit einer Laufleistung von 5000 bis 25 000 km rechnen, hinten mit 25 000 bis 40 000.
Da die Vorderräder antreiben, lenken und zudem die Hauptbelastung beim Bremsen aushalten müssen, sind sie auch früher verschlissen. In der Betriebsanleitung wird deshalb empfohlen, die Räder jeweils einer Seite auszutauschen, also unter Beibehaltung ihrer bisherigen Laufrichtung.
Es ist umstritten, ob dieser Tausch sinnvoll ist. Für die Empfehlung spricht, daß der Reifenabrieb gleichmäßiger erfolgt, andererseits müssen bei Ersatz vier neue Reifen gekauft werden. Beim Wechsel in kurzen Kilometerabständen können außerdem Fehler der Gelenke, Lenkung, Radaufhängung, Stoßdämpfer usw. ihre Spuren nicht deutlich genug im Reifenprofil hinterlassen.

Der Radwechsel

■ Handbremse anziehen und 1. oder Rückwärtsgang einlegen, unterwegs Warnblinkanlage einschalten und Warndreieck aufstellen.
■ Räder der anderen Wagenseite gegen Wegrollen sichern, z. B. mit Steinen oder Holzstücken.
■ Kappen der Radschrauben mit einem Schlitzschraubenzieher abdrücken.
■ Radschrauben jeweils knapp eine Umdrehung lockern.
■ Wagen anheben.
■ Eine Schraube herausdrehen, Nabenkappe abnehmen, übrige Schrauben herausdrehen und in der Nabenkappe ablegen.
■ Rad abnehmen, Ersatzrad aufstecken. Beim Wechsel von Stahl- auf Leichtmetallfelge oder umgekehrt die Radschrauben ebenfalls wechseln, siehe Seite 155.
■ Drei Radschrauben eindrehen, Nabenkappe einsetzen, letzte Schraube eindrehen.
■ Schrauben über Kreuz gleichmäßig so stark wie möglich anziehen. Dabei das Rad hin- und herdrehen, damit es sich einwandfrei auf der Radnabe zentriert.
■ Wagen ablassen und Schrauben nachziehen.
■ Schraubenkappen aufdrücken.
■ Defektes Rad, Wagenheber, Werkzeug und Warndreieck wieder verstauen.

Damit die Radschrauben nicht zu sehr »angeknallt« oder vielleicht zu lose eingedreht werden, empfiehlt VW die Verwendung eines Drehmomentschlüssels. 110 Nm sind vorgeschrieben, das frühere Drehmoment von 90 Nm gilt nicht mehr.

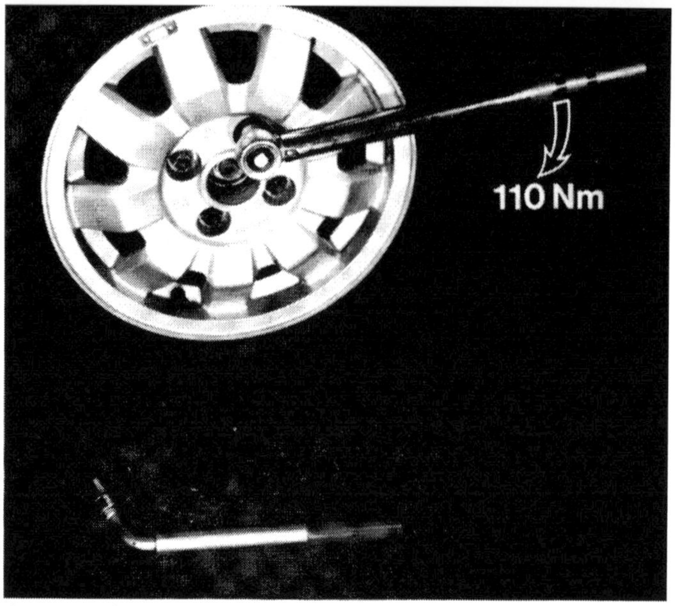

Festen Sitz der Radschrauben kontrollieren
Wartungspunkt Nr. 34

Nach einigen Kilometern Fahrtstrecke soll nach der Radmontage kontrolliert werden, ob die Radschrauben richtig angezogen sind. 110 Nm sind als Anzugsdrehmoment vorgeschrieben, also nicht mit einem zusätzlich verlängerten Radschlüssel die Schrauben »anknallen«.
Zu starkes oder ungleichmäßiges Festschrauben kann dazu führen, daß sich die Bremsscheiben oder -trommeln verziehen. Das ergibt ungleichmäßige Bremswirkung, Bremsenschütteln und punkt- oder flächenförmigen Reifenverschleiß.

Reifenreparatur

In schlauchlose Stahlgürtelreifen kann man nicht einfach einen Reparaturstopfen einsetzen. Bei Diagonal- und auch Textilgürtelreifen ist dies ohne weiteres möglich (etwa mit »TIP TOP super sealastic«), aber die beim Defekt durchtrennten Fäden des Stahlcordgürtels können einen Reparaturstopfen anschließend beim Fahren zerscheuern. Beschädigte Stahlgürtelreifen muß die Tankstelle oder die Werkstatt reparieren, entsprechende Raparatursätze zum Selbermachen gibt es nicht.

Rad-Unwuchten

Unwuchtige Räder spürt man durch Vibrationen im Lenkrad oder Schütteln im Vorderwagen; beides tritt bei bestimmten Geschwindigkeiten besonders stark auf. Die Ursache liegt an ungleichmäßiger Gewichtsverteilung am Rad.
»Statische« Unwucht zeigt sich bereits, wenn man das Rad am hochgebockten Wagen sich frei auspendeln läßt: Der Schwer-Punkt wird sich ganz von selbst nach unten begeben. Ein Rad, das nur eine statische Unwucht hat, hüpft beim Fahren. Eine eventuelle »dynamische« Unwucht kommt erst beim Rotieren des Rades zur Wirkung. Das ist der Fall, wenn die übergewichtige Stelle nicht in der Mittelebene des Rades sitzt, sondern etwas außen oder etwas innen (was leider meistens zutrifft). Das Rad hüpft dann nicht nur, sondern es taumelt auch. Deshalb müssen die Räder statisch und dynamisch ausgewuchtet werden.

Räder auswuchten

Zum Auswuchten der Räder gibt es zwei Methoden. Entweder auf der Auswuchtmaschine, an der das Rad anmontiert wird, oder mit einem elektronischen Auswuchtgerät, wobei das am Fahrzeug anmontierte Rad auf Unwucht kontrolliert wird.
Um wirkliches Feinauswuchten der Vorderräder zu erreichen, ist die zweite Methode besser, da auch eine mögliche Unwucht der Radnabe oder der Bremsscheibe ausgeglichen wird. Beim elektronischen Auswuchten werden normalerweise die Räder durch einen Elektromotor mit Reibrad in die notwendige schnelle Drehung gebracht. Aber an den Vorderrädern ist dies nicht angebracht, da das Ausgleichsgetriebe eine derartige einseitige Beschleunigung nicht verträgt. Zum elektronischen Auswuchten der Vorderräder muß deshalb der Wagen vorn angehoben werden, und der Motor muß die Vorderräder im vierten Gang auf etwa 90 km/h beschleunigen.

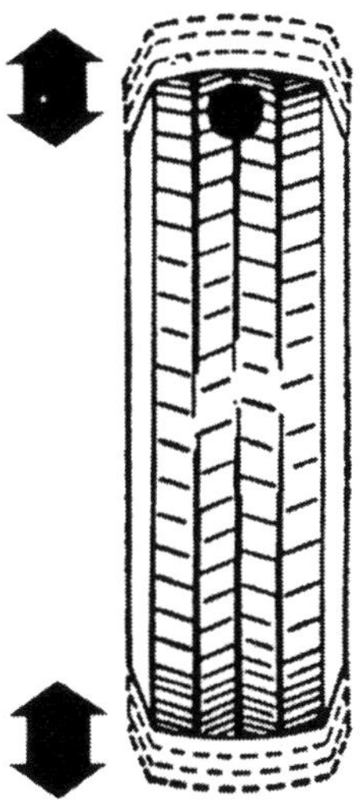

Unsere Skizze erläutert die Auswirkungen der Unwucht:

Die **statische** Unwucht erkennt man, wenn ein freihängendes, drehendes Rad immer mit der gleichen Stelle zu Boden sinkt und sich allmählich auspendelt. Folge: Das Rad hüpft während der Fahrt.

Die **dynamische** Unwucht ist durch Auspendeln des Rades nicht zu erkennen, denn sie liegt irgendwie schräg zur Radachse, so daß das schnellaufende Rad flattert und wackelt. Unausgewuchtete Räder führen zu schnellem Reifenverschleiß, unruhiger Lenkung und vorzeitiger Abnutzung der Radlager.

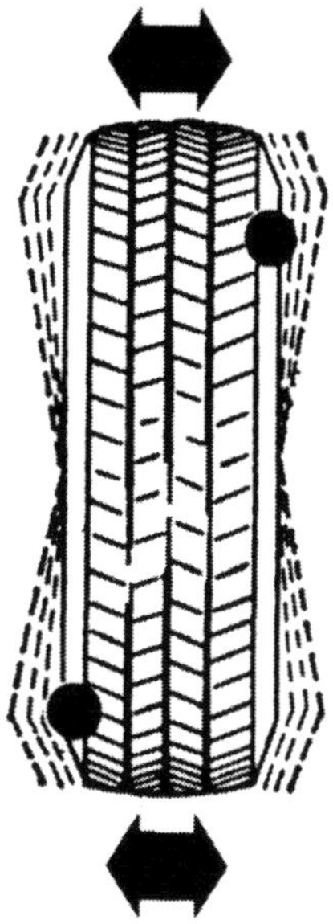

Neue Reifen kaufen

Für unsere Modelle mit Einspritzmotor sind grundsätzlich Gürtelreifen in H-Ausführung vorgeschrieben. Auch wenn Sie die Höchstgeschwindigkeit Ihres VW nie ausfahren, dürfen keine Pneus der Kategorie »S« verwendet werden – Ausnahme: Winterreifen, siehe Seite 154.
Beim ersten Reifenkauf können Sie einige Mark sparen, wenn im Kofferraum noch ein neuwertiger Ersatzreifen liegt. Dann kaufen Sie einen Reifen des gleichen Fabrikats und Typs und haben bereits eine Achse neu ausgerüstet.
Bei der Montage neuer schlauchloser Reifen sollen auch neue Ventile verwendet werden. Das soll Luftverlust verhindern, denn die Ventile altern im Lauf der Zeit, und der Gummi wird rissig. Doch auch die bei Verwendung luftdichter Leichtmetallfelgen eingesetzten Metall-Schraubventile sollten Sie nicht allzu alt werden lassen. Auch diese Ventile können undicht werden, wenn die Gummidichtung am Ventilfuß altert. Prüfen Sie auch hin und wieder den festen Sitz der Überwurfmutter.

Winterbereifung

Sommerreifen der H-Geschwindigkeitsklasse neigen auf Schnee und Eis schnell zum Durchdrehen. Die Anschaffung von speziellen Winterreifen wird sich daher oft nicht umgehen lassen.
Wer dem Auto »Winterschuhwerk« spendieren will, hat die Wahl zwischen herkömmlichen M + S-Reifen, die lediglich 160 km/h schnell gefahren werden dürfen, und den teureren Hochgeschwindigkeits-Reifen für 190 km/h Höchsttempo.
Gleichgültig, welche Reifen Sie fahren, bedenken Sie immer: Bei Temperaturen um den Gefrierpunkt bildet sich auf Glatteis beim Darüberrollen ein Wasserfilm, der die Haftfähigkeit der Reifen stark herabsetzt.
In Sachen Reifengröße haben Sie bei Winterreifen die Wahl zwischen der Größe 155 SR 13 und den sonst üblichen 175/70er-Pneus. Die bei Sommerbereifung nicht zulässigen schmaleren 155er bieten sich vor allem dann an, wenn Winterreifen gleich mit Felgen gekauft werden. Dann ist der Preisunterschied zu den breiteren 70er-Winterreifen schon spürbar.
Ein M + S-Reifen mit weniger als 4 mm Profiltiefe taugt nichts mehr im Winter. Wenn etwa im Gebirge Winterreifen vorgeschrieben sind, werden M + S-Reifen als solche nur dann anerkannt, wenn ihr Profil noch mindestens 4 mm tief ist.

Gleitschutzketten

Wenn auch die griffigsten Winterreifen schon versagen, helfen gegen Schnee und Eis, bei Hochgebirgsfahrten und starken Schneefällen noch Ketten. Offiziell heißen sie Gleitschutzketten. Sie sind eine gute Anschaffung, aber nicht billig.
Als höchtzulässige Geschwindigkeit mit aufgelegten Ketten gelten hierzulande 50 km/h. Wer das Kettenauflegen vor dem ersten Schnee im Trockenen geübt hat, fürchtet sich kaum vor der Montage und dem Abnehmen und braucht auch nur wenige Minuten.

Verspannung

Ohne Elektrik läuft nichts bei unserem Auto. Wir müssen uns also näher damit befassen, zumal Störungen im elektrischen Bereich nicht eben selten sind. Nach der Lektüre unserer diesbezüglichen Kapitel sind Sie zwar noch kein Elektrik-Profi, aber mit den wichtigsten Grundbegriffen und einfachen Meßvorgängen vertraut.

Elektrik – ganz einfach

Elektrizität kann man leider nicht sehen; das erschwert für manchen das Verständnis. Wir wollen es Ihnen hier mit einem Beispiel leichter machen:
Die Vorgänge um den elektrischen Strom lassen sich am einfachsten mit einer Wasserleitung erklären. Durch eine Wasserleitung strömt unter einem bestimmten Druck eine gewisse Menge Wasser. Man kann den Wasserdruck vergleichen mit der Spannung (gemessen in Volt – Abkürzung V) und die in einer bestimmten Zeit durchfließende Wassermenge mit dem Strom (gemessen in Ampere – A). Multipliziert man Spannung und Strom miteinander, so erhält man die elektrische Leistung mit der Maßeinheit Watt (W).
Einen anderen Wert erhalten wir, wenn wir die Spannung durch den Strom dividieren: den Widerstand, der in Ω gemessen wird. Wir können ihn uns als Hahn in der Wasserleitung vorstellen. Bei geöffnetem Wasserhahn ist der Widerstand gleich 0, das Wasser fließt ungehindert. Wird der Hahn zugedreht, erhöht sich der Widerstand bis schließlich zum Wert unendlich (∞), wobei der Strom versiegt. Jeder Stromverbraucher stellt einen Widerstand dar, der für seine einwandfreie Funktion mit genügend Strom beliefert werden muß. Deshalb braucht eine kleine Kontrollampe lediglich ein dünnes Kabel, der stromanspruchsvolle Anlasser dagegen eine besonders dicke Leitung.

Spannung, Strom und Widerstand messen

Bereits mit einer einfachen Prüflampe läßt sich der elektrische Strom sichtbar machen. Mit einem Vielfachmeßgerät, wie auf Seite 11 beschrieben, können wir weitere elektrische Größen messen. Wichtig ist dabei lediglich die richtige Wahl des Meßbereichs und das richtige Anklemmen des Meßgeräts im Stromkreis.

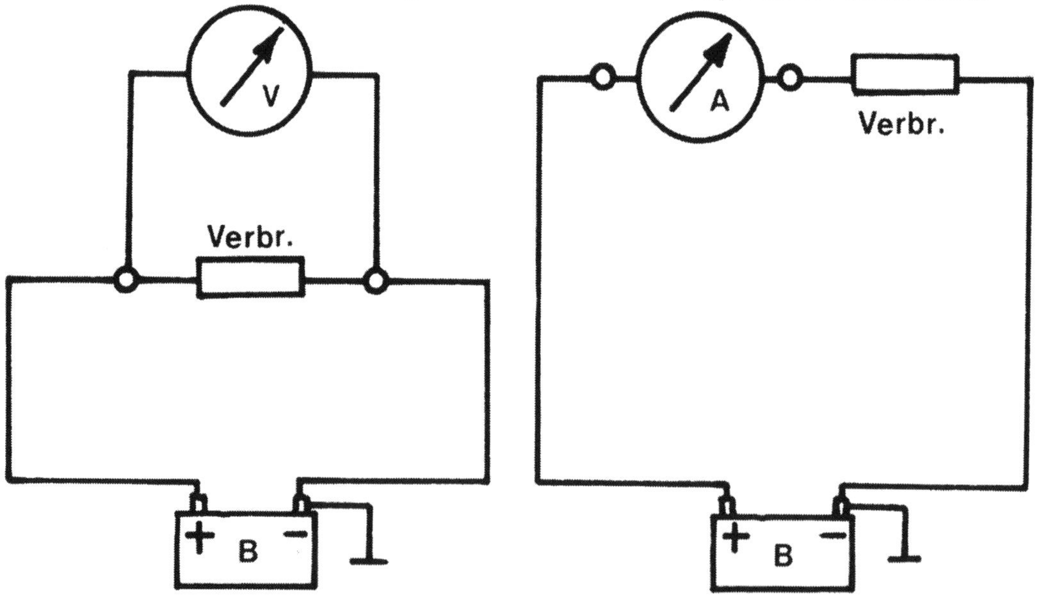

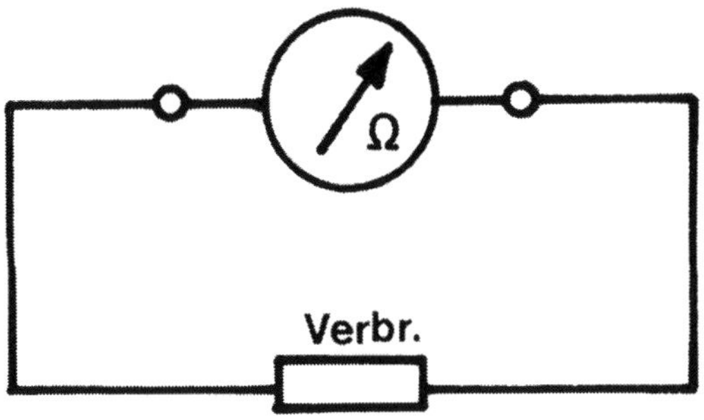

So muß das betreffende Meßgerät zum Messen der elektrischen Größen Spannung, Strom und Widerstand (von links nach rechts) angeschlossen werden. Der Kreis mit Zeiger symbolisiert das Meßgerät, »Verbr.« steht für Verbraucher (z. B. Lampe, Elektromotor usw.) und das Kästchen mit dem »B« steht für Batterie.

Spannung messen mit Prüflampe

Spannung kann schon mit einer einfachen Prüflampe »gemessen« werden. Die Lampe gibt dabei in erster Linie Auskunft darüber, ob überhaupt Spannung anliegt oder nicht. Praktisch ist eine Prüflampe mit Nadelkontakt (siehe Seite 8), mit deren Prüfnadel einfach die Isolierung des zu kontrollierenden Kabels durchstochen werden kann. Die Klemme am Kabel der Lampe wird irgendwo an Masse angeklipst.
An der Helligkeit der Lampe kann auch in etwa die Höhe der Spannung abgeschätzt werden, doch diese Methode bleibt ungenau.

Spannung messen mit Voltmeter

Exakter ist die Spannungsmessung mit dem Voltmeter bzw. dem entsprechenden Meßbereich des Vielfachinstruments. Damit kann z. B. auch genau die Batteriespannung gemessen werden. Zeigt das Instrument beispielsweise nur 10,4 Volt an, hat eine der Batteriezellen Kurzschluß. Interessant kann es auch sein, die Batteriespannung zu messen, während der Anlasser betätigt wird. Sind dann nur noch 5 Volt abzulesen, steht es mit der Batterie sicher nicht zum besten.
Zum Messen wird das mit »–« gekennzeichnete Kabel mit dem »–«-Pol der Batterie oder mit einer blanken Schraube an Motor oder Karosserie angeklemmt. Das »+«-Kabel des Meßgeräts wird an das zu messende Kabel angehängt oder an den »+«-Pol der Batterie (siehe auch Zeichnung links außen).

Strom messen

Ob Strom zu einem Verbraucher hinfließt, wird mit dem Amperemeter bzw. dem entsprechenden Meßbereich des Vielfachinstruments gemessen. Dazu muß der Stromkreis aufgetrennt und das Meßinstrument dazwischengeschaltet werden. Im Auto kann dazu einer der Steckkontakte abgezogen und dann das Meßgerät zwischen Stecker und Kontaktzunge geschaltet werden. Die Zeichnung links innen zeigt, wie das prinzipiell aussieht.
Strom wird beispielsweise gemessen, wenn der Verdacht besteht, daß ein Stromverbraucher irgendwo im Bordnetz über Nacht die Batterie leersaugt. Um diese Leckstelle zu lokalisieren, nehmen Sie eine Sicherung nach der anderen heraus, klemmen statt dessen das Amperemeter an den Kontaktzungen im Sicherungskasten an und können so feststellen, in welchem Stromkreis Verluste entstehen. Anhand der Sicherungstabellen ab Seite 165 vergleichen Sie dann, welche Verbraucher in diesen Stromkreis eingeschaltet sind.

Fingerzeig: *Niemals das Meßgerät zwischen Hauptkabel und Batterie anklemmen, um etwa den Stromverbrauch des Anlassers zu messen! Die dabei auftretenden Ströme (150 A und mehr) sind für jedes normale Meßgerät viel zu hoch. Wer trotzdem an dieser Stelle messen muß, braucht einen Meßwiderstand (Shunt), der zur Messung in die Leitung eingeschaltet wird.*

Widerstand messen

Die Messung des Widerstands ist für den Autobastler in der Regel nicht von Bedeutung. Trotzdem bringt dieser Meßbereich Vorteile: Denn so kann geprüft werden, ob beispielsweise eine Leitung oder ein Schalter »Durchgang« hat oder ob der Stromweg irgendwo unterbrochen ist.
Zur Widerstandsmessung muß das Meßgerät allerdings eine eigene Stromversorgung haben. Erfahrungsgemäß ist aber diese Batterie immer dann leer, wenn der Meßbereich ausnahmsweise einmal gebraucht wird.

Grundbegriffe der Elektronik

Aus dem Wort Elektronik läßt es sich schon herauslesen – sie basiert auf Elektronen, jenen superkleinen Bausteinen, aus denen das ohnehin schon kleine Atom zum Teil besteht. Die Elektronen sorgen in allen elektrisch leitenden Werkstoffen (Fachausdruck: Leiter) dafür, daß Strom überhaupt fließen kann. Die Elektronen wandern dabei im Leiter von Atom zu Atom.
Nicht leitende Werkstoffe besitzen ebenfalls Elektronen. Die sind jedoch stark an den Atomkern gebunden und können nicht weiterwandern. Somit fließt auch kein Strom.
Die dritte Werkstoffgruppe sind die sogenannten Halbleiter – Kristalle (meist Germanium oder Silizium), die so nachbehandelt wurden, daß in ihrem Aufbau Elektronen fehlen oder überschüssige Elektronen vorhanden sind. Das bewirkt den durchaus gewünschten Effekt, daß durch die Kristallplättchen nur unter bestimmten Bedingungen Strom fließen kann. Der Stromfluß wird gehemmt, wenn diese Bedingungen nicht erfüllt sind. Dann baut sich nämlich eine Sperrschicht auf. Diese Eigenschaft macht man sich beispielsweise bei Dioden und Transistoren zunutze.
Halbleiter-Bauelemente findet man in der Fahrzeugelektrik seltener einzeln verwendet, sondern zumeist in größerer Stückzahl zu kompletten Schaltungen zusammengefaßt, etwa im Regler der Lichtmaschine.
Für den Heimwerker erscheint die Elektronik oft kompliziert, doch Sie brauchen keineswegs zu verzagen – auch hier wird nur mit Wasser gekocht. Fast alle Funktionen der Bauelemente lassen sich mit mechanischen Größen erklären, wie die folgenden Beispiele zeigen.

Halbleiter

Neben den nachstehend beschriebenen Grundtypen der Halbleiter gibt es natürlich auch Sonderformen für spezielle Einsatzzwecke. Dazu zählen Feldeffekttransistor, Fototransistor, Leistungstransistor, Fotodiode, Zenerdiode, Thyristor u. a. m. Auf diese Bauteile gehen wir hier nicht weiter ein.
Transistor; er läßt nur dann Strom durchfließen, wenn an seinem dritten Anschluß eine Spannung anliegt. Ist diese Spannung hoch, fließt viel Strom durch, bei geringer Spannung entsprechend weniger. Vergleichbar ist das mit einem Wasserhahn. Je weiter das Ventil aufgedreht wird, desto mehr Wasser fließt durch.
Diode; sie ist nur in einer Richtung für den elektrischen Strom leitend. Kommt der Strom aus der Gegenrichtung, sperrt sie den Durchgang. Das ist wie beim Reifenventil: Luft kann durchgepumpt werden, aber sie kommt nicht mehr heraus.
Leuchtdiode; der Halbleiterkristall im Innern der Leuchtdiode sendet Licht aus, sobald man Spannung anlegt. Im Grund genommen ist das wie bei einer Glühlampe, aber es gibt keinen Glühfaden, der allmählich verbrennen kann.

Weitere Bauelemente

In nahezu allen elektronischen Schaltungen kommen zahlreiche Bauteile vor, die nicht zur Sparte der Halbleiter gehören, ohne die aber die Elektronik nicht denkbar wäre. Häufigste Vertreter sind:
Widerstand; seine Aufgabe ist es, den Stromfluß zu hemmen, wie auf Seite 160 beschrieben.
Kondensator; er wirkt wie eine kleine Batterie und kann elektrische Energie für eine gewisse Zeit speichern. Er wird zur Glättung von Spannungsschwankungen und zum Dämpfen von Spannungsspitzen verwendet. Wenn eine Zeitverzögerung in einer Schaltung erwünscht ist (z. B. im Blinkrelais), wird ein Kondensator mit einem Widerstand zu einem »Zeitglied« zusammengeschaltet.

Wo sitzen elektronische Bauteile in unserem VW?

Es gibt eine ganze Reihe von elektronischen Bauelementen in unserem Auto. Wir zählen hier nur einige auf: Blinkrelais, Dioden der Lichtmaschine, Lichtmaschinenregler, Spannungskonstanter für Tank- und Temperaturanzeige, Wischer-Intervallrelais.
Reparaturen an den elektronischen Teilen im VW lohnen sich nur selten, sie werden üblicherweise einfach ausgetauscht.

Kreislaufmedizin

Lassen Sie sich nicht einschüchtern vom Kabelwirrwarr und der Vielzahl von Leitungen in den nachfolgenden Stromlaufplänen. Mit Geduld und einer gewissen Zeit zum Hineindenken finden Sie sich bald zurecht.

Minus an Masse

Strom kann nur in einem geschlossenen Kreislauf fließen. Wenn Sie im Haus den Lichtschalter anknipsen, leuchtet ein Licht auf. Genauso ist es beim Auto, nur daß hier der von Batterie oder Lichtmaschine kommende Strom über den jeweiligen Stromverbraucher zurück zur Batterie oder Lichtmaschine fließt.
An die Mehrzahl der Stromverbraucher im VW sind zwei Kabel angeschlossen, doch nur eines läßt sich bis zur Batterie bzw. zum Generator zurückverfolgen, wie dies auch die Stromlaufpläne ab Seite 169 zeigen. Die andere Leitung ist dagegen meist schon nach wenigen Zentimetern irgendwo am Karosserieblech festgeschraubt oder mit einer Steckerfahne eingesteckt. Hier hat man sich zunutze gemacht, daß die Metallteile der Karosserie und des Motors bzw. des Getriebes ebenfalls Strom leiten können. In der Autoelektrik bezeichnet man sie mit »Masse«. Sie sorgen für die Stromrückleitung zum Minuspol der Batterie (Merksatz: **M**inus an **M**asse).
Wenn ein Stromverbraucher direkt auf Metall sitzt, braucht er nur ein einziges Anschlußkabel, aber im heutigen kunststoffreichen Automobil müssen fast immer kleine Verbindungsleitungen den Kontakt zur Fahrzeugmasse herstellen.

Wegweiser durch Normung

Das bunte Kabelgewirr im Auto ist eigentlich ganz gut geordnet, denn viele Einzelheiten der Kraftfahrzeug-Elektrik sind genormt. Die Zahlen an verschiedenen Bauteilen, Kabelanschlüssen und in den Stromlaufplänen haben in allen deutschen und manchen ausländischen Wagen dieselbe Bedeutung:

□ Klemme 31 ist die sogenannte Masse-Klemme, mit der ein Stromverbraucher zur Fahrzeugmasse verbunden werden muß. Die entsprechenden Kabel sind braun.

□ Klemme 30 erhält dauernd Strom vom Pluspol der Batterie oder der Lichtma-

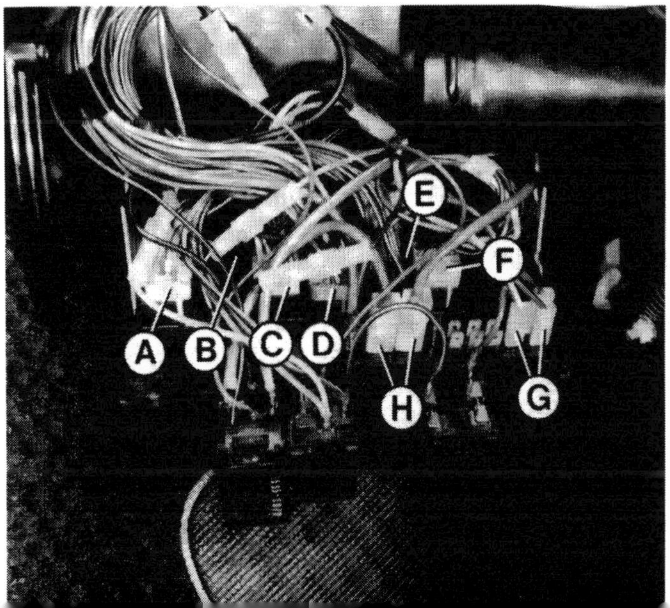

An der Rückseite des Sicherungskastens laufen alle wichtigen Kabel zusammen. In den Steckfeldern sind angeschlossen; A – Leitungsstrang vorn; B – frei; C – Leitungsstrang vorn; D, E – Leitungsstränge am Armaturenbrett; F – Leitungsstrang hinten. Was an den Kontakten G_1 bis G_{10} angeschlossen ist, können Sie aus den Stromlaufplänen ab Seite 169 herauslesen. Die Kontakte H liefern alle ständig Strom von Klemme 30. Die verschiedenen Mehrfachstecker sind so geformt, daß keine Fehlsteckungen passieren können.

schine – auch bei ausgeschalteter Zündung (deshalb Vorsicht beim Berühren dieser Kontakte, wenn das Minuskabel an der Batterie nicht abgenommen wurde). Diese stets stromführenden Kabel haben meist eine rote Umhüllung, teilweise auch mit zusätzlichen Farbstreifen bei bestimmten Stromverbrauchern.

□ Klemme 15 erhält nur bei eingeschalteter Zündung Strom ab Zündschloß, wodurch neben der Zündspule jene Stromverbraucher versorgt werden, die nur bei Betrieb des Wagens Strom erhalten – beispielsweise die Blinkanlage (sie hat übrigens die Normklemme 49) oder der Scheibenwischer (mit der Normklemme 53). Die Kabel an den Normklemmen 15 sind vielfach schwarz, manchmal auch mit farbigen Zusatzstreifen.

□ Die Klemmen 56 und 58 versorgen die Fahrzeugbeleuchtung mit Strom, für die Hauptscheinwerfer ist die Grundfarbe der Kabelumhüllung weiß oder gelb, für das Standlicht grau, jeweils mit zusätzlichen Farbstreifen.

Die Leitungen Die im VW eingebauten Kabel sind nicht deshalb unterschiedlich stark, weil der Monteur am Fließband gerade kein anderes zur Hand hatte. Vielmehr wird der Querschnitt eines Kabels je nach Stromanspruch des betreffenden Verbrauchers gewählt: Ein Kontrollämpchen kommt mit 0,75 mm^2 Kabelstärke aus, der Anlasser braucht dagegen ein 16-mm^2-Kabel. Ein zu dünnes Kabel heizt sich auf, und die Spannung fällt ab. Dann kommen statt der erwünschten 12 Volt z. B. an den Scheinwerfern vielleicht nur 10 oder 9,5 Volt an – das Licht wird trübe.

Fingerzeig: *Wenn eine Glühlampe oder etwa ein Anzeigeinstrument nicht so funktioniert, wie es soll, liegt dies nicht selten an einer mangelhaften Masseverbindung. Den fehlenden Kontakt zur Fahrzeugmasse holt sich mancher Verbraucher dann über verschlungene Wege und stiftet so Verwirrung. Vergessen Sie bei Montagearbeiten nie die braunen Massekabel, auch wenn sie überflüssig erscheinen.*

Die Sicherungen Jedes elektrische Gerät im Auto braucht bezüglich seiner Leistung eine bestimmte, festgelegte Menge Strom. Diesem Stromverbrauch entsprechend wurde der Querschnitt des zugehörigen Kabels bemessen. Wenn nun an einen vorhandenen Stromkreis zusätzliche Verbraucher angeschlossen und alle gleichzeitig eingeschaltet werden oder durch einen Defekt ein Kurzschluß entsteht (der nichts anderes bedeutet als einen abnorm ansteigenden Stromdurchfluß), würde der Stromkreis überlastet. Die Leitung würde warm oder zu glühen beginnen, ebenso die Wicklungen der Lichtmaschine, die Batterieflüssigkeit könnte ins Sieden geraten – wären nicht die elektrischen Sicherungen eingebaut. Die sind sehr kurz angebunden: Wenn der Strom ein gewisses, zuträgliches Maß übersteigt, unterbrechen sie ihn einfach.

Damit der VW bei einem Defekt nicht gleich ohne Strom dasteht, sind die Sicherungen auf verschiedene Stromkreise verteilt, wie bereits angedeutet. Allerdings sind die Schaltungen zwischen Batterie, Generator, Anlasser und Zündschloß nicht von Sicherungen überwacht. Bei einer Störung dieser Teile nützt der Blick in den Sicherungskasten also nichts. Dagegen hat die Einspritzanlage eine eigene Absicherung.

Fingerzeig: *Beim Einsetzen einer neuen Sicherung sollten Sie deren Metallstreifen nicht berühren. Gehört die Sicherung zu einem ständig unter Spannung stehenden Stromkreis und ist der Kurzschluß darin nicht behoben, heizt sich der Metallstreifen sofort auf, so daß Sie sich die Finger verbrennen können.*

Radioabsicherung In der Stromzuleitung für das Autoradio sitzt meist noch eine weitere Sicherung in einer Kunststoffhülse. Diese spezielle, »mittelträge« reagierende Glassicherung mit innenliegendem Metallstreifen ist normalerweise auf 2 Ampere ausgelegt. Zum Herausnehmen Kunststoffhülsenteile gegeneinander drücken und gleichzeitig etwas drehen (sogenannter Bajonettverschluß), Hülsenteile auseinanderziehen, dann fällt die Sicherung heraus.

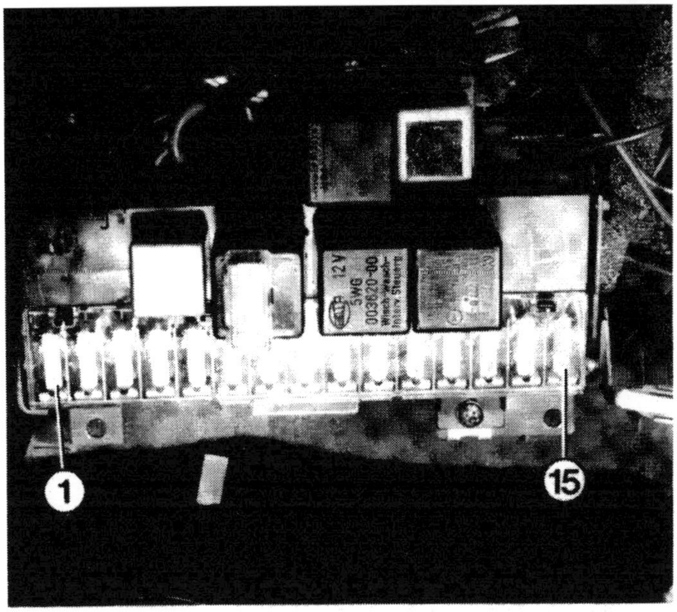

Wo die einzelnen Sicherungen 1 bis 15 zu finden sind, zeigen die in den Sicherungskastendeckel eingeprägten Zahlen und unsere Hinweisziffern.

Sicherungstabelle

Nr.	Klemme	erhält Strom	angeschlossene Stromverbraucher
1	56 b	bei eingeschalteter Zündung über Lichtschalter und Abblendhebel Klemme 56 b	Abblendlicht links
2	56 b	wie Sicherung 1	Abblendlicht rechts
3	56 a	bei eingeschalteter Zündung über Lichtschalter und Abblendhebel Klemme 56 a	Fernlicht links Fernlichtkontrolle
4	56 a	wie Sicherung 3	Fernlicht rechts
5	X	bei eingeschalteter Zündung vom Relais für heizbare Heckscheibe	Heizbare Heckscheibe (Arbeitsstrom)
6	30	direkt von Batterie +	Bremsleuchten über Bremslichtschalter Warnblinker über Warnblinkschalter
7	30	wie Sicherung 6	Innenleuchte Anzünder Zeituhr (seit 1/77) Radio
8	15	bei eingeschalteter Zündung Klemme 15	Richtungsblinker
9	15	wie Sicherung 8	Zweiklanghörner (Arbeitsstrom) Rückfahrscheinwerfer über Rückfahrlichtschalter
10	X	bei eingeschalteter Zündung Klemme X	Heizbare Heckscheibe (Schaltstrom)
11	X	wie Sicherung 10	Frontscheibenwischer und -wascher über Wischerschalter Gebläse
12	58	über Lichtschalter Klemme 58	Kennzeichenleuchten Nebelscheinwerfer (Schaltstrom) Nebelschlußleuchte über Nebelscheinwerferschalter
13	58 R	über Lichtschalter Klemme 58 R oder Parklichtschalter Klemme PR	Standlicht rechts Schlußlicht rechts
14	58 L	über Lichtschalter Klemme 58 L oder Parklichtschalter Klemme PL	Standlicht links Schlußlicht links
15	30	direkt von Batterie +	Kühlerventilator

Abweichungen ab 8/77

5	X	bei eingeschalteter Zündung vom Entlastungsrelais Klemme X	Heizbare Heckscheibe über Schalter für heizbare Heckscheibe
10	X	bei eingeschalteter Zündung vom Entlastungsrelais Klemme X	Gebläse über Gebläseschalter
11	X	wie Sicherung 10	Frontscheibenwischer und -wascher über Wischerschalter

So sieht die Reihenfolge der Flachstecksicherungen seit 8/82 aus.

Abweichungen ab 8/78

Nr.	Klemme	erhält Strom	angeschlossene Stromverbraucher
11	X	bei eingeschalteter Zündung vom Entlastungsrelais Klemme X	Frontscheibenwischer und -wascher über Wischerschalter Scheinwerfer-Reinigungsanlage Zweiklanghörner (Schaltstrom)
15	30	direkt von Batterie +	Kühlerventilator über Thermoschalter

Abweichungen ab 10/80

6	30	direkt von Batterie +	Bremsleuchten über Bremslichtschalter Warnblinker über Warnblinkschalter Radio

Abweichungen ab 8/81

15	X	bei eingeschalteter Zündung vom Entlastungsrelais Klemme X	Heckscheibenwischer und -wascher

Weitere Sicherungen

A (im Zusatzsicherungskasten)	bis 7/77: bei eingeschalteter Zündung Klemme X bis 7/81: bei eingeschalteter Zündung vom Entlastungsrelais Klemme X über Sicherung 11	Heckscheibenwischer und -wascher Heckscheibenwischer und -wascher
B (im Zusatzsicherungskasten)	bis 7/82: vom Nebelscheinwerfer-Relais	Nebelscheinwerfer (Arbeitsstrom)
C (am Kraftstoffpumpenrelais)	bis 7/82: direkt von Batterie +	Kraftstoffpumpe über Kraftstoffpumpenrelais Warmlaufregler Zusatzluftschieber

Flachstecksicherungen

Anstelle der herkömmlichen Sicherungen werden seit 8/82 in Verbindung mit der neuen Zentralelektrik zuverlässigere Flachsteck-Sicherungen verwendet. Sie besitzen den Vorteil, daß sie leichter zu wechseln sind und keinen Korrosionsproblemen mehr unterliegen.
Zum Herausnehmen und Einsetzen der Flachsicherungen ist an der Zentralelektrik eine kleine Kunststoffzange befestigt.

Sicherungstabelle ab 8/82

Nr.	Klemme	erhält Strom	angeschlossene Stromverbraucher
1	30	direkt von Batterie +	Kühlerventilator über Thermoschalter
2	30	wie Sicherung 1	Bremsleuchten über Bremslichtschalter
3	30	wie Sicherung 1	Innenleuchte Anzünder Zeituhr Radio
4	30	wie Sicherung 1	Warnblinker über Warnblinkschalter
5	30	direkt von Batterie + bei eingeschalteter Zündung über Kraftstoffpumpenrelais	Kraftstoffpumpe Warmlaufregler Zusatzluftschieber
6		vom Nebelscheinwerfer-Relais über Nebelscheinwerferschalter	Nebelscheinwerfer
7	58 L	über Lichtschalter Klemme 58 L oder Parklichtschalter Klemme PL	Standlicht links Schlußlicht links
8	58 R	über Lichtschalter Klemme 58 R oder Parklichtschalter Klemme PR	Standlicht rechts Schlußlicht rechts
9	56 a	bei eingeschalteter Zündung über Lichtschalter und Abblendhebel Klemme 56 a	Fernlicht rechts Fernlichtkontrolle
10	56 a	wie Sicherung 9	Fernlicht links
11	X	bei eingeschalteter Zündung vom Entlastungsrelais Klemme X	Frontscheibenwischer und -wascher über Wischerschalter
12	X	wie Sicherung 11	Heckscheibenwischer und -wascher
13	X	wie Sicherung 11	Heizbare Heckscheibe über Schalter für heizbare Heckscheibe
14	X	wie Sicherung 11	Gebläse über Gebläseschalter Lichtschalter-Beleuchtung
15	15	bei eingeschalteter Zündung Klemme 15	Rückfahrscheinwerfer über Rückfahrlichtschalter
16	15	wie Sicherung 15	Zweiklanghörner (Arbeitsstrom)
17	15	wie Sicherung 15	frei
18	15	wie Sicherung 15	Bremskontrolleuchte Zweiklanghörner (Schaltstrom)
19	15	wie Sicherung 15	Richtungsblinker
20	58	über Lichtschalter Klemme 58	Kennzeichenleuchten Scheinwerfer-Reinigungsanlage
21	56 b	bei eingeschalteter Zündung über Lichtschalter und Abblendhebel Klemme 56 b	Abblendlicht links
22	56 b	wie Sicherung 21	Abblendlicht rechts

Weitere Sicherungen

A (im Zusatzsicherungskasten)	ab 8/82: bei eingeschaltetem Licht vom Nebelscheinwerferschalter Klemme 83 b	Nebelschlußleuchte(n)

Entwirrte Kabelknäuel

Die einzelnen Stromkreise der elektrischen Anlage sind in den folgenden Stromlaufplänen nebeneinander aufgezeichnet. So läßt sich der funktionelle Zusammenhang der verschiedenen Teile der Autoelektrik ohne große Probleme erfassen.

Aufbau der Stromlaufpläne

Die Stromlaufpläne sind in eine Vielzahl von Strompfaden aufgeteilt, die unten an der Fußleiste durchnumeriert sind. So lassen sich anhand der Stromlaufplan-Erläuterungen die einzelnen Teile leicht auffinden. Endet ein Strompfad mit einem quadratischen Kästchen, so gibt die Zahl im Kästchen an, wo der Strompfad weiterläuft.
Das in den oberen Teil der Stromlaufpläne eingezeichnete graue Feld kennzeichnet den Sicherungskasten mit der Relaisplatte. Die Buchstaben/Zahlenkombination an den Anschlüssen gibt die Belegung der Leitungen in den Steckverbindungen an. Beispiel: C 5 – Mehrfachstecker C an der Relaisplatte, Kontakt 5.
Die Fußleiste bezeichnet die Fahrzeug-»Masse« (das Blech der Autokarosserie), über die der Stromkreislauf geschlossen wird. Interne Verbindungen, die nicht als Leitungen vorhanden sind, wurden durch dünne schwarze Striche dargestellt. Interne Verbindungen sind z. B. Masseanschlüsse, die direkt durch ein Lampengehäuse hergestellt werden.

Die Leitungen

In den Stromlaufplänen sind die Kabelfarben abgekürzt angegeben. Es bedeuten: bl – blau; br – braun; ge – gelb; gn – grün; gr – grau; li – lila; ro bzw. rt – rot; sw – schwarz; ws – weiß.
Die Zahlen in den Leitungen kennzeichnen den jeweiligen Kabelquerschnitt in mm^2.

Für welche Modelle?

Wir haben stellvertretend für sämtliche Modelle die Stromlaufpläne des Golf GTI Modell 1978 und Modell 1983 abgebildet. Schaltvariationen zu Ihrem speziellen Fahrzeug sind daher möglich. Auf der Seite rechts finden Sie noch zwei Zusatz-Stromlaufpläne für Nebelscheinwerfer und Nebelschlußleuchte.

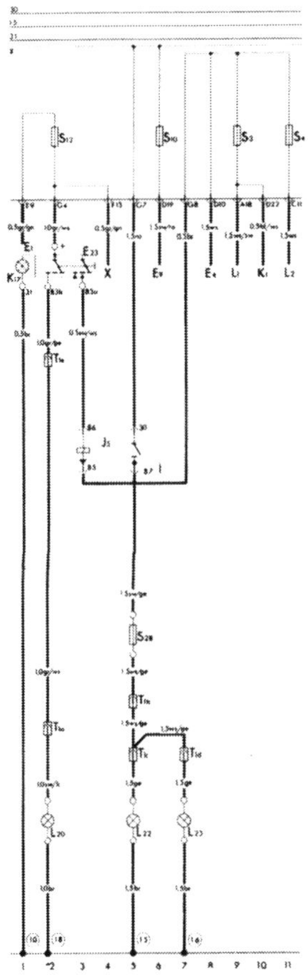

Zusatz-Stromlaufplan für Nebelscheinwerfer und -schlußleuchte ab 8/78 bis 7/82

Bezeichnung der Teile		**im Strompfad**
E 1	– zum Lichtschalter Klemme 58	1
E 4	– zum Lichthupen- und Abblendschalter Klemme 56 a	8
E 9	– zum Schalter für Gebläse	6
E 23	– Schalter für Nebelscheinwerfer und -schlußleuchte	1–3
J 5	– Relais für Nebelscheinwerfer	3–5
K 1	– zur Kontrollampe für Fernlicht	10
K 17	– Kontrollampe für Nebelschlußleuchte	1
L 1	– zur Lampe für Fernlicht links	9
L 2	– zur Lampe für Fernlicht rechts	11
L 20	– Lampe für Nebelschlußleuchte	2
L 22	– Lampe für Nebelscheinwerfer links	5
L 23	– Lampe für Nebelscheinwerfer rechts	7
S 3, 4, 10, 12	– Sicherungen im Sicherungskasten	
S 28	– Einzelsicherung für Nebelscheinwerfer	5
T 1a	– Steckverbindung im Kofferraum	
T 1b	– *Steckverbindung unter dem Scheibenwaschwasserbehälter*	
T 1c	– Steckverbindung im Motorraum vorn links	
T 1d	– Steckverbindung im Motorraum rechts	
T 1e	– Steckverbindung hinter dem Armaturenbrett	
X	– zu den Kennzeichenleuchten	3
(10)	– Massepunkt an der Lenksäulenabstützung	
(15)	– Massepunkt im Motorraum vorn links	
(16)	– Massepunkt im Motorraum vorn rechts	
(18)	– Massepunkt am Abschlußblech hinten links	

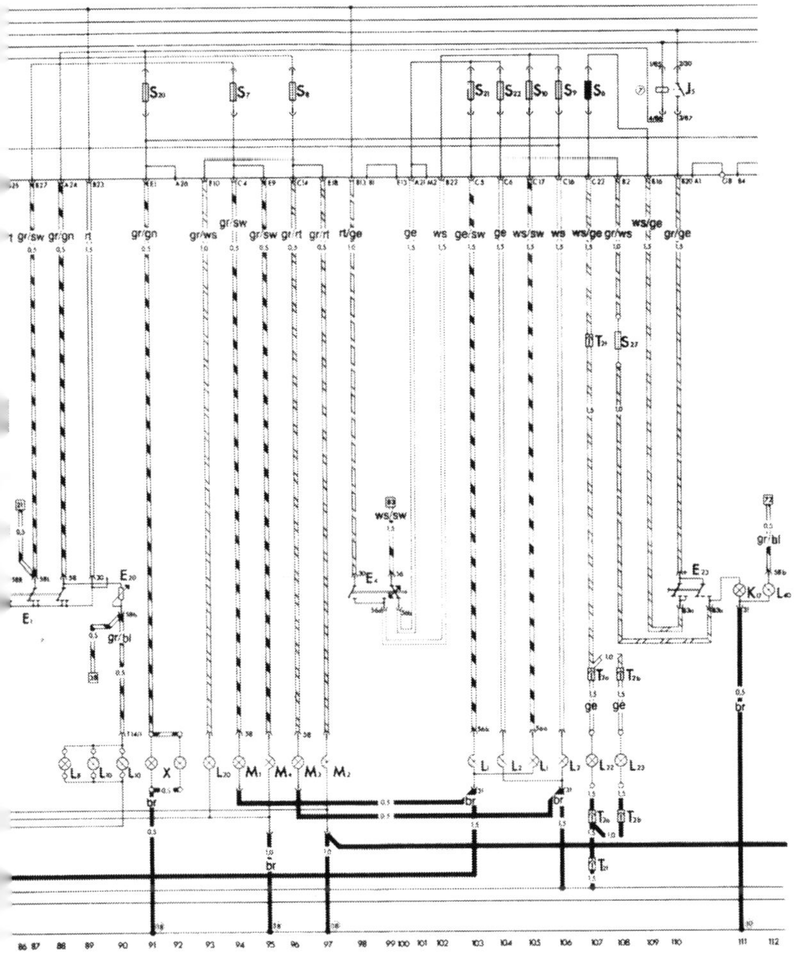

Zusatz-Stromlaufplan für Nebelscheinwerfer und -schlußleuchte ab 8/82

Bezeichnung der Teile		**im Strompfad**
E 1	– Lichtschalter	83–90
E 4	– Lichthupen- und Abblendschalter	98–100
E 20	– Regler für Instrumentenbeleuchtung	90
E 23	– Schalter für Nebelscheinwerfer und -schlußleuchte	110–112
J 5	– Relais für Nebelscheinwerfer und -schlußleuchte	109, 110
K 17	– Kontrollampe für Nebelscheinwerfer	111
L 1	– Zweifadenlampe für Scheinwerfer links	103, 105
L 2	– Zweifadenlampe für Scheinwerfer rechts	104, 106
L 8	– Lampe für Beleuchtung Zeituhr	88
L 10	– Lampe für Instrumentenbeleuchtung	89, 90
L 20	– Lampe für Nebelschlußleuchte	93
L 22	– Lampe für Nebelscheinwerfer rechts	108
L 40	– Lampe für Beleuchtung Nebelscheinwerferschalter	112
M 1	– Lampe für Standlicht links	94
M 2	– Lampe für Schlußlicht rechts	97
M 3	– Lampe für Standlicht rechts	96
M 4	– Lampe für Schlußlicht rechts	95
S 6, 7, 8, 9, 10, 21, 22	– Sicherungen im Sicherungskasten	
S 27	– Einzelsicherung für Nebelschlußleuchte	108
T 2a, 2f	– Steckverbindungen im Motorraum links	
T 2b	– Steckverbindung im Motorraum rechts	
X	– Kennzeichenleuchte	91, 92

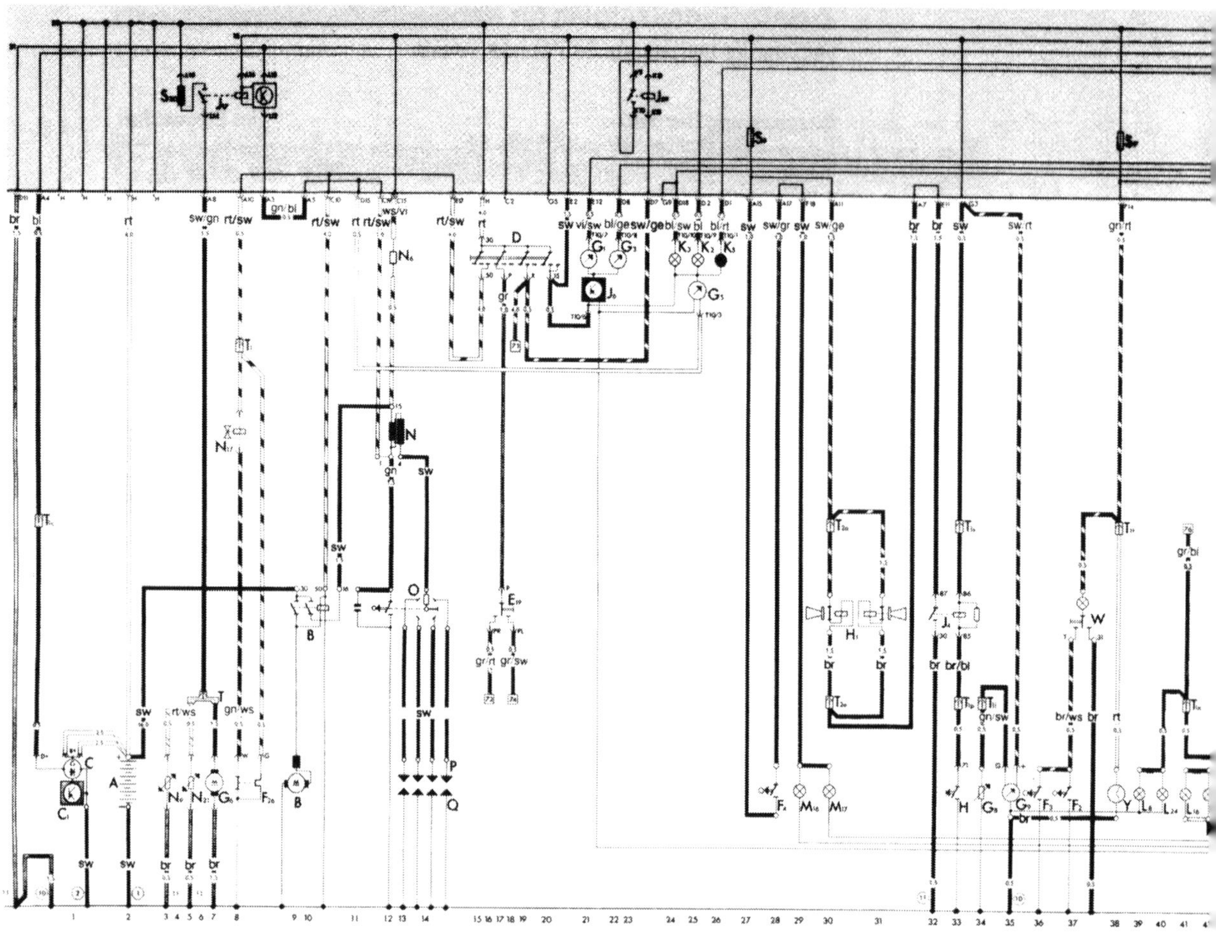

Stromlaufplan Teil I – VW Golf GTI Modell 1978

Bezeichnung der Teile		im Strompfad
A	– Batterie	2
B	– Anlasser	9, 10
C	– Drehstromgenerator	1
C 1	– Spannungsregler	1
D	– Zündanlaßschalter	15–20
E 15	– Schalter für heizbare Heckscheibe	53, 54
E 19	– Schalter für Parklicht	16–18
F	– Bremslichtschalter	45
F 1	– Öldruckschalter	49
F 2	– Türkontaktschalter vorn links	37
F 3	– Türkontaktschalter vorn rechts	36
F 4	– Schalter für Rückfahrleuchten	28
F 18	– Thermoschalter für Kühlerventilator	55
F 26	– Thermozeitschalter	8
G	– Geber für Tankanzeige	51
G 1	– Tankanzeige	21
G 2	– Geber für Kühlmitteltemperaturanzeige	50
G 3	– Kühlmitteltemperaturanzeige	22

Bezeichnung der Teile		im Strompfad
G 5	– Drehzahlmesser	25
G 6	– elektrische Kraftstoffpumpe	7
G 8	– Geber für Öltemperatur	34
G 9	– Öltemperaturanzeige	35
H	– Signalhornbetätigung	33
H 1	– Signalhörner	30
J 4	– Relais für Signalhörner	32, 33
J 6	– Spannungskonstanthalter	21
J 17	– Kraftstoffpumpenrelais	4–8
J 59	– Entlastungsrelais für X-Kontakt	22, 23
K 2	– Kontrollampe für Drehstromgenerator	25
K 3	– Kontrollampe für Öldruck	24
K 5	– Kontrollampe für Blinker	26
K 10	– Kontrollampe für heizbare Heckscheibe	54
L 8	– Lampe für Beleuchtung Zeituhr	39
L 15	– Lampe für Aschenbecherbeleuchtung	42
L 16	– Lampe für Beleuchtung Luftregulierung	41
L 24	– Lampe für Beleuchtung Öltemperaturanzeige	40

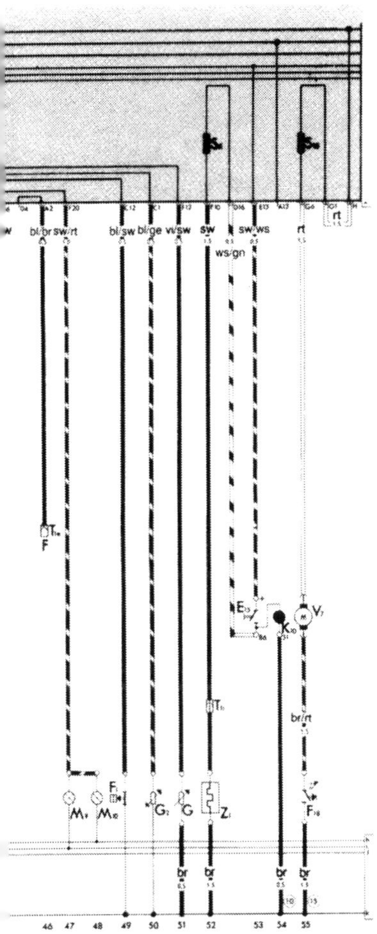

Bezeichnung der Teile		im Strompfad
L 28	– Lampe für Beleuchtung Anzünder	43
M 9	– Lampe für Bremslicht links	47
M 10	Lampe für Bremslicht rechts	48
M 16	– Lampe für Rückfahrleuchte links	29
M 17	– Lampe für Rückfahrleuchte rechts	30
N	– Zündspule	12, 13
N 6	– Vorwiderstandsleitung für Zündspule	12
N 9	– Warmlaufregler	3
N 17	– Kaltstartventil	8
N 21	– Zusatzluftschieber	5
O	– Zündverteiler	14
P	– Zündkerzenstecker	14
Q	– Zündkerzen	14
S 5, 7, 9, 15	– Sicherungen im Sicherungskasten	
S 20	– Sicherung am Kraftstoffpumpenrelais	
T	– Leitungsverteiler im Motorraum	
T 1, 1f, 1l, 1n, 1p, 1s	– Steckverbindungen hinter dem Armaturenbrett	

Bezeichnung der Teile		im Strompfad
T 1c, 2a	– Steckverbindungen im Motorraum	
T 1e	– Steckverbindungen am Bremslichtschalter	
T 1r	– Steckverbindung im Kofferraum hinten links	
T 10/	– Mehrfachstecker am Kombiinstrument	
U 1	– Anzünder	44
V 7	– Kühlerventilator	55
W	– Innenleuchte	37
Y	– Zeituhr	38
Z 1	– heizbare Heckscheibe	52
(1)	– Masseleitung Batterie-Karosserie-Motor	
(2)	– Masseleitung Generator-Motor	
(10)	– Massepunkt Kombiinstrument	
(11)	– Massepunkt Lenksäulenabstützung	
(15)	– Massepunkt Motorraum vorn links	

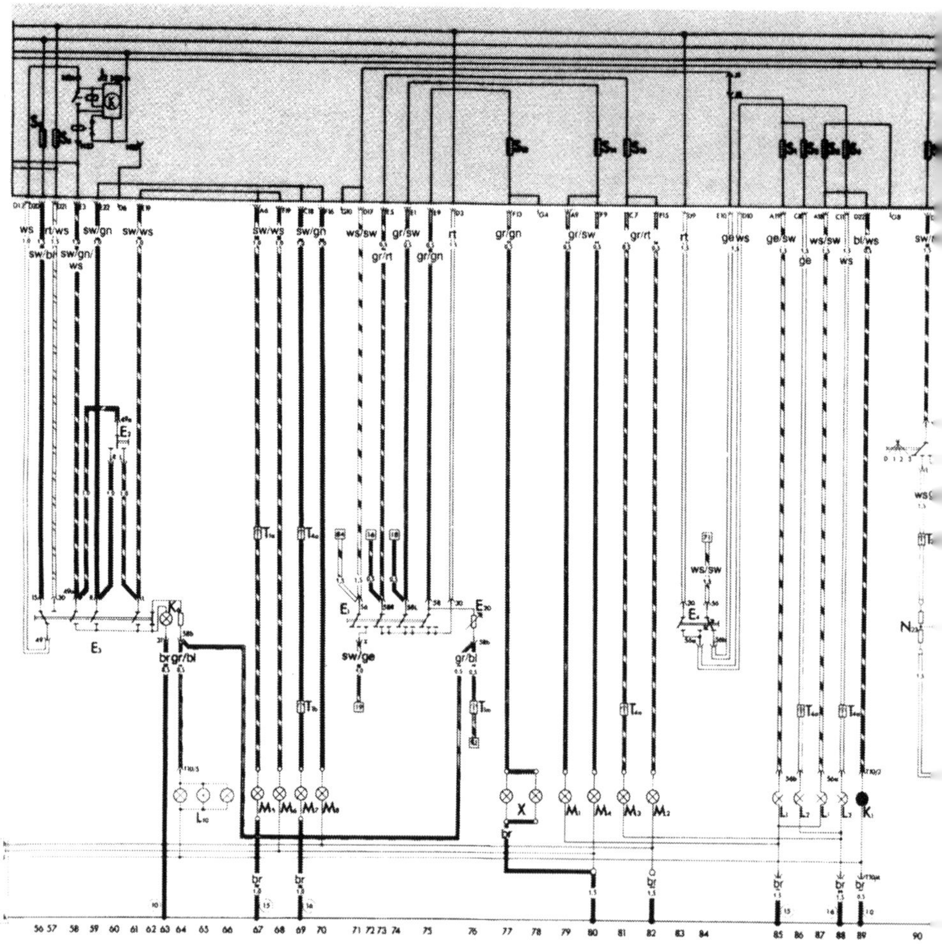

Stromlaufplan Teil II – VW Golf GTI Modell 1978

Bezeichnung der Teile		im Strompfad
E 1	– Lichtschalter	71–76
E 2	– Blinkerschalter	60
E 3	– Warnblinkschalter	56–64
E 4	– Schalter für Abblendung und Lichthupe	83, 84
E 9	– Schalter für Luftgebläse	90, 91
E 20	– Regler für Beleuchtung Instrumente-Schalter	76
E 22	– Scheibenwischerschalter	95–98
J 2	– Blinkrelais	58–61
J 30	– Relais für Heckscheibenwischer und -wascher	99, 100
J 31	– Relais für Wisch-Wasch-Intervallschaltung	93–96
K 1	– Kontrollampe für Fernlicht	89

Bezeichnung der Teile		im Strompfad
K 6	– Kontrollampe für Warnblinkanlage	63
L 1	– Zweifadenlampe für Scheinwerfer links	85, 87
L 2	– Zweifadenlampe für Scheinwerfer rechts	86, 88
L 10	– Lampe für Beleuchtung Kombiinstrument	64–66
M 1	– Lampe für Standlicht links	79
M 2	– Lampe für Schlußlicht rechts	82
M 3	– Lampe für Standlicht rechts	81
M 4	– Lampe für Schlußlicht links	80
M 5	– Lampe für Blinklicht vorn links	67
M 6	– Lampe für Blinklicht hinten links	68
M 7	– Lampe für Blinklicht vorn rechts	69
M 8	– Lampe für Blinklicht hinten rechts	70

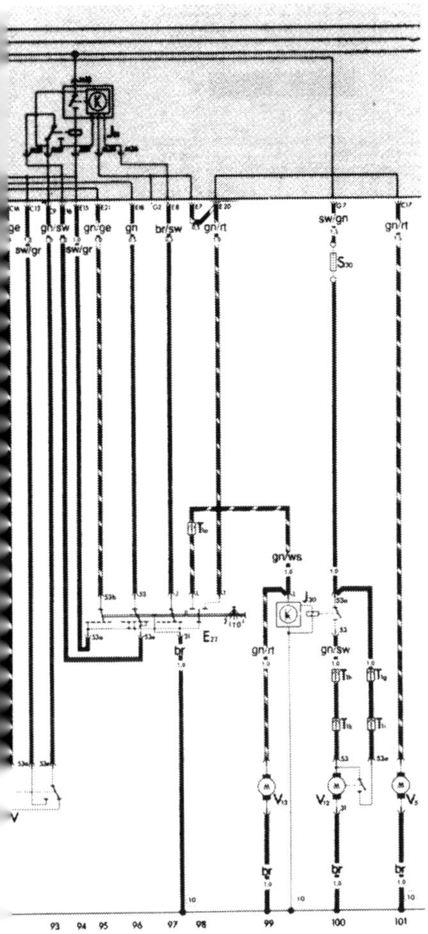

Bezeichnung der Teile		im Strompfad
N 23	– Vorwiderstand für Luftgebläse	90
S 1–4, 6, 8, 10–14	– Sicherungen im Sicherungskasten	
S 30	– Einzelsicherung	
T 1a, 1b	– Steckverbindungen im Motorraum	
T 1g, 1h	– Steckverbindungen im Kofferraum hinten links	
T 1i, 1k	– Steckverbindungen in der Heckklappe	
T 1m, 10, 2b, 4a	– Steckverbindungen hinter dem Armaturenbrett	
T 10/	– Mehrfachstecker am Kombiinstrument	
V	– Scheibenwischermotor	92, 93
V 2	– Luftgebläse	91
V 5	– Scheibenwascherpumpe	101

Bezeichnung der Teile		im Strompfad
V 12	– Motor für Heckscheibenwischer	100
V 13	– Heckscheibenwascherpumpe	99
X	– Kennzeichenleuchte	77, 78
⑩	– Massepunkt Kombiinstrument	
⑮	– Massepunkt Motorraum vorn links	
⑯	– Massepunkt vorn rechts	

Hinweis: Die Brücke in der Zentralelektrik von J 1 nach J 3 ist nur beim Scirocco vorhanden.

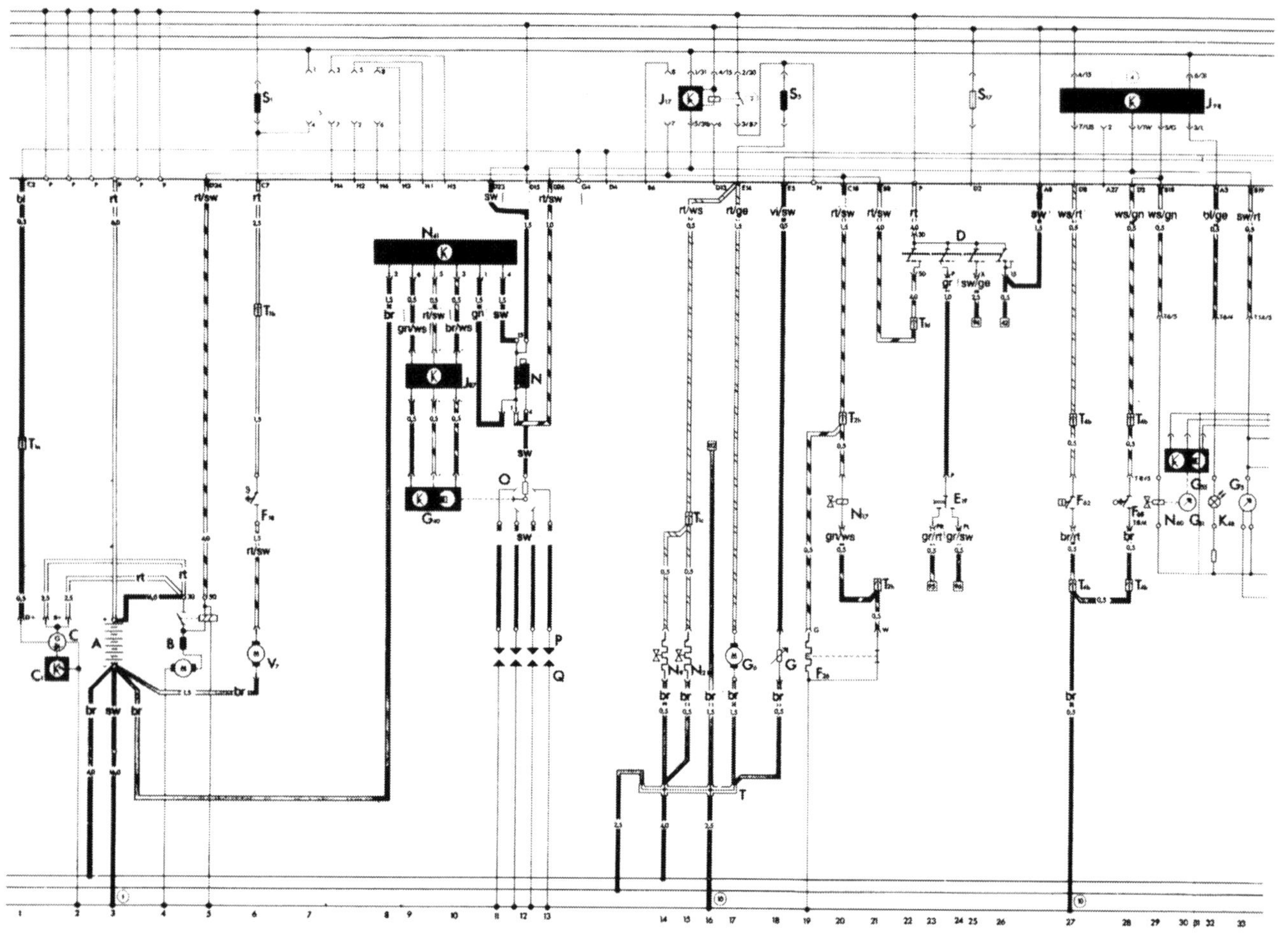

Stromlaufplan Teil I – VW Golf GTI Modell 1983

Bezeichnung der Teile		im Strompfad
A	– Batterie	3
B	– Anlasser	4, 5
C	– Drehstromgenerator	1, 2
C 1	– Spannungsregler	1, 2
D	– Zündanlaßschalter	22–26
E 19	– Schalter für Parklicht	23, 24
E 86	– Taste für Multifunktionsanzeige	52
F 1	– Öldruckschalter 1,8 bar	64
F 2	– Türkontaktschalter vorn links	62
F 3	– Türkontaktschalter vorn rechts	61
F 4	– Schalter für Rückfahrleuchten	65
F 18	– Thermoschalter für Kühlerventilator	6
F 22	– Öldruckschalter 0,3 bar	35
F 26	– Thermozeitschalter	19–21
F 62	– Unterdruckschalter für Schaltanzeige	27
F 68	– Gangschalter für Schalt- und Verbrauchsanzeige	28
G	– Geber für Tankanzeige	18
G 1	– Tankanzeige	43
G 2	– Geber für Kühlmitteltemperaturanzeige	54

Bezeichnung der Teile		im Strompfad
G 3	– Kühlmitteltemperaturanzeige	44
G 5	– Drehzahlmesser	33
G 6	– elektrische Kraftstoffpumpe	17
G 8	– Geber für Öltemperatur	53
G 17	– Temperaturfühler für Außentemperatur	50
G 40	– Hallgeber	9, 10
G 51	– Verbrauchsanzeige	30
G 54	– Geschwindigkeitsgeber für Multifunktionsanzeige	47, 48
G 55	– Unterdruckgeber für Multifunktionsanzeige	24–31
H 1	– Doppeltonhorn	67, 68
J 6	– Spannungskonstanthalter	43
J 17	– Kraftstoffpumpenrelais	14–17
J 87	– Schaltgerät für DLS (Leerlaufstabilisierung)	9, 10
J 98	– Steuergerät für Schaltanzeige	27–32
J 114	– Steuergerät für Öldruckkontrolle	34–36
J 119	– Multifunktionsanzeige	49–52
K 1	– Kontrollampe für Fernlicht	41
K 2	– Kontrollampe für Generator	39
K 3	– Kontrollampe für Öldruck	37

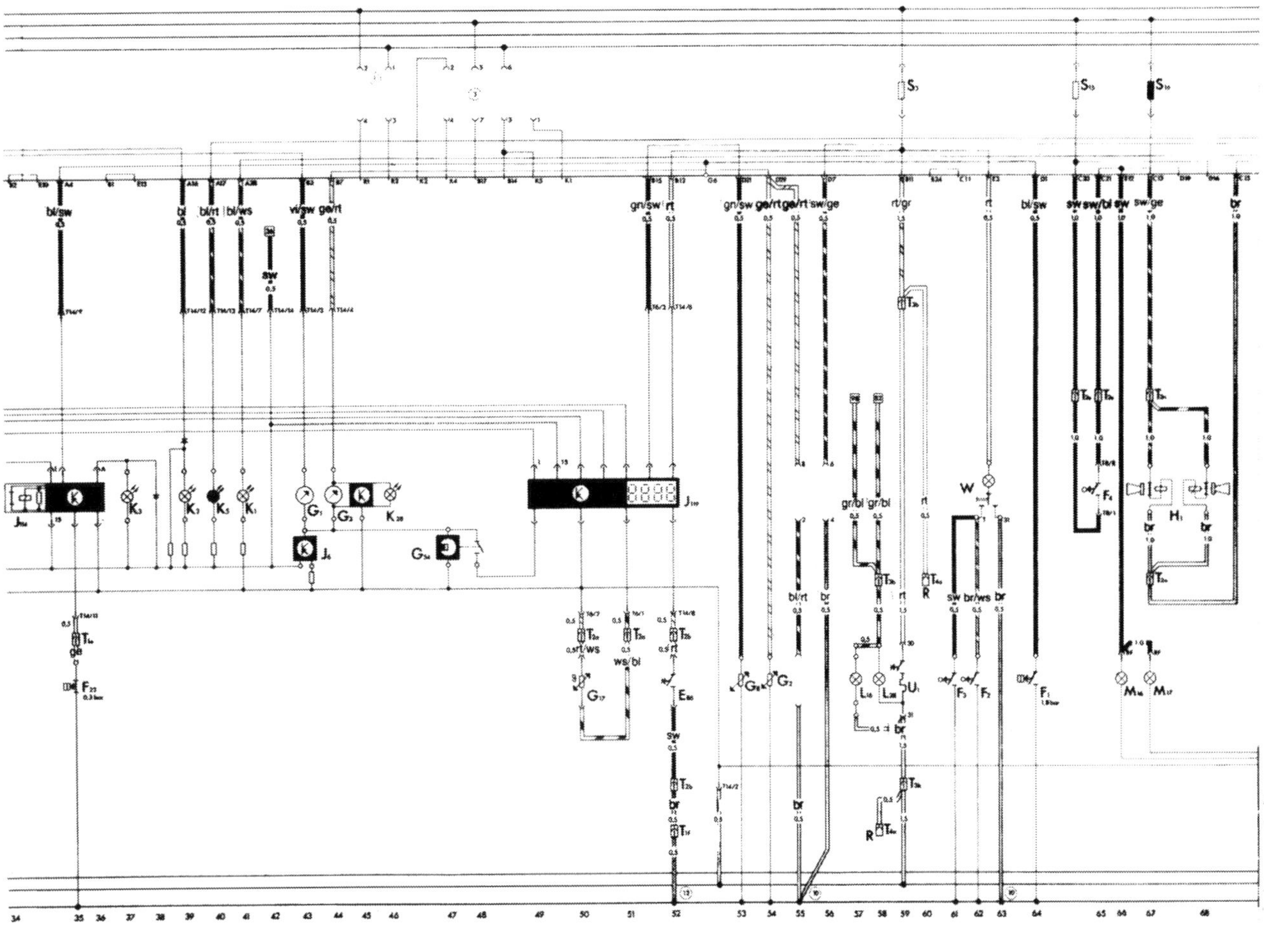

Bezeichnung der Teile	im Strompfad
K 5 – Kontrollampe für Blinker	40
K 28 – Kontrollampe für Kühlmitteltemperatur zu heiß	45, 46
K 48 – Kontrollampe für Schaltanzeige	32
L 16 – Lampe für Beleuchtung Luftregulierung	57
L 28 – Lampe für Beleuchtung Anzünder	58
M 16 – Lampe für Rückfahrlicht links	66
M 17 – Lampe für Rückfahrlicht rechts	67
N – Zündspule	12
N 9 – Warmlaufregler	14
N 17 – Kaltstartventil	20
N 21 – Zusatzluftschieber	15
N 41 – TSZ-Schaltgerät	8–11
N 60 – Magnetventil für Verbrauchsanzeige	29
O – Zündverteiler	11–13
P – Zündkerzenstecker	11–13
Q – Zündkerzen	11–13
R – Anschluß für Radio	60
S 1, 3, 5, 15–17 – Sicherungen im Sicherungskasten	
T – Leitungsverteiler	

Bezeichnung der Teile	im Strompfad
T 1a, 1b – Steckverbindung beim Batterie-Pluspol	
T 1c, 1e, 1e, 1f, 2a, 2h – Steckverbindungen hinter der Zentralelektrik	
T 2b – Steckverbindung hinter der Verkleidung der Hebelschalter	
T 2e, 4b – Steckverbindungen im Motorraum	
T 2n – Steckverbindung bei den Signalhörnern	
T 3b, 4a – Steckverbindungen hinter dem Armaturenbrett	
T 6/, T 14/ – Mehrfachstecker am Kombiinstrument	
T 8/ – Mehrfachstecker am Getriebe	
U 1 – Anzünder	59
V 7 – Kühlerventilator	6
W – Innenleuchte	62, 63
1 – Masseleitung Batterie-Karosserie-Getriebe	
Qp – Massepunkt an der Zentralelektrik	
Qw – Massepunkt am Zylinderkopfdeckel	
Qt – Massepunkt im Isolierschlauch des Leitungsstrangs vorn	
Qz – Massepunkt im Kombiinstrument Leitungsstrang	

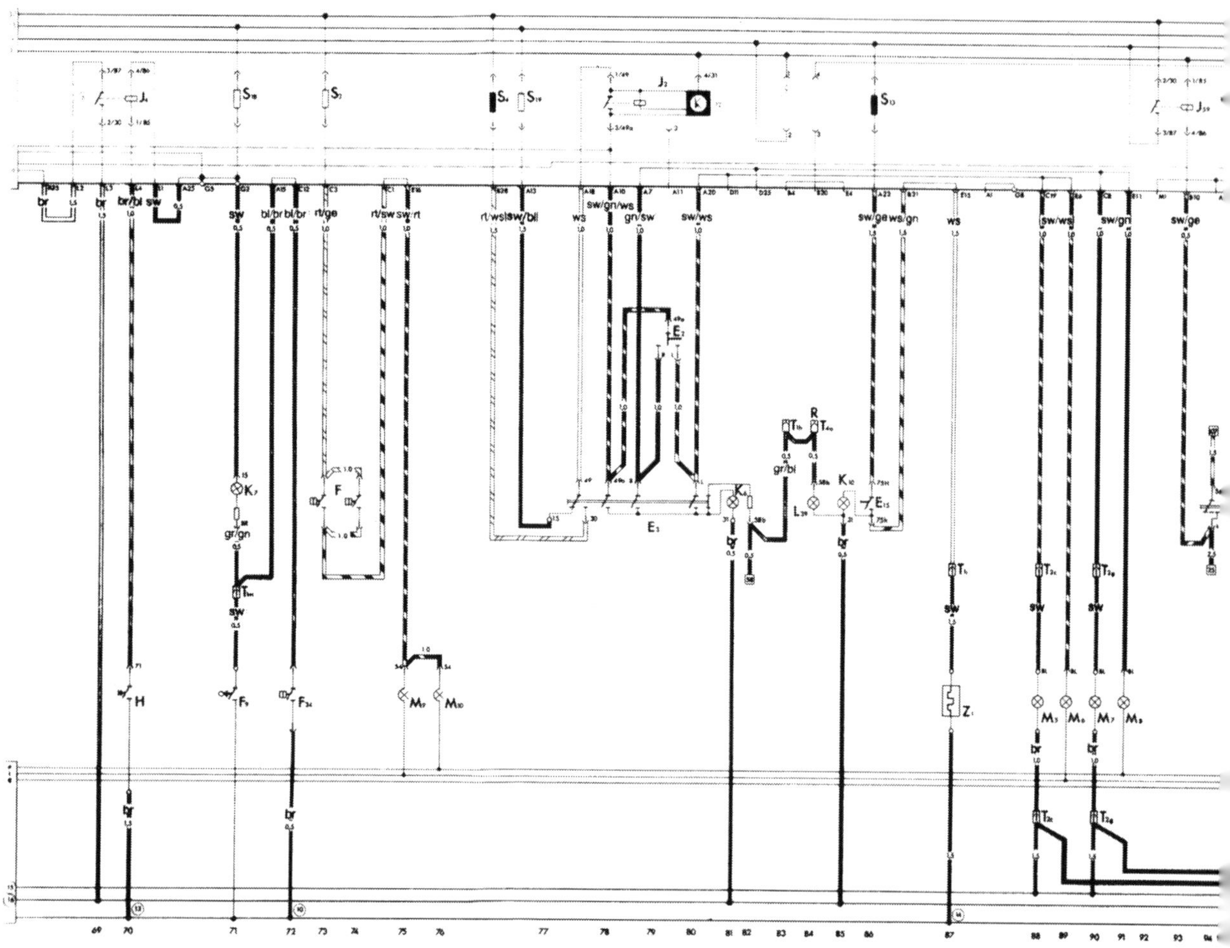

Stromlaufplan Teil II – VW Golf GTI Modell 1983

Bezeichnung der Teile		im Strompfad
E 1	– Lichtschalter	94–98
E 2	– Blinkerschalter	79–80
E 3	– Warnblinkschalter	77–80
E 4	– Schalter für Abblendung und Lichthupe	106, 107
E 9	– Schalter für Luftgebläse	125, 126
E 15	– Schalter für heizbare Heckscheibe	86
E 20	– Regler für Beleuchtung Instrumente/Schalter	99
E 22	– Scheibenwischerschalter	116–118
F	– Bremslichtschalter	73, 74
F 9	– Schalter für Handbremskontrolle	71
F 34	– Warnkontakt für Bremsflüssigkeitsstand	72
H	– Signalhornbetätigung	70
J 2	– Blinkrelais	78–80
J 4	– Relais für Doppeltonhorn	69, 70
J 30	– Relais für Heckscheibenwischer und -wascher	119–121

Bezeichnung der Teile		im Strompfad
J 31	– Relais für Wisch-Wasch-Intervallschaltung	116, 17
J 59	– Entlastungsrelais für X-Kontakte	92, 93
K 6	– Kontrollampe für Warnblinkanlage	81
K 7	– Kontrollampe für Zweikreis- und Handbremsanlage	71
K 10	– Kontrollampe für heizbare Heckscheibe	85
L 1	– Zweifadenlampe für Scheinwerfer links	108, 110
L 2	– Zweifadenlampe für Scheinwerfer rechts	109, 111
L 8	– Lampe für Beleuchtung Zeituhr	97
L 9	– Lampe für Beleuchtung Lichtschalter	124
L 10	– Lampe für Beleuchtung Schalttafeleinsatz	98, 99
L 22	– Anschluß für Nebelscheinwerfer	123
L 39	– Lampe für Beleuchtung für Schalter für heizbare Heckscheibe	84
M 1	– Lampe für Standlicht links	102
M 2	– Lampe für Schlußlicht rechts	105

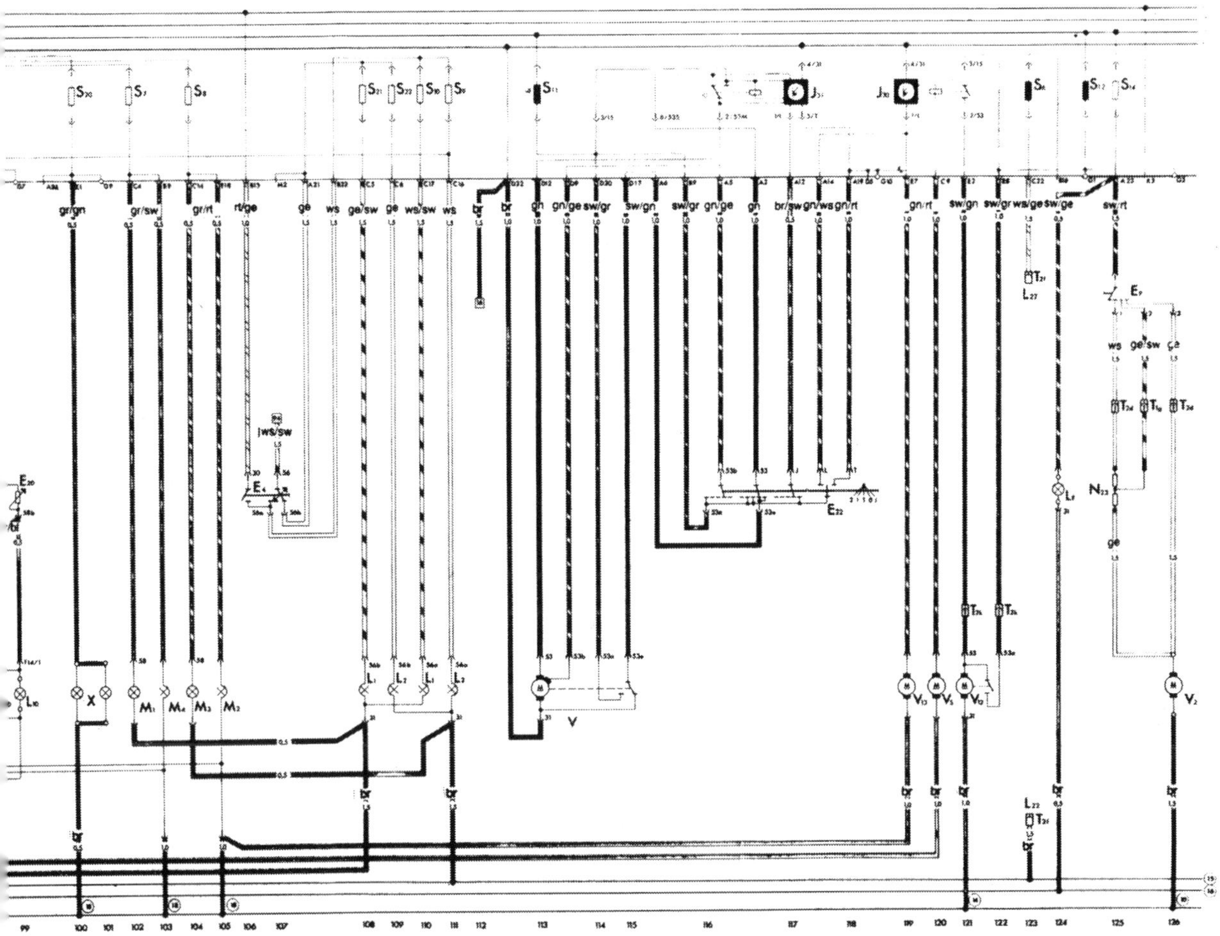

Bezeichnung der Teile		im Strompfad
M 3	– Lampe für Standlicht rechts	104
M 4	– Lampe für Schlußlicht links	103
M 5	– Lampe für Blinklicht vorn links	88
M 6	– Lampe für Blinklicht hinten links	89
M 7	– Lampe für Blinklicht vorn rechts	90
M 8	– Lampe für Blinklicht hinten rechts	91
M 9	– Lampe für Bremslicht links	75
M 10	– Lampe für Bremslicht rechts	76
N 23	– Vorwiderstand für Luftgebläse	125
R	– Anschluß für Radio	84
S 2, 4, 6–14, 18–22	– Sicherungen im Sicherungskasten	
T 1g, 1h, 2d, 4a	– Steckverbindungen hinter dem Armaturenbrett	
T 1i, 2k	– Steckverbindungen im Kofferraum	
T 1m	– Steckverbindung hinter der Zentralelektrik	
T 2c, 2f, 2g	– Steckverbindungen im Motorraum	

Bezeichnung der Teile		im Strompfad
T 14/	– Mehrfachstecker am Kombiinstrument	
V	– Scheibenwischermotor	113–115
V 2	– Luftgebläse	126
V 5	– Scheibenwascherpumpe	120
V 12	– Motor für Heckscheibenwischer	121, 122
V 13	– Motor für Heckscheibenwascherpumpe	119
X	– Kennzeichenleuchte	100, 101
Z 1	– heizbare Heckscheibe	87
⑩	– Massepunkt am Halter der Zentralelektrik	
⑬	– Masseleitung Lenkgetriebe	
⑭	– Massepunkt Dachquerträger hinten Mitte	
⑮	– Massepunkt im Isolierschlauch des Leitungsstrangs vorn	
⑯	– Massepunkt im Kombiinstrument-Leitungsstrang	
⑱	– Massepunkt Abschlußblech hinten links	

Von Pol zu Pol

Ein Mofafahrer muß in die Pedale treten, um den Motor zum Laufen zu bringen. Wir haben es bequemer: Das Auto führt eine elektrische Energiereserve mit, damit der Anlasser Strom zum Durchdrehen des Motors und die Zündanlage Spannung für Zündfunken zur Verfügung hat.
Der VW besitzt, wie allgemein üblich, eine Bleibatterie, der Fachmann zählt sie zur Gruppe der »galvanischen Sekundärzellen«, die man auch als Akkumulatoren bezeichnet. Bei ihnen ist die Energieumwandlung umkehrbar. Das heißt: Beim Entladen wird aus chemischer Energie elektrische Energie gewonnen und beim Laden wird elektrische Energie wieder in chemische Energie umgesetzt.

Batterie-Daten

Typnummer; eine fünfstellige Zahl dient einheitlich bei allen deutschen Batterie-Herstellern zur Kennzeichnung von Leistung, Abmessungen und Bauart. Bei unseren Einspritzmodellen lauten die entsprechenden Kennzahlen 53 533 oder seltener 55 417 bzw. 56 318. Die auf die Ziffer 5 folgende Zahl 45, 54 oder 63 gibt die Batterie-Kapazität an, die nachfolgenden beiden Ziffern kennzeichnen Konstruktionsmerkmale sowie die Ausführung.
Spannung und Kapazität; in der Angabe 12 V/45 Ah, 12 V/54 Ah oder 12 V/63 Ah gibt die vorangestellte 12 V natürlich die Spannung an. Hinter dem Schrägstrich ist die Stromstärke in ihrer »zeitlich lieferbaren Menge« vermerkt – Ah steht für Amperestunden. Das ist die Nenn-Batteriekapazität, die nach Normbedingungen gemessen wird. In der Praxis rechnet man allerdings nur mit ⅔ der angegebenen Kapazität und bei einer älteren Batterie lediglich mit der Hälfte.
Kälteprüfstrom; die Zahl 220 A, 265 A oder 300 A nennt die Stromstärke, welche die Batterie bei – 18° C liefern kann.

Leistung der Batterie

Etwa 9 Watt werden verbraucht, wenn Sie Ihren Wagen mit eingeschaltetem Parklicht abstellen. Bei 12 Volt Spannung fließen dazu (nach der Formel: Leistung geteilt durch Spannung = Strom) 0,75 A, die von der 45-Ah-Batterie theoretisch etwa 60 Stunden lang geliefert werden können. In der Praxis (bei ½ bis ⅔ der Nennkapazität) sind es aber nur etwa 40 Stunden, dann ist das Licht aus und die Batterie leer. Bei brennendem Standlicht versagt die Stromlieferung nach rund 12 Stunden und bei eingeschalteten Warnblinkern nach etwa 4 Stunden.
Die größten Leistungsforderungen an die Batterie stellt der Anlasser. Daher auch der Name »Starterbatterie«. Der Anlasser leistet 0,8 kW/1,1 PS. Durch Reibungsverluste frißt er im Augenblick des Einschaltens – durch das sogenannte Losbrechmoment – rund 3200 Watt. Zum Durchdrehen des warmen Motors braucht er nur rund ⅕ dieser Leistung. Je tiefer die Temperatur sinkt und je zäher dadurch die Schmierstoffe werden, um so höher wird der Strombedarf des Anlassers. Zudem ist bei niedrigen Temperaturen die Leistungskraft der Batterie an sich schon geringer.

Fingerzeig: *Wenn beim Zündschlüsseldreh in Startstellung die Kontrollampen lediglich glimmen oder der Anlasser den Motor nur müde durchdreht, ist die Batterie zu schwach geworden. Wie Sie sich weiterhelfen können, steht auf Seite 181.*

Temperatureinfluß auf die Batterie

Batterien haben die Eigenart, desto unwilliger auf Kälte zu reagieren, je weniger Strom sie gespeichert haben. Völlig leere Akkus sind so empfindlich, daß sie bei Frost einfrieren und platzen können. Ist die Batterie dagegen mit Strom randvoll gepackt, verträgt sie die Kälte verhältnismäßig gut und hat auch nach eiskalten Nächten noch genügend Temperament im Leib, um den Anlasser so lange durchzudrehen, bis der Motor anspringt. Vor der kalten Jahreszeit empfiehlt sich daher die Kontrolle des Ladezustands, siehe nächste Seite.
Aber auch eine sehr gut geladene Batterie kann streiken, wenn sie zu kalt wird. Das betrifft eigentlich nur Laternenparker, denn in der Garage bleiben die Temperaturen ja gewöhnlich über dem Gefrierpunkt. Sind Nachfröste unter –10 bis –15° C angesagt, sollten Sie eine schon altersschwache Batterie ausbauen und in der warmen Stube – aber nicht direkt auf der Heizung – übernachten lassen. Am nächsten Morgen ist sie schnell wieder eingebaut und besorgt den Motorstart in quicklebendiger Verfassung. Oft hilft das Warmstellen auch noch frühmorgens nach einer frostklirrenden Nacht, allerdings gleich nach dem ersten Startversuch und nicht, wenn der Akku schon leergeorgelt ist.

Wartungsfreie Batterien

Die Batterieflüssigkeit besteht aus Schwefelsäure, die mit destilliertem Wasser verdünnt ist. Ein Teil dieses Wassers kann verdunsten oder wird beim Ladevorgang in Wasserstoff und Sauerstoff zersetzt.
Bei herkömmlichen Autobatterien muß der Flüssigkeitsstand regelmäßig ergänzt werden. Wartungsfreie Batterien nach DIN 72 311 besitzen ein größeres Flüssigkeitsvolumen; unter normalen Bedingungen sollen sie ihr gesamtes Leben ohne Nachfüllen von destilliertem Wasser auskommen. Erhöhten Wasserverlust verursachen bei ihnen höhere Umgebungstemperaturen, längere Aufenthalte in heißen Regionen (Urlaub), defekter Spannungsregler der Lichtmaschine, Selbstentladung bei langen Standzeiten des Fahrzeugs oder Tiefentladung, etwa durch eingeschaltetes Standlicht über Nacht.
Völlig wartungsfreie Akkus sind die teuerste Version. Da man bei ihnen von keinerlei Flüssigkeitsverlust ausgeht, haben sie auch keine Verschlußstopfen.

Batteriesäurestand kontrollieren
Wartungspunkt Nr. 2

Auch bei den wartungsfreien Akkus sollte regelmäßig nach dem Flüssigkeitsstand gesehen werden.

■ Die Batterieflüssigkeit muß mindestens bis zum unteren der beiden am Gehäuse auflackierten Striche reichen, zumindest aber die Plattenoberkanten gut abdecken.

■ Bei abgesunkenem Flüssigkeitspegel Verschlußstopfen herausdrehen. Manche Stopfen lassen sich nicht einfach losdrehen. Dann:

■ Einen feinen Schraubenzieher unten am »Deckel« des Verschlußstopfens ansetzen und den Deckel hochhebeln. Unteres Stopfenteil z. B. mit einer Zange herausdrehen.

■ Oder mit einem Schraubenzieher die etwas größere Kerbe in der Riffelung durchstechen und mit dem Werkzeug das Stopfenoberteil nach links bis zum Anschlag drehen, dann Stopfen losdrehen.

■ Bei einer normal geladenen Batterie bis zum oberen Strich bzw. bis 15 mm über den Plattenoberkanten destilliertes Wasser auffüllen.

■ In eine stark entladene Batterie nur so viel Wasser einfüllen, daß die Plattenkanten oben bedeckt sind. Beim Wiederaufladen steigt der Flüssigkeitsstand nämlich erheblich. Erst nach dem Laden bis zur oberen Marke nachfüllen.

■ Die Wassermenge aus der Einfüllflasche muß gut dosierbar sein, sonst wird der Akku überfüllt.

■ Eine überfüllte Batterie »kocht über«, die Säure tritt an den Verschlußstopfen aus und verursacht Korrosion und Säurekristalle.

Nur destilliertes Wasser verwenden

In den Akku darf niemals Batteriesäure, sondern nur destilliertes oder auch entsalztes (ionengetauschtes) Wasser gefüllt werden. Leitungswasser, Regenwasser und auch abgekochtes Wasser enthält leitfähige Salze und andere mineralische Stoffe, die der Batterie schaden.

Wenn Sie destilliertes Wasser nicht umsonst an Ihrer Tankstelle bekommen, kaufen Sie es noch am billigsten in der Drogerie oder Apotheke. Abgepacktes destilliertes Wasser an der Tankstelle ist meist wesentlich teurer.

Batterie ausbauen

Grundsätzlich muß an der Batterie zuerst das Minuskabel abgenommen werden, damit beim weiteren Hantieren kein Kurzschluß auftreten kann.

■ Mutter an der Klemme des Minuskabels (gedrillte Kupferlitze) lösen, Klemme vom Batteriepol abheben.

■ Pluskabel-Klemme lösen und abnehmen.

■ Schraube der Halteleiste am Batteriefuß mit langem Steckschlüssel losdrehen, Schraube und Leiste abnehmen.

■ Batterie herausheben.

■ Beim Einbau zuerst das Pluskabel anschließen, dann die Minusklemme. Ein Vertauschen der Kabelklemmen ist nur mit Gewalt möglich, denn der Plus-Polkopf ist dicker als der Minus-Polkopf.

Batterie sauber halten

■ Ein verschmutztes Batteriegehäuse mit Kaltreiniger, Wasser und einer kräftigen Bürste säubern.

■ Oxidkristalle an den Batterieklemmen mit warmem Sodawasser abwaschen oder mit »Neutralon« von Varta behandeln.

■ Vorsicht, daß kein Wasser, Schmutz oder Neutralon durch die Entlüftungsbohrungen der Verschlußstopfen in die Batterieflüssigkeit gelangt. Deshalb nicht auf den eingeschraubten Stopfen herumbürsten.

■ An den abgeschraubten Stopfen kontrollieren, ob ihre Entlüftungsbohrungen frei sind, sonst säubern.

■ Batteriepolköpfe und Kabelklemmen zum Schutz vor Oxidation mit Säureschutzfett (z. B. »Bosch Ft 40 v 1«) einstreichen. Kein Fett erhalten die Polkopfseiten und die Innenseiten der Klemmen, sonst kann es Kontaktschwierigkeiten geben.

Ladezustand der Batterie prüfen

Erscheint der Akku trotz richtigem Säurestand kraftlos, muß der Ladezustand geprüft werden. Auskunft darüber gibt das spezifische Gewicht der Batteriesäure. Sie brauchen für die Kontrolle einen speziellen Hebe-Säuremesser (Aräometer), den Sie sich bei der Tankstelle ausleihen können.

■ Batterie-Verschlußstopfen herausdrehen.

■ So viel Batteriesäure ansaugen, daß die Meßspindel frei schwimmt.

■ Säuregewicht ablesen. Es bedeuten: 1,28 kg/l – Batterie voll geladen, 1,20 kg/l – halb geladen, 1,12 kg/l – entladen.

Es ist noch kein Unheil, wenn alle sechs Zellen eine gleichmäßig niedrige Säuredichte zeigen. Bei einer nicht zu alten Batterie genügt oft schon Nachladen. Bedenklich wird es jedoch, wenn eine einzige Zelle entladen ist. Hier sollte die Autoelektrik-Werkstatt prüfen, ob die Batterie noch brauchbar ist.

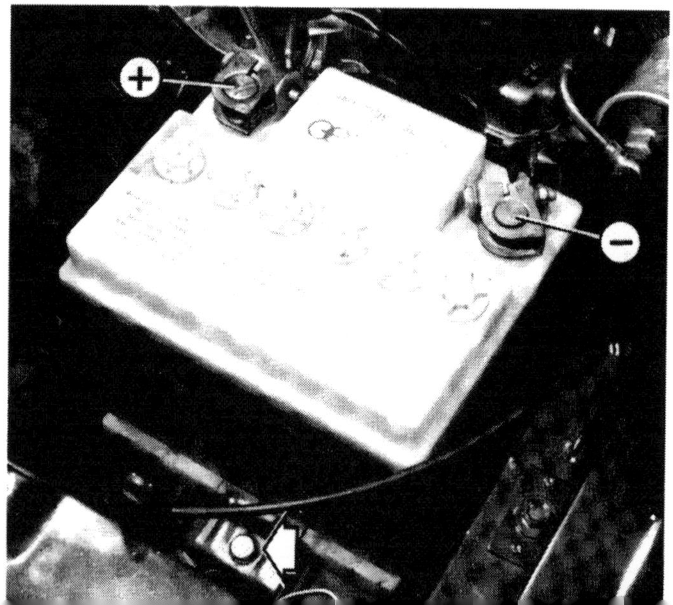

Zum Ausbau der Batterie wird als erstes die Minusklemme (rechts im Bild) und erst anschließend das Pluskabel abgenommen. Der Pfeil zeigt auf die Halteleiste am Batteriefuß, deren Halteschraube losgedreht werden muß.

Auch wenn die Batterie nichts zu leisten hat, will sie gelegentlich geladen werden. Sie hat nämlich die Untugend, sich im Lauf der Zeit selbst zu entladen.

Batterie laden

Ladegerät anschließen

■ Bei einem normalen Ladegerät brauchen die Batteriekabel nicht abgenommen zu werden. Anders beim Schnelladen, siehe nächsten Abschnitt.
■ Die Verschlußstopfen können eingeschraubt bleiben. Das sich beim Laden bildende Gas, siehe Fingerzeig unten, kann durch die Entlüftungsbohrungen in den Stopfen entweichen.
■ Der Ladestrom soll anfangs etwa 10 Prozent der Batteriekapazität betragen, also etwa 4,5 Ampere beim 45-Ah-Akku, und sich während der Ladung automatisch heruntersteuern.
■ Die Batterie ist voll geladen, wenn ihre Säuredichte innerhalb von zwei Stunden nicht mehr ansteigt.

Fingerzeig: *Beim Batterieladen wird das destillierte Wasser teilweise zersetzt. Es bilden sich Gasblasen aus Wasserstoff und Sauerstoff – das hochexplosive Knallgas. Wenn mit hohem Strom geladen wird, für gute Durchlüftung des Raumes sorgen. Beim Laden der Batterie in deren Nähe nicht rauchen und kein offenes Feuer verwenden. Auch Funken beim Ab- oder Anklemmen des Laders bzw. der Batteriekabel können das Knallgas entzünden.*

Schnelladung der Batterie

Wem es zu lange dauert, bis das Ladegerät die Batterie wieder aufgeladen hat, kann seinen Akku bei der Tankstelle oder Werkstatt schnelladen lassen. Aber nur ganz gesunde Batterien überstehen diese Roßkur, die etwa eine Stunde dauert und bei der mit 40 und mehr Ampere geladen wird. Ältere Batterien können dagegen durch die Schnelladung vollends ihr Leben aushauchen – das kostet dann eine neue (ohnehin bald fällige) Batterie. Beachten Sie:
□ Beide Batteriekabel müssen abgenommen werden. Durch den hohen Ladestrom können die empfindlichen Dioden des Drehstrom-Generators, das Radio und bei den neueren Modellen das Steuergerät der Transistorzündung Schaden nehmen.
□ Verschlußstopfen herausdrehen und lose in die Öffnungen stecken, da der Akku bei der Schnelladung erheblich »gast«. Bei abgenommenen Stopfen sprüht durch die aufsteigenden und zerplatzenden Gasblasen ein feiner Säurenebel aus der Batterie, der sich rundum niederschlägt. Dann Umgebung des Akkus mit Plastikfolie oder Zeitungen abdecken.

Start mit leerer Batterie

Starthilfekabel

Wenn der Wagen nicht zufälligerweise an einer abschüssigen Straße steht, wo Sie ihn zum Starten des Motors hinunterrollen lassen können, geht es am einfachsten mit einem Satz Starthilfekabel.
Achten Sie beim Kauf auf folgendes: Eine Kabellänge von 2,5 m genügt. Der Kabelquerschnitt muß ohne Isolierung gemessen 10 mm² betragen. Für gute Leitfä-

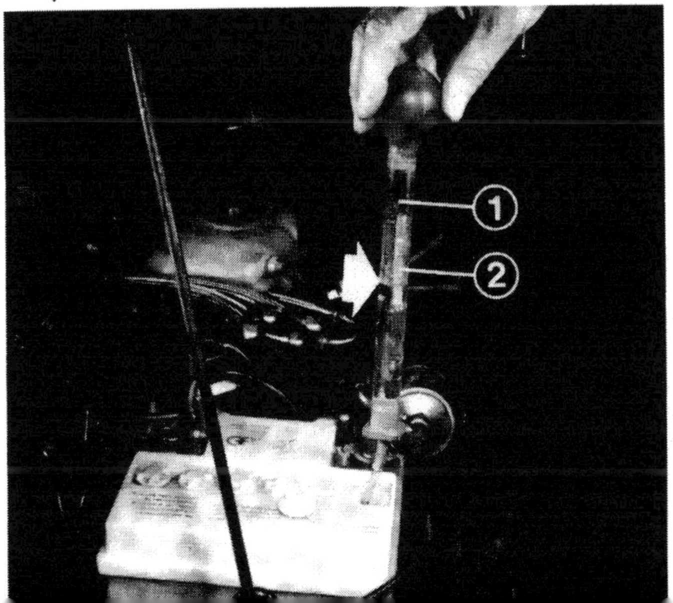

Zum Messen der Batteriesäuredichte muß so viel Säure aus der Batterie angesaugt werden (Pfeil), daß der Schwimmer (2) im Hebe-Säuremesser (1) frei schwimmt.

higkeit und Handhabung sollte das Kabel aus vielen Kupferadern bestehen. Zur Kontrolle eine Grifftülle zurückschieben. Dabei sehen Sie auch, ob das Griffende fest auf den blanken Draht gepreßt ist. Die Polzangen müssen kräftig ausgebildet sein und starke Andruckfedern besitzen. Zu dünne Kabel werden während des Startvorgangs so heiß, daß die Isolierung schmilzt und Sie sich beim Abnehmen der Klemmen die Hände verbrennen können.

- Hilfsfahrzeug so dicht an den VW heranfahren lassen, daß die Batterien beider Wagen durch die Starthilfekabel miteinander verbunden werden können.
- Kontrollieren Sie, ob in Ihrem stromlosen Fahrzeug sämtliche Stromverbraucher abgeschaltet sind.
- Ein Kabel an beide Pluspole anklemmen.
- Das andere Starthilfekabel zuerst am Minuspol der entladenen und dann an der geladenen Fremdbatterie anschließen.
- Motor des Hilfswagens mit mittleren Drehzahlen laufen lassen, damit die Lichtmaschine kräftig Spannung liefert.
- Falls der Motor nicht gleich anspringt, dem Anlasser zwischendurch eine Abkühlungspause gönnen, Hilfsmotor weiterlaufen lassen, wodurch die leere Batterie schon etwas nachgeladen wird.
- Beim Abklemmen der Starthilfekabel zuerst die Klemme vom Minuspol der geladenen Fremdbatterie abnehmen.

Wagen anschieben

Mit zwei Helfern läßt sich der VW bei einwandfreier Zündanlage anschieben:

- Zündung einschalten.
- 1. Gang einlegen. Im 2. oder 3. Gang wird der Motor und damit die Lichtmaschine beim Anschieben zu langsam durchgedreht, so daß die Stromversorgung für die Zündanlage und die elektrische Benzinpumpe nicht ausreicht.
- Kupplung durchtreten, Wagen anschieben lassen, bis er in Schwung ist.
- Kupplung schnell kommen lassen, der Wagen macht einen Hopser und müßte anspringen.
- Sofort wieder Kupplung treten und den Motor durch Gasgeben am Laufen halten.

Wagen anschleppen

Suchen Sie sich zum Anschleppen einen schlepperfahrenden Helfer aus, damit nicht durch Ungeschick größerer Schaden entsteht.

- Zündung einschalten.
- 2. Gang einlegen und Kupplungspedal durchtreten.
- Der Zugwagen muß langsam anfahren, damit beim Schleppen mit Seil dieses allmählich straffgezogen wird.
- Bei etwa 15 km/h die Kupplung langsam kommen lassen, dabei die rechte Hand an den Handbremshebel legen.
- Ist der Motor angesprungen, Kupplung treten und Gas geben.
- Handbremse sanft ziehen, damit Sie dem Vordermann nicht ins Heck rollen.
- Schleppfahrer ein Hupsignal geben.
- Gang herausnehmen, Kupplung loslassen.
- Mit der Handbremse zusammen mit dem Schleppwagen langsam abbremsen.

Die Lebensdauer der Batterie

Wenn der Akku im Auto alt werden soll, muß er absolut fest eingebaut sein (Rütteln verursacht Schäden an den Bleiplatten), der Säurestand darf nicht so weit absinken, daß die Platten oben im Trockenen stehen, und die Batterie sollte immer voll geladen sein, aber nicht überladen werden.

Als Mittelwert gilt ein Batterieleben von 3 bis 4 Jahren. Wenn Sie das eben Gesagte beherzigen, kann die Leistungsbereitschaft aber noch verlängert werden.

Neue Batterie kaufen

Die auf Seite 178 beschriebene Typnummer ist die richtige Hilfe beim Neukauf. Anhand dieser Zahlenkombination können Sie auch aus einem Sonderangebot oder bei einer Autoverwertung den für Ihren VW passenden Akku heraussuchen.

Kleinkraftwerke

Der Begriff Lichtmaschine für den Stromerzeuger im Auto hat sich eingebürgert, obwohl andere, mindestens ebenso wichtige Verbraucher ebenfalls mit elektrischer Energie gespeist werden müssen. Bei stehendem Motor besorgt dies die Batterie; sobald der Motor läuft, tritt der Generator als Stromquelle in Aktion.

Der Drehstrom-Generator

In unseren VW-Modellen sitzt eine Drehstrom-Lichtmaschine, vom Motor über einen Keilriemen in Schwung versetzt. Im Drehstrom-Generator gibt es nichts zu schmieren, und selbst seine Schleifkohlen – bei Gleichstrom-Lichtmaschinen ein häufiges Verschleißteil – halten 80 000 km und mehr.
Allerdings erzeugt unser Generator Wechselstrom, den wir im Auto nicht gebrauchen können. Vor allem die Batterie will mit Gleichstrom geladen werden. Die Gleichrichtung des Wechselstroms besorgen in der Drehstrom-Lichtmaschine sogenannte Halbleiter-Dioden. Diese sind sehr empfindlich gegen zu hohe Spannung.

Umgang mit dem Drehstrom-Generator

□ Bei laufendem Generator darf kein Kabel zwischen Akku und Lichtmaschine gelöst bzw. angeschlossen werden. Dadurch kann die Spannung schlagartig ansteigen (Spannungsspitzen) und eine Diode »verheizt« werden.
□ Ohne richtig angeschlossene, intakte Batterie darf die Drehstrom-Lichtmaschine nicht laufen. Der Akku dient als Spannungsbegrenzer für den Generator, gewissermaßen als Puffer gegen Überspannungen.
□ Sämtliche Kabelanschlüsse zwischen der Drehstrom-Lichtmaschine, der Batterie und dem Karosserieblech oder dem Triebwerksblock (Masse) müssen ganz fest sitzen. Schon ein Wackelkontakt kann zu gefährlichen Spannungspitzen führen.
□ Beim Schnelladen der Batterie (nicht beim Aufladen mit dem Heimlader) und beim elektrischen Schweißen an der Karosserie müssen beide Kabel vom Akku abgeklemmt werden, damit kein elektronisches Bauteil im Bordnetz inklusive der Lichtmaschinen-Dioden Schaden erleidet.

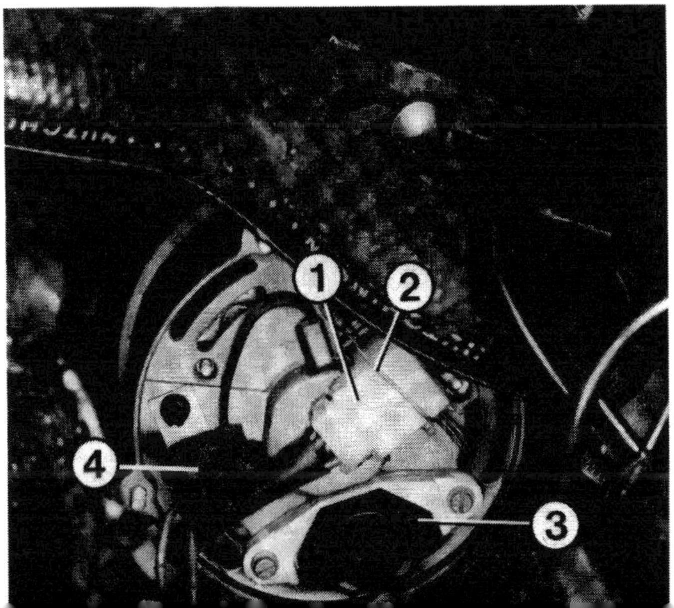

An der Rückseite dieser Bosch-Lichtmaschine sehen Sie: 1 – Mehrfachstecker mit seinem Haltebügel (2); 3 – Spannungsregler in Hybrid-Bauweise; 4 – Radio-Entstörkondensator.

Lichtmaschinen-Leistung

Im VW werden je nach Baujahr und eventueller Mehrausstattung Lichtmaschinen unterschiedlicher Leistung eingebaut: 55 Ampere oder 65 A. Bei einer maximalen Spannung von 14 Volt sind das 770 Watt bzw. 910 W. ⅔ dieser Leistung werden bereits bei 2000 Lichtmaschinen-Umdrehungen erzeugt. Der Generator ist zur Motorkurbelwelle übersetzt, dreht also schneller als diese. Bei einer Übersetzung von knapp 1 : 2 liegen die ⅔ Leistung bereits bei etwas erhöhter Leerlaufdrehzahl an.

Eigenhilfe am Drehstrom-Generator?

Wartungsarbeiten am Drehstrom-Generator fallen nicht an, wenn man einmal vom wirklich selten notwendigen Schleifkohlenwechsel (siehe rechte Seite) absieht. Tiefergehende Schäden an der Lichtmaschine sind mit Heimwerkermitteln nicht zu beheben.

Der Spannungsregler

Die Lichtmaschine kann man mit einem Fahrraddynamo vergleichen: Je schneller sie dreht, um so höher steigt die Spannung und somit auch der gelieferte Strom. Ein derartiges Auf und Ab würden die Stromverbraucher im Auto nicht lange ertragen, deshalb muß der am Generator angeschraubte Regler die Spannung begrenzen und ein Überladen der Batterie verhindern.
Über die Schleifkohlen des Drehstrom-Generators fließt nur ein geringer Strom, außerdem laufen die Kohlen auf glatten Schleifringen. Die Schleifkohlen sitzen an der Innenseite des Bosch-Spannungsreglers bzw. auf einem separaten Halter unterhalb des Motorola-Reglers.
Für die Bosch-Lichtmaschine wird seit 8/80 ein sogenannter Hybrid-Regler verwendet. Er ist wesentlich kleiner durch weniger Bauelemente und Verbindungsstellen, außerdem hat er längere Schleifkohlen. Sie können allerdings nicht etwa einen älteren Regler gegen die neuere Version austauschen. Der seit 8/80 gebaute Bosch-Generator ist ebenfalls etwas verändert.

Spannungsregler prüfen

Wenn Sie Zweifel an der Spannungsregelung haben, können Sie dies mit einem Voltmeter prüfen:

- Voltmeter zwischen Klemme B+ der Lichtmaschine und Masse anklemmen.
- Motor mit 2000/min drehen lassen.
- Die Regulierspannung muß **13,5–14,6 V** betragen.
- Messen Sie eine höhere Ladespannung, ist der Regler defekt und muß ausgetauscht werden.
- Zu niedrige Spannung kann evtl. an abgenutzten Schleifkohlen liegen, siehe nächsten Abschnitt.

Bosch-Schleifkohlen kontrollieren

- Zwei Halteschrauben am Regler losdrehen.
- Regler gewissermaßen herausklappen, damit die Kohlebürsten nicht hängenbleiben.
- Überstand der Schleifkohlen messen.
- Sind sie nur noch **5 mm** lang, müssen sie ersetzt werden, siehe folgenden Abschnitt.

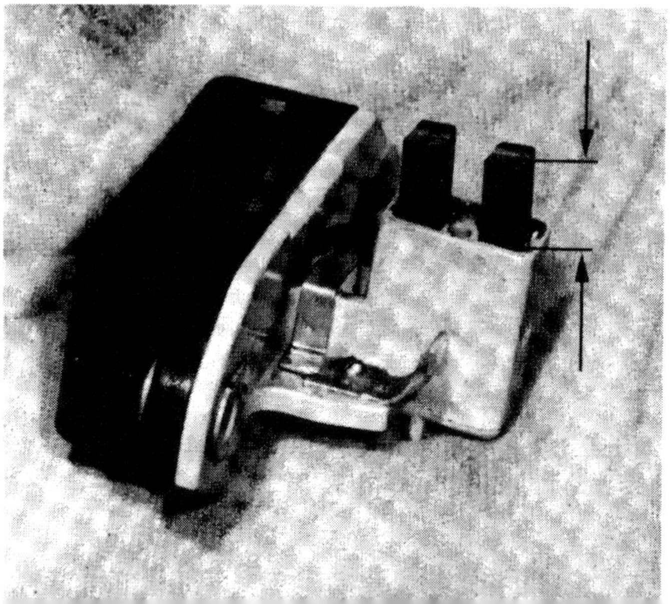

Das Messen der Schleifkohlenlänge (durch Pfeile angedeutet) ist hier am älteren Bosch-Spannungsregler gezeigt.

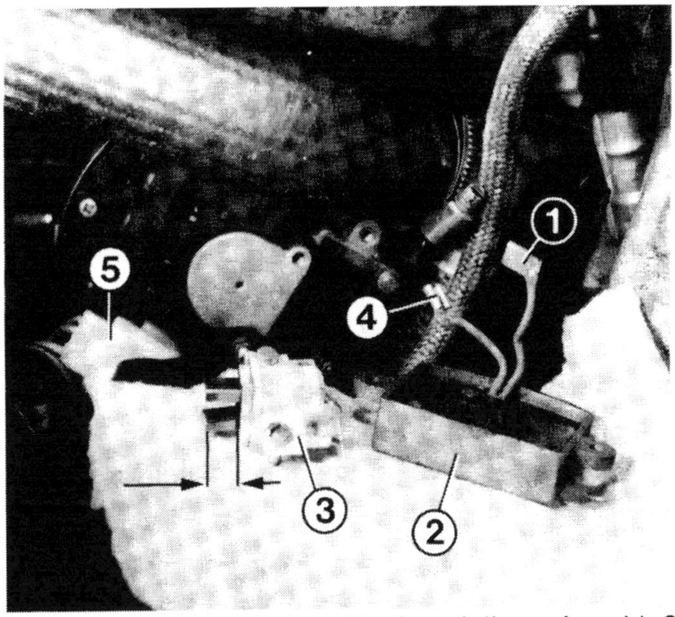

Der Spannungsregler an der Motorola-Lichtmaschine:
1 – rote D+-Leitung;
2 – Spannungsregler;
3 – Schleifkohlenhalter;
4 – grüne DF-Leitung;
5 – Mehrfachstecker des Generators. Die Länge der Schleifkohlen ist ebenfalls durch Pfeile angedeutet.

Bosch-Schleifkohlen auswechseln

Die Schleifkohlen sind am Regler mit ihren Anschlußlitzen an einem Halter angelötet. Sie brauchen als Werkzeug daher einen Lötkolben. Die Schleifkohlen bis 7/80 sind 10 mm und seit 8/80 12 mm lang.

■ Anschlußlitzen auslöten, Schleifkohlen herausziehen.
■ Druckfedern von den alten Kohlen abziehen und auf die neuen stecken.
■ Anschlußlitzen anlöten.

Motorola-Schleifkohlen kontrollieren

■ Beide Halteschrauben des Reglers an der Lichtmaschinen-Rückseite herausdrehen.
■ Regler und separaten Schleifkohlenhalter dahinter herausziehen.
■ Länge der herausragenden Kohlen messen.
■ Bei **5 mm** Restlänge müssen sie ersetzt werden, siehe nächsten Absatz.

Motorola-Schleifkohlen auswechseln

Die Motorola-Kohlen können nicht aus ihrem Halter gelöst werden. Der Halter muß komplett mit den Schleifkohlen ausgetauscht werden.

■ Anschlußplatte vom Schleifkohlenhalter abschrauben, der Kabelstecker zum Regler bleibt angeschlossen.
■ Stecker der grünen Leitung vom alten Kohlenhalter abziehen und gleich auf den neuen stecken.
■ Auf die Steckerfahne an der Anschlußplatte gehört der Stecker des roten Kabels.

Keilriemenspannung prüfen
Wartungspunkt Nr. 18

Der Keilriemen treibt nicht nur den Generator, sondern auch die Wasserpumpe an. Damit Sie die Keilriemenspannung keinesfalls vergessen, wiederholen wir die Arbeit an dieser Stelle.

Bei kräftigem Fingerdruck muß der richtig gespannte Keilriemen 5 mm nachgeben.

■ Zwischen Kurbelwellen-Keilriemenscheibe und Drehstrom-Lichtmaschine den Keilriemen mit kräftigem Fingerdruck eindrücken.
Bei richtiger Spannung darf dies **5 mm** tief möglich sein, andernfalls nachspannen, wie nachstehend beschrieben.

■ Auch bei richtig gespanntem Riemen sollten Sie noch prüfen, ob die Spannschraube der Lichtmaschine und die Mutter am Schwenkbolzen gut angezogen sind.

Keilriemen spannen

Welche Teile im folgenden Text angesprochen sind, zeigt das Bild unten.

■ Klemmschraube am Spannbügel des Generators lockern.

■ Unten an der Lichtmaschine einen kräftigen Schraubenzieher oder eine stabile Stange ansetzen und den Generator zum Motor hin drücken.

■ Gleichzeitig mit der anderen Hand die Klemmschraube festziehen.

■ Läßt sich die Lichtmaschine nicht bewegen, muß der Schwenkbolzen der Lichtmaschine gelockert werden. Er wird durch die Zahnriemenschutzhaube mit einem Innensechskantschlüssel gegengehalten, während Sie die Mutter am anderen Ende lockern.

■ Nach dem Keilriemenspannen den Motor kurz laufen lassen und Spannung kontrollieren, ggf. nochmals spannen.

■ Falls der Schwenkbolzen gelockert wurde, diesen zuletzt wieder anziehen.

Keilriemenzustand kontrollieren

Wartungspunkt Nr. 17

Keilriemen sind leider nicht so langlebig, wie vielfach angenommen wird, vor allem, wenn die Riemenspannung zu selten kontrolliert wurde.

□ Zu geringe Spannung bewirkt neben mangelhafter Leistungsübertragung auf Lichtmaschine und Wasserpumpe hohen Riemenschlupf, dadurch steigende Riementemperatur und frühzeitigen Flankenverschleiß.

□ Ist die Spannung so gering, daß bei scharfem Beschleunigen die Kurbelwellen-Riemenscheibe unter dem Keilriemen durchdreht, zeigen sich ungleichmäßige Schleifspuren auf den Riemenflanken.

□ Wurde der Keilriemen häufig zu stramm gespannt, führt das zu unnötiger Flankenbelastung, und auch die Lager von Lichtmaschine und Wasserpumpe werden über die Maßen beansprucht. Der Riemen dehnt sich vorzeitig bis zur »Erschlaffung«, dann reicht der Nachspannweg nicht mehr aus. Durch zu stramme Spannung verrichtet der Riemen mehr Walkarbeit, wird ebenfalls zu heiß und kann im Unterbau anbrechen.

■ Drehen Sie zur Kontrolle des Riemens den Motor einige Male ganz durch, damit Sie auch wirklich alle Flächen des Keilriemens sehen können. Oft hat der Riemen nämlich nur einen einzigen, aber tiefen Riß, der bei der Kontrolle möglicherweise genau auf der Riemenscheibe zu liegen kommt.

■ Einen angerissenen oder ausgefransten Riemen umgehend ersetzen.

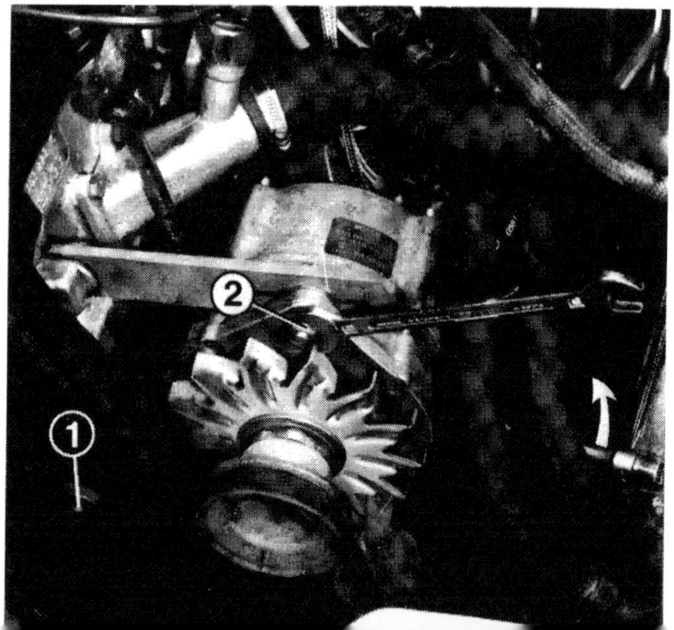

Zum Spannen des Keilriemens wird die Klemmschraube (2) am Spannbügel gelockert und bei Bedarf auch der Bolzen mit Innensechskantkopf (1), um den der Generator geschwenkt wird. Zum Riemenspannen die Lichtmaschine mit einem kräftigen Schraubenzieher oder einer passenden Stange nach oben ziehen, wie durch den Pfeil angedeutet.

Keilriemen abnehmen und montieren

Ein Keilriemen darf auf keinen Fall mit einem Schraubenzieher o. ä. über die Riemenscheiben »gewürgt« werden, sonst ist der nächste Riemenschaden durch Bruchstellen im Keilriemenunterbau bereits »mit eingebaut«.
Folgende Riemengrößen können bei unseren Motoren verwendet werden: **9,5 x 940 LA-FO** oder **9,5 x 950 LA-FO**. Die Buchstaben LA und FO kennzeichnen sie als besonders verschleißfeste Ausführung.

■ Am Spannbügel der Lichtmaschine die Klemmschraube losdrehen.
■ Innensechskantschlüssel durch die Zahnriemenabdeckung in den Kopf des Schwenkbolzens stecken, Mutter am anderen Ende des Bolzens lösen.
■ Generator vom Motor weg schwenken.
■ Keilriemen zuerst aus der Kurbelwellen- oder Wasserpumpen-Riemenscheibe herausheben und vollends abstreifen.
■ Beim Einbau den Riemen zuerst auf der Lichtmaschinen-Riemenscheibe auflegen.
■ Keilriemen spannen, siehe links.

Generator ausbauen

■ Minuskabel der Batterie abnehmen.
■ Klemmschraube am Haltebügel des Lichtmaschinen-Mehrfachsteckers lösen, Bügel zur Seite drehen oder
■ Drahtbügel vom Stecker abdrükken.
■ Mehrfachstecker abziehen, dabei nicht an den Kabeln zerren.
■ Massekabel am Generatorgehäuse lösen, falls vorhanden.
■ Keilriemen abnehmen.
■ Mutter vom Schwenkbolzen der Lichtmaschine abnehmen.
■ Schwenkbolzen herausziehen, dabei den Generator festhalten und nach oben herausnehmen.
■ Nach dem Zusammenbau Keilriemen spannen.

Gerissener Keilriemen

Leuchtet plötzlich während der Fahrt die rote Ladekontrolleuchte auf und haben Sie vielleicht gehört, daß im Motorraum kurz etwas gegen das Blech schlug, ist sicher der Keilriemen gerissen – anhalten und nachsehen. Falls ja: **Sie dürfen auf keinen Fall weiterfahren!** Durch die nun nicht mehr angetriebene Wasserpumpe ist der Kühlmittelumlauf unterbrochen, und im Motorblock gerät das stillstehende Kühlwasser sofort ins Kochen, was einen schweren Motorschaden zur Folge haben kann. Auch Langsamfahrversuche sind sträflicher Leichtsinn. Deshalb sofort einen neuen Keilriemen montieren oder den Wagen abschleppen lassen.

Behelfs-Keilriemen

Ein Nylon- bzw. Perlonstrumpf oder -strumpfhosenbein kann noch vor dem Abschleppen retten, wenn sich eine mitfahrende Dame zu solchem Opfer bereit erklärt. Der Strumpf darf ruhig Löcher oder Laufmaschen haben.

■ Strumpf mit aller Gewalt langziehen – keine Angst, er reißt nicht.
■ Gedehnten Strumpf so stramm wie irgend möglich über die drei Keilriemenscheiben legen.
■ Nochmals strammziehen und Enden sorgfältig verknoten.
■ Überstehende Teile nicht zu kurz abschneiden, damit sie sich nicht wieder lösen.
■ Wenn vorhanden, zweiten Strumpf zur Verstärkung stramm um die Riemenscheiben schlingen.
■ Motor starten und beobachten, ob sich Wasserpumpe und Lichtmaschine einwandfrei mitdrehen.
■ Ggf. versuchen, den Strumpf-Keilriemen nachzuspannen.
■ Klappt es nicht, den Not-Keilriemen lediglich um die Kurbelwellen- und Wasserpumpen-Riemenscheibe legen – bis zu nächsten Werkstatt kommen Sie auch ohne Lichtmaschine.
■ In diesem Fall muß der Strumpf besonders stramm verknotet werden, denn Sie haben so keine Nachspannmöglichkeit.

Fahren mit defekter Lichtmaschine

Wenn die Lichtmaschine oder ihr Regler streikt, ist die Weiterfahrt noch nicht gefährdet, denn die Batterie kann hilfreich einspringen.
Bei Tag reicht der Batteriestrom noch eine ganze Weile, obwohl die elektrische Kraftstoffpumpe zur Benzinförderung und die Zündspule zum Aufbau brauchba-

rer Zündfunken eine Mindestspannung benötigt und der Akku meist nur zu ⅔ geladen ist. Die herkömmliche Zündanlage braucht lediglich rund 25 Watt, die leistungsstärkere Transistorzündung etwa das Doppelte. Je nach Batterie-Kapazität reicht es dann zu mindestens 5 und höchstens 10 Stunden Fahrt. Im Winter kommt erschwerend hinzu, daß die Batterie schwächer auf der Brust ist. Außerdem brauchen Sie das Licht schon wesentlich früher. Stromsparen heißt also die Devise:

□ Die Fahrt nicht unnötig unterbrechen. Der Anlasser braucht besonders viel Strom. Wenn möglich, den Wagen anrollen lassen.

□ Heizbare Heckscheibe, Gebläse und Radio sollten Sie nicht einschalten.

□ Nachts ohne Fernlicht und Nebelscheinwerfer fahren.

□ Mit dem Scheibenwischer möglichst sparsam umgehen.

□ Mehrfachstecker an der Lichtmaschine abziehen, damit sich die Batterie nicht über den defekten Generator oder Spannungsregler in kürzester Zeit entladen kann.

Die Ladekontrolle

Die Kontrolleuchte im Armaturenbrett hat zwei Plus-Anschlüsse, und zwar einerseits von der Klemme D+ des Generators (blaues Kabel) und andererseits von Klemme 15 über die Mehrfachsteckverbindung der Leiterfolie hinten am Kombiinstrument vom Zündschloß kommend. Mit Einschalten der Zündung führt Klemme 15 Strom, die Lichtmaschine steht aber noch, so daß der spannungslose D+-Kontakt als »Minus« wirkt. Die Kontrollampe leuchtet auf, denn zwischen dem von der Batterie versorgten Bordnetz und dem noch stehenden Generator herrscht eine Spannungsdifferenz. Wird der Motor gestartet und hat die Lichtmaschine ihre Ladedrehzahl erreicht, verbindet der Spannungsregler den Stromerzeuger mit der Bordelektrik. Nun kommt der Plusstrom von Klemme 15 und zusätzlich von Klemme D+. Damit besteht keine Spannungsdifferenz mehr, die Kontrolleuchte verlöscht.

Überdies hat die Ladekontrolle im Verbund mit einer Drehstrom-Lichtmaschine noch eine spezielle Funktion: Sie muß durch Weiterleiten des Batteriestroms beim Einschalten der Zündung die Drehstrom-Lichtmaschine »vorerregen«, damit diese schon aus niedrigen Drehzahlen heraus Strom liefern kann. Die Vorerregung erfolgt bei den bis 7/80 gebauten Golf und allen Scirocco über die Glühlampe der Ladekontrolle.

Bei den neueren Golf mit Leuchtdiode (siehe Seite 162) als Kontrollanzeige, die praktisch keinen Strom verbraucht, übernimmt ein parallel zur Leuchtdiode geschalteter Widerstand die Vorerregung.

Nur beim ersten Anlaufen des Drehstrom-Generators ist die Vorerregung notwendig. Sie bewirkt, daß die Lichtmaschine schon bei 1000/min statt bei 1600/min (Generatorumdrehungen) mit der Stromlieferung einsetzt.

Fingerzeige: *Vielleicht haben Sie beobachtet, daß manchmal die Ladekontrolle brennen bleibt, wenn Sie den warmgefahrenen Motor ohne Gas starten und er in niedriger Leerlaufdrehzahl weiterläuft. Hierbei ist die Vorerregung der Drehstrom-Lichtmaschine zu schwach, sie liefert noch keinen Strom. Sobald Sie auf das Gaspedal tippen, verlöscht das rote Licht – alles ist wieder in Ordnung. Diese Erscheinung ist normal und deutet keinen Schaden an.*

Die Ladeleitung der Lichtmaschine kann am Mehrfachstecker durch Schwingungen brechen. Dann fällt die Stromversorgung ohne Warnung durch die Ladekontrolle bis zur fast völligen Entleerung der Batterie aus.

Nicht immer wird geladen

Ob die Batterie von der Lichtmaschine geladen wird, beweist das Verlöschen der Kontrollampe nicht, es besagt nur, daß zwischen Batterie und Lichtmaschine keine Spannungsdifferenz mehr besteht.

Wenn im Motorleerlauf beispielsweise sämtliche Stromverbraucher eingeschaltet sind, leuchtet die Ladekontrolle nicht auf, obwohl mehr Strom der Batterie entnommen wird, als die Lichtmaschine liefert – aber es besteht keine Spannungsdifferenz zur Batterie.

Störungsbeistand
Batterie und Lichtmaschine

Die Störung	– ihre Ursache	– ihre Abhilfe
A Rote Ladekontrolle brennt nicht beim Einschalten der Zündung	1 Batterie leer	Mit Starthilfekabeln starten oder Wagen anschleppen
	2 Batteriekabel gebrochen, Kabelklemmen lose oder oxidiert	Batteriekabel und -klemmen kontrollieren
	3 Glühlampe bzw. Leuchtdiode oder deren Vorwiderstand defekt	Ersetzen
	4 Kabelweg zwischen Zündschloß, Kontrollampe und Lichtmaschine unterbrochen	Stromweg mit Prüflampe kontrollieren
	5 Massekabel zwischen Lichtmaschine und Motorblock gebrochen	Kabel kontrollieren
	6 Schleifkohlen abgenutzt	Schleifkohlen erneuern
	7 Spannungsregler defekt	Regler austauschen
	8 Lichtmaschine schadhaft	Lichtmaschine instand setzen lassen
	9 Nach zu heftiger Motorwäsche: Eingedrungene Feuchtigkeit hat einen isolierenden Schmierfilm zwischen den Schleifringen und Kohlen gebildet	Lichtmaschine mit Preßluft ausblasen oder Schleifringe und Kohlen sauberreiben
B Ladekontrolle brennt oder glimmt bei laufendem Motor	1 Keilriemen lose	Riemen spannen
	2 Mangelnder Kontakt an Kabelanschlüssen oder unterbrochene Kabel	Kabelanschlüsse und Kabel prüfen
	3 Siehe A 6	
	4 Siehe A 7	
	5 Siehe A 8	
C Batterieoberfläche feucht	1 Batterie überfüllt	Zuviel eingefülltes destilliertes Wasser durch Überladen herausgasen. Keine Säure absaugen
	2 Batterieverschlüsse verstopft	Entlüftungslöcher säubern
	3 Siehe A 7	
D Batterie gast stark	Siehe A 7	

Der Anlasser

Vorn links am Motor sitzt der Anlasser quer zur Fahrtrichtung. Damit dieser kleine Elektromotor mit 0,8 kW/1,1 PS (in Zusammenarbeit mit der Zündanlage) das Triebwerk anwerfen kann, braucht er eine ausreichend geladene Batterie.

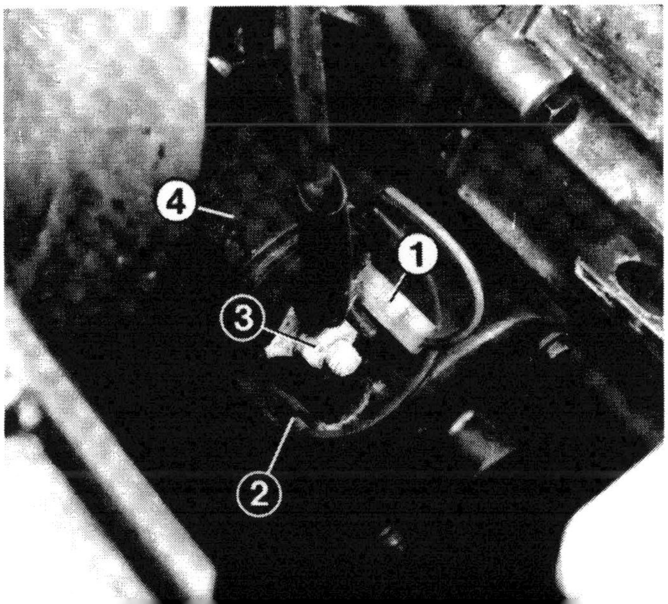

Der Blick auf den Anlasser zeigt: 1 – Leitung der Klemme 50, die vom Zündschloß kommt; 2 – Anschluß der Klemme 16 zur Überbrückung des Zündspulen-Vorwiderstands (nicht bei Fahrzeugen mit TSZ); 3 – dauernd stromführende Klemme 30; 4 – Magnetschalter.

Der Anlasser ist ein sogenannter Schub-Schraubtrieb-Starter. Das besagt, daß beim Durchdrehen des Zündschlüssels nach rechts zuerst die Zündschloß-Klemme 50 an die Klemme 50 des oben auf dem Anlasser sitzenden Magnetschalters Strom bringt, wodurch der Einrückhebel der Freilaufkupplung das Zahnritzel des Anlassers auf einem Steilgewinde der Ankerwelle in den Zahnkranz des Motor-Schwungrads schiebt. Beim Eingreifen des Ritzels in den Zahnkranz schaltet der Magnetschalter den vollen Batteriestrom ein, den die dicke Klemme 30 anliefert, so daß der Anlasser den Motor erst nach dem Einspuren des Ritzels kräftig durchdreht. Dreht der Motor von sich aus, wird das Ritzel aus dem Motor-Zahnkranz ausgespurt.

Anlasser ausbauen

■ Massekabel an der Batterie abnehmen.
■ Kabel am Anlasser-Magnetschalter abnehmen. Sie haben folgende Bedeutung: Dickes rotes Kabel – Klemme 30 Dauerstrom, rot/schwarzes Kabel – Klemme 50 Startimpuls vom Zündschloß, schwarzes Kabel – Klemme 15a oder 16 (nicht bei TSZ) Umgehung des Zündspulen-Vorwiderstands beim Starten.
■ Spannband an der Anlasserhalterung lösen, falls vorhanden.
■ Schraube des Anlasser-Stützbleches vom Getriebe losdrehen, falls eingebaut.
■ Muttern der Verbindung Stützblech/Anlasser lösen, Blech abnehmen.
■ In Fahrtrichtung links jeweils den Innensechskantkopf der Anlasserhaltebolzen gegenhalten, auf der anderen Seite Mutter losdrehen.
■ Beide Bolzen des Anlassers herausziehen, dabei Anlasser festhalten und abnehmen.
■ Beim Einbau die Verschraubung des Anlassers mit 20 Nm anziehen.
■ Anlasser mit Spannbandbefestigung unbedingt wieder mit dem Band montieren.
■ An einem Anlasser mit Stützblech dieses zuerst lose am Anlasser anschrauben, Blech am Getriebe festschrauben, dann erst Muttern zum Anlasser hin anziehen.

Magnetschalter ausbauen

■ Anlasser demontieren.
■ Drei Schlitzschrauben am Halteflansch des Magnetschalters lösen.
■ Magnetschalterkörper abziehen, dabei die dahinter sitzenden Spiralfedern nicht verlieren.
■ Der Magnetkern kann aus dem Einrückhebel ausgehängt und abgenommen werden.
■ Beim Einbau den Magnetkern mit MoS_2-Fett schmieren.

Anlasser-Schleifkohlen auswechseln

Wenn der Anlasser streikt, sind möglicherweise nur seine Schleifkohlen abgenutzt. Diese Kohlebürsten sind angelötet. Sie brauchen zum Austausch einen leistungsstarken Lötkolben, VW gibt mindestens 250 Watt an. Haben Sie keinen solchen, können Sie die Kohlen auch bei der Autoelektrik-Werkstatt einlöten lassen, während Sie Aus- und Einbau des Anlassers selbst machen.

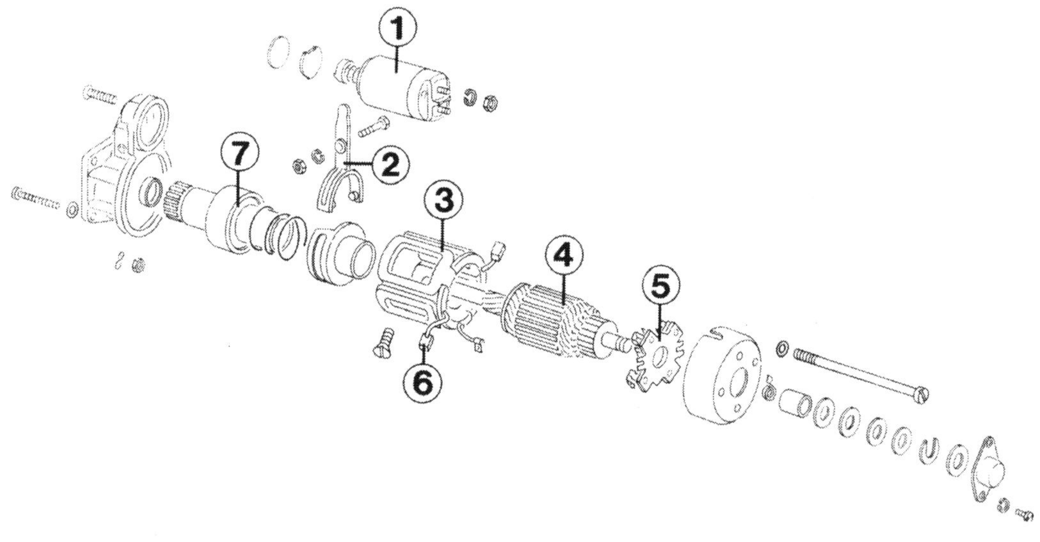

Ein zerlegter Anlasser mit seinen wichtigsten Teilen: 1 – Magnetschalter; 2 – Einrückhebel; 3 – Feldspule; 4 – Anker; 5 – Halteplatte für Kohlebürsten (6); 7 – Ritzelgetriebe.

■ Anlasser ausbauen, siehe vorangegangenen Text.
■ An der geschlossenen Seite des Anlassers zwei Schlitzschrauben am Lagerdeckel herausdrehen und Deckel abnehmen.
■ Sicherungsscheibe und Einstellscheiben vom darunterliegenden Wellenstumpf abnehmen.
■ Beide Schlitzschrauben oder Muttern am hinteren Gehäusedeckel herausdrehen und Deckel abnehmen.
■ Länge der Schleifkohlen an der Halteplatte messen – Mindestlänge ist 13 mm.
■ Verbrauchte Kohlen mit einer Zange zerdrücken.
■ Freies Ende der Kupferlitze blank kratzen.
■ Litze in die Bohrung der neuen Kohlebürste stecken und mit einem Körner das Litzenende etwas spreizen.
■ Kohle anlöten, dabei die Kabellitze dicht an der Kohle mit einer Flachzange halten, damit kein Lot in der Litze hochsteigt.

Störungsbeistand
Anlasser

Nicht immer wird Ihnen unser Störungsbeistand so weit helfen, daß der Anlasser den Motor wieder zum Laufen bringt. Aber Sie können den VW immer noch anschieben oder anschleppen lassen, wie auf Seite 182 beschrieben.

Die Störung	– ihre Ursache	– ihre Abhilfe
A Beim Drehen des Zündschlüssels in Startstellung dreht der Anlasser zu langsam oder gar nicht	1 Kontrollampen brennen schwach oder verlöschen	
	a) Batterie entladen	Mit Starthilfekabeln starten
	b) Kabelanschlüsse lose oder oxidiert	Kabelanschlüsse kontrollieren
	c) Anlasser hat Masseschluß	Anlasser überholen lassen
	2 Kontrollampen brennen hell, Klicken aus Richtung Anlasser	Kurz auf den Magnetschalter klopfen. Dreht der Anlasser weiterhin nicht:
	a) Kohlebürsten bzw. deren Anschlüsse im Anlasser gelöst	Kohlebürsten überprüfen
	b) Kontakte im Magnetschalter verschmort	Magnetschalter ersetzen
	c) Anlasserwicklung schadhaft	Anlasser überholen lassen
	3 Kontrollampen brennen hell, keinerlei Geräusche	
	a) Flachstecker der Klemme 50 am Magnetschalter lose	Steckanschluß überprüfen
	b) Klemme-50-Leitung vom Zündschloß zum Magnetschalter unterbrochen	Leitung mit Prüflampe kontrollieren
B Anlasser läuft, ohne den Motor durchzudrehen	1 Ritzel verschmutzt	Ritzel reinigen
	2 Einrückvorrichtung klemmt	Anlasser überholen lassen
	3 Verzahnung des Ritzels oder des Motorschwungrads beschädigt	Wagen bei eingelegtem Gang ein Stück vorschieben. Erneut starten. Beschädigte Teile ersetzen lassen
C Anlasser läuft weiter, obwohl Zündschlüssel losgelassen wurde	1 Magnetschalter hängt und schaltet nicht ab	Zündung sofort abschalten, notfalls Batterie abklemmen. Magnetschalter ersetzen
	2 Zünd-/Anlaßschalter defekt	Zünd-/Anlaßschalter ersetzen
D Ritzel spurt nach Anspringen des Motors nicht aus	1 Rückstellfeder des Einrückhebels lahm oder gebrochen	Zündung sofort abschalten. Reparieren lassen
	2 Verzahnung des Ritzels bzw. des Motorschwungrads verschmutzt oder beschädigt	Reinigen bzw. schadhafte Teile ersetzen lassen

Gewitterbildung

Das Kraftstoff/Luft-Gemisch muß in jedem Zylinder durch einen kräftigen Funken entzündet werden – im richtigen Moment und unter allen Betriebsbedingungen. Mit dem nun entstehenden Verbrennungsablauf wird jeder Kolben mit neuer Kraft nach unten befördert und der Motor in Schwung gebracht.

Die Zündung allgemein

Damit an der Zündkerze im Verbrennungsraum überhaupt ein Funke überspringen kann, muß dort zwischen der positiven und der negativen Elektrode eine Spannung von mindestens 20 000 Volt vorhanden sein. Die Batterie liefert aber nur eine Spannung von 12 Volt. Die Batteriespannung muß also gewaltig hochtransformiert werden.
Ferner geht es beim Funkenüberschlag nicht um Zehntel- oder Hundertstel-, sondern um Tausendstelsekunden. Nur ein Minimales zu spät oder zu früh, und die Zündung und damit die Leistung des Motors ist mangelhaft. Nicht zu vergessen die Menge der Funken, die hier benötigt wird: Dreht ein Motor mit rund 3000 Touren pro Minute, dann verlangt jeder Zylinder 25 Funken pro Sekunde, das sind beim Vierzylindermotor zusammen 100 in der Sekunde. Und jeder dieser Funken muß kräftig sein und ganz präzise sitzen.

Verschiedene Zündanlagen

In den Modellen mit Einpritzmotor wird beim Scirocco seit 8/79 und beim Golf GTI seit 8/80 eine kontaktlose Transistorzündanlage (kurz: TSZ) eingebaut, während die älteren Modelle mit einer herkömmlichen Spulenzündung (Kurzbezeichnung SZ) ausgerüstet sind. Da nun beide Zündanlagen im Aufbau ziemlich verschieden sind, finden Sie auf den folgenden Seiten einen Zusatzvermerk an den Überschriften. »Nur SZ« steht für »nur Spulenzündung« und »nur TSZ« bedeutet, daß hier lediglich die Transistorzündung angesprochen ist. Dort wo keine Verwechslung möglich ist und an Abschnitten, die beide Zündanlagen behandeln, fehlt ein Zusatz.

Funktion der herkömmlichen Spulenzündung

Bei dieser Batteriezündung fließt Strom aus dem Autoakku (über das Zündschloß und diverse Kabel) in die sogenannte Primärwicklung der Zündspule. Sie besteht aus wenigen Windungen eines dicken Drahts. Unter der Wirkung des Stroms baut sich im Eisenkern der Zündspule ein kräftiges Magnetfeld auf. Nähert sich der Kolben in seinem Zylinder dem Punkt, da die angesaugte und verdichtete Ladung gezündet werden soll – dem »Zündzeitpunkt« –, so wird der

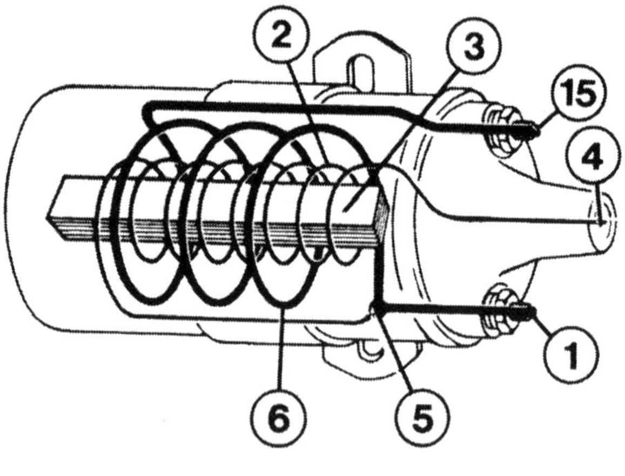

Diese schematische Darstellung der Zündspule zeigt deren Verbindung zum Zündschloß über Klemme 15, den Kontakt zum Zündverteiler über Klemme 1, den Hochspannungsanschluß Klemme 4 sowie außerdem: 2 – Sekundärwicklung; 3 – lamellierter Eisenkern; 5 – gemeinsamer Wicklungsanschluß; 6 – Primärwicklung.

Strom zur Primärwicklung der Zündspule unterbrochen. Und zwar von einem Kontakt, der Unterbrecher heißt, unten im Verteilergehäuse sitzt und vom Motor bewegt wird.
Mit dem Ausschalten des Stroms bricht das Magnetfeld im Eisenkern der Zündspule zusammen. Dabei passiert folgendes: In der sogenannten Sekundärwicklung, die aus sehr vielen Windungen eines dünnen Drahts besteht, entsteht ein Hochspannungs-Stromstoß von einigen zigtausend Volt. Er wird über den Verteiler – der nichts weiter ist als ein rotierender Schalter – derjenigen Zündkerze zugeleitet, die in der Zündfolge des Motors gerade an der Reihe ist. Das Gemisch wird entzündet, der Motor dreht sich weiter, der Unterbrecherkontakt schließt sich, und das Spiel läuft von neuem ab.
Bei der herkömmlichen Spulenzündung ist die **Hochspannung nicht gefährlich**, weil dabei nur geringe Stromstärken auftreten.

Funktion der Transistorzündung

Die Transistorzündung verfügt ebenfalls über eine Zündspule, die für die Hochspannung sorgt, und einen Verteiler, der diese Hochspannung reihum auf die Zündkerzen verteilt. Nur der Unterbrecher ist nicht mehr vorhanden – er war es ja, der die Leistung der herkömmlichen Anlage beschränkte.
Statt des Unterbrechers besitzt die TSZ einen »Hallgeber«, bei dem der nach seinem amerikanischen Entdecker E. H. Hall so genannte Hall-Effekt nutzbar gemacht wird. Der Hallgeber haust wie der frühere Unterbrecherkontakt im Verteilergehäuse und besteht aus einem Blendenrotor mit 4 Aussparungen, einem Dauermagneten und ihm gegenüberliegend dem eigentlichen Hall-IC.
Das ganze funktioniert ähnlich wie eine Lichtschranke bei der automatischen Aufzugstür, nur daß hier anstelle von Licht mit magnetischen Wellen gearbeitet wird. Stehen Sie vor der Tür und unterbrechen den Lichtstrahl, bleibt die Aufzugstür offen. Sobald Sie den Lichtstrahl freigegeben haben, erhält der Türmechanismus den Schließbefehl. Zurück zur Zündung. Steht eine Rotorblende im Magnetfeld, so erhält ein kräftiger Transistor im Schaltgerät das Signal, Strom durch die Zündspule fließen zu lassen. Jetzt kann sich in der Spule ein Magnetfeld – unsere Zündenergie – aufbauen. Verläßt die Blende den Luftspalt zwischen Hall-IC und Dauermagnet, kommt ans Schaltgerät der Befehl, den Strom zur Zündspule zu unterbrechen, das Magnetfeld bricht dadurch zusammen. Damit passiert das gleiche, wie wenn bei der Spulenzündung der Unterbrecher abhebt und den Strom zur Zündspule abschaltet – der Zündfunke entsteht. Die hierbei entstehenden **Spannungen sind gefährlich hoch**.

Vorsichtsmaßnahmen im Umgang mit der TSZ

Unsachgemäße Handhabung an der Transistorzündlange kann das Leben des Betreffenden gefährden. Vom Hallgeber im Zündverteiler können Spannungen bis zu 100 Volt mit hoher Stromstärke erzeugt werden. Auch die Zündspannung ist mit über 30 000 Volt doppelt so hoch wie bei der herkömmlichen Spulenzündung. Abgesehen davon können Bauteile der Zündanlage Schaden erleiden.

☐ Sämtliche elektrischen Leitungen – auch Anschlüsse von Prüfgeräten – nur bei ausgeschalteter Zündung ab- bzw. anklemmen.

☐ Soll der Motor vom Anlasser lediglich durchgedreht werden ohne anzuspringen, muß die Zündung lahmgelegt werden. Dazu das dicke Hauptzündkabel aus dem Verteilerdeckel ziehen und fest mit blankem Metall (»Masse«) verbinden.

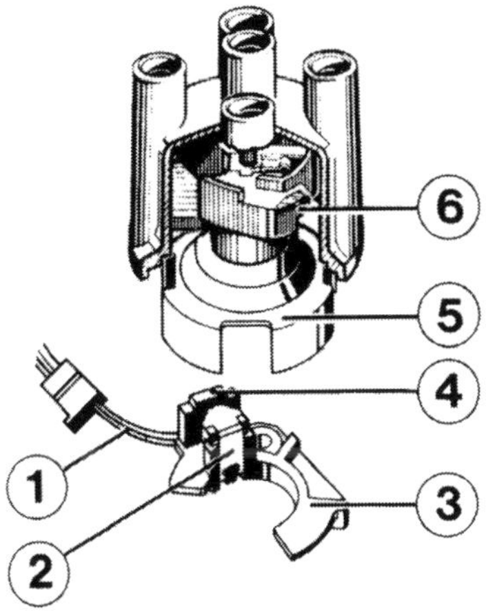

Die wichtigsten Teile im Verteiler der Transistor-Zündanlage: 1 – elektrische Zuleitung; 2 – Magnet; 3 – Halter; 4 – Hall-IC; 5 – Blendenrotor; 6 – Verteilerfinger.

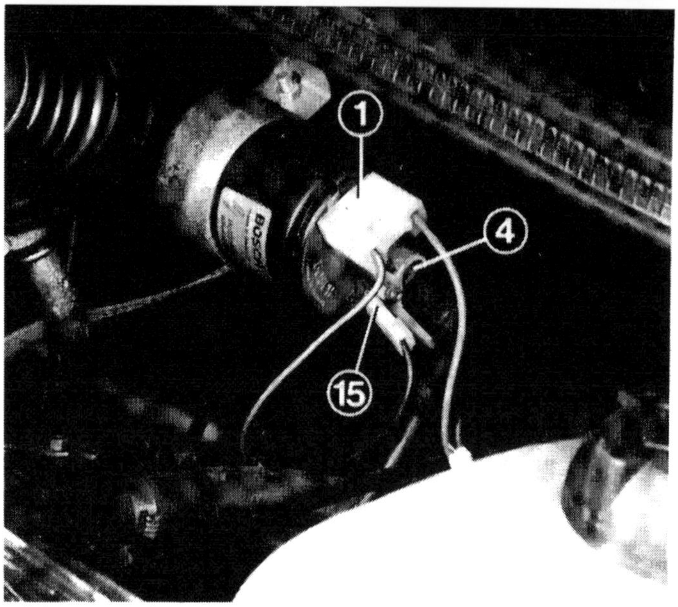

Die im Wagen eingebaute Zündspule mit ihren Normklemmen: 1 – zum Unterbrecher bzw. zum Schaltgerät der Transistorzündung; 4 – hochgespannter Zündstrom; 15 – Batteriestrom vom Zündschloß kommend.

□ Zur Motorwäsche darf der Motor nicht laufen und die Zündung muß ausgeschaltet sein.
□ Zur Starthilfe bei leerer Batterie mit einem Schnellader darf dieser höchstens eine Minute lang angeschlossen sein und die Spannung nicht mehr als 16,5 V betragen.
□ Bei einem bestehenden oder vermuteten Defekt an der Zündanlage zum Abschleppen des Fahrzeugs den Stecker am Zündungs-Schaltgerät abziehen.
□ An Klemme 1/– der Zündspule keinen Kondensator anschließen.
□ Zündverteilerläufer nicht gegen einen beliebigen austauschen, er hat einen Widerstand von 1 kΩ und die Kennzeichnung »R 1«.
□ An den dicken Zündkabeln nur Widerstände mit 1 kΩ und Kerzenstecker mit einem Widerstand von 5 kΩ verwenden.
□ Zum elektrischen Schweißen am Fahrzeug müssen beide Kabel an der Batterie abgeklemmt werden.

Die Zündspule

Wie die Zündspule prinzipiell funktioniert, haben wir zu Beginn des Kapitels beschrieben.
□ Ihren Primärstrom erhält sie an Klemme 15.
□ Über die Primärwicklung der Zündspule gelangt die Spannung von deren Klemme 1 zum Unterbrecher im »Untergeschoß« des Verteilers bzw. zum Schaltgerät der Transistorzündung. An Klemme 1 ist auch der Drehzahlmesser angeschlossen, siehe Seite 226.
□ Die Zündspannung von 20 000 Volt bzw. bei TSZ 35 000 Volt kommt aus der mittleren Klemme 4 der Spule und wird über das Hauptzündkabel zum Verteilerdeckel weitergeleitet.
Die Zündspulen für normale Batteriezündung und Transistorzündung sind völlig unterschiedlich in ihren technischen Daten – nicht verwechseln.

Der Zündspulen-Vorwiderstand
(nur SZ)

Bei Fahrzeugen mit Batteriezündung trägt die Zündspule die Bosch-Kennzeichnung »KW 12 V«, wobei das »W« auf den Widerstand hinweist, mit dem diese Zündspule betrieben werden muß. Sie ist nämlich nur auf eine Spannung von etwa 9 Volt ausgelegt, während die Bordnetzspannung zwischen 12 und 14 Volt liegt. Als Vorwiderstand dient ein 128 cm langes Kabel aus aufgedrilltem dünnem Draht, das von der Sicherungsplatte zur Zündspule führt. Dieser Widerstand ermöglicht, daß die Primärwicklung der Zündspule mit weniger Windungen gebaut werden kann. Dadurch steigt beim Betrieb der Zündspule in den Unterbrecher-Intervallen der Primärstrom schneller auf seine volle Höhe an, und dementsprechend kann die Zündspule auch bei hohen Drehzahlen (und entsprechend kurzen Unterbrecher-Intervallen) eine höhere Sekundärspannung für den Zündfunken abgeben.
Beim Anlassen des Motors, wobei die Bordspannung schon auf runde 9 Volt ab-

sinkt, wird mit dem Einschalten des Starters der Vorwiderstand überbrückt. Andernfalls würde die Spannung nicht mehr für einen kräftigen Zündfunken ausreichen. An Klemme 15 der Zündspule finden Sie ein schwarzes Kabel, das mit Klemme 15a bzw. 16 des Anlassers verbunden ist. Diese Klemme ist normalerweise stromlos. Wenn jedoch der Anlasser gestartet wird, verbindet der Magnetschalter die Klemme 15a bzw. 16 mit Klemme 30 am Anlasser, so daß die volle Batteriespannung über Klemme 15a bzw. 16 direkt an Klemme 15 der Zündspule unter Umgehung des Vorwiderstands geleitet wird. Die Zündspule hat also zu einem kräftigen Zündfunken ihre normale Spannung. Im gleichen Augenblick, in dem der Anlasser abgeschaltet wird, weil der Motor läuft, wird auch Klemme 15a bzw. 16 wieder stromlos.

Zündanlage mit Motortestgeräten prüfen

Bevor wir auf die zahlreichen Fehlermöglichkeiten in der Zündanlage eingehen und die bei Heimwerkerei zumeist recht zeitraubenden Fehlersuchen, Abhilfen und Einstellarbeiten beschreiben, ein Ratschlag für jene, die nicht eine plötzliche Störung fern der Werkstatt selbst beheben müssen: Jede gut ausgestattete Fachwerkstatt, ebenso die Bosch-Dienste und etliche besonders ausgesuchte Tankstellen verfügen über Motortestgeräte. Ein Fachmann erkennt in wenigen Minuten an den Meßgeräten und am Bildschirm des Oszilloskops, ob Zündspule, Unterbrecherkontakt bzw. Hallgeber und Steuergerät, Kondensator, Zündverteiler, Zündzeitpunkt, Zündkabel und Zündkerzen einwandfrei sind oder wo eventuell ein Fehler steckt.

Zündspule und Vorwiderstandskabel prüfen
(nur SZ)

Wenn Sie bei der nachfolgenden Kontrolle gar keinen Zündstrom feststellen können, brauchen Sie zur weiteren Überprüfung ein Voltmeter oder eine selbstgebastelte Behelfsprüflampe. Eine gewöhnliche Elektrik-Prüflampe zeigt nur, ob überhaupt Spannung anliegt, sagt aber nichts über den Widerstand der Spule. Genauer ist die Messung des Zündspulenwiderstands natürlich mit einem Ohmmeter.

- Hauptzündkabel aus der Mittelbuchse des Zündverteilers ziehen und blankes Kabelende in eine Plastik- oder Holzwäscheklammer stecken.
- Zündkabel mit 10 mm Abstand gegen Motorblockmetall halten und Motor von Helfer starten lassen.
- Springen kräftige Funken über, ist die Zündspule wahrscheinlich in Ordnung. Hat es nicht gefunkt:
- An Klemme 1 der Zündspule das grüne Kabel zum Unterbrecher abnehmen, damit der Stromweg über die Unterbrecherkontakte unterbrochen ist.
- Zündung einschalten, die Kontrollleuchten müssen brennen.
- Ein Ende des Prüflampenkabels und Plus-Klemme des Voltmeters an den Kontakt des weiß/violetten Widerstandskabels an der Sicherungsplatte drücken, das andere Kabelende und Minus-Klemme des Voltmeters an Masse: Die Lampe muß hell brennen, das Voltmeter zeigt etwa 11,5 V.
- Gleiche Prüfung an Klemme 15 der Zündspule: Die Lampe brennt trüber, das Voltmeter zeigt etwa 8,5 V.
- Zeigt sich nichts, ist das Widerstandskabel unterbrochen. Sind die Ergebnisse dagegen gleich wie am Steckkontakt der Sicherungsplatte, so ist das Kabel durch Kurzschluß überbrückt.
- Bei derselben Prüfung an Klemme 1 der Zündspule muß die Behelfsprüflampe sehr trübe brennen, das Voltmeter zeigt etwa 5 Volt.
- Brennt nichts, ist die Primärwicklung der Zündspule unterbrochen. Brennt sie recht hell, herrscht Kurzschlußüberbrückung in der Zündspule. In beiden Fällen Spule ersetzen.
- Zur Widerstandsmessung sämtliche Kabel an der Zündspule abziehen.
- Der Primärwiderstand zwischen Klemme 1/– und Klemme 15/+ muß 1,7–2,1 Ω betragen.
- Bei der Sekundärwiderstandsmessung zwischen Klemme 1/– und dem Hochspannungsanschluß Klemme 4 muß der Wert 7–12 kΩ lauten.
- Sind alle Ergebnisse gut, kann es am Kondensator liegen, siehe Seite 200.
- Nach der Prüfung wieder sämtliche Kabel richtig anschließen.

Scheinwerferlampe als Vorwiderstands-Ersatz

Falls das Vorwiderstandskabel defekt ist, dürfen Sie der Zündspule nicht einfach die volle Bordspannung zuführen. Die mit Überspannung betriebene Spule kann nach kurzer Zeit regelrecht explodieren! Aber es gibt noch einen Notbehelf: Mit einer intakten Zweifaden-Scheinwerferlampe haben Sie einen brauchbaren Ersatz für das Widerstandskabel.

■ Ein Hilfskabel vom Steckanschluß des weiß/violetten Kabels an der Sicherungsplatte mit der Masse-Kontaktzunge (Klemme 31) der Glühlampe, ein weiteres Kabel mit beiden (nicht nur einer!) Kontaktzungen für Fern- und Abblendlicht verbinden.

■ Die damit »parallel geschalteten« Leuchtfäden haben zwar einen etwas höheren Widerstand als das Widerstandskabel (1,6 Ω bei normaler, 1,2 Ω bei H4-Glühlampe statt 0,9 Ω), aber es funktioniert.

Fehlersuche an der Transistorzündanlage

Wegen der gefährlich hohen Spannungen bei der Transistorzündung ist zu allen Arbeiten besondere Vorsicht vonnöten, siehe »Vorsichtsmaßnahmen« auf Seite 193.

■ Ein Zündkabel abziehen, Zündkerze herausschrauben.

■ Zündkabel wieder auf die Kerze stecken und diese so auf dem Motorblock ablegen, daß sie Massekontakt hat.

■ Motor von Helfer durchdrehen lassen.

■ Springen kräftige Funken an der Kerzenelektrode über, ist Zündstrom vorhanden, allenfalls könnte der Zündzeitpunkt verstellt sein (siehe Seite 205/206).

■ Funkt nichts, versuchen Sie es mit der Kerze eines anderen Zylinders. Springen immer noch keine Funken über, muß die Zündanlage überprüft werden.

■ Bei ausgeschalteter Zündung die Steckverbindungen an Steuergerät, Zündspule, Verteiler und an der Zentralelektrik auf festen Sitz und guten Kontakt prüfen.

■ Springt der Motor jetzt beim Startversuch nicht an, muß die Zündspule überprüft werden.

Zündspule prüfen

Zur Überprüfung der Zündspule benötigen Sie ein Ohmmeter mit Meßbereichen von 0–1 Ω und 1–5 kΩ.

■ Alle Leitungen an der Zündspule bei ausgeschalteter Zündung abziehen.

■ Widerstand zwischen Zündspulenklemme 1/– und 15/+ messen – Sollwert 0,52 – 0,76 Ω.

■ Der Meßwert zwischen Klemme 1/– und 4 (Steckbuchse des dicken Hauptzündkabels) muß 2,4–3,5 kΩ betragen.

■ Ein Windungsschluß in der Zündspule läßt sich auf diese Weise allerdings nicht feststellen. Fehlt es an der Zündspannung, obwohl das Schaltgerät und der Hallgeber in Ordnung sind (siehe nachfolgende Prüfpunkte), muß die Zündspule ersetzt werden.

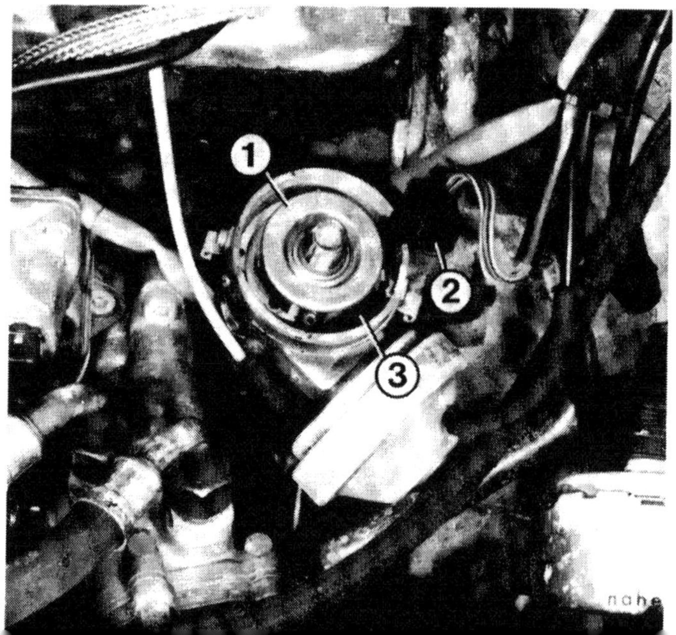

Blick in den geöffneten Verteiler der Transistorzündung:
1 – Blendenrotor;
2 – Dreifachstecker;
3 – Hallgeber.

Schaltgerät prüfen

Hierfür benötigen Sie ein Voltmeter, behelfsmäßig geht es auch mit einer Elektrik-Prüflampe. Vor der Schaltgerätprüfung muß sichergestellt sein, daß die Zündspule in Ordnung ist.

■ Beim Scirocco Stecker vom DLS-Schaltgerät abziehen und miteinander verbinden, siehe Bild Seite 204.

■ Mehrfachstecker am Schaltgerät abziehen und an den Kontakten 2 (braunes Kabel) und 4 (schwarzes Kabel) das Voltmeter oder die Prüflampe anschließen.

■ Zündung einschalten. Es müssen etwa 12 Volt anliegen bzw. die Lampe hell brennen. Andernfalls Unterbrechung anhand der Stromlaufpläne ab Seite 174 suchen.

■ Zündung ausschalten. Stecker am Schaltgerät wieder aufstecken.

■ Mehrfachstecker am Zündverteiler abziehen, siehe Fingerzeig unten.

■ Voltmeter bzw. Prüflampe an Klemme 1/– und 15/+ der Zündspule anschließen.

■ Zündung einschalten: Die Spannung muß mindestens 2 Volt betragen, die Lampe trübe brennen. Nach ein bis zwei Sekunden muß die Spannung auf 0 abfallen bzw. die Prüflampe verlöschen. Falls nicht, müssen das Schaltgerät und die Zündspule ersetzt werden.

■ Mittlere Leitung des Dreifachsteckers zum Zündverteiler kurz mit Masse verbinden. Die Spannung muß kurzzeitig auf etwa 5–6 Volt ansteigen. Andernfalls nach Unterbrechung der mittleren Leitung suchen bzw. Schaltgerät ersetzen.

■ Zündung ausschalten.

■ Voltmeter bzw. Prüflampe an den äußeren Kontakten des Dreifachsteckers anschließen.

■ Zündung einschalten. Der Spannungswert muß mindestens 5 Volt betragen.

■ Springt der Motor trotz guter Meßwerte nicht an, muß das Schaltgerät ersetzt werden oder eine Leitungsunterbrechung zwischen dem Dreifachstecker vom Zündverteiler zum Schaltgerät gesucht und beseitigt werden.

Hallgeber prüfen

Der Hallgeber läßt sich nur mit dem V. A. G.-Prüfgerät 1315 A genau überprüfen. Die nachgenannte Methode ist nur behelfsmäßig:

■ Prüflampe an Klemme 15/+ und 1/– der Zündspule anschließen.

■ Motor von Helfer 5 Sekunden lang starten lassen. Dabei muß die Prüflampe aufleuchten und wieder verlöschen, sonst ist der Hallgeber defekt. In diesem Fall müßte der komplette Zündverteiler ausgetauscht werden.

Fingerzeig: *Der Mehrfachstecker am Zündverteiler sollte grundsätzlich nur bei aufgesetztem Verteilerdeckel abgezogen werden. Andernfalls kann sich der untere Steckanschluß aus seiner Halterung lösen. Das bewirkt, daß sich beim Wiederaufstecken eine Kontaktzunge verschieben kann. Es fehlt am Kontakt und der Zündfunke bleibt aus.*

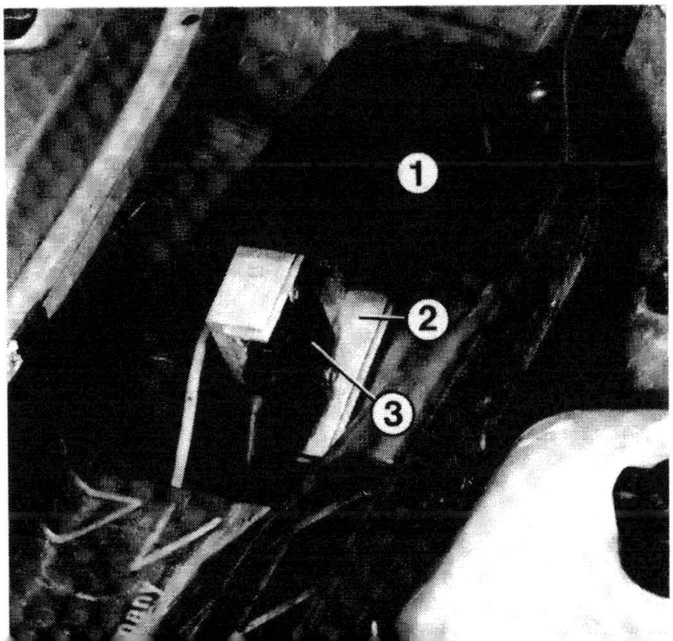

Im Wasserfangkasten sitzt unter einem Abschirmblech (1) das Schaltgerät (3) der Transistorzündung auf einem sogenannten Kühlkörper (2), um bessere Wärmeabfuhr zu gewährleisten.

Der Zündverteiler bei herkömmlicher Spulenzündung:
1 – Unterbrecherhammer; 2 – Halteschraube;
3 – Unterbrecherkontakte; 4 – Kondensator; 5 – vierkantige Nockenbahn der Verteilerwelle; 6 – Verteilerfinger.

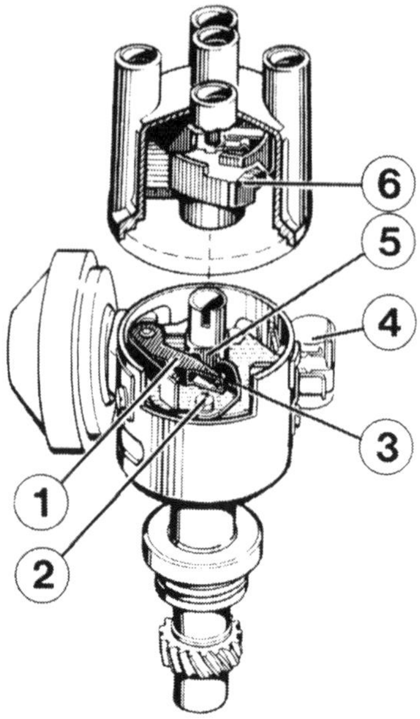

Der Zündverteiler

Dieses Teil der Zündanlage erfüllt wesentlich mehr Funktionen, als man seinem Namen entnehmen kann:

☐ Im Oberteil liefert der sich drehende Verteilerfinger den hochgespannten Strom an die einzelnen Zündkerzen.

☐ Im Verteilerfinger ist ein Drehzahlbegrenzer eingebaut, der zu hohe Motordrehzahlen verhindert, siehe Text auf Seite 41 und Bild Seite 201 unten.

☐ Darunter hat der Unterbrecher bzw. bei TSZ der Hallgeber seinen Platz.

☐ Außen am Verteiler sitzt bei der Spulenzündung der Kondensator des Unterbrechers, siehe Seite 200.

☐ Die Verteilerwelle ist zweigeteilt und beinhaltet die mechanische Zündzeitpunktverstellung, siehe Seite 203.

☐ Seitlich am Verteiler ist die Unterdruckdose der Unterdruck-Zündverstellung (Seite 203) angebracht.

Verteilerdeckel, -finger und Staubschutzdeckel abnehmen

■ Blech-Halteklammern des Deckels mit einem Schraubenzieher abdrükken.

■ Massekabel der evtl. vorhandenen Blechabschirmung abziehen.

■ Verteilerdeckel abnehmen, die Zündkabel bleiben aufgesteckt.

■ Verteilerfinger abziehen, darunterliegenden Staubschutzdeckel abnehmen.

■ Staubdeckel beim Einbau so auflegen, daß seine Haltenase in die Aussparung im Verteilergehäuserand zu liegen kommt.

■ Der Verteilerfinger besitzt eine angegossene Erhebung, die in die Aussparung in der Verteilerwelle einrastet.

■ Auch der Verteilerdeckel besitzt als Verdrehsicherung eine angegossene Nase, die in den Einschnitt im Verteilergehäuse einrasten muß.

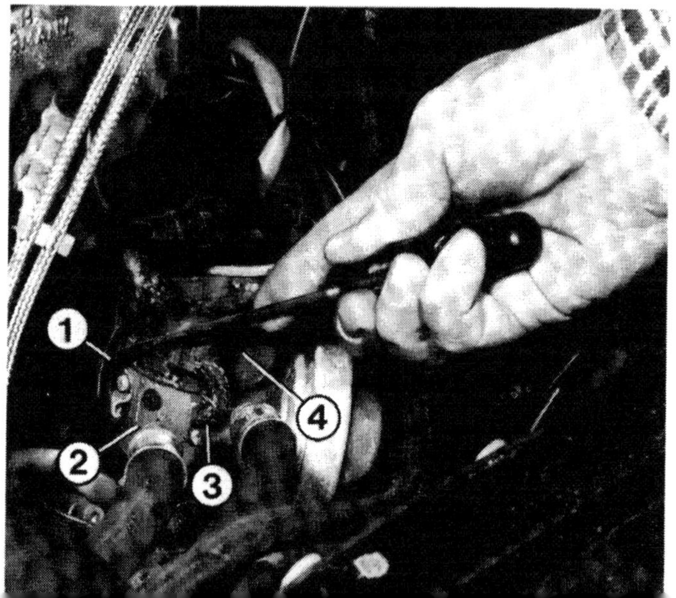

Zwei Haltespangen (1) halten den Verteilerdeckel (4) auf dem Unterteil (2). Bei Fahrzeugen mit Radio ist zusätzlich noch ein Massekabel (3) eingesteckt.

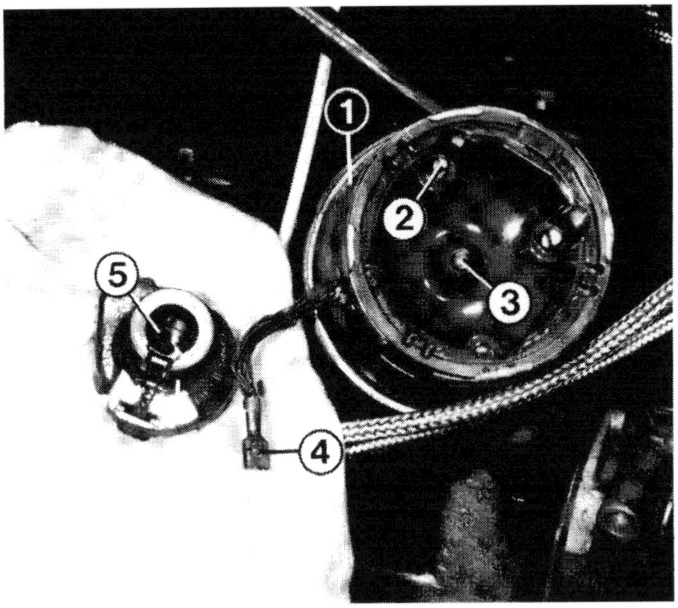

Am abgenommenen Verteilerdeckel (1) sehen Sie hier:
2 – Kontaktstifte;
3 – Kontaktkohle;
4 – Massekabel;
5 – Rastnase des Verteilerfingers.

Zündverteiler kontrollieren

■ Verteilerkappe abnehmen. Sie muß innen und außen sauber sein, damit keine Strombrücke über Schmutz, Abrieb oder Feuchtigkeit den Zündstrom ableitet.
■ Die Kontaktkohle in der Mitte muß glatt und glänzend sein, sich leicht einfedern lassen und ohne zu klemmen wieder zurückfedern.
■ Der Verteilerfinger darf an seiner Kontaktzunge und über der Vergußmasse des Entstörwiderstands zwischen Mittelkontakt und der Zunge nicht verschmort sein.
■ Bleistiftartige Striche im Verteilerdeckel sind Brandspuren von Kriechströmen, die sich über Schmutz oder Feuchtigkeit einen Weg gebahnt und eingebrannt haben.
■ Behelfsmäßige Abhilfe schafft hier Auskratzen mit einem Schraubenzieher oder Messer und Überstreichen mit Alleskleber, Nagellack oder im Notfall auch Lippenstift.

Verteiler ausbauen

■ Zylinder 1 auf Zündzeitpunkt stellen, siehe Seite 49.
■ Verteilerdeckel abnehmen.
■ Haltemutter des Zündverteilers losdrehen, Verteiler nach oben abziehen.
■ Beim Einbau muß die OT-Markierung auf der Schwungscheibe gegenüber dem Pfeil im Schauloch (Bild Seite 48) und die Körnermarkierung auf dem Nockenwellen-Zahnriemenrad in Höhe der Zylinderkopfdeckeldichtung stehen, wie im Bild auf Seite 54 gezeigt. Im Einsteckloch für den Zündverteiler muß der Aufnahmezapfen der Ölpumpenwelle parallel zur Kurbelwelle stehen.
■ Verteilerwelle so drehen, daß der Verteilerfinger zur Marke im Verteilergehäuserand zeigt.
■ Verteiler einsetzen, anschließend Zündung einstellen, siehe Seite 205.

Wenn sich der 1. Zylinder in Zündstellung befindet, zeigt die Kontaktfläche (schwarz umrandeter Pfeil) des Verteilerfingers auf eine Kerbe (weißer Pfeil) im Gehäuserand des Verteilers.

Durch Metallwanderung bildet sich mit zunehmender Laufzeit am Amboß des Unterbrecherkontakts ein Höcker und am Hammer ein entsprechender Krater.

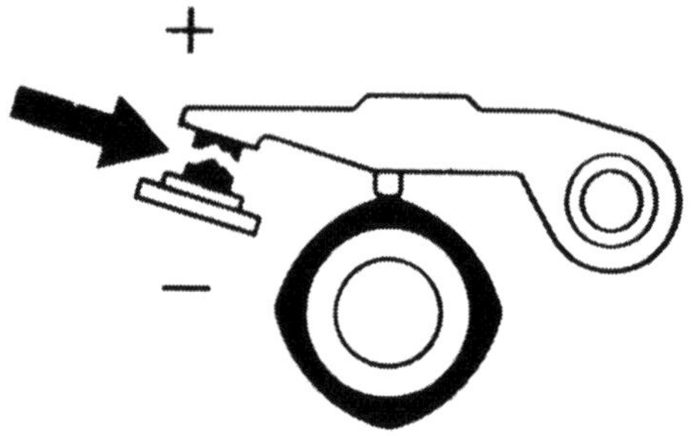

Der Unterbrecher (nur SZ)

Der Unterbrecher sitzt ziemlich zugebaut im Verteiler. Um ihn zu sehen, müssen Sie Verteilerdeckel und -finger sowie den Staubschutzdeckel abnehmen (siehe Seite 198).
Gegen Masse isoliert, sitzt er auf der Unterbrecherplatte und löst bei seinem Abheben den Zündfunken aus (siehe Seite 192).

Der Kondensator (nur SZ)

Außen am Verteiler sitzt ein silberner kleiner Metallzylinder – der Kondensator. Er ist mit Klemme 1 der Zündspule verbunden und hat die Aufgabe, den beim Öffnen des Unterbrechers entstehenden Funken so weit als möglich zu unterdrücken. Er ist also ein sogenannter Funkenlösch-Kondensator.

Kondensator prüfen

Schwache oder gar keine Zündfunken oder stark verschmorte Unterbrecherkontakte, die noch nicht lange im Betrieb sind, können vom Kondensator verursacht werden. Behelfsmäßige Prüfung:

■ Verteilerdeckel, -finger und Staubschutzdeckel abnehmen.
■ Motor von Helfer starten lassen.
■ Springen zwischen den Unterbrecherkontakten starke Funken über, dürfte der Kondensator defekt sein.
■ Kabel von Klemme 1 der Zündspule abziehen, Prüflampe zwischen dieses Kabel und die jetzt freie Klemme 1 schalten.
■ Motor von Helfer starten lassen.
■ Blinkt die Lampe an und aus, hat der Kondensator zumindest keinen Kurzschluß.
■ Eine weitergehende Prüfung ist nur mit einem entsprechend ausgelegten Meßgerät möglich. Aber langes Prüfen lohnt sich nicht. Ein neuer Kondensator kostet nicht viel. Wenn er verdächtig ist: Austauschen.

Unterbrecherkontakte prüfen (nur SZ) Wartungspunkt Nr. 19

Das ständige Öffnen und Schließen des Stromkreises bewirkt an den Kontakten des Unterbrechers (Hammer und Amboß) unvermeidbaren Verschleiß durch Abbrand, Verschmoren oder Metallwanderung.
Wollte man stur nach Wartungsplan verfahren, müßten die Unterbrecherkontakte alle 15 000 km erneuert werden. Sie halten jedoch im allgemeinen – vor allem dann, wenn die Zündanlage in Ordnung ist – länger durch. Deshalb wird der sparsame Heimwerker die Kontaktflächen erst einmal prüfend mustern. Dazu Verteilerdeckel, -finger und Staubschutzdeckel abnehmen, wie auf Seite 198 beschrieben.
Das Aussehen der Unterbrecherkontakte bedeutet:

□ Kontakte silberartig, wie hell poliert: Zündanlage in Ordnung.
□ Kontakte sauber, aber starke Höcker- und Kraterbildung: Kontakte normal abgenutzt – ersetzen.
□ Grauer Überzug auf den Kontaktflächen: Oxidation durch zu geringen Kontaktabstand, zu schwache Feder oder klemmenden Unterbrecherhebel.
□ Kontaktflächen blau angelaufen: Zündspule oder Kondensator nicht einwandfrei.
□ Materialablagerungen oder schwarze Verkrustungen auf den Kontakten: Öl, Fett oder Schmutz auf die Kontakte geraten.

Unterbrecherkontakte säubern

■ Verkrustete oder verschmutzte Kontakte mit einem scharfkantigen Schraubenzieher oder Taschenmesser blankschaben. Keine Feile oder Schmirgelleinen verwenden.
■ Wattestäbchen in Tetrachlorkohlenstoff (als Reinigungsmittel in der Drogerie erhältlich) tauchen und Kontakte damit abwischen.

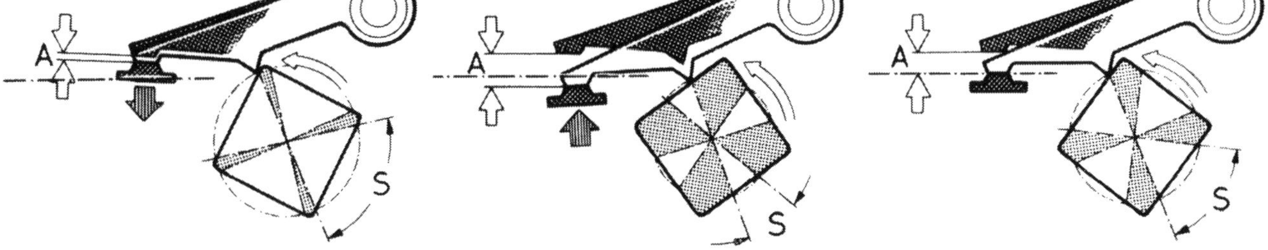

Unterbrecher-Kontaktabstand (A) und Schließwinkel (S) sind voneinander abhängig. Links: zu kleiner Abstand und zu großer Schließwinkel; in der Mitte: zu großer Abstand, zu geringer Winkel; rechts: richtige Einstellung.

Unterbrecherkontakte austauschen
(nur SZ)

Verbrauchte Unterbrecherkontakte müssen durch neue ersetzt werden. Sind die alten Kontakte blau angelaufen oder verschmort, genügt der Austausch allein nicht, es muß auch nach dem Fehler in der Zündanlage gesucht werden (Kondensator oder Zündspule).

- Verteilerdeckel, -finger und Staubschutzdeckel abnehmen.
- Kabelstecker des Verbindungskabels zum Unterbrecher innen am Verteiler abziehen.
- Halteschraube des Kontaktsatzes herausdrehen, Kontakte herausnehmen.
- Lagerwelle des Unterbrecherhebels mit einem Tropfen Motoröl schmieren.
- Verteilerwelle abreiben und die vierkantige Nockenbahn mit einer dünnen Schicht Bosch-Fett Ft 1 v 4 bestreichen.
- Am Unterbrechergleitstück an der zur Lagerwelle hin zeigenden Seite eine stecknadelkopfgroße Menge desselben Fettes auftragen.
- Neue Kontakte so einbauen, daß der Zapfen an der Unterseite in die Bohrung der Verteilergrundplatte einrastet.
- Schließwinkel und Zündzeitpunkt einstellen, siehe unten und Seite 205.

Unterbrecher-Kontaktabstand und Schließwinkel
(nur SZ)

Wenn Sie den Motor bei abgenommenem Verteilerdeckel, -finger und Staubschutzdeckel von einem Helfer durchdrehen lassen, können Sie beobachten, wie jede Nocke der Verteilerwelle den Unterbrecherhammer vom Amboß abhebt. Wie lange die beiden Unterbrecherkontaktflächen zwischen den einzelnen Nocken geöffnet und geschlossen sind, hängt vom Abstand der Unterbrecherkontakte ab (siehe auch die Zeichnungen oben);

□ Ist der Abstand bei voller Kontaktöffnung nur gering, bleiben die Unterbrecherkontakte bis zum nächsten Abheben verhältnismäßig lange geschlossen.

□ Bei großem Kontaktabstand werden die Kontakte dagegen schon nach relativ kurzer Zeit wieder geöffnet.

Den Winkel, um den sich die Verteilerwelle mit ihren Nocken vom Beginn bis zum Ende der »Schließzeit« dreht, nennt man Schließwinkel.

Schließwinkel einstellen
(nur SZ)

- Schließwinkeltester anschließen.
- Motor starten und Meßwert bei Leerlaufdrehzahl ablesen – er muß **44–50°** bzw. **50–56 %** betragen.
- Motordrehzahl auf 2000/min erhöhen. Der Meßwert darf sich nicht verändern, da Kontaktabstand und Schließwinkel theoretisch über den ganzen Drehzahlbereich des Motors gleich bleiben. Unterschiedliche Meß-

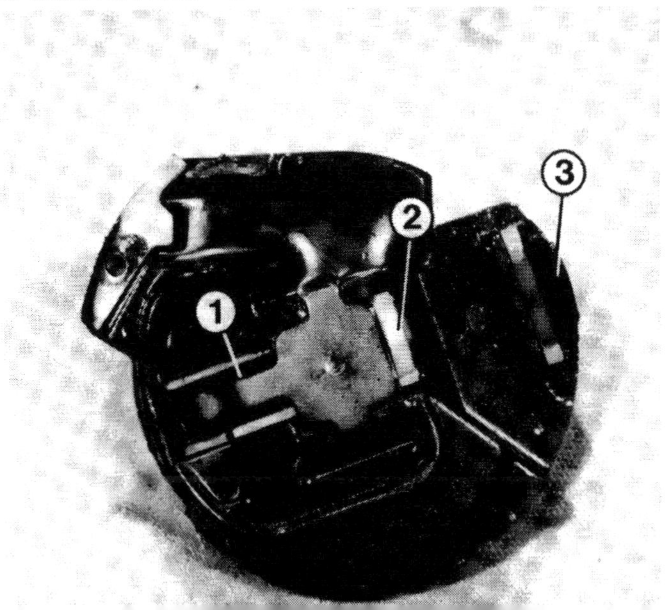

Alle Einspritzmotoren besitzen einen drehzahlbegrenzenden Verteilerfinger: Das Fliehgewicht (2) wandert bei hohen Drehzahlen nach außen, bis es bei einer festgelegten Drehzahl an die Blechzunge (3) anschlägt. Dabei wird der Zündstrom direkt an Masse geleitet, der Zündfunke bleibt zum Schutz des Motors aus. Mit abnehmenden Drehzahlen wird das Fliehgewicht von der Rückzugfeder (1) zurückgeholt.

Ein Blick in den Verteiler der herkömmlichen Spulenzündung: 1 – Einstellwarzen zum Verdrehen des Unterbrecher-Kontaktsatzes;
2 – Halteschraube des Kontaktsatzes;
3 – Unterbrecherhammer;
4 – Gleitstück;
5 – Unterbrecherkontakte.

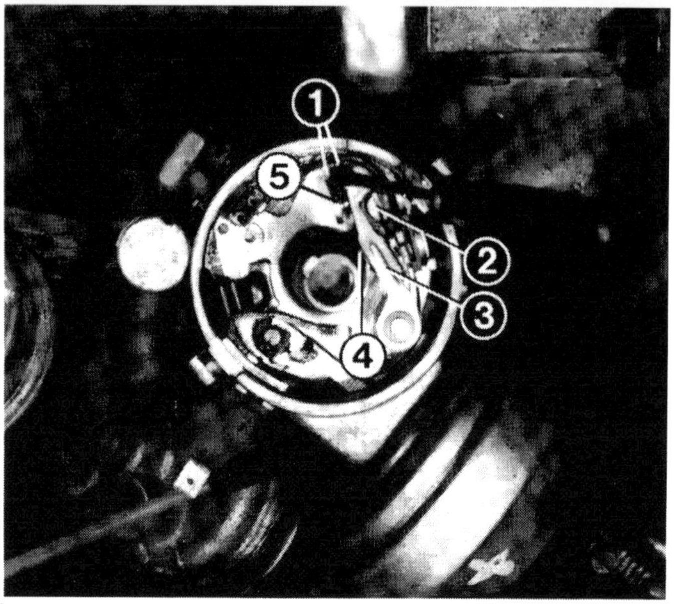

ergebnisse weisen auf einen verschlissenen Verteiler hin – austauschen.

■ Zur Schließwinkelkorrektur Verteilerdeckel, -finger und Staubschutzdeckel abnehmen.

■ Halteschraube des Unterbrecherkontaktsatzes etwas lockern.

■ Schraubenzieherklinge zwischen die beiden Einstellwarzen und die Einstellkerbe stecken, siehe Bild oben.

■ Motor von Helfer mit dem Anlasser durchdrehen lassen.

■ Grundplatte des Kontaktsatzes so lange verdrehen, bis der Schließwinkel auf etwa 47° oder 53 % eingestellt ist.

■ Neue Kontakte auf 44° oder 50 % einstellen, denn durch unvermeidlichen Abrieb am Unterbrecherhebel-Gleitstück wird der Schließwinkel mit der Zeit größer.

■ Nach dem Festziehen der Halteschraube und dem Zusammenbau Schließwinkel nochmals im Leerlauf und bei 2000/min messen.

Kontaktabstand behelfsmäßig einstellen (nur SZ)

Ist kein Schließwinkeltester zur Hand, können Sie den Abstand der Unterbrecherkontakte nachmessen. Das geht nur bei neuen Kontakten genau, solange sie noch eben und glatt sind. Durch Höcker und Krater nach längerer Betriebszeit der Kontakte wird die Messung immer ungenauer. In diesem Fall mißt man nur am Rand der Unterbrecherkontakte.

■ Verteilerdeckel, -finger und Staubschutzdeckel abnehmen.

■ Motor so drehen, daß eine Verteilerwellennocke den Unterbrecherhebel voll abgehoben hat.

■ Die Fühlerblattlehre mit 0,4 mm Stärke muß sich ohne großen Widerstand, darf sich aber auch nicht zu leicht durchschieben lassen.

■ Stimmt der Abstand nicht, Halteschraube des Unterbrecherkontaktsatzes lockern.

■ Schraubenzieher zwischen Einstellwarzen und -kerbe stecken, Grundplatte des Kontaktsatzes so lange verdrehen, bis der Abstand 0,4 mm beträgt.

■ Nach Festziehen der Klemmschraube den Kontaktabstand nochmals messen.

■ Zündzeitpunkt einstellen, siehe Seite 205.

Zündzeitpunkt und oberer Totpunkt

Die Leistung des Motors ist am besten, wenn das Kraftstoff/Luft-Gemisch im Moment der höchsten Verdichtung gezündet wird. Letztere herrscht beim Viertaktmotor in jenem Augenblick, da der Kolben bei Beendigung des 2. Takts – des Kompressionshubs – von der Aufwärtsbewegung in die Abwärtsbewegung des 3. Takts – des Arbeitstakts – übergehen will. Der Kolben steht dann in seinem höchsterreichbaren Standpunkt für einen winzigen Sekundenbruchteil still, bis er sich wieder nach unten bewegt. Diesen Punkt nennt man den »Oberen Totpunkt« (Kurzzeichen: OT), dessen Gegenstück der »Untere Totpunkt« (UT) ist.

Automatische Zündzeitpunktverstellung

Zum vollen Entflammen benötigt das Kraftstoff/Luft-Gemisch stets die gleichbleibende Zeit – rund 1/3000 Sekunde. Das erfordert, daß der Zündzeitpunkt mit steigender Drehzahl immer früher gelegt wird. Nur so erfolgt die Verbrennung wieder genau zur richtigen Zeit, nämlich dann, wenn der Kolben gerade wieder beginnt abwärts zu laufen.
Das Verbrennen des Kraftstoff/Luft-Gemisches hängt aber auch von dessen Zusammensetzung ab. Bei nur gering durchgetretenem Gaspedal (bei »Teillast«) ist das Gemisch in den Brennräumen weniger zündfähig; es verbrennt daher langsamer und muß auch aus diesem Grund früher gezündet werden.
Gibt man zu wenig Frühzündung, wird die Energie des Kraftstoffs nicht vollständig ausgenutzt, und der Motor kommt nicht auf volle Leistung. Wird der Zündzeitpunkt allerdings zu früh gelegt, schlägt das bereits entflammte Gemisch dem noch aufwärts strebendem Kolben entgegen, der Motor klingelt oder klopft.
Die Zündverstellung in Richtung »früh« übernehmen einerseits die Fliehkraftverstellung unten im Verteiler und andererseits die seitlich sitzende Unterdruckdose, wobei diese beiden Einrichtungen teilweise gemeinsam wirken.
Um die Bestimmungen bezüglich der Abgasentgiftung einhalten zu können und einen sauberen Leerlauf zu erzielen, besitzen die 1,6-Liter-Motoren noch eine Zündzeitpunktverstellung in Richtung »spät«. Dafür dient ein weiterer Anschluß an der eben erwähnten Unterdruckdose.

Frühzündungs-Fliehkraftverstellung

Die Fliehkraftverstellung wirkt »innerlich« auf die zweigeteilte Verteilerwelle. Die Trägerplatte des Fliehkraftverstellers sitzt im Verteilergehäuse unter der Unterbrecherplatte bzw. dem Blendenmotor fest auf der Verteiler-Antriebswelle.
Je schneller sich diese dreht, um so intensiver drücken die Fliehgewichte auf ihrer Trägerplatte gegen einen Mitnehmer, der seinerseits die eigentliche Verteilerwelle zusätzlich in ihrer Drehrichtung bewegt. Dadurch werden mit zunehmender Drehzahl die Unterbrecherkontakte früher geöffnet bzw. das Magnetfeld früher unterbrochen und zunehmende Frühzündung erreicht. Bei abnehmender Drehzahl machen dies kleine Spiralfedern wieder rückgängig.
Die Fliehkraftverstellung bewirkt bis zu 30° Frühzündung.

Frühzündungs-Unterdruckverstellung

Die bei den 1,6-Liter-Modellen doppelte Unterdruckdose am Verteiler ist mit einer Kammer durch eine dünne Saugleitung mit dem Drosselklappenstutzen verbunden. Vor der Drosselklappe herrscht ein Unterdruck, der hauptsächlich von der Drosselklappenstellung abhängig ist. Bei geschlossener Drosselklappe ist der Unterdruck gleich Null, er steigt mit zunehmender Öffnung und steigender Drehzahl unter Teillast auf einen Höchstwert, um bei voll geöffneter Drosselklappe wieder auf etwa 1/5 des Höchstwerts abzufallen.
Wenn nun bei nur teilweise durchgetretenem Gaspedal ein kräftiger Unterdruck entsteht, zieht dieser über die Saugleitung in der Unterdruckdose eine Membrane an, von der eine kleine Zugstange in den Verteiler hineinreicht und dort die drehbare Unterbrecherplatte bzw. die Grundplatte des Hallgebers anzieht. Hierbei wird die Unterbrecherplatte bzw. die Hallgeberplatte entgegen der Drehrichtung der Verteilerwelle gezogen und die Zündung erfolgt so entsprechend früher. Die Unterdruckverstellung wirkt zusätzlich zur Fliehkraftverstellung.

Spätzündungs-Unterdruckverstellung

Die zweite Kammer der Doppel-Unterdruckdose ist über einen dicken weißen Schlauch mit dem Ansaugstutzen verbunden. Der Anschluß liegt hinter der Drosselklappe. Ist diese geschlossen (bei Leerlauf oder im Schiebebetrieb), zieht der nun starke Unterdruck die Unterbrecherplatte bzw. die Hallgeberplatte in Richtung Spätzündung.

Unterdruckverstellung prüfen

Ob die Unterdruckverstellung funktioniert, läßt sich – allerdings ohne genaue Meßwerte – selbst prüfen.

■ Zur Prüfung der **Frühzündungs-Verstellung**
■ schwarzen Schlauch von der Unterdruckdose abziehen und mit der Fingerspitze verschließen.
■ Von Helfer Motor starten und Dreh-

zahl auf etwa 3000/min halten lassen.
■ Bei gleichmäßiger Drehzahl dünnen Schlauch auf das Röhrchen an der Unterdruckdose aufschieben.
■ Da nun vom Saugrohr her Luft durch den Schlauch angesaugt wird, muß die Unterdruckverstellung in diesem Teillast-Bereich in Aktion treten, wodurch die Motordrehzahl ohne Gaspedalveränderung sofort merklich erhöht wird.
■ Falls der Motor nicht etwas schneller dreht, ist wahrscheinlich der Schlauch oder die Unterdruckdose undicht.
■ Zum Prüfen der **Spätverstellung** betriebswarmen Motor im Leerlauf drehen lassen.
■ Dicken weißen Schlauch an der Verteiler-Unterdruckdose abziehen und mit dem Finger verschließen.
■ Der Motor muß schneller drehen.
■ Ändert sich die Leerlaufdrehzahl nicht, dürfte der Schlauch oder die Kammer der Unterdruckdose undicht sein.

Digitale Leerlauf-Stabilisierung
(nur TSZ)

In den vom 8/79 bis 7/80 gebauten Scirocco ist zwischen Zündverteiler und Transistorzündung die Elektronik der digitalen Leerlauf-Stabilisierung (kurz: DLS) geschaltet. Dieser Name rührt daher, daß das Schaltgerät die ihm übermittelten Signale digital verarbeitet. Die DLS-Elektronik vergleicht den Zeitabstand der Zündimpulse im Leerlauf mit einer vorgegebenen Sollzeit und korrigiert Abweichungen durch Veränderung des Zündzeitpunkts.
Wenn beispielsweise ein stromanspruchsvoller Verbraucher eingeschaltet wird, wodurch normalerweise die Leerlaufdrehzahl absinkt oder der Motor gar abstirbt, wird die Zündeinstellung augenblicklich in Richtung »früh« vorverlegt – der Leerlauf bleibt stabil. Das Umgekehrte geschieht, wenn der Verbraucher ausgeschaltet wird; hier wird der Zündzeitpunkt zurückgenommen. Das verringert auch den Ausstoß von giftigem CO-Gas (siehe Seite 98) im Leerlauf.

DLS-Schaltgerät prüfen

Eine Überprüfung des DLS-Schaltgeräts ist nur mit einem exakten Drehzahlmesser und einer Stroboskoplampe mit Zündverstellskala möglich. Der Motor muß warmgefahren sein, Öltemperatur mindestens 60° C.
■ Drehzahlmesser und Stroboskoplampe anschließen.
■ Motor starten und kurz aufs Gaspedal treten.
■ Motor nun im Leerlauf drehen lassen, Stellung des Zündzeitpunkts merken.
■ Von Helfer sämtliche elektrischen Verbraucher einschalten lassen. Sobald die Drehzahl unter 940/min abfällt, muß der Zündzeitpunkt in Richtung »früh« verstellt werden, andernfalls ist das DLS-Schaltgerät defekt.

Fingerzeig: *Falls der Scirocco unter Zündaussetzern oder Startschwierigkeiten leidet, ziehen Sie die Stecker vom DLS-Schaltgerät ab und verbinden sie miteinander, wie im Bild unten gezeigt. Sind damit die Schwierigkeiten behoben, müssen die Kontaktstifte und Hülsen beider Stecker kontrolliert werden. Sie dürfen*

Zur Transistorzündung des Scirocco von 8/79 bis 7/80 gehört das Schaltgerät (4) für die Leerlaufstabilisierung. Die Stecker »1« und »2« müssen zur Leerlauf- oder Zündeinstellung aus ihren Buchsen »3« und »6« gezogen und miteinander verbunden werden. Zwischen Kühlblech (5) und DLS-Schaltgerät sitzt das Schaltgerät der Transistorzündung.

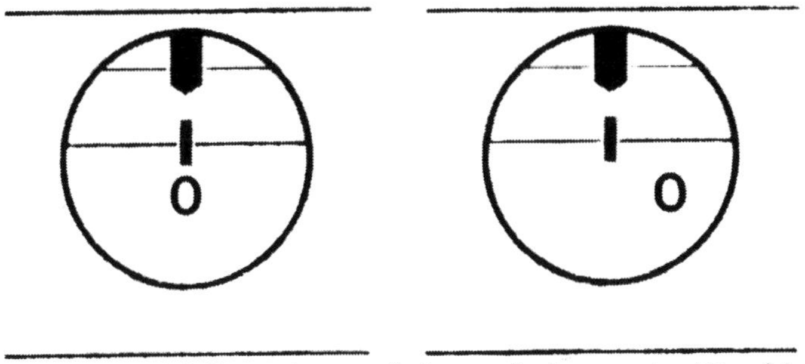

Bei richtiger Zündzeitpunkteinstellung müssen sich die Kerbe auf der Schwungscheibe und der Pfeil im Schauloch der Kupplungsglocke gegenüberstehen. Links: Einstellung im OT beim 1,6-Liter-Motor; rechts: Einstellung 6° vor OT beim 1800er.

nicht beschädigt oder zurückgeschoben sein. War hier kein Fehler zu finden, dürfte es am Schaltgerät liegen.

Zündzeitpunkt prüfen
(nur SZ)
Wartungspunkt Nr. 21

Die volle Motorleistung und ein günstiger Benzinverbrauch hängen vom richtig eingestellten Zündzeitpunkt ab. Deshalb ist bei der herkömmlichen Batteriezündung die Kontrolle der Zündeinstellung eine besonders wichtige Wartungsmaßnahme. Veränderungen des Unterbrecher-Schließwinkels verändern auch den Zündzeitpunkt, daher wird vor der Zündeinstellung erst der Schließwinkel gemessen und berichtigt. Umgekehrt muß nach jedem Verstellen des Unterbrecher-Schließwinkels oder nach dem Einbau neuer Kontakte die Zündung neu eingestellt werden.
Zur fachgerechten Einstellung bei laufendem Motor wird eine Blitz- oder Stroboskoplampe und ein exakter Drehzahlmesser gebraucht. Als Zündzeitpunkt gilt bei Leerlaufdrehzahl (900–1000/min):
□ **1,6-Liter-Motoren: Im OT** □ **1,8-Liter-Motoren: 6° vor OT**
Bei der Verwendung von unverbleitem Super gelten folgende Einstellwerte:
□ **1,6-Liter-Motoren: 6° nach OT** □ **1,8-Liter-Motoren: Im OT**

Einstellen mit Stroboskoplampe

■ Motor warmfahren.
■ Verschlußstopfen aus dem Schauloch der Kupplungsglocke (siehe Bild Seite 48) herausdrehen. Für die Zündeinstellung sitzt darunter in Fahrtrichtung rechts ein angegossener Pfeil; darunter läuft die Schwungscheibe des Motors vorbei.
■ Die Unterdruckschläuche am Zündverteiler des 1,6-Liter-Motors bleiben aufgesteckt.
■ Beim 1,8-Liter-Motor wird der einzelne Unterdruckschlauch abgezogen.
■ Stroboskoplampe anschließen und ihr Auslösekabel in das Zündkabel des 1. Zylinders (der in Fahrtrichtung ganz rechts stehende) schalten.
■ Motor starten und im Leerlauf drehen lassen.
■ Stroboskoplampe auf das Schauloch halten – bei jedem Aufblitzen der Lampe muß die Kerbe in der Schwungscheibe dem Pfeil im Schauloch genau gegenüber »stehen«, wie in der Zeichnung oben gezeigt. Stehen sich die Markierungen nicht genau gegenüber
■ Klemmschraube am Zündverteilerfuß etwas lockern.
■ Verteiler behutsam drehen, bis die Zündeinstellmarken bei jedem Lampenblitz in einer Linie »stehen«.
■ Leerlaufdrehzahl nach der Einstellung kontrollieren, evtl. korrigieren, siehe Seite 97.

Behelfsmäßige Zündeinstellung bei stehendem Motor
(nur SZ)

Eine Zündeinstellung bei stehendem Motor ist vom Werk nicht vorgesehen. Aber im Notfall hilft die »statische« Einstellung doch weiter. Als Einstellmarkierung wird die gleiche Kerbe in der Schwungscheibe verwendet wie für die Einstellung mit der Stroboskoplampe.
■ Verschlußstopfen aus dem Schauloch in der Kupplungsglocke herausdrehen, damit der Pfeil für die Zündeinstellung sichtbar wird.
■ Motor so weit drehen (siehe Seite 49), bis die Kerbe auf der Schwungscheibe kurz vor dem Einstellpfeil steht.
■ Motor wieder etwas zurückdrehen.
■ Zündung einschalten, Prüflampe an Klemme 1 der Zündspule anschließen, anderen Lampenpol gegen Masse drücken.
■ Motor drehen, bis die Kerbe auf der Schwungscheibe genau unter dem Einstellpfeil steht. In diesem Augen-

blick muß die Prüflampe aufleuchten, wenn die Zündung richtig eingestellt ist.

- Leuchtet die Lampe früher oder später auf, drehen Sie den Motor ein ganzes Stück zurück.
- Motor wieder vorwärts drehen, bis die Kerbe auf der Schwungscheibe genau dem Pfeil gegenüber steht.
- Verteilerklemmschraube lockern.
- Verteiler im Uhrzeigersinn verdrehen, bis die Prüflampe verlöscht (falls dies nicht schon der Fall war). Dann sind die Unterbrecherkontakte geschlossen und der Strom nimmt den widerstandsärmeren Weg über die Kontakte.
- Verteiler wieder langsam zurückdrehen, bis die Prüflampe gerade aufzuleuchten beginnt. Das ist der Zündzeitpunkt.

Einstellung der Transistor-Zündanlage prüfen

Wartungspunkt Nr. 41

Bei der TSZ bestimmt die Breite der Rotorblenden den Schließwinkel, d. h. daß er sich überhaupt nicht verändern kann. Dadurch bleibt auch der einmal eingestellte Zündzeitpunkt praktisch für die gesamte Motorlebensdauer konstant. Als einzige Quelle von Verschleißerscheinungen kommt nur der Verteilerantrieb in Frage, weshalb alle 45 000 km doch einmal die Zündeinstellung kontrolliert werden sollte.

Das können Sie mit Stroboskoplampe und geeichtem Drehzahlmesser auch selbst machen, wenn Sie die auf Seite 193 aufgeführten Sicherheitsmaßnahmen beachten.

Vorbereitungen und Einstellung sind gleich wie bei der Spulenzündung. Beim Scirocco mit DLS zusätzlich

- beide Stecker am Schaltgerät für die Leerlaufstabilisierung abziehen und miteinander verbinden. Dadurch sinkt die Leerlaufdrehzahl auf 800–900/min.
- Nach der Zündzeitpunktüberprüfung die Stecker wieder am DLS-Schaltgerät anschließen.

Die Zündkabel

Entsprechend der Zündfolge 1 – 3 – 4 – 2 sind die Zündkabel (bei rechtsdrehendem Verteilerfinger) in den Verteilerdeckel eingesteckt. Wenn der Verteilerfinger bei abgenommenem Verteiler- und Staubschutzdeckel auf die Kerbe im Gehäuserand zeigt (siehe Bild Seite 199 unten), steht Zylinder 1 auf Zündzeitpunkt. Das ist ein Anhaltspunkt beim Aufstecken der Zündkabel.

Die Verbindungskabel vom Verteiler zu den Zündkerzen bereiten normalerweise keine Probleme, wenn sie fest in den Buchsen des Verteilerdeckels eingesteckt sind und guten Kontakt zu den Kerzensteckern haben. Wenn Zündkabel alt und brüchig geworden sind, sollten Sie nicht lange nach dem Fehler suchen, sondern neue Kabel einbauen. Dazu kaufen Sie Kupferlitzen-Zündkabel als Meterware im Autozubehörladen. Auf die Kabelenden zum Verteiler hin müssen Messingklemmen in die Kupferlitze eingedreht werden. Die Kerzenstecker müssen ebenfalls guten Kontakt mit dem Kupferdraht haben.

Bei rechtsdrehendem Verteilerfinger (siehe Richtungspfeil) sind die Zündkabel wie hier numeriert im Verteilerdeckel eingesteckt.

Fingerzeig: *Bei Motorstottern empfiehlt es sich, zuerst einmal bei abgeschalteter Zündung die Kabelstecker nacheinander mit dem Daumen fest in ihre Buchsen zu drücken, denn sie können sich durch Erwärmung der eingeschlossenen Luft etwas aus den Buchsen herausgehoben haben.*

Zündkerzen kontrollieren
Wartungspunkt Nr. 3

Statt des regelmäßigen Zündkerzentausches alle 15 000 km haben wir eine Kontrolle alle 7500 km vorgesehen. Im allgemeinen ist eine Lebensdauer von 15 000 bis 20 000 km realistisch.

Zündkerzen ausbauen

■ Zündkerzenstecker fassen und von den Stiften der Kerzen ziehen. Nicht an den Zündkabeln zerren.
■ Zündkerzen mit dem Kerzenschlüssel herausdrehen und in der Reihenfolge der Zylinder ablegen.
■ Beim Einbau dürfen die Kerzen nicht zu stark angezogen werden. Wenn kein Drehmomentschlüssel zur Hand ist:
■ Kerze von Hand ohne Kraftanstrengung eindrehen, bis der Dichtring anliegt – die Zündkerze sich also von Hand oder mit dem Kerzenschlüssel sich ohne Kraftanwendung nicht mehr weiterdrehen läßt.
■ Jetzt mit dem Kerzenschlüssel eine knappe Viertelumdrehung weiter anziehen, das entspricht dem vorgeschriebenen Drehmoment von 20 Nm.

Fingerzeige: *Wenn sich die Zündkerzen nicht ohne Anwendung von Gewalt herausschrauben lassen, hilft folgender Trick weiter: Motor heißfahren und die Kerzen bei heißem Motor lösen. Vorsicht, daß Sie sich die Hände nirgends verbrennen.*
Zum Einbau kalter Zündkerzen darf der Motor nicht heißgefahren sein. Werden die Kerzen hierbei fest angezogen, sitzen sie anschließend bombenfest und sind kaum mehr zu lösen oder es besteht die Gefahr, daß das Kerzengewinde im Leichtmetallzylinderkopf ausreißt.

Das »Zündkerzengesicht«

Aus dem Aussehen und der Färbung der Zündkerzenelektroden können Sie erkennen, ob der Motor optimal arbeitet. Sehen Sie sich die Isolatorspitze mit der Mittelelektrode und die sie überdeckene Seitenelektrode an. Es bedeuten:
□ Isolatorspitze hellgrau bis bräunlich gefärbt – gute Einstellung, Motor und Zündkerzen arbeiten richtig.
□ Starke Ablagerungen – Ursache können Zusätze im Motoröl oder Kraftstoff sein oder erhöhter Ölverbrauch durch schadhafte Ventilschaftabdichtungen. Evtl. Öl- bzw. Kraftstoffmarke wechseln.
□ Schwarze, rußartige Ablagerungen – Zündkerze erreicht durch ausschließlichen Kurzstreckenverkehr ihre Selbstreinigungstemperatur nicht, falscher Wärmewert, CO-Gehalt zu hoch.
□ Isolatorspitze weißlich gefärbt – Zündzeitpunkt zu stark in Richtung »früh« eingestellt, automatische Zündzeitpunktverstellung defekt, CO-Gehalt zu niedrig.

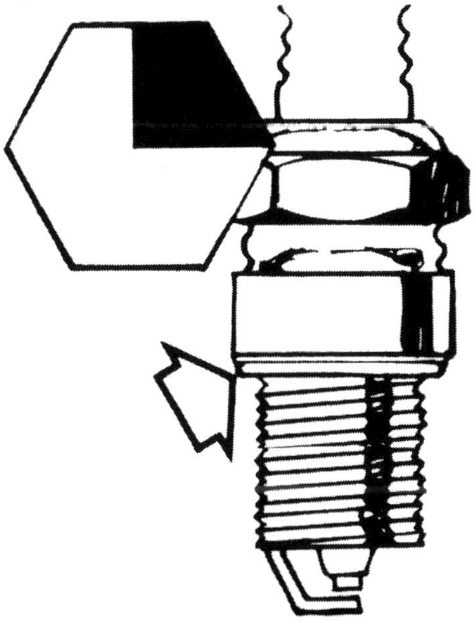

Zum fachgerechten Anziehen der Zündkerze diese von Hand so weit eindrehen, bis der Dichtring (Pfeil) an der Zündkerzenbohrung im Zylinderkopf anliegt. Jetzt eine Viertelumdrehung mit dem Kerzenschlüssel weiterdrehen, das entspricht einem Drehmoment von 20–30 Nm.

☐ Schmelzerscheinungen an Mittel- und Seitenelektrode – Glühzündungen durch Ablagerungen im Verbrennungsraum, überhitzte Ventile, falschen Zündzeitpunkt, defekte Zündzeitpunktverstellung oder Hitzestau durch mangelhafte Kühlung.
☐ Bruch der Isolatorspitze, im Anfangsstadium als Haarrisse erkennbar – klopfende Verbrennung durch minderwertigen Kraftstoff, falsche Zündeinstellung, schadhafte Zündzeitpunktverstellung, ungenügende Motorkühlung oder Gemischabmagerung durch Nebenluft.
☐ Gelblich glänzende Schicht auf der Isolatorspitze – Benzin- und Motorölzusätze haben Ablagerungen gebildet, die bei abrupter voller Belastung des Motors sich verflüssigt haben und elektrisch leitfähig werden, als Folge Zündaussetzer. Motor nach langem Kurzstreckenbetrieb nicht sofort voll belasten.
☐ Ölschicht über Elektroden und Innenraum der Zündkerze – Kolbenringe oder Ventilführungen schadhaft.

Der Elektrodenabstand

Das Kraftstoff/Luft-Gemisch bzw. das verbrannte Altgas wirkt korrosiv auf die metallischen Zündkerzenelektroden. Und die hohe elektrische Spannung beim Funkenüberschlag sprengt kleine Metallpartikel ab, wodurch der Funkenspalt mit zunehmender Laufzeit der Zündkerzen vergrößert wird. Für die Einspritzmotoren sind unterschiedliche Zündkerzen-Elektrodenabstände vorgeschrieben:
☐ **1,6 Liter/81 kW: 0,7–0,8 mm**
☐ **1,8 Liter/82 kW: 0,8–0,9 mm**
Bei größerem Abstand wird eine höhere Zündspannung benötigt. Es kann zu Zündaussetzern kommen oder der Motor springt überhaupt nicht mehr an. Deshalb die Stirnelektrode rechtzeitig nachbiegen. Sind die Elektroden jedoch schon stark abgebrannt, sollten Sie die Kerzen ersetzen. Eine zu dünne Stirnelektrode kann abbrechen und im Motor Schaden verursachen.

Neue Zündkerzen kaufen

Je nach Verdichtung und Leistungsausbeute entwickeln Benzinmotoren recht unterschiedliche Temperaturen in ihren Verbrennungsräumen. Darauf müssen die Zündkerzen abgestimmt sein. Diese Eigenschaft wird durch den sogenannten Wärmewert gekennzeichnet. Dessen Kennzahl besagt, wieviel Hitze die Zündkerze ertragen, d. h. ableiten kann, ohne selbst zu heiß zu werden. Leitet die Kerze zu viel Wärme ab, erreicht sie nicht ihre »Selbstreinigungstemperatur«. Die liegt bei etwa 500° C und besagt, daß sich die heißen Zündkerzenelektroden selbst vom Rußansatz freibrennen können.
Das Einschraubgewinde muß für unsere Motoren 19 mm lang sein. Das ist die größte handelsübliche Gewindelänge. Der Gewindedurchmesser beträgt 14 mm. Das Volkswagenwerk hat sich bei seinen Zündkerzenerprobungen für Kerzen mit »vorgezogener Stirnelektrode« entschieden. Die Mittelelektrode ragt aus dem Zündkerzenkörper heraus und wird außerdem noch von der Außenelektrode nach vorne überdeckt. Die Werksempfehlungen lauten:

Zündkerzenfabrikat	1,6 Liter-Motor	1,8 Liter-Motor
Beru	14-5 D	–
Bosch thermo-elastic	W 5 D	–
Champion	N-6 Y	N-79 Y

Mehrbereichswärmewert-Zündkerzen

Verbesserte Zündwilligkeit der Kerzen ist nicht mit anderen Elektrodenformen zu erwarten, sondern eher durch eine Erweiterung des Wärmewertbereichs. Das sind für unsere Motoren:

Zündkerzenfabrikat	1,6 Liter-Motor	1,8 Liter-Motor
Beru	14-5 DU	14-6 DU
Beru	RS 39	–
Bosch	W 5 DC	W 6 DC
Champion	N-6 YC	–

Richtige Belichtung

Gutes Licht bei Nacht und Nebel ist lebenswichtig. Für Sie, damit Sie sehen wohin Sie fahren und für die anderen Verkehrsteilnehmer, damit sie rechtzeitig Ihr Auto erkennen. Das wollen wir Ihnen in diesem Kapitel »einleuchtend« vor Augen führen.

Beleuchtungsanlage kontrollieren
Ständige Kontrolle

■ Zündung einschalten und sämtliche Beleuchtungseinrichtungen nacheinander kontrollieren:
■ Standlicht, Abblendlicht, evtl. eingebaute Nebelscheinwerder, Fernlicht und Zusatzfernscheinwerfer.
■ Blinker vorn rechts und links, Warnblinker.
■ Rücklichter und Kennzeichenleuchten und, wenn eingebaut, Nebelschlußleuchte(n).
■ Blinker hinten rechts und links, Warnblinker, Rückfahrleuchten.
■ Bremslicht, wozu allerdings ein Helfer notwendig ist.

Fingerzeige: *Aufmerksame Fahrer kontrollieren die Beleuchtungsanlage praktisch bei jeder Nachtfahrt. Eine ausgefallene Scheinwerferglühlampe bemerkt man an dem schmalen »Lichtfinger« vor dem Wagen. Anders beim Scirocco – wenn nur noch ein Fernscheinwerfer brennt, ist das nicht so leicht erkennbar, da ja das Abblendlicht gleichzeitig leuchtet. In einer Kolonne reflektiert die Stoßstange oder Lackierung des Vorderwagens oft das Licht der Scheinwerfer und Blinker. Vor einer hellen Wand oder in der Garage können Sie ebenfalls im Sitzen prüfen, ob jeweils zwei und beim Scirocco bei Fernlicht vier Lichtpunkte zu sehen sind und ob es beim Blinken orangefarben aufleuchtet. Zur Kontrolle der hinteren Leuchten beobachten Sie deren Reflexionen in einem anderen Wagen oder wieder an der hellen Wand.*
Es kann passieren, daß beim Scirocco bei eingeschaltetem Abblendlicht zusätzlich die Fernscheinwerfer schwach glimmen und beim Umschalten nur ein Fernlicht brennt. Das ist kein schwerwiegender Defekt, sondern ein Scheinwerfer-Masseanschluß ist lose oder oxidiert. Massekabel überprüfen und für richtigen Kontakt sorgen, dann stimmt die Beleuchtung wieder.

Ersatzlampen für unterwegs

□ Halogen-Zweifadenlampe H 4, 60/55 Watt, Sockel P 43 t, DIN-Form YD (Golf-Hauptscheinwerfer).
□ Halogen-Einfadenlampe H 1, 55 Watt, Sockel P 14,5 s, DIN-Form YA (Scirocco-Hauptscheinwerfer).
□ Kugellampe, 21 Watt, Sockel BA 15 s, DIN-Form RL (Blinker vorn und hinten, Bremslicht, Rückfahrscheinwerfer, bei Ausstattung ab Werk: Nebelschlußleuchte).
□ Kugellampe, 5 Watt, Sockel BA 15 s, DIN-Form G (Schlußlicht).
□ Röhrenlampe, 4 Watt, Sockel BA 9 s, DIN-Form HL (Standlicht, Kennzeichenleuchten).

Scheinwerferlampen auswechseln

Alle Glühlampen in den Scheinwerfern werden vom Motorraum her ausgebaut. Nach dem Auswechseln der Scheinwerfer-Glühlampen, nicht der Standlichtbirnen, sollte die Einstellung des betreffenden Scheinwerfers kontrolliert werden, siehe Seite 213.

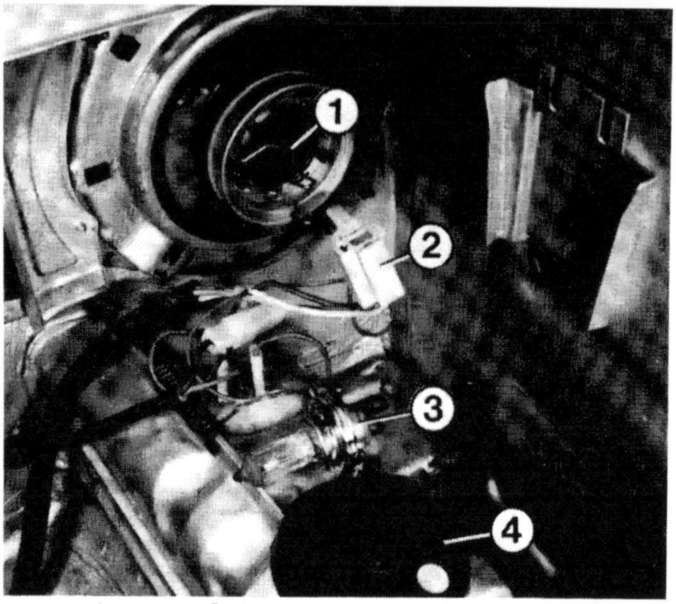

Der Glühlampenausbau am Hauptscheinwerfer:
1 – Federklemme der Scheinwerferlampe (3);
2 – Dreifachstecker;
4 – Gummiabdeckung.

Golf-Scheinwerferlampe

■ Dreifachkabelstecker an der Scheinwerferrückseite mit hebelnden Bewegungen abziehen.
■ Gummiabdeckkappe abnehmen.
■ Federklemmen der Glühleuchte zusammendrücken und aus ihren Haltern herausziehen.
■ Scheinwerferbirne herausziehen.
■ Die neue Glühlampe muß so eingesetzt werden, daß ihre drei Stecker-Kontaktzungen ein nach unten offenes U bilden.

Golf-Standlichtbirne

■ Standlicht-Lampenfassung (seitlich unter der Zweifadenlampe) ein wenig nach links drehen und herausnehmen.
■ Röhrenlampe leicht in die Fassung drücken, drehen und herausziehen.
■ Beachten Sie beim Einbau der Standlicht-Lampenfassung, daß ihre beiden Haltenasen beim Rechtsdrehen im Reflektor richtig einrasten müssen.
■ Wurden bei Standlichtfassungen mit einzeln angesteckten Kabeln diese abgezogen, müssen sie wieder richtig aufgesteckt werden: Das grau/schwarze bzw. grau/rote Pluskabel muß an der Fassung an deren Seite mit der Haltenase sitzen.

Scirocco-Scheinwerferlampe

■ Metallkappe an der Scheinwerferrückseite nach links drehen und abnehmen.
■ Kabel von der Steckerfahne der Halogenlampe abziehen.
■ Federdrahtbügel aushaken und beiseite klappen.
■ Scheinwerferlampe herausziehen.
■ Beim Einsetzen der neuen Glühbirne muß der Lampensockel genau in die Aussparung im Reflektor passen – die abgeschrägte Stelle der Birnensockelplatte zeigt seitlich nach links unten.

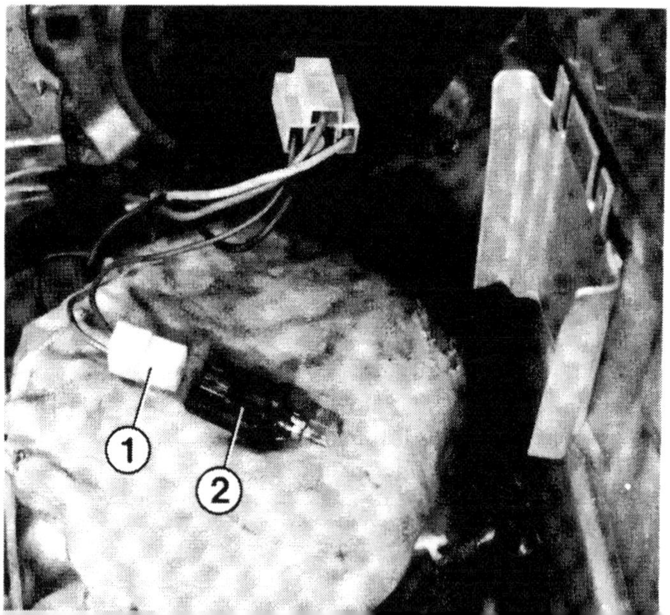

Im Reflektor ist die Lampenfassung (2) für die Standlichtlampe eingesetzt.
1 – Form-Kabelstecker.

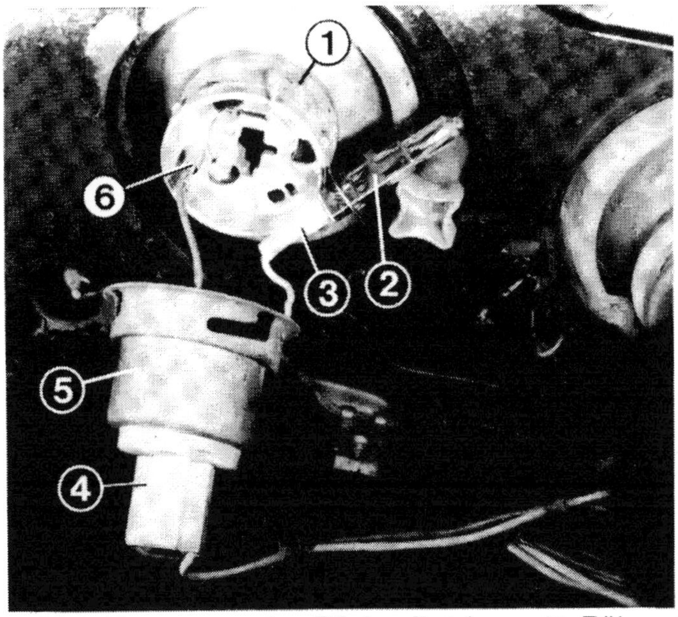

Scheinwerferlampentausch am Scirocco:
1 – Spannbügel;
2 – H 1-Glühlampe;
3 – Steckerfahne;
4 – Dreifachstecker;
5 – Blechkappe;
6 – Masseanschluß.

Scirocco-Standlichtlampe

■ Metallkappe an der Rückseite des außenliegenden Abblendscheinwerfers nach links drehen und abnehmen.
■ Standlicht-Lampenfassung herausziehen.
■ Röhrenlampe ein klein wenig in die Fassung drücken, drehen und abziehen.

Fingerzeige: *Bevor Sie eine unwillige Glühbirne in den Mülleimer werfen, sollten Sie sie einmal genau ansehen. Vielleicht ist sie noch in Ordnung, kann aber mangels Stromversorgung (Steckkontakt, Kabel, Sicherung oder Lampenfassung lose oder oxidiert) nicht brennen.*
Neue oder intakte Glühlampen nicht mit den Fingern am Glaskolben anfassen, der Abdruck von Handschweiß bleibt unvermeidbar. Dieser verdampft auf der brennenden Birne und trübt den Reflektor. Darum beim Einsetzen sauberes Tuch verwenden.

Scheinwerfer ausbauen

Wurde eine Scheinwerfer-Streuscheibe (ihr Name sagt, daß sie das gebündelte Licht des Reflektors fahrgerecht »streut«) durch Steinschlag oder einen Rammstoß beschädigt, kann man sie nicht allein ersetzen. Man muß leider einen kompletten Scheinwerfereinsatz kaufen, da Streuscheibe und Reflektor miteinander verklebt sind. Ein Scheinwerfertausch wird auch notwendig, wenn Kondenswasser Rostansatz am Reflektor verursacht hat.
Abblend- und Fernlichteinsätze des Scirocco besitzen unterschiedliche Streuscheiben; die Abblendscheinwerfer haben das Loch zum Einstecken der Standlichtfassung, und im Streuscheibenglas steht der Buchstabe »A«.
Nach dem Austausch eines Scheinwerfereinsatzes muß grundsätzlich die Einstellung des Scheinwerfers korrigiert werden, siehe Seite 213.

Die vier Pfeile bezeichnen die Schraubenlöcher zum Befestigen des Scheinwerfereinsatzes. Weiter bedeuten:
1 – Kunststoffklammern;
2 und 4 – Halter der Einstellschrauben; 3 – Feder.

Die Scheinwerfer-Einstellschrauben am Golf:
1 – Höhenverstellung;
2 – Seitenrichtung.

Fingerzeig: *Durch den kleinen Scheinwerferdurchmesser ist das Abblendlicht beim Scirocco nicht besonders lichtstark. Eine um 25 % höhere Lichtausbeute bieten Abblendscheinwerfer mit Stufenreflektor, z. B. »Bi-Focus« von Hella, die es als Nachrüstsatz im Zubehörhandel zu kaufen gibt.*

Golf-Scheinwerfer

■ Betreffendes Kühlergrill-Eck demontieren, siehe Seite 248.
■ Scheinwerfer- und Standlichtglühlampe ausbauen.
■ Vier Schrauben des Scheinwerfer-Halterings herausdrehen.
■ Kompletten Scheinwerfer abnehmen.
■ Zum Abnehmen des Halterings Halter der Einstellschrauben (Nr. 2 und 4 im Bild unten auf der Vorseite) abheben, Feder (Nr. 3) aushängen.
■ Beide Kunststoffklammern (Nr. 1) zusammendrücken, damit sich der kleine Haltebock löst.

Scirocco-Scheinwerfer

■ Kühlergrill abnehmen, siehe Seite 249.
■ Scheinwerferlampe ausbauen, bei den außenliegenden Abblendscheinwerfern auch die Standlichtglühbirne mit ihrer Fassung.
■ Drei Kreuzschlitzschrauben am Haltering des Scheinwerfereinsatzes losdrehen. Diese Schrauben sind erfahrungsgemäß meist festgerostet, siehe Seite 13. Evtl. genügt es, lediglich zwei Schrauben zu lösen und den Haltering zur Seite zu biegen, um den Scheinwerfereinsatz herauszunehmen.
■ Beim Zusammenbau die Schrauben mit etwas Fett eindrehen.

Scheinwerfereinstellung kontrollieren
Wartungspunkt Nr. 37

Von selbst wird sich ein Scheinwerfer kaum verstellen, aber wenn ein Scheinwerfereinsatz ausgewechselt wurde, muß die Einstellung des Scheinwerferstrahls kontrolliert werden.
Am genauesten ist die Scheinwerferstrahl-Korrektur mit dem Meßgerät in der Werkstatt oder an der Tankstelle. Behelfsmäßig gibt es verschiedene, unterschiedlich genaue Möglichkeiten:
□ Wagen möglichst gerade etwa fünf Meter vor eine helle Wand stellen. Erneuerten Scheinwerfer in der Höhe dem unveränderten gleichstellen. Eine Seitenkorrektur ist so allerdings nicht möglich.
□ Nach einer genauen Einstellung in der Werkstatt die Abknickpunkte (in diesen Punkten steigt der asymmetrische Abblendlichtstrahl um 15° nach oben an) an der Garagenwand anzeichnen; beim Scirocco auch die Lichtpunkte der Fernscheinwerfer. Dazu den VW am Garagentor abstellen. So läßt sich später bei gleicher Fahrzeugstellung auch die Scheinwerfer-Seiteneinstellung überprüfen.
□ Anzeichnung genauer Hilfslinien an einer Wand mit mindestens 9 m ebener Fläche davor. Diese Linien sehen Sie in der Zeichnung rechts oben. Diese Methode erfordert einige Vorarbeit, und nicht überall sind solche Malereien möglich.

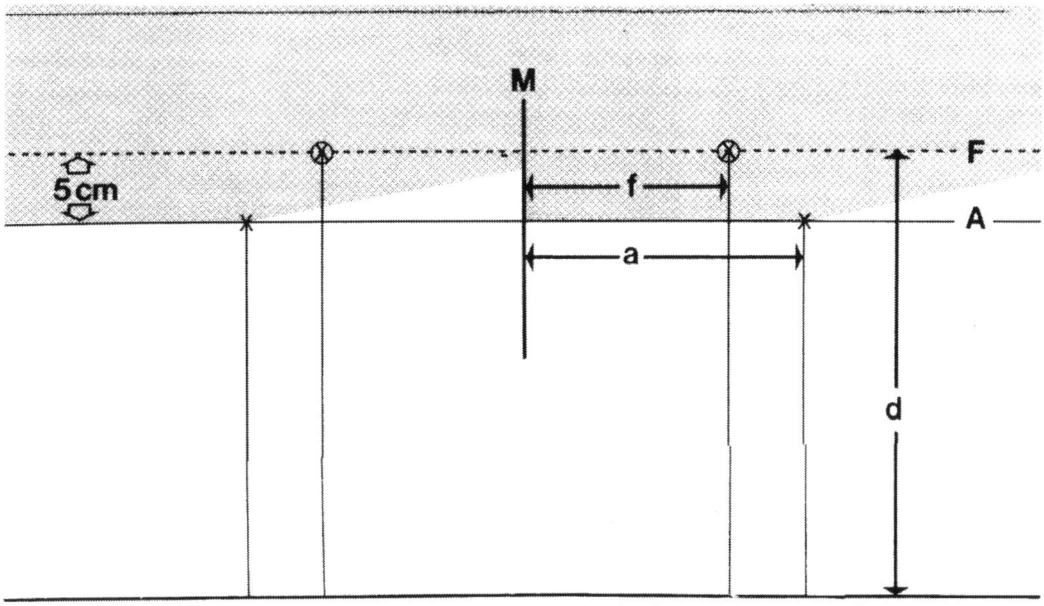

Maße für die Scheinwerfer-Einstellskizze: d – Höhe der Scheinwerfermittelpunkte; F – Einstellhöhe für die Fernscheinwerfer beim Scirocco; A – Einstellhöhe für die Abblendscheinwerfer; M – Fahrzeugmitte; a – Abstand der Scheinwerfer von der Fahrzeugmitte; f – Abstand der Fernscheinwerfer beim Scirocco von der Fahrzeugmitte.

Hilfslinien zur Scheinwerfereinstellung

■ Fahrzeug mit der Front parallel zur Einstellwand in exakt 5 m Abstand abstellen.

■ Höhe der (Abblend-) Scheinwerfermittelpunkte beidseitig ausmessen und an der Wand markieren (Maß »d«).

■ Fünf Zentimeter darunter (das ist die Abblendlichtneigung auf 5 m Entfernung) eine Linie (»A«) an der Wand anzeichnen.

■ Durch das Heckfenster nach vorn peilen und von Helfer genau in Fahrzeugmitte die Linie »M« einzeichnen lassen.

■ Abstand Fahrzeugmitte bis (Abblend-)Scheinwerfermittelpunkt (»a«) abmessen, rechts und links von »M« markieren und dort je ein Einstellkreuz anzeichnen.

■ Auf diese Kreuze müssen die Abknickpunkte des Abblendlichts justiert werden.

■ Beim Scirocco oder einem Fahrzeug mit Zusatzscheinwerfern die Punkte in Höhe »d« zur Linie »F« miteinander verbinden. Beim Golf mit normalen Scheinwerfern ist dies nicht mehr notwendig.

■ Bei den separaten, innenliegenden Fernscheinwerfern des Scirocco oder Zusatzscheinwerfern das Maß »f« zwischen Fahrzeugmitte und Scheinwerfermittelpunkt nehmen und rechts und links von »M« auf der Linie »F« durch Kreuze anzeichnen.

■ Auf diese Kreuze muß der Fernscheinwerferlichtstrahl eingestellt werden.

Scheinwerfer einstellen

Zur Korrektur des Scheinwerferstrahls benötigen Sie beim Golf einen Kreuzschlitzschraubenzieher, die Einstellschrauben sind durch die Scheinwerferumrandung im Kühlergrill erreichbar, siehe Bild links oben.
Beim Scirocco ist kein Werkzeug vonnöten, siehe Bild unten.

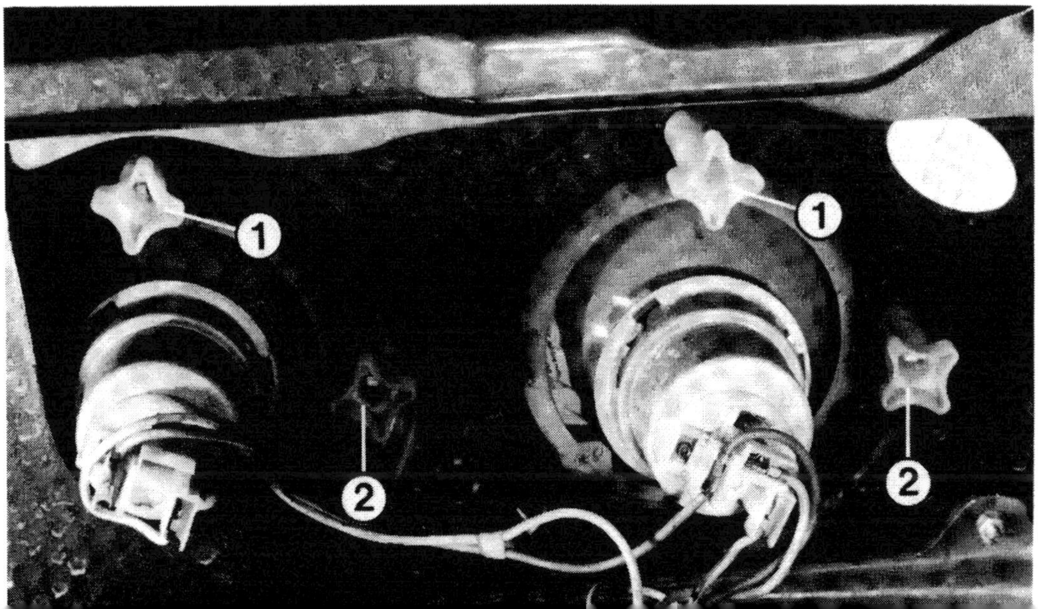

Die Scheinwerfer-Einstellschrauben am Scirocco: 1 – Höheneinstellung; 2 – Seitenkorrektur.

Blinkerlampenwechsel am Golf: 1 – Blinkerglas; 2 – Haltedübel des Blinkergehäuses; 3 – Glühlampe; 4 – Halteschrauben.

■ Zündung und Abblendlicht einschalten.
■ Zuerst an der Höheneinstellschraube – die untere beim Golf, die obere beim Scirocco – so lange drehen, bis der Abblendlicht-Scheinwerferstrahl mit seiner waagrechten Trennlinie in Höhe der Einstellinie strahlt.
■ Seitenrichtung beim Golf mit der oberen, beim Scirocco mit der unteren Einstellschraube so ausrichten, daß der Abknickpunkt im Abblend-Lichtbild genau auf das Einstellkreuz ausgerichtet ist. Beim Golf ist damit das Licht endgültig eingestellt.
■ Beim Scirocco auf Fernlicht umschalten.
■ Mit der oberen Einstellschraube am innenliegenden Fernscheinwerfer den Lichtstrahl auf die Mitte der Einstellinie justieren.
■ An der unteren Schraube die Seitenrichtung justieren, bis das Einstellkreuz genau in der Mitte des Lichtstrahls sichtbar ist.

Lampenwechsel

Golf-Blinkleuchten vorn

■ Beide Kreuzschlitzschrauben des Blinkerglases losdrehen, siehe Bild oben, Lampenglas abnehmen.
■ Glühlampe ein wenig in die Fassung drücken, nach links drehen und dann herausziehen.
■ Beim Einsetzen der neuen Lampe müssen die beiden kleinen Zapfen am Lampensockel genau in die Aussparungen der Lampenfassung eingesteckt werden.
■ Kontrollieren Sie, ob die Birne nach leichtem Druck und Rechtsdreh fest eingerastet ist.
■ Zum Abnehmen des Blinkergehäuses die Haltedübel herausziehen oder von der Rückseite herausdrücken.
■ Gehäuse aus den Haltezungen der Stoßstange ausrasten, herausziehen, Kabel abziehen.
■ Beim Zusammenbau auf korrekte Abdichtung zwischen Blinkerglas und

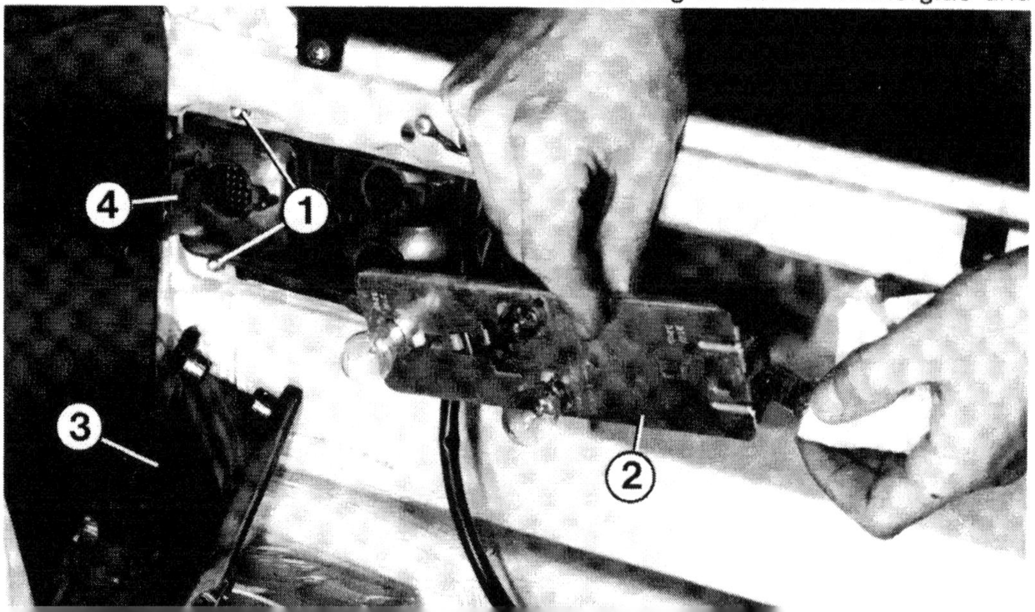

Die Golf-Heckleuchte bis 7/80: 1 – zwei der Haltemuttern für die Heckleuchte; 2 – Lampenträger; 3 – Abdeckkappe; 4 – Halteklammer.

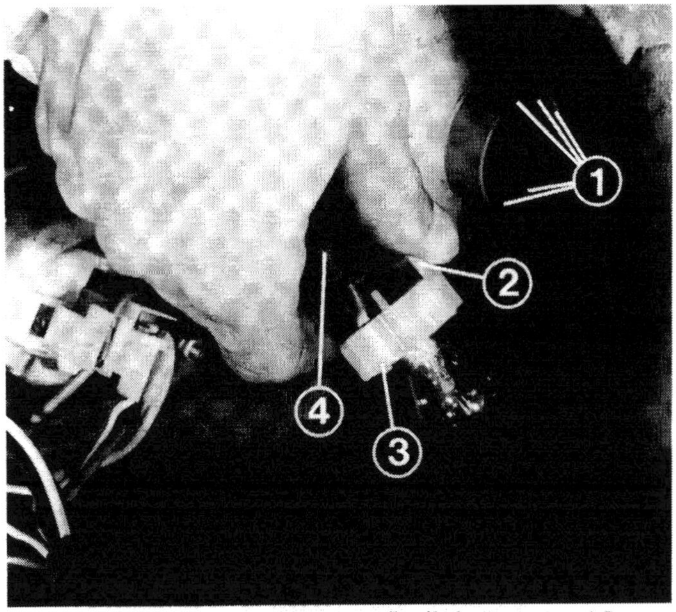

Blinkerlampenwechsel vorn am Scirocco:
1 – Haltenocken im Blinkergehäuse für die Lampenfassung (3); 2 – Halteklammer; 4 – Gummikappe.

Gehäuse achten. Als zusätzliches Abdichtmittel können Sie die auf Seite 12 erwähnte Silikonpaste verwenden.

Scirocco-Blinkleuchten vorn

■ Motorhaube öffnen.
■ Gummikappe hinten am Blinkergehäuse abstreifen, siehe Bild oben.
■ Halteklammern oben und unten an der Lampenfassung zusammendrükken und Fassung mit der eingesteckten Glühlampe herausziehen.
■ Glühlampe ein kleines Stück in die Fassung drücken, nach links drehen, herausziehen.
■ Beim Einbau muß die Fassung so in das Blinkergehäuse eingesetzt werden, daß die Aussparungen in die Nocken im Gehäuse einrasten und die Halteklammern senkrecht nach oben und unten stehen.

Heckleuchte

Die Glühlampen in der Heckleuchte erreichen Sie vom Kofferraum her.
■ **Golf bis 7/80** (siehe Bild links unten): Halteklammern der Abdeckkappe zur Seite drücken, Kappe abnehmen.
■ Halteklammern nochmals beiseite drücken, Metall-Lampenträger vorsichtig herausziehen.
■ **Golf ab 8/80** (Bild unten): Halteklammern des Lampenträgers beiseite drücken und den Träger abnehmen.
■ **Scirocco:** Abdeckkappe abschrauben, Klammern zur Seite drücken und die kombinierte Lampenfassung abnehmen.
■ Das Auswechseln der Glühbirnen geschieht in allen Fällen gleich: Lampe ein wenig in ihre Fassung drücken, nach links drehen und dann herausziehen.
■ Zum Auswechseln des mit seinen Reflektoren kombinierten Heckleuchtenglases dessen vier Haltemuttern losdrehen, nachdem zuvor der Lampenträger abgenommen wurde.

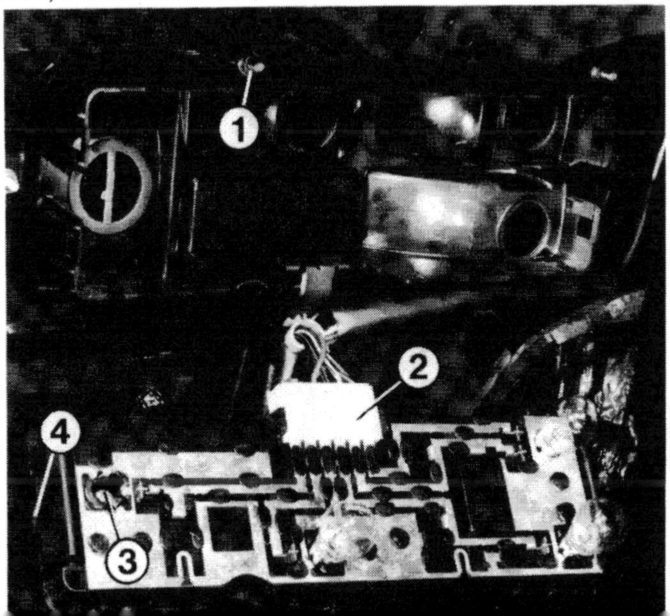

Golf-Heckleuchte seit 8/80:
1 – eine der Haltemuttern für das komplette Rücklicht;
2 – Mehrfachstecker;
3 – Lampenfassung;
4 – Halteklammer.

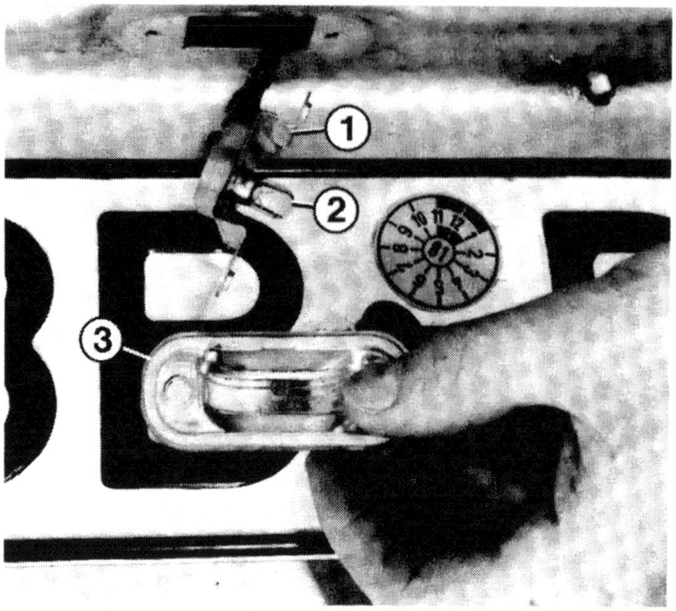

Die ausgebaute Kennzeichenleuchte:
1 – Lampenfassung;
2 – Röhrenlampe;
3 – Abdeckglas.

■ Beim Austausch eines Lampenträgers bis 7/80 dessen einzeln angeschlossene Kabel Stück für Stück an derselben Stelle des neuen Trägers anschließen, damit es keinen »Lichtsalat« gibt.

Kennzeichenleuchten

■ Beide Kreuzschlitzschrauben des am hinteren Abschlußblech angeschraubten Deckglases herausdrehen, Deckglas abnehmen.
■ Lampenfassung herausziehen.
■ Glühbirne durch leichten Druck bei Linksdrehung herausnehmen.
■ Beim Zusammenbau darauf achten, daß die größere, silbern hinterlegte Fläche am Deckglas nach hinten zeigt.

Innenleuchte

Die 10-Watt-Soffittenlampe mit einer Länge von 41 mm muß bei geöffneten Vordertüren und entsprechender Schalterstellung brennen. Sie erhält dauernd Strom. Eingeschaltet wird die Innenleuchte von den Türkontaktschaltern oder dem Schalter in der Leuchte.
Zum Ausbau der Innenleuchte brauchen Sie kräftige Fingernägel, einen breitflächigen Schraubenzieher oder einen flachen Löffelstiel. Letzterer ist am günstigsten, da man damit die Dachverkleidung nicht beschädigt.
■ Massekabel der Batterie abklemmen oder Sicherung der Innenleuchte herausnehmen.
■ Komplettes Lampengehäuse an der Kante mit der kleinen Metallzunge (siehe Bild rechts oben) aus dem Dachausschnitt heraushebeln.
■ Soffittenlampe aus ihren Halterungen aushängen.
■ Beim Einbau zuletzt die Seite der Innenleuchte mit der Metallzunge in den Dachausschnitt drücken.

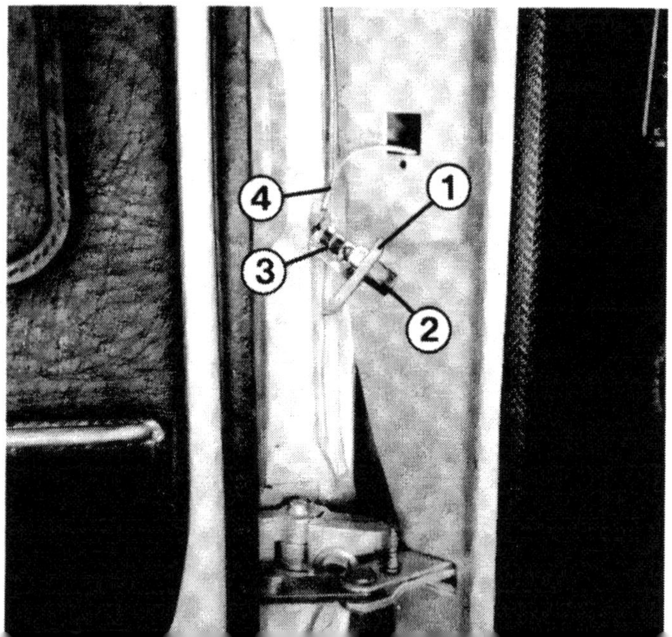

Der ausgebaute Türkontaktschalter (1) mit seinem Kontaktstift (2), Feder (3) und Anschlußleitung (4).

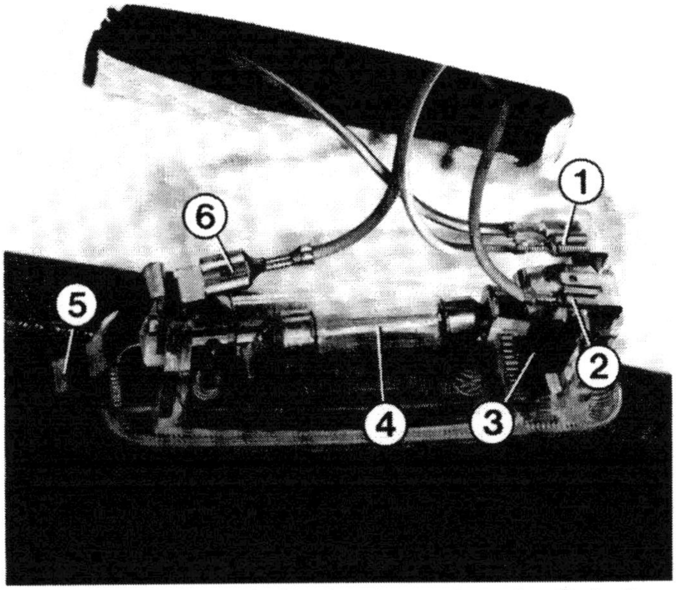

An der herausgenommenen Innenleuchte sehen Sie: 1 – Kabel zu den Türkontaktschaltern; 2 – Massekabel; 3 – Schalter der Innenleuchte; 4 – Soffittenlampe; 5 – Metallzunge; 6 – stromzuführendes Kabel.

Türkontaktschalter

Die Innenleuchte wird bei entsprechender Schalterstellung durch die in den vorderen Türpfosten eingeschraubten Türkontaktschalter ein- und ausgeschaltet. Wenn ein Kontaktschalter nicht mehr richtig arbeiten will:

■ Kreuzschlitzschraube des Schalters herausdrehen, Schalter herausnehmen.

■ Achten Sie darauf, daß das angeschlossene Kabel nicht in den Türpfosten hineinfällt.

■ Ist das Kabel im Türpfosten verschwunden, müssen Sie im Fußraum seitlich den Teppich abnehmen, um das Kabel zu »angeln«.

■ Falls das Kabel gar nicht angeschlossen war, lag hieran die Störung.

■ Ziehen Sie am ausgebauten Schalter mit angeschlossenem Kabel den Kontaktstift kräftig heraus. Brennt jetzt die Leuchte? Dann liegt der Fehler an Korrosion.

■ Sämtliche Kontaktflächen blankkratzen.

■ Ist der Kontaktstift verbogen oder klemmt er in seiner Führung, sollten Sie den Türkontaktschalter auswechseln.

Heizhebelbeleuchtung

■ Die Beleuchtung für die Heizhebel sitzt rechts in der Heizhebelblende und brennt bei eingeschaltetem Stand- und Hauptlicht.

■ Blende der Heizhebel ausbauen, wie unter »Heizbetätigung ausbauen« auf Seite 78 beschrieben.

■ Glühlampenfassung in der Rückseite der Heizhebelblende nach links drehen und abnehmen.

■ Glühbirne herausziehen. Es handelt sich um eine 1,2-Watt-Glassockellampe mit der Bezeichnung W 2 x 4,6 d, DIN-Form W.

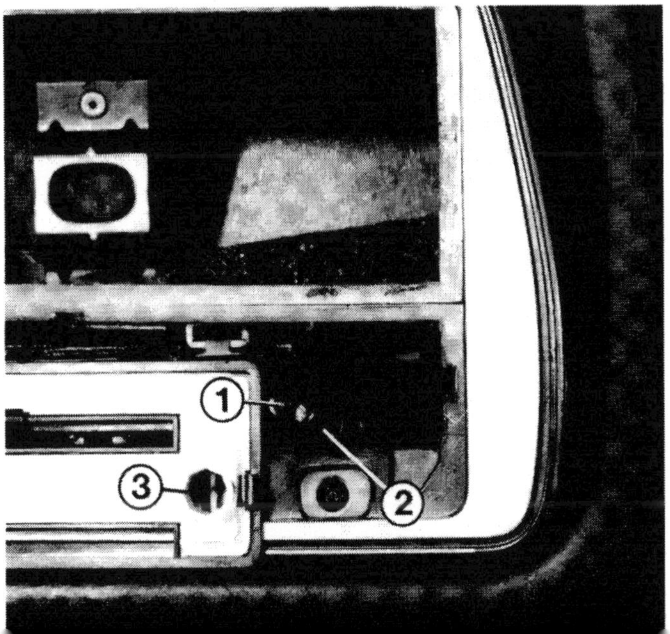

In der Heizhebelblende (1) ist die Fassung (3) für die Glühlampe (2) der Beleuchtung für die Heizungs-/Lüftungs-Symbole eingesteckt.

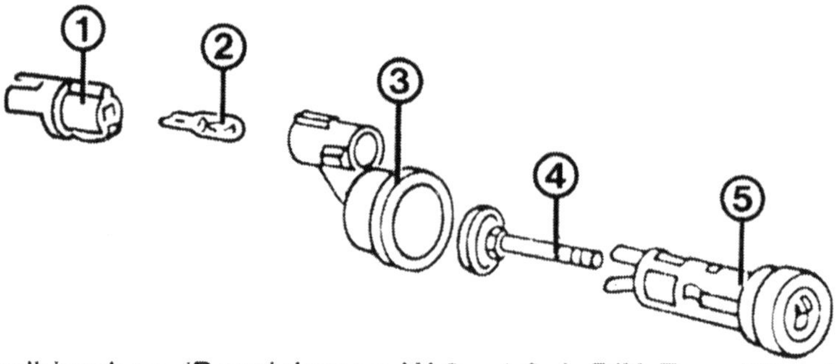

Der Anzünder (5) mit:
1 – Lampenfassung;
2 – Glassockellampe;
3 – Halterung;
4 – Glühwendel.

Ascher- und Anzünderbeleuchtung

Das 1,2-Watt-Glassockelbirnchen (Bezeichnung W 2 × 4,6 d, DIN-Form W) ist mit der Fassung in der Mitte zwischen Aschenbecher und Anzünder eingesteckt, es brennt ebenfalls bei eingeschalteter Fahrzeugbeleuchtung.

■ Golf bis 7/80, Scirocco: Handschuhkasten ausbauen, siehe Seite 255.

■ Golf ab 8/80: Armaturenbrettabdeckung unten rechts abschrauben, wie auf Seite 256 beschrieben.

■ Lampenfassung zwischen Aschenbecher und Anzünder zum Motorraum hin abziehen.

■ Lämpchen aus der Fassung ziehen.

Fingerzeig: *Der Austausch von Glühlampen der Instrumentenbeleuchtung und der Kontrolleuchten ist ab Seite 224 beschrieben.*

Handschuhfachleuchte

Damit die Batterie nicht über Nacht »leergelutscht« wird, brennt diese 3-Watt-Soffittenlampe (Länge 28 mm) nur bei eingeschalteter Zündung.

■ Handschuhkasten öffnen.

■ Lampengehäuse rechts oben herausziehen.

■ Soffittenlampe aus den beiden Halterungen abnehmen.

Kofferraumleuchte

Sie erleuchtet das Gepäckabteil nur bei eingeschalteter Fahrzeugbeleuchtung.

■ Lampengehäuse seitlich aus dem Blech herausziehen.

■ 3-Watt-Soffittenlampe (Länge 28 mm) aus ihren Halterungen herausnehmen.

Nebelscheinwerfer einbauen

Nebelscheinwerfer sollten möglichst unter die Stoßstange montiert werden, dann können sie den meist nicht ganz auf dem Boden aufliegenden Nebel »unterstrahlen«. Achten Sie darauf, daß die von Ihnen gekauften Scheinwerfer für »hängenden Anbau« vorgesehen sind, sonst sitzen die Wasserablauflöcher auf der falschen Seite und lassen Wasser eindringen statt ablaufen. Besorgen Sie sich den Nebelscheinwerferschalter (mit gelber Kontrolleuchte) aus dem V. A. G.-Ersatzteillager. Für diesen Schalter ist bereits eine Aussparung vorgesehen. Der entsprechende Blinddeckel läßt sich, wie auf Seite 232 bzw. 233 beschrieben, ausbauen.
Das Relais für die Nebelscheinwerfer wird bis 7/82 mit einem passenden Adapter (ebenfalls aus dem Ersatzteillager) oben an der Sicherungsplatte befestigt. Seit 8/82 dient hierfür das Relais-Steck-Feld 7 (siehe Abbildung Seite 236).

■ Batterie-Massekabel abklemmen.

■ Nebelscheinwerfer montieren und anschließen, wie in den Stromlaufplänen auf Seite 169 dargestellt.

■ Batterie wieder anklemmen und Funktion prüfen.

■ Bei eingeschalteter Zündung und Beleuchtung müssen die Nebelscheinwerfer bei gedrücktem Schalter brennen.

■ Lichtstrahl der Nebelscheinwerfer einstellen: Bei fünf Meter Abstand vor der Einstellwand müssen die breitgestreuten Scheinwerferstrahlen 10 cm unterhalb dem Scheinwerfermittelpunkt liegen.

Gruß an alle

Autos sprechen eine einheitliche Sprache: Die Absicht zum Abbiegen oder Spurwechseln drücken die Blinker aus. Wenn der Lenker abbremsen oder anhalten will, zeigen dies rote Lichter an. Soll jemand gewarnt werden, ertönt das Horn oder die Lichthupe flammt kurz auf.

Blink- und Warnblinkanlage prüfen

Ständige Kontrolle

Die Warnblinkanlage muß ständig funktionieren, deshalb wird ihr Schalter direkt von Batterie-Plus über eine Sicherung versorgt. Die Richtungsblinker erhalten dagegen nur bei eingeschalteter Zündung von Klemme 15 Strom.

■ Drücken Sie bei ausgeschalteter Zündung auf den roten Kippschalter – alle vier Blinkerlampen und der transparente Schalterknopf leuchten in gleichem Rhythmus auf.

■ Wenn Sie jetzt die Zündung einschalten, blinkt zusätzlich die grüne Blinkerkontrolle im Gegentakt mit (aufgrund einer geänderten Stromschaltung, siehe Seite 255).

■ Warnblinker abschalten, Zündung eingeschaltet lassen.

■ Bei gedrücktem Blinkerhebel müssen eine Blinkerseite und im Gegentakt die grüne Kontrolleuchte regelmäßig aufleuchten.

Blinkerstörungen

□ Blitzt bei eingeschalteten Richtungsblinkern die grüne Kontrolleuchte nur kurz auf, ist eine Glühlampe ausgefallen. Beim Warnblinken macht sich der Lampenausfall im Blinkerrhythmus nicht bemerkbar. Lampenwechsel siehe Seite 225.

□ Brennen bei eingeschalteten Richtungs- oder Warnblinkern die Leuchten dauernd, ist das Blinkrelais defekt, siehe Seite 235.

□ Leuchtet nur die Kontrollampe, aber bleiben die orangefarbenen Leuchten außen dunkel, liegt es ebenfalls am Blinkrelais.

□ Leuchten die Blinker mal in langsamer Folge, mal schnell (z. B. nach dem Ein- und Ausschalten von Scheibenwischer, heizbarer Heckscheibe oder Beleuchtung), zunächst die Leitungen, die sich in unmittelbarer Nähe des Blinkrelais befinden, vom Relais wegdrücken. Hilft das nicht und sind alle Steckverbindungen einschließlich der Massekabel der Heckleuchten in Ordnung, muß das Relais erneuert werden.

□ Funktioniert nur Warnblinken ohne Richtungsblinken oder umgekehrt, fehlt es an der entsprechenden Stromzuführung durch die betreffende Sicherung (siehe Tabellen ab Seite 165) oder am Schalter. Schalterausbau siehe Seite 232 und 233.

Defektes Blinkrelais kurzschließen

Mit einem ausgefallenen Blinkrelais ist die Weiterfahrt nicht ganz ungefährlich, denn im dichten Verkehr und vor allem bei Dunkelheit bleibt Ihre Abbiegeabsicht trotz heftigem Winken zum Autofenster hinaus wahrscheinlich unsichtbar.

■ Blinkrelais (Nr. »N« im Bild Seite 235 bzw. Nr. 12 in der Abbildung auf Seite 236) leicht ruckelnd aus der Zentralelektrik herausziehen.

■ Kurzschlußbrücke zwischen den Klemmen 49 und 49a (am Relais markiert) herstellen. Dazu in die Zentralelektrik in die Steckanschlüsse, die Klemme 49 und 49a gegenüberliegen, eine Büroklammer oder ein kurzes Drahtstück einstecken.

■ Blinkrelais wieder einsetzen.

Der Bremslichtschalter (1) ist in den Hauptbremszylinder (3) eingeschraubt. Im Bild gezeigt ist das Überbrücken der beiden Kabel (2) des Bremslichtschalters.

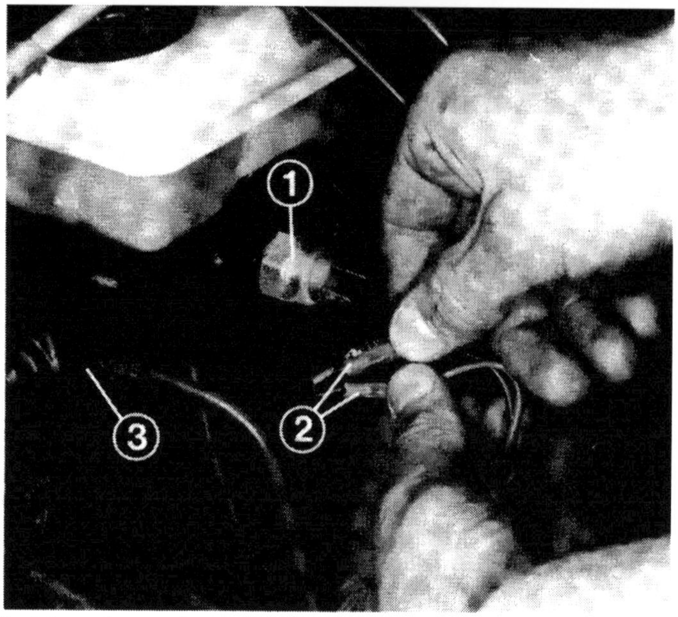

■ Bei gedrücktem Blinkerhebel leuchtet jetzt eine Blinkerseite dauernd.
■ Durch Ein- und Ausschalten mit dem Blinkerhebel erhalten Sie einen Blinkerrhythmus.

Bremsleuchten prüfen
Ständige Kontrolle

Beim Tritt auf das Bremspedal werden mit ansteigendem Flüssigkeitsdruck im Bremssystem die Kontakte im Bremslichtschalter und damit der Stromkreis zu den Bremsleuchten geschlossen. Die Kontrolle der Bremslichter sollten Sie zu Ihrer eigenen Sicherheit so oft wie möglich durchführen:
■ Die Garagenwand hinter dem Wagen muß hell rot aufleuchten, wenn Sie auf das Bremspedal treten.
■ Oder in der Kolonne kontrollieren Sie im Rückspiegel, ob sich in den Scheinwerferreflektoren oder der Lackierung des Hintermanns beide Bremslichter spiegeln.

Bremslicht-Störungen

■ Ein einzelnes ausgefallenes Bremslicht liegt sicher an einer defekten Glühbirne.
■ Sind beide Lampen ausgefallen, wird zuerst die zuständige Sicherung überprüft (Tabellen ab Seite 165).
■ Ist die Sicherung intakt, muß der Bremslichtschalter überprüft werden:
■ Beide Einzelkabel oder Kabelstecker abziehen.
■ Beide Einzelkabel ineinanderstekken oder Kabelanschlüsse im Stecker mit einer Büroklammer oder einem Drahtstück überbrücken. Bei einem Fahrzeug mit Zweikreis-Bremskontrolleuchte und zwei Bremslichtschaltern müssen der rot/gelbe und der schwarz/rote Anschluß im Dreifachstecker überbrückt werden.
■ Brennen jetzt die Bremsleuchten, ist der Bremslichtschalter defekt.
■ Bleibt alles dunkel, ist eine Leitung unterbrochen oder evtl. sind beide Glühlampen durchgebrannt.

Bremslicht-schalter auswechseln

■ Kabelstecker abziehen.
■ Bremslichtschalter herausschrauben und neuen sofort eindrehen, damit möglichst wenig Bremsflüssigkeit ausläuft.
■ Bremsanlage entlüften, siehe Seite 150.

Hupen prüfen
Ständige Kontrolle

Bei eingeschalteter Zündung und beim Druck auf den Hupkontakt im Lenkrad müssen die Zweiklanghörner ertönen. Zur Schonung der Hupkontakte ist ein Relais zwischengeschaltet, das die Verbindung der Hörner zur Masse schließt. Die Schaltung ist je nach Baujahr etwas unterschiedlich, wie Sie aus den Stromlaufplänen ab Seite 170 entnehmen können.

Hupen-Störungen

■ Kontrollieren Sie zuerst die Sicherung für den Hupen-Arbeitsstrom, siehe Tabellen ab Seite 165.
■ Ist sie in Ordnung, prüfen Sie, ob die schwarz/gelben Kabel zu den Hupen bei eingeschalteter Zündung Strom

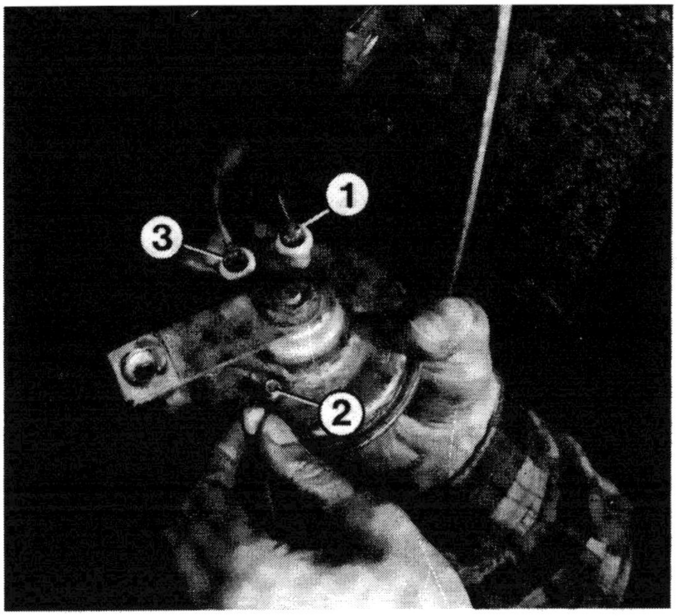

Die Signalhörner – nicht die Fanfaren der neueren Modelle – besitzen an der Rückseite eine Einstellschraube (2). Die Positionen »1« und »3« kennzeichnen die Stromzuführung bzw. die Verbindung zur Fahrzeugmasse.

führen, sonst Kabel auf Unterbrechung untersuchen.

■ Sicherung des Hupen-Schaltstroms kontrollieren.

■ Kontrolle am Relais: Erhält Klemme 86 bei eingeschalteter Zündung Spannung? Beim Druck auf die Hupplatte muß die Magnetspule den Relaiskontakt deutlich hörbar anziehen (Klicken) und die Masseverbindung zu den beiden Hörnern schließen (Klemme 87). Die Klemme 30 des Hupenrelais ist abweichend von der sonst üblichen Schaltung mit Fahrzeugmasse verbunden.

■ Prüfen Sie nun, ob das braun/blaue Kabel vom Hupkontakt zum Hupenrelais unterbrochen ist, dazu die Prüflampe an eine Klemme 30 anschließen und Hupkontakt von Helfer drükken lassen.

■ Kontrolle, ob die Kabelwege oder das Hupenrelais defekt sind: Mit einem kräftigen, isolierten Draht die Steckbuchsen Klemme 87 und 30 im Relaissitz überbrücken – Zündung muß eingeschaltet sein. Hupt es jetzt und hat das Relais bei der vorangegangenen Prüfung nicht reagiert, ist es defekt. Bleibt alles ruhig, ist die Masseverbindung zwischen Hupen, Relais und Fahrzeugmasse unterbrochen.

■ Störungen an nur einem Horn haben ihre Ursache meist in mangelhafter Stromzuführung. Wenn die Schutzkappe an den Steckkontakten nicht richtig aufgesetzt ist, bildet sich an den Kontaktflächen der Stecker und den Kontaktzungen an der Hupe möglicherweise Grünspan, der den Stromfluß hemmt.

■ Ein krächzendes oder völlig stummes Horn läßt sich bisweilen durch Drehen der Einstellschraube an der Hupenrückseite wieder stimmen oder zu neuem Leben erwecken. Die Schraube ist meist mit Vergußmasse zugeschmiert. Nach dem Einstellen die Schraube mit Karosseriedichtmasse wieder feuchtigkeitssicher verschließen.

Fingerzeig: *Beim Ersatz eines der Zweiklanghörner muß darauf geachtet werden, daß ein »harmonischer Akkord« erklingt, so lautet die entsprechende Vorschrift.*

Lichthupe kontrollieren

Ständige Kontrolle

Gleichgültig, ob die Zündung oder die Scheinwerfer eingeschaltet sind oder nicht, das Fernlicht und die Fernlichtkontrolle leuchten immer auf, wenn Sie den Blinkerhebel zum Lenkrad hin ziehen. Falls die Lichthupe nicht funktioniert, obwohl die Scheinwerfer bei eingeschalteter Beleuchtung brennen:

■ Kontrollieren, ob das rot/gelbe Klemme-30-Kabel zum Kombihebel unter Spannung steht.

■ Falls ja, dürfte der Lichtumschalter im Hebelschalter defekt sein. Der Schalterausbau ist auf Seite 233 beschrieben.

Informationsstand

Am »Kommandostand« im VW sind allerlei Anzeigeinstrumente, Warnlichter und Schalter versammelt, auf die wir in diesem Kapitel eingehen wollen. Weiter sollen jene Einrichtungen zur Sprache kommen, mit denen das Autofahren sicherer oder komfortabler wird.

Kontrollinstrumente und -leuchten prüfen

Wartungspunkt Nr. 9

Setzen Sie sich hinter das Lenkrad und kontrollieren Sie nacheinander:

- Läuft die Zeiger- bzw. Digitaluhr?
- Zündung einschalten. Es müssen aufleuchten Ladekontrolle, Öldruckwarnleuchte (sie blinkt seit 8/82), Handbrems- und Bremsdruckkontrolle (sofern vorhanden), gelbe Temperaturwarnleuchte »zu kalt« (8/78 bis 7/80), rotblinkende Temperaturwarnleuchte »zu heiß« (seit 8/79).
- Mit etwas Verzögerung wandert die Tankanzeigenadel über die Skala.
- Linken Hebelschalter betätigen – leuchtet die grüne Blinkerkontrolle bzw. die Fernlichtkontrolle?
- Brennen bei gedrücktem Schalter die Kontrolleuchten für Warnblinker, heizbare Heckscheibe und, falls eingebaut, Nebelscheinwerfer bzw. Schlußleuchte (hierzu Licht einschalten)?
- Motor starten – arbeitet der Drehzahlmesser?
- Bei einer Probefahrt die Funktion von Tachometer, Öltemperaturanzeige und Kühlmitteltemperaturanzeige (bis 7/78 bzw. seit 8/80) überprüfen.

Kombiinstrument ausbauen

Die Kombination der Anzeigeinstrumente und Kontrolleuchten muß für eine Vielzahl von Reparaturen demontiert werden.

- Heizhebelblende demontieren, wie unter »Heizbetätigung ausbauen« auf Seite 78 beschrieben.
- Bis 7/81: Rändelmutter der Tachowelle am Tachometer abschrauben. Falls sie sehr fest sitzt, die Mutter mit einer Kombizange losdrehen.
- Seit 8/81: Halteklammern der Tachowelle an der Tachometerrückseite ausrasten.

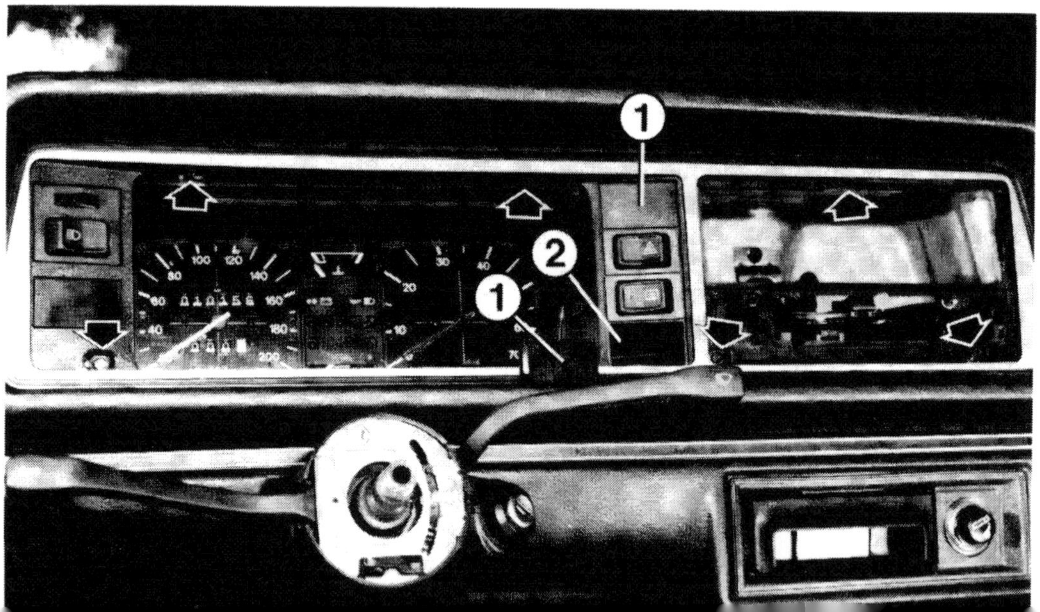

Die Instrumentenblende ab 8/80 wird von den mit Pfeil bezeichneten Schrauben gehalten, wobei die ganz linke unter einer Plastikabdeckung sitzt. Die Blinddeckel (1) für zusätzliche Schalter sind lediglich in den entsprechenden Ausschnitten (2) eingesteckt.

Der Instrumenteneinsatz kann beim Scirocco und beim Golf bis 7/80 nach Lösen der hier mit Pfeil bezeichneten Schraube ausgebaut werden.

Golf bis 7/80, alle Scirocco

■ Halteschraube des gesamten Kombiinstrument-Einsatzes lösen, siehe Bild oben.
■ Komplette Kombiinstrumentenblende zum Lenkrad hin herausziehen.
■ Schalter aus der Blende ausrasten.
■ Mehrfachstecker abziehen.

Golf ab 8/80

■ Sechs Halteschrauben der Blende losdrehen, siehe Bild links unten; ganz links unten muß zuvor noch eine kleine Abdeckkappe mit einer Nadel o. ä. herausgehebelt werden.
■ Blende ein Stück herausziehen, Mehrfachstecker von den Schalterrückseiten abziehen.
■ Instrumentenabdeckung mit den Schaltern abnehmen.
■ Beide Kreuzschlitzschrauben seitlich vom Kombiinstrument herausdrehen.
■ Instrumentenkombination nach vorn klappen und die unteren Kunststoffbolzen aus den Halteblechen aushängen.
■ Mehrfachstecker abziehen.

Fingerzeig: *Sämtliche Instrumente und Kontrolleuchten im Kombiinstrument erhalten ihre Stromzufuhr nicht über Kabel, sondern eine sogenannte Leiterfolie, auf der die Leitungen aufgedruckt sind. Für die unterschiedlichen Modelljahre gibt es verschiedene Leiterfolien – beim Ersatzteilkauf beachten!*

Beim Golf seit 8/80 wird das eigentliche Kombiinstrument von den beiden hier mit Pfeil bezeichneten Schrauben gehalten.

Der Instrumenteneinsatz des Scirocco und des Golf bis 7/80: 1 – Heizhebelblende; 2 – Kombiinstrumentenblende; 3 – Öldruck- und Ladekontrolle; 4 – Lichtschalter; 5 – Drehzahlmesser; 6 – Temperaturanzeige; 7 – Leiterfolie; 8 – Tankanzeige; 9 – Tachometer; 10 – Fassung für Glassockellampe (11); 12 – Kippschalter.

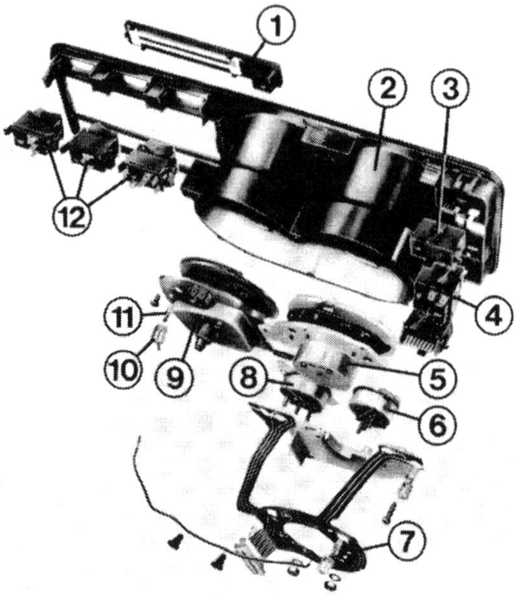

Glühlampen der Kontrolleuchten und Instrumentenbeleuchtung auswechseln

Die Lampen für die Kontrolleuchten und die Instrumentenbeleuchtung sind mit Kunststoffhülsen an der Rückseite des Kombiinstruments eingesteckt. Es handelt sich durchweg um Glassockellampen 1,2 Watt mit der Bezeichnung W 2 × 4,6 d, DIN-Form W.

■ Kombiinstrument ausbauen.

■ Lampenfassung eine Viertelumdrehung drehen und abziehen.

■ Glühlampe aus der Fassung ziehen.

Leuchtdioden ersetzen

Für die Temperaturwarnleuchten ab 8/79 und die Kontrolleuchten in der Mitte des Kombiinstruments im Golf-Armaturenbrett seit 8/80 verwendet VW Leuchtdioden, siehe Seite 162. Leuchtdioden haben gegenüber den Glühlampen den Vorteil ihrer praktisch unbegrenzten Lebensdauer, wenn sie nicht zu hoher Spannung ausgesetzt werden. Zum Schutz gegen Überspannung ist ihnen jeweils ein eigener Widerstand vorgeschaltet. Die Leuchtdiode der Ladekontrolle beim Golf ab 8/80 besitzt noch einen zusätzlichen Widerstand von 150 Ω zur Vorerregung der Lichtmaschine, siehe auch Seite 188.

■ Kombiinstrument ausbauen.

■ Instrumentenkombination mit dem »Gesicht« auf einen Lappen legen.

■ Vier Sechskantschrauben oben und unten in der Mitte zwischen Tachometer und Drehzahlmesser losdrehen – keinesfalls die in der Umgebung sitzenden Muttern.

■ Spannungskonstanthalter (oberhalb des Tachometers) abschrauben.

■ Darüber sitzende Fassung der Instrumentenbeleuchtung abnehmen.

■ Leiterfolie ganz vorsichtig und behutsam nach links klappen; dabei die große weiße Diodenplatte nicht von der Leiterfolie abziehen. Achten Sie darauf, daß die kleinen Zeitstellerknöpfe für Stunden und Minuten der

Die Rückseite des Kombiinstruments: 1 – untere Haltebolzen; 2 – Haltelaschen, mit denen das Kombiinstrument oben angeschraubt ist; 3 – Fassungen der Instrumentenbeleuchtung; 4 – Drehzahlmesser; 5 – Spannungskonstanthalter; 6 – Tachometer; 7 – Fassung mit Glühlampe der Fernlichtkontrolle; 8 – zwei der Halteschrauben der Leiterfolie bzw. des Drehzahlmessers oder des Tachometers; 9 – Steckanschluß für den Mehrfachstecker.

Digitaluhr nicht verloren gehen. Sie fallen leicht aus ihrer Führung.

■ In der Mitte der Platte die schwarze Diodenhalterung vorsichtig abhebeln.

■ Defekte Diode herausziehen und neue einstecken, dabei die Anschlüsse nicht verwechseln.

Leiterfolie und Instrumente ausbauen

Zum Ausbau der Instrumente muß die Leiterfolie entweder zur Seite geklappt oder vollkommen abgenommen werden.

■ Kombiinstrument ausbauen.

■ Je nach geplantem Ausbau die entsprechenden Schrauben oder Muttern der betreffenden Instrumente lösen.

■ Halteschraube des Spannungskonstanthalters losdrehen, diesen jedoch an der Leiterplatte angeschlossen lassen.

■ Falls notwendig, Lampenfassungen nach links drehen und abnehmen.

■ Zum Ausbau des Tachometers dessen vier Gehäuseschrauben lösen, Gehäuse nach links klappen.

■ Querschlitzschrauben ober- und unterhalb des Tachowellenanschlusses losdrehen, Tachometer herausziehen.

■ Im Tachometergehäuse sitzt außerdem das Steuergerät für die dynamische Öldruckkontrolle (siehe Seite 229). Es wird von einer Schraube und drei Rastnasen gehalten.

■ Zum Ausbau der Digitaluhr wird die Diodenplatte abgeschraubt, wie unter »Leuchtdioden ersetzen« beschrieben.

■ Zwei Schlitzschrauben an der Anzeigeeinheit der Uhr herausdrehen und die komplette Digitaluhr abnehmen.

■ Zum Abnehmen der kompletten Leiterfolie die Kunststoffhaltespange am Mehrfachsteckanschluß abziehen. Leiterfolie vorsichtig aus den Kunststoffhaltestiften mit leichter Schraubenziehernachhilfe herausheben und vollends abziehen, nicht knicken!

Instrumente in der Mittelkonsole ausbauen

■ Mittelkonsole ausbauen, siehe Seite 256.

■ Zwei Rändelmuttern an der Instrumentenrückseite herausdrehen.

■ Kabelstecker abziehen, Instrument abnehmen.

Spannungs-Konstanthalter

An der Rückseite des Kombiinstruments ist ein kleines Kästchen angeschraubt – der Spannungs-Konstanthalter. Er muß die Tankanzeige und die Temperaturanzeige (nicht die Temperatur-Warnleuchten) mit absolut gleichmäßiger Spannung versorgen. Sonst lassen Spannungsschwankungen im Bordnetz die Zeigernadeln pendeln.

Wenn beide Geräte gleichzeitig »verrückt spielen« oder gar nichts anzeigen, ist sicher der Konstanthalter defekt.

Blinkerkontrolle

Die Blinkerkontrolle ist einerseits an Klemme 49a des Blinkrelais angeschlossen und erhält von dort die Blinkimpulse. Auf der anderen Seite hängt sie über

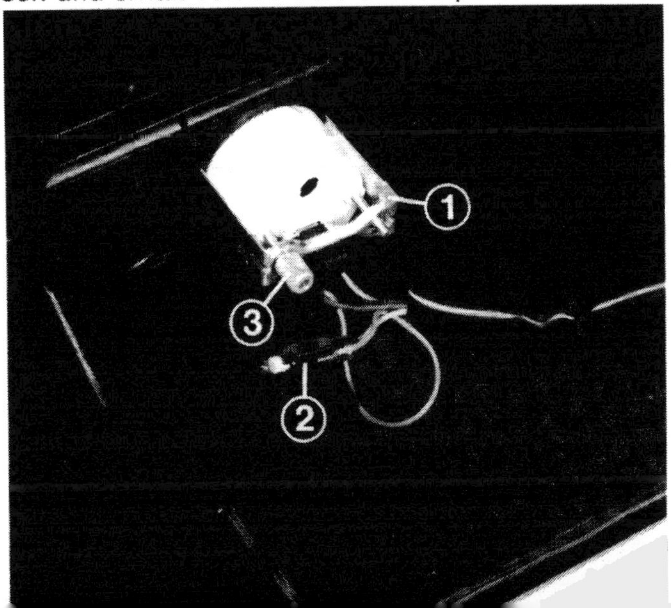

Die Instrumente in der Mittelkonsole werden von einem Blechbügel (1) und zwei Rändelmuttern (3) gehalten. Hier haben wir die Fassung (2) der Instrumentenbeleuchtung herausgezogen.

den Zentralstecker an Klemme 15, die aber nur bei eingeschalteter Zündung Strom liefert. Ist diese Klemme abgeschaltet, reagiert die Blinkerkontrolle nicht auf die Impulse der Warnblinkschaltung. Kommt dagegen bei eingeschalteter Zündung Strom von Klemme 15, ist in der Pause zwischen den Blinkimpulsen der Stromkreis über den »toten« (= Minus-)Relaiskontakt geschlossen, die Kontrolleuchte blinkt im Gegentakt auf.

Bremskontrolle Diese Kontrolleuchte warnt entweder bei Ausfall eines Bremskreises, dann sitzen zwei dreipolige Bremslichtschalter am Hauptbremszylinder, oder bei absinkendem Flüssigkeitsstand – in diesem Fall besitzt der Verschlußdeckel auf dem Ausgleichsbehälter für die Bremsflüssigkeit einen Schwimmer und einen Kontaktschalter. Zusätzlich sitzt am Handbremshebel ein Kontaktschalter, der bei angezogener Handbremse das rote Licht aufleuchten läßt.
Zum Beweis ihrer Funktionsfähigkeit leuchtet die Kontrolle beim Einschalten der Zündung auch bei gelöster Handbremse auf und verlöscht nach dem Starten.

Schalter der Bremswarnleuchte prüfen Bei der Ausführung mit zwei dreipoligen Bremslichtschaltern muß die Funktion der sogenannten Druckdifferenzanzeige überprüft werden. Dabei geht man ähnlich wie beim Bremsenentlüften vor, siehe Seite 150.

■ Wagen mit Steinen gegen Wegrollen sichern, Handbremse nicht anziehen.

■ Motor starten und im Leerlauf drehen lassen.

■ Entlüfterventil an der linken vorderen Bremse öffnen.

■ Bremspedal von Helfer treten lassen, die Warnleuchte muß aufleuchten.

■ Bremspedal niedergetreten halten, Entlüfterventil wieder schließen, andernfalls dringt Luft ins Bremssystem ein.

■ Gleiche Prüfung durch Öffnen des Entlüfterventils an der rechten Vorderradbremse.

■ Zum Schluß Bremsflüssigkeitsstand kontrollieren, evtl. auffüllen.

Drehzahlmesser Wie oft die Kurbelwelle im Motor in der Minute rotiert, zeigt der Drehzahlmesser an. Er erhält von der Zündanlage die Zündimpulse übermittelt (beim Vierzylindermotor sind es 2 Impulse je Kurbelwellenumdrehung). Summiert und aufbereitet wird das auf das Zeigerwerk im Instrument übertragen.

Fernlichtkontrolle Nur bei eingeschaltetem Fernlicht oder beim Lichthupen erhält die Fernlichtkontrolle Strom. Ob die Fernlichtfäden auch brennen, kann sie aber nicht anzeigen, das muß man selbst kontrollieren.

Kraftstoffanzeige Der Tankgeber im Kraftstofftank besteht aus einem Schwimmer und einem elektrischen Widerstand. Mit Einschalten der Zündung erhält das Anzeigegerät im Armaturenbrett Spannung. Den Stromkreis schließt der veränderliche Wider-

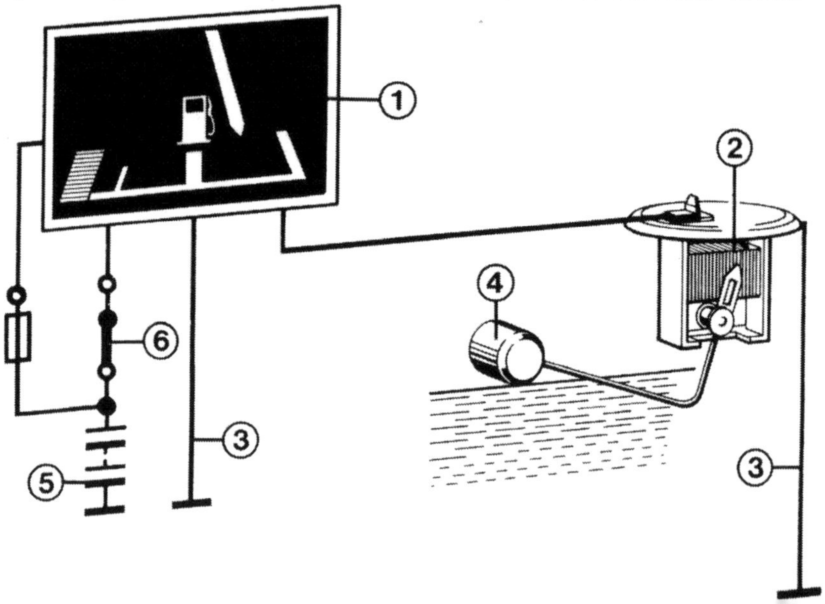

Die Tankanzeige besteht aus:
1 – Instrumentenskala mit dahinter sitzendem Bimetallkörper; 2 – Geber mit Widerstand; 3 – Masseanschluß; 4 – Schwimmer; 5 – Batterie; 6 – Zündschalter.

stand im Tankgeber, der die Verbindung zur Masse herstellt. Je nach Stromdurchfluß wird das Bimetall im Anzeigegerät mehr oder weniger beheizt, und die daran befestigte Zeigernadel schlägt entsprechend aus.
Steht der Schwimmer bei vollem Tank in seiner höchsten Stellung, ist der Widerstand am Tankgeber überbrückt, das Anzeige-Bimetall wird voll beheizt und läßt den Zeiger voll ausschlagen. Mit abnehmendem Tankinhalt sinkt der Schwimmer, der dadurch höhere Widerstand hemmt den Stromdurchfluß zum Bimetall, die Nadel zeigt weniger an.

Störungsmöglichkeiten

Als Ursache für fehlerhafte Anzeige kommen in Frage:
□ Zu hoher oder zu niedriger Stand: Spannungskonstanthalter defekt oder Schwimmerarm verbogen.
□ Keine Anzeige: Spannungskonstanthalter defekt bzw. Tankgeber oder Anzeigeinstrument defekt.

Störungssuche

■ Als Hinweis auf einen defekten Spannungskonstanthalter gilt, daß gleichzeitig auch die Kühlmittel-Temperaturanzeige (je nach Baujahr) falsche Werte anzeigt.
■ Liegt die Falschanzeige an einem verbogenen Schwimmerarm, können Sie das selbst korrigieren: Biegen Sie am ausgebauten Tankgeber (siehe Bild Seite 90) den Schwimmerarm nach oben, verringert sich die Anzeige, Biegen nach unten ergibt einen höheren Anzeigewert am Instrument.
■ Tankgeber prüfen: Freilegen, wie auf Seite 89 beschrieben, Kabelstekker abziehen.
■ Hilfskabel in den Steckanschluß des violett/schwarzen Kabels stecken und direkt an Masse halten.
■ Zündung ganz kurz einschalten – schlägt der Zeiger auf »Voll« aus, ist der Tankgeber defekt.
■ Anzeigeinstrument überprüfen: Kombiinstrument ausbauen, Zentralstecker abziehen.
■ Steckkontakt des schwarzen Kabels im Zentralstecker mit dem Pluspol einer 12-Volt-Batterie verbinden, Kontakt des violett/schwarzen Kabels mit dem Minuspol – rührt sich die Anzeigenadel nun nicht, ist das Anzeigegerät defekt.
■ Schlägt die Anzeige dagegen auf »Voll« aus, liegt der Fehler in der Kabelzuleitung.

Kühlmittel-Temperaturanzeige

Die Temperaturanzeige für das Kühlsystem (je nach Bauart) funktioniert ähnlich wie die Tankanzeige. Plusstrom erhält das Instrument bei eingeschalteter Zündung, die Masseverbindung stellt der Temperaturfühler im Zylinderkopf her. Dieser Fühler ist ein veränderlicher Widerstand, der mit zunehmender Erwärmung den Stromdurchfluß weiter freigibt, so daß das Bimetall am Anzeigegerät stärker beheizt wird und die Nadel weiter ausschlägt.
Seit 8/80 wurde mit Wiedereinführung der Temperaturanzeige eine rot blinkende Leuchtdiode integriert, siehe »Kühlmittel-Temperatur-Warnleuchten«.

Störungen

Fehlerhafte Anzeige der Kühlmitteltemperatur bei gleichzeitig ungenauer Benzinstandsanzeige lassen auf einen schadhaften Spannungskonstanthalter schließen. Andernfalls kommen Temperaturfühler und das Instrument in Betracht.
■ Kabel am Temperaturfühler abziehen und fest mit Masse verbinden.
■ Zündung kurz einschalten – wandert die Anzeigenadel ins rote Feld (die rote Leuchtdiode seit 8/80 muß ebenfalls blinken), ist der Temperaturfühler defekt.
■ Instrument kontrollieren: Kombiinstrument ausbauen, Zentralstecker abziehen.
■ Kontakt der schwarzen Leitung im Mehrfachstecker mit Batterie-Plus verbinden, Kontakt des blau/gelben bzw. beim Golf seit 8/80 gelb/roten Kabels an den Minuspol legen – schlägt die Anzeigenadel nicht aus, ist das Anzeigegerät defekt.
■ Bei vollem Zeigerausschlag muß der Fehler in der Kabelzuleitung gesucht werden.

Kühlmittel-Temperaturwarnleuchten

Im Laufe der Bauzeit wurden unterschiedliche Warnleuchten eingebaut:

□ Golf von 8/78 bis 7/79: Zwei Warnleuchten mit Glühbirnen und zwei Temperaturfühlern, gelbe Leuchte für zu kaltes, rote für zu heißes Kühlmittel.

□ Golf von 8/79 bis 7/80: Gleiche Version wie bisher, jedoch mit Leuchtdioden anstelle von Glühlampen.

□ Scirocco ab 8/79, Golf seit 8/80: Temperaturanzeige mit integrierter roter Leuchtdiode für zu heißes Kühlmittel mit einem einzelnen Temperaturfühler.

Fingerzeig: *Beim Einschalten der Zündung und kaltem Motor leuchtet die gelbe Warnleuchte für zu kaltes Kühlmittel auf, die Leuchtdiode blinkt bei jedem Zündschlüsseldreh kurz auf. Dagegen muß die Warnleuchte im Golf von 8/78 bis 7/79 gelegentlich auf richtige Funktion kontrolliert werden: Zündung einschalten, Kabel am Temperaturfühler am Zylinderkopf abziehen und gegen blankes Metall drücken. Im Wageninnern von Helfer beobachten lassen, ob dabei die rote Lampe aufleuchtet.*

Störungen

■ Falls eine Warnleuchte dauernd brennt, aber kein Defekt im Kühlsystem zu finden ist, dürfte das betreffende Kabel vom Temperaturfühler zum Kombiinstrument Massekontakt haben – Kabelverlauf kontrollieren.

■ Streikt eine der Glühlampen oder Leuchtdioden: Kabel am Temperaturfühler abziehen und gegen Masse halten. Die Kabelfarben: Gelbe Lampe bis 7/79 – blau/gelbe Leitung, seit 8/79 – gelb/rotes Kabel; rote Lampe bis 7/79 – gelb/rote Leitung, seit 8/79 – blau/gelbes Kabel und gegen Masse halten.

■ Zündung kurz einschalten – brennt oder blinkt die entsprechende Warnleuchte, ist der Temperaturfühler defekt.

■ Bleibt bei der Prüfung alles dunkel, liegt die Ursache bei den älteren Golf-Modellen in der Glühlampe, ansonsten in der Leiterfolie oder der Leuchtdiode. Letzteres läßt sich mit Heimwerkermitteln leider nicht prüfen. Die V. A. G.-Werkstatt hat hierzu spezielle Prüfgeräte.

■ Den Glühlampentausch finden Sie auf Seite 224 beschrieben.

■ Die gelbe oder rote Leuchtdiode von 8/79 bis 7/80 können einzeln ausgewechselt werden.

■ Beim Temperaturanzeigeinstrument mit integrierter Leuchtdiode muß das komplette Anzeigegerät ausgetauscht werden.

Ladekontrolle

Bei laufendem Motor darf die Ladekontrolle weder schwach noch hell leuchten. Das deutet auf einen Fehler, siehe den Störungsbeistand auf Seite 189. Brennt das rote Licht nicht beim Einschalten der Zündung, ist vermutlich das Birnchen oder die Leuchtdiode durchgebrannt und muß ersetzt werden, damit die Vorerregung der Lichtmaschine aus tiefen Drehzahlen heraus wieder funktioniert. Verlöscht beim Golf ab 8/80 die Leuchtdiode nach dem Motorstart erst bei höheren Drehzahlen als üblich, ist vermutlich der Widerstand zur Vorerregung der Lichtmaschine defekt (siehe Seite 188).

Multifunktionsanzeige

Die Flüssigkristallanzeige in der Mitte des Kombiinstruments kann seit 8/82 mehr anzeigen als lediglich die Uhrzeit, nämlich:

□ Die Fahrzeit, höchstens 23 Stunden, 59 Minuten;

□ die zurückgelegte Fahrstrecke, höchstens 999 km;

□ die durchschnittliche Geschwindigkeit bzw.

□ den Durchschnitts-Kraftstoffverbrauch. Beide Werte werden mit größtmöglicher Genauigkeit erst nach einer Minute Wartezeit angezeigt:

□ die Motoröltemperatur von + 45° bis + 145° C;

□ die Außentemperatur von – 30° bis + 45° C.

Die Informationen für die Multifunktionsanzeige – kurz MFA – liefern

□ die Zündspulenklemme 1;

□ der Geschwindigkeitsgeber hinter dem Tachometer, wobei die Tachowelle einen zusätzlichen Ringmagneten antreibt;

□ der Unterdruckgeber am Kombiinstrument, dem der vom Motor erzeugte Saugrohrunterdruck übermittelt wird;
□ der Öltemperaturfühler am Ölfiltergehäuse, siehe Bild nächste Seite;
□ der Außentemperaturfühler am linken vorderen Federbein bzw. vorn rechts im Stoßfänger.

Öldruckkontrolle

□ **Bis 7/82:** Bei eingeschalteter Zündung erhält die Öldruckkontrolle Spannung. Solange kein Öldruck aufgebaut wird, ist ihr Stromkreis durch den Öldruckschalter zur Masse geschlossen – die Leuchte brennt. Nach dem Start und mit zunehmenden Drehzahlen steigt der Öldruck im Motor, der Öldruckschalterkontakt öffnet und die Warnleuchte verlöscht.
□ **Seit 8/82:** Der Öldruck wird auf zweierlei Weise überwacht – beim Einschalten der Zündung erhält die Leuchtdiode im Armaturenbrett Spannung und blinkt. Sie verlöscht, sobald der Öldruck nach dem Start 0,3 bar erreicht hat. Falls der Druck bei Motordrehzahlen von mehr als 1950–2150/min für länger als eine Sekunde unter 1,8 bar absinkt, blinkt die Leuchtdiode erneut und ein Warnsummer ertönt. Ob der Warnsummer funktioniert, können Sie folgendermaßen prüfen: Blau/schwarzes Kabel am 1,8-bar-Öldruckschalter abziehen, aber nicht gegen Masse halten. Motor starten und langsam hochdrehen. Ab 1950–2150/min muß der Warnsummer ertönen.

Störungen

Leuchtet oder blinkt die Warnlampe dauernd, müssen Sie sofort anhalten!
■ Ölstand kontrollieren. Falls in Ordnung
■ Kontrolle, ob die Leitung des Öldruckschalters Masseschluß hat. Dazu blau/schwarzes bzw. gelbes Kabel am Öldruckschalter abziehen.
■ Brennt die Lampe oder blinkt die Leuchtdiode weiterhin, hat die Leitung Masseschluß – das ist ungefährlich für den Motor.
■ Verlöscht die Warnlampe bei abgezogenem Kabel oder ertönte bei einem Golf ab 8/82 gleichzeitig der Warnsummer, dürfte die Ölversorgung unterbrochen sein – Wagen abschleppen lassen.

Bleibt die Öldruckkontrolle beim Einschalten der Zündung dunkel, kontrollieren Sie folgendermaßen:
■ Zündung einschalten.
■ Blau/schwarzes Kabel bzw. seit 8/82 gelbes Kabel vom Öldruckschalter abziehen und gegen Masse halten.
■ Brennt oder blinkt jetzt die Öldruckkontrolle im Armaturenbrett, ist der Öldruckschalter defekt – neuen Öldruckschalter einbauen.
■ Bleibt es dunkel, liegt es an der Glühlampe bzw. Leuchtdiode oder an einem Fehler in der Leiterfolie bzw. im Steuergerät.

Fingerzeig: *Eine nicht oder spät verlöschende Öldruckkontrolle kann auch eine sehr einfache Ursache haben: das Ölfilter. Bisweilen hilft es, das Ölfilter lediglich zu lösen und wieder festzuschrauben. Half das nicht, Ölfilter wechseln.*

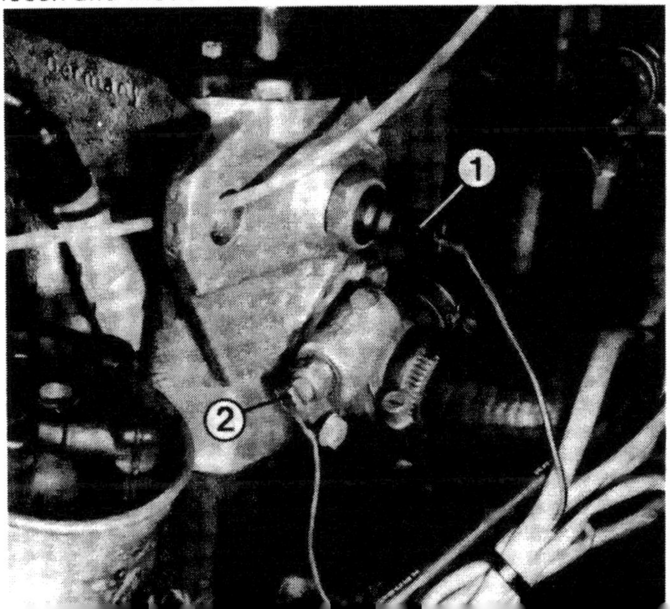

An der in Fahrtrichtung linken Motorstirnseite sitzen der Öldruckschalter (1) und der Fühler (2) für die Kühlmitteltemperatur.

Öltemperaturanzeige

Die Temperaturanzeige für das Motoröl funktioniert genauso wie die Anzeige für die Kühlmitteltemperatur, gleichgültig, ob die Übertragung auf ein Zeigerinstrument erfolgt oder auf die Digitalanzeige seit 8/82.
Zur Erinnerung sei hier nochmals gesagt, daß Öltemperaturen unter 60° C für den Motor besonders schädlich sind. Steigt die Temperatur auf über 145° C ist ebenfalls Gefahr im Verzug – nehmen Sie den Fuß vom Gas, damit das Öl stärker abgekühlt werden kann. Ursache für zu hohe Temperatur ist meist ein defekter Ölkühlerthermostat oder ein verstopfter Ölkühler.

Schaltanzeige

Ein Pfeil mit gelber Leuchtdiode leuchtet im Golf GTI seit 8/82 auf, wenn der Motor die geforderte Leistung nicht mit dem günstigsten Verbrauch abgibt. Die Zündspule gibt dazu die Information, daß der Motor mindestens mit 1900/min dreht und der Unterdruck im Ansaugrohr über 0,3 bar liegt. Dann wird von einem Steuergerät der Stromkreis zur Leuchtdiode geschlossen, sie brennt und fordert den Fahrer zum Hochschalten auf. Totgestellt ist die Schaltanzeige bei kaltem Motor, bei losgelassenem Gaspedal (Bergabfahrt) und im höchsten Gang; dies besorgen entsprechende Fühler.

Fingerzeig: *Falls Ihnen die immer wieder aufleuchtende Schaltanzeige lästig ist, können Sie das Licht auf einfach Weise löschen: Ziehen Sie das Steuergerät für die Schaltanzeige aus dem Steckfeld 4 der Zentralelektrik (siehe Abbildung Seite 236) heraus – fertig.*

Tachometer

Dieser Geschwindigkeitsmesser zeigt die Fahrgeschwindigkeit gewissermaßen auf elektrischem Weg an, nämlich durch Erzeugung von Wirbelströmen, die eine Aluminiumtrommel rund um die Zeigerachse gegen den Widerstand einer Spiralfeder verdrehen.
Der Tachometer kann nicht die genaue Entfernung oder Geschwindigkeit messen, sondern er mißt die Umdrehungen des Tachowellenantriebs am Getriebegehäuse und setzt sie dann in Kilometerangaben um. Nach wieviel Tachowellenumdrehungen ein Kilometer auf der Straße zurückgelegt wurde, hängt von der Reifengröße und Achsübersetzung ab. Die entsprechende Tachometerantriebs-Anpassung wird mit der »Weg-Drehzahl« gekennzeichnet. Der Tachometer trägt die Kennzahl 0,950 oder 950.
Eine zitternde Tachonadel weist gewöhnlich darauf hin, daß die Tachowelle einen Knick hat und bald brechen wird. Bei einem Fahrzeug mit hoher Laufleistung kann auch der Tachoantrieb im Getriebe verschlissen sein.

Tachowelle ausbauen

- Heizhebelblende ausbauen, siehe Seite 78.
- Bis 7/81 Rändelmutter an der Tachometer-Rückseite losdrehen, evtl. eine Kombizange zu Hilfe nehmen.
- Seit 8/81 Kunststoff-Halteklam-

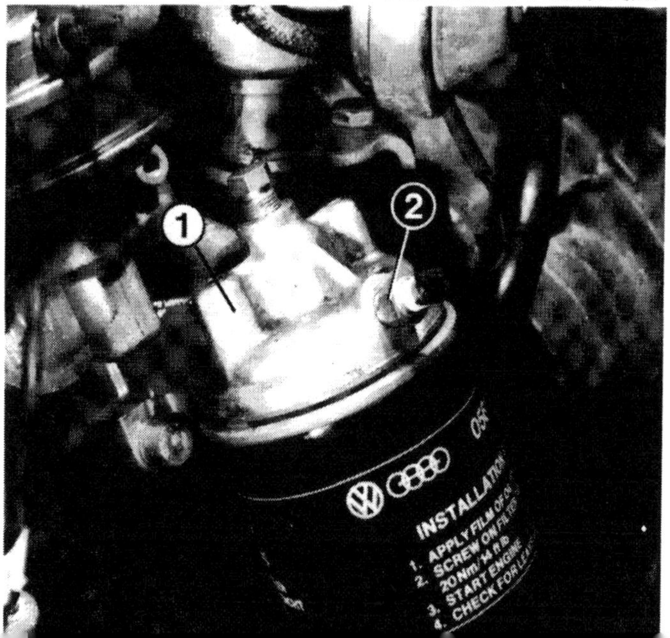

Für die Kontrolle der Motoröltemperatur ist in den Ölfilterflansch (1) ein Temperaturfühler (2) eingesetzt.

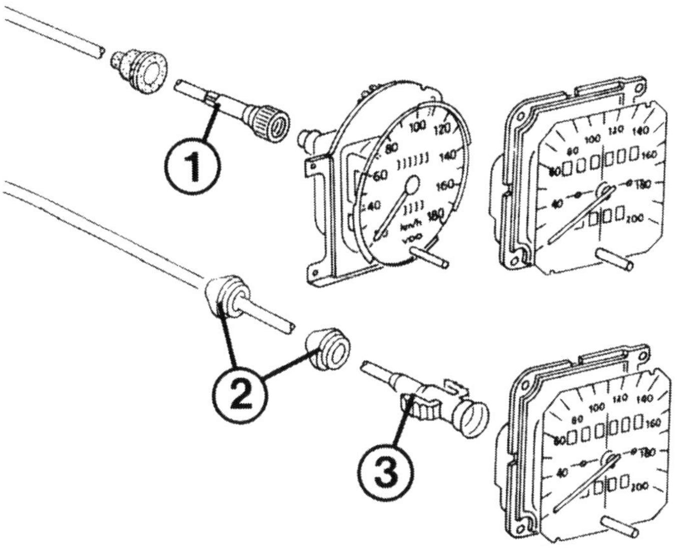

Beim Tachometer bis 7/81 ist die Tachowelle (1) mit einer Rändelmutter am Instrument befestigt. Die neuere Ausführung (3) besitzt Kunststoff-Halteklammern. Außerdem sehen Sie in der Zeichnung die Abdichttüllen (2) der Tachowelle.

mern an der Tachorückseite ausrasten.

■ In Fahrtrichtung links vor dem Kupplungszug oben im Getriebe die Halteschraube der Tachowelle herausdrehen.

■ Welle zum Motorraum hin herausziehen.

■ Die neue Tachowelle darf beim Einbau nicht stark gebogen oder gar geknickt werden, sonst ist sie bald wieder defekt. Durch die Gummitüllen darf sie nicht mit Gewalt gedrückt werden.

■ Damit die Welle den Kupplungsseilzug nicht berühren kann, muß sie am Lagerbock der Lenksäule (untere Armaturenabdeckung links oder Ablagefach ausbauen) mit einem Streifen Klebeband befestigt werden.

Verbrauchsanzeige

Auf dieses Instrument sind wir bereits im Kapitel »Kraftstoff – vom Klopfen bis Sparen« ausführlich eingegangen. Lesen Sie bitte nach auf Seite 87.

Zeituhr

Die quarzgesteuerte Uhr geht ausgesprochen exakt, die Abweichungen liegen unter 10 Sekunden pro Tag. Allerdings vertragen die Zeigeruhren Verdrehen gegen den Uhrzeigersinn nicht so gut. Wenn nach dem Wiederanklemmen der Batterie die Uhr nachgestellt werden muß, dann nur im Uhrzeigersinn drehen.
Läuft die Digital- oder Zeigeruhr überhaupt nicht mehr, beschränkt sich die Fehlersuche auf die zuständige Sicherung oder das stromzuführende Kabel. Eine Reparatur ist bei der Digitaluhr überhaupt nicht und bei der Zeigeruhr nur in der VDO-Spezialwerkstatt oder bei Moto Meter, Daimlerstraße 6, 7250 Leonberg 1, möglich.

Die Schalter

Kippschalter

Die transparente rote Schaltertaste im Warnblinkschalter glimmt bei eingeschaltetem Stand- und Hauptlicht. Dazu erhält das Lämpchen Strom von Klemme 58b vom Lichtschalter über einen kleinen Widerstand. Durch diesen Widerstand brennt das Lämpchen nur schwach (und durch die Instrumentenbeleuchtungs-Regulierung sogar noch einstellbar). Erst wenn der Warnblinkschalter gedrückt wird, erhält das Birnchen volle Spannung und brennt hell im Blinkertakt.
Ebenfalls bei eingeschalteter Beleuchtung ist seit 8/82 das Schaltersymbol im Heizscheibenschalter erleuchtet. Die Stromversorgung kommt ebenfalls von Klemme 58b des Lichtschalters.
Im Lichtschalter beim Golf ab 8/80 glimmt das Scheinwerfersymbol beim Einschalten des Zündung. Dazu wird ein Lämpchen vom Entlastungsrelais für den X-Kontakt mit Strom versorgt.
Die Kontrolleuchten im Heckscheibenheizungs- und Nebelscheinwerferschalter brennen nur, wenn der entsprechende Schalter gedrückt wurde (ob allerdings der jeweilige Verbraucher auch funktioniert, ist damit noch nicht bewiesen).
Als Lichtquellen in den Schaltern dienen ausschließlich 1,2-Watt-Glassockellampen mit der DIN-Bezeichnung »W«.
Falls die Schalterbeleuchtung bzw. das Kontrollicht ausgefallen ist, müssen Stromzuführung und das Lämpchen überprüft werden.

Kippschalter ausbauen

■ Radio bzw. Ablagefach ausbauen, siehe Seite 242.
■ Mit gelenkiger Hand an der betreffenden Schalterrückseite dessen Halteklammern zusammendrücken.
■ Beim Golf bis 7/80 und Scirocco Schalter zum Motorraum hin herausziehen.
■ Beim Golf ab 8/80 Mehrfachstecker am Schalter abziehen, dann den Schalter zum Innenraum hin herausdrücken.
■ Zum Lichtschalterausbau beim Golf bis 7/80 und Scirocco die linke untere Armaturenbrettverkleidung abnehmen, siehe Seite 255, nach oben fassen und die Halteklammern lösen, wie oben beschrieben.
■ Beim Golf ab 8/80 für den Ausbau des Lichtschalters die Blende des Kombiinstruments abschrauben, siehe Bild Seite 222.

Schalterbeleuchtung auswechseln

■ Schalter ausbauen.
■ Lampenfassungshülse an der Schalterrückseite bzw. seit 8/80 im Mehrfachstecker etwas nach links drehen und abziehen.
■ Glassockellampe aus der Fassung bzw. beim Golf-Lichtschalter seit 8/80 aus dem Mehrfachstecker ziehen und ersetzen.

Kippschalter nachträglich einbauen

■ Radio bzw. Ablagefach ausbauen, siehe Seite 242.
■ Beim Golf bis 7/80 und Scirocco mit gelenkiger Hand durch die Öffnung nach oben fassen, Halteklammern des Blinddeckels (siehe Bild unten) zusammendrücken und Blinddeckel zum Innenraum hin herausdrücken.
■ Beim Golf ab 8/80 seitlich durch die Öffnung fassen und den betreffenden Blinddeckel herausdrücken.
■ Schalter in den freigewordenen Ausschnitt einsetzen.

Drehschalter

Der einzige Drehschalter im VW schaltet das Luftgebläse. Läuft der Gebläsemotor lediglich in der höchsten Stufe, dürften die Vorwiderstände unterbrochen sein, siehe Seite 79.

Drehschalter ausbauen

■ Heizhebelblende ausbauen, siehe Seite 78.
■ Mehrfachstecker an der Schalterrückseite abziehen.
■ Schalterteil von hinten aus dem Armaturenbrett drücken.

Hebelschalter

Obschon sie zu den meistgebrauchten Schaltern im Auto gehören, hat man mit den Hebelschaltern kaum Probleme. Wichtig zu wissen ist, daß die Lichtumschaltung und Lichthupe zwar mit dem Blinkerschalter betätigt werden, der eigentliche Schalter aber im Scheibenwischerschalter sitzt. Bei einem Defekt der Lichtumschaltung und Lichthupe muß der Scheibenwischerschalter komplett ersetzt werden, der Umschalter kann nicht abgebaut werden.

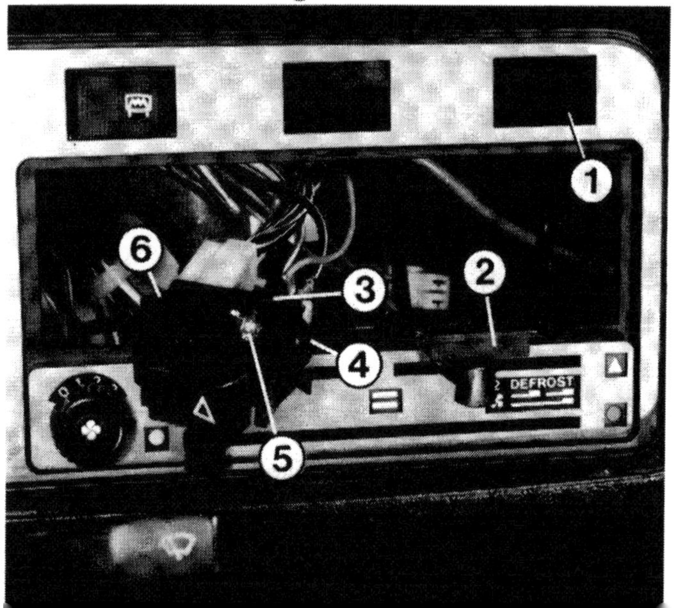

Die Kippschalter beim Scirocco bzw. Golf bis 7/80: 1 – Schalterausschnitt; 2 – Blinddeckel; 3 – Fassung der Kontrollampe (5); 4 und 6 – Halteklammern des Schalters.

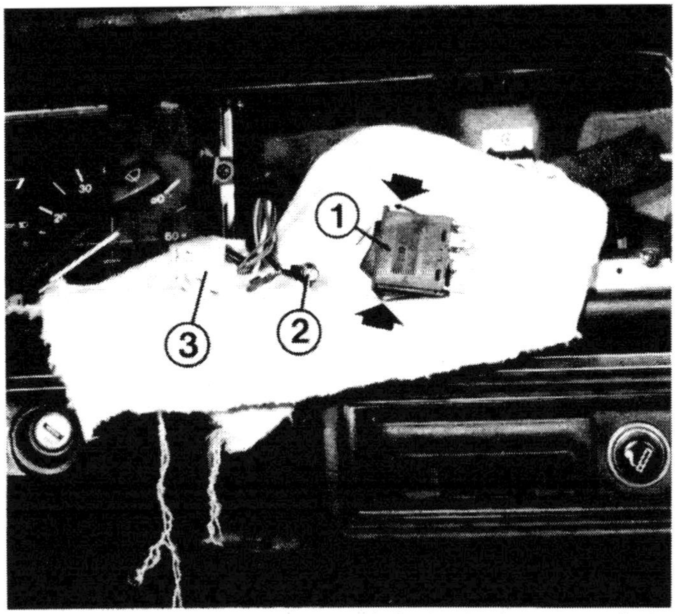

Der ausgebaute Warnblinkschalter (1) am Golf-Armaturenbrett seit 8/80 mit seinen Halteklammern (Pfeile), der Fassung (2) für die Kontrolleuchte und seinem Mehrfachstecker (3).

Zur Störungssuche an den Hebelschaltern genügt es, die mit zwei Kreuzschlitzschrauben befestigte Verkleidung unter der Lenksäule abzunehmen.

Fingerzeig: *Bei älteren Modellen kann es vorkommen, daß der Lichtumschalter klemmt. Bevor Sie den kompletten Hebelschalter austauschen, sollten Sie versuchen, das Umschalterteil durch Abfeilen oder Auftragen von Silikonpaste (siehe Seite 12) wieder gängig zu machen.*

Hebelschalter ausbauen

- Lenkrad ausbauen, siehe Seite 127.
- Lenksäulenverkleidung abschrauben.
- Drei Querschlitzschrauben in der Schalterkombination herausdrehen, siehe Bild unten.
- Mehrfachstecker an den Schaltern abziehen.
- Blinkerschalter herausziehen und leicht verkanten, damit seine Schaltnase aus dem Schalter für Lichtumschaltung und Lichthupe ausrastet.
- Scheibenwischerschalter abnehmen.
- Durch Drehen und Verkanten läßt sich die Schalterkombination allerdings auch komplett abnehmen.
- Beim Einbau darauf achten, daß zwischen der Hebelschalterkombination und dem Lenkrad ein Spalt von 2–4 mm verbleibt.

Zünd-/Anlaß-Schalter

Dieses landläufig als Zündschloß bezeichnete Teil dient nicht nur dazu, dem Besitzer des Zündschlüssels das Starten des Motors zu ermöglichen, sondern sperrt nach Abziehen des Schlüssels und nach einer kurzen Lenkraddrehung auch die Lenkung. Demgemäß nennt man es auch Lenk-/Zündschloß.

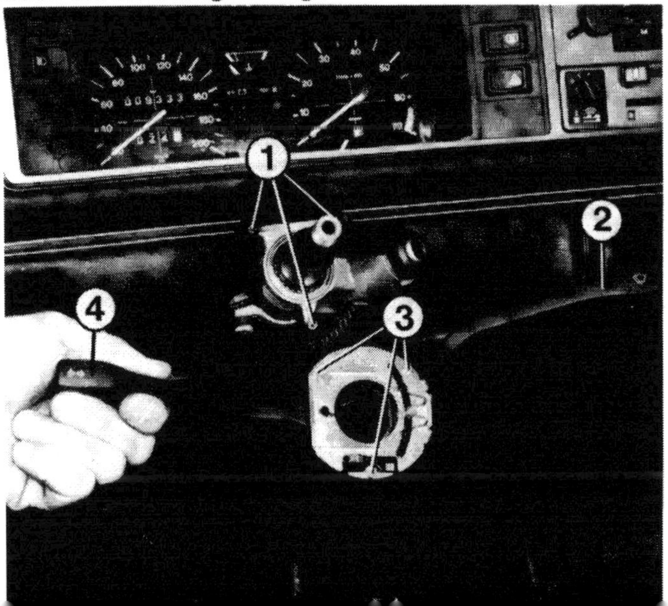

Der ausgebaute Wischer- (2) und Blinkerschalter (4) mit seinen Halteschrauben (3) und den entsprechenden Schraubgewinden (1).

Das Schalterteil (3) des Gebläseschalters wird von einer Federklammer (2) gehalten. Den Mehrfachstecker (1) haben wir bereits abgezogen.

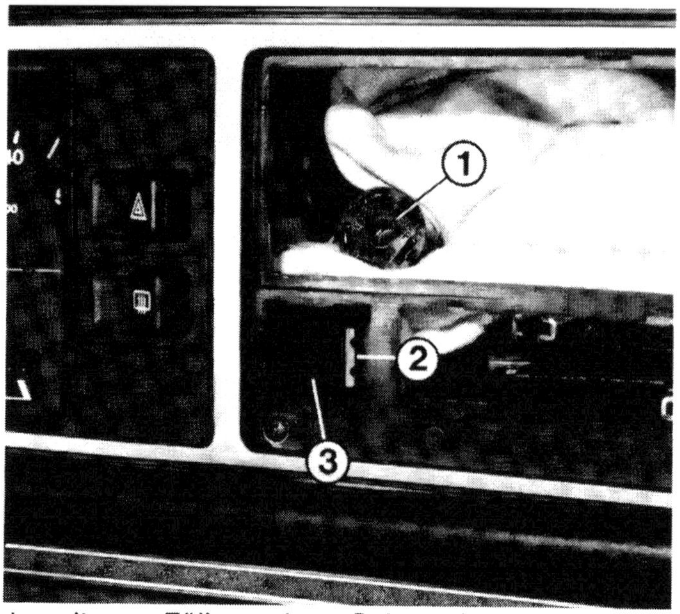

Während das Schloßteil nur in seltenen Fällen seinen Geist aufgibt, kann der in einem Kunststoffteil eingegossene Schaltkontaktsatz (also der eigentliche Schalter) des Zündschlosses schon eher die Ursache einer Störung sein. Ob er defekt ist, können Sie nach Abschrauben der unteren Hälfte der Lenksäulenverkleidung prüfen.

Zünd-/Anlaß-Schalter ausbauen

Das Schloßteil des Zündschlosses auszubauen, ist Werkstattarbeit, denn dazu muß an einer genau definierten Stelle an der Schalteraufnahme ein Loch gebohrt werden. Durch dieses Loch kann dann die Haltefeder des Schließzylinders zurückgedrückt werden. Eine ziemlich komplizierte Sache also, außerdem kommt der rechtmäßige Besitzer des VW wohl kaum in die Verlegenheit, das Schloßteil ausbauen zu müssen.

Das eigentliche Schaltteil unten am Schloß ist bei älteren Fahrzeugen häufiger die Ursache von Störungen, wenn die Kontakte abgenutzt sind.

- Hebelschalter ausbauen, wie oben beschrieben.
- Mehrfachstecker vom Zünd-/Anlaß-Schalter abziehen.
- Kunststoffbuchse auf der Lenksäule mit zwei flachen Schraubenziehern abhebeln.
- Innensechskantschraube links am Klemmstück des Zündschloßgehäuses herausdrehen, Zündschloßgehäuse von der Lenksäule abziehen.
- An der Rückseite des Zündschloßgehäuses Kreuzschlitz-Halteschraube des Zünd-/Anlaß-Schalters herausdrehen.
- Schalter herausziehen.
- Beim Einbau muß der Betätigungsstift des Schloßteils richtig in das Gegenstück am Schalter einrasten.
- Achten Sie darauf, daß beim Aufstecken des Zündschloßgehäuses die Kunststoffhülse unterhalb des Rollenlagers wieder richtig im Lager sitzt.
- Klemmschraube am Zündschloßgehäuse nach Einbau der Hebelschalter mit 5–10 Nm anziehen.

Fahren mit defektem Zünd-/Anlaß-Schalter

Sind die Kontakte im Zünd-/Anlaß-Schloß so verschlissen, daß sich beim Zündschlüsseldreh nichts mehr regt, können Sie sich auch unterwegs weiterhelfen. Voraussetzung ist, daß am roten Kabel des Zündschloß-Mehrfachsteckers Spannung anliegt.

- Lenksäulenverkleidung unten abschrauben.
- Mehrfachstecker abziehen.
- Mit einem Kabelstück oder einer Büroklammer die Steckbuchsen des schwarzen und des dicken roten Kabels miteinander verbinden – damit ist die Zündung eingeschaltet, Lade- und Öldruckkontrolle müssen aufleuchten.
- Wagen anschieben lassen oder
- mit einem mindestens 4 mm^2 starken, isolierten Kabelstück eine Kurzschlußbrücke zwischen dem roten und der Steckerbuchse des rot/schwarzen Kabels der Klemme 50 herstellen. Damit wird der Anlasser gestartet.
- Sobald der Motor angesprungen ist, diese Kabelbrücke wieder abziehen.

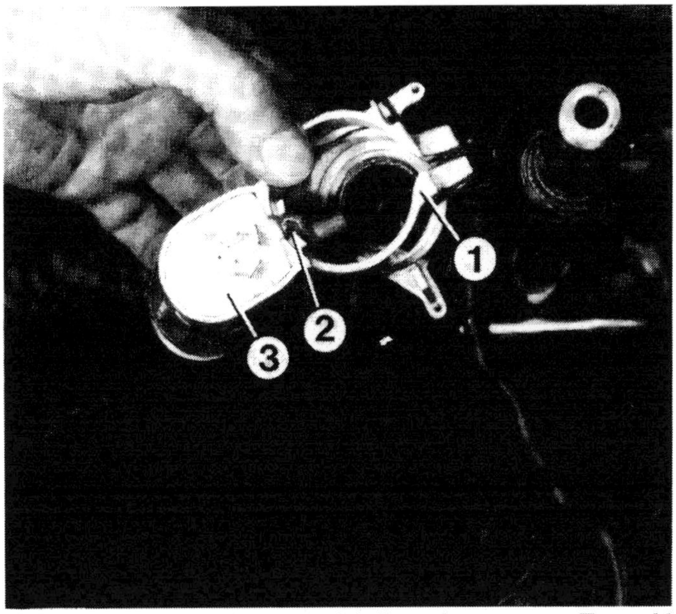

Im Zündschloßgehäuse (1) ist der eigentliche Zünd-/Anlaß-Schalter (3) mit einer Kreuzschlitzschraube (2) befestigt.

■ Der Mehrfachstecker bleibt abgezogen. Damit während der Fahrt kein Kurzschluß entstehen kann, muß er isoliert werden.

■ Zum Abstellen des Motors das Kabelstück zwischen rotem und schwarzem Kabel abziehen.

Schalterprüfung

Mit einer Prüflampe mit Nadelkontakt können Sie die Kabelisolierung durchstechen und feststellen, welche Kabel Strom führen. Suchen Sie den für Ihren VW passenden Stromlaufplan ab Seite 170 heraus. Zuerst wird geprüft, ob der Schalter überhaupt Spannung geliefert bekommt; evtl. muß hierzu die Zündung oder die Beleuchtung eingeschaltet werden. Dann wird kontrolliert, ob der Schalter in entsprechender Stellung die Spannung weiterleitet. Am Beispiel Zünd-/Anlaß-Schalter sieht das folgendermaßen aus:

□ Das rote Klemme-30-Kabel muß ständig Batteriestrom führen.

□ Die graue Klemme-P-Leitung steht in »Ruhestellung« des Zündschlosses unter Spannung und wird beim Zündschlüsseldreh stromlos.

□ Das schwarz/gelbe Klemme-X-Kabel steht ausschließlich in Schlüsselstellung »Zündung ein« unter Strom.

□ Das schwarze Kabel der Klemme 15 erhält Spannung in Stellung »Zündung ein« und »Anlassen«.

□ Die rot/schwarze Leitung von Klemme 50 für den Startbefehl an den Anlasser steht nur in Stellung »Anlassen« unter Spannung.

Die Schaltrelais

Zur Bordelektrik gehören eine Reihe Schaltrelais, die in der Zentralelektrik eingesteckt sind. Ein Schaltrelais wird für leistungsstarke Stromverbraucher verwendet. Leitet man den Strom auf langen Kabelwegen über den dazugehörigen

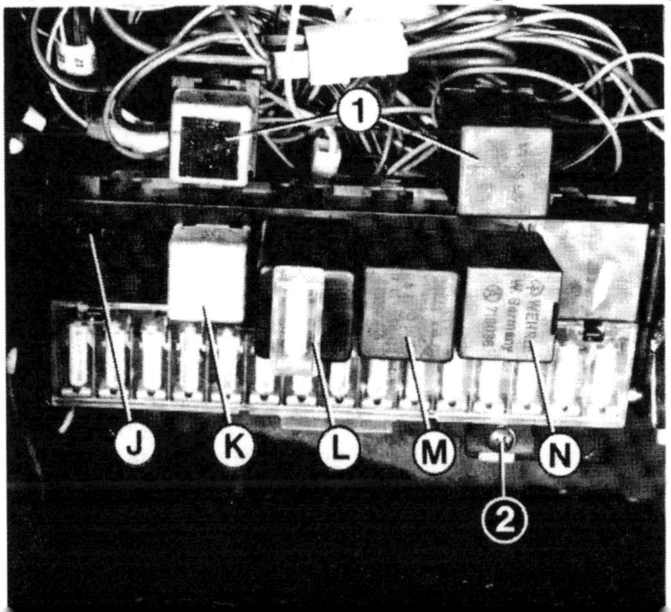

Die Steckfelder der Zentralelektrik bis 7/82: J – Leerfeld; K – Entlastungsrelais für den X-Kontakt; L – Relais für die elektrische Benzinpumpe; M – Relais für Wisch-/Wasch-Intervallschaltung N – Blinkrelais. Je nach Sonderausstattung können auf Adaptern oberhalb der Zentralelektrik weitere Relais (1) angebracht werden. 2 – Halteschraube der Zentralelektrik.

Bei der Zentralelektrik ab 8/82 sitzen die verschiedenen Relais grundsätzlich an derselben Stelle. Es bedeuten: 1 – frei; 2 – Kraftstoffpumpenrelais; 3 – frei 4 – Steuergerät für Schaltanzeige; 5 – frei; 6 – Relais für Zweiklanghörner; 7 – Relais für Nebelscheinwerfer; 8 – Entlastungsrelais für X-Kontakt; 9 – frei; 10 – Relais für Wisch-/Wasch-Intervallschaltung; 11 – Relais für Heckscheibenwischer- und -wascher; 12 – Blinkrelais; 13 und 14 – frei; 15 – Relais für Scheinwerfer-Reinigungsanlage; 16 – frei; 17 – Sicherung für Nebelschlußleuchte; 18 – frei.

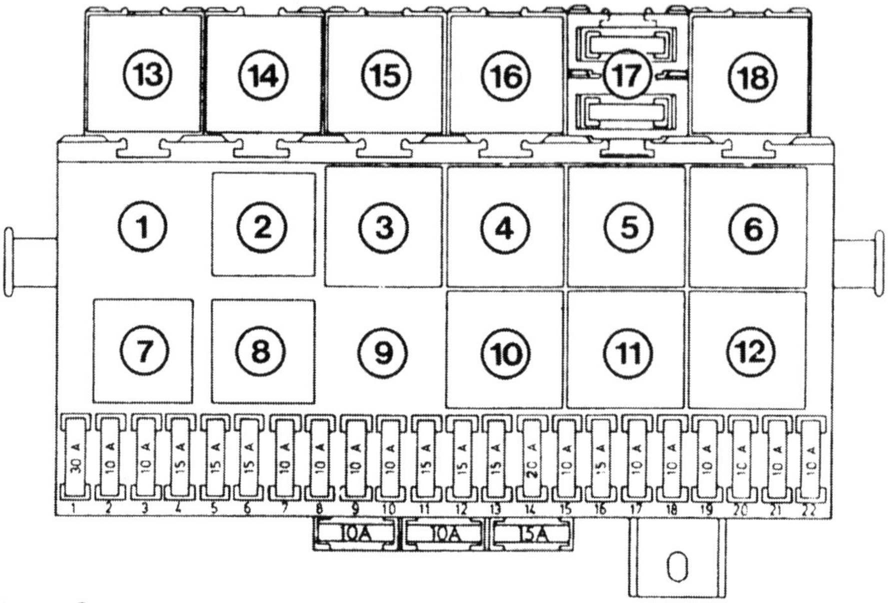

Schalter, gibt es Spannungsverlust, und die Schalterkontakte werden durch den hohen Stromfluß stark beansprucht. Deshalb benutzt man den Schalter nur für den geringen »Schaltstrom«, womit nicht der Verbraucher direkt, sondern dessen Relais eingeschaltet wird. Außerdem gibt es Relais für spezielle Aufgaben, wie etwa das Blinkrelais.

Funktionsweise

Beim Einschalten des betreffenden Verbrauchers wird im Relais durch den an Klemme 86 ankommenden »Schaltstrom« der Schaltstromkreis zu Klemme 85 geschlossen. Dadurch zieht eine Magnetspule einen kräftigen Kontakt gegen Federdruck an und schließt so den Stromkreis für den »Arbeitsstrom«. Dieser Arbeitsstrom wird zur Vermeidung von Spannungsabfall auf kurzem Weg direkt von der Batterie an Klemme 30 des Relais herangeführt und von dort weiter – bei geschlossenen Schalterkontakten – über Klemme 87 an den Stromverbraucher weitergeleitet.

Relais-Störungssuche

■ Klemme 30 muß immer Strom führen. Zur Kontrolle Relais ein Stück aus dem Sicherungskasten herausziehen und mit einer Prüflampe Klemme 30 antippen.

■ Relais abziehen, Klemme 86 mit Batterie-Plus und Klemme 85 mit Masse verbinden, hierbei muß die Magnetspule den Relaiskontakt deutlich hörbar anziehen, sonst ist das Relais defekt.

■ Abweichend hiervon schaltet das Relais für die Zweiklanghörner, siehe Seite 220/221.

Behelf bei defektem Relais

■ Relais aus der Zentralelektrik abziehen.

■ Klemme 30 und 87 im Relaissteckfeld mit einer Büroklammer oder einem kurzen Drahtstück überbrükken. Dadurch erhält der betreffende Verbraucher Dauerstrom.

■ Zum Abschalten die Kurzschlußbrücke abziehen, da mit dem betreffenden Schalter nicht ausgeschaltet werden kann.

Anzünder

Der elektrische Anzünder erhält Dauerstrom über die zuständige Sicherung, siehe Tabellen ab Seite 165. Falls der Anzünder trotz intakter Sicherung nicht funktioniert, ist der Heizwendeleinsatz locker oder durchgebrannt. Dieser Einsatz läßt sich abschrauben und austauschen.

Heizbare Heckscheibe

Die Überprüfung der heizbaren Heckscheibe findet praktisch jedesmal bei feuchter Witterung und im Winter statt. Das Feld mit den aufgedampften Leiterbahnen muß über die gesamte Fläche freie Sicht schaffen.

Für die Heckscheibenbeheizung erfolgt die Stromversorgung je nach Baujahr unterschiedlich: Bis 7/77 mit separatem Schalt- und Steuerstrom über das Relais für die heizbare Heckscheibe; seit 8/77 über das Entlastungsrelais für den

X-Kontakt und den Heizscheibenschalter direkt. Siehe hierzu die Stromlaufpläne ab Seite 170.

Störungssuche

■ Zuständige Sicherung kontrollieren, siehe Tabellen ab Seite 165. Bis Baujahr 7/77 Sicherung 5 sowie Sicherung 11 überprüfen.
■ Festen Sitz der Kabelstecker an der heizbaren Heckscheibe kontrollieren.
■ Schalter ausbauen und prüfen, siehe Seite 232 und 235.
■ Funktion des Relais überprüfen, siehe Seite 236.
■ War bisher kein Fehler zu finden, Leitungsverlauf kontrollieren.
■ Sind Heizfäden beschädigt und dadurch unterbrochen, hilft Leitsilberlack. Dieser wird z. B. von Doduco, Postfach 480, 7530 Pforzheim hergestellt und ist im Autozubehörhandel erhältlich.

Scheibenwischer und -wascher prüfen
Ständige Kontrolle

Mit dem Scheibenwischerschalter lassen sich die Wischerblätter in zwei verschiedenen Geschwindigkeiten in Gang setzen. Ein Zug am Hebel veranlaßt die Wascherpumpe, Wasser zu fördern. Bei Wisch-Wasch-Intervallschaltung laufen die Wischer einige Male über die Scheibe, und bei Nieselregen oder Nebel setzen sie sich nur alle paar Sekunden in Bewegung. Durch Druck auf den Wischerschalter oder den im Armaturenbrett sitzenden Wippschalter können Sie den hinteren Scheibenwischer und die Wasserpumpe hinten rechts im Kofferraum in Betrieb setzen.

Scheibenwaschwasser auffüllen
Ständige Kontrolle

Abgasrückstände, Öldunst und Silikon aus Lackpflegemitteln setzen sich hartnäckig auf das Glas. In der warmen Jahreszeit empfiehlt sich ein Reinigungszusatz zum Waschwasser und im Winter Gefrierschutz und Reinigungsmittel.
■ Zuerst Zusatzmittel und anschließend Wasser einfüllen, damit sich die Flüssigkeiten im Wascherbehälter gut vermischen.
■ Bei tiefem Frost können die Wascherdüsen doch einfrieren. Zur Vorbeugung empfiehlt sich hier die Zumischung von ⅓ Brennspiritus, der allerdings etwas aufdringlich riecht.

Störungsbeistand Scheibenwaschanlage

Die Störung	– ihre Ursache	– ihre Abhilfe
A Wasser spritzt nicht beim Zug am Wascherhebel	1 Wascherbehälter leer	Auffüllen
	2 Im Winter: Waschwasser eingefroren	Höhere Frostschutzkonzentration verwenden
	3 Spritzdüsen verstopft	Schlauch abziehen, Düse aus der Motorhaube herausdrücken. Mit Preßluft durchblasen oder dünnem Draht durchstoßen. Evtl. Schlauch ebenfalls durchblasen
	4 Wascherpumpe defekt	Stromversorgung bei eingeschalteter Zündung und gezogenem Hebel kontrollieren, ggf. austauschen
	5 Scheibenwischerschalter defekt	Schalter überprüfen, siehe Seite 235
B Einseitiger Spritzstrahl	Siehe A 3	
C Spritzstrahl zu hoch oder zu tief	Spritzdüse falsch eingestellt	Spritzdüse mit einer dünnen Nadel einstellen

Fingerzeige: *Um Verstopfungen der Scheibenwaschwasserdüsen vorzubeugen, empfiehlt sich der Einbau eines handelsüblichen Benzinfilters in die Waschwasserleitung, z. B. das Filter WK 31/2 von Mann.*

Der Abstand von der Windschutzscheibendichtung zum Wischergummi muß beim Golf für den rechten Wischer (1) 65 mm betragen, links (2) 35 mm. Beim Scirocco beträgt das Maß für den Einarmwischer 55 mm.

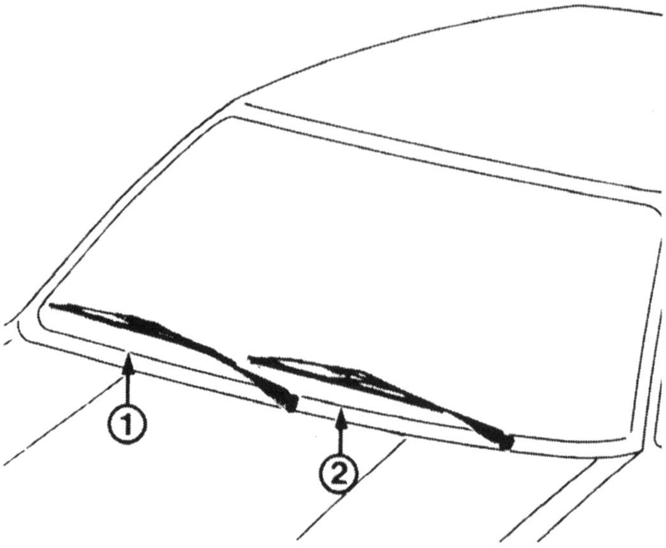

Wenn das Sichtfeld auf der Windschutzscheibe trotz Reinigungszusatz im Waschwasser schlierig bleibt, hilft das altbekannte Messingputzmittel Sidol (nicht Sidol Spezial!) weiter. Es wird mit einem Lappen aufgetragen und muß antrocknen, ehe der weiße Staub mit einem sauberen Lappen abgerieben wird. Damit werden Öl-, Lackkonservierer- und sonstige Rückstände zuverlässig entfernt.

Scheibenwischerarm ausbauen

Der Scheibenwischerarm sitzt auf der kerbverzahnten Scheibenwischerwelle, damit sich der Wischerarm auch bei lockerer Haltemutter nicht verdrehen kann.

■ Schutzkappe am Wischerarm mit einem flachen Schraubenzieher abhebeln.

■ Haltemutter lösen und mit der Unterlegscheibe abnehmen.

■ Wischerarm von der Welle abziehen. Falls dies nicht ohne weiteres möglich ist, weil er festkorrodiert ist:

■ Beidseitig von der Scheibenwischerwelle zum Schutz der Lackierung je einen Lappenballen legen.

■ Mit zwei beidseitig angesetzten flachen Schraubenziehern den Wischerarm abhebeln.

■ Wischerarm so montieren, daß das Scheibenwischerblatt den im Bild oben gezeigten Abstand von der Windschutzscheibendichtung hat.

Wischerblatt abnehmen

■ Wischerarm abklappen.

■ Arretierungfeder des Wischerblatts (siehe Bild unten) zusammendrücken, bis ihre Nocke aus der Aussparung des Wischerarms austritt.

■ Scheibenwischerblatt nach unten drücken und aus dem Arm herausschwenken.

■ Beim Einsetzen des Wischerblatts darauf achten, daß die Kerbe in der Arretierungsfeder der Aussparung im Wischerarm gegenübersteht und dort einrasten kann.

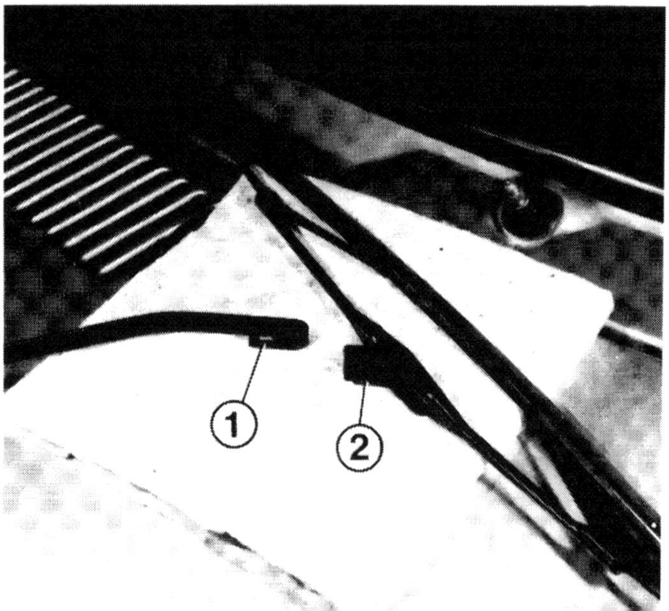

Die Arretierungsfeder (2) des Wischerblatts muß zusammengedrückt werden, damit ihre Haltenocke aus der Aussparung (1) im Wischerarm ausrasten kann.

Scheibenwischergummi wechseln

Die Gummis der Scheibenwischer liefern höchstens ein halbes Jahr lang ein streifenfreies Wischbild. Wesentlich billiger als komplette Wischerblätter ist der Austausch der Gummilippen, die allerdings nicht alle Werkstätten und Autozubehörgeschäfte vorrätig haben.

■ Wischerblatt abnehmen.

■ An einem Ende des Scheibenwischerblatts die Halteklammern aufbiegen.

■ Metallstreifen an einer und dann an der anderen Seite herausziehen.

■ Alte Wischerlippe aushängen, neue ggf. nach Muster abschneiden. Beachten Sie dabei, daß die neue Lippe nur an einer Seite die rechteckigen Aussparungen für die Halteklammer besitzt, daher nicht die falsche Seite abschneiden.

■ Neuen Wischergummi im Arm einhängen, Metallstreifen beidseits einschieben.

■ Halteklammer wieder zusammendrücken.

Fingerzeig: *Ein gutes Wischerfeld ist auf der Fahrerseite besonders wichtig. Beim Golf gibt es folgende Rundumtausch-Möglichkeit: Fahrerwischer auf die Beifahrerseite, Beifahrerwischer an den Heckwischer und das dortige Wischerblatt mit einem neuen Gummi versehen an die Fahrerseite.*

Störungsbeistand Scheibenwischerblätter

Die Störung	– ihre Ursache	– ihre Abhilfe
A Wasser und Schmutz werden gleichmäßig über das Wischfeld verteilt	1 Scheibe durch Lackpflegemittel, ölartige Rückstände oder Insektenleichen verschmutzt	Scheibe reinigen, siehe Fingerzeig links
	2 Wischergummi verschlissen	Austauschen
	3 Wischerarm am Anlenkpunkt des Wischerblattes nicht parallel zur Windschutzscheibe	Wischerarmende nachbiegen
B Im Wischfeld bleiben feine Wasserstreifen stehen	Siehe A 2	
C Im Wischfeld bleiben feine Wassertropfen zurück	Neigungswinkel des Wischergummis zu flach	Wischergummi austauschen
D Im Wischfeld bleibt ein breiter Wasserfilm zurück	Ungleiche Druckverteilung durch verbogene oder defekte Anpreßfeder im Wischerblatt	Wischerblatt austauschen
E Im Wischfeld bleiben einige Wasserfelder zurück	1 Anpreßdruck des Wischerarms zu gering	Anpreßdruck überprüfen, Gelenk und Feder leicht einölen, ggf. Wischerarm ersetzen
	2 Scheibenwischerantrieb verschlissen	Kontrollieren, defekte Teile ersetzen
	3 Wischerarm lose auf seiner Achse	Festschrauben
	4 Wischerarm verbogen	Nachbiegen
	5 Wischerblatt verbogen	Austauschen
F Im Wischfeld bleiben oben am Rand Wasserfelder zurück	1 Siehe E 1 2 Siehe D	
G Wischerblatt rattert	Zu viel Spiel in der Verbindung von Wischerarm und Wischerblatt bzw. dem Kunststoff-Verbindungsteil	Wischerblatt, -arm oder Verbindungsteil austauschen

Wenn der Scheibenwischermotor in Parkstellung steht, muß die Kurbel beim Golf im hier gezeigten Winkel α von 20° aufgesetzt werden.

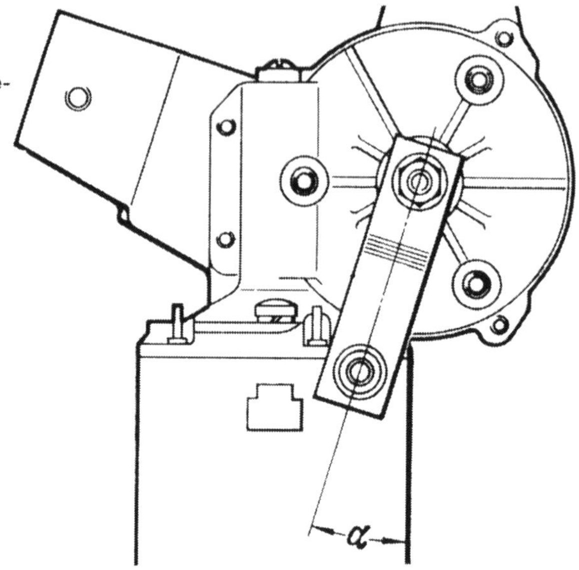

Scheibenwischermotor

Der Scheibenwischermotor wird von Klemme X bei eingeschalteter Zündung versorgt, seit 8/77 über das Entlastungsrelais für den X-Kontakt. Die Kabelklemmen am Scheibenwischermotor haben folgende Bedeutung:

- □ Klemme 53 erhält Spannung für die erste Wischergeschwindigkeit.
- □ Klemme 53a liefert Plusstrom für die Wischer-Endabstellung.
- □ Klemme 53b führt die Spannung für die zweite Wischergeschwindigkeit.
- □ Über Klemme 53e wird der Wischermotor beim Zurücklaufen der Scheibenwischer nach dem Abschalten abgebremst, damit die Wischer nicht über ihre Parkstellung hinauslaufen.

Sofern Sie die Scheibenwischer nicht gerade dann abschalten, wenn sie sich in ihrer Parkstellung befinden, erhält der Scheibenwischermotor über Klemme 53a so lange Spannung, bis die Wischer in ihre Ruhestellung gelaufen sind.

Wischermotor ausbauen

Diese Arbeit geht ohne Demontage der Scheibenwischerarme vonstatten:

- ■ Mehrfachstecker am Wischermotor abziehen.
- ■ Antriebsstangen von der Kurbel des Motors mit einem kräftigen Schraubenzieher abhebeln.
- ■ Drei Halteschrauben des Scheibenwischermotors losdrehen, siehe Bild unten, Motor abnehmen.
- ■ Einen neuen Wischermotor vor dem Einbau am Mehrfachstecker anschließen und mehrere Minuten lang laufen lassen. Beim Abschalten bleibt er dann in der Wischerparkstellung stehen.
- ■ Kurbelhebel beim Golf aufsetzen, wie in der Zeichnung oben gezeigt.
- ■ Gelenke beim Einbau mit Mehrzweckfett schmieren.

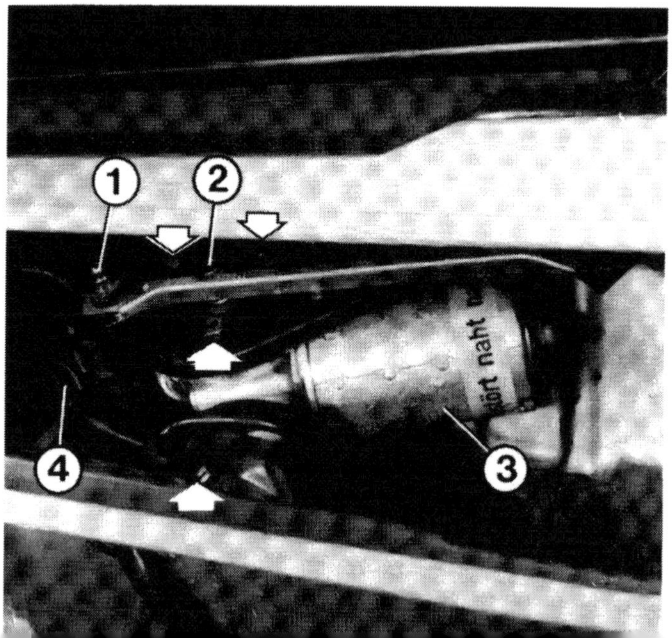

Der Scheibenwischermotor (3): 1 – Kurbelhebel; 2 – Antriebsachse des Wischermotors; 4 – Gummimanschette über Mehrfachstecker. Die Pfeile deuten auf die zum Wischermotorausbau zu lösenden Schrauben.

Störungsbeistand Scheibenwischer

Die Störung	– ihre Ursache	– ihre Abhilfe
A Scheibenwischer laufen nicht	1 Sicherung defekt	Austauschen
	2 Seit 8/77: Entlastungsrelais defekt	Relais prüfen, siehe Seite 236
	3 Wischerantriebskurbel lose	Festschrauben
	4 Leitung zum Wischerschalter unterbrochen	Leitungen überprüfen
	5 Leitung zum Wischermotor unterbrochen	Leitungen überprüfen
	6 Wischermotor durchgebrannt	Austauschen
B Scheibenwischer laufen nicht in Stufe II	1 Klemme 53b am Wischermotor defekt	Austauschen
	2 Klemmen 53a/53b im Wischerschalter unterbrochen	Austauschen
	3 Unterbrechung der Kontaktklemme 53b von der Zentralelektrik	Austauschen
	4 Unterbrechung der Leitung Klemme 53b von der Zentralelektrik zum Wischermotor	Leitung instand setzen
C Scheibenwischer laufen nicht im Intervallbetrieb	1 Relais defekt	Austauschen
	2 Kontakt S 1 bzw. J im Wischerschalter defekt	Austauschen
	3 Masseschluß der Leitung S 1 bzw. Unterbrechung der Leitung J	Leitung instand setzen
	4 Zentralelektrik defekt	Austauschen
D Intervallbetrieb läßt sich nicht ausschalten	1 Siehe C 1	
	2 a) Bis 7/77: Kontakt S 1 im Wischerschalter hat Unterbrechung	Austauschen
	b) Ab 8/77: Kontakt J im Wischerschalter öffnet nicht	Austauschen
	c) Ab 8/77: Kontakt T im Wischerschalter öffnet nicht	Austauschen
	3 a) Bis 7/77: Unterbrechung der Leitung Klemme S 1 zum Wischerschalter	Leitung instand setzen
	b) Ab 8/77: Kurzschluß der Leitung Klemme J oder T zum Wischerschalter	Leitung instand setzen
	4 Siehe C 4	
E Wischermotor hat keine Endstellung und Intervallbetrieb läuft dauernd	Unterbrechung der Leitung Klemme 53a zwischen Wischermotor und Relaisplatte bzw. der Leitungen Klemme 53e	Leitung instand setzen

Heckscheibenwischer

Der Scheibenwischer für die Heckscheibe wird über ein Relais mit Spannung versorgt. Gleichzeitig läuft beim Schalterdruck auch die hintere Wasserpumpe los. Klemme 53 liefert den Strom an den Wischermotor, Klemme 53a dient der Wischerrückstellung.

Heckwischermotor ausbauen

■ Scheibenwischerarm abnehmen, siehe Seite 238.
■ Abdeckung(en) in der Heckklappe vorsichtig abziehen.
■ Drei Halteschrauben des Heckwischermotors losdrehen.
■ Heckklappe mit großem Blechausschnitt: Motor komplett abnehmen.

Der Heckscheibenwischermotor (5):
1 – stromzuführende Kabel;
2 – Massekabel;
3 – Wischerlager mit Gestänge;
4 – Halter für den Motor. Die Pfeile deuten auf die Halteschrauben des Motors in der Heckklappe.

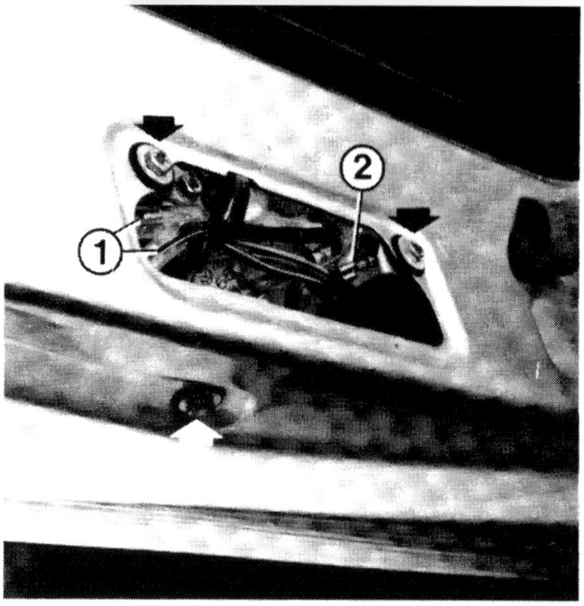

■ Bei der Klappe mit zwei kleinen Ausschnitten müssen Wischermotor, Halteplatte und Wischerantrieb in der Klappe auseinandergeschraubt werden, bevor der Motor abgenommen werden kann.

Störungsbeistand

Heckscheibenwischer

Die Störung	– ihre Ursache	– ihre Abhilfe
A Heckscheibenwischer läuft nicht – bis 7/77	1 Sicherung defekt	Ersetzen
	2 Schalter defekt	Schalter prüfen, siehe Seite 235
	3 Leitungen zum Schalter bzw. zum Wischermotor unterbrochen	Leitungen überprüfen, ggf. instand setzen
	4 Wischermotor defekt	Austauschen
	5 Zentralelektrik defekt	Austauschen
B Heckscheibenwischer läuft nicht – ab 8/77	1 Siehe A 1	
	2 Heckwischerrelais defekt	Relais prüfen, siehe Seite 236
	3 Leitungen zum Heckwischerrelais unterbrochen	Leitungen instand setzen
	4 Leitungen zum Wischermotor unterbrochen	Leitungen überprüfen, ggf. instand setzen
	5 Siehe A 4	
	6 Siehe A 5	
C Heckscheibenwischer läuft dauernd – ab 8/77	1 Anschlußleitungen zum Wischermotor vertauscht	Grün/schwarze Leitung an Klemme 53, schwarz/grüne bzw. schwarz/graue Leitung an Klemme 53a anschließen
	2 Siehe B 2	

Radio

In unseren Beschreibungen gehen wir lediglich auf die werksmäßige Einbauweise ein.

Radio ausbauen

■ Knöpfe abziehen, Umschalter bzw. Distanzstück abnehmen.
■ Die kleinen Halteklammern der Radioblende auf den Gewindegängen unter den Radioknöpfen mit einem kleinen Schraubenzieher oder einer Nadel zur Seite schieben, Blende abnehmen.
■ Halteklammer an einer Seite des Radios mit einem Schraubenzieher ein Stück nach innen ziehen (Bild rechts), Radio ein wenig herausziehen.
■ Halteklammer an der gegenüberliegenden Seite nach innen ziehen, Radio abziehen. Aufpassen, daß die andere Klammer nicht wieder einrastet.

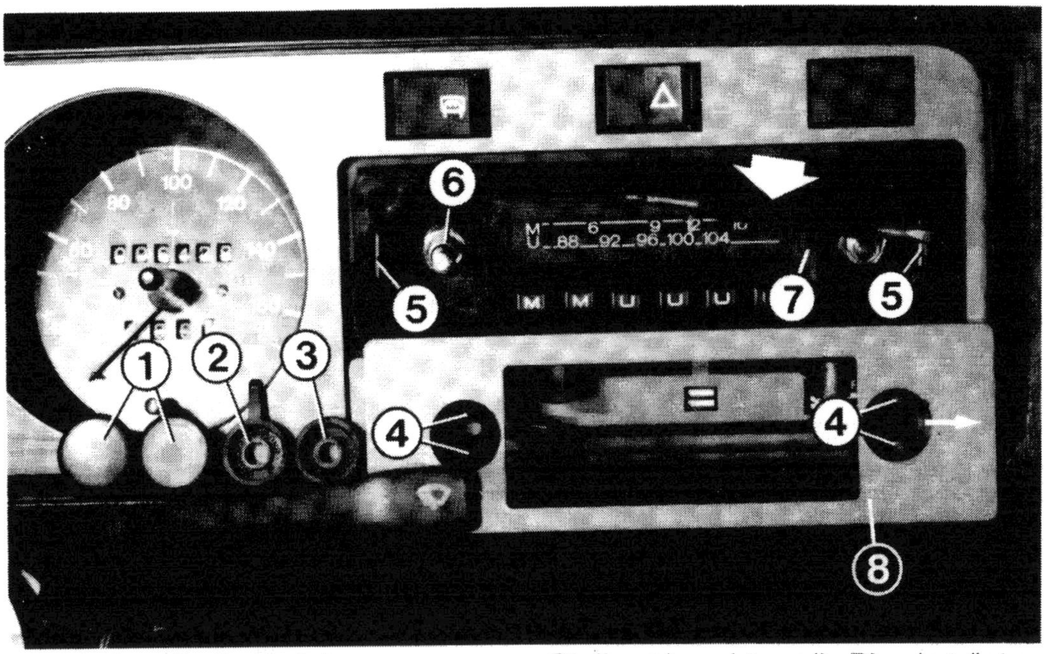

Der Radioausbau: 1 – Radioknöpfe; 2 – Reglerknopf; 3 – Unterlage; 4 – Halteklammern in der Radioblende (8), die zur Seite (Pfeil) geschoben werden müssen; 5 – Halteklammern des Radios, die mit einem Schraubenzieher (Pfeil) nach innen gezogen werden müssen; 6 – Gewinde unter dem Radioknopf; 7 – Antennentrimmschraube.

■ Kabel am Radio abziehen.
■ Beim Einbau der Radioblende deren Stellung beachten, die Blende trägt an der Rückseite den Hinweis »Oben«.

Radio nachträglich einbauen

Besorgen Sie sich einen auf den Golf bzw. Scirocco abgestimmten Einbausatz, damit es mit der Befestigung dann keine Probleme gibt.

■ Ablagefach in Armaturenbrettmitte oben und unten zusammendrücken und herausnehmen.
■ Einbausatz am Radio befestigen.
■ Haltedorn und Radiogehäuse mit Schaumstoff umkleben, das verhindert mögliche Klappergeräusche.
■ Massekabel der Batterie abnehmen.
■ Ein rotes stromführendes sowie ein braunes Massekabel sind bereits ab Werk hinter dem Armaturenbrett verlegt, seit 9/81 außerdem eine grau/blaue Leitung für die Radioskalenbleuchtung und ein schwarzes Kabel als Steueranschluß für eine Automatikantenne. Für ältere VW- oder Fremdgeräte wird bei Fahrzeugen ab 9/81 der Anschlußadapter Nr. 171 035 443 gebraucht.
■ Radio anschließen.
■ Antenne einbauen, dabei auf guten Massekontakt achten.
■ Entstörmittel nach Radio-Einbauanleitung montieren.
■ Lautsprecher provisorisch am Radio anschließen.
■ Massekabel der Batterie anklemmen, Radio zur Probe einschalten.
■ Radio mit der Antennentrimmschraube auf die Antenne anpassen. Dazu
■ auf Mittelwelle einen schwachen Sender zwischen 1200 und 1500 kHz einstellen.
■ Trimmschraube so lange drehen, bis der Sender am lautesten und klarsten empfangen wird.
■ Lautsprecher einbauen und Radio endgültig montieren.

Lautsprecher einbauen

■ **Mono-Lautsprecher Golf bis 7/80, Scirocco:** Handschuhfach ausbauen, siehe Seite 255.
■ Von unten her den passenden Lautsprecher einsetzen.
■ Zur Befestigung Federklammer unten in die entsprechende Halteöse einhängen.
■ **Mono-Lautsprecher Golf ab 8/80:** Lautsprecher mit seiner speziellen Blende in Armaturenbrettmitte vor dem unteren mittleren Ablagefach anschrauben.
■ **Stereo-Lautsprecher in den Türablagefächern:** Je eine Kreuzschlitzschraube der Abdeckungen vorn an der »Box« herausdrehen.
■ Kunststoffteil hinten aushängen, Lautsprecher einsetzen.
■ **Stereo-Hecklautsprecher:** Lautsprecher von unten in den Gittern neben der Kofferraumabdeckung einsetzen und festklammern.

Eigenheim

Einst bestanden die von den Kutschen inspirierten Karosserien aus Holz, das bespannt oder beplankt und lackiert wurde. Heute baut man in Großserie nur noch Stahlkarosserien, die aus vielen Einzelteilen gepreßt und zusammengeschweißt werden.

Demontierbare Teile

Mit einiger Geschicklichkeit kann man die Stoßfänger und Kotflügel vorn alleine ausbauen. Wollen Sie aber Motorhaube, Heckklappe oder Türen demontieren, brauchen Sie unbedingt einen Helfer, der diese großen und schweren Teile hält, während Sie schrauben, sonst wird schnell irgendwo der Lack zerkratzt.

Fingerzeig: *Den Wiedereinbau der bisherigen Motorhaube, Heckklappe oder Tür kann man sich erleichtern, wenn die Lage der Scharniere vor der Demontage angezeichnet wird. Aber statt mit einer Reißnadel den Lack zu zerkratzen, sollten Sie hierfür einen wasserfesten Filzschreiber verwenden.*

Die Motorhaube

Motorhaube ausbauen

■ Rechts und links je zwei Halteschrauben an den Scharnieren losdrehen, Haube abnehmen.

■ Beim Einbau das Masseband links wieder mit anschrauben.

Motorhaube einstellen

Bei geschlossener Motorhaube muß der Abstand zu beiden Kotflügeln und zum Windlauf unterhalb der Windschutzscheibe rundum annähernd gleich sein. In der Höhe soll die Motorhaube den Kotflügeln entsprechen.

■ Schrauben an den Motorhaubenscharnieren lockern.

■ Haubendeckel verschieben. Damit hierbei kein Lack zerkratzt wird, evtl. an den Ecken zum Windlauf Lappen unterlegen.

■ Gummipuffer vorn an der Haube so weit hinein- bzw. herausdrehen, bis sie in geschlossenem Zustand in gleicher Höhe wie die Kotflügel steht.

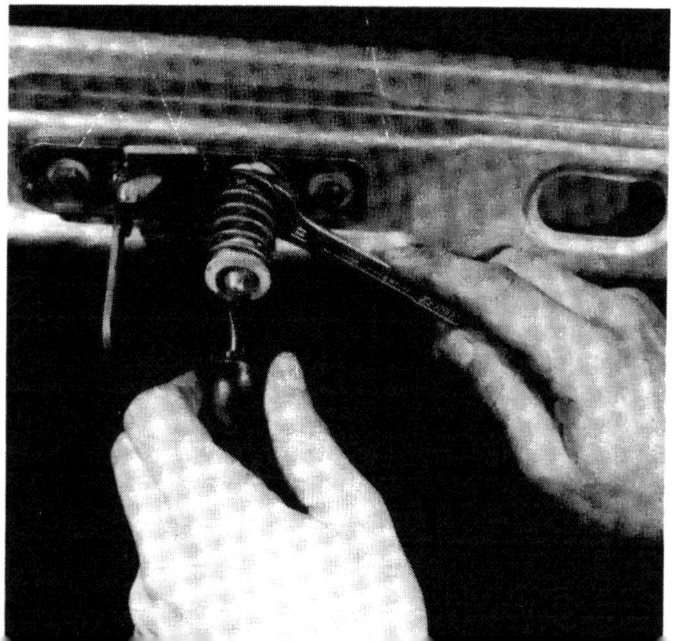

Wenn die Länge des Schloßzapfens verändert werden soll, muß nach Lösen der Kontermutter (Schraubenschlüssel darauf angesetzt) der Zapfen mit einem Schraubenzieher hinein- oder herausgedreht werden.

Haubenverschluß einstellen

Funktioniert die Haubenverriegelung nicht einwandfrei, kann der Schließdorn an der Haubenvorderkante falsch eingestellt sein oder der Fehler liegt am Haubenzug.

■ Bei seitlich versetztem Schließdorn dessen Grundplatte lockern und entsprechend seitlich verschieben.

■ Falsche Schließdornhöhe wird durch Verdrehen des Dorns korrigiert, dazu die Kontermutter festhalten und mit Schraubenzieher den Dorn entsprechend hinein- oder herausdrehen.

■ Die richtige Haubenzugeinstellung finden Sie im übernächsten Abschnitt beschrieben.

Gerissener Haubenzug

■ Leuchten Sie mit einer Taschenlampe durch das VW-Zeichen im Kühlergrill.

■ Das dort sichtbare Schließteil mit einem Schraubenzieher zur Fahrerseite hin drücken, dann springt das Schloß auf.

Haubenzug auswechseln

■ Kühlergrill ausbauen; Seite 248.

■ Klemmschraube am Haubenschloß (siehe Bild unten) lösen. Zugende herausziehen.

■ Entriegelungsgriff im Fahrerfußraum losschrauben, Haubenzug zum Innenraum hin herausziehen.

■ Neuen Zug vom Innenraum her durch die Gummitülle in der Trennwand zum Motorraum durchschieben.

■ Haubenzug so verlegen, daß er nicht unter Spannung steht.

■ Drahtseil des Zugs hinter der Klemmschraube am Schloß durchschieben.

■ Beim Festdrehen der Klemmschraube darf das Schloßunterteil nicht unter Spannung stehen.

■ Überstehendes Zugende zu einer Schlaufe umbiegen.

Die Heckklappe

Heckklappe ausbauen

Die vier Kreuzschlitzschrauben zur Befestigung der Heckklappe an ihren Scharnieren sind im Heckklappenausschnitt praktisch nicht zugänglich. Um die am Wagendach liegenden Halteschrauben zu erreichen, ziehen Sie die Heckklappendichtung aus ihrem Ausschnitt und lösen oben den Dachhimmel ab. VW empfiehlt dagegen, den Dachhimmel am Sitz der Scharniere einzuschneiden, doch müssen die Schnittstellen anschließend mit Abdeckkappen (Ersatzteil-Nr. 171 867 923) verschlossen werden. Beim Golf GTI ohne Schiebedach ab Baujahr 8/81 sind im Dachhimmel bereits serienmäßig solche Abdeckungen eingesetzt.

■ Elektrische Kabelverbindungen zur Heckklappe trennen.

■ Klammer an einem Haltebolzen des Gasdruckhebers abziehen, Gasdruckheber aushängen.

■ Je zwei Halteschrauben der Heckklappenscharniere herausdrehen, Klappe mit den Scharnieren abnehmen.

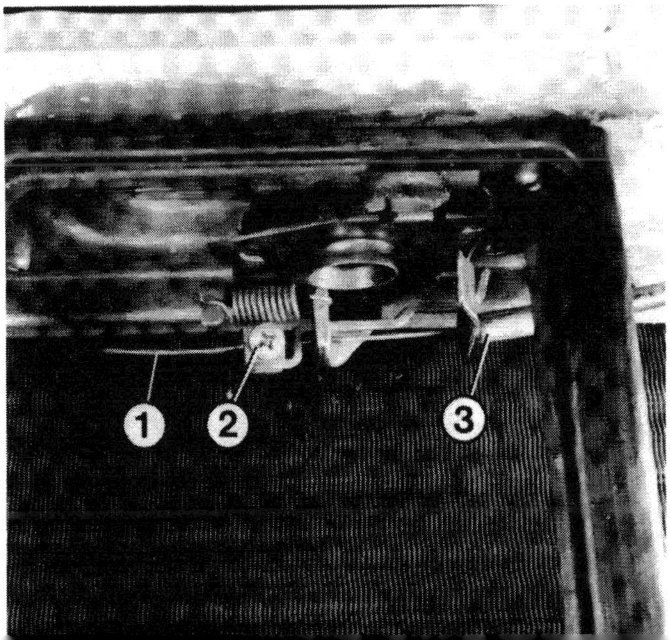

Bei abgenommenem Kühlergrill sehen Sie den Motorhaubenzug (1) mit seiner Halteschraube (2) am Haubenschloß sowie die Seilzugumhüllung (3).

Heckklappe einstellen

■ Bei klappernder oder schlecht schließender Heckklappe die Halteschrauben der Schließplatte etwas lockern, siehe Bild unten.

■ Schließplatte entsprechend verschieben und festschrauben.

■ Sitz und Klapperfreiheit der Heckklappe kontrollieren, ggf. die Schließplatte nachjustieren.

Die Heckklappendichtung

Wenn in den Kofferraum Staub oder Regenfeuchtigkeit eindringt, obgleich die Heckklappe rundum flächenglatt in ihrem Ausschnitt sitzt, müssen Sie einmal die Gummiumrandung dieses Ausschnitts genau unter die Lupe nehmen: Der Gummi kann mit den Jahren spröde geworden sein und schließt nicht mehr elastisch. Oder die Gummiumrandung ist eingerissen, weil im Winter die zugefrorene Klappe mit Gewalt aufgezerrt werden mußte. Vorbeugend hilft hier regelmäßiges Einreiben mit Glyzerin oder einem Spezialpflegemittel. Zum Wechsel:

■ Schadhafte Gummiumrandung abziehen, eventuell vorhandene Klebereste entfernen.

■ Neue Dichtung mit einem Gummihammer aufschlagen, dabei darauf achten, daß die Gummiumrandung rundum genau gleichmäßig hoch sitzt.

Heckklappenschloß ausbauen

■ Drei Kreuzschlitzschrauben an der Unterkante der Heckklappe herausdrehen. Das Schloßteil kann jetzt abgenommen werden.

■ Auch der Druckknopf mit Schließzylinder der Heckklappe kann nun herausgezogen werden, denn er ist mit einer der bereits entfernten Schrauben befestigt.

■ Sollte Ihnen beim Ausbau eine Unterlegscheibe entgegenkullern, so muß diese beim Zusammenbau zwischen Schloß und Schließzylinder mit verschraubt werden. Dadurch kommt der Schließzylinder in waagrechte Stellung und nur in der kann er einwandfrei funktionieren.

■ Bei Einbau die Dichtung um den Schließzylinder nicht vergessen.

Die Stoßfänger

Golf-Stoßstangen ausbauen

■ Steckverbindungen zu den vorderen Blinkern im Motorraum vorn trennen.

■ Je zwei Halteschrauben im Motorraum an den Längsträgern lösen – in Fahrtrichtung rechts von oben, links von unten her.

■ Hinten: Je zwei Halteschrauben seitlich im Kofferraum losdrehen.

■ Stoßfänger waagrecht abziehen; die seitlichen Ecken der kunststoffummantelten Stoßstangen seit 8/78 gleiten dabei aus ihren Halteclips.

■ Stoßstangenhalter abschrauben, falls erforderlich.

■ Seitliche Kunststoffecken bis 7/78 aus den Einstecköffnungen in der Stoßstange vorsichtig herausheben. Ist der Kunststoff schon älter, bricht meist eine Haltenase im Stoßstangeneck aus.

■ Beim Einbau des kunststoffumman-

Der Schließzapfen des Heckklappenschlosses läßt sich nach Lösen seiner beiden Halteschrauben in vier Richtungen verschieben.

telten Stoßfängers darauf achten, daß die seitlichen Ecken in ihre Halteclips an der Karosserie eingeschoben werden.

Scirocco-Stoßstangen ausbauen

■ Je zwei Muttern der seitlichen Stoßecken bis 7/77 innen im Vorderkotflügel bzw. vom Kofferraum aus losdrehen, je eine Mutter direkt an der Stoßstange lösen.
■ Je zwei Halteschrauben an den vorderen Längsträgern bzw. seitlich im Kofferraum herausdrehen.
■ Stoßfänger waagrecht abziehen.

Kunststoffabdeckung ausbauen

Wenn lediglich die Kunststoffabdeckung beschädigt ist, kann sie alleine ersetzt werden. Ist dagegen auch der eigentliche Stahlstoßfänger deformiert, gibt es als Ersatz nur eine komplette Stoßstange.
■ Beim Golf den vorderen Kennzeichenhalter abschrauben.
■ Alte Abdeckung mit einem Schraubenzieher abhebeln.
■ Zur Montage der neuen Kunststoffhülle benutzt die Werkstatt eine Presse und ein Spezialwerkzeug, behelfsmäßig geht es doch ziemlich schwierig.
■ Seitliche Klemmstücke etwa fünf Minuten in ein Seifenwasser legen.
■ Halteschraube drei bis vier Gewindegänge in das Klemmstück drehen.
■ Klemmstück nun mit einem Kunststoffhammer bis auf die Verstärkungsrippen in der Kunststoffabdeckung schlagen, dabei nicht auf die Schraube klopfen.
■ Klemmstück mit einer Zange festhalten und gleichzeitig die Halteschraube mit 5 Nm anziehen. Dadurch spreizt sich das Klemmstück wie ein Dübel und sitzt fest.
■ Vor dem Aufpressen der Kunststoffabdeckung den Kunststoff mit einem Haarfön oder Heizlüfter erwärmen.
■ Von der Stoßfängermitte beginnend müssen sämtliche Haltenasen der Abdeckung in die entsprechenden Öffnungen im Stahlträger einrasten.

Die Kotflügel

Lediglich die vorderen Kotflügel lassen sich abschrauben, die hinteren Seitenteile bilden dagegen eine verschweißte Einheit mit der restlichen Karosserie.

Kotflügel ausbauen

■ Betreffendes Vorderrad und vorderen Stoßfänger abnehmen.
■ Kühlergrillecke bzw. Kühlergrill ausbauen (Seite 248/249).
■ Zierleiste am Türeinstieg abhebeln, siehe Seite 252.
■ Unterbodenschutz an den Trennfugen erwärmen, damit er sich mit einem scharfen Messer anschließend durchtrennen läßt. Sie brauchen dazu eine Gas-Lötlampe oder einen leistungsstarken Heißluftfön.
■ Köpfe der Halteschrauben an der Scharniersäule aus der Unterbodenschutzschicht freilegen.
■ Bei geöffneter Motorhaube rund um den Kotflügel insgesamt 10 Sechskant-Blechschrauben herausdrehen. Davon sitzen vier in der Motorhauben-Ablagekante, zwei vorn unten am Kot-

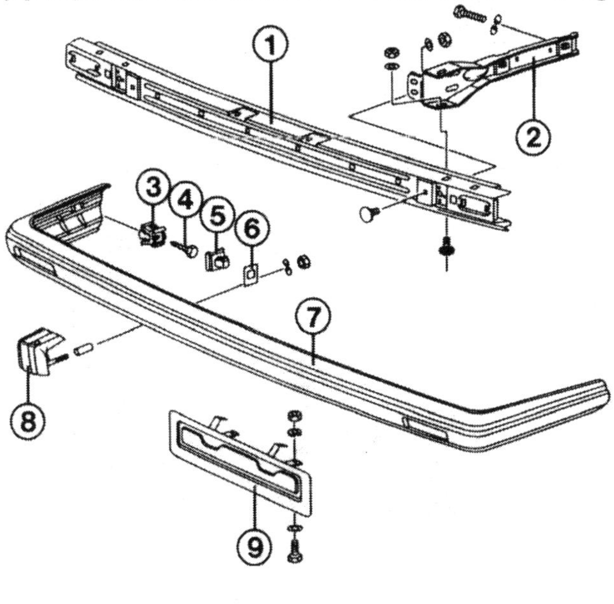

Die Einzelteile der Stoßfänger seit 8/78: 1 – Stoßfänger; 2 – Stoßfängerträger; 3 – Klemmstück; 4 – Spezialsechskantschraube; 5 – Clip; 6 – Dichtung; 7 – Kunststoffabdeckung; 8 – Stoßfängerhorn mit Spritzdüse für Scheinwerferreinigungsanlage; 9 – Verstärkungsblech für das Kennzeichen.

Einer der Haltedübel (3) für den Golf-Kühlergrill ist links zerlegt gezeigt mit seinem Außenteil (1) und dem Dorn (2).

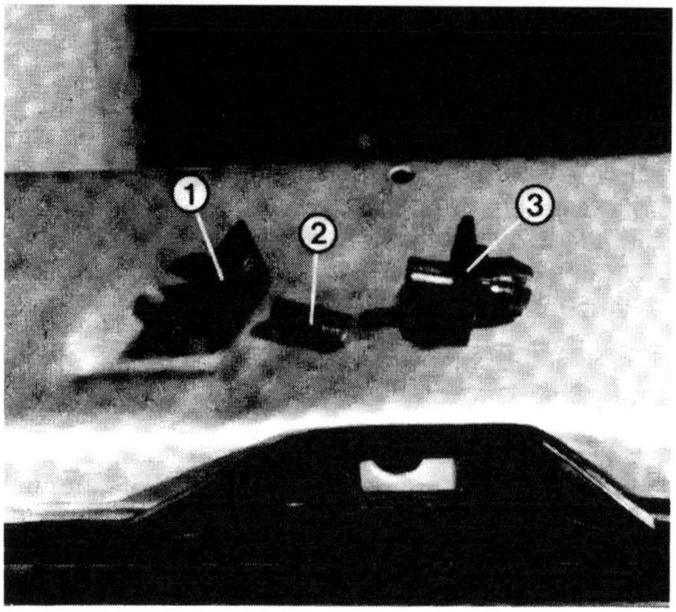

flügel, drei innen zum Türpfosten hin und eine unten am Schwellerblech.

■ Kotflügel nach vorn und dann zur Seite abziehen.

Korrosionsschutz vor dem Kotflügelanbau

■ Verschraubungs- und Stoßkanten des Kotflügels sauber entrosten.

■ Auf die gesäuberten Flächen soll nach Werksempfehlung Korrosionsschutz-Grundierung ALN 747 003 aufgestrichen werden (Lufttrocknungszeit etwa 40 Minuten, keinen Heizlüfter o. ä. zum schnelleren Trocknen verwenden). Sie können an dieser Stelle auch Zinkstaubfarbe verwenden.

■ Decklack auftragen.

■ Zwischen Karosserie und Kotflügel sitzen an der Motorhauben-Ablagekante und zur Tür hin Zinkplättchen unter den Schrauben. Falls diese Plättchen fehlen, muß an deren Stelle Karosseriedichtband aufgedrückt werden. Für die jeweilige Schraube ein entsprechend großes Loch durch das Dichtband stechen.

■ Nach dem Einbau des Kotflügels in die Fugen zwischen Karosserie und Kotflügel Acryldichtmasse (V. A. G.-Nr. AKD 511 001) auftragen und mit einem Pinsel sauber verstreichen.

■ Die Spalte zwischen Kotflügel und Motorhauben-Ablagekante werden mit Konservierungswachs satt eingesprüht.

Der Kühlergrill

Beim Golf besteht der Kühlergrill aus drei Teilen, während der Scirocco eine zweiteilige Zierblende für die Kühlluftöffnung besitzt.

Golf-Grill ausbauen

■ Das **Grill-Mittelteil** halten Kunststoffdübel, wie im Bild oben gezeigt.

■ Soweit möglich, den Dorn im Dübel von der Motorraumseite her ein Stück herausdrücken und Dübel abziehen.

■ Am Kühler, wo der Dübel nicht von

Am Golf-Grill sehen Sie hier; 1 – Öse für den Haltedübel; 2 – Halteschrauben der Scheinwerferumrahmung (4); 3 und 5 – zugehörige Schraubenlöcher in Karosserie und Grillteil.

der Hinterseite her erreichbar ist, muß man den Dorn von vorn durchdrücken. Meist verschwindet er dabei in einem Loch im vorderen Querträger. Ein neuer Dübel, von VW Clip genannt, ist allerdings nicht teuer.

■ Grill etwas nach oben anheben und abziehen.

■ An der **Scheinwerfereinfassung** zwei Kreuzschlitzschrauben herausdrehen.

■ Äußeren Haltedübel des Mittelgrills abnehmen, falls das Mittelteil nicht ohnehin ausgebaut ist.

■ Mittleren Grill etwas herausziehen und seitliches Grillteil »ausfädeln«.

■ Grill abnehmen.

Scirocco-Grill ausbauen

■ Insgesamt sechs Kreuzschlitzschrauben je Grillhälfte herausdrehen.

Die Türen

Türen ausbauen

■ Klemmscheibe unten am Haltebolzen des Türfeststellers abdrücken, Bolzen nach oben herausdrücken.

■ Am oberen und unteren Scharnier je eine Sechskantschraube bzw. je zwei Innensechskantschrauben losdrehen, Tür mit ihren Scharnieren abnehmen.

■ Die Sechskantschrauben für die Türscharniere müssen bei der Demontage erneuert werden.

Tür einpassen

Zur Einstellung einer Tür muß der Wagen mit allen Vieren waagrecht auf dem Boden stehen. Bei aufgebocktem Fahrzeug kann sich die Karosserie etwas verwinden, so daß die Türenjustierung anschließend nicht stimmt.

■ Schließbolzen, in den das Türschloß einrastet, ein wenig lockern.

■ Tür mit ihren Scharnieren nur so fest anschrauben, daß sie sich noch nach allen Seiten verschieben läßt.

■ Tür in den Türausschnitt drücken und so ausrichten, daß das Türblech flächenglatt mit dem benachbarten Karosserieblech abschließt und mit rundum gleichmäßig breitem Spalt im Türausschnitt sitzt.

■ Prüfen Sie vom Wageninnern aus, ob die Tür gleichmäßig mit ihrer Gummidichtung anliegt.

■ Bei richtigem Sitz Scharnierschrauben anziehen.

■ Öffnertaste im äußeren Türgriff anziehen und das Türschloß bei leicht angehobener Tür in den Schließbolzen einrasten lassen.

■ Öffnertaste loslassen, wieder anziehen und Tür leicht angehoben öffnen.

■ Schließbolzen in dieser Stellung festziehen.

■ Sitz der Tür kontrollieren, evtl. nachjustieren.

Türverkleidung ausbauen

■ Zwei Kreuzschlitzschrauben der Armstütze abschrauben. Bei neueren Modellen diese Stütze um 90° nach oben schwenken und aus der oberen Steckverbindung herausziehen.

■ Griffschale aus dem Türinnengriff heraushebeln.

■ Kreuzschlitzschraube der Türinnengriff-Blende herausdrehen, Blende abnehmen.

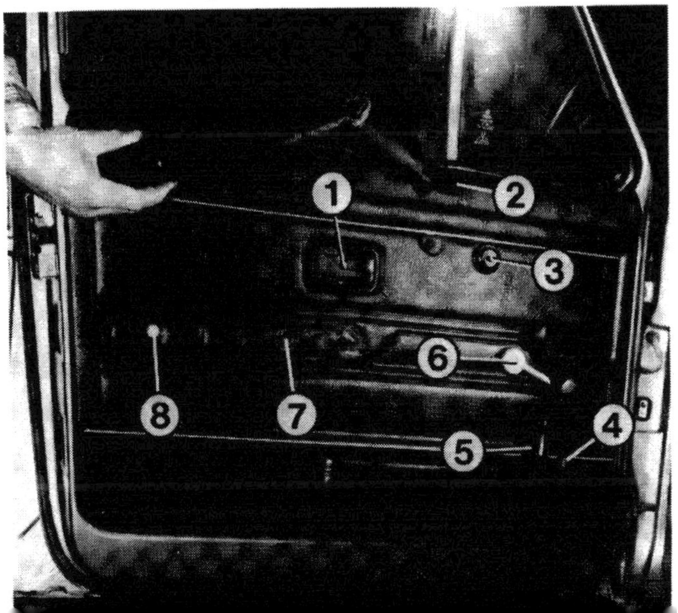

Wichtige Positionen für den Ausbau der Türverkleidung: 1 – Halteschraube der Türöffner-Griffschale; 2 – Haltestift der Armlehne; 3 – Griffhebel des von innen verstellbaren Außenspiegels; 4 – Kappe des Spiegelverstellknopfes; 5 – Abdeckung der Türöffner-Griffschale; 6 – Fensterkurbel; 7 und 8 – Kunststoffhaltedübel für die Befestigungsschrauben der Armlehne.

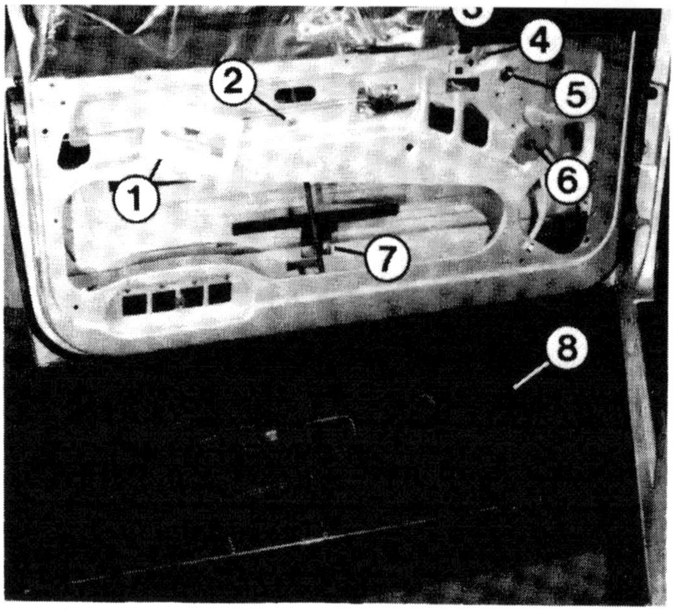

Die Fahrertür mit abgenommener Türverkleidung (8); 1 – Schaumstoffpolster unter dem Innentürgriff; 3 – Plastikfolie; 4 – Halteschraube der vorderen Fensterführungsschiene; 5 – Betätigungsknopf für den innenverstellbaren Außenspiegel; 6 – Welle der Fensterkurbel; 7 – Halteschraube der Fensterhebeschiene.

■ Abdeckung der Fensterkurbel abhebeln und beiseitedrücken (siehe Bild auf der Vorseite).

■ Darunter sitzende Kreuzschlitzschraube losdrehen und Kurbel abnehmen.

■ Knopf des von innen verstellbaren Rückspiegels abziehen.

■ Verriegelungsknopf herausdrehen.

■ Neben und oberhalb des Türablagekastens zwei Plastikkappen abdrücken und darunter sitzende Kreuzschlitzschrauben herausdrehen.

■ Türverkleidung unten an einer Ecke vorsichtig ein Stück herausziehen, damit sich die Haltclips aus dem Türblech lösen. Mit der Hand hinter die Verkleidung fassen und die Verkleidung vorsichtig rundum abziehen.

■ Die Kunststoffolie hinter der Verkleidung darf nicht beschädigt und muß rundum sauber angeklebt sein, andernfalls kann Feuchtigkeit eindringen und die Rückseite der Türverkleidung aufweichen.

■ Beim Einbau der Verkleidung darauf achten, daß die Kunststoffclips genau an den entsprechenden Bohrungen im Türblech angesetzt sind, sonst werden sie bei dem zum Einklopfen notwendigen Handballenschlag zerquetscht und unbrauchbar.

Türschloß ausbauen

■ Beide Innensechskantschrauben des Türschlosses lösen.

■ Schloß verriegeln und ein Stück herausziehen.

■ Durch die Öffnung unten im Türschloß einen Schraubenzieher stekken, wodurch die Welle des Fernbetätigungshebels blockiert wird. Nur so kann die Verbindungsstange zum inneren Türgriff ausgehängt werden.

■ Sicherungshebel oben aus der Hülse ziehen.

■ Beim Wiedereinbau muß die Schloßfalle in verriegelter Stellung stehen.

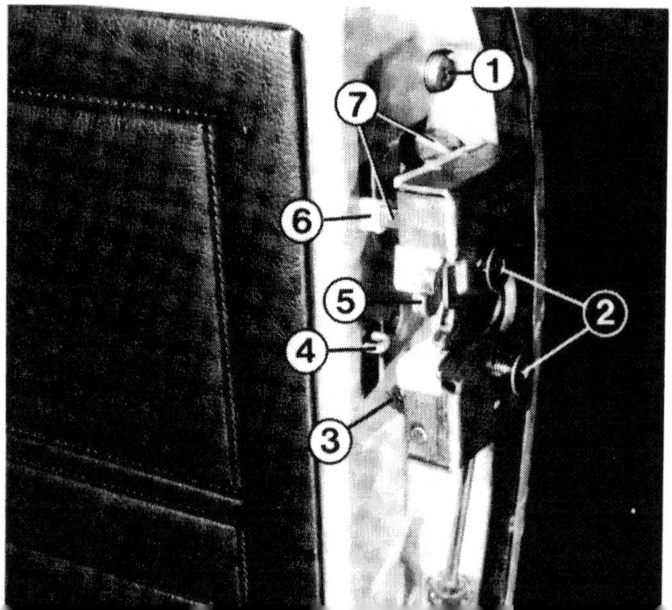

Das Türschloß: 1 – Halteschraube des Türaußengriffes; 2 – Halteschrauben des Schlosses; 3 – Fernbetätigungshebel; 4 – Verbindungsstange; 5 – Schloßfalle; 6 – Hülse für Sicherungshebel (7).

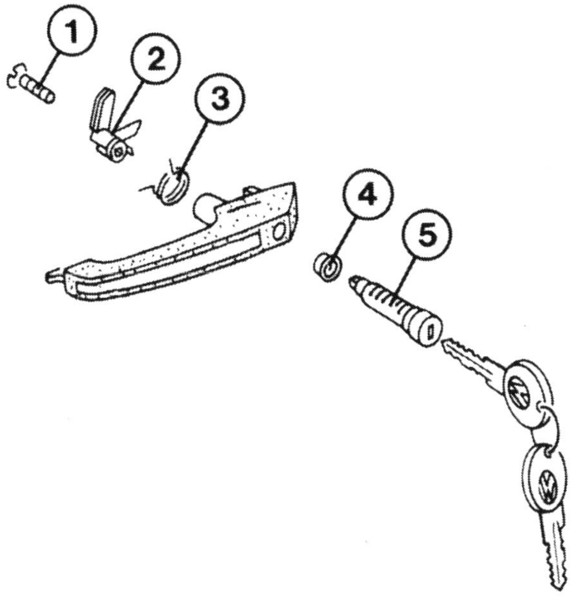

Zum Schließzylinder (5) gehören:
1 – Halteschraube; 2 – Mitnehmer;
3 – Drehfeder; 4 – Dichtring.

Türgriff ausbauen

■ Kreuzschlitzschraube im Türkastenrand (siehe Bilder unten) herausdrehen.
■ Zierabdeckung mit einem feinen Schraubenzieher abhebeln.
■ Kreuzschlitzschraube vorn im Türgriff herausdrehen, Griff abnehmen.

Schließzylinder ausbauen

■ Schlüssel in den Schließzylinder stecken, damit beim Herausziehen des Zylinders die Schließplatten und Federn nicht herausfallen.
■ Schlitzschraube am hinteren Ende des Schließzylinders herausdrehen.
■ Mitnehmer und Drehfeder abnehmen, dabei deren Lage für den Wiedereinbau merken.
■ Schließzylinder aus der Türgriff-Vorderseite herausziehen.
■ Neuen Schließzylinder mit Rostlöser-Isolierspray schmieren, siehe Seite 11.

Türfenster ausbauen

Die hier im Text erwähnten Teile sehen Sie zum Teil im Bild links oben.
■ Türverkleidung abnehmen.
■ Türscheibe herunterkurbeln.
■ Innere Fensterschachtabdichtung mit einem lappenumwickelten Schraubenzieher (zum Schutz der Lackierung) aus dem Türblech hebeln.
■ Oben beim Dreiecksfenster das senkrechte sowie das obere Fensterführungsgummi etwa 10 cm weit herausziehen.
■ Obere Halteschraube der Fensterführungsschiene losdrehen, ebenso deren Schrauben im Türkasten.
■ Schiene schräg nach unten in den Türkasten schieben.
■ Türscheibe am Fensterheber abschrauben, hochschieben und aus dem Türkasten herausziehen.

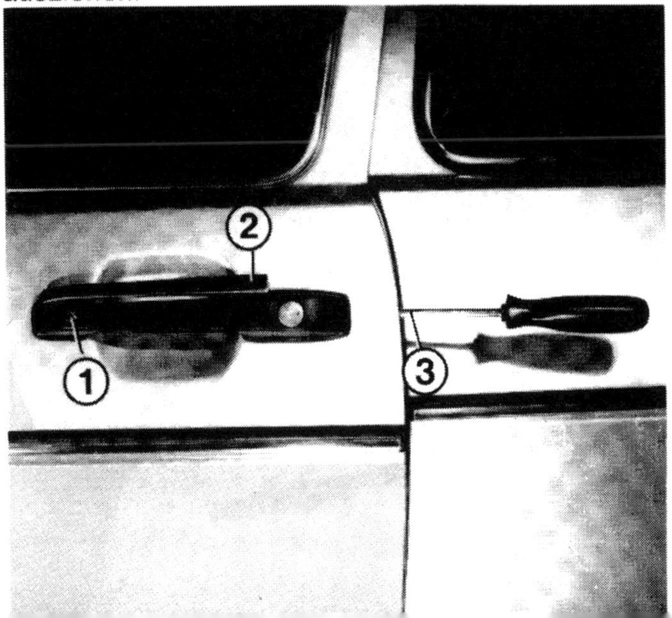

Den äußeren Türgriff hält eine Schraube (1), die von der Zierblende (2) verdeckt ist, sowie eine Schraube am Türkastenrand (Schraubenzieher – 3 – darauf angesetzt).

Fensterheber ausbauen

■ Türfenster herunterkurbeln.
■ Scheibe am Fensterheber abschrauben, ein Stück hochziehen und auf zwei entsprechend hohe Klötze setzen, damit sie nicht herunterfallen kann.
■ Fensterheber am Kurbeltrieb und an den beiden Haltelaschen abschrauben, siehe Bild Seite 250 oben. Das Rohr oben ist lediglich in der Türbrüstung festgeklemmt.
■ Fensterheber zum unteren Ausschnitt in der Tür herausnehmen.

Fingerzeig: *Schwergängige Fensterheber können geschmiert werden: Die beflockte Spirale darf nur geölt werden, während die nicht beflockte Spirale gefettet werden muß.*

Außenspiegel abnehmen

■ Beim normalen Spiegel dessen beide Halteschrauben herausdrehen.
■ Beim innenverstellbaren Spiegel den Knopf an der Innenseite der Tür abziehen.
■ Halteschrauben losdrehen, Spiegel abnehmen und Gestänge herausziehen.

Die Zierleisten

■ Leiste an einem Ende vorsichtig herausziehen, bis sie sich aus ihrem Halteclip löst. Falls es von Hand nicht geht, einen lappenumwickelten Schraubenzieher hinter der Leiste ansetzen und diese abdrücken.
■ Mit der Hand hinter die Leiste fassen und diese nach und nach aus ihren Clips ziehen. Dabei die Zierleiste nicht zu stark biegen, sonst knickt sie ab.
■ Die Scirocco-Leisten in Höhe der Radausschnitte sind aufgeklebt, sie können nicht wiederverwendet werden.
■ Lackfläche mit Reinigungsbenzin säubern und trockenreiben.
■ Blech und Leiste vor dem Ankleben mit einem Fön anwärmen.
■ Zierleisten anheften, evtl. Sitz noch korrigieren.
■ Leisten kräftig andrücken, speziell an den Enden.

Unfallschäden

Zeigt sich etwa nach dem Ausbau einer beschädigten Tür, daß auch die Scharniersäule in Mitleidenschaft gezogen wurde, helfen Do-it-yourself-Arbeiten nicht mehr weiter.
Eine gestauchte Türsäule muß fachgerecht ersetzt werden. Sie können allenfalls durch weitestgehende Demontage der angrenzenden Verkleidungsteile usw. dem Karosserieflaschner die Arbeit erleichtern und anschließend den VW wieder selbst zusammenbauen. Auf diese Weise läßt sich einiges Geld sparen. Auch eine verschobene Vorderfront wird nicht gerichtet, sondern komplett ersetzt. Ob sich ein hinterer Kotflügel billiger ausbeulen oder neu einschweißen läßt, muß man möglichst durch Kostenvoranschläge mehrerer Werkstätten in Erfahrung bringen.

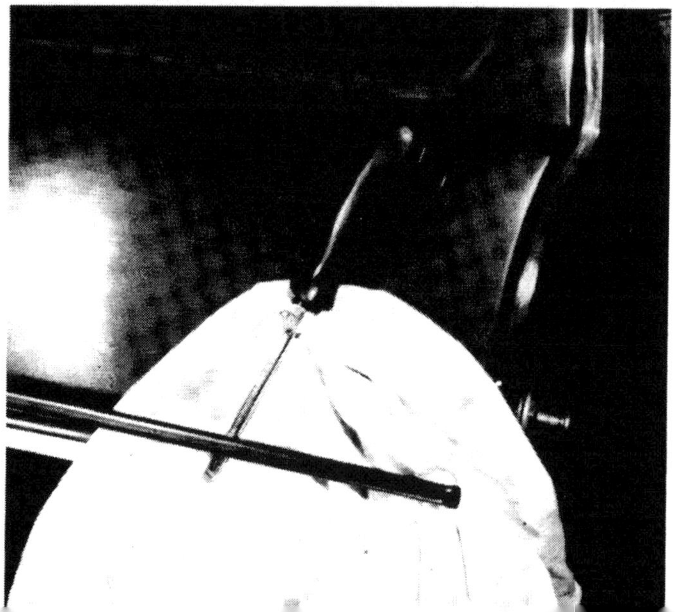

Wenn Sie die Zierleisten mit einem Schraubenzieher von ihren Halteklammern abdrücken, sollten Sie als Lackschutz unbedingt einen Lappen unterlegen.

Die Scheiben

Bei den Modellen mit Einspritzmotor sind grundsätzlich Windschutzscheiben aus Verbundglas eingebaut, die im Fall einer Beschädigung nicht in viele tausend kleine Krümel zerfallen, sondern an der Schadensstelle lediglich mehr oder minder große Risse zeigen. Solche Scheiben tragen die Herstellernamen »Sigla« oder »Nordlamex« oder sind durch die Angabe »Laminated« gekennzeichnet. Der eigenhändige Ausbau einer Verbundglasscheibe ist problematisch, da sie unter Spannung schnell reißt. Auch Werkstätten sind kaum in der Lage, eine solche Windschutzscheibe ohne Beschädigung auszubauen. Beim Einbau muß mit einer solchen Scheibe wie mit einem rohen Ei umgegangen werden. Kräftiges Klopfen zum Einsetzen der Verbundglasscheibe bewirkt leicht eine Verspannung und damit einen erneuten Scheibenschaden.
Wir empfehlen dringend, den Einbau einer Verbundglas-Windschutzscheibe der Werkstatt zu überlassen, die gegen Scheibenbruch beim Einbau versichert ist, während Sie den selbstverschuldeten Einbauschaden aus eigener Tasche bezahlen müssen.
Relativ unempfindlich sind dagegen die Einschichtglasscheiben der festen hinteren Seitenfenster und der Heckklappe. Sie sind erkennbar an der Herstellerbezeichnung »Sekurit«, »Delodur« oder »Sicursiv«.

Scheiben ausbauen

Zum Scheibenaus- und -einbau brauchen Sie unbedingt einen Helfer, damit es keinen Bruch gibt.

■ Mit einer Holz- oder Kunststoffspachtel die möglicherweise angeklebte Scheibendichtung rundum vorsichtig abheben.
■ Im Wageninnern mit den Füßen gegen die Scheibe drücken. Dabei nicht ruckartig gegen das Glas treten, sondern kraftvoll drücken. Beginnen Sie an einer der oberen Ecken.
■ Sobald sich die Scheibe aus ihrem Rahmen ein klein wenig löst, an der Stelle daneben drücken. Außen muß der Helfer die gelöste Scheibe gegenhalten und abnehmen.

Fingerzeig: *Falls Sie die Verbundglas-Windschutzscheibe doch selbst ausbauen wollen, darf sie nicht mit den Füßen herausgedrückt werden. Stattdessen wird die Scheibendichtung mit einem scharfen Messer zerschnitten und die Scheibe gemeinsam mit einem Helfer nach vorn herausgenommen.*

Scheiben einbauen

Für den Scheibeneinbau brauchen Sie eine kräftige Schnur oder ein nicht zu schwaches Autoelektrikkabel. Außerdem sollten Sie die nach innen zeigende Dichtlippe mit Silikonspray einsprühen. Die Schnur oder das Kabel gleitet dann leichter, und das Silikon bewirkt eine zusätzliche Abdichtung. Die bisherige Scheibendichtung kann wiederverwendet werden, wenn sie nicht eingerissen ist.

■ Scheibenausschnitt in der Karosserie sauberreiben.
■ Dichtung auf die Scheibe aufziehen.
■ Kabel oder Schnur in die innere Dichtlippe einlegen, wobei sich die Enden oben in Scheibenmitte überschneiden müssen.
■ Scheibe mit Dichtung am Fensterausschnitt ansetzen und ausrichten.
■ Ein Schnur- oder Kabelende fassen und zum Innenraum hin ziehen. Dadurch wird die Gummilippe über die Kante am Fensterausschnitt gezogen.
■ Wenn Sie in Scheibenmitte angelangt sind, wird von der anderen Seite her das Kabel oder die Schnur herausgezogen.
■ An der Stelle, wo die Dichtung über den Fensterausschnitt gezogen wird, sollte der Helfer mit der flachen Hand gegen die Scheibe klopfen, daß sie anschließend richtig sitzt. Beim Einbau einer Verbundglas-Windschutzscheibe darf nicht stark geklopft werden, sonst kann es zu Verspannungen und einem Riß im Glas kommen.

Windabweiser am vorderen Türpfosten

Die bei neueren GTI-Modellen serienmäßigen Abdeckungen der sogenannten A-Säule können Sie nachträglich auch an einem älteren Golf montieren. Dazu

■ Scheibendichtung seitlich mit einem schmalen Kunststoff- oder Holzspachtel (besser als ein Schraubenzieher, mit dem man leicht den

Lack zerkratzt) anheben und Silikonspray ansprühen.
■ Windabweiser am Dichtungsgummi anlegen.
■ Gummirahmen mit der Spachtel von oben nach unten anheben, Abdeckung unter die Dichtung schieben.
■ Windabweiser zuletzt nochmals in seinen Sitz drücken – fertig.

Arbeiten im Innenraum

Sitze ausbauen

■ Vorn am Haltebock in Sitzmitte die Sicherungsschraube losdrehen (siehe Bild unten).
■ Abdeckkappen der Sitzschienen hinten abziehen.
■ Sitz nach hinten schieben und herausnehmen.
■ Vor dem Wiedereinbau kontrollieren, ob die sogenannten Gleitsteine auf den Sitzstützen außen unbeschädigt sind. Andernfalls wackelt der Sitz in seinen Schienen.
■ Golf-Rücksitzbank nach vorn klappen.
■ An beiden Scharnieren die Halteschrauben losdrehen und Bank herausnehmen.
■ Scirocco-Rücksitzfläche aus den Haltern ziehen.
■ Sitzlehne abschrauben.

Fingerzeig: *Für langgewachsene Fahrer reicht die Sitzschienenlänge nicht immer aus. In diesem Fall hilft ein Einbausatz von Gerätebau Bruhn, Industriestraße 4, 2082 Moorrege.*

Kopfstützen ausbauen

Die Metallstäbe der Kopfstützen laufen in Führungen. Die verschiedenen Höheneinstellungen bewirken Federklammern, die in entsprechende Einfräsungen in den Metallstäben einrasten.
■ Arretierklammern unter den Abdeckrosetten mit einem kleinen Schraubenzieher herausdrücken oder -ziehen.
■ Kopfstütze komplett abnehmen.
■ Beim Wiedereinbau die Stütze einstecken und jede Federklammer so einschieben, daß ihre gerade Seite zu den Einfräsungen im Metallstab zeigt.

Seitenverkleidung ausbauen

■ Die hinteren Seitenverkleidungen beim Golf-Zweitürer und Scirocco werden in gleicher Weise ausgebaut wie die Türverkleidungen, siehe Seite 250.
■ Zum Ausbau der seitlichen Verkleidungen im Kofferraum die Abdeckungen oben rechts und links abschrauben.
■ Bei den seit 3/79 gebauten Modellen die Aufroller der hinteren Automatikgurte losschrauben.
■ Halter des hinteren Wascherbehälters lösen.
■ Verkleidungen mit ihren Halteclips abziehen.

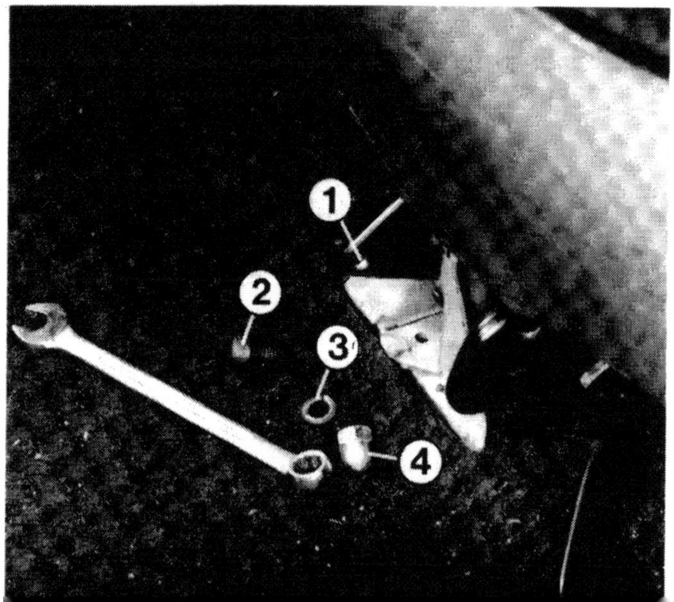

An der mittleren Sitzschiene (1) der Vordersitze ist die Sicherungsschraube (2) mit Unterlegscheibe (3) und Mutter (4) eingedreht.

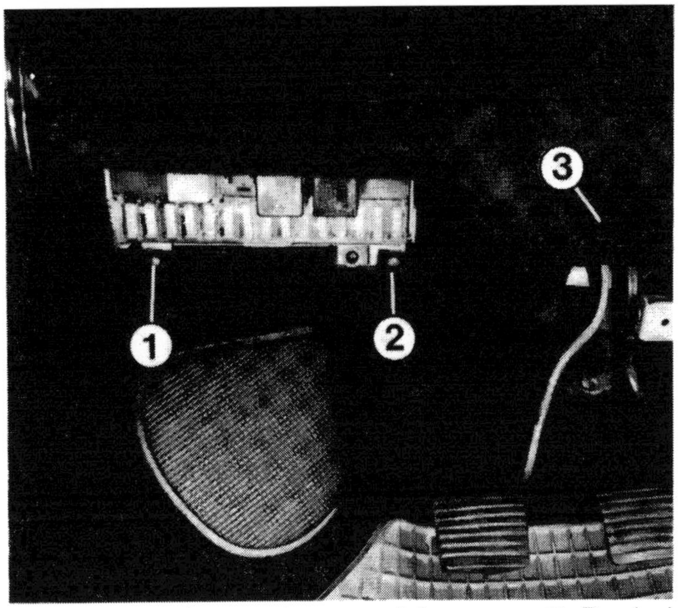

Die untere linke Armaturenbrettverkleidung beim Golf bis 7/80 und Scirocco: 1 und 2 – Halteknöpfe; 3 – Sicherungsspange.

Handschuhkasten bis 7/80 ausbauen

■ Ablage rechts ausbauen, siehe unten.
■ Abdeckung unter dem Handschuhkasten abnehmen.
■ Unten am Handschuhkasten drei Kreuzschlitzschrauben herausdrehen.
■ Deckel öffnen, rechts und links je eine Schraube losdrehen, ebenso die Halteschraube der Schließraste oben.
■ Vorn am Handschuhkasten zum Motorraum hin eine Haltemutter lösen, Kasten herausziehen.

Armaturenbrettabdeckung bis 7/80 ausbauen

■ Halteknöpfe herausziehen (siehe Bild oben), evtl. mit einem Schraubenzieher heraushebeln.
■ Sicherungsspange vom Haltebolzen abziehen.

Ablagefach rechts bis 7/80 ausbauen

■ Zur Wagenmitte und zum Motorraum hin je eine Kreuzschlitzschraube herausdrehen.
■ In Fahrtrichtung rechts am Haltedübel den Stift von unten nach oben drücken und den kompletten Dübel herausdrücken.
■ Ablage wegziehen, dabei etwas verkanten, damit sie mit ihrer Haltenase aus dem Gehäuse der Heizung ausrasten kann.

Ablagefach links ab 8/80 ausbauen

■ An der Oberkante drei Kreuzschlitzschrauben herausdrehen.
■ Zum linken Türpfosten hin und an der Mittelkonsole (siehe Bild unten) je eine weitere Kreuzschlitzschraube lösen.
■ Ablage mit der richtigen Mischung aus Gefühl und Gewalt oben etwas zurückdrücken und aus dem Armaturenbrett herausziehen.
■ Ablagefach ein wenig nach links drücken, damit es aus der Haltenase

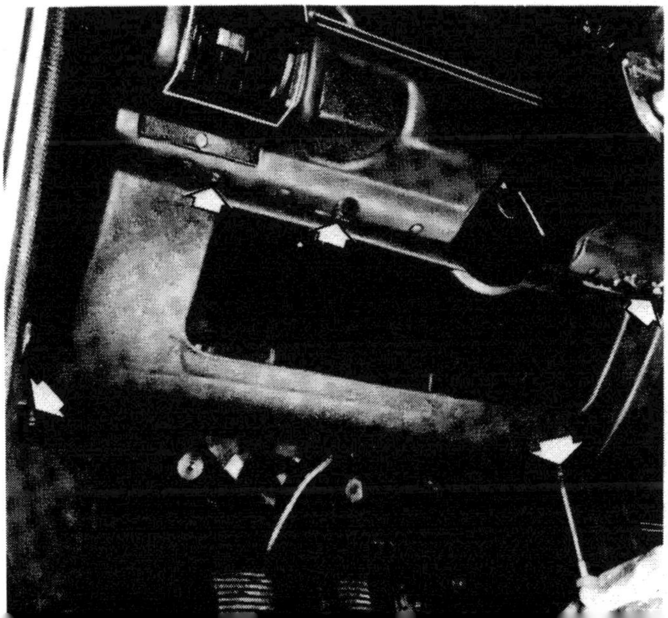

Die untere Armaturenbrettverkleidung beim Golf ab 8/80 wird von den hier mit Pfeilen gekennzeichneten Schrauben gehalten.

an der rechten Seite ausrasten kann.
■ Ablage abnehmen.
■ Beim Einbau muß der Haltefuß an der Rückseite der Ablage in die Blechlasche neben dem Sicherungskasten eingesteckt sein.

Ablagefach rechts ab 8/80 ausbauen

■ Ablagefach links und Mittelkonsole ausbauen.
■ An der Oberkante des Ablagefaches vier Kreuzschlitzschrauben lösen (siehe Bild unten).
■ Rechts zum Türpfosten hin und links am Heizungskasten je eine weitere Kreuzschlitzschraube losdrehen.

Mittelkonsole bis 7/80 ausbauen

■ An der Konsolenkante zum Handbremshebel eine Kreuzschlitzschraube herausdrehen.
■ Im kleinen Ablagefach oben in der Konsole zwei weitere Kreuzschlitzschrauben lösen.
■ Schalthebelknopf losdrehen.
■ Schalthebelhülle aus der Konsole vorsichtig herausziehen.
■ Konsole nach oben herausheben.

Mittelkonsole ab 8/80 ausbauen

■ An der Oberseite der Mittelkonsole rechts und links je eine Kreuzschlitzschraube losdrehen.
■ Im Fahrerfußraum rechts vom Gaspedal eine Schraube lösen.
■ Eine weitere Kreuzschlitzschraube an der Konsolenkante zum Handbremshebel herausdrehen.
■ Weiterer Ausbau, wie im vorangegangenen Abschnitt beschrieben.

Die Sicherheitsgurte

Zeigen die Gurte einen der nachfolgend genannten Mängel, sollten sie ausgewechselt werden, damit sie im Notfall wirklich schützen können:
□ bei welligem Gurtband;
□ bei ausgefransten Kanten;
□ bei aufgeriebenem Gewebe;
□ bei angerissenen Nähten oder
□ wenn ein »lahmer« Automatikgurt öfter zwischen Tür und Rahmen eingeklemmt wurde, wodurch er mit der Zeit an Festigkeit verliert.

Fingerzeige: *Schmutzige Gurte werden ausschließlich mit Seife und Wasser gesäubert. Benzin oder chemische Reinigungsmittel greifen die Gewebestruktur an.*
Die Befestigungspunkte der Sicherheitsgurte am Türholm sind nicht für sämtliche Körpergrößen angenehm. Wenn Ihnen der angelegte Sicherheitsgurt zu hoch oder zu tief über den Oberkörper läuft, können Sie einen Umlenkbeschlag einbauen lassen. Damit läßt sich der Gurtbefestigungspunkt 30 oder 50 mm tiefer bzw. 50 mm höher legen. Der Einbausatz wird im V. A. G.-Ersatzteillager unter der Nummer 171 857 800 geführt und sollte auch von der Werkstatt eingebaut werden. Anschließend ist noch eine TÜV-Abnahme erforderlich.

Das rechte Ablagefach beim Golf ab 8/80 wird von den mit Pfeilen gekennzeichneten Schrauben gehalten.

Augenweide

Rost am Auto – ein Übel für alle, die es erwischt hat. Denn Rosten bedeutet Kosten, nämlich durch Reparatur oder Austausch.

Rostschutz-Maßnahmen ab Werk

Die Karosserie wurde am Fließband in verschiedene Bäder getaucht, wobei sie entfettet, vorbehandelt sowie grundiert wurde und anschließend ihre hochglänzende Decklackschicht erhielt. Auf diese Lackierung leistet das Volkswagenwerk seit März 1983 eine dreijährige Garantie.
Da sich in den geschlossenen Blechprofilen einer selbsttragenden Karosserie Schwitzwasser bildet, welches das Blech von innen nach außen durchrosten läßt, wurden diese Hohlräume seit 1976 innen mit Konservierungswachs behandelt. Der Wagenboden und die Radkästen waren seit Serienbeginn mit einem Unterbodenschutz beschichtet.
Dieser Schutz in den ersten Golf-Jahren erwies sich als nicht ausreichend. Im Rahmen der Modellpflege wurde der Korrosionsschutz erheblich verbessert.

Lack- und Durchrostungs-Garantie

Seit Anfang 1979 leistet VW sechs Jahre lang Gewähr daführ, daß keine Durchrostungen auftreten. Falls dies doch passiert, wird der Schaden kostenlos repariert. Ausdrücklich wird hier von »Durchrostungen« gesprochen, nicht von anderen Rostschäden. Letztere werden bei jedem Regel-Service von der Werkstatt gesucht und beseitigt – auf Ihre Kosten! So kann es im Normalfall gar nicht zu einer echten Durchrostung kommen.
Wenn Sie Ihren Wagen mindestens sechs Jahre lang behalten wollen, ist es preiswerter, den noch neuwertigen VW durch einen Spezialisten gegen jeden Rost nacharbeiten zu lassen, z. B. mit Tuff-Kote von Dinol.

Unterbodenschutz kontrollieren
Wartungspunkt Nr. 7

Die Schutzschicht der Wagenunterseite muß sorgsam überprüft und gegebenenfalls nachgearbeitet werden. Diese Arbeit können Sie selbst machen, wenn Sie eine sichere Aufbockmöglichkeit für den VW haben (Hebebühne, Auffahrrampe).

- Unterboden gründlich waschen, siehe nächsten Abschnitt.
- Gesamte Unterseite mit einer hellen Lampe ableuchten und auf schadhafte Stellen untersuchen.
- Beschädigte Stellen im Unterbodenschutz mit Spachtel, Schaber und Drahtbürste bis aufs blanke Blech freilegen.
- Rostansätze so weit als möglich blankschleifen.
- Gesäuberte Fläche mit Rostprimer oder Bleimennige bestreichen.
- Ebene oder größere Flächen werden mit streichbarem Material behandelt.
- Für schwer zugängliche Fugen und Ecken ist eine Sprühdose mit Unterbodenschutz günstiger.

Fingerzeige: *Zur Nachbehandlung des Unterbodenschutzes dürfen nur bestimmte Materialien verwendet werden. Ungeeignete Mittel greifen den serienmäßigen Unterbodenschutz an. Neben den V. A. G.-eigenen Produkten eignen sich die Spraydosen und Streichpasten von Teroson.*

Beim Sprühen von Unterbodenschutz müssen die Bremsen mit Papierbogen oder Kunststoffolie gegen den schmierigen Nebel abgedeckt werden.

Wagenunterseite waschen

Ein wirkungsvoller und zugleich preiswerter Rostschutz für die Wagenunterseite ist – besonders im Winter – das regelmäßige Abspritzen mit einem scharfen Wasserstrahl. Auftausalz und Straßenschmutz sollen sich nicht lange in den Kanten und Ecken der Wagenunterseite festsetzen können, denn sie binden Feuchtigkeit. Die ohnehin schlecht zugänglichen Ecken trocknen nie ganz aus, was den Rostfraß erheblich fördert. An folgenden Stellen setzt sich bevorzugt eine Schmutzkruste an:

- ☐ in den vorderen Kotflügeln oberhalb der Scheinwerfer;
- ☐ im Blechfalz am Rand aller vier Radausschnitte;
- ☐ in den Radkästen selbst;
- ☐ an den Tankeinfülleitungen im hinteren rechten Radkasten;
- ☐ im Spritzbereich der Hinterräder.

Für die Unterwagenwäsche brauchen Sie zumindest einen Wasserschlauch mit Spritzdüse. Es gibt auch abgewinkelte Spritzdüsen, mit denen man den am Boden stehenden Wagen abspritzen kann, ohne selbst allzu naß zu werden. Am günstigsten ist allerdings ein Dampfstrahlgerät, wie es manche Tankstellen besitzen.

Fingerzeig: *Streusalzrückstände und Feuchtigkeit sind mit zunehmenden Temperaturen besonders aggressiv. Deshalb ist mancher Laternengaragenwagen weniger vom Rost befallen als einer, der im Winter in der beheizten Garage stand.*

Hohlraum-konservierung

Die werksseitig durchgeführte Hohlraumkonservierung hält nur eine begrenzte Zeit, obwohl keine Nachbehandlungen vorgeschrieben sind. Wer seinen noch neuwertigen Wagen auf längere Zeit behalten will (mehr als fünf Jahre), sollte die Konservierung der Hohlräume wiederholen lassen. Das lohnt sich natürlich nur, wenn die Blechrückseiten noch nicht vom Rost angegriffen sind.
Wie es um den Hohlraumrost steht, klärt eine oft kostenlose Untersuchung mit dem Hohlraum-Sichtgerät einer entsprechend ausgerüsteten Fachwerkstatt. Eine Sonde mit Lichtquelle vermittelt dem Betrachter ein Bild vom Rostbefall dort drinnen. Die Hohlraumkonservierung kann man als Heimwerker auf gar keinen Fall selbst machen – alle derartigen Behauptungen verschiedener Spraydosen-Anbieter sind Unfug. Das kann nur die Fachwerkstatt mit entsprechend langen Sprühsonden und dem notwendigen hohen Arbeitsdruck. Dazu haben gut ausgestattete Fachbetriebe auch noch eine besondere Leucht- und Beobachtungssonde, mit der man in den Hohlräumen des Autos Roststellen auffinden kann.

Wasserablauf-löcher reinigen
Wartungspunkt Nr. 8

Keine Schweißnaht ist so dicht, daß nicht Wasser eindringen kann. Aus diesem Grund sind an allen Hohlprofilen im Wagen Wasserablauflöcher angebracht. Sind diese durch Schmutz oder Unterbodenschutz verstopft, kann eindringendes Wasser nicht mehr ablaufen, sondern fördert den Rostfraß von innen heraus. Besonders gefährdet sind die Längsversteifungen der Karosserie (Schweller unter den Türen). Regelmäßig die Löcher mit einem Pfeifenreiniger durchstoßen.
Bei einem Golf mit Schiebedach sollten Sie zusätzlich die Wasserabläufe der Dachöffnung kontrollieren. Die Wasserablaufschläuche enden vorn über den oberen Scharnieren der Vordertüren; hinten sind die Schläuche kurz vor dem hinteren Radausschnitt aus dem Schweller herausgeführt. Zum Reinigen eignet sich hierfür besonders gut eine alte Tachometerwelle.

Durchrostungen

Es gibt am Golf und Scirocco ganz charakteristische Stellen, wo der Rost Löcher ins Blech beißt. Besonders betroffen sind die Baujahre vor 1978. Wir haben in der Zeichnung rechts unten einige dieser Stellen abgebildet, wie Türschweller, vordere Stehbleche und hintere Radausschnitte. Außerdem können Durchrostungen an den Türen und der Heckklappe auftreten.

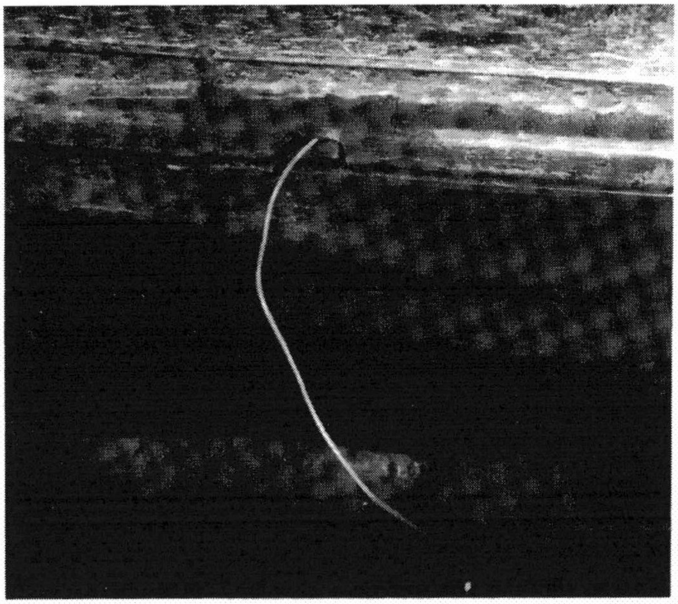

Zum Reinigen der Wasserablauflöcher ist ein Pfeifenreiniger günstiger als der hier verwendete Draht.

Reparaturbleche

Durchgerostete Bleche an einem sonst noch guterhaltenen Wagen sind kein Grund, ihn zum Schrottplatz zu geben. Eine rege Zubehörindustrie liefert Reparaturbleche, fertig zugeschnitten und in die richtige Form gepreßt. Die Reste des alten Bleches brauchen nicht einmal herausgetrennt zu werden. Es genügt, das Reparaturblech darüber festzuschweißen.
Während es für den Golf praktisch alle erdenklichen Karosserieteile für die Reparatur gibt, sieht es für den Scirocco schlechter aus. Für ihn muß manches Blech erst zurechtgeklopft werden.
Manche Werkstätten haben sich auf das Einschweißen von Reparaturblechen spezialisiert; in den regionalen Automarkt-Anzeigen der Tageszeitungen oder Anzeigenblätter werben sie meist als »TÜV-Schweißer«. Reden Sie einmal mit dem Meister einer solchen Werkstatt bezüglich der Reparaturkosten. Fragen Sie dabei gleich, ob und wenn ja welche Vorbereitungen Sie schon zu Hause treffen können, damit die Arbeit nachher schneller geht und für Sie preisgünstiger ausfällt.

Polyesterharz-Reparatur

Glasfasermatten und Polyesterharze sind eine beliebte Reparaturmethode bei Schäden an der Autokarosserie. An den Schwellern oder den Stehblechen vorn seitlich im Motorraum nützt dieses Material allerdings nichts. Hier müssen handfeste Bleche eingeschweißt werden, sonst gibt es kein Durchkommen beim TÜV. Wie Sie diese Materialien verarbeiten müssen, finden Sie ausführlich in unserem Band 45 dieser Buchreihe beschrieben.

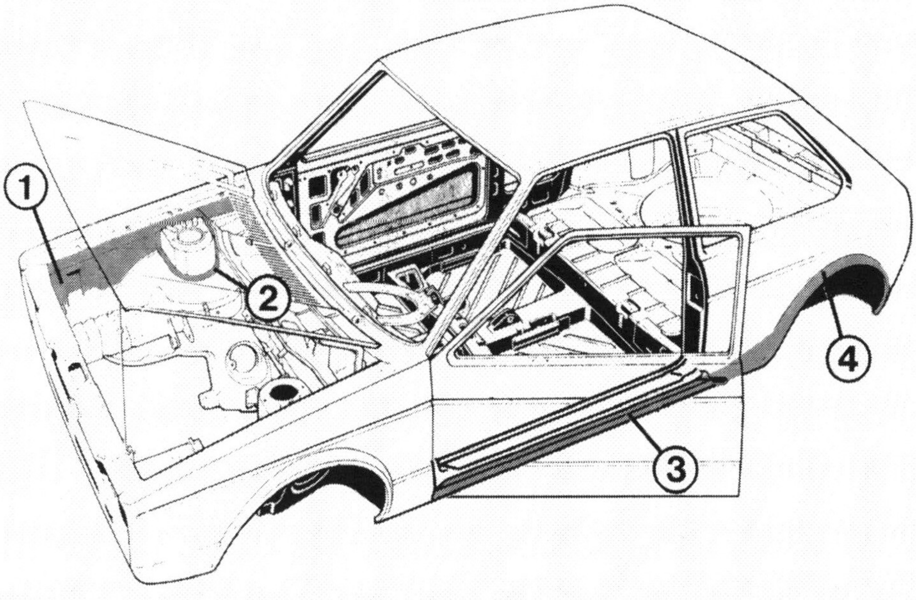

Typische Roststellen am Golf sind: 1 – Kotflügel-Befestigungskanten oder Stehbleche; 2 – Schweißnaht um den Aufnahmetopf des Federbeins;
3 – Türschweller; 4 – hinterer Radausschnitt.

Wo sitzt der Wurm?

Wir gehen bei unserer Fehlersuche natürlich davon aus, daß der Motor mechanisch in Ordnung ist. Weiter nehmen wir an, daß der Motor unvermittelt stehenblieb oder nicht mehr anspringen will.
Als erstes gilt es, die drei Grundfragen der Reihe nach zu beantworten:

Dreht der Anlasser den Motor durch?

Tut er's nicht oder nur unwillig, lesen Sie bitte rechts weiter unter »Fehlerquelle Elektrik«. Wird der Motor dagegen flott durchgedreht, müssen zur weiteren Eingrenzung die folgenden beiden Fragen der Reihe nach beantwortet werden.

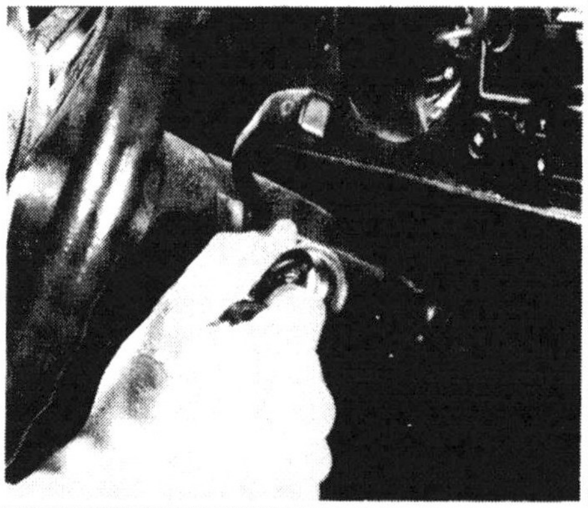

Funken an den Zündkerzen?

Einen Kerzenstecker abziehen, Zündkerze herausschrauben, in den Kerzenstecker hineinstecken und auf blankem Motorblockmetall ablegen. Von einem Helfer den Anlasser durchdrehen lassen. Wichtig bei einem Fahrzeug mit TSZ: Zündkabel und Kerze während der Prüfung nicht berühren, siehe Seite 193. Springen Funken über?
Wenn ja, nächste Frage abklären. Falls nicht, rechts weiterlesen unter »Fehlerquelle Zündung«.

Wird die Einspritzanlage mit Kraftstoff versorgt?

Verschlußschraube am Kraftstoffilter lösen, Lappen bereithalten und von einem Helfer den Anlasser kurz betätigen lassen. Spritzt Benzin heraus – Vorsicht, daß nichts in die Augen gerät –, ist die Kraftstoffversorgung intakt. Die Einspritzanlage kann die Ursache sein, siehe Störungsbeistand ab Seite 105. Kommt kein Benzin, lesen Sie bitte rechts unter »Fehlerquelle Kraftstoffversorgung« weiter.

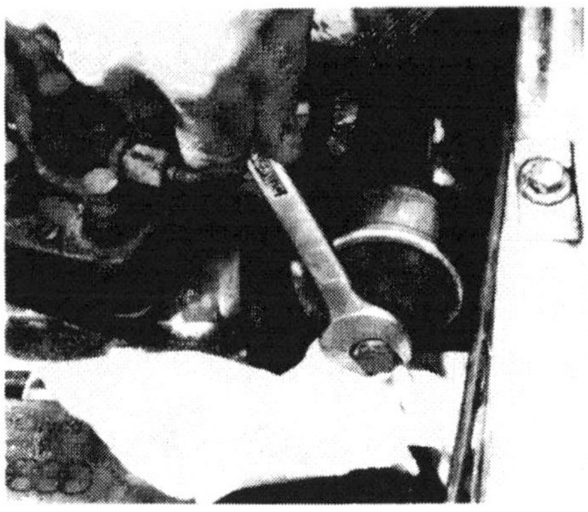

Zuerst die Sichtprüfung

☐ Ist ein Kabelstecker an der Zündspule oder einem Teil der Einspritzanlage abgefallen?
☐ Kontrollieren Sie den festen Sitz der Zündkabel am Verteiler und an den Kerzensteckern (die Zündung darf nicht eingeschaltet sein!).
☐ Kondenswasser am und im Verteilerdeckel? Alle Teile der Zündanlage müssen trocken sein.
☐ Benzingeruch im Motorraum? Ist ein Kraftstoffschlauch undicht oder hat er sich gar gelockert?

Fehlerquelle Elektrik

☐ Kontrollampen brennen überhaupt nicht: Batterie ist völlig entladen (Seite 181) oder Batterieklemmen lose.
☐ Kontrollampen verlöschen beim Schlüsseldreh: Batterie stark entladen oder altersschwach (Seite 182) oder Anlasser hat Kurzschluß.
☐ Kontrollampen werden beim Schlüsseldreh geringfügig dunkler: Magnetschalter klemmt oder defekt oder Anlasser defekt (Störungsbeistand Seite 191).
☐ Kontrollampen brennen hell: Klemme-50-Kontakt im Zündschloß defekt (Seite 234), Klemme-50-Leitung am Magnetschalter lose (Bild Seite 189) oder Magnetschalter defekt.

Fehlerquelle Zündung Spulenzündung

☐ Verteilerdeckel abnehmen und kontrollieren, ob der Unterbrecher regelmäßig öffnet und schließt (Seite 200), wenn der Motor von Hand durchgedreht wird. Falls nicht, Kontaktabstand (Seite 202) bzw. Schließwinkel (Seite 201) einstellen.
☐ Sind die Kontaktflächen des Unterbrechers in Ordnung (Seite 200)? Bei verschmorten Kontakten kann der Kondensator defekt sein (Seite 200).

Transistorzündung

☐ Alle Steckanschlüsse im Bereich Zündspule, Zündgerät, Zündverteiler und DLS richtig aufgesteckt?
☐ Versuchshalber kann bei einem Fahrzeug mit DLS diese überbrückt werden um festzustellen, ob diese defekt ist. Der Wagen kann auch mit überbrückter DLS gefahren werden. Überbrücken der DLS siehe Seite 204.

Zündung allgemein

☐ Verteilerdeckel abnehmen. Sind Kriechstromspuren an seiner Innenseite sichtbar (Seite 199)? Federt die Kontaktkohle in der Deckelmitte einwandfrei? Grünspan an den Kontaktstiften? Ist der Drehzahlbegrenzer (Seite 46 und Bild Seite 201) im Verteilerfinger intakt?
☐ Als letztes hilft bei der Spulenzündung nur die Überprüfung der Zündspule (Seite 195) bzw. bei der Transistorzündung die Durchprüfung der Zündanlage (Seite 196).

Fehlerquelle Kraftstoffversorgung

☐ Kein Benzin im Tank – das ist nicht so abwegig, wie Sie vielleicht denken. Wagen aufschaukeln und horchen, ob es im Tank plätschert.
☐ Elektrische Kraftstoffpumpe läuft nicht (Seite 92).
☐ Benzinfilter im Tank bzw. vorn im Motorraum (Seite 93) verstopft.
☐ Falls trotz intaktem Benzinnachschub die Einspritzanlage verdächtig ist – etwa wegen ständiger Startprobleme –, hilft der Störungsbeistand weiter.

Störungsbeistände im Buch

	Seite		Seite		Seite
Anlasser	191	Kompressionsdruck	47	Scheibenwaschanlage	237
Antriebswellen	117	Kraftstoffanzeige	227	Scheibenwischer	241
Batterie	189	Kraftstoffpumpe	92	Scheibenwischerblätter	239
Benzinverbrauch	83	Kühlerventilator	75	Stoßdämpfer	122
Blink- und Warnblinkanlage	219	Kühlsystem und Heizung	79	Tankentlüftung	90
Bremsen	151	Kupplung	111	Temperaturanzeige	227
Bremslicht	220	Lichtmaschine	189	Temperaturwarnleuchten	228
Einspritzanlage	105	Luftgebläse	79	Unterbrecherkontakte	200
Getriebegeräusche	116	Öldruckkontrolle	229	Zündanlage	195
Heckscheibenwischer	242	Ölverbrauch	28	Zündkerzen	207
Heizbare Heckscheibe	237	Radeinstellung	129	Zylinderkopfdichtung	55
Hupen	220	Reifenlaufbild	156		

Zensus

Beinahe alle Angaben über ein Auto lassen sich in irgendeiner Form in Zahlen wiedergeben. Man nennt das »Technische Daten«. Dazu gehören auch die Kurzbeschreibungen des Motors, der Elektrik und des Fahrwerks. Nachdem ein Fahrzeug die sogenannte Typprüfung bestanden hat (dabei wird geprüft, ehe der erste Wagen verkauft werden darf, ob das Modell den hiesigen Zulassungsbestimmungen entspricht), werden die meisten dieser Angaben in der »Allgemeinen Betriebserlaubnis« (kurz ABE) behördlich registriert. Änderungen an Motor, Fahrwerk oder Karosserie sind daher nur mit amtlichem Segen zulässig.
Da die Fahrgestell-Nummer nicht nur für die Zulassungsbehörde von Interesse, sondern auch bei der Ersatzteilbeschaffung wichtig ist, wollen wir sie kurz aufschlüsseln.
Bis Juli 1980 war diese Zahl zehnstellig, seit August ist sie international einheitlich für alle Kfz-Hersteller auf 17 Stellen erweitert. Die Zahlen-/Buchstaben-Kombination bedeutet:

17 9 0 133 455	WVW ZZZ 53 Z B K 076 894
③④② ⑥	① ② ③②④⑤ ⑥

① – Welt-Herstellerzeichen: WVW = VW AG Pkw, 1VW = Volkswagen of America Pkw, 1V1 = Volkswagen of America Pick-up
② – Füllzeichen
③ – Zweistellige Typkurzbezeichnung: 15 = Golf Cabriolet, 17 = Golf, 53 = Scirocco
④ – Modelljahr (gewöhnlich vom 1. 8. bis 31. 7. des darauffolgenden Jahres): 7 = 1977, 8 = 1978, 9 = 1979, A = 1980, B = 1981, C = 1982, D = 1983
⑤ – Produktionsstätten innerhalb des VW-Konzerns: W = Wolfsburg, K = Osnabrück, M = Puebla/Mexico, V = Westmoreland/USA
⑥ – Laufende Numerierung, jedes Modelljahr mit 000 001 beginnend

Motor

Typ		1600 E	1800 E
Kennbuchstabe		EG	DX
Bauart		Querliegender wassergekühlter Vierzylinder-Viertakt-Reihenmotor	
Bohrung	mm	79,5	81
Hub	mm	80	86,4
Hubraum effektiv	cm^3	1588	1781
Hubraum nach deutscher Steuerformel	cm^3	1577	1760
Verdichtung		9,5 : 1	10 : 1
Höchstleistung nach DIN	kW/PS	81/110	82/112
bei	1/min	6100	5800
Literleistung	kW/l	51	46
Höchstes Drehmoment	Nm	140	153
bei	1/min	5000	3500
Mittlere Kolbengeschwindigkeit	m/s	16,26	16,7
bei	1/min	6100	5800

		1600 E	1800 E
Ventilsteuerung		Durch eine obenliegende Nockenwelle über Tassenstößel	
Ventilspiel bei handwarmem Zylinderkopf			
Einlaß	mm	0,2–0,3	0,2–0,3
Auslaß	mm	0,4–0,5	0,4–0,5
Steuerzeiten			
Einlaß öffnet		6° vor OT [1])	6° vor OT
Einlaß schließt		49° nach UT[2])	49° nach UT
Auslaß öffnet		45° vor UT[3])	45° vor UT
Auslaß schließt		8° nach OT[4])	8° nach OT
Kompressionsdruck	bar	10–13	10–13
Mindestwert	bar	7,5	7,5
Schmiersystem		Druckumlaufschmierung mit Ölkühler und Wechselfilter im Ölhauptstrom	
Ölpumpe		Zahnradpumpe	
Öldruck bei 2000/min mindestens	bar	2	2
Kontrollampe verlöscht bei	bar	0,15–0,45	0,15–0,45

[1]) bis 11/79: 4° vor OT [2]) bis 11/79: 46° nach UT [3]) bis 11/79: 44° vor UT [4]) bis 11/79: 6° nach OT

Kühlsystem

		1600 E	1800 E
Art		Wasserumlaufkühlung mit keilriemengetriebener Flügelradpumpe und Thermostat, Leichtmetallkühler, temperaturgeschaltetem Elektroventilator	
Thermostat öffnet			
bis 7/79 bei	ca. °C	80	–
ab 8/78 bei	ca. °C	87	87
Thermostat voll geöffnet			
bis 7/78 bei	ca. °C	94	–
ab 8/78 bei	ca. °C	102	102
Kühlsystem-Verschlußdeckel Überdruckventil öffnet			
bis 7/78 bei	bar	0,9–1,15	–
ab 8/78 bei	bar	1,2–1,35	1,2–1,35
Unterdruckventil öffnet bei	bar	0,06–0,1	0,06–0,1
Thermoschalter des Elektroventilators schaltet ein			
bis 7/78 bei	°C	90–95	–
ab 8/78 bei	°C	93–98	93–98
schaltet aus			
bis 7/78 bei	°C	85–90	–
ab 8/78 bei	°C	88–93	88–93

Kraftstoffanlage

		1600 E	1800 E
Gemischaufbereitung		Bosch K-Jetronic-Einspritzung	
Kraftstoffpumpe		Elektrische Rollenzellenpumpe	
Förderleistung bei 11,5 V Spannung			
Pumpe mit geschraubten Kabeln	cm^3/l	1800	1800
Pumpe mit gesteckten Kabeln	cm^3/l	1500	–
Systemdruck	bar	4,7–5,4	4,7–5,4
bis 7/79	bar	4,5–5,2	–
Haltedruck	bar	Siehe Seite 104	
Leerlaufdrehzahl			
ohne DLS	1/min	950 ± 50/min	950 ± 50/min
mit DLS Prüfwert	1/min	900 ± 50/min	–
mit DLS Einstellwert	1/min	800 ± 50/min	–
CO-Gehalt	Vol. %	1,5 ± 0,5	1,0 ± 0,5

Kraftübertragung

Kupplung		Einscheiben-Trockenkupplung mit Membranfeder		
Mitnehmerscheiben-Durchmesser	mm	190 bei Getriebe GE		
	mm	200 bei Getriebe FD, FH, FJ, FM		
	mm	210 bei Getriebe 7G		
Getriebekennzeichen		GE	FM	FJ[1] (4+E)
Aggregate-Nummer		020.2	020 M	020 J
Fertigungsdauer		8/76–7/79	8/79–7/81	ab 1/81
Zähnezahlen/Übersetzungen				
1. Gang		38 : 11 = 3,454	38 : 11 = 3,454	38 : 11 = 3,454
2. Gang		35 : 18 = 1,944	36 : 17 = 2,118	35 : 18 = 1,944
3. Gang		36 : 28 = 1,286	39 : 27 = 1,444	36 : 28 = 1,286
4. Gang		31 : 32 = 0,969	35 : 31 = 1,129	30 : 33 = 0,909
5. Gang		–	31 : 34 = 0,912	27 : 38 = 0,711
Rückwärtsgang		38 : 12 = 3,167	38 : 12 = 3,167	38 : 12 = 3,167
Achsantrieb		74 : 20 = 3,700	74 : 19 = 3,895	74 : 19 = 3,895
Tachoantrieb		15 : 7 = 2,143	16 : 7 = 2,286	16 : 7 = 2, 286
Getriebekennzeichen	FH	FH (4+E)	FD	7G
Aggregate-Nummer		020 H	020 M	020 K
Fertigungsdauer		4/81–7/82	8/81–7/82	ab 8/82
Zähnezahlen/Übersetzungen				
1. Gang		38 : 11 = 3,454	38 : 11 = 3,454	38 : 11 = 3,454
2. Gang		35 : 18 = 1,944	36 : 17 = 2,118	36 : 17 = 2,118
3. Gang		36 : 28 = 1,286	39 : 27 = 1,444	39 : 27 = 1,444
4. Gang		30 : 33 = 0,909	35 : 31 = 1,129	35 : 31 = 1,129
5. Gang		27 : 38 = 0,711	31 : 34 = 0,912	31 : 34 = 0,912
Rückwärtsgang		38 : 12 = 3,167	38 : 12 = 3,167	38 : 12 = 3,167
Achsantrieb		74 : 19 = 3,895	74 : 19 = 3,895	62 : 17 = 3,647
Tachoantrieb		16 : 7 = 2,286	16 : 7 = 2, 286	15 : 7 = 2,143

[1]) nur im Scirocco eingebaut

Fahrwerk

Vorderachse		Einzelradaufhängung mit Dreieckslenkern, Federbeinen und Drehstabstabilisator
Lenkung		Zahnstangenlenkung mit stoßnachgiebiger Lenksäule
Vorderachseinstellung		Siehe Tabelle Seite 129
Lenkrollradius mit Serienbereifung	mm	–6,3
Gesamtübersetzung des Lenkgetriebes		17,32 : 1
Lenkradumdrehungen von Anschlag zu Anschlag		3,5
Hinterachse		Verbundlenkerachse mit Längslenkern, Federbeinen und Drehstabilisator
Hinterachseinstellung		Siehe Tabelle Seite 129
Felgen		5 ½ J × 13 H 2
Reifen		175/70 HR 13 bzw. 175/70 R 13 80 H

Bremsanlage

Fußbremse vorn		Einkolben-Schwimmsattel- bzw. Faustsattel-Scheibenbremse mit automatischer Nachstellung, innenbelüftete Bremsscheiben
Bremsscheiben-Durchmesser	mm	239
Bremsscheibenstärke neu/mindestens	mm	20/18
Bremsbelagstärke ohne Trägerplatte neu/mindestens	mm	10/2
mit Trägerplatte neu/mindestens	mm	15/7
Bremsfläche der 4 Beläge		
Schwimmsattel	cm²	105
Faustsattel	cm²	169
Fußbremse hinten		Simplex-Innenbacken-Trommelbremse, seit 8/78 mit automatischer Nachstellung
Bremstrommel-Durchmesser neu/höchstens	mm	180/181
Belagstärke ohne Bremsbacke neu/mindestens	mm	5/2,5 (aufgenietete Beläge)
	mm	4/1 (aufgepreßte Beläge)
mit Bremsbacke neu/mindestens	mm	7,5/5 (aufgenietete Beläge)
	mm	6,5/3,5 (aufgepreßte Beläge)
Bremsfläche der 4 Beläge	cm²	189

Bremskraftverstärker		
Durchmesser	"/mm	8/203,2 (bis 8/77)
	"/mm	9/228,6 (ab 9/77)
Bremskraftregler serienmäßig		Golf GTI

Elektrische Anlage

Bordspannung	V	12
Batterie	Ah	45 oder 54
Lichtmaschine	A/W	55/770 oder 65/910
Übersetzung Motor : Lichtmaschine		1 : 1,91
Keilriemen	mm	9,5 × 940
Anlasser	kW/PS	0,8/1,1
Zündzeitpunkt-Verstellung		Siehe Seite 203
Unterbrecher-Schließwinkel	°/%	44–50/50–56
Zündzeitpunkt		Siehe Seite 205
Zündkerzen		Siehe Seite 208
Zündkerzen-Elektrodenabstand		
1,6-Liter-Motor	mm	0,7–0,8
1,8-Liter-Motor	mm	0,8–0,9
Glühlampen		Siehe Seite 209

Maße und Gewichte

		Golf Zweitürer	Golf Viertürer	Golf Cabriolet	Scirocco
Länge	mm	3705 (bis 7/78)	3815	3835	3885
	mm	3815 (ab 8/78)			
Breite	mm	1630	1630	1630	1624
Höhe unbelastet	mm	1395	1395	1395	1309
Bodenfreiheit belastet	mm	117	117	117	125
Radstand	mm	2398	2398	2398	2398
Spurweite vorn	mm	1404	1404	1404	1404
Spurweite hinten	mm	1372	1372	1372	1372
Wendekreis	m	10,3	10,3	10,3	10,3
Leergewicht	kg	810 (bis 7/80)	865 (bis 7/82)	940	800
	kg	840 (ab 8/80)	885 (ab 8/82)		
	kg	860 (ab 8/82)			
Zul. Gesamtgewicht	kg	1230 (bis 7/80)	1280 (bis 7/82)	1270 (bis 7/82)	1210
	kg	1280(ab 8/80)	1310 (ab 8/82)	1300 (ab 8/82)	
Zul. Dachlast	kg	75	75	75	75
Zul. Anhängelasten		ungebremst	gebremst	erhöhte Anhängelast gebremst	zulässige Steigung in %
Golf bis 12/76	kg	400	1000	–	12
Golf ab 1/77	kg	400	1000	1200	12
Golf ab 8/78	kg	400	1200	–	12
Golf ab 8/82	kg	460	1200	–	12
Scirocco bis 7/77	kg	400	1000	–	12
Scirocco bis 7/79	kg	400	1000	1200	12
Scirocco bis 4/81	kg	400	1200	–	12

Füllmengen

Motor bei Ölwechsel ohne Filterwechsel	l	3,5
	l	3,0
Kühlsystem ohne Ausgleichsbehälter	l	4,5
Kühlsystem mit separatem Ausgleichsbehälter	l	6,5
Kraftstofftank	l	40
Vierganggetriebe	l	1,5
4+E und Fünfganggetriebe	l	2,0
Scheibenwaschanlage	l	1,7
Scheibenwaschanlage mit Scheinwerfer-reinigungsanlage	l	8,0
Heckscheibenwascher	l	1,7

Fahrwerte

(Werksangaben)

	Höchstgeschwindigkeit	Beschleunigung 0–100 km/h	Kraftstoffverbrauch nach DIN alt	nach DIN neu Stadtverkehr	90 km/h konstant	120 km/h konstant
	km/h	s	l/100 km	l/100 km	l/100 km	l/100 km
Golf 1,6 l 4Gang	182	9,0	8,0	–	–	–
4+E	182	9,3	–	11,0	6,2	7,8
5Gang	182	9,1	–	11,2	6,7	8,5
Golf 1,8 l 5Gang	183	9,2	–	10,9	6,4	8,2
Golf Cabrio 1,6 l 4+E	172	10,3	–	11,0	6,6	8,3
5Gang	172	10,2	–	11,2	7,1	9,0
Golf Cabrio 1,8 l 5Gang	173	10,0	–	10,9	6,8	8,7
Scirocco 1,6 l 4Gang	185	8,8	7,8	–	–	–
5Gang	185	8,7	–	11,2	6,5	8,3

Drehzahlen und Geschwindigkeiten (mit Serienbereifung)

		1,6 l 4Gang	1,6 l 4+E	1,6 l 5Gang	1,8 l 5Gang
Motordrehzahl im höchsten Gang bei 100 km/h	1/min	3376	2608	3345	3127
Geschwindigkeit im höchsten Gang bei 1000/min	km/h	29,6	38,3	29,9	31,9

Werte für andere Drehzahlen, Geschwindigkeiten, Gänge und Reifengrößen können Sie anhand der folgenden Formeln errechnen:

$$n_m = \frac{V \times i_{ges}}{U \times 0{,}06} \qquad V = \frac{n_m \times U \times 0{,}06}{i_{ges}}$$

Hierbei bedeuten:
n_m = Motordrehzahl in 1/min; V = Geschwindigkeit in km/h; U = Reifenabrollumfang in m; i_{ges} = Getriebe-Gesamtübersetzung
Die Abrollumfänge für die verschiedenen Reifengrößen lauten in m:

175/70 R 13	1,77	185/60 R 13	1,685	185/60 R 14	1,765	195/50 R 15	1,76
185/70 R 13	1,825	205/60 R 13	1,755	195/60 R 14	1,8		

Die Getriebe-Gesamtübersetzung erhalten Sie durch die Multiplikation von der betreffenden Gangübersetzung mit der Achsantriebsübersetzung

Rechenbeispiele:
1. Motordrehzahl eines 1,6-Liters mit Fünfganggetriebe und Bereifung 185/70 R 13 bei 150 km/h im 4. Gang
2. Geschwindigkeit eines 1,6 Liters mit 4+E-Getriebe und Bereifung 175/70 R 13 bei 4000/min im 2. Gang

$$1.\ n_m = \frac{150 \times 1{,}129 \times 3{,}895}{1{,}825 \times 0{,}06} = 6024/\text{min}$$

$$2.\ V = \frac{4000 \times 1{,}77 \times 0{,}06}{1{,}944 \times 3{,}895} = 56{,}1\ \text{km/h}$$

Auto-Biographie

Im Rahmen der Modellpflege erfahren die Fahrzeuge erhebliche Verbesserungen. Darüber will Sie unser folgendes Kapitel unterrichten.

1974

Februar: Der Scirocco wird der Öffentlichkeit vorgestellt.

Mai: Vorstellung des Golf als zwei- und viertürige Limousine mit Heckklappe.

1975

September: Der Golf wird erstmals als GTI mit 110-PS-Einspritzmotor gezeigt.

1976

Juni: Produktionsbeginn der GTI-Versionen von Golf und Scirocco.
Den Golf gibt es nur zweitürig in marsrot oder diamant-silbermetallic mit größerem Frontspoiler, Kunststoff-Kotflügelverbreiterungen, rot umrandetem Kühlergrill mit eingesetztem GTI-Schriftzug, schwarzen Zierteilen und Stoßstangen, Zierstreifen seitlich in Stoßstangenhöhe, schwarz umrahmtem Heckfenster. Heckscheibenwischer und -wascher und Zweiklanghorn sind serienmäßig. Im Wageninnern Sportsitze vorn und Rücksitzbank mit Schottenkarostoff bezogen, Dachhimmel und Sonnenblenden schwarz, schwarzer Veloursteppichboden, Dreispeichen-Sportlenkrad, Golfball-Schalthebelknopf, Automatik-Sicherheitsgurte vorn, Öltemperaturanzeige und Zeituhr in der Mittelkonsole, offener Handschuhkasten, Ablagefach auf der Beifahrerseite.
Reifen 175/70 HR 13 auf 5 ½"-Felgen, innenbelüftete Scheibenbremsen vorn, größerer Bremskraftverstärker, lastabhängiger Bremskraftregler an der Hinterachse, Fahrwerk um 20 mm tiefergelegt, Querstabilisatoren an Vorder- und Hinterachse.
Scirocco GTI mit der Ausstattung des TS-Modells und den Fahrwerksverbesserungen wie der Golf GTI mit Ausnahme des lastabhängigen Bremskraftreglers.

August: Golf-Zweitürer und Scirocco mit Sicherheitsgurt-Aufrollern in den hinteren Seitenteilen. Bei allen Modellen dreistufiges Frischluftgebläse sowie verbesserte Heiz- und Belüftungsanlage mit geänderten Hebeln. Türschlösser und Heckklappenschloß verstärkt.
Hohlraumkonservierung serienmäßig ab Werk.

Oktober: 1 Million Golf produziert.

1977

Januar: Geänderter Ölkühler.

Februar: Heckscheiben-Wascherpumpe im Wasserbehälter eingebaut.

August: Geänderte Motorlager, die Federbeine sitzen vorn und hinten in verbesserten Gummilagern und das Lenkgetriebe ist ebenfalls gummigelagert. Durch diese Maßnahmen werden die Innengeräusche reduziert.
Bei allen Fahrzeugen entfällt die Verkabelung für das Computer-Diagnose-System. Die Außentürgriffe sind aus Kunststoff statt Zinkdruckguß. Der Heckscheibenwischer kann direkt vom Lenkrad mit dem Scheibenwischerschalter eingeschaltet werden.
Der Scirocco wird stilistisch überarbeitet: Neue, bis zu den Radausschnitten herumgezogene Stahlstoßfänger mit Kunststoffüberzug, vordere Blinker seitlich herumgezogen und in den Kotflügel integriert, Kühlergrill mit Chromeinfassung. Steg zwischen Tür und hinterem Seitenfenster schwarz lackiert.
Hinten ebenfalls neue Stoßfänger; bis zu den Radausschnitten herumgezogen. Nummernschildeinsatz in schwarzem Kunststoff, Chromband über Nummernschildeinsatz und Schlußleuchten. Heckklappenschloß zusätzlich mit Zuggriff. Fahreraußenspiegel von innen verstellbar, außen schwarz lackiert.

Dezember: 250 000 VW Scirocco hergestellt seit Produktionsbeginn.

September: Größerer Bremskraftverstärker mit 9" Durchmesser.

November: Verstärkte Achsgelenke vorn.

1978

Februar: Verbesserte Tankentlüftung; in die Entlüftungsleitung ist eine Spiralfeder eingesetzt, die verhindert, daß die Leitung abknicken kann.

April: Im US-Werk New Stanton läuft der erste in USA gefertigte VW Rabbit (US-Verkaufsbezeichnung für den Golf) vom Band.

August: Der Golf erhält anstelle der schwachen Blechstoßstangen nun ebenfalls Stahlstoßfänger mit Kunststoffschild.
Türscharnierbefestigung an der Karosserie verbessert. Scirocco mit neuem, von innen verstellbarem Außenspiegel mit geänderter Betätigung. Bei allen Modellen sitzt das geänderte Sicherheitsgurtschloß jetzt direkt an den Vordersitzen. Scirocco jetzt auch mit verstellbaren Kopfstützen an den Vordersitzen, Beifahrersonnenblende auch seitlich schwenkbar. Außerdem wird für den Scirocco als Mehrausstattung ein ausstellbares oder herausnehmbares Blechdach angeboten (ein herkömmliches Schiebedach würde zu viel Innenraumhöhe beanspruchen).
Kühlmittel-Thermostat mit höherer Öffnungstemperatur für verbesserte Heizleistung, Kühlerverschlußdeckel mit höherem Öffnungsdruck. Beim Golf Kraftstoff-Verbrauchsanzeige anstelle der Kühlmittel-Temperaturanzeige, die ihrerseits durch Warnleuchten für zu kaltes und zu heißes Kühlmittel ersetzt wird.
Hintere Trommelbremsen jetzt selbstnachstellend.
Betriebsanleitung und Serviceunterlagen neu gestaltet und im sogenannten Bordbuch zusammengefaßt.

1979

März: An der Rücksitzbank zwei Dreipunkt-Automatiksicherheitsgurte und in der Mitte ein statischer Beckengurt.
Ventilschaftabdichtungen aus beständigerem Material.
Vorstellung des Golf Cabriolet mit Überrollbügel. Während der Vorderwagen unverändert übernommen wurde, sind die hinteren Seitenteile und das Heck gegenüber der Limousine leicht abgewandelt. Die Seitenteile bilden eine leicht ansteigende Linie (wie beim Scirocco), statt der Heckklappe ist nur eine relativ kleine Kofferraumklappe vorhanden. Das dick gepolsterte Verdeck besteht aus wetterbeständi-

gem PVC-Material, die hintere Scheibe ist aus Glas und besitzt Heizfäden. Insgesamt wurde die Karosseriestruktur verstärkt, der Mittelbügel hat nicht zuletzt stabilisierende Funktion für die selbsttragende Golf-Karosserie.

Juni: Faustsattelbremsen mit größerer Belagfläche anstelle der Schwimmsattelbremsen.

Juli: Neue Vorderfedern zur Verhinderung von Klappergeräuschen.

August: Bodenteppich nicht mehr verklebt, sondern nur noch an einigen Stellen angeklammert.
Tankbelüftung verbessert, Scirocco mit Transistor-Zündanlage und Digitaler Leerlauf-Stabilisierung. Fünfganggetriebe serienmäßig.
Temperaturwarnleuchten mit Leuchtdioden anstelle von Glühbirnen.
Laubschutzgitter für Luftgebläse, Scheibenwascherpumpe im Wasserbehälter eingebaut.

Dezember: Geänderte Nockenwelle, dadurch andere Steuerzeiten, Gemischregler und Warmlaufregler verbessert. Saugstrahlpumpe in der Unterdruckleitung zum Bremskraftverstärker zur Steigerung des Unterdrucks.

1980

Januar: Durchmesser der Lichtmaschinen-Keilriemenscheibe von 66 auf 61 mm verringert.

Februar: Haltedruck der Einspritzanlage auf 3 bar erhöht. Stärkere Lichtmaschine mit 65 statt 55 A Leistung.

August: Golf bei Ausstattung ohne Schiebedach mit heißgeformtem, einteiligem Fertighimmel. Neue Tür- und Seitenverkleidungen. Dünnere Vordersitzlehnen, dadurch mehr Raum vor den Rücksitzen. Das Golf Cabrio erhält eine geänderte Hintersitzbank-Halterung sowie neue Türarmlehnen.
Heckleuchten mit vergrößerter Leuchtfläche. Golf ebenfalls mit Transistor-Zündanlage, beim Scirocco entfällt die Digitale Leerlauf-Stabilisierung.
Neu gestaltetes Golf-Armaturenbrett mit Leuchtdioden als Kontrolllampen, Fernlichtkontrolle jetzt gelb. Kühlmittel-Temperaturanzeige anstelle Verbrauchsanzeige. Digital- statt Zeigeruhr. Schutzschalter für Spannungskonstanthalter. Spannungsregler in Hybridbauweise mit längeren Schleifkohlen, Bosch-Generator mit schmaleren Lüftungsschlitzen, Batterie mit geringerem Wasserverbrauch.

Dezember: Auf Wunsch lieferbare Leichtmetallfelgen mit neuem Styling.

1981

Januar: Anstelle des sportlich abgestuften Fünfganggetriebes ist auf Wunsch und ohne Aufpreis ein länger übersetztes 4+E-Getriebe lieferbar.

April: Vorstellung des Scirocco-Nachfolgemodells (in diesem Handbuch nicht behandelt).

Mai: Überarbeitete, langlebigere Ventile.

August: Vordere Golf-Fensterpfosten mit strömungsgünstiger Abdeckung. Besser ausgeformte Rücksitzbank. Beim Golf-Cabriolet liegt das geöffnete Faltverdeck 10 cm tiefer.
Gemischregler in verbesserter Ausführung. Kraftstoffpumpenrelais auf separatem Halter an der Zentralelektrik.

1982

Februar: Golf GTI auch als Viertürer lieferbar. Zunächst lediglich in drei Farben mit spezieller Innenausstattung, Nebelschlußleuchte, seitlichen Zierleisten mit doppeltem Stoßprofil und blank eingefaßtem Kühlergrill.
Der fünfmillionste Golf läuft in Wolfsburg vom Fließband.

August: Drehmomentstärkerer 1,8-Liter-Motor mit 82 statt 81 kW und erhöhter Verdichtung. Höhere Durchzugskraft bei gleichzeitig gesenktem Geräuschniveau und verringertem Benzinverbrauch.
Multifunktionsanzeige für Uhrzeit, Fahrzeit, Durchschnittsverbrauch, Fahrstrecke, Durchschnittsgeschwindigkeit, Öltemperatur und Außentemperatur. Hochschaltanzeige, Verbrauchsanzeige (nur im 5. Gang wirksam), Öldruckkontrolle mit blinkender Leuchtdiode und zusätzlichem Summer. Neue Zentralelektrik mit 22 Flachstecksicherungen und einheitlichen Relais-Steckfeldern. Der bisher erforderliche Zwischenservice mit Ölwechsel entfällt.

1983

Mai: Sonderserie des GTI mit Doppelscheinwerfergrill, Beifahreraußenspiegel und getönten Scheiben. Sportlenkrad mit Lederkranz. Stoßfänger, Kotflügelverbreiterungen und Außenspiegel in Wagenfarbe. Pirelli-Leichtmetallräder mit Bereifung 185/60 HR 14.

Oktober: Produktion des Golf GTI in der bisherigen Form eingestellt, das Cabrio wird dagegen weitergebaut.

Stichwortverzeichnis

	Seite
Abgase	63
Abgasmessung	98
Achsantrieb	34, 116
Achsgelenk	124
Altöl	33
Anhängelasten	265
Anlasser	189
Anschieben	182
Anschleppen	182
Antriebswellen	117
Anzünder	218, 236
API-Spezifikationen	29, 35
Arbeitskleidung	12
Armstütze	249
Aufbocken des Wagens	20
Ausgleichsbehälter	67
Ausgleichsgetriebe	34, 116
Auspuffanlage	63
Ausrücklager	112, 115
Außenspiegel	252
Austauschteile	19
Automatische Zündverstellung	203
Batterie	178
Batterie-Ladezustand	180
Batterie-Säurestand	179
Behelfskeilriemen	187
Beleuchtung	209
Benzin siehe unter Kraftstoff	
Bereifung	153
Beschleunigungsklingeln	82
Betriebstemperatur	44, 67, 72
Bleigehalt im Kraftstoff	81
Blinkanlage	219
Blinkerhebel	232
Blinkerkontrolleuchte	219, 225
Blinkleuchten	214, 219
Blinkrelais	219
Bosch K-Jetronic	94
Breitreifen	155
Bremsanlage	133
Bremsbeläge	133, 137, 142
Bremsbelagstärke	136, 141
Bremsenquietschen	139
Bremsflüssigkeit	133, 151
Bremskontrolleuchte	226
Bremskraftregler	147
Bremskraftverstärker	146, 150
Bremsleitungen	135, 148
Bremsleuchten	215, 220
Bremslichtschalter	220
Bremspedalweg	142
Bremssattel	135, 140
Bremsscheiben	137, 141
CO-Messung	98
Destilliertes Wasser	179
Differential	34, 116
Digitale Leerlauf-Stabilisierung (DLS)	98, 204
Diode	162, 183
Drehmoment	14
Drehschalter	232
Drehstrom-Lichtmaschine	183
Drehzahlbegrenzer	46
Drehzahlen	46
Drehzahlmesser	11, 226
Drosselklappe	95
Druckspeichergefäß	92
Druckverlusttest	48
Einbereichsöl	30
Einfahren	45
Einpreßtiefe (ET)	154
Einspritzanlage	94
Einspritzventile	95, 100, 102
Elektrische Leitungen	163
Elektrische Schaltpläne	168
Elektrodenabstand der Zündkerzen	208
Elektrolyse	76
Elektronik	162
Elektroventilator	74
Ersatzlampen	209
Ersatzteile	18
Fading	135
Fahren mit defekter Lichtmaschine	187
Fahren mit gerissenem Kupplungszug	109
Fahrgestell-Nummer	262
Fahrwerk	119
Fanfaren	220
Faustsattelbremse	136, 138
Federbein	120, 123, 125, 130
Felgen	154
Fenster	251, 253
Fernlichtkontrolle	226
Filter der Benzineinspritzung	93
Flachstecksicherungen	166
Fliehkraft-Zündverstellung	203
Frostschutz für Kühlmittel	67
Frostschutz für die Scheibenwaschanlage	237
Gaszug	37, 104
Gebläse	78
Gefrierschutzmittel	67
Gelenkwellen	117
Gemischregler	95
Generator	183
Getriebe	34, 112
Getriebeöl	35
Gleitschutzketten	159
Glühlampenwechsel	209, 214
Gürtelreifen	153
Hallgeber	193, 197
Handbremse	147
Handschuhkasten	255
Handschuhkastenleuchte	218
Haubenschloß	37, 245
Haubenseilzug	37, 245
Hauptbremszylinder	133, 149
HD-Öl	29
Hebelschalter	232
Heckklappe	245
Heckklappenschloß	36, 246
Heckleuchten	215
Heckscheibenwischer	241
Heißschraubencompound	12
Heizbare Heckscheibe	236
Heizkörper	77
Heizung	76
Heizventil	77
Hinterachse	120, 129
Hochdrehzahlklopfen	82
Höchstgeschwindigkeit	266
Hohlraumkonservierung	258
Hubraum	40
Hupe	220
Innenleuchte	216
Instrumente	222
Instrumentenbeleuchtung	224
Isolierspray	11
Kaltreiniger	11
Kaltstartventil	95, 100
Kapazität der Batterie	178
Karosserie	244
Keilriemen	74, 185
Kennzeichenbeleuchtung	216
K-Jetronic	94
Kippschalter	231
Klemmenbezeichnungen	163
Klingeln und Klopfen	82
Kofferraumleuchte	218
Kolben	38
Kombiinstrument	222
Kompressionsdruck	47
Kondensator	200
Kontaktabstand	201
Kontrollampen	222
Kopfstützen	254
Korrosionsschutz	248, 257
Kotflügel	247
Kraftstoff	81, 226
Kraftstoffanzeige	89
Kraftstoff-Einspritzanlage	94
Kraftstoffilter	93
Kraftstoff im Ausland	82
Kraftstoffleitungen	91
Kraftstoffpumpe	92
Kraftstoffqualität	81
Kraftstofftank	88
Kraftstoffverbrauch	83
Kühler	69
Kühlergrill	248
Kühlerventilator	74
Kühlflüssigkeit	67
Kühlmittel-Temperaturanzeige	227
Kühlmittel-Warnleuchte	228
Kühlsystem	66
Kühlsystem-Verschlußdeckel	71
Kupplung	107
Kupplungspedalspiel	108
Kupplungsseilzug	37, 109
Kurbelgehäuse-Entlüftung	45
Kurbelwelle	39
Ladekontrolle	188, 228
Lagerschaden	59
Lampen auswechseln	209, 214
Lautsprecher	243
Leerlauf	97
Lenk-/Anlaß-Schloß	233
Lenkgetriebe	119, 121
Lenkrad	127
Lenkrollradius	120
Lenkungsspiel	122
Leuchtdiode (LED)	224
Leuchten	209
Lichthupe	221
Lichtmaschine	183

Seite
Lichtschalter 231
Luftdruck der Reifen 156
Luftfilter 96
Luftgebläse 78
Luftmengenmesser 95, 101

Magnetschalter 190
Masse 163
Mehrbereichsöl 30
Mietwerkstätten 22
MIL-Spezifikationen 29, 35
Mitnehmerscheibe 107
Mittelkonsole 225, 256
Motorausbau 61
Motorhaube 244
Motorhaubenschloß 37
Motorlebensdauer 46
Motor-Oktanzahl (MOZ) 82
Motoröl siehe Öl
Motorreiniger 11
Motorreparatur 54
Motorschmierung 26, 42
Motorschutzlack 11
Multifunktionsanzeige (MFA) 228
M + S-Reifen 159

Nachlauf 128
Nachlaufen 104
Nebelscheinwerfer 218
Negativer Lenkrollradius 120
Nennkapazität 178
Nockenwelle 40, 54
Normalbenzin 83
Normklemmenbezeichnungen 163
Normverbrauch 83
Nummernschildbeleuchtung 216

Oberer Totpunkt (OT) 49
Öldruckkontrolle 44, 229
Öldruckschalter 44, 229
Ölfilter 33
Ölkühler 43
Ölmeßstab 26
Ölpumpe 43
Öltemperaturen 44
Öltemperaturanzeige 230
Ölsorten 29
Ölspezifikationen 29
Ölverbrauch 28
Ölviskosität 30
Ölwechsel 32
Ölzusätze 32
Oktanwerte 81

Pflegeplatz 20
Primärstromkreis 192
Prüfgeräte 10

Radialreifen 153
Radio 242
Radioabsicherung 164
Radlager 122, 127, 131
Radwechsel 157
Radunwuchten 158
Regel-Service 23
Regler der Lichtmaschine 184
Reifenbezeichnungen 153
Reifendruckwerte 156

Seite
Reifengrößen 153
Relais 235
Research-Oktanzahl (ROZ) 81
Rostlösemittel 11
Rostschutz 248, 257
Rückfahrscheinwerfer 215
Rückleuchten 215

SAE-Klassen 30
Saugstrahlpumpe 146
Schaltanzeige 87, 230
Schalter 231
Schalterbeleuchtung 224, 232
Schaltgetriebe 34, 112
Schaltpläne 168
Scharniere 245, 249
Scheiben 251, 253
Scheibenbremsen 135
Scheibenwaschanlage 237
Scheibenwischer 237
Scheinwerfer 211
Scheinwerfereinstellung 212
Scheinwerferlampen 209
Schleifkohlen 184, 190
Schließwinkel 201
Schlösser 36, 250
Schlußleuchten 215
Schmiersystem 42
Schneeketten 159
Schnelladung der Batterie 181
Schubabschaltung 105
Schwimmsattelbremse 136, 139
Sekundärspannung 193
Servobremse 146
Sicherheitsgurte 256
Sicherungen 164
Sicherungstabellen 165
Signalhorn 220
Sitze 254
Spannungskonstanthalter 225
Spannungsregler 184
Spezialschmierstoffe 12
Spreizung 128
Spulenzündung (SZ) 192
Spur und Sturz 128
Spurstangenkopf 121, 126
Stabilisator 119, 123
Standlicht 210
Starten mit leerer Batterie 181
Starthilfekabel 181
Stauscheibe 95, 101
Steuergerät 87, 193, 197, 229
Steuerzeiten 41, 53
Störungsbeistände in der hinteren Buchklappe
Stoßdämpfer 120, 122, 125, 130
Stoßfänger 246
Streusalz 258
Stroboskoplampe 205
Stromlaufpläne 168
Superkraftstoff 81
Synchronisierung 112
Synthetisches Öl 31

Tachometer 230
Tank 88
Tankanzeige 89, 226
Tankentlüftung 90

Seite
Tassenstößel 41
Temperaturanzeige 227
Temperaturwarnleuchte 228
Thermostat 72
Thermozeitschalter 96, 101
Totpunkt 49
Transistorzündung (TSZ) 193, 196, 206
Trommelbremsen 141
Türen 36, 249
Türkontaktschalter 217
Türschlösser 36, 250
Türverkleidung 249

Überdrehzahlen 46
Unfallverhütung 17
Unterbodenschutz 257
Unterbrecher 200
Unterbrecher-Kontaktabstand 201
Unterbrecher-Schließwinkel 201
Unterdruck-Zündverstellung 203
Unwucht der Reifen 158

Ventilator 74
Ventile 40, 56
Ventilschaftabdichtung 57
Ventilspiel 49
Ventilsteuerung 41, 53
Verbrauchsanzeige 87, 231
Verbrauchsmessung 83
Verdichtung 81
Verteiler 35, 198
Viskosität 30
Vorderachse 119, 123
Vorwiderstand 194

Wagenheber 21
Wärmetauscher 77
Wärmewert 208
Warmlaufregler 96, 102
Warnblinkanlage 219
Wartungsplan in der vorderen Buchklappe
Wasserablauflöcher 258
Wasserpumpe 73
Werkzeug 8
Winterreifen 159
Wippschalter 231
Wisch-/Wasch-Schalter 232

Zähflüssigkeit 30
Zahnriemen 42, 52
Zeituhr 231
Zündeinstellung 205
Zündfolge 206
Zündkabel 206
Zündkerzen 207
Zündschloß 233
Zündspule 194
Zündspulen-Vorwiderstand 194
Zündverteiler 35, 198
Zündzeitpunkt 202, 205
Zusätze zum Motoröl 32
Zusatzluftschieber 96, 102
Zusatz-Stromlaufpläne 169
Zweikreisbremse 133
Zylinderkopf 40, 55
Zylinderkopfdichtung 42, 55

FSC
www.fsc.org
MIX
Papier | Fördert
gute Waldnutzung
FSC® C083411

Kolibri 360 GmbH
Ferdinand-Jühlke-Straße 7
99095 Erfurt, Deutschland
produktsicherheit@kolibri360.de